Spezielle Relativitätstheorie heute

Johann Rafelski

Spezielle Relativitätstheorie heute

Schlüssig erklärt mit Beispielen, Aufgaben und Diskussionen

Unter Mitwirkung von Bernd Maurer

Johann Rafelski
Department of Physics
The University of Arizona
TUCSON, AZ, USA

ISBN 978-3-662-59419-3   ISBN 978-3-662-59420-9   (eBook)
https://doi.org/10.1007/978-3-662-59420-9

Die Deutsche Nationalbibliothek verzeichnet diese Publikation in der Deutschen Nationalbibliografie;
detaillierte bibliografische Daten sind im Internet über http://dnb.d-nb.de abrufbar.

Springer Spektrum

Planung: Margit Maly

Springer Spektrum ist ein Imprint der eingetragenen Gesellschaft Springer-Verlag GmbH, DE und ist
ein Teil von Springer Nature.
Die Anschrift der Gesellschaft ist: Heidelberger Platz 3, 14197 Berlin, Germany

Meinem akademischen Lehrer
Prof. Dr. Dr. h.c. mult. Walter Greiner
(29. Oktober 1935–5. Oktober, 2016)
in Dankbarkeit gewidmet

Vorwort

Die spezielle Relativitätstheorie (SR) wird hier auf einem Niveau präsentiert, das anfangs Oberstufenschülern zugänglich ist, doch dann bis ins 5. Semester eines Physikstudiums weiterführt. Auf Tensorkalkül, Vierervektoren und Raum-Zeit-Symmetrien wird in diesem Band verzichtet, weil damit vermeidbare Schwierigkeiten verbunden sind. Die Suche nach Klarheit in den grundlegenden Fragen zur SR, die Entwicklungen nach 1905 und die starke Verbindung zu aktuellen Forschungsthemen sind die wichtigsten Kennzeichen dieses Buches. Darüber hinaus wird die SR so präsentiert, dass nichts paradox oder unklar bleibt; Alles wird erklärt.

Der Inhalt entspricht den zugehörigen Teilen der *RELATIVITY MATTERS*[1]. Die englische Vorlage wurde aber eingehend durchgesehen, inhaltlich weiterentwickelt, mit zusätzlichen Beispielen und Erklärungen überarbeitet und mit neuesten Referenzen ergänzt. Mehr noch als mit der englischen Vorlage wird hier ein Text in deutscher Sprache angeboten, der in Art, Umfang und Inhalt bisher nicht zur Verfügung stand.

Diese Einführung in die SR geht konzeptuell weit über das Gewohnte hinaus und vertraut den Leser mit SR-Entwicklungen, die in der Zeit nach der Entdeckung der allgemeinen Relativitätstheorie (GR) entstanden sind. Die GR selbst wird in diesem Buch nicht behandelt. Die vorliegende Darstellung der SR wird aber ergänzt und eingebettet in die derzeitige kosmologische Diskussion, und verbunden mit aktuellen Forschungsthemen in der relativistischen Optik, der Teilchen- und Kernphysik. Die Anwendungen der SR sind heute deutlich umfangreicher und vielfältiger als noch vor wenigen Jahrzehnten.

Im Verlauf des Buches geht die qualitative und historische Einführung in ein Lehrbuch über, in dem alle wichtigen Ergebnisse explizit hergeleitet und anhand vieler detailliert durchgerechneter Übungen erläutert werden. Der Leser, der diesen Band bis zum Ende durcharbeiten will, braucht aber ein fundiertes Wissen in der elementaren klassischen Mechanik und einführende Kenntnisse über Elektromagnetismus. Er sollte in der Algebra versiert sein und über etwas Grundwissen in der Analysis verfügen.

---

[1] Johann Rafelski, *Relativity Matters*, (Springer Nature 2017), ISBN 978-3-319-51230-3.

In der SR gibt es keine Paradoxa, wenn man die theoretischen Grundlagen beherrscht. Ich möchte dazu ein Ereignis schildern, das diesen Sachverhalt verdeutlicht. Als ich vor Jahren nach einem Buch in englischer Sprache über SR suchte, um es meinen Studenten in Kapstadt zu empfehlen, bemerkte ich in einigen Werken Missverständnisse. Damals hatte ich zu diesem Thema bereits ein deutsches Buch publiziert[2], doch in Kapstadt sprach man Englisch. Ich wandte mich deshalb um Rat bittend an John S. Bell, der durch seine Untersuchungen zu verborgenen Variablen in der Quantenmechanik bekannt war. Trotz der Zusammenarbeit und Freundschaft mit John Bell wusste ich 1985 nichts von seinem Interesse an der SR, glaubte aber, solche Missverständnisse seien gerade die richtigen Themen, um sein Interesse zu wecken.

In der Tat habe ich Öl ins Feuer gegossen. John Bell gab mir postwendend zur Antwort:[3]

> Das einzige, was ich zur Relativität sehr empfehlen kann, ist meine eigene Arbeit. Ich füge eine Kopie bei. Ich beziehe mich dort auf das Buch von Janossy[4]. Es ist aber sehr lang und in ihm wird nicht hinreichend deutlich, dass die Einsteinsche Methode vollkommen fehlerfrei, sehr elegant und kraftvoll ist (meiner Meinung nach aber pädagogisch gefährlich). Was Rindler in dem Auszug, den Du mir geschickt hast, sagt[5], scheint mir in Ordnung zu sein. In meiner Arbeit gibt es einen Verweis auf Rindler. Wenn Du genauer hinschaust, wirst Du sehen, dass er der Möglichkeit zustimmt, die Dinge so zu präsentieren, wie ich es verfechte. Ich stimme ihm nur in Bezug auf Pädagogik und Geschichte nicht zu (seine Bemerkung, dass Larmor die Zeitdilatation nicht verstanden habe, ist für mich erstaunlich).

Einige sehr interessante Diskussionen mit John Bell über das Thema der SR folgten.

---

[2]*Spezielle Relativitätstheorie*, (Verlag Harri Deutsch, Frankfurt 1984, ISBN3-87144-711-0; 1989, ISBN 3-97171-1063-4; and 1992 ISBN 3-8171-1205-X; erschienen in Walter Greiners *Theoretische Physik*-Reihe).

[3]Faksimile des Orgnialbriefes vom 12. März 1985 in *Relatity Matters,* (Springer Nature 2017), ISBN 978-3-319-51230-3:

> The only thing I can thoroughly recommend on relativity is my own paper. I enclose a copy. I refer there to the book of Janossy. But it is very long, and insufficiently explicit that the Einstein approach is perfectly sound, and very elegant and powerful, (but pedagogically dangerous, in my opinion). What Rindler says in the extract you send me, seems OK to me. There is a reference to Rindler in my paper. If you look it up, you will see that he agrees with the possibility of presenting things the way I advocate. I disagree with him only on pedagogy and history (his remark about Larmor not understanding time-dilation is astonishing to me).

[4]L. Jánossy, *Theory of Relativity based on Physical Reality (Theorie der Relativität auf Grundlage der physikalischen Realität)* (Akadémiai Kiadó, Budapest 1971).

[5]W. Rindler, *Introduction to Special Relativity (Einführung in die spezielle Relativitätstheorie)* Oxford 1982.

In den nachfolgenden 20 Jahren arbeitete ich in Forschungsgebieten, in denen eine sehr gute Kenntnis der SR vorausgesetzt wird: relativistische Schwerionenkollisionen, relativistisches Quark-Modell, relativistische Quantenmechanik. Schließlich habe ich vor mehr als einem Jahrzehnt ein neues Werk über SR begonnen, das 2017 mit der Veröffentlichung von *Relativity Matters* abgeschlossen wurde. Für die deutsche Übersetzung wurde der vorhandene Text jetzt aktualisierte und ergänzt. Da die Einführung der Vierer-Vektoren einen natürlichen Einschnitt im Stoffgefüge darstellt, enthält dieser Band das überarbeitete und erweiterte Material der *Relativity Matters* bis zu diesem Thema.

Ein Teil des Buches hat die Form einer Diskussion zwischen dem *Professor,* seinem Doktoranden *Student,* und einem brillianten, aber nur autodidaktisch vorgebildeten Teilnehmer, der *Simplicius*[6] genannt wird. Diese Gespräche beleuchten Probleme, die von Schülern über die Jahre an den Autor herangetragen wurden. Es werden viele Randfragen besprochen, die beim Lehren der SR oft unerwähnt bleiben. Außerdem kann in diesen Diskussionen einfacher erklärt werden, wie man die SR interpretieren sollte und wie nicht. Die Diskussion bietet ferner die Möglichkeit, auf pädagogische Probleme einzugehen, die heute zur SR im WWW sowie in einigen Buch- und Forschungswerken vorkommen.

Eine Tatsache, die meine Motivation verstärkte, ein modernes Buch über die SR anzubieten, soll hier nicht unterschlagen werden: Bei meinen Recherchen für *Relativity Matters* stieß ich im Internet und an anderen Stellen auf viele frei zugängliche Texte voller klassischer Missverständnisse über die SR. Ich hoffe, dass das vorliegende Buch dazu beiträgt, einige dieser Missverständnisse auszuräumen.

---

[6]Simplikios aus Kilikien (Simplicius Cilix), ca. 490 – ca. 560, lebte im oströmischen Reich und trat vor allem als Kommentator von Schriften des Aristoteles hervor. Er erscheint in Galileo Galilei's *Dialogue Concerning the Two Chief World Systems* (in Deutsch: Dialog über die zwei Hauptsysteme der Welt) (Florenz, 1632). Simplicius Simplicissimus ist auch der Titel eines zuerst 1668 verlegten Werkes von Hans Jakob Christoffel von Grimmelshausen.

Danksagung

An der Erstellung der deutsche Ausgabe hat mein Schul- und Studienfreund Bernd Maurer mitgewirkt. Bernd ist Mathematiker und war vierzig Jahre als Lehrer für Mathematik und Physik an der Oberstufe deutscher Schulen tätig. Seine Fragen und Anregungen haben zu einigen Beiträgen in diesem Band geführt. Wir haben gemeinsam und oft eng zusammen an der deutschen Übersetzung gearbeitet. Bernd hat auch die Beispiele und Aufgaben durchgesehen, mich auf ärgerliche Fehler aufmerksam gemacht und gelegentlich einen kürzeren oder klareren Lösungsweg vorgeschlagen.

Ich danke auch: Victoria Grossack für Ihre Hilfe bei der Drucklegung des Manuskripts. Martin Formanek (Arizona), der den Inhalt des Buches mit großer Sorgfalt durchgearbeitet hat. Iwo Bialynicki-Birula (Centrum Fizyki Teoretycznej der Polnischen Akademie der Wissenschaften in Warschau), der in den Sommermonaten 2010 and 2016 mit mir den Buchinhalt der *Relativity Matters* besprochen hat. Giorgio Margaritondo (EPFL-Lausanne) danke ich für sein Interesse an *Relativity Matters* und die daraus entstandene Zusammenarbeit. Ich danke Magda Ericson (Lyon und CERN), Torleif Ericson (CERN) und Harald van Lintel (EPFL-Lausanne) für die Beharrlichkeit, mit der Sie mich überzeugten, die Werke von Paul Langevin zu erkunden. Denis Weaire FRS (Trinity College, Dublin) gab zusätzliche Impulse, die mir im Verständnis für die Entwicklung der Physik in der Zeit zwischen Maxwell und Einstein weiterhalfen.

Ich danke allen für die freundliche Unterstüzung, ihre Mitarbeit und ihr Interesse. **Für den Inhalt bin ich allein verantwortlich. Alle historischen Vorgänge und alle persönlichen Ereignisse wurden nach meinem besten Wissen dargestellt.**

28. Februar 2019   Johann Rafelski

Die Ära der modernen Physik begann im frühen 20. Jahrhundert mit dem Verständnis der Folgen der Elektrodynamik und der daraus resultierenden Formulierung der speziellen Relativitätstheorie. Die rasante Entwicklung wurde mit der Quantentheorie fortgesetzt, die insbesondere die Entdeckung der Antimaterie zur Folge hatte. Man erkannte, dass eine Umwandlung von Energie in Materie möglich ist. Das erlaubt uns, die Vorgänge beim Urknall zu beschreiben. Heute weiß man, wie im Rahmen der Quantentheorie die Struktur und die Eigenschaften des relativistisch invarianten Quantenvakuums (also die physikalischen Eigenschaften des materiefreien Raumes) die Gesetze der Physik bestimmen. Das Verständnis dieser Vorgänge und ihre Kontrolle könnte die Zukunft der Menschheit ähnlich entscheidend beeinflussen, wie es in den letzten 150 Jahren die Entdeckungen auf den Gebieten des Elektromagnetismus und der Relativitätstheorie getan haben.

Prof. Dr. Johann Rafelski, ein theoretischer Physiker, ehemals Professor an den Universitäten Frankfurt und Kapstadt und Wissenschaftler am CERN, arbeitet seit mehr als 30 Jahren an der Universität von Arizona (Tucson, USA). Sein Forschungsinteresse gilt seit vielen Jahren dem oben beschriebenem Problemfeld. Er arbeitet in verwandten Disziplinen der subatomaren Physik, um die Natur des Quantenvakuums genauer zu erforschen. Er untersucht unter anderem das Verhalten von Materie unter extremsten Temperaturbedingungen und der Einwirkung stärkster Kräfte. Nur unter solchen Bedingungen wird das Quantenvakuum so drastisch verändert, dass es experimentell untersucht werden kann.

Mit Kollisionen von Atomkernen, die in einem Speichering bei höchsten Energien frontal aufeinaderstoßen, kann man die Grundlage für solche Untersuchungen schaffen. Rafelski hat als Wissenschaftler am CERN bei der Gründung und Entwicklung dieses Forschungsprogrammes mitgewirkt. Die dabei entstehenden Temperaturen – 300 Millionen Mal heißer als die Oberfläche der Sonne – können die Kernmaterie in einen neuen Zustand umwandeln, der aus freigesetzten Quarks und Gluonen besteht. Die die Quarks einschließenden Vakuumkräfte werden bei Erreichen so hoher Temperaturen aufgelöst.

In seinen wissenschaftlichen Arbeiten zum Verhalten des neuen Quark-Gluon-Plasma-Zustandes der Materie beschäftigt sich Dr. Rafelski damals wie heute mit Umwandlungsprozessen von Energie in Materie und Antimaterie und insbesondere der Produktion der ‚Strange-Quarks'. Diese Teilchen erlauben auch Rückschlüsse auf Eigenschaften des Quark-Gluon-Plasmas. Solche

Experimente führt man am CERN in Genf sowie am BNL in New York durch. Neue experimentelle Anlagen dieser Art werden in Deutschland mit dem Projekt FAIR in Darmstadt und NICA in Dubna bei Moskau vorbereitet.

Bei der Untersuchung des Verhaltens einzelner Teilchen unter extremen Bedingungen ist Dr. Rafelski besonders interessiert an der Strahlungsrückwirkung, einer durch die Beschleunigung verursachten Vakuumreibungskraft. Jeder geladene beschleunigte Körper emittiert Strahlung. Erreicht die Beschleunigung einen bestimmten Schwellenwert, so erzeugt diese Strahlung eine starke Reibung, die die Teilchendynamik entscheidend verändert. Unter diesen Bedingungen wird auch Kraftfeldenergie in Materie und Antimaterie umgewandelt. Solche Prozesse helfen bei der Suche nach den Mechanismen bei Bildung von Quark-Gluon-Plasma. Ein verwandtes Arbeitsgebiet sind Strahlungsvorgänge, die von Laserpulsen erzeugt werden.

Andere Forschungsgebiete, die das Interesse von Dr. Rafelski im vergangenen Jahrzehnt geweckt haben, sind der postulierte kosmische Neutrino-Mikrowellenhintergrund, Vakuumfluktuationen, die von elementaren Kräften verursacht werden und ihre Beziehung zur dunklen Energie, dunklen Materie in Form von massiven kompakten ultradichten Objekten (CUDOs) und die Anwendung von Laserpulsen hoher Intensität in der Kernfusion.

Diese Forschungsprogramme haben zur Publikation einer Vielzahl wissenschaftlicher Arbeiten geführt. Auch viele Studenten haben sich hier engagiert. Neben Fachbüchern zur modernen Physik hat Dr. Rafelski in jüngerer Zeit seinen Studenten auch die Grundlagen der speziellen Relativitätstheorie vorgestellt und dabei die historische Entwicklung mit den neuen Forschungsgebieten verknüpft.

Dr. Johann Rafelski ist Fellow der American Physical Society (APS), war 2008 Exzellenzprofessor der Deutschen Forschungsgemeinschaft (DFG) und ist von 2018 bis 2020 Fulbright-Fellow. Für seine Vorstellung der ,strangeness (Seltsamkeit)' im Quark-Gluon-Plasma erhielt er 1990 eine Medaille vom College de France.

Inhaltsverzeichnis

Teil III   Die Lorentztransformation

Teil IV   Messung von Körpereigenschaften

Teil V   Raum, Zeit, Dopplerverschiebung

Teil VI   Masse, Energie, Impuls

Teil VII   Streuprozesse und Zerfälle

Teil VIII   Tests der SR, Offene Fragen

Abkürzungsverzeichnis

Wir verzichten auf die Übersetzung einiger Abkürzungen (Akronyme), weil die jeweiligen Begriffe in der physikalischen Forschung global verwendet werden. Wir benutzen:

CMB	Hintergrundstrahlung (cosmic microwave background)
CM-Bezugssystem	Bezugssystem, in dem die Summe aller Impulse verschwindet $\sum_i \vec{P}_i = 0$ *Es ersetzt das Schwerpunksystem der klassischen Mechanik, da der Massenschwerpunkt in der SR kein wohldefinierter Begriff ist.*
EM	Elektromagnetische (Felder, Kraft)
GR	Relativistische Gravitationstheorie
	*Die **A**llgemeine **R**elativitäts**T**heorie (ART) behandelt spezifisch die Schwerkraft, daher wird in diesem Buch die Abkürzung GR in dieser Bedeutung verwendet. Wir vermeiden die Benutzung des Akronyms ART, weil eine allgemeine, alle Kräfte einschließende Theorie bis heute nicht vorliegt.*
IO	Inertialbeobachter (Observer)
LT	Lorentzkoordinatentransformation, kurz: Lorentztransformation
MM	Michelson-Morley
SR	Spezielle Relativität (Experiment und/oder Theorie)

Zusammenfassung – *Im Teil I – Kap.* 1, *Kap.* 2, *Kap.* 3:
Wir präsentieren die Schlüsselprinzipien der SR mit minimalem mathematischen Aufwand. Damit sind diese Seiten allen wissenschaftsinteressierten Lesern zugänglich. Wir betrachten die Entstehung der SR in geschichtlicher Perspektive. Wichtige Persönlichkeiten und ihre Bedeutung für die historische Entwicklung werden vorgestellt. Wir sprechen auch Schwierigkeiten an, die sich beim Unterrichten der SR oft stellen.

Einleitende Bemerkungen zu Teil I
Teil I bietet eine allgemeine Einführung in die spezielle Relativitätstheorie (SR). Die Hintergründe und der Kontext der SR werden in einem Format angeboten, das einem breiten Spektrum von wissenschaftsorientierten Lesern zugänglich sein sollte. Es wird viel Wert auf die Charakterisierung von Schlüsselprinzipien und ihre Einbettung in einen größeren Zusammenhang gelegt, ohne mathematisches Fachwissen zu verwenden. Darin unterscheidet sich dieser Teil des Buches von anderen Teilen.

Die Diskussion folgt vorwiegend der historischen Entwicklung. Es wird beschrieben, wie Maxwell uns ein Rätsel hinterließ, das direkt zur SR führte. Maxwell starb kurz nach der Formulierung seiner Theorie im Alter von 48 Jahren, ohne dieses Rätsel zu sehen oder gar zu lösen. Der Leser erfährt, warum zwischen den epochemachenden Ideen Maxwells und Einsteins eine vierzigjährige Entwicklungszeit verging. Einsteins Gedankengang wird beschrieben und dem Leser verdeutlicht, wieso er für seine revolutionäre Arbeit zur speziellen Relativitätstheorie den Titel *Über die Elektrodynamik bewegter Körper* wählte. Dieser Titel charakterisiert das konzeptuelle Problem, das von Maxwells Elektromagnetismus geschaffen wurde und dessen Lösung zur Entwicklung der SR führte.

Die historischen Konzepte bilden das Fundament dieses Buchs und führen den Leser zu den grundlegenden Herausforderungen, die zur Entstehung der SR beigetragen haben. In Kap. 1 beginnen wir mit der Einführung des Relativitätsprinzips, dessen Name eigentlich selbsterklärend ist. Danach diskutieren wir die Bedeutung der Zeit als einer Koordinate zur Charakterisierung von Ereignissen. So wird sie natürlich ständig schon ohne großes Nachdenken in unserem täglichen Leben verwendet, zum Beispiel bei der Verabredung eines Treffens. Dies führt auf geradem Weg zum Konzept eines $1 + 3$-dimensionalen Minkowski-Raums, zur Einführung von Weltlinien, der Eigenzeit und zur Charakterisierung der Kausalität. Wir schließen dieses Kapitel ab mit einem Rückblick auf die Entwicklung der SR. Wir betrachten diese Frage aus der physikalischen und aus der historischen Perspektive.

Im folgenden Kap. 2 gehen wir auf den Prozess der Messung von Raum und Zeit ein. Wir beschreiben die jahrhundertelangen Anstrengungen, die Lichtgeschwindigkeit zu bestimmen und beantworten dabei Fragen wie: Was ist die Lichtgeschwindigkeit? Welchen Wert hat sie? Wer hat wann und wie diesen Wert bestimmt? Maxwells Charakterisierung der Lichtgeschwindigkeit in Bezug auf elektromagnetische Phänomene wird erläutert.

Dem modernen Verständnis des Äthers[1] wird eine gesonderte Betrachtung gewidmet. Wir erinnern daran, dass Einstein die Existenz eines Äthers in seiner Publikation von 1905 bestritt und gehen sowohl auf die von Langevin angeführte Weiterentwicklung der Ideen ein als auch auf Einsteins geänderten Standpunkt etwa fünfzehn Jahre später. In einer Mitteilung an Lorentz erklärte Einstein nämlich, er hätte in seiner Arbeit von 1905 lieber von der Nichtexistenz einer Äthergeschwindigkeit sprechen sollen. In Publikationen legte er danach seine Sicht der Eigenschaften eines relativistischen, nicht materiellen Äthers dar. Wir zeigen, dass dieser neue, relativistische Äther in das heutige Verständnis des Quantenvakuums eingeflossen ist.

Nach diesen Vorbereitungen können wir uns in Kap. 3 dem Verhalten der Körper in der SR, d. h. der Lorentz-FitzGerald-Körperkontraktion und der Zeitdilatation, zuwenden. Diese damals neuen Erkenntnisse sind Konsequenzen aus dem Michelson-Morley-(MM)-Experiment. Sie retteten das Relativitätsprinzip und machten den materiellen Äther überflüssig. Wir diskutieren, warum die Lorentz-FitzGerald-Körperkontraktion und die Zeitdilatation voneinander unabhängig und weshalb beide physikalisch real sind. Wir gehen auf viele Missverständnisse ein, die mehr als ein Jahrhundert nach Entstehung der SR immer noch in der Literatur vorkommen.

---

[1] Altgriechisch: Von den Göttern eingeatmete reine Luft. Im 19. Jahrhundert wird er als die Substanz angesehen, in der sich das Licht ausbreitet, und auch Lichtäther genannt.

Zusammenfassung

Wir erläutern Entwicklungen der letzten Jahrhunderte, die entscheidend zur Entstehung der Relativitätstheorie und des modernen Verständnisses unseres Universums beigetragen haben. Wir stellen das Relativitätsprinzip und Maxwells Theorie des Elektromagnetismus vor. Die Zeit wird als zusätzliche Koordinate zur Beschreibung von Ereignissen eingeführt. Wir gehen auf den 1+3-dimensionalen Minkowski-Raum ein, auf Weltlinien, die Eigenzeit und die Kausalität. Eine Liste der für die Relativitätstheorie grundlegenden Forschungsergebnissen schließt das Kapitel ab.

1.1 Das Relativitätsprinzip

Inertialbeobachter (IO)

Unter einem Inertialsystem versteht man ein Bezugssystem, in dem sich jeder kräftefreie Körper gradlinig mit konstanter Geschwindigkeit bewegt. Diese Geschwindigkeit verschwindet für einen mitbewegten Beobachter. Galileo Galilei stellte das Relativitätsprinzip auf: Die Gesetze der Physik sind in jedem Inertialsystem gleich. Wegen des Relativitätsprinzips kann man von keiner absoluten Bewegung sprechen. Somit gibt es keine absolute Ruhe und daher auch kein Zentrum des Universums.

Dieses Prinzip bildet den Grundrahmen für die Bewegungsgesetze Newtons. Man kann das erste Bewegungsgesetz folgendermaßen wiedergeben[1]:

---

[1]Original in Latein:

Corpus omne perseverare in statu suo quiescendi vel movendi uniformiter in directum, nisi quatenus illud a viribus impressis cogitur statum suum mutare.

© Springer-Verlag GmbH Deutschland, ein Teil von Springer Nature 2019

J. Rafelski, *Spezielle Relativitätstheorie heute*,

https://doi.org/10.1007/978-3-662-59420-9_1

> Ein kräftefreier Körper beharrt im Zustand der Ruhe oder der gleichförmigen gradlinigen Bewegung.

Diese recht klaren Worte werden manchmal etwas komplizierter dargestellt: Ein Körper verharrt im Zustand der Ruhe oder der gleichförmig geradlinigen Bewegung, sofern er nicht durch einwirkende Kräfte zur Änderung seines Zustands gezwungen wird. Dieses erste Gesetz wird oft als **Prinzip der Inertialbewegung** oder einfach als **Trägheitsprinzip** bezeichnet. Ein **Inertialbeobachter (IO)** ist ein kräftefreier Beobachter, für den Newtons erstes Gesetz wahr ist. Wir beziehen uns oft auf IO in diesem Buch.

Galileische Koordinatentransformation

Wir betrachten die klassische nichtrelativistische Beziehung zwischen zwei Inertialbeobachtern A und A'. A' bewege sich mit der Relativgeschwindigkeit $\mathbf{v}$ gegenüber A. Wenn A für die Geschwindigkeit eines Körpers den Wert $\mathbf{u}(t)$ bestimmt, so wird A' für diese Geschwindigkeit immer ein anderes Resultat erhalten

$$\mathbf{u}(t)' = \mathbf{u}(t) - \mathbf{v}. \tag{1.1}$$

Da die Geschwindigkeit eines Körpers die Änderung des Positionsvektors in der Zeit bestimmt, muss gelten

$$t' = t, \tag{1.2}$$
$$x' = x - v_x t, \quad y' = y - v_y t, \quad z' = z - v_z t.$$

Galileo Galilei *Toskanischer (Italienischer) Physiker, 1564 – 1642*

Wikimedia, CC BY-SA 3.0-Lizenz
*Ausschnitt aus dem **Galileo Galilei** Porträt von 1636 von J. Sustermans, Hayden Planetarium, NY*

Galileo Galilei, von Einstein als **Vater der modernen Wissenschaft** bezeichnet, war ein Pionier des wissenschaftlichen Reduktionismus. Er bestand auf der Durchführung quantitativer und wiederholbarer Experimente, die mit der erforderlichen Genauigkeit analysiert werden konnten.

Galilei reduzierte die Komplexität der realen Welt, indem er Schlüsselfaktoren zu erkennen suchte. Er wusste, dass viele sekundäre Effekte bei allen Experimenten in Betracht gezogen werden mussten und dass die Ungenauigkeit einer Messung die experimentelle Übereinstimmung mit den betrachteten Modellen erschwerte.

Sein Festhalten an experimentellen Ergebnissen als höchster Autorität bei seinen Forschungen hat den Weg in das heutige Zeitalter der wissenschaftlichen Erkenntnis geebnet.

Das Nachdruckverbot der galileischen Werke wurde im Jahre 1718 teilweise und 100 Jahre nach seinem Tod vollständig aufgehoben.

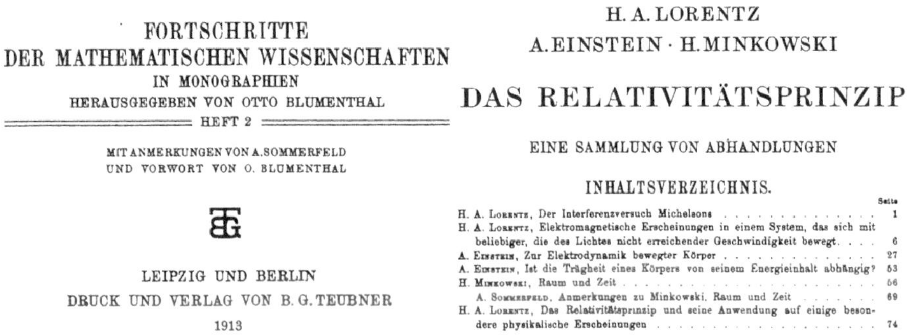

FORTSCHRITTE
DER MATHEMATISCHEN WISSENSCHAFTEN
IN MONOGRAPHIEN
HERAUSGEGEBEN VON OTTO BLUMENTHAL
════════ HEFT 2 ════════

MIT ANMERKUNGEN VON A. SOMMERFELD
UND VORWORT VON O. BLUMENTHAL

LEIPZIG UND BERLIN
DRUCK UND VERLAG VON B. G. TEUBNER
1913

H. A. LORENTZ
A. EINSTEIN · H. MINKOWSKI

DAS RELATIVITÄTSPRINZIP

EINE SAMMLUNG VON ABHANDLUNGEN

INHALTSVERZEICHNIS.

Abb. 1.1 Der Sammelband der wichtigsten Arbeiten von Lorentz, Einstein and Minkowski zur Relativitätstheorie mit dem Titel *Relativitätsprinzip,* erschienen im Jahre 1913. Eine weitere, um Artikel von Einstein und Weyl zur allgemeinen Relativitätstheorie (GR) erweiterte Ausgabe folgte 1922. Diese war die Basis des in englischer Sprache erschienenen *Principle of Relativity,* das bis heute gedruckt wird: ISBN-9789650060275 (Dover Paperback)

Das Relativitätsprinzip in heutiger Sicht

Das Relativitätsprinzip erfordert die physikalische Äquivalenz aller Inertialbeobachter. Zwei Beobachter, die sich mit einer bestimmten endlichen Geschwindigkeit relativ zueinander bewegen, sind also gleichwertig. Damit wird eine Klasse von Inertialbeobachtern definiert, für die die Gesetze der Physik gleich sind.

Im geozentrischen Weltbild ruht die Erde im Zentrum. Nach Einführung des Relativitätsprinzips in die Mechanik durch Galilei und später auch durch Einstein in die Elektrodynamik war eine Bewegung der Erde zugelassen. In seiner Arbeit von 1905 (siehe Abb. 1.1) sagt Einstein dazu:

…die misslungenen Versuche, eine Bewegung der Erde relativ zum „Lichtmedium" zu konstatieren, führen zu der Vermutung, daß dem Begriffe der absoluten Ruhe nicht nur in der Mechanik, sondern auch in der Elektrodynamik keine Eigenschaften der Erscheinungen entsprechen, sondern dass vielmehr für alle Koordinatensysteme, für welche die mechanischen Gleichungen gelten, auch die gleichen elektrodynamischen und optischen Gesetze gelten, wie dies für die Größen erster Ordnung bereits erwiesen ist. Wir wollen diese Vermutung (deren Inhalt im folgenden „Prinzip der Relativität" genannt werden wird) zur Voraussetzung erheben…

Wir können folgende wichtige Aussagen erkennen:

a) Das Relativitätsprinzip schließt einen bevorzugtes Ruhesystem aus. Alle Orte im Universum sind gleichwertig.
b) Ein bevorzugtes Bezugssystem darf nicht in physikalischen Gesetzen erscheinen.

Gerade weil nach dem Relativitätsprinzip kein bevorzugtes Bezugsystem in physikalischen Gesetzen vorkommen darf, brauchen wir einen Weg, um die beschleunigte Bewegung von der inertialen Bewegung zu unterscheiden. Deshalb hat Ernst

Mach[2] im Bereich der Mechanik als ein allgemeines Referenzsystem das kosmische Fixsternsystem vorgeschlagen[3], auf das wir in Abschn. 20.3 genauer eingehen. Diese (natürliche) Auswahl eines Inertialsystems als Referenzsystem widerspricht in keiner Weise dem Relativitätsprinzip.

Eine Durchsicht der professionellen WWW-Seiten, die sich mit dieser Thematik befassen, liefern eine Vielfalt von Interpretationen des Relativitätsprinzips. Hier einige Beispiele[4]:

1. *Die absolute Bewegung kann nicht in Gesetzen der Physik erscheinen.*
   Dies ist tatsächlich eine sinngemässe Wiederholung des Inhalts von 2. und 3. unten, die dies als experimentell unmöglich darstellen. Da ein Experiment Vorrang hat, kann diese Forderung übergangen werden.
2. *Alle Experimente laufen in allen Inertialsystemen gleich ab.*
   Diese Aussage entspricht inhaltlich unserer Darstellung.
3. *Kein Experiment kann eine absolute Bewegung des Beobachters enthüllen.*
   Nach Mach ist hier eine Erweiterung angebracht: Ein Experiment, das die Weite des Universums erforscht, kann eine Bewegung relativ zu Machs kosmischem Bezugssystem offenbaren.

Körperbewegung

Nach dem Relativitätsprinzip verbleibt ein Inertialbeobachter für immer in kräfterfreier Bewegung. In seiner Arbeit von 1905 stellte Einstein die Relativitätstheorie für einen Grenzfall vor. Kräfte, die Körper beschleunigen, fehlen. Damit wird auch der Geltungsbereich der SR festgelegt. Sie ist zwar, wie Einstein es im Titel seiner Arbeit von 1905 andeutete, eine Beschreibung von *bewegten Körpern,* gilt aber exakt nur, wenn alle beschleunigenden Kräfte verschwinden. Allerdings setzt die Beschreibung und die Interpretation vieler SR-Phänomene voraus, dass Körper beschleunigt werden.

Mit der Einführung der Körperbeschleunigung verliert das Relativitätsprinzip seine Gültigkeit, Wir dürfen dann auf keinen Fall die Prinzipien der SR unbedacht verwenden. Dies gilt unabhängig von der Größe der wirkenden Kraft. Wir kehren zu dieser wichtigen Bemerkung in Abschn. 12.2, Übung 12.2, zurück, wenn wir die Zeitdilatation genauer untersuchen. In Kap. 20 erklären wir ausführlicher, warum beschleunigte Prozesse den Einsteinschen Rahmen der speziellen Relativitätstheorie sprengen.

---

[2]Ernst Mach (1838–1916), Professor in Graz, Salzburg, Prag (die meiste Zeit seines Lebens) und Wien. Die Machzahl, die Machschockwellen und das Machsche Prinzip sind nach ihm benannt.
[3]Ernst Mach *Die Mechanik und ihre Entwicklung* 3. Auflage, F. A. Brockhaus Verlag Leipzig, (1897), nachgedruckt in englischer Übersetzung (Forgotten Books Pub. ISBN 978-1-332-36427-5, 2018); Titel der Englischen Ausgabe: *The Science of Mechanics.*
[4]J. D. Norton in: http://www.pitt.edu/~jdnorton/teaching/HPS_0410/chapters/Special_relativity_principles/, eingesehen im Juni 2016 und im Dezember 2018.

Albert Einstein *Deutscher Physiker, Schweizer & US Staatsangehöriger, 1879 - 1955*

Wikimedia, CC BY-SA 3.0-Lizenz
Photo: Lucien Chavan 1868 1942
Einstein in Bern, 1904/05

Im Alter von 15 Jahren zog Einstein in die Schweiz (1901 Schweizer Staatsbürger). Nach seinem Physikstudium an der ETH in Zürich arbeitete Einstein von 1902 bis 1909 am Patentamt in Bern und promovierte dort im Jahre 1906. Nach kurzen Aufenthalten als Professor an den Universitäten in Prag und Zürich zog er nach Berlin. Von 1914 bis 1933 war er Mitglied der Preußischen Akademie der Wissenschaften und Direktor des Kaiser-Wilhelm-Instituts für Physik. Für seine bahnbrechenden Beiträge zur theoretischen Physik erhielt er 1922 den Nobelpreis für Physik. Er verließ 1933 Nazi-Deutschland und ließ sich in den USA am *Institute for Advanced Study* in Princeton nieder, wo er bis zu seinem Tod wirkte.

Am Patentamt in Bern beschäftigte er sich sicherlich auch mit Anträgen zur Übertragung elektrischer Signale und elektromechanischer Zeitsynchronisation. Diese Probleme werden in seinen Gedankenexperimenten in der Arbeit von 1905 angesprochen. Man kann vermuten, dass Widersprüche in Patentanträgen ihn zur Formulierung der Relativitätstheorie motivierten. Etwa zehn Jahre später formulier-

te Einstein die *Allgemeine* Relativitätstheorie auf der Grundlage der Äquivalenz von träger und schwerer Masse. Als seine Vorhersage der Ablenkung des Sternenlichts durch das Gravitationsfeld der Sonne 1919 von Eddington bei Beobachtungen während einer Sonnenfinsternis bestätigt wurde, hat dies Einstein weltweit Ruhm eingebracht.

Einstein ist auch für viele andere bedeutende Beiträge zur Physik bekannt: Brownsche Bewegung, Lichtquantenhypothese und Quantenstatistik. Einstein war tief in den Prozess der Entstehung der Quantenmechanik eingebunden, aber er konnte die nachfolgenden Wahrscheinlichkeits-Interpretationen nicht akzeptieren. In späteren Jahrzehnten seines Lebens suchte Einstein nach einer einheitlichen Feldtheorie, einer Verbindung der Elektrodynamik mit seiner Theorie der Gravitation. Sein Vermächtnis ist auch heute noch lebendig. Durch seine Arbeit, die die Grundlagen der Physik revolutionierte, gilt Einstein als der einflussreichste Physiker des 20. Jahrhunderts.

Bundesarchiv: Bild 102-10447
Albert Einstein 1930

Einstein hat später seine Relativitätstheorie von 1905 in *Spezielle* Relativitätstheorie umbenannt. Das Wort *speziell* schränkt die Theorie ein auf den Fall *kräftefrei, also ohne Beschleunigung.* Die *Allgemeine* Relativitätstheorie beschreibt die Gravitation, daher wird in diesem Buch das Akronym GR im Sinne von *Gravitationsrelativität* gebraucht. Eine Verallgemeinerung auf andere Kräfte, vor allem auf die elektromagnetische Kraft, bleibt bis heute ein ungelöstes Problem.

1.2   Zeit: eine vierte Koordinate

Notwendigkeit der Zeitkoordinate

Die Zeit wird fast immer unbewusst als eine vierte Koordinate benutzt. So geht die Zeit auch in die Relativitätstheorie ein, doch wird sie hier unter anderem auch Bestandteil der Darstellung von Ereignissen. Mit diesem neuen Aspekt wollen wir uns nun etwas genauer befassen. Im Allgemeinen verwenden wir drei Raumkoordinaten, um Informationen über einen räumlichen Ort auszutauschen: *Ich warte in der zweiten Etage des Gebäudes an der Ecke der …Strassen.* Dieser Ausgangsort ist als ein Raumpunkt in Abb. 1.2 unten zu sehen.

Angenommen, ich möchte nicht nur einen Standort beschreiben, sondern jemanden zum Mittagessen treffen. Dann muss ich etwa folgende Nachricht schicken *Wir treffen uns in genau vier Minuten in der Cafeteria an der Kreuzung der …Strassen.* Damit es mit der Verabredung auch klappt, haben wir jetzt neben x, y, und z auch die Zeit t als vierte Koordinate angegeben. Das ist in Abb. 1.2 illustriert. Hier wird der Weg zur Cafeteria sowohl im Raum als auch in der Zeit dargestellt. In den horizontalen Ebenen ist der Raum für drei verschiedene Zeitpunkte eingezeichnet: Ursprung $t = 0$ unten, halber Wert bei 2 min und unser Treffen als *Ereignis* nach 4 min.

Die Zeitkoordinate wird für eine vollständige Beschreibung jedes Ereignisses benötigt, in diesem Fall des Treffens zum Mittagessen. Die Abfolge der Werte dieser

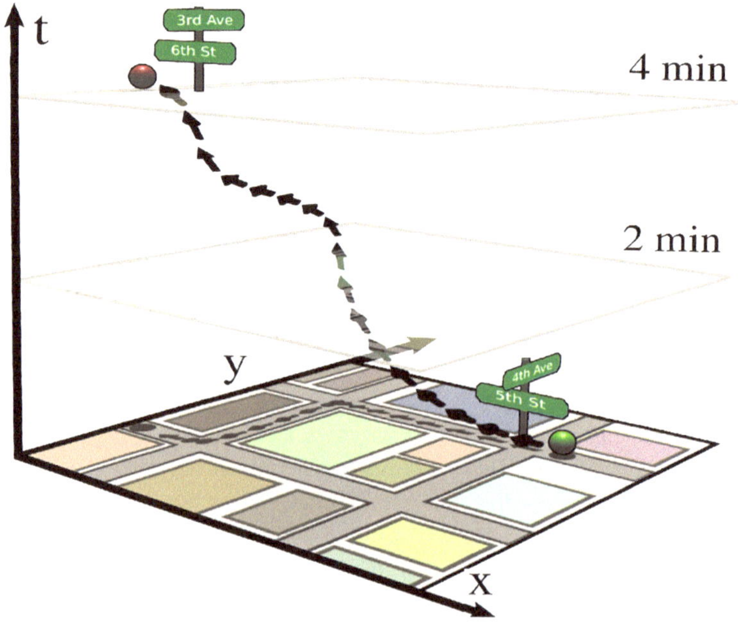

Abb. 1.2 Die Weltlinie, die hier gezeigt wird, stellt einen vierminütigen Spaziergang zu einer Cafeteria in den Raumdimensionen x, y und der Zeit t dar. Die dritte Raumdimension (z-Dimension) ist hier – mit Ausnahme der Straßenschilder – unterdrückt

vier Koordinaten, die unsere Position in Raum und Zeit beschreibt, heißt *Weltlinie*.
Jeder Punkt der Weltlinie ist ein *Ereignis*.

Zeit als die vierte Koordinate eines Ereignisses

In der Relativitätstheorie vereinen wir die Zeit- und Raumkoordinaten und bilden
den *Minkowskiraum*[5].

> Die Anschauungen über Raum und Zeit, die ich Ihnen entwickeln möchte, sind auf
> experimentell-physikalischem Boden erwachsen. Darin liegt ihre Stärke. Ihre Tendenz ist
> eine radikale. Von Stund' an sollen Raum für sich und Zeit für sich völlig zu Schatten
> herabsinken und nur noch eine Art Union der beiden soll Selbständigkeit bewahren[6].

Die 1(Zeit)+3(Raum)-dimensionale minkowskische Raumzeit, die gelegentlich einfach als 4-dimensionaler Raum bezeichnet wird, ist seit Minkowskis Vortrag die
Grundlage der Relativitätstheorie. Die Beziehung zwischen Zeit- und Raumkoordinaten von Ereignissen aus Sicht verschiedener Beobachter werden wir detailliert
besprechen.

Eigenzeit

Vor der Entwicklung der SR glaubte man, dass die Zeit universell voranschreitet,
gleichgültig, ob sich jemand in London befindet, in New York oder auf dem Mond,
ob in einem sich bewegenden Zug oder ruhend in einem Labor. Das entscheidende
Merkmal in der SR ist, dass Uhren in unterschiedlich schnellen Körpern unterschiedliche Zeiten anzeigen. Jedes Objekt, *z. B.* ein Atom, ein Mensch, ein künstlicher Satellit hat seine individuelle Zeit, die Eigenzeit. Minkowski führte diesen Ausdruck in
seinem Vortrag über *Raum und Zeit* ein, siehe Ref. 6. Eine Uhr, die Du trägst und
eine Uhr, die Dein Freund trägt, zeigen unterschiedliche Zeiten an, es sei denn, ihr
bleibt immer zusammen.

Einstein war wohl der erste, der erkannte, dass die Zeit einem Körper zugeordnet
ist [7]. Für die menschliche Wahrnehmung ist der Unterschied zwischen der Eigenzeit

---

[5]Hermann Minkowski (1864–1909), in Deutschland wirkender und der Zahlentheorie zugewandter
Mathematiker. Mit dem Vorschlag zur Vereinigung von Raum und Zeit und der Einführung der
Begriffe Weltlinie und Eigenzeit trug er entscheidend zur Entwicklung der Relativitätstheorie bei.
[6]H. Minkowski, Eröffnung des auf der 80. Versammlung der Gesellschaft Deutscher Naturforscher
und Ärzte gehaltenen Vortrags (21 September 1908, Köln): *Physikalische Zeitschrift* **10** 104–111
(1909), *Jahresbericht der Deutschen Mathematiker-Vereinigung* **18** 75–88 (1909) und als fünfter
Artikel mit einem Kommentar von A. Sommerfeld 1913 wortgetreu nachgedruckt unter dem Titel
Relativitätsprinzip, siehe Abb. 1.2.
[7]Wolfgang Rindler, „Einstein's Priority in Recognizing Time Dilation Physically," (Einsteins Prio-
rität bei der physikalischen Erkennung der Zeitdilatation,) *American Journal of Physics,* **38** (1970)
1111; Wir erinnern aber an J. S. Bells Bemerkung im oben zitierten Brief an den Autor, siehe
Einleitung, dass Larmor die Zeitdilatation kannte.

eines bewegten Objekts und der in einem ruhenden Labor angezeigten Zeit zu gering, um ihn ohne Anstrengung wahrzunehmen. Wir können heute aber die Zeitdilatation einer Atomuhr in einem fahrenden Auto messen.

Bei der Zeitvereinbarung, die wir oben für ein Treffen zum Mittagessen verwendet haben, wurden die Eigenzeiten der Partner unausgesprochen als gleich angenommen. Tatsächlich hat aber jeder seine eigene Uhr benutzt, sich also nach seiner Eigenzeit gerichtet. Weil sich nach der SR die Eigenzeiten verschiedener Beobachter unterscheiden, also ihre Uhren unterschiedlich gehen, müssen wir einen anderen Weg beschreiten. Es wird ein für alle Teilnehmer maßgebendes Bezugssystem benötigt. Im Beispiel wäre das etwa eine Uhr am Ort des Treffpunkts. Allgemein wählen wir in der Regel als Referenzsystem ein Labor aus, von dem aus wir simultan Messungen an verschiedenen Orten durchführen. Jeder Beobachter, der sich relativ zum Labor bewegt, registriert andere Ereigniszeiten. Ereignisse, die im Labor gleichzeitig stattfinden, sind für ihn, wie in Kap. 8 gezeigt wird, nie gleichzeitig.

Kausalität

In der SR bedeutet Kausalität, dass die *zeitliche Reihenfolge* von Ereignissen sich nicht ändern darf, siehe Kap. 12. Die Kausalität von Ereignissen könnte bedroht sein, weil ein Wechsel des Beobachterstandpunkts mit einer Koordinatentransformationen verbunden ist, bei der sich in der SR die Zeit mittransformiert. Wir werden feststellen, dass wir auch innerhalb der SR nicht in der Zeit zurückgehen können, *z. B.* nicht in die Zeit vor unserer Geburt. Die eindimensionale, unidirektionale Natur der Zeit verhindert, dass wir uns zeitlich im Kreis bewegen. Andererseits ist es üblich, den gleichen Ort im Raum wieder zu besuchen. Daher erweist sich die Zeit, obwohl für viele Zwecke nur eine weitere Koordinate, als vom Raum zutiefst verschieden.

Die Zeit tickt für jeden von uns anders. Menschen aus unserer Vergangenheit könnten daher aus einem außerirdischen Raumschiff hervortreten und berichten wie die Welt vor langer Zeit aussah. Analog dazu könnten wir eine freundliche und technologisch fortgeschrittene außerirdische Zivilisation besuchen und dabei tausend Jahre in die Zukunft reisen. Aber dann gibt es keinen Weg zurück. Die Vergangenheit kann von der Zukunft nicht beeinflusst werden. Für jeden von uns zeigt der Zeitpfeil nach vorne. Das Kausalitätsprinzip besteht im Festhalten am Zeitpfeil für alle Körper.

Gibt es ein tieferes Verständnis der Zeit?

Was ist Zeit? ist vielleicht die wichtigste und am wenigsten verstandene fundamentale Frage der Physik. Wir haben jetzt einige verschiedene Möglichkeiten erkannt, wie wir die Zeit betrachten und messen können:

1. Die Laborzeit
2. Die Eigenzeit, also die Zeit, die eine körpereigene Uhr misst
3. Die kosmologische Zeit, also die Eigenzeit des Universums

Bei Zeitmessungen innerhalb der SR ist offenbar die Wahl des Bezugssystems entscheidend. Bei Untersuchung der Bewegung eines Teilchens werden wir in diesem Buch oft Teilcheneigenzeit und Laborzeit parallel betrachten, aber klar unterscheiden. Wir weisen aber darauf hin, dass die Eigenzeit in der relativistischen Quantenmechanik nicht vorkommt.

Die kosmologische Zeit ist die Zeit, die eine im Universum ruhende Uhr misst. Diese Zeit ist von allen Zeitmessungen die längste. Alle anderen Uhren im Universum gehen langsamer. Die Expansion und das Altern des Universums sind heute Inhalt reger experimenteller und theoretischer Untersuchungen. Theoretische Modelle prüfen unter anderem unser Verständnis der kosmologischen Zeit.

1.3   Der Weg zur Lorentzkoordinatentransformation

Nach der Entwicklung des Maxwellschen Elektromagnetismus wurde ein Weg gesucht, die Maxwell-Gleichungen von einem Bezugssystem zum anderen zu transformieren. Das Michelson-Morley-Experiment (MME), Abschn. 3.1, erschwerte diese Herausforderung, da es die Unbeobachtbarkeit und somit das Nichtvorhandensein einer absoluter Bewegung nahelegte. Die Frage, wie der Ausgang des Michelson-Morley-Experiments zu interpretieren sei, wurde anfangs ohne Erfolg diskutiert. Ein Lösung wurde von FitzGerald[8] und unabhängig von Lorentz[9] vorgeschlagen. Sie erkannten, dass ein materieller Körper in Bewegungsrichtung kontrahiert ist. Dies wiederum eröffnete ein neues Problem: Wie könnte ein solcher Kontraktionseffekt mit einer Koordinatentransformation vereinbar sein?

Eine ähnliche Situation besteht in der klassischen Mechanik. Mit der galileischen Koordinatentransformation lassen sich die Veränderungen von Impuls und Geschwindigkeit eines Körpers beim Wechsel des Bezugssystems zu einem bewegten Beobachter bestimmen. Die Ergebnisse der Koordinatentransformation stimmen mit der Messung von Impuls und Geschwindigkeit eines Körpers überein.

Heute wissen wir, dass die Lorentz-FitzGerald-Körper-Kontraktion nicht die einzige relativistische Modifikation der Eigenschaften eines bewegten Körpers ist. Um das Ergebnis des Michelson-Morley-Experiments erklären zu können, musste es einen weiteren Effekt geben, die Zeitdilatation der sich bewegenden Körper. Diese beiden neuen Effekte stehen in krassem Widerspruch zu der galileischen Koordinatentransformation. Messungen von Körperlängen, die von zwei verschiedenen galileischen Beobachtern gemacht werden, liefern immer das gleiche Ergebnis, sind also nicht vereinbar mit der Lorentz-FitzGerald-Körperkontraktion. Außerdem gibt es keine Zeitdilatation, da sich die Zeit bei galileischen Transformationen nicht ändert.

---

[8]G. F. FitzGerald, *The Ether and the Earth's Atmosphere,* (Der Äther und die Erdatmosphäre) *Science,* **13** 390 (1889). Eine historische Diskussion der besonderen Umstände, die dieser kurzen Arbeit vorangingen, findet man in dem Buch von B.J. Hunt, *The Maxwellians,* Cornell University Press (1991), Seiten 185–197.
[9]H. A. Lorentz, §89–92 Auszug aus *Versuch einer Theorie der elektrischen und optischen Erscheinungen in bewegten Körpern* (Leiden 1895), gedruckt unter dem Titel *Das Interferenzexperiment Michelsons* und als erste Arbeit der Sammlung gezeigt in Abb. 1.2.

Hendrik Antoon Lorentz *Niederländischer Physiker, 1853 - 1928*

Wikimedia, CC BY-SA 3.0-Lizenz

Nur drei Jahre nach seiner Promotion hat Lorentz 1878 den Lehrstuhl für theoretische Physik and der Universität Leiden angetreten, an der er bis zum Ende seines Lebens wirkte. Für die Interpretation des Zeeman-Effektes erhielt Lorentz zusammen mit P.Zeeman den Physiknobelpreis im Jahr 1902.

Schwerpunk seiner Forschung war die Maxwellsche Elektrodynamik. Die Kraft, die ein Elektron im elektromagnetischen Feld erfährt, wird nach ihm als Lorentzkraft bezeichnet. Im Jahr 1892 schlug er bei Interpretation des Michelson-Morley-Experiments eine Kontraktion bewegter Objekte in Bewegungsrichtung vor, die nach ihm benannte Lorentz-FitzGerald-Körperkontraktion. In den Jahren 1899 und 1904 versuchte Lorentz, eine Koordinatentransformation für die Maxwellgleichungen zu finden. Auch diese Transformation, die Lorentztransformation, trägt seinen Namen[a]. Lorentz' Beitrag zur Entwicklung der SR wird oft mit dem Beitrag von Einstein verglichen[b].

[a] Die Lorenz-Eichbedingung wird nicht nach H.A.Lorentz benannt.

[b] Seine diesbezüglichen enormen wissenschaftlichen Leistungen werden auf der englischen Wikipediaseite inhaltlich entstellt, die deutschen Wikipediaseite ist zuverlässiger (Stand Oktober 2018).

Wir folgern angesichts der Zeitdilatation, dass der neue Satz der Koordinatentransformationen neben den drei Raumkoordinaten auch die Zeittransformation beinhalten muss. Dies bedeutet, wir suchen nach einer Transformation der Koordinaten t, x, y und z eines in einem Bezugssystem S beobachteten Ereignisses zu neuen Koordinaten t', x', y' und z' desselben Ereignisses in einem relativ zu S mit der Geschwindigkeit $\mathbf{v}$ bewegten Bezugssystem S'.

Diese neue Transformation wird nach Lorentz benannt, wir sprechen von *Lorentzkoordinatentransformation* (LT) oder kurz Lorentztransformation. In der Tat, in mehreren Anläufen suchte Lorentz nach einer Koordinatentransformation, die mit Maxwells Gleichungen vereinbar war. Die letzte Arbeit dazu aus dem Jahr 1904[10] verfehlte ihr Ziel. Lorentz erkannte nicht, was Sir Joseph Larmor bereits 1899/1900 publiziert hatte, dass nämlich die Raumkoordinaten mit der Zeit verflochten sind und von der Zeit beeinflusst werden[11]. Die Benennung der Transformation hat Larmor Lorentz gewidmet, weil er (Larmor) nur das Problem löste, das Lorentz in seinem Werk erkannt hatte. In einer modernen Studie des Werkes von Larmor[12] findet sich

---

[10] H. A. Lorentz, „Electromagnetic phenomena in a system moving with any velocity less than that of light (Elektromagnetische Erscheinungen in einem System, das sich mit beliebiger Geschwindigkeit unterhalb der des Lichts bewegt)", *Proceedings of the Royal Netherlands Academy of Arts and Sciences,* **6**, pp 809–831 (1904); ins Deutsche übersetzt und nachgedruckt als zweite Arbeit der in Abb. 1.1 gezeigten Sammlung.

[11] J. Larmor, „On a dynamical theory of the electric and luminiferous medium," (Die dynamische Theorie des elektrizität- und lichttragenden Äthers) *Phil. Trans. Roy. Soc.* **190**, 205 (1897); J. Larmor, *Aether and Matter,* (Äther und Materie) Cambridge University Press (1900).

[12] M. N. Macrossan, „A note on relativity before Einstein," (Einige Bemerkungen zur Theorie der Relativität vor Einstein) *The British Journal for the Philosophy of Science* **37**, 232 (1986).

Henri Poincaré *Französischer Mathematiker und theoretischer Physiker, 1854-1912*

Wikimedia. CC BY-SA 3.0-Lizenz
Henri Poincaré in 1887
nach Eugène Pirou (1841-1909)

Jules Henry Poincaré war Absolvent des Jahrgangs 1875 der École Polytechnique in Paris. Ab Dezember 1879 lehrte er in Caen und ab Oktober 1881 hatte er einen Lehrauftrag an der Sorbonne in Paris. Er wurde am 1. Februar 1887 in die Académie de Sciences und am 5. März 1908 in die Französische Akademie gewählt.

Poincarés Forschungsgebiete waren vielfältig, seine Arbeit durch Orginalität gekennzeichnet. Er war ein hervorragender Mathematiker, der aber auch gerne auf dem Glatteis der Physik tanzte. Poincaré erkannte bei der Untersuchung des Dreikörperproblems als erster ein Beispiel für deterministisches Chaos in einem dynamischen System. Das gilt als Geburtsstunde der Chaostheorie. In der SR ist er insbesondere für die (Poincaréschen) Gruppeneigenschaften der Raumzeittransformationen bekannt.

auch die klare Aussage, dass dieser die erste vollständige Darstellung der LT erreicht hatte. Er hatte auch den Effekt der Zeitdilatation erkannt. Das wurde dem Autor etwa zum gleichen Zeitpunkt ja auch von John Bell mitgeteilt, siehe Einleitung.

Die Benennung der LT nach Lorentz wird von Henri Poincaré in einer kurzen Publikation wiederbelebt. In einem Bericht an die Französische Akademie kommentiert er die letzte Arbeit von Lorentz[13]. Bei dieser Vorstellung der richtigen und fehlerfreien *Lorentz*transformation behauptet Poincaré, dass er mit wenig Neuem (wenn überhaupt), die Arbeit von Lorentz ergänzt habe. Er habe nur die Resultate von Lorentz verifiziert und in einer unbedeutenden Weise korrigiert. Dieser Bericht enthält keine Ableitungen, aber die Bemerkung, die Resultate folgten aus der Einsicht, dass die Transformationen eine mathematische Gruppe bildeten. Diese mathematische Eigenschaft wird auch in der Einsteinschen Arbeit vermerkt, in der alle technischen Details in einer neuen Form genau vorgestellt werden und die ein neues Gebiet der Wissenschaft schafft. Der Autor dieses Buches glaubt, dass der schriftliche Bericht Poincarés zum erwähnten Vortrag vom 5. Juni 1905 erst nach der Fertigstellung der vollständigen Arbeit[14] verfasst wurde. Die lange Arbeit war sicherlich erst Mitte Juli fertig, da sie erst am 23. Juli 1905 eingereicht wurde.

Die vollständige und umfassende Formulierung der SR ist jedenfalls zum ersten Mal in der viel längeren und wissenschaftlich vollständigen Arbeit von Einstein zu

---

[13]H. Poincaré, »Sur la dynamique de l'électron«, (Über die Dynamik des Elektrons), *Comptes rendus de l'Académie des Sciences,* **140,** pp 1504–1508 (1905), mit einer Fußnote: Bericht zum mündlichen Vortrag bei einer Akademiesitzung vom 5. Juni, 1905.
[14]H. Poincaré, »Sur la dynamique de l'élctron«, (Über die Dynamik des Elektrons) *Rendiconti del Circolo Matematico di Palermo* **21**, pp 129–176 (December 1906).

sehen[15]. Diese Arbeit hat er in Deutsch verfasst. In den Annalen der Physik wird als Eingangsdatum von Einsteins Arbeit der 30. Juni 1905 angegeben, also mehr als drei Wochen vor Poincarés Arbeit. Die oft diskutierte Prioritätsfrage zwischen Poincaré und Einstein ist aber eigentlich ohne Bedeutung. Sir Joseph Larmor hat als erster die LT formuliert, siehe Ref. 12, während Einstein und Poincaré zwei sich ergänzende Beiträge lieferten, die zusammen die Grundlage der SR bilden. Einstein stellte die physikalischen Prinzipien und ihre Konsequenzen vor, während der Mathematiker Poincaré die Grundlagen festigte.

Einstein hat als erster eine auf fundamentalen Prinzipien fußende Herleitung der relativistischen Koordinatentransformation geliefert und mit seinem Beitrag die Tür zu einem neuen Bereich der Physik geöffnet, siehe Ref. 15. Als er seine vollständige Beschreibung der SR präsentierte, in der er keine andere Arbeit zitiert, war er Junior-Angestellter im Patentamt ohne Doktortitel, vergleichbar etwa einem Doktoranden ohne Stipendium. Seine Arbeit wurde in der wohl renommiertesten physikalischen Zeitschrift der Epoche vom Herausgeber Prof. Max Planck[16] veröffentlicht. Einige Monate später entdeckte und publizierte Einstein[17] $E = mc^2$, die zentrale Gleichung des zwanzigsten Jahrhunderts.

Zur historischen Abfolge: Einstein promovierte im Januar 1906 an der Universität Zürich und wurde im April 1906 zum technischen Experten zweiter Klasse beim Schweizerischen Patentamt befördert. Im Januar 1908 habilitierte er sich an der Universität Bern (venia docendi), eine um wenige Monate amtlich verzögerte Prozedur. Doch zur Zeit seiner Habilitation war Einstein erst 28 Jahre alt.

Einstein verwendete bei seiner Herleitung der Lorentztransformation folgende allgemeine Prinzipien, siehe Kap. 6:

1. Die Isotropie des Raumes und die Homogenität der Raumzeit. Dies wird in Einführungen zur SR selten erwähnt.
2. Das Relativitätsprinzip, hier die Äquivalenz aller Inertialbeobachter.
3. Die Universalität der Lichtgeschwindigkeit c.

Es sind keine weiteren stillschweigenden oder kontextbezogenen Annahmen erforderlich. Dies bedeutet insbesondere, dass das Medium, in dem sich elektromagnetische Wellen ausbreiten, von einem Beobachter nicht wahrnehmbar ist. Das ist ein Punkt, den Einstein in seinem Werk von 1905 betont hat.

Im Jahre 1911 stellte Paul Langevin eine allgemeinere Hypothese über den Äther vor: Er behauptet, dass beschleunigte Körper mit dem Äther wechselwirken. Nach Abschluss der Gravitationstheorie kehrte Einstein zu dieser These zurück. Er führte 1919/1920 den nicht-wägbaren (wir würden heute sagen, nicht materiellen) Äther ein. Wir beschreiben diese Entwicklungen in Abschn. 2.3.

---

[15]A. Einstein, „Zur Elektrodynamik bewegter Körper,“ *Annalen der Physik,* **17** 891 (1905).

[16]Max Planck (1858–1947), renommierter deutscher theoretischer Physiker, nach dem das (Plancksche) Wirkungsquantum h benannt ist und dem 1918 der Physiknobelpreis verliehen wurde, förderte Einstein und die SR von Anfang an.

[17]A. Einstein, „Ist die Trägheit eines Körpers von seinem Energieinhalt abhängig,“ *Annalen der Physik* **187,** 639 (1905); Eingegangen am 27. September 1905.

1.4   Höhepunkte der Entwicklung der Relativitätstheorie

Wir wollen kurz die Entwicklungen zusammenfassen, die zu Einsteins Formulierung der SR geführt haben:

1. Innerhalb der Maxwell-Theorie breiten sich die elektromagnetischen Wellen mit der gleichen Geschwindigkeit wie Licht aus. Licht ist eine elektromagnetische Welle.
2. Die Lichtgeschwindigkeit ist universell. Im Vakuum hat sie immer denselben Wert. Dabei spielt es keine Rolle, wo sie gemessen wird, ob in einem Labor auf der Erde oder im interstellaren Raum. Es ist auch unerheblich, bei welcher Wellenlänge sie gemessen wird.
3. Da die EM-Wellengeschwindigkeit universell ist, kann die Maxwell-Theorie unter galileischen Transformationen nicht invariant sein.
4. Das Michelson-Morley-Experiment zeigt, dass absolute Bewegung nicht nachweisbar ist. Das Ergebnis des Experiments wird mit Hilfe der Lorentz-FitzGerald-Körper-Kontraktions-Hypothese interpretiert. Larmor entdeckt die Zeitdilatation.
5. Einstein zeigt, wie das galileische Relativitätsprinzip mit diesen Einsichten in Einklang gebracht werden kann: Die Geschwindigkeit des Lichts ist unabhängig von der Bewegung der Quelle oder des Beobachters. Das verlangt die Nicht-Universalität der Körperlänge und der Zeit.

Wir stellen jetzt in chronologischer Reihenfolge eine subjektive Auswahl der für die Entwicklung der SR wichtigsten wissenschaftlichen Arbeiten vor.

1863 Mach (1838–1916)	***Die Mechanik in ihrer Entwicklung. Historisch-kritisch dargestellt*** Mach, Ernst *Die Mechanik in ihrer Entwicklung. Historisch–kritisch dargestellt.* (Leipzig: F. A. Brockhaus, erste Ausgabe 1863 – sechste Ausgabe 1908) Nachdruck: (Forgotten Books, ISBN-10: 1332364276, 2018)
1856–1873 Maxwell (1831–1879)	**Eine dynamische Theorie des elektromagnetischen Feldes** Maxwell, James Clerk *A Dynamical Theory of the Electromagnetic Field, Philosophical Transactions of the Royal Society of London* **155** (1865) 459–512. Begleitartikel zur Vorstellung von Maxwell am 8. December 1864 bei der Royal Society. Das Werk sollte zusammen mit den Publikation der Jahre 1856 and 1862 und seiner Monographie von 1873 *A Treatise on Electricity and Magnetism* als eine Einheit gesehen werden
1887 Michelson (1852–1931) & Morley (1838–1923)	**Über die Relativbewegung der Erde und des lichttragenden Äthers** Michelson, Albert, and Morley, Edward *On the Relative Motion of the Earth and the Luminiferous Aether, The American Journal of Science and Arts* **34** 333–345 (1887)
1889 FitzGerald (1851–1901)	**(1) Der Äther und die Erdatmosphäre; (2) Siehe: *George Francis FitzGerald*** (1) FitzGerald, George Francis *The Ether and the Earth's Atmosphere, Science* **13** 390 (1889); (2) Dennis Weaire, Herausgeber *George Francis FitzGerald* (Living Edition 2009)

1897–1900 Larmor (1857–1942)	**(1) Die dynamische Theorie des elektrizität- und lichttragenden Äthers; (2)** *Äther und Materie* Larmor, Joseph (1) *On a Dynamical Theory of the Electric and Luminiferous Medium, Phil. Trans. Roy. Soc.* **190** 205–300 (1897); (2) *Aether and Matter* (Cambridge, 1900)
1904 Lorentz (1853–1928)	**Elektromagnetische Erscheinungen in einem System, das sich mit beliebiger Geschwindigkeit unterhalb der des Lichts bewegt** Lorentz, Hendrik A *Electrodynamic Phenomena in a System Moving with any Velocity Smaller than that of Light, Proceedings de l'Académie d'Amsterdam (KNAW)* **6** 809–831 (1904)
1905 Einstein (1879–1955)	**(1) Zur Elektrodynamik bewegter Körper; (2) Ist die Trägheit eines Körpers von seinem Energieinhalt abhängig?** Einstein, Albert (1) *Zur Elektrodynamik bewegter Körper, Annalen der Physik* **17** 891–921 (June 1905); (2) *Ist die Trägheit eines Körpers von seinem Energieinhalt abhängig? Annalen der Physik* **18** 639–641 (September 1905)
1905/1906 Poincaré (1854–1912)	**(1) Die Dynamik des Elektrons; (2) Über die Dynamik des Elektrons** Poincaré, Henri (1) *La Dynamique de l'Électron. Comptes Rendue de L'Académie de Sciences* **140** 1504–1508 (June 1905); (2) *Sur la dynamique de l'électron, Rendiconti del Circolo Matematico di Palermo* **21** 129–176 (December 1906)
1907 von Laue (1879–1960)	**Die Mitführung des Lichtes durch bewegte Körper nach dem Relativitätsprinzip** von Laue, Max *Die Mitführung des Lichtes durch bewegte Körper nach dem Relativitätsprinzip, Annalen der Physik* **23** 989–990 (1907)
1911 Langevin (1872–1946)	**Die Evolution des Raums und der Zeit** Langevin, Paul *L'Évolution de L'Espace et du Temps, Scientia* **X** 31–54 (1911); und englische Übersetzung von J.B. Sykes, *Scintia* **108** 285–300 (1973)

Zusammenfassung

Um Raum und Zeit messen zu können, benötigen wir ein genaues Verständnis der Lichtgeschwindigkeit. Wir beschreiben die jahrhundertelangen Anstrengungen zu ihrer Bestimmung. Die erforderlichen Messungen bezogen sich auf die Lichtausbreitung auf der Erde und zwischen den Sternen. Maxwell erkannte, dass die Geschwindigkeit des Lichts die der elektromagnetischen Wellen ist. In einer Nebenbetrachtung beschreiben wir den Begriff des Lichtäthers und seine Entwicklung.

2.1 Vermessen von Raum und Zeit: Internationales SI-Einheitensystem

Die Fragen *Wie spät ist es?* und *Wo sind wir?* gehören in gewisser Weise zusammen, denn sie legen nach Kap. 1 ein Ereignis fest. Um die Fragen zu beantworten, wird ein Maßsystem benötigt. Wir halten uns in diesem Buch an das Internationale Einheitensystem (SI), denn nach ihm wird in der Regel unterrichtet. Wir werden auf die Wahl der SI-Einheiten bei der Einführung zusätzlicher elementarer Energieeinheiten auch später nochmals eingehen, siehe Überblick 16.1 zum Thema *Elementare Energieeinheiten*. Im Bereich der elektromagnetischen Phänomene werden wir im Überblick 21.1 zum Thema *SI und Gauß-EM-Einheiten* auch diese beiden oft benutzten Systeme gegenüberstellen.

SI-Einheitensystem

Die Messung der Zeit orientiert sich seit Tausenden von Jahren an Erfahrungen im täglichen Leben und astronomischen Beobachtungen. So entstand die Zeiteinheit als bestimmter Bruchteil ($1/86\,400 = 1/24 \times 1/60 \times 1/60$) einer mittleren Tageslänge. Heute benutzt jede Armbanduhr einen etwas modifizierten, aber universell

© Springer-Verlag GmbH Deutschland, ein Teil von Springer Nature 2019

J. Rafelski, *Spezielle Relativitätstheorie heute*,

https://doi.org/10.1007/978-3-662-59420-9_2

exakt festgelegten Wert. Seit 1967 ist die *wissenschaftliche* Sekunde exakt das 9 192 631 770 fache der Periodendauer der Strahlung, die dem Übergang zwischen den beiden Hyperfeinstrukturniveaus des Grundzustandes des Cäsium-133 Atoms entspricht. Diese Definition macht den Cäsiumoszillator (als Atomuhr bezeichnet) heute zum primären Standard der Zeitmessungen. Es ist hier zu beachten, dass wir als Einheit der Zeit die Körpereigenzeit einer Uhr verwenden.

Bei Einführung des SI-Einheitensystems wurde die Einheit der Länge, der Meter, praktisch willkürlich gewählt, ursprünglich als der 40-millionste Teil des Erdumfangs und bis 1960 verkörpert im sogenannten Urmeter, einem Standardbarren aus Platin-Iridium. Eine Folge der Definitionen von Zeit und Länge war der Wert der Lichtgeschwindigkeit[1] c, denn sie stellt eine Verbindung zwischen diesen beiden Einheiten dar. Die Erkenntnis ihrer Universalität hat eine anderes Vorgehen ermöglicht, das seit 1983 Bestand hat. Im SI-Einheitensystem gilt jetzt:

1. Die Lichtgeschwindigkeit c wird nicht mehr gemessen, sie hat einen definierten Wert

$$c \equiv 299\,792\,458\ \frac{\text{m}}{\text{s}}. \tag{2.1}$$

2. Die Einheit Meter ist nun durch die Distanz festgelegt, die das Licht in einer bestimmten Zeit im Vakuum zurücklegt

$$1\,\text{m} \equiv c\ \frac{1\,\text{s}}{299\,792\,458}. \tag{2.2}$$

Die Genauigkeit der Abstandsmessung wird begrenzt durch die Zeitmessung, die sehr präzise ist. Diese Definition verändert jedoch die Bedeutung der Längeneinheit. Sie ist nicht mehr die Länge eines Körpers, sondern ein räumlicher Abstand, also eine Eigenschaft der Raumzeit. Die Zeiteinheit dagegen ist die Eigenzeit einer materiellen Uhr.

---

[1] Wie der Buchstabe c zum Symbol der Lichtgeschwindigkeit wurde, wird in dem Artikel von K.S. Mendelson, „The story of c", (Über die Geschichte von c) *Am. J. Phys.* **74**, 995 (2006) beschrieben. Einige relevante Punkte dieses Artikels: Einstein wechselte drei Jahre nach der Entwicklung der Relativitätstheorie seine Schreibweise von V zu c. Warum c? W. Weber, der in der Zeitperiode vor Maxwell die magnetischen Kräfte interpretierte, benutzte wie viele noch die latinisierte Schreibweise *Constante* für Konstante. Auch das lateinische Wort für Geschwindigkeit *celeritas,* beginnt mit c, doch erscheint diese Interpretation explizit erst 1959 in dem Artikel von I. Asimov *c for celeritas*, publiziert in *The Magazine of Fantasy and Science Fiction*. Die allgemeine Schreibweise c folgt der Arbeit von M. Abraham aus dem Jahre 1903 „Prinzipien der Dynamik des Elektrons", *Ann. Phys.* **10**, 105 (1903), verstärkt durch sein einflussreiches Lehrbuch aus dem Jahr 1904: M. Abraham und A. Föppl *Theorie der Elektrizität: Einführung in die Maxwellsche Theorie der Elektrizität* (Leipzig, Teubner 1904). Wir wollen auch nicht vergessen, dass angesichts der Bildungsnormen der Zeit, Abraham mit Sicherheit die lateinische Sprache kannte. Deshalb war ihm bestimmt bekannt, dass celeritas Geschwindigkeit bedeutet. Man beachte auch, dass Larmor in seinem Buch aus dem Jahr 1900 *Æther and Matter,* (Äther und Materie) den (kapitalisierten) Buchstaben C benutzte.

In der Astronomie ist es üblich, den Abstand von Sternen mit Hilfe der vom Licht in einem Jahr zurücklegten Strecke, dem Lichtjahr (Lj), anzugeben. Nach der Internationalen Astronomischen Union (IAU), ist die Einheit 1 Lj definiert als die Entfernung, die das Licht im Vakuum während eines *Julian*jahres (Jj) zurücklegt, das sind Jj= 31 557 600 s. Damit ist ein Lichtjahr per definitionem

$$1\,\mathrm{Lj} = 9{,}460\,730\,472\,588 \cdot 10^{15}\,\mathrm{m}. \tag{2.3}$$

Eine natürliche Laboreinheit ist die Licht-Nanosekunde, der milliardste Bruchteil der Lichtsekunde $\equiv 1\,\mathrm{c\,ns} \equiv 0{,}2997\,\mathrm{m}$. Das entspricht fast genau der amerkanischen Längeneinheit, dem Fuß ($1\,\mathrm{ft} \simeq 0{,}3048\,\mathrm{m}$). Es ist nützlich, wenn der Leser sich daran erinnert: Das Licht braucht etwas mehr als eine Nanosekunde, um einen Fuß weit zu kommen[2].

Natürliche Einheiten

Eine breite Mehrheit der theoretischen Physiker benutzt ein natürliches Einheitsystem. Wie oben besprochen, wird die Zeit zur Definition der Längeneinheit verwendet. Man könnte sie auch direkt bei der Messung schon einsetzen: Das Beispiel eines fiktiven Besuchs beim Arzt soll das illustrieren. Die Arzthelferin bestimmt die Körpergröße des Patienten folgendermaßen: Sie löst einen Laserpuls an den Füßen aus, der an einem Spiegel oberhalb des Kopfes abprallt und wieder an den Füßen registriert wird. Eine genaue Uhr misst die für Hin- und Rückweg vergangene Zeit. Nach einer Multiplikation mit c ergibt sich die Körpergröße.

Nun stellt sich aber doch die Frage, ob der letzte Schritt überhaupt gebraucht wird. Kommt man mit der Zeitmessung als Mass für die Körpergröße aus? Das passiert, wenn wir c selbst als Einheit benutzen und neu definieren

$$\text{Lichtgeschwindigkeit} \equiv c = \frac{\text{Lichtentfernung}}{\text{Zeit}} = \frac{1\,\text{Licht}\cdot\text{s}}{1\,\text{s}}$$
$$= 1\,(\text{Licht} = \text{ohne Einheiten}). \tag{2.4}$$

Auf diese Art werden Messungen von Zeit und Länge vereint, und wir sehen:

a) Der Unterschied zwischen den Einheiten der Länge und der Zeit wird aufgegeben.
b) Der wirkürliche Faktor 299 792 458 aus Gl. (2.2), der die gewohnten Raumeinheiten aus der Zeit bestimmt und nur historischen Ursprung hat, verschwindet.

---

[2]Tatsächlich wäre $1\,c\,\mathrm{ns} \simeq 0{,}9833\,\mathrm{ft} \equiv 1$,lns' (Licht-Nanosekunde) zufallsbedingt eine recht gute Einheit der Länge sowohl im wissenschaftlichen Bereich als auch im Alltag. Einige lästige Faktoren würden dann aus den Tabellen der SI-Einheiten verschwinden. Beispielsweise würde sich Gl. (2.2) vereinfachen zu $c = 10^9\,\mathrm{lns/s}$. Es wäre gut vorstellbar, dass ein auf lns aufbauendes Einheitensystem weltweit Akzeptanz fände.

c) Wir können von nun an entweder: a) die Laufzeit des Lichtes zur Bestimmung
   eines Abstandes benutzen (wie im Lichtjahr), oder: b) bei Vorgabe eines Abstandes mit der Lichtlaufzeit die Zeiteinheit definieren (wie in einer Lichtspiegeluhr).

Offenbar ermöglicht die Universalität der Lichtgeschwindigkeit eine einfache Beziehung zwischen den Einheiten von Raum und Zeit. Wir werden in diesem Buch sehen,
dass neben t praktisch immer der Faktor c erscheinen wird, d. h. wir messen die Zeit
in Einheiten einer Länge. Wenn man das verabredet, ist der Faktor c in ct eigentlich
überflüssig und kann entfallen. Geht man so vor, so arbeitet man mit den sogenannten
natürlichen Einheiten. Der Leser wird deshalb in vielen anderen Büchern dieselben
Gleichungen wie hier ohne c sehen. In diesem Buch bleiben wir aus rein didaktischen
Gründen beim SI-Einheitensystem und behalten den Faktor c bei.

2.2   Lichtgeschwindigkeit

Viele verschiedene präzise Messungen der Lichtgeschwindigkeit waren notwendig,
um die universelle Natur von c zu erkennen. Wir werden beschreiben, wie man
erkannt hat, dass die Lichtgeschwindigkeit im weiten Universum und im Labor gleich
ist und dass c unabhängig vom Bewegungszustand der Quelle und des Beobachters ist. Es waren diese innerhalb von zwei Jahrhunderten erzielten experimentellen
Ergebnisse, die zur Entwicklung der SR geführt haben.

Lichtgeschwindigkeit in der Astronomie

Das Licht hat Wissenschaftler seit Jahrtausenden fasziniert. Doch erst im 17. Jahrhundert hat die Erfindung des Teleskops die Möglichkeit eröffnet, seine Ausbreitungsgeschwindigkeit als eine endlich Größe zu erkennen und zu messen. Um 1679
arbeitete Ole Römer, ein dänischer Astronom und späterer Staatsmann, am Pariser
Observatorium. Bei Beobachtungen des Jupitermondes Io fand Römer heraus, dass
dessen Umlaufzeit um Jupiter während des Jahres geringfügig schwankt. Ihm war
damals schon bekannt, dass die Umlaufzeit eines Mondes eigentlich konstant sein
müsste. Römer entdeckte, dass die Schwankungen ihren Ursprung in einem endlichen Wert der Lichtgeschwindigkeit c hatten.
  Römer korrespondierte mit Christiaan Huygens, der den Effekt eingehend untersuchte. Sowohl Römer als auch Huygens betrachteten die Zeit, die das Licht braucht,
um von Io zu einem Erdbeobachter zu gelangen. Das Licht muss eine zusätzliche Strecke zurücklegen, wenn sich Jupiter und Erde während eines Io-Orbits (42 Stunden)
voneinander entfernen. Diese zusätzliche Entfernung, die das Licht zurücklegen
muss, vergrößert die auf der Erde beobachtete Umlaufzeit. Analog verkürzt sich
die Lichtwegstrecke, wenn sich Jupiter und Erde einander nähern. In diesem Fall
wird die beobachtete Umlaufzeit von Io vermindert. Der Effekt kumuliert mit jedem
Umlauf von Io. Die Wirkung der Erdbewegung dominiert dabei die Bewegung des

Jupiters. Jupiter ist um einen Faktor 2,3 langsamer und benötigt 12 Erdjahre für seine größere Umlaufbahn.

Um den Einfluss der Orbitalbewegung der Erde zu bestimmen, erinnern wir daran, dass Licht ungefähr 1000 Sekunden benötigt, um den Durchmesser D der Erdbahn um die Sonne zu durchqueren. Die Erde verändert also auf dem Umweg über einen Halbkreis während eines halben Jahres ihre Entfernung zum Io um ungefähr 16 Lichtminuten. In dieser Zeit hat Io etwa hundert Umläufe vollendet. Bei der Analyse der Ergebnisse von Römer erhielt Huygens $c \simeq 220\,000$ km/s (umgerechnet von Einheiten des 17 Jh. in SI-Einheiten). Der Unterschied zum wahren Wert wird heute auf die Qualität der verfügbaren astronomischen Daten und nicht auf Mängel in der theoretischen Analyse zurückgeführt.

Die Lichtgeschwindigkeit wurde zuerst von James Bradley[3] genau ermittelt, der mit Samuel Molyneux[4] bis zu dessen Tod im Jahre 1728 zusammenarbeitete. Sie wollten die Parallaxe des Sterns Gamma Draconis (auch 33 Draconis genannt) im Zenit von London messen. Der Zenit an einem Ort ist ein imaginärer Punkt am Himmel in Verlängerung der Richtung der scheinbaren Gravitationskraft. Die Idee, Gamma Draconis zu erforschen, geht auf ein Experiment zurück, das Hooke[5] 1669 durchführte. Hooke behauptete, am Himmel eine Parallaxebewegung bei Gamma-Draconis entdeckt zu haben, aber sein Ergebnis wurde durch die folgenden Arbeiten nicht bestätigt:

Hooke sah wohl, was er in einer Reihe von Messfehlern sehen wollte[6].

Die Parallaxe ist die Winkeldifferenz zwischen den Sichtlinien zweier ruhender Beobachter, die ein Objekt von verschiedenen Positionen aus anvisieren. Die Parallaxenmethode wird häufig zur Bestimmung von Entfernungen verwendet. In der heutigen Astronomie wird der Abstand als die Hälfte der Parallaxe definiert, um die sich ein Stern während eines Erdumlaufs um die Sonne relativ zur Himmelssphäre bewegt. Die astronomische Längeneinheit Parsec (pc) entspricht einer halben Erdorbit-Parallaxe von einer Bogensekunde: $1\,\mathrm{pc} \equiv 3{,}261\,563\,8\,\mathrm{Lj} \equiv 1''$. Die Messung der Gamma Draconis-Parallaxe von $(21{,}2 \pm 0{,}1) \times 10^{-3}\,{}''$ entspricht damit einer Sternendistanz von $R = 154{,}5 \pm 0{,}7\,\mathrm{Lj}$.

---

[3]James Bradley (1693–1762), Englischer Astronom, Royal Astronomer ab 1742. Bradley wurde 1721 auf den Savilian Lehrstuhl der Astronomie in Oxford berufen und lieferte den ersten direkten Beweis für die Bewegung der Erde um die Sonne sowie eine präzise Messung der Lichtgeschwindigkeit, basierend auf dem neu entdeckten Aberrationseffekt.
[4]Samuel Molyneux (1689–1728), Mitglied des britischen Parlaments und Amateurastronom, Fellow der Royal Society. Molyneux beauftragte und bezahlte die Konstruktion von präzisen Teleskopen und engagierte James Bradley.
[5]Robert Hooke (1635–1703), Oxford Naturphilosoph und Polymath, Gegner von Newton. Das Hookesche Gesetz ist nach ihm benannt.
[6]Todd K. Timberlake, „Seeing Earth's Orbit in the Stars: Parallax and Aberration" (Die Bewegung der Erde im Sternenhimmel beobachtet: Parallaxe und Aberration) *Phys. Teach.* **51**, 478 (2013), siehe auch arXiv:1208.2061 [physics.hist-ph].

Nach dreijähriger Arbeit entdeckten Molyneux und Bradley jedoch einen anderen Effekt, die Aberration des Lichts. Wie sich bald herausstellte, konnte damit die Lichtgeschwindigkeit mit beispielloser Präzision gemessen werden. Die (stellare) Aberration wird im Detail in Abschn. 13.3 behandelt. Die beobachtete Himmelsbewegung von Gamma Draconis bestand aus einer nahezu kreisförmigen Bewegung um den Zenit. Diese Bewegung war relativ groß und die Merkmale ihrer jährlichen Periodizität waren nicht mit dem erwarteten Parallaxeneffekt erklärbar.

Der Effekt der durch die Relativbewegung verursachten Lichtaberration der Sichtlinie kann am Beispiel eines Autos betrachtet werden, das durch einen Schneesturm fährt. Beim Einfahren in die fallenden Schneeflocken neigt sich der scheinbare Auftreffwinkel auf die Windschutzscheibe etwas in die horizontale Richtung. Im Extremfall, also wenn die Fahrtgeschwindigkeit deutlich schneller als die Fallgeschwindigkeit ist, scheinen die Schneeflocken nicht zu fallen. Die Wagenbewegung bewirkt also eine Aberration der Einfallsrichtung: Statt von oben, ‚fallen‘ die Schneeflocken von vorne. Die Kenntnis der Geschwindigkeit des Autos gestattet sogar eine Messung der Fallgeschwindigkeit der Schneeflocken. Analog dazu sind Abweichungen der Sichtlinie von Gamma Draconis auf Änderungen der Geschwindigkeit des Erdbeobachters relativ zum beobachteten Stern zurückzuführen und daraus kann dann die Lichtgeschwindigkeit bestimmt werden.

Glücklicherweise liegt der Standort von Gamma Draconis nahe der Ekliptik, in der sich die Erde um die Sonne bewegt. Deshalb hängt die Himmelsbewegung von Gamma Draconis in einer relativ einfachen Weise mit der Erdbewegung um die Sonne zusammen. Das führte Bradley kurz nach Molyneuxs Tod im Jahre 1728 zu der Erkenntnis, dass der Aberrationseffekt auf diese Bewegung der Erde zurückzuführen sein müsste. Die Änderung ergibt sich aus der damals bekannten Orbitalgeschwindigkeit der Erde von etwa $\simeq \pm 30\,\text{km/s}$.

Astronomen kennen den grundlegenden Unterschied zwischen dem Parallaxeneffekt und dem Aberrationseffekt, auch wenn das Beobachtungsergebnis auf den ersten Blick dasselbe ist, nämlich eine kreisförmige Bewegung eines Sterns am Himmel. Die Parallaxenverschiebung ist eine Funktion der Sternentfernung im Vergleich zum Abstand zweier Beobachterpositionen auf der Erdbahn (maximal Erdbahndurchmesser). Dagegen hängt der Aberrationseffekt von der Bewegung ab.

Es ist gerade in der *Relativitäts*theorie wichtig, dass der Aberrationseffekt durch die *Relativ*geschwindigkeit zwischen Erdbeobachter und Lichtquelle und den Zusammenhang zwischen Geschwindigkeitsvektor und scheinbarer Sichtlinie des Stern bestimmt wird. Deshalb kann dieser Effekt von der Erde aus für einen Zenitstern ohne zusätzliche Kenntnis des Zustands des beobachteten Sterns zur Bestimmung der Lichtgeschwindigkeit verwendet werden. Wie dies möglich ist, erfahren Sie in der detaillierten Berechnung in Abschn. 13.3. Das Verständnis des Effekts der Lichtabweichung beruht auf der Anwendung der Prinzipien der SR und ist ohne Vorbereitung und gründliches Studium dieser Prinzipien nicht sinnvoll, wenn Missverständnisse vermieden werden sollen.

Bradley bestimmte die Lichtgeschwindigkeit über den Aberrationswinkels mit einer nichtrelativistischen Version des in Abschn. 13.3. besprochenen Effekts. Sein Resultat $c = 301\,000$ km/s blieb bis zur nachfolgend vorgestellten terrestrischen Messung Mitte des 19. Jahrhunderts durch Fizeau und Foucault 130 Jahre lang der beste Wert. Bradleys Methode ist auch noch von anderer Bedeutung. Ein Wert, der aus den Weiten des Universums bestimmt wurde, half mit zu der Erkenntnis der Universalität der Lichtgeschwindigkeit, nachdem die Messungen auf der Erde später auf den gleichen Wert führten.

Terrestrische Messung der Lichtgeschwindigkeit

Die erste Messung der Lichtgeschwindigkeit an der Erdoberfläche wurde von Louis Fizeau[7] durchgeführt. Er benutzte zwei feststehende Spiegel, von denen einer durch ein rotierendes Zahnrad teilweise verdeckt war. Der von Fizeau 1849 für die Lichtgeschwindigkeit ermittelte Wert war um 5 % zu hoch. Ein Jahr später verwendeten Fizeau und Foucault[8] eine stark verbesserte Vorrichtung. Ein an einem 35 km entfernten konkaven Spiegel reflektiertes Lichtsignal wurde von einem rotierenden Laborspiegel empfangen (siehe Abb. 2.1). Der sich mit der Winkelgeschwindigkeit ω drehende Spiegel im Labor bewegt sich geringfügig wahrend der Zeit, die das Licht für Hin- und Rückweg zum Konkavspiegel braucht. Der zurückkehrende Lichtstrahl wird daher um einen kleinen Winkel ϕ' vom Originalstrahl abgelenkt. Eine ausführlichere Diskussion des Fizeau-Foucault-Experiments findet sich in Übung 2.1 in diesem Kapitel.

Im Jahr 1862 erreichte Foucault eine Genauigkeit, die den Bradleyschen Messungen vergleichbar war, $c = 298\,000 \pm 500$ km/s. Dieses Ergebnis war so dicht an Bradleys Ergebnis, dass die Vorstellung einer universellen Natur der Lichtgeschwindigkeit nahe lag. Ein Bericht unter dem Titel *Lichtgeschwindigkeit*, der 1886 im Journal *Nature*[9] erschien, dokumentiert die vielen Anstrengungen, die im Verlauf des 19. Jahrhunderts noch unter dem historischen Konzept des Äthers zur Messung der Lichtgeschwindigkeit unternommen wurden. Man erfuhr damals, dass Licht sich auf der Erdoberfläche mit der gleichen Geschwindigkeit bewegt wie zwischen den Sternen. Darüber hinaus war bekannt, dass Licht im Gegensatz zu Schall den luftleeren Raum durchdringt.

---

[7] (Armand- Hippolyte-) Louis Fizeau (1819–1896), Französischer Physiker. 1849 veröffentlichte er das Ergebnis der ersten terrestrischen Messung der Lichtgeschwindigkeit. 1850 wurde diese Messung zusammen mit Foucault erheblich verfeinert. 1851 demonstrierte Fizeau die Fresnelsche Lichtmitführung (siehe Übung 7.12).

[8] (Jean Bernard) Léon Foucault (1819–1868), Französischer Physiker. 1850 führte Foucault zusammen mit Louis Fizeau eine exakte terrestrische Messung der Lichtgeschwindigkeit durch. Foucault ist für die Vorführung des nach ihm benannten Pendels im Jahr 1851 weltberühmt.

[9] *Nature* (1986) pp 29–32, 13. Mai 1886.

Abb. 2.1 Das Prinzip des Fizeau-Foucault-Experiments zur Messung der Lichtgeschwindigkeit: Oben: Ein Strahl der Lichtquelle wird am rotierenden Spiegel reflektiert und legt die Strecke l zu einem Konkavspiegel zurück, an dem er wieder reflektiert wird und nach nahezu demselben Weg wieder auf den nun etwas anders orientierten Spiegel trifft, da der sich inzwischen weitergedreht hat. Der zweifach reflektierte Lichtstrahl bildet mit dem ursprünglichen Strahl einen (kleinen) Winkel ϕ'. Unten: zwei Stufen (**a**) und (**b**) der Drehspiegelgeometrie, siehe Übung 2.1

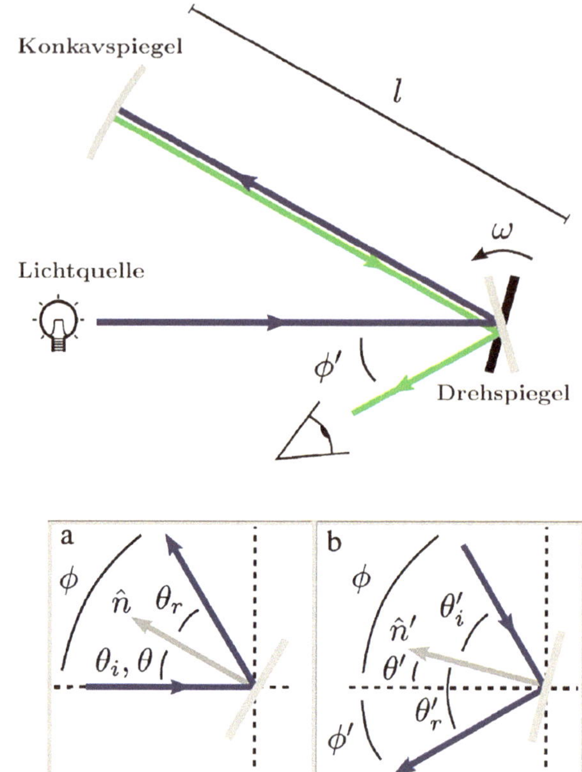

Übung 2.1 Das Fizeau-Foucault Experiment

Ermitteln Sie den Ablenkwinkel ϕ' in Abb. 2.1 beim Fizeau-Foucault-Experiment als eine Funktion der Winkelgeschwindigkeit ω und des Abstandes l zum Konkavspiegel. Bestimmen Sie den zu erwartenden numerischen Wert von ϕ' für eine Entfernung von $l = 35\,\mathrm{km}$ zwischen Drehspiegel und Konkavspiegel bei einer Winkelgeschwindigkeit von $\omega = 10\,\mathrm{Umdrehungen/s} = 20\pi\,\mathrm{rad/s}$. Diskutieren Sie die möglichen Fehlerquellen bei diesem Experiment.

Lösung

Im unteren Bilddetail (a) von Abb. 2.1 sehen wir die Anfangsstellung des rotierenden Spiegels. Das Lichtsignal fällt entlang der Horizontalen unter einem Winkel $\theta_i = \theta$ gegen die Normalenrichtung $\hat{n}$ des Spiegels ein. Es wird nach dem Reflexionsgesetz symmetrisch zur Normalenrichtung reflektiert.

$$\theta_r = \theta_i = \theta. \tag{1}$$

Deshalb ist der Gesamtwinkel zwischen einfallendem und reflektiertem Strahl

$$\phi = 2\theta. \tag{2}$$

Das Licht wird ohne Richtungsänderung unter demselben Winkel ϕ zur Horizontalen am Konkavspiegel zurückgeworfen. Die Zeit für den Lichtweg vom Drehspiegel zum Konkavspiegel und zurück beträgt

$$\Delta t = \frac{2l}{c}. \tag{3}$$

In dieser Zeit hat sich der Spiegel um einen Winkel $\Delta\theta$ gedreht, und bildet einen neuen Winkel θ' mit der Horizontalen, wie im unteren Detail (b) von Abb. 2.1 zu sehen ist. Diesen Drehwinkel $\Delta\theta$ erhalten wir aus der Winkelgeschwindigkeit ω des Spiegels

$$\Delta\theta = \omega\Delta t = \frac{2l\omega}{c}, \qquad \theta' = \theta - \Delta\theta. \tag{4}$$

Wir erkennen in (b) von Abb. 2.1 als neuen Einfallswinkel des zurückkommenden Lichtstrahls

$$\theta_i' = \phi - \theta'. \tag{5}$$

Nach dem Reflexionsgesetz ist $\theta_i' = \theta_r'$ und wir erhalten mit Hilfe von Gl. 4 den Endausdruck für die Winkelabweichung ϕ' von der Horizontalen

$$\phi' = \theta_r' - \theta' = \phi - 2\theta' = 2\theta - 2\theta' = 2\Delta\theta = \frac{4l\omega}{c}. \tag{6}$$

Mit $l = 35\,\text{km}$ und $\omega = 20\pi\,\text{rad/s}$ erwarten wir eine Abweichung der Größenordnung

$$\phi' \approx \frac{\pi}{100}\,\text{rads} = 1{,}7°. \tag{7}$$

Umgekehrt gestatten eine genaue Messung von ϕ', eine bekannte Entfernung l und eine vorgegebene Rotationsfrequenz ω die Bestimmung der Lichtgeschwindigkeit

$$c = \frac{4l\omega}{\phi'}, \tag{8}$$

mit einem Fehler δc

$$\delta c \equiv \delta\phi'\,\frac{\partial c}{\partial\phi'} = -\delta\phi'\,\frac{4l\omega}{\phi'^2} \quad \rightarrow \quad \frac{\delta c}{c} = -\frac{\delta\phi'}{\phi'}. \tag{9}$$

Neben dem Messfehler in ϕ' könnten sich Abweichungen bei Bestimmung der Distanz l oder der Rotationsfrequenz ω ergeben, aber normalerweise wird der Messfehler vor allem durch $\delta\phi'/\phi'$ bestimmt.

James Clerk Maxwell *Britisch-schottischer Physiker, 1831–1879*

am Trinity College 1854 mit einem Abschluss in Mathematik ab.

Maxwell wurde 1855 Fellow des Trinity College. Ein Jahr später kehrte er als Professor für Naturphilosophie am Marischal College in Aberdeen nach Schottland zurück. Nach einer akademischen Umstrukturierung wurde er entlassen und wechselte 1860 zum King's College in London. 1871 zog er in das neu gestiftete Cavendish Laboratory in Cambridge.

Betrachtet man die Geschichte der Menschheit aus jahrtausendelanger Perspektive – sagen wir in etwa zehntausend Jahren – kann es wenig Zweifel geben, dass die Entdeckung der Gesetze der Elektrodynamik von Maxwell als das wichtigste Ereignis des 19. Jahrhunderts bewertet wird.

(Richard P. Feynman, *Vorlesungen über Physik*, Band II)

Wikimedia, CC BY-SA 3.0-Lizenz
Gepunktete Gravur von G. J. Stodart nach einer Lithografie von Fergus of Greenack

Maxwell begann sein Studium im Alter von 16 Jahren an der University of Edinburgh. Er zog 1850 nach Cambridge und schloss sein Studium

Geschwindigkeit der elektromagnetischen Wellen

Bereits vor mehr als 150 Jahren wurde das, was wir heute SR nennen, unausgesprochen Teil der wissenschaftlichen Grundlagen. Als Begründung dient uns ein Brief, den James Clerk Maxwell am 5. Januar 1865 an einen Cousin über seine neuesten wissenschaftlichen Arbeiten schrieb[10]:

> Ich habe gerade eine Arbeit eingereicht, die eine elektromagnetische Theorie des Lichts enthält. Solange ich nicht vom Gegenteil überzeugt werde, halte ich es für das größte Geschütz.

Maxwell erkannte die Lichtgeschwindigkeit in den jetzt nach ihm benannten Gleichungen, nachdem er einen wichtigen fehlenden Anteil in das zuvor entwickelte EM-Gleichungssystem allein aufgrund von theoretischen Überlegungen einfügte[11]. Nach dieser Erweiterung der früheren Formulierung gab es eine klare Dualität von Elektrizität und Magnetismus. Die Maxwellschen Gleichungen ermöglichten deshalb das Vorhandensein von Wellenlösungen. Maxwell zeigte, dass die Ausbreitungsgeschwindigkeit dieser Wellen mit Hilfe der elektrischen und magnetischen Felder (damals Kräfte genannt) bestimmt werden kann.

---

[10] F. Everitt, „James Clerk Maxwell: a force for physics (James Clerk Maxwell: eine Kraft für die Physik)", *Physics World* **19,** 32 (Dezember 2006).
[11] J. Clerk Maxwell, „A Dynamical Theory of the Electromagnetic Field (Eine dynamische Theorie des elektromagnetischen Feldes)", *Phil. Trans. R. Soc. Lond.* **155,** 459–512 (1 January 1865).

Maxwell erhielt für die Wellengeschwindigkeit der EM-Wellen den Wert $c_{EM} = 310\,740\,000$ m/s. Innerhalb der Messfehler war das ein Wert nahe der Lichtgeschwindigkeit. Er schrieb:

> Licht und Magnetismus sind Erscheinungen derselben Substanz. Licht ist eine elektromagnetische Störung, die sich gemäß der elektromagnetischen Gesetze ausbreitet[12].

Des weiteren kommentiert Maxwell die Messung der Lichtgeschwindigkeit innerhalb seines theoretischen Ansatzes:

> Die einzige Verwendung von Licht im Experiment (zur Messung der Lichtgeschwindigkeit, JR) bestand darin, die Instrumente zu sehen[13].

Heinrich Hertz[14] hat 1886/1887 Maxwells Wellen bestätigt. Zur Zeit von Einsteins SR war die Ausbreitungsgeschwindigkeit der EM-Wellen, $c_{EM} = 299\,710 \pm 30$ km/s, genau bekannt[15]. Man sollte davon ausgehen, dass die damaligen Messungen der Wellengeschwindigkeit zu einem Wert in Luft führten. Der Wert, den wir heute mit Hilfe des Luftbrechungsindexes $n_{air} = 1{,}00027$ berechnen können, beträgt $c_{EM\,air} = c/n_{air} = 299\,712$ km/s in voller Übereinstimmung mit der 1905/1906 bestimmten Wellengeschwindigkeit. Maxwells Hypothese über Licht als EM-Welle war also exakt verifiziert und das war Einstein und anderen Physikern wohlbekannt.

Licht, Teilchen, Äther

Wenn in einer korpuskularen Vorstellung von Licht ein bewegter Emitter Lichtteilchen ‚absendet', so müssten sich wegen Gl. (1.1) nach galileischer Vorstellung Quell- und Lichtgeschwindigkeit vektoriell addieren. Dagegen versteht man die Ausbreitung und die Geschwindigkeit von Schallwellen als eine Eigenschaft des Trägermaterials der Wellen, also von Luft, Wasser, etc. Sie ist damit nicht abhängig von der Bewegung der Quelle und wird allein durch die Bewegung des Mediums, beispielsweise der Luft, beeinflusst.

---

[12] Verbatim: light and magnetism are affections of the same substance, and light is an electromagnetic disturbance propagated through the field according to electromagnetic laws.

[13] Verbatim: The only use made of light in the experiment was to see the instruments; (siehe in Ref. 11 die Bemerkung auf Seite 499).

[14] Heinrich Rudolf Hertz, (1857–1894), Deutscher Physiker, wegen seiner Herkunft von den Nazis verleumdet, bewies die Existenz der elektromagnetischen Wellen und studierte ihre Ausbreitung. Die Einheit ‚Hz' der Frequenz ist nach ihm benannt. Er hat die Maxwell-Gleichungen in neuer, uns heute vertrauter Form dargestellt. Daher wurden diese Gleichungen in der Literatur vor 1933 oft als *Maxwell-Hertz-Gleichungen* bezeichnet. Diese Bezeichnung verwendete auch Einstein in seiner Arbeit zur SR von 1905.

[15] E.B. Rosa, and N.E. Dorsey, „The Ratio of the Electromagnetic and Electrostatic Units", (Zum Verhältnis von elektromagnetischen zu elektrostatischen Einheiten) *Bulletin of the Bureau of Standards*, **3** (6) 433 (1907) und *Phys. Rev. (Series I)*, **22,** 367 (1906).

$$c'_s \stackrel{?}{=} c_s + v. \tag{2.5}$$

Hier ist v die ‚Wind'-Geschwindigkeit und nicht die Quellengeschwindigkeit.

Obwohl nach den Maxwell-Gleichungen die Wellengeschwindigkeit, also c, unabhängig von der Geschwindigkeit der Quelle und unabhängig von der Wellenlänge ist, wurde die Ausbreitung der EM-Wellen, die das Licht repräsentieren, zunächst ähnlich wie die Schallausbreitung verstanden. Maxwell hielt ein Medium, den materiellen Äther, als Träger der Ausbreitung seiner Wellen für notwendig. Weil die Lichtgeschwindigkeit eine Eigenschaft dieses noch unbekannten materiellen Mediums war, konnte nur eine Änderung des Zustands dieses Trägers, insbesondere der Ätherwind, die beobachtete Lichtgeschwindigkeit verändern.

Die Existenz eines materiellen Äthers ist aber für alle EM-Vorgänge im Prinzip unvereinbar mit dem galileischen Relativitätsprinzip. Die Ergebnisse des Michelson-Morley-Experiments haben in dem jungen Studenten Albert Einstein letztendlich das Vertrauen in das galileische Relativitätsprinzip wieder hergestellt und seine analytisch-deduktive Untersuchung dieser Frage schuf die SR. Einstein postulierte für alle IOs

$$\boxed{c' = c.} \tag{2.6}$$

Diese Gl. (2.6), die Universalität der Lichtgeschwindigkeit, ist wohl die Schlüsselhypothese der SR. In Einsteins Denken wird der Äther damit unbeobachtbar. Wir werden dies in Abschn. 2.3 weiter diskutieren.

Fassen wir das oben Gesagte noch einmal zusammen: Maxwell hat eine Theorie vervollständigt, die drei grundlegende Phänomene der Physik vereinte: Elektrizität, Magnetismus und Licht. Seine umfassende Theorie erforderte die SR, weil sie nicht mit den Koordinatentransformationen von Galilei vereinbar war. Nach 40-jähriger Suche fand ein unbekannter junger (‚studentischer') Mitarbeiter des Berner Patentamts die Lösung dafür, wie das Relativitätsprinzip nach den neuen Erkenntnissen über elektromagnetische Vorgänge dennoch beibehalten werden kann. Er fügte ein weiteres Prinzip hinzu, nämlich die Universalität der Lichtgeschwindigkeit, und formulierte die SR.

Diskussion 2.1 Gibt es einen Äther?

Thema: Dies ist das erste Gespräch zwischen zwei Studenten und dem Professor, für das wir als Thema den Äther ausgewählt haben. Dieses und viele andere Gespräche fanden tatsächlich statt, aber wir präsentieren im Allgemeinen eine erweiterte, etwas dramatisierte Version. Der Student ist ein erfahrener Helfer, Assistent des Professors, und Simplicius ist ein gut belesener Anfänger.

Professor: Maxwell und Lorentz glaubten wie vermutlich jeder Wissenschaftler vor 1905, dass es für die Ausbreitung des Licht der Existenz einer noch unentdeckten Trägersubstanz bedarf, des sogenannten Äthers.

Simplicius: Seit Einsteins Arbeit von 1905 weiß aber jeder, dass es diesen Lichtäther nicht gibt.

Student: Sicherlich wird dabei von einem wägbaren (ponderablen) Äther gesprochen. Außerdem ist ‚jeder weiß es' kein wissenschaftlicher Argument. Wer genau ist denn ‚jeder'?

Simplicius: Mein Lehrer am Gymnasium *z. B.* oder ein populärwissenschaftliches Buch, das ich gelesen habe. Und auf einer Wikipediaseite las ich, der Äther halte Ockhams Skalpell[16] nicht stand. „Der Äther fiel Ockhams Skalpell zum Opfer."

Professor: Einstein, Langevin, Lorentz und viele andere werden das anders sehen. Einstein bedauerte später seine Wortwahl von 1905. Damals betrachtete er die physikalische Realität und sah in der SR kein Bedürfnis für einen Äther. In der Tat kann man seine Äußerung von 1905 nach Ockham auslegen. Aber nach Veröffentlichung der allgemeinen Relativitätstheorie (GR) erschien ihm das falsch zu sein. Die GR braucht einen unwägbaren Äther.

Student: Um das Ätherproblem zu illustrieren, lass mich eine provokative Frage stellen: (wendet sich Simplicius zu) Glaubst Du, dass die Erde flach ist?

Simplicius: Was?

Student: Vor langer Zeit war das der allgemeine Glaube und im Einklang mit Ockhams Skalpell. (sich wieder Simplicius zuwendend) Glaubst Du, die Erde umkreist die Sonne? Nach Ockham sollte die doch ruhen.

Simplicius: Natürlich: Kopernikus, Galilei…

Student: …Du vertraust also nicht einem bewährten philosophischen Prinzip, sondern einem verurteilten Wissenschaftler wie Galilei?

Simplicius: Die Justiz des Vatikans war nicht immer gerecht. Ich vertraue Galilei. Ich vertraue Einstein.

Student: Welchem Einstein, dem im Alter von 26 Jahren oder dem 40 jährigen?

Simplicius: Vermutlich wusste der Ältere mehr.

Student: Aber weißt Du, dass Einstein mit 55 Jahren zum Flüchtling wurde? Kannst Du einem heimatlosen Wissenschaftler wirklich vertrauen?

Simplicius: Wie kam es dazu, dass er zum Flüchtling wurde?

Professor: Nun endlich sind wir – etwas übertrieben – wieder beim Äther.

---

[16]Wilhelm von Ockham (um 1288–1347) Ockhams Skalpell ist ein Prinzip, das auf antike Wurzeln zurückgeht: Jedes Phänomen sollte durch die einfachste mögliche Hypothese erklärt werden.

Simplicius: Wieso?

Professor: Das ist meine persönliche Ansicht: Philipp Lenard, ein ‚sehr deutscher' Kollege von Einstein, hat die Relativitätstheorie abgelehnt und versucht, das MM-Experiment und andere durch Einsteins Arbeiten erklärbare Effekte wie die Periheldrehung des Merkur mit einer eigenen Äthertheorie im Rahmen der klassischen Physik zu deuten und seine Vorstellungen experimentell zu untermauern. Einstein wies auf experimentelle Fehler hin und widerlegte Lenard. Dieser engagierte sich bei den Nazis und wurde zum Mitbegründer einer ‚Deutschen Physik', in der seine Äthertheorie eine wichtige Rolle spielte und die von rassistischen Grundsätzen geprägt war. In der Naziversion von Ockhams Skalpell war die einfachste Hypothese die, dass ein Jude (Einstein) viele Fehler macht. Als die Nazis Anfang 1933 die Macht in Deutschland übernahmen, war Einstein zufällig im Ausland und wurde nach Austausch einiger Briefe mit der Preußischen Akademie zu einem staatenlosen Flüchtling.

Simplicius: Ich glaube nicht, dass die Machtergreifung der Nazis mit dem Problem des Äthers zusammenhängt.

Professor: Nein, aber die Kontroverse um den Äther hat in einer bereits stark polarisierten Gesellschaft die Wissenschaftler gespalten.

Simplicius: Wenn der Äther einmal so wichtig war, verstehe ich nicht, warum wir ihn heute größtenteils ignorieren.

Professor: Der feine Unterschied: Es gibt einen Äther. Dieser besteht aber nicht aus gewöhnlicher Materie, war in den 1920er Jahren sehr schwer zu fassen, wie in dem Zerwürfnis zwischen Lenard und Einstein deutlich wurde, und unmittelbar nach dem Zweiten Weltkrieg war deshalb das Thema nicht ansprechbar. Statt dessen konzentrierte sich jeder auf die von Einstein in seiner Arbeit von 1905 präsentierte Perspektive.

Student: Das war aber ein zu schnell durchgeführter (Rück-)Schritt: Auch wenn man die Relativitätstheorie so unterrichten kann wie Einstein es sich im Alter von 26 Jahren vorstellte, sind die komplexen Ideen, die er im Alter von 40 Jahren formulierte, gerade aus heutiger Sicht wichtig.

Professor: Ganz zu schweigen von den tiefsinnigen Argumenten von Langevin, die praktisch von allen missverstanden wurden. Wir können nicht auf dem Standpunkt von 1905 stehenbleiben, denn es gibt noch eine andere recht subtile Frage, die Mach (siehe Ref. 3 im Kap. 1) schon früher erkannt hat: Wie können wir Inertialsysteme von beschleunigten Bezugssystemen unterscheiden? Mach erkannte die Notwendigkeit der Klärung dieser Frage, weil sonst beschleunigte Körper als kräftefrei fehlinterpretiert werden können. Einsteins Äther von 1920 gestattet es, an jedem Ort festzustellen, ob ein Körper beschleunigt wird.

Simplicius: Warum lese ich dann selbst nach mehreren Generationen nur über die Auffassung des ‚jungen' Einsteins?

Professor: Teilweise liegt das daran, dass der Begriff Äther durch den Begriff *Quantenvakuum* ersetzt wurde.

Simplicius: Das ist eine lustige Wortbildung, ein Nichts voller Quanten.

Student: Ich habe in Wikipedia zu diesem Thema gelesen, dass Elementarteilchen ihre Masse durch Wechselwirkung mit dem Higgsfeld[17] bekommen.

Simplicius: Können Sie mir das bitte übersetzen?

Professor: Als Anregung und weitere Motivation will ich ein paar Worte dazu sagen: Das Higgsfeld liefert den Teilchen eine Art Maßstab für ihre Masse. Das entspricht im Großen und Ganzen dem, was Einstein um 1920 über den Äther vorausgesagt hat.

Student: In der Tat schrieb Einstein um 1919/1920: „Der Raum ist mit physikalischen Qualitäten ausgestattet, es existiert also in diesem Sinne ein Äther". Heute ist es das Higgsfeld, das Teilchen mit einer trägen Masse ausstattet.

Simplicius: Also bringt uns das Higgsfeld den Äther zurück? …

Professor: …Ja, in einer quantenphysikalischen Reinkarnation des Vakuums. Die Eigenschaften des modernen ‚Quantenäthers' sind so, wie man es sich vor der Entdeckung der Quantenphysik vorstellte. Allerdings erschließt die Quantenphysik neue dynamische Eigenschaften, die die klassische Physik nicht erklären konnte.

Simplicius: Ich muss noch einmal zum Argument von Ockhams Skalpell gegen den Äther zurückkehren. Warum ist es im Endeffekt falsch?

Professor: Ockhams Skalpell ist kein wissenschaftliches Argument. Es ist eine erkenntnistheoretische Überlegung: Sie besagt, dass man die einfachste Lösung wählen soll, wenn man es nicht besser weiß. Das Adjektiv ‚einfach' wird in der Wissenschaft oft im Sinne von ‚bekannt' verwendet. Ockhams Skalpell rät dazu, neue Theorien nicht einfach zu erfinden. Wenn jedoch das Bekannte zu Widersprüchen führt, muss man nach neuen Ideen suchen. Es braucht oft Zeit, für diese eine einfache Form zu finden. Sie erscheinen uns zunächst immer viel komplizierter als das schon Bekannte. Das gilt auch für die Begriffe des nicht wägbaren Einsteinschen Äthers und des Quantenvakuums.

---

[17] Peter W. Higgs (1929–), Britischer theoretischer Physiker, der innerhalb eines Strukturmodells des Quantenvakuums die Entstehung der Massen von Elementarteilchen beschrieb. Nobelpreis 2013.

Simplicius: Gibt es ein gutes Beispiel dafür, wie neue Ideen sich zu Einfachem und Bekanntem entwickeln?

Student: Hast Du schon mal versucht, Newtons *Principia* oder Maxwells *Electromagnetism* zu lesen? Nach Ockhams Skalpell würdest Du diese fundamentalen Werke vermutlich als falsch einstufen.

Simplicius: Ich habe aber Einsteins *Relativität* von 1905 gelesen und gut verstanden.

Professor: Ich denke, das ist eine rühmliche Ausnahme. Einstein zitierte niemanden in dieser revolutionären Arbeit. Er war als Student ganz auf sich allein gestellt, ohne Förderungsmittel und noch ohne Reputation. Er konnte alle Missverständnisse der Wissenschaft ignorieren und unbefangen argumentieren.

Simplicius: In diesem Werk lehnt Einstein den Äther ab.

Professor: Er schiebt den Äther als unsichtbar und überflüssig zur Seite. Einstein kehrte zu dieser Frage 1919/1920 zurück und erklärte, wieso er mit seiner Argumentation 1905 zu weit gegangen ist. In den dazwischenliegenden 15 Jahren verstand er, dass er eigentlich nur die Frage des Ätherwinds geklärt hat. Der Äther, von dem er 1920 spricht, ist unbeweglich und unwägbar, aber mit der neu entdeckten Theorie der Gravitation vereinbar. Heute brauchen wir den Äther im Ramen der Quantentheorie, allerdings umbenannt in Quantenvakuum.

2.3   Nebenbetrachtung: Der Äther und die Relativitätstheorie

Einführende Bemerkungen: *Die sich in den Jahren nach Einsteins Arbeit zur SR im Jahre 1905 schnell entwickelnden Ansichten zum Begriff des Äthers werden beschreiben. Unsere Diskussion konzentriert sich auf Einsteins relativistischen Äther, das strukturierte Quantenvakuum von heute. Es ist wichtig, dass alle Leser genau verstehen, im welchen Sinne Einstein den Äther akzeptiert und für seine Vorstellung geworben hat. Er sagte dazu*[18]

---

[18] A. Einstein, *Äther und Relativitätstheorie* (Verlag Julius Springer, Berlin 1920), eine Rede gehalten am (5. Mai 1920, verschoben auf) 27. Oktober 1920 an der Reichsuniversität zu Leiden, wiedergegeben in *The Berlin Years Writings 1918–1921*, M. Janssen, R. Schulmann, J. Illy, Ch. Lehner, and D. K. Buchwald, Eds; Seiten 305–309 und S. 321 (Document 38 in *Collected Papers of [Gesammelte Werke von]* Albert Einstein, Princeton University Press, 2002).

> In einem Raum ohne Äther gäbe es nicht nur keine Lichtfortpflanzung, sondern auch keine
> Existenzmöglichkeit von Maßstäben und Uhren, also auch keine räumlich-zeitlichen Ent-
> fernungen im Sinne der Physik. Dieser Äther darf aber nicht mit der für ponderable Medien
> charakteristischen Eigenschaft ausgestattet gedacht werden, aus durch die Zeit verfolgbaren
> Teilen zu bestehen; der Bewegungsbegriff darf auf ihn nicht angewendet werden.

Fast eine Dekade, bevor Einstein dies 1919/1920 schrieb, hatte im Jahr 1911 Paul Langevin seine Ausführungen zum Thema Äther vorgestellt[19]. Aber Einsteins Worte wurzeln in seiner Gravitationstheorie und gehen auf die dynamischen Eigenschaften des Äthers ein.

Das Thema *Äther* verdient eine besondere Betrachtung im Zusammenhang mit der SR. Grund ist, dass wohl die meisten Leser dieses Buches denken, es gäbe keinen Äther. Man glaubt, Einstein habe in seiner Arbeit 1905 die Nichtexistenz bewiesen. Einstein sah das aber 1919/1920 wieder anders. Allerdings war er nicht der erste, der Ansichten über die Notwendigkeit einer Neubewertung äußerte. Paul Langevin *loc.cit.* wies schon 1911 darauf hin, dass nur Trägheitsbewegungen im Äther nicht wahrgenommen werden können. Daraus folgt, dass Inertialbeobachter nur dann zueinander gleichwertig sind, wenn sie während des relevanten Beobachtungszeitraums nicht beschleunigt werden.

Einige Jahre nach Langevin und unter dem Einfluss der bei Entwicklung der Gravitationstheorie gewonnenen Einsichten ging Einstein noch einen Schritt weiter und sprach dem Äther Eigenschaften zu, die Langevins Argumentation unterstützen. Sobald sich ein Beobachter beschleunigt von einem inertialen Zustand zu einem anderen bewegt, unterscheidet er sich von Beobachtern, die immer träge, also unbeschleunigt bleiben. Praktisch alle Paradoxa, die der SR zugeschrieben werden, haben ihren Ursprung im Missverständnis dieses einen entscheidenden Sachverhaltes. In diesem Aufsatz erläutern wir daher Einsteins 1919/1920 formulierte Ansichten zu diesem Thema. Vorher wollen wir aber einige Worte der Vorgeschichte widmen.

Die Maxwellianer[20] und der Äther

In den 40 Jahren zwischen Maxwell und Einstein konnten die größten Köpfe der Physik die klassische Dynamik nicht mit dem Elektromagnetismus in Einklang bringen. Vermutlich lag das daran, dass der Zeitgeist von der Vorstellung eines materiellen wägbaren Lichtäthers entscheidend beeinflusst war. Das Wort ‚Licht' vor dem Äther weist auf die gemeinsame Geschwindigkeit von Licht und Maxwells Wellen hin. Lichtäther war der Träger der elektrischen und magnetischen Schwingungen, so wie Luft es für Schall ist.

---

[19] Paul Langevin, „L'Évolution de l'espace et du temps" (Die Evolution von Raum und Zeit) *Scientia* **X** 31–54 (1911) (In den Transaktionen der „Conférence au Congrès de Philosophie de Bologna"); auch in Engl. Übersetzung von J.B. Sykes, *The Evolution of Space and Time, Scintia,* **108** 285–300 (1973).

[20] Siehe dazu: Bruce J. Hunt, *The Maxwellians,* (Cornell University Press 1991).

Um die Zusammenhänge vollständig zu verstehen, müssen wir zur Entstehungszeit von Maxwells einheitlicher Theorie der Elektrizität, des Magnetismus und des Lichts zurückkehren. Vorher hatten die Theoretiker angenommen, dass die Energie an oder auf den Magneten oder den elektrisch geladenen Körpern zu finden sei. In seiner Arbeit erkannte Maxwell das elektromagnetische Feld als Energieträger und beantwortete die Frage nach dem Sitz der elektromagnetischen Energie. Maxwell untersuchte danach auch das Problem der Lichtausbreitung im Raum und verwandte große Anstrengungen auf das Verständnis des Mediums für elektromagnetische Wellen. Maxwell wusste, dass seine Wellen quer zur Ausbreitungsrichtung oszillierten und entwickelte deshalb Modelle auf der Basis von nicht komprimierbarem Äthermaterial, in dem Dichteschwankungen nicht möglich sind.

Viele weitere Untersuchungen folgten. Der Äther wurde zu einer fixen Idee. Mitte der 1890er Jahre galt der Elektromagnetismus als eine der grundlegendsten und fruchtbarsten aller physikalischen Theorien. Die Arbeit konzentrierte sich darauf, zu verstehen, wie elektromagnetische Wellen und Licht sich ausbreiten und die damit verbundenen Eigenschaften des Äthers. Eine erfrischende Erinnerung an diese Zeit ist ein von Sir Joseph Larmor[21] zu Ehren des verstorbenen FitzGerald herausgegebener Sammelband, der im Jahr 1902 erschien, siehe Abb. 2.2. In ihm demonstrieren

THE

SCIENTIFIC WRITINGS

OF THE LATE

GEORGE FRANCIS FITZGERALD

Sc.D., F.R.S., Hon. F.R.S.E.

Fellow of Trinity College, and Erasmus Smith's Professor of Natural and Experimental Philosophy in the University of Dublin

COLLECTED AND EDITED WITH A HISTORICAL

INTRODUCTION

BY JOSEPH LARMOR, Sec. R.S.

FELLOW OF ST JOHN'S COLLEGE CAMBRIDGE

DUBLIN: HODGES, FIGGIS, & CO., LTD., GRAFTON STREET
LONDON: LONGMANS, GREEN, & CO., PATERNOSTER ROW

1902

Abb. 2.2 Die Titelseite des von Sir J. Larmor herausgegebenen Gedenkbandes an FitzGerald. Einige Artikel, die den Äther betreffen, werden mit Titel vorgestellt. Wir sehen insbesondere: Über elektromagnetische Effekte, die auf die Bewegung der Erde zurückzuführen sind (im Äther, JR), S. 111; Über die Energiemenge, die durch einen variablen Strom zum Äther übertragen wird, S. 122; Ein Modell, das einige Eigenschaften des Äthers veranschaulicht, S. 142; Zur Struktur der mechanischen Modelle, die einige Eigenschaften des Äthers veranschaulichen S. 157; Bemerkung über die spezifische Wärme des Äthers, S. 174; Der Zusammenhang zwischen Äther und Materie, S. 505; Äther und Materie, S. 511

---

[21]Sir Joseph Larmor (1857–1942), ein irischer Physiker, bekannt durch die nach ihm benannte Strahlungsformel und einer der Entdecker der Lorentztransformation, siehe Ref. 12 im Kap. 1.

AETHER AND MATTER

A DEVELOPMENT OF THE DYNAMICAL RELATIONS
OF THE AETHER TO MATERIAL SYSTEMS

ON THE BASIS OF THE

ATOMIC CONSTITUTION OF MATTER

INCLUDING A DISCUSSION OF THE INFLUENCE OF THE
EARTH'S MOTION ON OPTICAL PHENOMENA

BEING AN ADAMS PRIZE ESSAY IN THE UNIVERSITY OF CAMBRIDGE

BY

JOSEPH LARMOR, M.A., F.R.S.
FELLOW OF ST JOHN'S COLLEGE, CAMBRIDGE

CAMBRIDGE
AT THE UNIVERSITY PRESS
1900

Abb. 2.3 Die Titelseite von Larmors Lehrbuch aus dem Jahr 1900, in dem er auch seine Form der Lorentztransformation veröffentlicht hat. Der volle Titel lautet: *Æther und Materie: Eine Entwicklung der dynamischen Beziehung des Æthers zu materiellen Systemen auf der Basis des atomistischen Aufbaus der Materie mit einer Diskussion des Einflusses der Erdbewegung auf optische Effekte;* Joseph Larmor, (Cambridge University Press 1900)

mehrere Arbeiten von FitzGerald über den Äther diese vordringliche Forschungsrichtung am Ende des 19. Jahrhunderts.

Wie erwähnt, lieferte Larmor einige originelle Beiträge zur Entwicklung der Relativitätstheorie: die Strahlungsemission durch beschleunigte geladene Teilchen und die Lorentztransformation. Larmors Buch aus dem Jahr 1900 vergrößerte aber die herrschende Verwirrung noch deutlich. Es genügt, Abb. 2.3 zu betrachten, um die Ursache zu erahnen. Einer seiner Kollegen bezeichnete das Buch als *All Æther, No Matter,* angesichts der von Larmor vertretenen These, dass alle Materie durch Dichtekompression des Äthers entsteht.

Es ist offensichtlich, dass die Frage *Was ist Äther?* vorrangig und völlig ungelöst war, als Einstein die Bühne betrat. Dieses Problem, mit dem sich damals so viele Forschungsarbeiten beschäftigten, stellte sicher auch für Einstein eine Herausforderung dar. In seiner Arbeit von 1905 verzichtete Einstein aber darauf, die Werke der *Maxwellianer* FitzGerald, Heaviside, Hertz, Larmor, Lodge und Lorentz zu erwähnen. Einstein hielt den Äther für etwas in der neuen relativistischen Welt der sich inertial bewegenden Körper nicht Beobachtbares, das daher auch nicht beachtet werden muss. Im Allgemeinen ist es das, was ein Schüler über die SR heute lernt, aber das war erst die erste Begegnung zwischen Einstein und dem Äther.

Paul Langevin *Französischer Physiker, 1872–1946*

Albert Einstein & Paul Langevin
'Zwillinge' ohne Paradoxon

Wikimedia, CC BY-SA 3.0-Lizenz
Ausschnitt aus einem Gruppenphoto
1911 Solvay Konferenz, Brüssel

Langevin studierte Physik in Paris und in Cambridge unter der Anleitung von Pierre Curie, Joseph John Thompson und Gabriel Lipp-mann. Er erhielt seine Doktorwürde im Jahr 1902 und wurde 1909 Professor der Physik am *College de France*. 1934 wurde er in die Académie des Sciences gewählt.

Langevin beeinflusste die moderne Physik sowohl direkt als auch indirekt. Unter seinen Schülern waren Louis de Broglie, Léon Brillouin und Irène Joliot-Curie. Langevin wird auch mit dem Zwillingsparadoxon in Verbindung gebracht. Doch weder für ihn noch für Einstein gab es da ein Paradoxon. In seiner Interpretation der SR von 1911 geht Langevin diese Frage an. Auf der Suche nach einem konzeptuellen Verständnis der Beschleunigung und des Äthers wagte er sich damals weiter vor als Einstein. Dass viele seiner Ideen zur Relativitätstheorie als Paradoxa missverstanden wurden, lag vielleicht auch an der raffinierten Sprache, in der er seine Werke verfasste.

Paul Langevin und der Äther

Im Verlauf der Jahre 1911–1912 verfasste Einstein einen detaillierten Artikel zur Elektrodynamik und SR, den er dann nie publizierte[22]. Kurz zuvor schrieb Paul Langevin an einer langen fundamentalen Arbeit über die Prinzipien der SR, siehe Ref. 19. Langevin stellt mit den folgenden Worten dar, wie er Einsteins damaliges Verständnis des Äthers sieht:

> …eine gleichförmige Translationsbewegung im Äther ist experimentell nicht nachweisbar. …Daraus sollte nicht vorzeitig geschlossen werden, wie es gelegentlich vorgekommen ist, dass die Vorstellung vom Äther aufgegeben werden muss, dass er nicht existiert und der Erfahrung nicht zugänglich ist. Nur eine gleichförmige Geschwindigkeit relativ zum Äther kann nicht erfasst werden, aber jede Änderung der Geschwindigkeit, d. h. jede beschleunigte Bewegung, hat eine absolute Bedeutung[23].

---

[22] Das Orginalmanuskript ist heute als Kopie des handschriftlichen Dokuments mit englischer Übersetzung und historischer Einführung erhältlich: A. Einstein and H. Gutfreund, *Einstein's 1912 Manuscript on the Special Theory of Relativity,* (Einsteins Manuskript zur Relativitätstheorie aus dem Jahre 1912) ISBN 0807615323 (George Braziller 2004). Der Druck dieses Artikels wurde durch den Ausbruch des Weltkrieges verschleppt. Später verhinderte Einstein die Veröffentlichung, da sich das wissenschaftliche Umfeld durch die Entwicklung der GR völlig verändert hatte. Natürlich ist dieses Umfeld heute noch stärker verändert. Jeder, der sich für die Entwicklung der SR nach 1905 interessiert, sollte aber im Blick haben, dass Einstein 1918 nicht mehr zu seiner Sicht der SR des Jahres 1912 stand.

[23] Vom Autor nach der folgenden französischen Vorlage übersetzt, siehe, Seite 47 *Scientia* X (1911):

> …une translation uniforme dans l'éther n'a pas de sens expérimental. Mais il ne faut pas conclure pour cela, comme on l'a fait parfois prématurément, que la notion d'éther doit être abandonnée, que l'éther est inexistant, inaccessible à l'expérience. Seule une vitesse uniforme par rapport à lui ne peut être décelée, mais tout changement de vitesse, toute accélération a un sens absolu.

Manchmal werden die letzten Worte dieses Zitats ‚accélération a un sens absolu' mit einer neuen Theorie zur ‚absoluten Beschleunigung' verbunden. Doch eine solche Theorie wurde uns nicht überliefert. Auch aus grammatikalischen Gründen kommt eine solche Interpretation dieser Worte eigentlich nicht in Betracht. Sie bedeuten dem Inhalt nach ‚mit jeder beschleunigten Bewegung wird der Äther Teil unserer Erfahrungswelt'. Das wird durch die Argumentation Langevins gestützt, dass eine Beschleunigung – anders als eine gleichförmige Bewegung – nicht relativ sein kann. In den Augen des Autors heißt das, dass der Äther durch eine beschleunigte Bewegung in seiner Struktur untersucht werden kann.

In seiner Arbeit geht Langevin ein paar Seiten nach dem Absatz über den Äther auch auf den Effekt der Zeitdilatation ein und sagt unmissverständlich[24]:

> Zusammenfassend kann gesagt werden, dass es genügt, sich zu rühren, eine Beschleunigung zu erfahren, um weniger schnell altern zu können.

Langevin macht damit deutlich, dass eine Zeitdilatation ohne Beschleunigung nicht entstehen kann. Leider wird diese Einsicht heute unvollständig wiedergegeben. Man findet sowohl in Büchern als auch auf Internetseiten missverständliche oder sogar grob fehlerhafte Darstellungen des ‚Zwillingsparadoxons'.

Einstein und der Äther

Nach der Formulierung der allgemeinen Relativitätstheorie (Theorie der Gravitation) korrigierte Einstein seine frühere Einschätzung des Ätherbegriffs. In einem Brief an H.A. Lorentz vom 15. November 1919 schreibt Einstein[25]:

> Es wäre richtiger gewesen, wenn ich in meinen früheren Publikationen mich drauf beschränkt hätte, die Nichtrealität der Äther*geschwindigkeit* zu betonen, statt die Nicht-Existenz des Äthers überhaupt zu vertreten. Denn ich sehe ein, dass man mit dem Worte Äther nichts anderes sagt, als dass der Raum als Träger physikalischer Qualitäten aufgefasst werden muss.

Einstein verfeinert seine Position weiter im Frühjahr 1920. Er veröffentlicht einen Vortrag, siehe Ref. 18, den er zu Ehren von Lorentz in Leiden halten soll. In diesem Artikel präzisiert Einstein zunächst, warum er 1905 den Äther ausgeschlossen hat.

---

[24]Französisches Original S. 49, zweiter Absatz *Scientia* X (1911)

> On peut dire encore qu'il suffit de s'agiter, de subir des accélérations pour vieillir moins vites.

[25]Siehe S. 2 und S. 189**a3** in *Einstein and the Æther*, L. Kostro, Apeiron, Montreal (2000).

Allerdings erscheint die Ätherhypothese vom Standpunkte der speziellen Relativitätstheorie
zunächst als eine leere Hypothese. In den elektromagnetischen Feldgleichungen treten außer
den elektrischen Ladungsdichten nur die Feldstärken auf. Der Ablauf der elektromagnetischen Vorgänge im Vakuum scheint durch jenes innere Gesetz völlig bestimmt zu sein,
unbeeinflusst durch andere physikalische Größen. Die elektromagnetischen Felder erscheinen als letzte, nicht weiter zurückführbare Realitäten und es erscheint zunächst überflüssig,
ein homogenes, isotropes Äthermedium zu postulieren, als dessen Zustände jene Felder
aufzufassen wären.

Danach wendet sich Einstein seiner neuen, geänderten Deutung zu. Auf vielen Seiten
zieht er sich von seiner früheren Kritik zurück. Er argumentiert und begründet seinen neuen Standpunkt sorgfältig und in allen Einzelheiten. Einstein erklärt, dass der
Äther ein notwendiges Medium sei. Er stellt die Konsistenz mit der SR klar. Die Realität des Äthers wird durch die Gravitationstheorie (GR) begründet. Er macht jedoch
klar, dass sein neuer Äther sich von den Vorstellungen anderer, Lorentz eingeschlossen, deutlich unterscheidet. Sein Äther ist nicht das übliche wägbare Medium. Er
vergleicht ihn mit dem Zustand eines massenleeren Raumes und sagt

Das prinzipiell Neuartige des Äthers der allgemeinen Relativitätstheorie gegenüber dem
Lorentzschen Äther besteht darin, daß der Zustand des ersteren an jeder Stelle bestimmt ist
durch gesetzliche Zusammenhänge mit der Materie und mit den Ätherzuständen in benach-
barten Stellen in Gestalt von Differentialgleichungen, während der Zustand des Lorentzschen
Äthers bei Abwesenheit von elektromagnetischen Feldern durch nichts außer ihm bedingt
und überall der gleiche ist.

Einstein betont, dass die Feldgleichungen der Gravitationstheorie die Reaktion der
Raumzeitmetrik auf die anwesenden Massen quantifizieren. Deshalb ist der Äther
(d. h. die Metrik) ein sinnvoller Begriff. Diesen stellt er dem Lorentzschen Äther
gegenüber, der in Abwesenheit der elektromagnetischen Felder nicht definierbar
ist. Angesichts der Entwicklung der Forschung in den folgenden Jahrzehnten kann
man behaupten, dass er zu diesem Zeitpunkt bereits von den bis heute ungelösten
Probleme der Theorie des Elektromagnetismus wusste und unsicher war, wie und ob
die elektromagnetischen Felder die Metrik (den Äther) beeinflussen.

Zum Schluss erinnern wir an Einsteins in den einführenden Bemerkungen zu
diesem Abschnitt zitierten Worte. Sie werden eingeleitet durch den Satz

Zusammenfassend können wir sagen: Nach der allgemeinen Relativitätstheorie ist der Raum
mit physikalischen Qualitäten ausgestattet; es existiert also in diesem Sinne ein Äther.

Wir sehen, dass Einstein mit seiner Sichtweise des Äthers in die Fußstapfen
Langevins getreten ist. Er entwickelt dessen Vorstellungen aber mit Blick auf
seine Gravitationstheorie weiter und beschreibt Eigenschaften seines unwägbaren
Äthers.

Vom Äther zum strukturierten Qauntenvakuum und dem Ursprung der Masse

Einsteins Vorstellung des neuen relativistischen Äthers sollte nicht als ein Zeichen seiner Freundschaft zu seinem Gastgeber Lorentz in Leiden, zeitlebens Anhänger der Äthertheorie, missverstanden werden. Das neue Bild war bald allgemein bekannt und wurde rege diskutiert. Der Autor dieses Buchs konnte sich in Gesprächen mit Victor Weisskopf[26] selbst ein Bild der damaligen Situation verschaffen. Weisskopfs wissenschaftliche Tätigkeit begann eine Dekade nach Einsteins Vortrag in Leiden. Er hat Ende der 70er Jahre seine Eindrücke zu dem Thema mit dem Autor diskutiert. Es ging dabei vor allem um die Frage, wie Einsteins „relativistisch invarianter Äther" (Weisskopfs Worte) den Weg zum strukturierten Qauntenvakuum geebnet hat. Weisskopf hatte zur damaligen Zeit einen bedeutenden Artikel zur Frage der Vakuumreaktion auf die Anwesenheit eines EM-Feldes veröffentlicht[27]. Er arbeitete zu dieser Zeit noch am Institut für Theoretische Physik in Kopenhagen und hat diese Abhandlung in deutscher Sprache verfasst.

Weisskopf erinnerte in unserem Gespräch an den Verlauf der Entwicklung von Einsteins Ätherbild, also – um Langevin zu zitieren – seiner ‚Evolution' von strikter Ablehnung der Existenz zum Bekenntnis zu einem Äther in neuer, nicht materieller, mit spezieller Relativitätstheorie und Gravitationstheorie vereinbarer Form. Mit diesen Eigenschaften behaftet, war Einsteins Äther in vielen Eigenschaften nichts anderes als das heutige strukturierte Quantenvakuum. Wir besprachen, wie Einsteins weitsichtige Vorstellungen vom Äther zu unserem heutigen Verständnis des Vakuums als quantenfeldtheoretischem Grundzustand und weiter zum Quark-Confinement (siehe unten) führten, dem eigentlichen Thema unseres damaligen Gesprächs.

Das strukturierte Quantenvakuum ist aber noch etwas komplizierter als Einsteins Äther. Der moderne Quantenäther verabscheut freie Quarks[28]. Dieser Effekt wird als Quark-Confinement (Quark-Einschließung) bezeichnet und mit den Eigenschaften des strukturierten Quantenvakuums erklärt. Der Einschließungseffekt kann ‚schmelzen'. Quarks können sich dann innerhalb des lokalisierten Volumens eines Quark-Gluon-Plasmas relativ frei bewegen. Die notwendige Schmelztemperatur wird in Streuexperimenten mit relativistischen Schwerionen (Kernkollisionen) erzielt. Wir werden auf diese Streuexperimente nochmals in Abschn. 3.3 zurückkommen. Um die Masse der individuellen, stark wechselwirkenden zusammengesetzten Teilchen, wie *z. B.* der Protonen, zu verstehen, müssen wir außer dem Beitrag der materiellen

---

[26]Victor Weisskopf (1908–2002), Gebürtiger Österreicher und amerkanischer theoretischer Physiker war 1961–66 Direktor des CERN. Als Student von Max Born erhielt er seine Doktorwürde im Alter von 23 Jahren und war später Mitarbeiter von Werner Heisenberg, Erwin Schrödinger, Wolfgang Pauli und Niels Bohr.

[27]V. Weisskopf, „Über die Elektrodynamik des Vakuums aufgrund der Quantentheorie des Elektrons" *Kongelige Danske Videnskabernes Selskab, Matematisk-fysiske meddelelser* **XIV** No 6 (1936).

[28]Siehe *z. B.* J. Rafelski, *Melting hadrons, boiling quarks,* (Schmelzende Hadronen, kochende Quarks) *Eur. Phys. J. A* **51** 114 (2015).

Bestandteile, also der Quarks, auch den dominanten Anteil berücksichtigen, der zur Änderung des strukturierten Quantenvakuums gehört. Der Raum-Zeit-Bereich, in dem die Quarks eingeschlossen sind, bestimmt nämlich entscheidend die Masse der Materie, die uns umgibt.

Das heutige Verständnis des Massenursprungs der Protonen (und anderer verwandter Teilchen) in der Quantenstruktur des Vakuums kann mit den Überlegungen von Maxwell und Einstein verglichen werden. Nach Maxwells Vorstellungen konnte die elektromagnetische Energie in Deformationen des Lichtäthers gespeichert werden, die er als Feld bezeichnete. Einstein vertrat zur Masse der Elementarteilchen eine ähnliche Position. Er formulierte das folgendermaßen, siehe Ref. 18:

> Da nach unseren heutigen Auffassungen auch die Elementarteilchen der Materie ihrem Wesen nach nichts anderes sind als Verdichtungen des elektromagnetischen Feldes,…

Einstein interpretierte damit innerhalb seiner Sichtweise des Äthers die Masse der Teilchen als eine Art eingefrorener Feldenergie.

Auch die heutigen Theorien über den Ursprung der Elementarteilchenmasse widersprechen Einsteins deduktiven Argumenten nicht. Im sogenannten Standardmodell der Elementarteilchenphysik wird die Entstehung der Teilchenmassen durch Wechselwirkung mit dem sogenannten Higgs-Feld erklärt (siehe dazu die Diskussion 2.1 in diesem Kapitel). In diesem Modell sieht man eine konkrete Umsetzung von Einsteins Bemerkungen über die Bereitstellung von ‚Raum- und Zeitstandards (Maßstäben und Uhren)‘ und damit auch der Masse und Energie der Elementarteilchen durch den Äther.

In der Zeit nach Entstehung der Relativitätstheorie wurde die Quantenphysik entdeckt und das Standardmodell der Elementarteilchen entwickelt. In diesem Rahmen entstand unser Bild von der Struktur des Quantenvakuum und in zunehmend quantitativen Modellen die jetzige Beschreibung des Ursprungs der Masse.

Zusammenfassung

Das Michelson-Morley-Experiment wird vorgestellt. Die Zeitdilatation und die Lorentz-FitzGerald-Körperkontraktion sind zwei Eigenschaften eines materiellen Körpers, die erforderlich sind, um die Unbeobachtbarkeit einer (absoluten) Körpergeschwindigkeit sicherzustellen. Wir diskutieren Auswirkungen dieser Körpereigenschaften in der Teilchen- und Kernphysik. Wir erklären, warum die relativistische Körperkontraktion so real ist wie die Zeitdilatation. Wir listen Missverständnisse im Zusammenhang mit der SR auf und besprechen sie.

3.1 Das Michelson-Morley-Experiment

Albert Abraham Michelson *Amerikanischer Physiker, 1852 - 1931*

Bild *Smithsonian Institution Dibner Bibliothek Wikimedia, CC BY-SA 3.0-Lizenz*

Michelson kam als Kind im Jahr 1855 nach Amerika. Zwischen 1869 und 1881 diente er bei den US-Marines, auch als Physiklehrer. Sein Doktorstudium absolvierte er unter anderem in Berlin und Paris. Michelson entwickelte in der Zeit ab 1880 präzise Experimente zur Bestimmung des Einflusses der Erdgeschwindigkeit auf die Lichtgeschwindigkeit. Er arbeitet dabei zunächst allein, später zusammen mit E.W. Morley. 1893 nahm er einen Ruf nach Chicago an, wo er das Physikdepartment zu hoher Blüte entwickelte. Er erhielt 1907 als erster Amerikaner den Physiknobelpreis, und zwar "... für die Entwicklung optischer Präzisionsinstrumente und die mit ihrer Hilfe durchgeführten spektroskopischen und messtechnischen Untersuchungen."

© Springer-Verlag GmbH Deutschland, ein Teil von Springer Nature 2019
J. Rafelski, *Spezielle Relativitätstheorie heute,*
https://doi.org/10.1007/978-3-662-59420-9_3

Erdbewegung und der Äther

Die Entdeckung der EM-Wellen verursachte eine Intensivierung der Suche nach dem Trägermaterial, das ihre Ausbreitung ermöglichte, dem Äther. Dieses Medium hätte durch seine Existenz ein absolutes Bezugsystem dargestellt. Die absolute Geschwindigkeit der Erde hätte in Betrag und Richtung gemessen werden können. Die Untersuchung der damit einhergehenden Variation der Lichtgeschwindigkeit hätte darüber hinaus Einsicht in die Eigenschaften des Äthers liefern können. Solche Experimente waren natürlich von großem Interesse.

Im Jahr 1881 führte Michelson ein erstes Experiment durch, in dem er versuchte, a) die Bewegung der Erde relativ zum lichttragenden materiellen Äther und b) die aufgrund des Ätherwindes zu erwartende Wirkung der Bewegung der Erde auf die Lichtgeschwindigkeit zu messen. Im Jahre 1887 folgte ein verbessertes Experiment, das er mit Morley[1] durchführte.

Die Anordnung des Michelson-Morley-Experiments (MM) bestand aus einem zweiarmigen Interferometer. Die beiden Lichtpfade sind in Abb. 3.1 eingezeichnet. Wir sehen die Lichtquelle Q und eine mit Silber beschichtete Glasoberfläche P, die

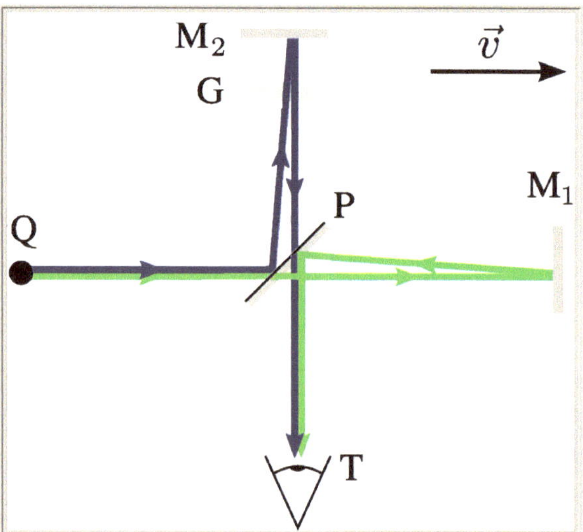

Abb. 3.1 Das Michelson-Morley-Interferometer. Das Licht folgt zwei sich teilweise überlappenden Pfaden: QPM$_2$T (blau dargestellt) und QM$_1$PT (grün dargestellt). Die Glasplatte G im ersten Weg kompensiert die größere Glasweglänge des Weges QM$_1$PT, da in diesem das Licht schon beim ersten Auftreffen die Silberbeschichtung der Oberseite des Spiegels P durchdringt. Die beiden Strahlen erzeugen in der T-Detektorvorrichtung ein Interferenzmuster, das sich in Abhängigkeit von der augenblicklichen Orientierung des Interferometers relativ zur Geschwindigkeit **v** der Erde in Bezug auf den Lichtträger verändert

---

[1]Edward Williams Morley (1838–1923), Professor für Chemie von 1869 bis 1906 an der heutigen Case Western Reserve University.

einen Teil des Lichts durchlaufen lässt und einen Teil reflektiert. Dadurch wird der Strahl in Richtung der Spiegel M_1 und M_2 aufgeteilt. Eine Glasplatte G stellt sicher, dass der Weg im Glasmaterial für beide Lichtpfade gleich lang ist.

In Abb. 3.1 ist die geometrische Anordnung anfangs so gewählt, dass einer der Arme der MM-Vorrichtung parallel, und ein anderer senkrecht zur Relativgeschwindigkeit $\mathbf{v}$ der Erde in Bezug auf den lichttragenden Äther ausgerichtet ist. Während sich die Lichtwelle ausbreitet, nähert sich der Spiegel M_1 der Lichtquelle oder entfernt sich von ihr. Der Lichtweg von P zu M_2 und zurück nimmt dabei die eingezeichnete dreieckige Form an, da P sich auch in Richtung von $\mathbf{v}$ bewegt. Die Bewegung in Bezug auf den Lichtträger beeinflusst die Länge beider Strahlengänge. Wenn diese Vorrichtung um eine Achse gedreht wird, so ist deshalb im Detektor T eine zeitabhängige Interferenzstreifenverschiebung zu erwarten.

Mit der von Michelson angestrebten Genauigkeit hätte man eine durch die Erdbahnbewegung verursachte Variation von $\delta v = \pm 30\,\text{km/s}$ der Geschwindigkeit v beobachten können. Diese Variation wird allerdings durch die Geschwindigkeit der Erde in Bezug auf die kosmische Mikrowellenstrahlung (CMB = cosmic microwave background) gestört. Wir wissen heute, dass diese etwa zwölf mal so groß ist wie die Umlaufgeschwindigkeit. Die drei Hauptkomponenten des Geschwindigkeitsvektors $\mathbf{v}$ der Erde bezüglich des CMB sind qualitativ in Abb. 3.2 dargestellt. Die kleinste ist die Umlaufgeschwindigkeit um die Sonne. Die Geschwindigkeit in der Galaxie ist acht mal so groß und die Geschwindigkeit unserer Galaxien-Gruppe relativ zum CMB ist noch deutlich größer. Insgesamt bewegt sich die Erde mit $370,1 \pm 0,2\,\text{km/s}$. relativ zum CMB[2].

Die detaillierte mathematische Beschreibung der Licht- und Spiegelbewegung beim MM-Experiment wird in unserer Studie der Lichtuhr in Abschn. 4.2 und 5.1 durchgeführt, wo wir uns genauer mit den Lichtpfaden orthogonal und parallel zur Bewegung beschäftigen. Die Situation bei beliebiger Ausrichtung wird in Übung 5.3 besprochen. Hier bleibt festzuhalten, dass diese optischen Pfade durch Spiegel erzeugt werden, die an einem gemeinsamen Körper aus starrem Material befestigt sind. Jegliche Änderung der Richtung dieses Körpers während seiner Bewegung durch einen Äther muss das Resultat des MM-Experiments zusätzlich zu dem erwarteten Effekt der Lichtwegveränderung durch die Relativbewegung zwischen starrem Körper und Äther beeinflussen. Die vorherrschende Meinung am Ende des 19. Jahrhunderts war, dass die Maxwellgleichungen nur im Ruhezustand des Äthers gelten. Angesichts der Größe der Lichtgeschwindigkeit war man sich der Tatsache bewusst, dass es sehr präziser Experimente bedurfte, wenn man die Gültigkeitsgrenzen der Maxwellgleichungen erkunden und die Wirkung der lokalen Bewegung des Äthers feststellen wollte. Es war das Ziel der MM-Experimente, den Effekt des Ätherwindes auf den Lichtweg zu erkunden.

Das MM-Experiment lieferte eine wissenschaftliche Sensation. Es konnte weder ein Einfluss der Bewegung des MM-Interferometers noch eine Wirkung des Ätherwinds festgestellt werden, obwohl das Experiment eine für die damalige Zeit

---

[2]Particle Data Group (PDG) (M. Tanabashi et al.), *Phys. Rev.* **D98**, 030001 (2018); siehe Tabelle 2: Astrophysical Constants and Parameters (Astrophysikalische Konstanten und Parameter).

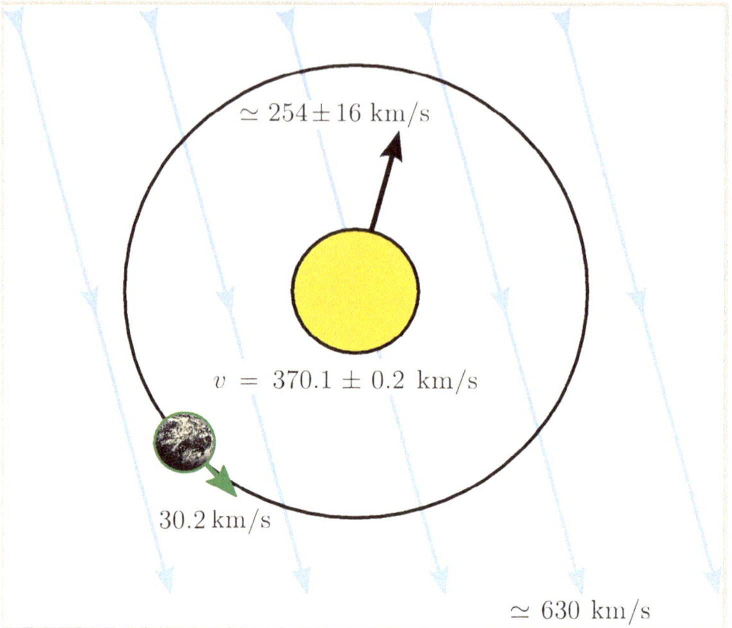

Abb. 3.2 Die Erdbewegung relativ zum CMB mit $v\ =\ 370{,}1 \pm 0{,}2$ km/s (Status 2018, Ref. 2) schließt die Bewegung der Sonne in der Milchstraße ($\simeq 254 \pm 16$ km/s) und die der Galaxiengruppe der Milchstraße ($\simeq 630$ km/s) mit ein. Die Bahngeschwindigkeit der Erde um die Sonne beträgt $\delta v = 30{,}2 \pm 0{,}2$ km/s und ist ebenfalls eingezeichnet

beispiellose Genauigkeit erreichte, nämlich etwa $2{,}5 \cdot 10^{-5}$ der Lichtgeschwindigkeit mit einer experimentellen Obergrenze von 8 km/s relativ zu einem stationären materiellen Äther, in dem sich das Licht mit der Geschwindigkeit von $c \simeq 300\,000$ km/s ausbreitet. Das Resultat dieses Experiments war die neue Erkenntnis, dass die Bewegung eines Inertialbeobachters (IO) in einem lokalen Raum-Zeit Experiment nicht wahrnehmbar war. Aber wie war das möglich?

Der erste, der auf die richtige Idee kam, den Effekt mit einer Kontraktion des starren Experimentiergeräts zu erklären, war George F. FitzGerald[3]. Er sandte seine Gedanken in einer kurzen brieflichen Mitteilung an das US Journal Science zur Veröffentlichung ein:

Ich habe mit großem Interesse die wunderbar sorgfältigen Experimente studiert, in denen die Herren Michelson und Morley versucht haben, die wichtige Frage zu entscheiden, inwieweit der Äther von der Erde mitgerissen wird. Ihr Ergebnis scheint anderen Untersuchungen zu widersprechen, da gezeigt wird, dass der Äther von der Luft in einem nicht wahrnehmbaren Ausmaß mitgeführt wird. Ich möchte behaupten, dass die einzige Hypothese, die diesen Widerspruch ausgleichen kann, darin besteht, dass sich die Länge der materiellen Körper um einen Betrag ändert, der vom Quadrat des Verhältnisses ihrer Geschwindigkeit zu der des Lichts abhängt, je nach dem, ob der Körper sich geradeaus oder quer durch den Äther bewegt. Wir wissen bereits, dass die elektromagnetischen Felder (damals elektrische Kräfte

---

[3]George Francis FitzGerald (1851–1901), Irischer Physiker, Trinity College, Dublin.

genannt, JR) durch die Bewegung elektrisch geladener Körper relativ zum Äther beeinflusst werden und es scheint keine unwahrscheinliche Hypothese zu sein, dass die molekularen Kräfte durch diese Bewegung verändert werden, was zu einer Änderung der Körpergröße führt.[4]

Das Zitat umfasst etwa 2/3 des erschienenen Briefes (Ref. 8 in Kap. 1). Der letzte Satz des Zitats deutet darauf hin, dass FitzGerald die Körperkontraktion aus dem Verhalten elektromagnetischer Felder bei Wechsel des Bezugsystems ableitete. Das entspricht unserer heutigen Auffassung, dass es durch die Bewegung des geladenen Atomkerns zur Deformation der Elektronorbitale und deshalb zur Körperkontraktion kommt.

3.2   Körperkontraktion und Zeitdilatation

Körperkontraktion

Ein Körper, der sich durch ein widerstandsfähiges Medium bewegt, sollte dabei verformt werden. Sobald die Resultate des MM Experiments allgemein bekannt wurden, hielt man diesen Gedankengang für plausibel (siehe die *Maxwellianer*, Ref. 8 im Kap. 1). Es war also gar nicht überraschend, dass die These FitzGeralds – die Kontraktion in Bewegungsrichtung des MM-Interferometers –

$$\boxed{L(v) = L_0\sqrt{1 - v^2/c^2}\,,} \tag{3.1}$$

bald von Hendrik A. Lorentz[5] wiederentdeckt wurde. Man beachte, dass die Eigenkörperlänge L_0 vor der Verkürzung auf der rechten Seite der Beziehung Gl. (3.1) zu

---

[4]Orginaltext: siehe G. F. FitzGerald, „The ether and the earth's atmosphere," (Der Äther und die Erdatmosphäre) *Science,* **13**, 390 (1889)

> I have read with much interest Messrs. Michelson and Morley's wonderfully delicate experiment attempting to decide the important question as to how far the ether is carried along by the earth. Their result seems opposed to other experiments showing that the ether in the air can be carried along only to an inappreciable extent. I would suggest that almost the only hypothesis that can reconcile this opposition is that the length of material bodies changes, according as they are moving through the ether or across it, by an amount depending on the square of the ratio of their velocity to that of light. We know that electric forces are affected by the motion of the electrified bodies relative to the ether, and it seems a not improbable supposition that the molecular forces are affected by the motion, and that the size of a body alters consequently…

[5]H. A. Lorentz, „The relative motion of the earth and the æther," (Die relative Bewegung der Erde und des Äthers) *Versl. Kon. Akad. Wetensch.,* **1**, 74 (1892). Nachdem Lorentz von FitzGeralds Brief erfahren hatte, sprach er von der FitzGerald-Kontraktion.

finden ist, während die Laborkörperlänge auf der linken Seite erscheint. Die Körpergröße orthogonal zur Bewegungsrichtung bleibt unverändert.

Nachdem die Hypothese der Lorentz-FitzGerald-Körperkontraktion half, das MM-Experiment zu deuten, wurde allgemein angenommen, dass dennoch ein kleinerer Interferenzeffekt beim MM-Experiment beobachtbar sein müsse. Wenn nämlich der materielle Äther einen Körper staucht, dann muss umgekehrt erwartet werden, dass dieser materieller Körper den Äther als reactio in Bewegung setzen kann. Der Ätherwind wird also durch die Bewegung des Körpers durch den Äther verursacht. Er sollte von der Erde mitgezogen werden, so wie ein Schiff Wasser mitzieht oder ein Wagen die Luft.

Im Unterschied zu den Verdichtungswellen des Schalles handelt es sich bei elektromagnetischen Wellen um Transversalwellen. Deshalb war die Vorstellung verbreitet, der Äther sei schwer komprimierbar. Aus diesem Grund sollte der mitgezogene Ätherwind eine kleinere Geschwindigkeit als die Erde haben. Die Hypothese der Lorentz-FitzGerald-Körperkontraktion war darum ein Grund, die Genauigkeit des MM-Experiments weiter zu erhöhen. In der Tat werden diese Experimente bis heute fortgesetzt. Mittlerweile erreicht man eine relative Genauigkeit von etwa 10^{-18}, das entspricht einer Obergrenze der Ätherwindgeschwindigkeit von 3Å/s ($\text{Å}= 10^{-10}\text{m}$), siehe Abb. 19.1.

Zeitdilatation

Lorentz (Ref. 5) kam auf die Körperkontraktion, als er die Transformationseigenschaften der Maxwell-Gleichungen bei einer Änderung des Bezugsystems untersuchte. Larmor (Ref. 12 im Kap. 1) sah, dass bei dieser Transformation die Zeit nicht unverändert bleiben konnte. Der physikalische Grund war die Laufzeit der Synchronisationssignale zwischen zwei Uhren. Einstein schließlich erkannte (Ref. 15 im Kap. 1), dass jeder Körper seine eigene Zeit hatte, die später von Minkowski (Ref. 6 im Kap. 1) erstmals als Eigenzeit bezeichnet wurde.

Um die Bedeutung dieses neuen Begriffs zu veranschaulichen, betrachten wir die Laborkoordinatenzeit t im Vergleich zu der Uhrzeit eines Beobachters, der in einem Zug eine Station verlässt und die Eigenzeit τ dieses Zugs misst. Das Inkrement dieser Zeit ist durch

$$\boxed{d\tau = dt \sqrt{1 - v^2/c^2}} \tag{3.2}$$

gegeben. Hier erscheint die Eigenzeit auf der linken und die Laborzeit auf der rechten Seite der Gleichung. Das Verhalten ist also entgegengesetzt dem in Gl. (3.1).

Da $d\tau < dt$ ist, spricht man von Zeitdilatation, also Zeitdehnung. Der kumulierende Effekt der Zeitdilatation wird von der Zuguhr bei der Rückkehr zur Station angezeigt. Aufgrund dieser Kumulation ist der Effekt der Zeitdilatation kaum misszuinterpretieren. Die Zeitdilatation ist eine Eigenschaft sowohl von punktförmigen Elementarteilchen als auch von komplexen starren Körpern. Der erste, der unseres Wissens die Zeitdilatation erkannt hat, war Sir Joseph Larmor, siehe Ref. 12 im

Kap. 1. Wir werden die Larmortransformation in Abschn. 6.2, weiter diskutieren. Im letzten Satz des im Vorwort zitierten Briefs von John Bell an den Autor zeigt Bell sich überzeugt davon, dass Larmor sich der Bedeutung der Zeitdilatation bewusst war.

Unbeobachtbarkeit einer (absoluten) Bewegung

Bei Betrachtung der Lichtwege im MM-Experiments in Abschn. 4.2 werden wir untersuchen, wie die beiden Eigenschaften materieller Körper, die Kontraktion und die Zeitdilatation, in die Interpretation des Versuchs eingehen. Das Auftreten dieser Effekte sichert die Konsistenz der Körpereigenschaften mit der nach Lorentz benannten relativistischen Koordinatentransformation. Insbesondere beeinflusst die Lorentz-FitzGerald-Körperkontraktion den im MM-Experiment verwendeten optischen Tisch. Der Effekt macht den Lichtweg unabhängig von der Orientierung des Interferometers relativ zur Bewegungsrichtung.

Die Laufzeit des Lichts im bewegten Interferometer ist größer als die in einem im Labor ruhenden Referenzinterferometer, wenn beide Zeiten mit einer im Labor ruhenden Uhr gemessen werden. Der bewegte Beobachter merkt davon aber nichts. Das ist nur möglich, wenn seine Eigenzeit nach Gl. (3.2) gedehnt ist, seine Uhr also langsamer geht. Dies klärt, warum die Bewegung des MM-Interferometers von einem mitbewegten Beobachter, d. h. dem Experimentator, nicht beobachtbar ist. Bei Anwendung der Beziehungen für die Körperkontraktion und für die Zeitdilatation sieht man, dass die Bewegung des Lichtstrahls von der Interferometerbewegung nicht beeinträchtigt wird. Eine (absolute) Bewegung ist mit dem MM-Interferometer damit nicht nachweisbar.

Angesichts der Unbeobachtbarkeit einer (absoluten) Bewegung muss die exakte Bedeutung der Geschwindigkeit v, die in die Körperkontraktion Gl. (3.1) und in die Zeitdilatation Gl. (3.2) eingeht, nochmals betrachtet werden. Es geht hier um eine Geschwindigkeit, die der Körper relativ zu einem Laborsystem irgendwann mit Hilfe einer Beschleunigung angenommen hat. Man muss den Beschleunigungsvorgang, dessen Resultat dann durch Gl. (3.1) und (3.2) beschrieben wird, nicht beobachtet haben. Das bedeutet, v kann ein beliebiger Wert zugeordnet werden. Trotzdem ist es gelegentlich hilfreich, zwischen einem inertialen gebliebenen Laborsystem und dem Körper, der in Bezug auf das Labor in Bewegung versetzt wurde, zu unterscheiden. In einer solchen Situation kann man v eventuell auch einen zeitabhängigen Wert zuordnen.

Für unsere Untersuchungen ist die universelle Natur der Lichtgeschwindigkeit c entscheidend, das wesentliche und neue Postulat Einsteins, mit dessen Hilfe er die SR formuliert hat. Diese Idee war in den Arbeiten vor Einsteins Publikation von 1905 nicht erkennbar. Im MM-Experiment wurde gar versucht, die Veränderung von c zu messen, die durch die Bewegung der Erde relativ zum Äther bewirkt wird. Die bis in unsere Zeit ausgeführten diesbezüglichen Experimente beweisen Einsteins Postulat mit großer Genauigkeit. Wir kommen in Kap. 19 darauf zurück.

Schlussbemerkungen

Die Körperkontraktion und die vergleichbaren Eigenschaften der elektromagnetischen Felder, die FitzGerald in die Begründung seiner Idee einbezog, stehen in eklatantem Widerspruch zu den galileischen Koordinatentransformationen. Diese müssen deshalb verallgemeinert werden, um der neuen Situation gerecht zu werden. Wir stellen in Kap. 6 die Lorentztransformationen vor, die diesen Widerspruch auflösen und mit der Lorentz-FitzGerald-Körperkontraktion und der Zeitdilatation konsistent sind.

Das MM-Experiment war und ist ein Test des Relativitätsprinzips und ein Versuch zur Messung der Veränderung der Lichtgeschwindigkeit. So hat es auch Einstein in seiner Arbeit von 1905 dargestellt. Deshalb sollte man das MM-Experiment nicht als einen direkten Nachweis von Körpereigenschaften wie der Lorentz-FitzGerald-Körperkontraktion oder der Zeitdilatation auffassen.

3.3   Ist die Lorentz-FitzGerald-Körperkontraktion messbar?

Die relativistischen Effekte, die ein Körper erfährt, müssen mit den relativistischen Koordinatentransformationen, den Lorentztransformationen (LT), konsistent sein. Wir werden diese in Kap. 6 herleiten. Sie werden uns helfen, Experimente von verschiedenen Inertialsystemen aus zu betrachten und zu interpretieren. Allerdings scheint es, als ob wir die Körperkontraktion aufheben können, da wir uns mit Hilfe der LT in das Ruhesystem des betrachteten Körpers begeben können, in dem dieser gar nicht kontrahiert ist. Bedeutet dies, dass die Körperkontraktion nur ein mathematischer Trick ist?

Lorentz vertrat immer ausdrücklich die Meinung, dass die Lorentz-FitzGerald-Körperkontraktion ein ‚realer‘ Effekt sei. Einstein hat seine Ansicht dazu nicht so betont geäußert, Missverständnisse aber dann doch klargestellt. Beispielsweise schrieb er 1911 in einer Publikation[6]:

> Der Verfasser hat mit Unrecht einen Unterschied der Lorentzschen Auffassung von der meinigen mit Bezug auf die physikalischen Tatsachen statuiert. Die Frage, ob die Lorentz-Verkürzung wirklich besteht oder nicht, ist irreführend. Sie besteht nämlich nicht "wirklich", insofern sie für einen mitbewegten Beobachter nicht existiert; sie besteht aber "wirklich", d. h. in solcher Weise, daß sie prinzipiell durch physikalische Mittel nachgewiesen werden könnte, für einen nicht mitbewegten Beobachter.

Einstein bestätigt unmissverständlich, dass er mit Lorentz der Auffassung ist, ein bewegter Körper sei für einen ruhenden Beobachter wahrhaftig verkürzt. Allerdings betont er, ein mitbewegter Beobachter könne dies nicht wahrnehmen. Dessen Situation ist vergleichbar mit der eines Autofahrers, der im Unterschied zu einem an einer

---

[6] A. Einstein, „Zum Ehrenfestschen Paradoxon. Eine Bemerkung zu V. Variĉaks Aufsatz," *Physikalische Zeitschrift* **12**, pp 509–510 (1911).

Ampel Wartenden den Impuls seines Autos nicht messen kann. Heute existieren aber ‚Trägheitsnavigationssysteme‘, die Flugkörper durch Integration über die Beschleunigungseffekte führen können. Ähnlich kann man sich ein Instrument vorstellen, das die momentane Kontraktion des bewegten Körper relativ zum ruhenden bestimmen kann.

Im Allgemeinen beweist man, dass ein Effekt real existiert, in dem man ihn experimentell nachweist. In diesem Sinne ist die kinetische Energie real und existent, auch wenn wir für jeden Körper ein Bezugssystem bestimmen können, in dem sie verschwindet. Genauso ist die Lorentz-FitzGerald-Körperkontraktion real, wenn wir ein Experiment präsentieren können, dessen Ergebnis von der Veränderung der Körperlänge durch die Bewegung abhängt. Die Tatsache, dass es einen (mitbewegten) Inertialbeobachter (IO) gibt, der die Verkürzung nicht bestätigt, ist für die Feststellung der Realität der Lorentz-FitzGerald-Körperkontraktion ohne Bedeutung.

Der Nachweis der Realität relativistischer Effekte hängt davon ab, ob Instrumente zu ihrer Messung zur Verfügung stehen. Die Lorentz-FitzGerald-Körperkontraktion wird in diesem Buch oft angesprochen und die Möglichkeit des Nachweises der Realität dieses Effekts besonders betont. John S. Bell, bekannt durch die Bellsche Ungleichung, hat sich auch mit der Einstein-Lorentzschen Überzeugung von der Realität der Lorentz-FitzGerald-Körperkontraktion beschäftigt. Er entwickelte ein Gedankenexperiment weiter, mit dem die Körperverkürzung aufzeichnet werden kann, während der Körper sich in Bewegung setzt.

Die Bellsche Versuchsanordnung erlaubt einen Vergleich der körpereigenen Längenskala vor dem Beschleunigungsvorgang mit der danach. Wir werden dies in Kap. 10 weiter diskutieren. In Abschn. 10.3 beschreiben wir, wie man im Prinzip eine ‚Körperlängenuhr‘ bauen kann, die einen Vergleich der ursprüngliche Laborlänge mit der momentanen Körperlänge erlaubt und über die vorausgegangenen Körperkontraktionen aufsummiert. Das ist so wie bei der Uhr eines Raumfahrers: Da sie immer die Eigenzeit misst, wird bei der Rückkehr zur Erde die kumulierte Zeitdilatation angezeigt. Doch um im Flug momentan und vor Ort die Eigenzeit mit der Laborzeit vergleichen zu können, wird ein neues Instrument benötigt, das auf ähnlichen Überlegungen beruht, wie wir sie beim Vergleich der Körperlängen in Abschn. 10.3 vorstellen werden. Alles hier Angesprochene gilt für Körper, die aus relativer Ruhe in Bewegung gesetzt werden.

Betrachten wir als Beispiel einen ‚Zug‘, der eine Station am Fuße eines Berges verlässt, lange leicht beschleunigt wird und mit relativistischer Geschwindigkeit in einen Tunnel fährt. Nehmen wir an, dass ein relativ zum Tunnel ruhender Beobachter diesen Vorgang filmt. Dann kann es mit etwas Glück geschehen, dass ein Bild nur den Berg zeigt, da der Zug vollständig im Tunnel verschwindet. Ab einer bestimmten Minimalgeschwindigkeit kann das sogar dann passieren, wenn der Zug viel länger als der Tunnel ist.

Es ist wichtig zu beachten, dass ein ruhender Beobachter bei Bestimmung der Länge eines bewegten Körpers die Position der Enden dieses Körpers gleichzeitig bestimmt. Das ist schon in der klassischen Physik unumgänglich und gilt erst recht in der SR, in der Zeit und Raum zusammen einen vierdimensionalen Minkowskiraum bilden. Wir werden das in Kap. 9 detailliert besprechen. Auch im Beispiel des fahrenden Zugs muss der Beobachter das beachten. Auf seinem Film würde er den vorbeifahrenden Zug (ohne Tunnel) genau dann nach der Lorentz-FitzGerald-Körperkontraktion verkürzt sehen, wenn er von beiden Zugenden gleich weit entfernt ist, denn dann kann das gleichzeitig von den Zugenden ausgehende Licht auch gleichzeitig den Film belichten.

Die Beobachtung eines relativistischen Zuges ist praktisch so nicht durchführbar. Ein für die Demonstration der Lorentz-FitzGerald-Körperkontraktion geeignetes Experiment ist aber vorgeschlagen worden[7]: Mit einem Laserpuls hoher Intensität wird ein dünnes Fragment einer Zielfolie auf eine hohe Geschwindigkeit gebracht. Ein anderer Laserstrahl bestimmt die Beschaffenheit dieses Folienfragments dann bei dieser Geschwindigkeit. Damit kann die Lorentz-FitzGerald-Körperkontraktion der Folie nachgewiesen werden.

Diskussion 3.1 Ein Zug im zu kurzen Tunnel und das Relativitätsprinzip
Thema: Wir besprechen, wieso ein Zug eine messbare Lorentz-FitzGerald-Körperkontraktion erfährt.

Simplicius: Ich kann mir nicht vorstellen, dass die Lorentz-FitzGerald-Körperkontraktion ein realer, messbarer Effekt ist. Wegen des Relativitätsprinzips können wir unmöglich sagen, ob der Zug kontrahiert ist oder der Tunnel. Denn aus Sicht des Zugs bewegt sich der Tunnel genauso schnell wie der Zug aus Sicht des Tunnels.

Professor: Am besten werden wir diesen Sachverhalt in einem Gedankenexperiment näher betrachten. Am Anfang soll der Zug in einem Bahnhof ruhen. Mit Hilfe einer Photografie stellen wir fest, dass dieser Zug länger ist als der Tunnel. Nach dieser Messung bitten wir den Zugführer, den Zug langsam, sehr langsam zu beschleunigen, so dass alle Effekte der Beschleunigung als unbedeutend angesehen werden können. Nachdem der Zug schnell genug geworden ist, fährt er in den Tunnel ein. Wir filmen diese Fahrt mit einer Kamera. Die SR sagt voraus, dass wir bei Betrachtung der Einzelbilder entdecken werden, dass der lange Zug im kurzen Tunnel verschwunden ist. Im letzten Teil des Experiments wird der Zugführer den Zug wieder vorsichtig verlangsamen und an der Station halten. Dann hat der Zug wieder seine ursprüngliche Länge.

Simplicius: Wenn kein Passagier sich an eine Verkürzung erinnert, kann ich auch behaupten, der Bergtunnel würde bei dieser Betrachtung kürzer oder meinetwegen länger, je nachdem, was zur Theorie passt. Ohne eine Messmöglichkeit kann das niemand feststellen.

---

[7]J. Rafelski, „Measurement of the Lorentz-FitzGerald body contraction (Messung der Lorentz-FitzGerald-Körperkontraktion)," *Letter Eur. Phys. J.* **A 54** 29 (2018).

Student: Ich glaube nicht, dass man das sagen kann. Erstens wurden Berg und Tunnel gar nicht behelligt, können sich also nicht verändert haben, zweitens wurde im Gegensatz dazu aber der Zug aus der Ruhe beschleunigt und am Ende auch wieder bis zum Ruhezustand abgebremst. Also kann nur der Zug und nicht der Berg beeinflusst worden sein.

Professor: Auch wenn die Passagiere nichts merken, kann die Körperkontraktion mit einem Instrument beobachtet und gemessen werden. Wir können dabei sowohl den momentanen Effekt als auch den gesamten Ablauf der Körperkontraktion aufzeichnen. Das erwähnte Instrument basiert auf einer Idee von John S. Bell, siehe Kap. 10. Mit dem Bellschen Instrument ist es möglich, die momentane Längeneinheit im Zug zu bestimmen und mit der Längeneinheit vor dem Beschleunigungsprozess zu vergleichen.

Simplicius: Trotzdem! Nach dem Relativitätsprinzip kann ich umgekehrt vorgehen, und das Bellsche Instrument im Tunnel installieren und behaupten, der Tunnel werde gegen die Fahrtrichtung des Zuges beschleunigt. Ich erwarte, dass dann der Tunnel und nicht der Zug kürzer wird.

Professor: Man kann so nicht argumentieren: Das Relativitätsprinzip darf nicht auf beschleunigte, nichtinertiale Beobachter angewandt werden. Der Zug wird hier beschleunigt, nicht der Tunnel. Durch die Beschleunigung wird der Zug eben verändert. Auch wenn wir ein Bellsches Instrument sowohl im Tunnel als auch im Zug unterbringen, wird nur das Instrument im Zug eine Körperänderung registrieren.

Simplicius: Ich habe da aber noch eine Frage: Angenommen, der Berg und der Zug sind die einzigen Körper im Universum. Woher weiß man, welcher Körper beschleunigt wird?

Professor: Ich glaube, Einstein hat den relativistisch invarianten Äther wieder eingeführt, um dieses Problem zu lösen, um beantworten zu können, welcher Körper beschleunigt wird.

Simplicius: Wie kann man nun aber experimentell entscheiden, welcher der beiden Körper beschleunigt wird?

Professor: Im Allgemeinen durch die Emission von Strahlung. Ein Körper, der relativ zum Einsteinschen Äther beschleunigt wird, emittiert gravitative und/oder elektromagnetische Strahlung.

3.4   Körperkontraktion im Experiment

Nach dieser Erörterung einer noch nie direkt gemessenen Lorentz-FitzGerald-Körperkontraktion muss man sich die Frage stellen, ob es sich hier eher um eine physikalische Fußnote handelt, die nirgends wichtig ist und die man deshalb gleich wieder vergessen kann. Es zeigt sich aber, dass dieser Effekt *z. B.* bei Experimenten mit kollidierenden schweren Atomkernen, sogenannten Schwerionen, eine sehr wichtige Rolle spielt. Mit solchen Experimenten begann man vor einigen Jahrzehnten und sie werden an mehreren Beschleunigeranlagen fortgeführt. Ein Ziel ist dabei die Erzeugung des Quark-Gluon-Plasma-Zustands der Materie. In diesem Zustand befand sich unser Universum während der ersten etwa 25 μs. Alle uns umgebende Materie entstand aus diesem Urzustand.

Die Schwerionen sind in diesen Experimenten die Objekte, die die Körperkontraktion erfahren. Sie prallen mit gleich hohen Geschwindigkeiten nahe der des Lichts aus entgegengesetzten Richtungen aufeinander. Diese Situation entspricht der Kollision von zwei körperkontrahierten ‚Zügen'. Die schweren Kerne werden in Bewegungsrichtung auf ein Zehntel bis Zehntausendstel zusammengestaucht, je nach der Größe der Kollisionsenergie. Statt zweier kugelförmiger Atomkerne sieht der Laborbeobachter zwei Pfannenkuchen aufeinanderprallen, wie man links in Abb. 3.3 erkennt. Die Dichte der Pfannkuchen hat sich im gleichen Verhältnis erhöht, wie die Dicke abgenommen hat. In der Mitte des Bildes sehen wir den Quark-Gluon-Plasma-Zustand direkt nach der Durchdringung der Kerne. Nach der Kollision findet man in der Regel viele neu erzeugte Elementarteilchen (Abb. 3.3, im rechten Bild). Ihre Beobachtung hilft, die Prozesse zu verstehen, die stattgefunden haben, und die Geheimnisse des frühen Universums zu enträtseln.

Außer der in Abb. 3.3 dargestellten Art von Kolliderexperimenten werden wir auch Kollisionen von Schwerionen betrachten, bei denen ein Teilchenstrahl auf ein im Labor ruhendes Ziel aufprallt. Diese Anordnung wird dann fast immer mit Hilfe einer

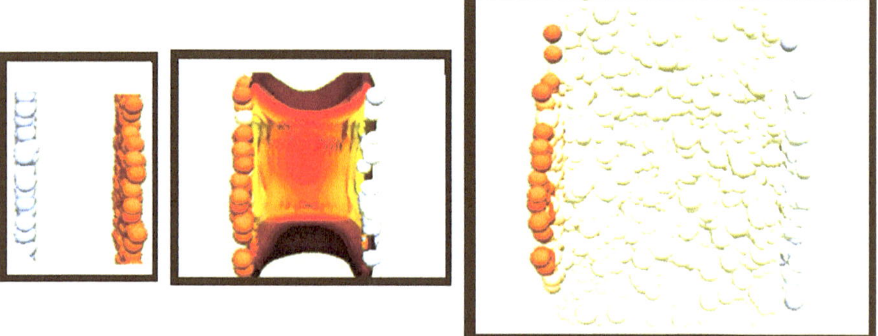

Abb. 3.3 Links: Zwei körperkontrahierte Atomkerne bewegen sich aufeinander zu. Bildmitte: Die beiden Kerne haben sich gegenseitig durchquert. Im Raum dazwischen erkennt man den Quark-Gluon-Plasma-Zustand. Rechts: Die verbliebenen Atomkernfragmente trennen sich. Dazwischen sieht man viele neu erzeugte Teilchen

entsprechenden Lorentztransformation in einem geeigneten Bezugssystem untersucht, dem sogenannten CM-System. Bei allen Schwerionenexperimenten werden die Dauer des Kollisionsprozesses und die Zahl der Kollisionen untersucht, denn diese Parameter sind mit maßgebend für das physikalische Resultat. Die Durchdringungsdauer der Kerne im erwähnten Bezugssystem ergibt sich aus der kontrahierten Gesamtdicke beider Kerne und der Lichtgeschwindigkeit. Wir weisen nochmals darauf hin, dass die kontrahierten Kerne eine hohe Dichte aufweisen. Das bedeutet, ein Nukleon von einem der Kerne wird Nukleonen des anderen Kerns treffen, ohne dass der Kontraktionsfaktor eine Rolle spielt, weil die Effekte der Dichte und Dicke sich gegenseitig aufheben. Im Ruhesystem der Teilchen ist die Dauer der Kollision noch wesentlich kürzer als im Labor.

Eine wichtige Frage sei noch erwähnt: Können wir die kollidierenden Kerne als einen starren Körper behandeln oder handelt es sich um einen Haufen unabhängiger Teilchen? Basierend auf der Quantenphysik kann man feststellen, dass Atomkerne bei ausreichend niedriger Energie als stark gebundener starrer Körper wirken. Andererseits kann auch argumentiert werden, dass die Kerne bei einer sehr hohen Energie als ungebundene wolkenartige Ansammlung von Teilchen erscheinen könnten. Wir besprechen diese Frage in Diskussion 10.1. Hier ist vor allem relevant, ob ein Atomkern während seines Beschleunigungsprozesses seine zusammengesetzte Struktur beibehält und das ist wohl der Fall. Wenn die einzelnen Kerne aufeinander stoßen, sind sie daher kontrahiert, wie oben angenommen.

Bei den betrachteten Schwerionenkollisionen finden einige der von uns vorgestellten Ergebnisse der SR Verwendung. Diese wurden bisher nur qualitativ betrachtet. In den folgenden Kapiteln werden wir sie mit mathematischen Werkzeugen präzise untersuchen. Sie zu verstehen, ist eminent wichtig, denn sie bilden die Grundlage für das Verständnis einer Vielzahl von Prozessen in der modernen Physik.

3.5 Klassische Missverständnisse der SR

Von Anfang an litt die SR unter Missverständnissen. Viel Verwirrung stiftete ohne jeden Zweifel das Bedürfnis der Maxwellianer nach einem materiellen, lichttragenden Äther. In den vier Jahrzehnten zwischen Maxwell und Einsteins Arbeit von 1905, Ref. 15 im Kap. 1, entstanden viele inhaltlich noch heute wichtige Forschungsarbeiten, in denen aber mit dem Äther argumentiert wird. Diese Argumente werden leider bis heute wiederholt und verunsichern Leser der modernen Literatur. So ist es *z. B.* sehr schwierig, den Unterschied zwischen dem relativistischen Äther von Langevin und Einstein und dem materiellen Äther von Maxwell, Larmor und anderen zu klären.

Viele Studenten begreifen die besondere Bedeutung der SR und suchen nach einem tieferen Verständnis. Deshalb gibt es eine Fülle populärwissenschaftlicher Literatur zur SR. Nicht immer führen deren Lektüre oder die der diesbezüglichen frei zugänglichen Internetseiten zu größerer Klarheit. Viele Beiträge beweisen zwar die Fähigkeit des Autors, Artikel zu schreiben, aber nicht seinen Sachverstand. Ein gutes

Beispiel ist die Behandlung des Zwillingsparadoxon. Auch die Artikel in Wikipedia zur SR sind oft nicht eindeutig.

Nachfolgend beschreiben wir die häufigsten Missverständnisse zur SR, die in populärwissenschaftlichen Büchern oder im Internet auftauchen. Zunächst aber noch eine wichtige Vorbemerkung:

Solange in physikalischen Prozessen Beschleunigungen keine Rolle spielen, ist die Kenntnis der Koordinatentransformationen ausreichend, um das Verhalten von punktförmigen Teilchen zu verstehen, die gegenseitig immer in Inertialbewegung verharren. Das hat Einstein in seiner Arbeit von 1905 so vorgestellt. Um die Realität unter Beachtung der SR darzustellen, müssen wir aber verstehen, wie ihre Prinzipien sich auf eine reale Welt auswirken, die ausgedehnte materielle Körper enthält und in der Beschleunigungsprozesse den Übergang von einer Inertialbewegung zu einer anderen ermöglichen.

Missverständnis 1: Der Raum ist ‚kontrahiert‘

Auf die Frage, *Ist die Lorentz-Kontraktion die des Raums oder eines Körpers?* wird oft geantwortet, dass der Raum kontrahiert ist. Die Lorentz-FitzGerald-Körperkontraktion kann aber nicht den Raum betreffen, denn die Eigenschaften der Raum-Zeit, die uns umgibt, sind nicht Gegenstand der SR. Erst Einsteins 1916 vorgestellte allgemeine Relativitätstheorie (GR) befasst sich mit der Raumzeit, um die relativistische Form der Gravitationsgesetze abzuleiten. Aus diesem Grund sprechen wir in diesem Buch immer von ‚Körperkontraktion,‘ und nicht einfach von ‚Kontraktion.‘ Es ist wichtig, zu beachten, dass Raum und Zeit in der SR in keiner Weise beeinflusst werden, weder durch die Inertialbewegung von Punktteilchen noch von ausgedehnten Körpern. Die Tatsache, dass ein Inertialbeobachter Koordinaten von Ereignissen ermittelt, die sich von denen eines anderen Inertialbeobachters unterscheiden, bedeutet nicht, dass sich die Raum-Zeit-Mannigfaltigkeit ändert.

Missverständnis 2: Die Lorentz-FitzGerald-Körperkontraktion und die Zeitdilatation sind ‚äquivalent‘

In der SR sind die Lorentz-FitzGerald-Körperkontraktion und die Zeitdilatation verschiedene Phänomene. Man kann das eine Phänomen nicht aus dem anderen ableiten. Das lässt sich schon daran leicht erkennen, dass ein punktförmiges Elementarteilchen eine Zeitdilatation erfahren kann, aber keine Lorentz-FitzGerald-Körperkontraktion.

Ein instabiles Elementarteilchen beispielsweise erfährt eine Zeitdilatation, die nicht von der Anwesenheit eines materiellen Körpers beeinflusst wird. In solchen Fällen wird oft die Lorentz-FitzGerald-Körperkontraktion parallel zur Zeitdilatation angesprochen. Die Behauptung, dass diese zwei Effekte sich gegenseitig bestätigen, ist keine korrekte logische Folgerung, da diese Behauptung von der Anwesenheit eines materiellen Körpers abhängt, den man bei der Betrachtung (z. B. der Flugdistanz) eines unstabilen Teilchen nicht braucht.

Missverständnis 3: Die Lorentz-FitzGerald-Körperkontraktion ist ‚nicht beobachtbar'

Die Tatsache, dass die Lorentz-FitzGerald-Körperkontraktion und die Zeitdilatation unabhängige Phänomene sind, trägt zu der oftmals vertretenen Meinung bei, dass die Körperkontraktion nicht real ist, d. h. nicht beobachtet werden kann. Die Zeitdilatation wird als real akzeptiert, denn man kann sie mit Uhren nachweisen. Ein mit einer solchen Uhr vergleichbares Instrument existiert noch nicht für die Lorentz-FitzGerald-Körperkontraktion. Wir werden in Kap. 10 zeigen, dass ein solches Instrument aber grundsätzlich konstruierbar ist. Es sichert damit die Möglichkeit, die Körperkontraktion zu messen, siehe dazu Ref. 7.

Viele Bücher sprechen von einer Entfernungskontraktion, ohne die Bedeutung dieses Ausdrucks zu klären und ohne auf die Frage der Existenz und Realität der Lorentz-FitzGerald-Körperkontraktion einzugehen. Wir werden in Kap. 9 den Messprozess vorstellen, der eine kontrahierte Raum-Zeit-Ereignistrennung erzeugt und die Vereinbarkeit der Lorentztransformation mit der Lorentz-FitzGerald-Körperkontraktion begründen.

Missverständnis 4: Kleine Beschleunigungen sind ‚immer irrelevant'

Das Relativitätsprinzip ist nur auf Inertialbeobachter (IO) anwendbar. Einstein erwähnt in seiner Arbeit von 1905 den Begriff der Beschleunigung nicht. Seine Anstrengungen, Beschleunigungen und damit Kräfte in seine Theorie einzubauen, führten zum Verständnis der Schwerkraft im Rahmen der GR. Es muss aber betont werden, dass die auf dem Äquivalenzprinzip von schwerer und träger Masse basierende allgemeine Relativitätstheorie ausschließlich die Gravitation betrifft.

Unabhängig von der Stärke der Beschleunigung sind deshalb beschleunigte Beobachter klar von Inertialbeobachtern zu unterscheiden. Langevin betont, siehe Ref. 24 im Kap. 2, dass nur die Uhr des wieder Zurückgereisten eine Zeitdilatation anzeigt, nicht die des immer in seinem Inertialsystem gebliebenen Laborbeobachters. Eine Rundreise kann aber nur mit Beschleunigungen bewältigt werden. Genauso argumentiert Bell, siehe Kap. 10, dass seine beliebig langsam beschleunigenden Raketen ihren Abstand im Raum behalten, aber die beschleunigten Körper und der die Raketen verbindende Faden körperkontrahiert werden. Was in diesen Beispielen zählt, ist das Auftreten und die Gesamtwirkung der Beschleunigungsvorgänge und nicht Ihre Größe.

Missverständnis 5: Die ‚Umkehrbarkeit' der Zeitdilatation, das Zwillingsparadoxon

Nach einer Reise zeigt die Uhr eines Raumfahrers eine geringere Zeit an als die seines auf der Erde zurückgebliebenen Zwillingsbruders. Das Zwillingsparadoxon wird erzeugt durch die Behauptung, nach dem Relativitätsprinzip müsste bei Vertauschung der Zwillinge jetzt die andere Uhr die geringere Zeit anzeigen. Der erste Fehler bei dieser Argumentation wurde gerade erwähnt: Der reisende Zwilling wurde beschleunigt, der andere nicht. Deshalb kann man sie nicht vertauschen. Doch die Verwirrung hat noch einen weiteren Ursprung. Er besteht darin, dass bei Messungen von Positionen und Zeiten bestimmte Regeln beachtet werden müssen, um widersprüchliche Ergebnisse beim Vergleich von Messergebnissen verschiedener Inertialbeobachter zu vermieden.

Nur bei der Messung sogenannter lorentzinvarianter Größen, wie zum Beispiel der Eigenzeit eines Körpers, erhalten alle Inertialbeobachter das gleiche Ergebnis. Daher ist für jeden Körper nur die Eigenzeit ein sinnvolles Maß für den Zeitfluss. Das ist die Zeit, die eine relativ zu diesem Körper ruhende Uhr anzeigt. Man wird allen Zwillingsherausforderungen gerecht, wenn man die Eigenzeit betrachtet und beachtet, dass beschleunigte und inertial bewegte Körper nicht gleichwertig sind. Wir werden das ausführlich in Kap. 8 besprechen.

Missverständnis 6: Relativistischer Dopplereffekt

Viele Lehrbücher der SR behaupten, dass der relativistische Dopplereffekt in zwei Schritten erzeugt wird: 1) durch die Zeitdilatation bei der Abstrahlung des Signals in der Quelle und 2) während des Ausbreitungsprozesses, wobei wie bei der Ausbreitung von Schall in Luft argumentiert wird. Beide Aussagen sind offensichtlich falsch[8]. Zu beiden Punkten:

1. Die postulierte Zeitdilatation in der Quelle kann nicht Teil des Dopplereffekts sein, da zum Zeitpunkt der Emission der Beobachter unbekannt ist und damit auch die Relativgeschwindigkeit zu ihm.
2. Da das Licht sich nicht in einem Material bewegt, gibt es während der Ausbreitung keine Wellenlängenänderung, die durch die Relativbewegung zum Lichtträger erzeugt wird, im Gegensatz zum Verhalten von Schall in Luft.

Die Dopplerverschiebung muss also bei Beobachtung des einfallenden Lichts entstehen. Einstein schlussfolgerte, dass die Lichtwelle Informationen über die Quelle zum Beobachter transportiert. Diese Information wird dekodiert und ermöglicht die Analyse der Relativbewegung und die Bestimmung der relativen Frequenz- und Wellenlängenverschiebung. Der Dopplereffekt des Lichts entsteht also zum Zeitpunkt der tatsächlichen Beobachtung, siehe Kap. 13. Hinweis: Die kosmologische Rotverschiebung ist keine Folge des Doppler-Effekts. Sie entsteht, während das Licht von einer Quelle zu einem Beobachter unterwegs ist, siehe Überblick 13.1 und Abschn. 13.1.

---

[8]G. Margaritondo and J. Rafelski, „The relativistic foundations of synchrotron radiation (Relativistische Grundlagen der Synchrotronstrahlung)," *J. Synchrotron Rad.* **24** 898–901 (2017).

Missverständnis 7: Ein Mythos: Nicht punktförmige Körper haben in der SR keinen Platz

Das ist einfach nicht wahr! In der SR bemühen wir uns, zu verstehen, was mit ausgedehnten materiellen Körpern geschieht. In diesem Zusammenhang ist die Lorentz-Fitzgerald-Körperkontraktion ein zentraler Begriff. Ein zusammenhaltender, ausgedehnter Körper unterscheidet sich naturgemäß von einer Wolke aus nicht wechselwirkenden Teilchen. Da sich der Raum nicht zusammenzieht, tut das auch eine Partikelwolke nicht (vorausgesetzt, die Dichte liegt deutlich unterhalb eines gewissen Wechselwirkungsbereiches). Alle kohäsiven Materialkörper unterliegen also der Körperkontraktion.

Zwischen einer nicht wechselwirkenden Wolke und einem starren Stock gibt es viele komplizierte Strukturen, die wir hier nicht betrachten. Das wird in Diskussion 10.1 genauer diskutiert. Es gibt aber keinen Grund für die Annahme, dass man in der SR solche Strukturen aus irgendwelchen Gründen nicht erfolgreich untersuchen könnte.

Schlußwort

In der SR ist nicht jede Situation immer sofort und eindeutig klar. Missverständnisse können tiefgehende Ursachen haben. Wir sahen bereits, dass auch Einstein in der Antwort auf einen namhaften Wissenschaftler seiner Epoche erklären musste, wie er zu verstehen sei, siehe Ref. 6. Auch John Bell warnte in seinem Brief an den Autor vor Einsteins Pädagogik und den sich ergebenden Missverständnissen, siehe Vorwort.

Andererseits ist die wachsende Präsenz von Abhandlungen, die Irrtümer über die SR enthalten (vor allem im Internet), für den Autor Grund zur Besorgnis. Ausgerüstet mit der oben vorgestellten Liste klassischer Irrtümer kann der Leser Argumente, die der SR widersprechen, vielleicht eher erkennen.

Zusammenfassung – *Im Teil II – Kap.* 4, *Kap.* 5:
Zwei Körpereigenschaften werden genauer untersucht: 1) die Zeitdilatation, und
2) die Lorentz-FitzGerald-Körperkontraktion. Geschichtlich waren diese Effekte
Vorläufer der Lorentzkoordinatentransformation, die wir im nachfolgenden
Teil III vorstellen. Wir betrachten eine Lichtuhr, die aus einem starren Körper
besteht, an dem Spiegel befestigt sind. Wir zeigen, dass ihr Gang nur aufgrund der
Effekte der Zeitdilatation und der Körperkontraktion nicht von Orientierung und
Geschwindigkeit abhängt.

Einleitende Bemerkungen zu Teil II
Nach der von Einstein 1905 vorgenommene Harmonisierung der Gesetze der Physik nach dem Relativitätsprinzip war in diesem neuen physikalischen Rahmen
auch schon die Eigenzeit enthalten, obwohl sie noch nicht so bezeichnet wurde.
Es handelt sich um die von einer körpereigenen Uhr gemessene Zeit, die in jedem
bewegten Körper anders abläuft. Wegen der Universalität der Lichtgeschwindigkeit ist es bei der Vorstellung der Ergebnisse der SR deshalb vom Nutzen, zur Zeitmessung eine Lichtpulsuhr zu betrachten, in der die Zeittaktung durch gespiegelte
Lichtpulse angegeben wird.

Die genauere Untersuchung der Funktionsweise dieser Uhr führt direkt zur
quantitativen Beschreibung von zwei unabhängigen Effekten, die bei einer relativistischen Körperbewegung entstehen, a) der Zeitdilatation, und b) der Lorentz-Fitz-
Gerald-Körperkontraktion. Das Verständnis der Lichtuhr liefert auch die Erklärung
dafür, warum eine Bewegung des Interferometers beim MM-Experiment nicht
beobachtbar ist.

Versetzt man einen Körper relativ zu einem Labor in Bewegung, so ist die von einer Körperuhr gemessene Eigenzeit von der Laborzeit verschieden. Außerdem wird die Körperuhr die von ihr gemessene Zeit aufsummieren. Aus diesem Grund ist die von einer Körperuhr angezeigte Zeit vom Verlauf der Relativgeschwindigkeit zum Labor abhängig. Der Uhrenvergleich eines Reisenden mit einem Laborbeobachter wird als Zwillingsexperiment bezeichnet.

Der Zeitdilatationseffekt kann heute mit genauen Uhren, die in Flugzeugen oder Erdsatelliten untergebracht sind, direkt beobachtet werden. Auch bei Betrachtung der Lebensdauer von zerfallenden Elementarteilchen wie Myonen spielt er eine entscheidende Rolle. Alle instabilen Teilchen haben eine mittlere Lebensdauer. Misst man im Labor die Zeit zwischen Entstehung und Zerfall dieser Teilchen in Bewegung, so erhält man eine längere Lebensdauer als bei Teilchen, die im Laborsystem ruhen. Wir werden darauf in diesem Buch wiederholt zurückkommen.

Die relativistische Lorentz-FitzGerald-Körperkontraktion ergibt sich, wenn man fordert, dass der Gang der Lichtuhr von ihrer Orientierung in Bezug auf die Bewegungsrichtung unabhängig ist. Die Argumentation gleicht der von FitzGerald und Lorentz bei Erkenntnis der Körperkontraktion beim MM-Experiment. Bei der Lichtuhr muss die Lichtlaufzeit zwischen den Spiegeln unabhängig von der Orientierung sein, beim MM-Experiment die Länge der optischen Pfade bei einer Rotation des Interferometers.

Einstein betrachtet die Unbeobachtbarkeit der Inertialbewegung allein als einen Effekt des Relativitätsprinzips. Andererseits man kann sich auf den Standpunkt stellen, dass der Beweis des orientierungsunabhängigen Gangs der Lichtuhr die Notwendigkeit der Einführung der Lorentz-FitzGerald-Körperkontraktion zeigt. Das allein genügt schon, um diese Körperkontraktion neben der Zeitdilatation als einen weiteren ‚realen' Effekt zu erkennen. Bei Betrachtung von Experimenten zur Messung der Lorentz-FitzGerald-Körperkontraktion wird dies dann noch deutlicher.

Zusammenfassung

Wir untersuchen die Eigenschaften einer Lichtuhr, die aus zwei fest montierten Spiegeln und einer Lichtquelle besteht. In der ersten Analyse soll diese Uhr sich in eine zum Lichtweg senkrechte Richtung bewegen. Wir vergleichen die Lichtwege im Labor und in der bewegten Uhr. Gegenüber einer im Labor ruhenden Uhr schlägt die bewegte Uhr nicht so häufig. Diesen Effekt bezeichnet man als Zeitdilatation. Die Zeitdilatation kann man mit genauen Uhren direkt in Flugzeugen oder Erdsatelliten beobachten. Die von einem Myon, einem instabilen Elementarteilchen, während seiner Lebensdauer zurückgelegte Distanz wird berechnet.

4.1 Eigenzeit eines Reisenden

Beim Vergleich der angezeigten Zeiten sollen die betrachteten Uhren sich immer am gleichen Ort befinden. Mit dieser Vereinbarung erreichen wir, dass bei Zeitmessungen die Signallaufzeiten zwischen räumlich entfernten Ereignissen keine Rolle spielen. Wenn man die Zeiten zweier Uhren vergleichen will, müssen diese sich also zumindest zweimal am selben Ort befinden.

Wegen des Relativitätsprinzips ist es unmöglich, zwei Uhren allein mit Hilfe der Relativgeschwindigkeit zu unterscheiden. Doch muss mindestens eine der Uhren beschleunigt worden sein, wenn man einen Zeitvergleich, in dem die Relativbewegung eine Rolle spielt, so durchführen will, wie das gerade beschreiben wurde. Erst die Beschleunigung gestattet es, diese Uhren zu unterscheiden. Insbesondere kann ein Weltraumreisender nicht meinen, es sei das Labor, das beschleunigt wurde.

Mit der Bestimmung der beschleunigten Uhr legen wir eine Messvorschrift fest. Die Uhr im beschleunigten Körper befindet sich in diesem Körper immer am gleichen Ort. Bei einer Messung im Labor muss dann aber beachtet werden, dass diese körpereigene Uhr sich bewegt und sich bei jedem Ticken wieder an einer anderen Laborposition befindet.

© Springer-Verlag GmbH Deutschland, ein Teil von Springer Nature 2019 61
J. Rafelski, *Spezielle Relativitätstheorie heute,*
https://doi.org/10.1007/978-3-662-59420-9_4

Ist $d\tau$ das Inkrement der von der Körperuhr gemessenen Eigenzeit, dt das der Laborzeit und $\boldsymbol{v} = d\boldsymbol{x}/dt$ mit $|\boldsymbol{v}| < c$ die Geschwindigkeit des Körpers, so nimmt die Formel für die Zeitdilatation Gl. (3.2) die folgende Form an

$$(d\tau)^2 = (dt)^2 - (d\boldsymbol{x}/c)^2, \quad (dt)^2 = (d\boldsymbol{x}/c)^2 + (d\tau)^2 \;\rightarrow\; (dt)^2 \geq (d\tau)^2. \quad (4.1)$$

Wir sehen, dass das Quadrat $(d\tau)^2$ des Inkrements der Eigenzeit immer kleiner ist als das der Laborzeit $(dt)^2$. Beide sind nur dann gleich, wenn der betrachtete Körper im Labor ruht.

Die Argumentation, dass nach dem Zustandekommen der Relativbewegung (d. h. also nach Beendigung der Beschleunigungsphase) sowohl der Reisende als auch der Beobachter behaupten können, sie seien zeitdilatiert, wird durch diese Betrachtung der Eigenzeitmessung aufgeklärt. Der verbleibende Unterschied besteht in der Art der Zeitmessung. Es kommt darauf an, welcher Beobachter die Zeit in seinem Bezugssystem immer am gleichen Ort misst.

Die oben beschriebene Messvorschrift verhindert die Umkehrbarkeit der Zeitdilatation. Der beschriebene Gedankengang ist notwendig, wenn man gewährleisten will, dass die Beziehung für die Zeitdilatation mit dem später in Teil IV aus den relativistischen Lorentzkoordinatentransformationen folgenden Resultat vereinbar ist.

Allerdings werden wir in Kap. 13 sehen, dass es beim relativistischen Dopplereffekt der Lichtwellenlänge (oder Frequenz) doch eine Umkehrbarkeit gibt. Zwei verschiedene Inertialbeobachter werden einen reziproken Dopplereffekt messen. Das ergibt sich aus der Untersuchung der Lichtwellen, die sich unabhängig vom Zustand der Lichtquellen von einem der beiden Inertialbeobachter zum anderen ausbreiten. Damit ist klar, dass trotz gegenteiliger Meinungen der Dopplereffekt nichts mit der Zeitdilatation zu tun hat.

Durch Integration von Gl. (3.2) erhält man eine Beziehung zwischen der Eigenzeit und der Weltlinie (siehe Abschn. 1.2) $\boldsymbol{x}(t)$ im Laborsystem

$$\tau_2 - \tau_1 = \int_1^2 dt \sqrt{1 - (d\boldsymbol{x}/c\,dt)^2}. \quad (4.2)$$

Man sieht, dass immer $\tau_2 - \tau_1 \leq t_2 - t_1$ ist. Die von einer körpereigenen Uhr gemessene Zeit ist immer kürzer als die Zeit, die ein Beobachter misst, für den diese Uhr sich bewegt.

Als Langevin 1911 seine Ideen zur Zeitdilatation entwickelte (siehe Ref. 19 im Kap. 2), verdeutlichte er sie anhand eines erdachten Beispiels, in dem dieser Effekt enorm groß war. Seine Gedanken von damals sind heute Alltag an Teilchenbeschleunigern, in denen kurzlebige relativistische Teilchen eben diesen großen Effekt demonstrieren. In der folgenden Übung 4.1 gehen wir aber zunächst auf die kleinen, mit sehr genauen Uhren heute aber dennoch messbaren Dilatationseffekte aus unserer täglichen Erfahrungswelt ein.

Wir betrachten in Übung 4.1 die Zeitdilatation, die ein Reisender auf einem Interkontinentalflug erfährt. Wir wissen bereits, dass der Flugreisende (wie auch ein Astronaut) jünger als sein zu Hause gebliebener Zwilling bleibt. Dieser Effekt wurde mit

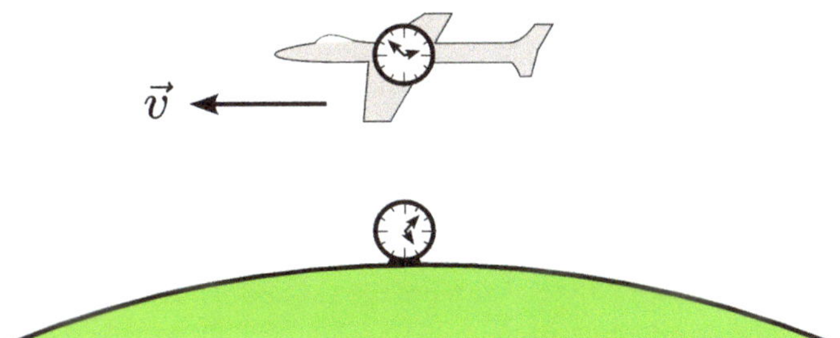

Abb. 4.1 Uhrenvergleich: Eine Uhr fliegt im Flugzeug, die andere ruht auf der Erde

großer Genauigkeit experimentell bestätigt, siehe Abschn. 19.5. Die Schwierigkeit bei Messung der Zeitdilatation besteht hauptsächlich in der Trennung des vergleichbar großen Gravitationseffekts von dem durch die Bewegung entstehenden Effekt der SR.

Übung 4.1 Zeitdilatation einer Flugzeug-(und Satelliten-)Uhr
Vergleichen Sie den Gang einer Laboruhr mit der Uhr auf einem Flugzeug (Fluggeschwindigkeit 1000 km/h), siehe Abb. 4.1, und einer dritten in einem erdnahen Satelliten, der die Erde in 90 Minuten umkreist.

Lösung
In dieser Aufgabe misst die Erduhr die Zeit t, während die Flugzeuguhr (oder Satellitenuhr) die Eigenzeit τ anzeigt. Die Uhrzeiten werden vor dem Start des Flugzeugs bzw. des Satelliten synchronisiert, $\tau_1 = t_1 = 0$. Wir werden die kurze Startzeit mit variabler Geschwindigkeit in unserer Betrachtung vernachlässigen. Die typische Dauergeschwindigkeit eines großen Passagierflugzeugs ist nahe bei 1000 km/h. Dann ist $v/c = 1/(300 \times 3600) = 0{,}926 \times 10^{-6}$.

Nach Gl. (4.2) gilt

$$\frac{t_2}{\tau_2} = \frac{1}{\sqrt{1 - (v/c)^2}} \approx 1 + \frac{1}{2}\left(\frac{v}{c}\right)^2 , \tag{1}$$

und damit

$$\frac{t_2}{\tau_2} = 1 + \frac{1}{2} \times (0{,}926)^2 \times 10^{-12}. \tag{2}$$

Nach etwa 7 Flugstunden z. B. zwischen Frankfurt und New York erwartet man einen Uhrengangunterschied von etwa $3600 \times 7/2 \times (0{,}926)^2 \times 10^{-12}\,\mathrm{s} = 10{,}8\,\mathrm{ns}$. Diese Zeitdifferenz kann man im 21. Jahrhundert in der Tat leicht messen.

Ein erdnaher Satellit bewegt sich etwa 27 mal so schnell wie ein Flugzeug, da er rund 41 000 km in der Umlaufzeit von etwa 1,5 Stunden zurücklegt. Damit ist die Zeitdilatation der Satellitenuhr etwa $27^2 \simeq 730$ mal so groß wie die in einem Passagierflugzeug. Wir erwarten, dass die Abweichung der Satellitenuhr 730 mal so stark ist wie in Gl. 2, also etwa $3,1 \cdot 10^{-10}$. Nach jedem 90 Minuten dauernden Erdumlauf ist in einem solchen Satelliten allein aufgrund seiner Bewegung rund $1,7 \, \mu$s weniger Zeit vergangen als auf der Erde.

Die Situation eines GPS-Satelliten ist etwas anders. Diese Satelliten befinden sich auf einer Umlaufbahn in 20 000 km Höhe über der Erdoberfläche und bewegen sich mit etwa 14 000 km/h. Ein Umlauf dauert etwa 12 Stunden. Die Satellitenuhr des GPS-Navigationssystem muss deshalb dauernd nach den Gesetzen der Relativitätstheorie korrigiert werden. Diese Prozedur stellt praktisch einen Dauertest der SR dar[1], siehe dazu Abschn. 19.4.

Diskussion 4.1 Zugreise und die Zeitdilatation
Thema: Wir besprechen den in einem (relativistischen) Zug gemessenen Zeitdilatationseffekt.

Student: Hast Du die Zuguhr mit der Bahnhofsuhr vor und nach der Reise verglichen?

Simplicius: Ja, die Zuguhr geht zu langsam.

Student: Das ist der Effekt der Zeitdilatation. Der Zugreisende ist weniger gealtert als ein Beobachter auf dem Bahnhof.

Simplicius: Wieso ist gerade die Zuguhr langsamer gelaufen und nicht die Stationsuhr schneller. Woher weißt Du das?

Student: Wir messen die Zeit am ‚gleichen‘ Ort. Im Zug befindet sich die Uhr immer an der gleichen Stelle. Deine Armbanduhr ist immer bei Dir, wo Du auch bist. Wenn wir die Zeit vergleichen wollen, beziehen wir uns auf Messungen, die in einem Bezugssystem am gleichen Ort vorgenommen werden.

Simplicius: Wie erklärt das aber, dass die Zuguhr langsamer ging?

---

[1]P. Wolf and G. Petit, „Satellite Test of Special Relativity Using the Global Positioning System (Satelliten-Test der speziellen Relativitätstheorie mit Hilfe des 'Global Positioning' Systems," *Phys. Rev. A* **56**, 4405 (1997).

Student: Die Zuguhr war vor der Fahrt in Ruhe relativ zur Bahnhofsuhr. Wir konnten deshalb die Uhren synchronisieren. Die Zuguhr entfernte sich dann und kehrte später wieder mit dem Zug zurück. Während der Reise wurde die Zeit fortlaufend gemessen. Für die Uhr auf dem Zug ist die Zeit langsamer verflossen.

Simplicius: Bist Du Dir wirklich sicher? Ich saß im Zug, und konnte – wie andere Zugreisende tagtäglich auch – sehen, wie Du und der Bahnhof sich vom Zug entfernten. Aus meiner Perspektive würde ich das Gegenteil erwarten. Die Bahnhofsuhr müsste langsamer gehen. Wie lässt sich dieser Widerspruch auflösen?

Student: Entscheidend ist hier, dass eine der beiden hier betrachteten Uhren beschleunigt werden musste, damit sie wieder die Station erreichen konnte. Und es ist natürlich die Zuguhr, die Fahrt aufnahm, irgendwann drehte und abbremsen musste, um wieder am Bahnhof zu halten.

Professor: Das Relativitätsprinzip darf nicht auf beschleunigte Beobachter angewandt werden. Der Zugreisende ist kein Inertialbeobachter. Eine Uhr, die die Eigenzeit des Zugs misst, wird langsamer gehen.

Simplicius: Und was passiert, wenn man zwei Züge betrachtet?

Professor: Es wird interessant sein, herauszufinden, was passiert, wenn *z. B.* Uhren auf Raumschiffen bei Erkundungsreisen im Universum (schwach) beschleunigt werden. Wir werden sehen, dass von mehreren Raumreisenden derjenige, der am weitesten gereist ist, bei Rückkehr zum Treffpunkt normalerweise der Jüngste ist. Wir untersuchen das in Übung 12.2 und Übung 23.2 genauer.

4.2   Die Lichtuhr

Wir wollen nun genauer untersuchen, wie man die Zeitdilatation bestimmt. Wir betrachten dazu eine Lichtuhr. Auf einem starren Körper sind zwei Spiegel befestigt, zwischen denen ein Lichtsignal hin und her reflektiert wird. Jede Spiegelung des Lichtsignals entspricht einem Ticken der Uhr. Der Aufbau stellt sicher, dass wir die Körperzeit messen, d. h. eine Zeit, die im Körper vergeht, aber nicht von den Materialeigenschaften des Körpers beeinflusst wird.

Unsere Absicht ist es, die Körperzeiten von zwei oder mehr solchen Lichtuhren zu vergleichen. Wir gehen davon aus, dass zumindest eine der Uhren eine schwache Beschleunigung erfährt. Diese Beschleunigung soll so klein sein, dass wir die

Eigenschaften der Lichtuhr beschreiben können, ohne auf die Beschleunigung eingehen zu müssen.

Im nachfolgenden ersten Schritt wollen wir bei der Zeitmessung unabhängig von der Lorentz-FitzGerald-Körperkontraktion sein. Um das zu erreichen, orientieren wir bei ruhendem Körper den Lichtstrahl zwischen den zwei Spiegeln senkrecht zur Bewegungsrichtung der Lichtuhr. In einem zweiten Schritt in Abschn. 5.1 werden wir dann umgekehrt vorgehen und die Spiegel in Bewegungsrichtung ausrichten. Wir zeigen dann in Übung 5.3, dass die Lichtuhr unabhängig von der Spiegelorientierung immer dieselbe Zeit anzeigt. Erst dann haben wir nachgewiesen, dass die Lichtuhr mit den in der Physik gewohnten Prinzipien vereinbar ist.

In Abb. 4.2a sehen wir (links) eine Lichtuhr, die relativ zum Laborbeobachter ruht, und (b) (rechts) eine in Relativbewegung senkrecht zum Lichtweg. Der Beobachter und die Lichtuhr in Abb. 4.2a befinden sich im gleichen Inertialsystem. Die Lichtuhr misst die Eigenzeit des Körpers, auf dem sie montiert ist. Bei dieser Messung bewegt sich der Lichtstrahl zwischen zwei Spiegeln M_1 und M_2, die fest mit dem Körper verbunden sind. Die so gemessene Eigenzeit ist also eine Eigenschaft dieses Körpers.

Die Spiegel in Abb. 4.2a haben den Abstand l. Die Messung von l, d. h. die Feststellung der Position der beiden Spiegel, wird gleichzeitig im Ruhesystem dieses Körpers vorgenommen. Beispielsweise kann man die Einheiten eines Maßstabs auf dem Körper markieren und diese zur Ermittlung des Spiegelabstands l benutzen.

Die Eigenzeiteinheit der Körperuhr in Abb. 4.2a ist

$$I_{(a)} = \frac{2l}{c}. \tag{4.3}$$

Die im Körper vergehende Zeit τ wird durch die Zahl der Einheiten $I_{(a)}$ bestimmt. Wir können diese Einheit mit $l = 14{,}896229\,\text{cm}$ auf eine Nanosekunde einstellen.

Mit einer schwachen Beschleunigung versetzen wir diesen Körper nun in Bewegung relativ zum Laborbeobachter. Vom Labor aus hat die bewegte Uhr in Abb. 4.2b irgendwann eine nicht verschwindende Geschwindigkeit v erreicht. Der Einfachheit halber bewege sich diese Uhr nun gleichförmig und zwar orthogonal zum Lichtweg, wie in Abb. 4.2b dargestellt.

Abb. 4.2 a Eine relativ zum Laborbeobachter ruhende Lichtuhr **b** Eine Uhr, die sich senkrecht zum Lichtweg mit der Geschwindigkeit v bewegt

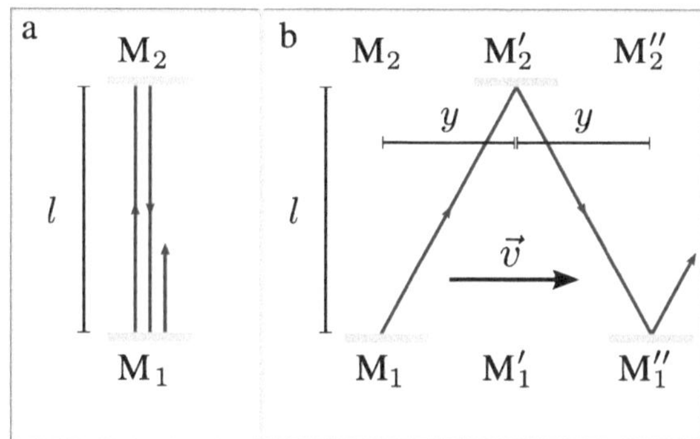

Der Lichtstrahl braucht für Hin- und Rückweg zwischen den Spiegeln, also von M_1 zu M_2' und zurück zu M_1'' die Zeit

$$I_{(b)} = \frac{2\sqrt{l^2 + y^2}}{c}. \tag{4.4a}$$

Wir können auch die Zeit bestimmen, die ein Spiegel braucht, um die Distanz y zurückzulegen

$$I_{(b)} = \frac{2y}{v}. \tag{4.4b}$$

Wir lösen diese beiden Gleichungen nach y auf. Es ergibt sich

$$y = l\,\frac{v/c}{\sqrt{1 - (v/c)^2}}. \tag{4.4c}$$

Wir erhalten die Zeiteinheit der bewegten Uhr, indem wir Gl. (4.4c) in Gl. (4.4b) einsetzen

$$I_{(b)} = \frac{2y}{v} = \frac{2l}{c}\,\frac{1}{\sqrt{1 - (v/c)^2}}, \quad \Rightarrow \quad I_{(b)} = I_{(a)}\,\frac{1}{\sqrt{1 - (v/c)^2}}. \tag{4.5}$$

Dieses Resultat ist leicht verständlich, wenn man den in Abb. 4.2b eingezeichneten längeren Lichtweg mit dem in Abb. 4.2a vergleicht. Offenbar ist $I_{(b)} > I_{(a)}$. Im Allgemeinen ist der Lichtweg in jeder bewegten Lichtuhr länger als in einer im Labor ruhenden.

Um zu verstehen, wer nun ‚jünger' ist, betrachten wir den Fall, in dem die Geschwindigkeit v so nahe der Lichtgeschwindigkeit c ist, dass die bewegte Uhr während der Reise nur wenige Male ‚$I_{(b)}$-Zeiten' schlagen kann. In diesem Fall bleibt der Reisende viel jünger als der im Labor verbliebene Zwilling, für den in der Zwischenzeit die Uhr viel öfter ‚$I_{(a)}$-Zeiten' geschlagen hat. Wenn wir v immer weiter vergrößern, wird die Anzahl der ‚$I_{(b)}$-Schläge' weiter verkleinert. Im Grenzfall $v \to c$ altert der reisende Zwilling bei der Reise gar nicht und holt sozusagen den Zeitfluss ein.

Wir fassen zusammen: der Lichtpuls, der die Zeiteinheit der Lichtuhr bestimmt, muss bei der bewegten Uhr im Vergleich zur Laboruhr einen längeren Lichtweg zurücklegen. Diese Effekt führt zur Zeitdilatation. Der in Bewegung gesetzte Zwilling bleibt jünger.

Die Zeitdilatation wurde zum ersten Mal im Jahre 1941 in einem Experiment von Rossi und Hall nachgewiesen[2]. Rossi und Hall beobachteten Myonen, das sind instabile Elementarteilchen. Sie stellten fest, dass diese Teilchen bei schneller Bewegung eine längere Lebensdauer besitzen. Wir beschreiben das gleich unten im Überblick 4.1 und gehen in der folgenden Übung 4.2 und in Diskussionen in Abschn. 4.3 auf

---

[2]B. Rossi and D.B. Hall, „Variation of the Rate of Decay of Mesotrons with Momentum (Die Veränderung der Zerfallsrate von Mesotronen als Funktion des Impulses)," *Phys. Rev.* **59**, 223 (1941) (beachte: Mesotronen = Myonen heute).

diesen Sachverhalt näher ein. Zeitdilatationsexperimente als Tests der SR werden in Abschn. 19.1 besprochen.

Überblick 4.1

Die Materie um uns herum besteht aus Elektronen e und Nukleonen, d. h. Protonen p und Neutronen n. Elektronen sind durch die elektromagnetische Kraft in Orbitalen von relativ großen Abmessungen an die Atomkerne gebunden. Die Atomkerne sind viel kleiner, da die Bindungskräfte zwischen ihren Bestandteilen, den Nukleonen, viel stärker sind und zudem die Nukleonenmassen $\simeq 1840$ mal so groß sind wie die Masse des Elektrons. Die Eigenschaften der Nukleonen können im Rahmen des Quarkconfinement-Modells beschrieben werden. Danach sind die Nukleonen zusammengesetzte Teilchen und bestehen aus u(up, $Q = +2/3\,|e|$)- und d(down, $Q = -1/3\,|e|$)-Quarks. Diese Quarks haben keine ganzzahlige Ladung Q und bilden zusammen mit dem Elektron und dem schwach wechselwirkenden neutralen Neutrino ν, einem noch viel leichteren Teilchen als das Elektron, die ‚Familie' der stabilen Elementarteilchen, aus denen die Materie um uns herum aufgebaut ist.

Mittlerweile wurden zwei weitere, der Gruppe dieser vier Bausteine artverwandte, Gruppen von Elementarteilchen entdeckt. Wir kennen heute somit drei ‚Familien' von Materieteilchen. Zu den acht zusätzlichen Teilchen gehört das Myon. Es ist dem Elektron verwandt, hat dieselbe Ladung, aber eine 206,77 mal so große Masse. Elektron und Myon sind in gleicher Weise der elektromagnetischen und der schwachen Wechselwirkung unterworfen. Das schwerere Myon zerfällt unter Emission zweier Neutrinos in das leichtere Elektron. Die mittlere Lebensdauer eines Myons beträgt in seinem Ruhesystem $\tau_\mu = 2197\,\mathrm{ns}$, also ist $c\tau_\mu = 658{,}654\,\mathrm{m}$. Die Halbwertszeit eines Myons, d. h. die Zeit, in der die Hälfte der Myonen zerfallen ist, beträgt $\tau_{\mu\,1/2} = \tau_\mu \ln 2 = 1523\,\mathrm{ns}$.

Myonen werden beim Zerfall geladener Pionen $\pi^\pm$ erzeugt. Diese Teilchen haben eine Eigenlebensdauer von $\tau_\pi = 26\,\mathrm{ns}$, also $c\tau_\pi = 7{,}805\,\mathrm{m}$. Pionen sind die leichtesten der stark wechselwirkenden Teilchen und werden in vielen Reaktionen hochenergetischer Nukleonen in der oberen Atmosphäre erzeugt. Danach zerfallen sie nach einem Flug von ein paar Dutzend Metern und dabei werden Myonen produziert. Diese leben oft lange genug, um die Erdoberfläche zu erreichen, siehe Abb. 4.3.

Übung 4.2 Flugweite der Myonen

Im Überblick 4.1 wurde beschrieben, dass Myonen, die die Erdoberfläche erreichen, als Sekundärprodukte der Wechselwirkung kosmischer Strahlung mit Atomkernen von Stickstoff und Sauerstoff in der oberen Erdatmosphäre erzeugt werden (Abb. 4.3). Diese Myonen bewegen sich mit einer hohen Geschwindigkeit v. Wie groß muss v sein, damit ein Myon $13\,000\,\mathrm{m}$ fliegen kann, bevor es zerfällt?

Abb. 4.3 Hochenergetische kosmische Strahlen (typischerweise Protonen) erzeugen bei Streuung an Atomkernen in der oberen Erdatmosphäre Pionen, die dann zu Myonen zerfallen. Diese können vor ihrem Zerfall einige Kilometer bis zur Erdoberfläche zurücklegen, wo sie in Detektoren beobachtet werden

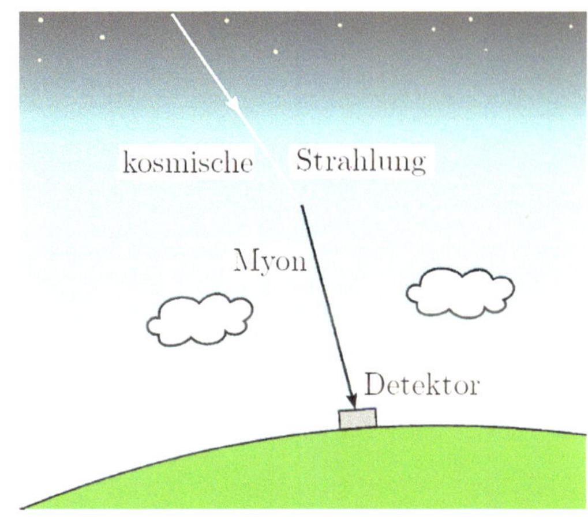

Lösung

Myonen haben eine endliche Lebensdauer. Ihre Entstehung in einem Pionenzerfall und ihr Zerfall sind auch im Labor beobachtbare Ereignisse. Wir betrachten ein Myon, das mit einer eingebauten Lichtuhr ausgestattet ist, die die Eigenzeit misst.

Im Ruhesystem ‚E' der Erde ist die Lebensdauer τ_E des sich bewegenden Myons nach Gl. (4.2) länger als die Eigenlebensdauer τ_μ

$$\tau_E = \tau_\mu \frac{1}{\sqrt{1-(v/c)^2}}. \tag{1}$$

Während dieser Lebensdauer τ_E legt ein Myon die Entfernung $S_E = v\tau_E$ zurück. Deshalb ist

$$\tau_E = \frac{S_E}{v}. \tag{2}$$

Wir setzen Gl. 2 in Gl. 1 ein und erhalten

$$S_E = \frac{\tau_\mu v}{\sqrt{1-(v/c)^2}}. \tag{3}$$

Nach Gl. 3 kann man die Eigenlebensdauer des Teilchens mithilfe der Flugdistanz bei gegebener Geschwindigkeit v messen.

Jemand, der nichts von der Zeitdilatation weiß und davon ausgeht, dass die Myonen sich praktisch mit Lichtgeschwindigkeit bewegen, erhält für die Flugweite eines Myons die ‚naive Reichweite'

$$S_\mu \equiv c\tau_\mu = 658{,}654\,\mathrm{m}. \tag{4}$$

Man findet diesen Wert oft in Tabellen, da er die Lebensdauer in Längenein-
heiten beschreibt. Wir erhalten mit Gl. 4 für Gl. 3

$$S_\mathrm{E} = S_\mu \frac{v/c}{\sqrt{1 - (v/c)^2}}. \tag{5}$$

Das lösen wir nach v auf. Es folgt

$$v = \frac{c}{\sqrt{1 + S_\mu^2/S_\mathrm{E}^2}}. \tag{6}$$

Bei Verwendung der binomialen Approximation erhalten wir

$$c - v = c \frac{S_\mu^2}{2S_\mathrm{E}^2}. \tag{7}$$

Setzen wir $S_\mathrm{E} = 13\,\mathrm{km}$, $S_\mu = 658{,}654\,\mathrm{m}$ und $c = 2{,}998 \times 10^5\,\mathrm{km/s}$ ein, so
ergibt sich unter Verwendung von Gl. 6 und 7

$$v = 0{,}9987\,c = c - 385\ \mathrm{km/s}. \tag{8}$$

Ein schnelles Myon, das nur 385 km/s langsamer ist als das Licht, erreicht
damit die Reichweite von $S_\mathrm{E} = 13\,\mathrm{km}$, das ist das 19,7 des Werts für die naive
Reichweite aus Gl. 4. Solche schnellen Myonen erreichen die Erdoberfläche
also wegen der großen Zeitdilatation.

Die Zeitdilatation wird oft mithilfe des Lorentzfaktors γ beschrieben

$$\gamma \equiv \frac{1}{\sqrt{1 - (v/c)^2}}. \tag{9}$$

Setzen wir Gl. 6 ein, so erhalten wir

$$\gamma = \sqrt{1 + \frac{S_\mathrm{E}^2}{S_\mu^2}}. \tag{10}$$

In unserem Beispiel brauchen wir mit S_μ aus Gl. 4 den Wert $\gamma = 19{,}74$, um
auf die Reichweite $S_\mathrm{E} = 13\,\mathrm{km}$ zu kommen.

Der Leser sollte hier beachten, dass wir bei dieser Lösung mit der mittleren
Lebensdauer der Myonen gearbeitet und das exponentielle Zerfallsgesetz der
Myonen nicht beachtet haben. Uns ging es um das Verständnis der Zeitdilata-
tion, die die Myonenreichweite bis zur Erdoberfläche verlängerte.

Der Zeitdilatationseffekt ist hier allein für diese Reichweitenverlängerung verantwortlich und darf mit anderen SR-Effekten in diesem Zusammenhang nicht verwechselt werden, insbesondere nicht mit der Lorentz-FitzGerald-Körperkontraktion. Denn auch wenn wir den Flug des Myons in der Atmosphäre betrachteten, war die Anwesenheit der Luft ohne jegliche Relevanz: Wir hätten die Vorgänge in einem geeigneten Experiment auch auf dem Mond untersuchen können, etwa mit einer Zielscheibe für die kosmische Strahlung auf einer Umlaufbahn und einem Myonendetektor an der Oberfläche. Ohne Körper gibt es keine Körperkontraktion. Natürlich gibt es in der SR auch keine Raumkontraktion.

Es ist aber offensichtlich, dass alle Resultate der SR, hier insbesondere die Flugreichweite des Myons, auch mit den relativistischen Koordinatentransformationen verträglich sein müssen. Deshalb kann nach Erfassung und Verständnis dieser Transformationen das Problem auch mit dieser Methode gelöst werden. Wir kehren zu dieser Fragestellung in der Diskussion 6.1 zurück. Eine sehr einfache Lösung dieses Aufgabentyps findet man dann in Übung 7.2.

4.3   Diskussionen zur Zeitdilatation

In den folgenden drei Diskussionen vertiefen wir das Thema Zeitdilatation. Wir besprechen zuerst ein einfaches Flugexperiment zum Nachweis der Zeitdilatation, bevor wir zu der Frage zurückkommen, warum das Myon die Erdoberfläche erreicht. Danach gehen wir auf die besondere Bedeutung der Lichtgeschwindigkeit ein.

Diskussion 4.2 Die Messung der Zeitdilatation
Thema: Wir besprechen den Entwurf eines Flugexperiments zur Messung der Zeitdilatation.

Simplicius: Nachdem ich diese Seiten gelesen habe, würde ich gerne selbst eine Messung der Zeitdilatation vornehmen. Dazu brauche ich eine genaue Uhr und ein Flugticket. Das ist alles.

Student: Die Sache ist nicht so einfach. Sicherlich hast Du gehört, dass Licht durch die Schwerkraft abgelenkt wird.

Simplicius: Was hat das mit meinem Experiment zu tun?

Student: In der Lichtuhr, die wir gerade besprochen haben, war der Lichtweg zwischen den Spiegeln gerade. Wenn das nicht der Fall ist, ändert sich der Zeitdilatationseffekt.

Simplicius: Dies kann doch auf der Erde kein bedeutender Effekt sein. Denkst Du hier vielleicht an schwarze Löcher?

Student: Nein. Aber die Fluchtgeschwindigkeit von der Erde ist ein Maß der Stärke der Gravitation. Da die Geschwindigkeit eines Flugzeugs deutlich kleiner ist als die Fluchtgeschwindigkeit, kann der gravitative Effekt deutlichen Einfluss haben.

Simplicius: Wie können wir dann auf der Erde den allein durch die Bewegung erzeugten Zeitdilatationseffekt messen?

Student: Da hatte jemand eine gute Idee. Die Effekte der Gravitation und der Bewegung sind beide zahlenmäßig recht klein und addieren sich. Der Effekt der Gravitation ist ja von der Bewegung unabhängig. Bildet man die Differenz von zwei Messungen, die bei verschiedenen Geschwindigkeiten, aber bei gleichstarker Gravitation durchgeführt wurden, so kann man den Effekt der Schwerkraft eliminieren. Man hat das mit zwei Flügen in gleicher Flughöhe rund um die Erde realisiert. Der erste führte in westliche, der zweite in östliche Richtung.

Simplicius: Wieso war die Flugrichtung relevant?

Student: Nimm der Einfachheit halber an, dass die Flüge genau um den Äquator verlaufen. Da die Erde schnell rotiert, ist die Geschwindigkeit bei beiden Flügen relativ zu einem Inertialbeobachter im Raum nicht dieselbe, sondern gleich $v_{\pm} = v_r \pm v_p$. Dabei ist v_r die Rotationsgeschwindigkeit der Erde, also etwa $v_r = 40\,000\,\text{km}/24\,\text{h}$. v_p ist die Fluggeschwindigkeit gegenüber dem Erdboden. Beide Flugreisen verlaufen sonst – so gut es geht – identisch, also gleicher Verlauf der Starts und Landungen, gleiche Flughöhe und gleicher Wert für v_p.

Simplicius: Das ist toll. Die Erde rotiert mit einer Geschwindigkeit von etwa $v_r \simeq 1700\,\text{km/h}$, was im Allgemeinen schneller ist als die Fluggeschwindigkeit. Damit wird die Differenz der zwei Effekte durch die Erdrotation ja noch verstärkt, denn es ist $v_+^2 - v_-^2 = 4 v_r v_p$.

Student: Hinzu kommt, dass bei Bildung der Differenz sich sowohl die Effekte der Gravitation als auch die der Beschleunigung aufheben.

Simplicius: War das Experiment erfolgreich?

Student: Ja! Man konnte die Effekte der SR und der GR verifizieren. Heute liefert jedes GPS-Signal einen vergleichbaren Test. Wir brauchen nicht mal mehr Flugtickets, siehe Abschn. 19.4.

Diskussion 4.3 Warum erreichen die Myonen die Erdoberfläche?

Thema: Es ist wohlbekannt, dass die in der oberen Atmosphäre entstandenen Myonen nach einem Flug von etlichen Kilometern die Erdoberfläche erreichen, wie die letzte Übung 4.2 gezeigt hat. Doch selbst ein Lichtstrahl kann während der Eigenlebensdauer von $\tau_\mu = 2{,}2\,\mu$s nur 660 Meter weit kommen. Das führt zu Missverständnissen in der Darstellung der SR. Wir wollen das in dieser Diskussion besprechen und zu klären versuchen. Wir werden sehen, dass fehlerhafte Argumente oft gut versteckt sind und erst bei genauerem Nachdenken bemerkt werden.

Simplicius: War das Flugzeugexperiment, das wir gerade besprachen, die erste Messung der Zeitdilatation?

Student: Nein, wir haben ja vorher bereits gezeigt, dass die Zeitdilatation die Reichweite instabiler Teilchen entscheidend beeinflusst. Die Beobachtung dieses Effekts gilt im Allgemeinem als der erste Nachweis der Zeitdilatation, siehe Ref. 2.

Simplicius: Hier habe ich gelernt, dass Myonen wegen der Zeitdilatation länger leben und deshalb weiter kommen. Ich kenne aber ein Lehrbuch, in dem das als eine Folge der ‚Distanz- oder Raumkontraktion‘ dargestellt wird.

Student: Im Geltungsbereich der SR wird der Raum durch die Bewegung eines Körpers nicht beeinflusst. War dies vielleicht ein Science-Fiction-Buch?

Simplicius: Nein, das war ein teures Lehrbuch der modernen Physik, das alle Studenten durcharbeiten mussten. In meinen Augen war diese Erklärung auch einleuchtend. Das Buch ging auf die Möglichkeit ein, den Effekt der Flugreichweite sowohl als Folge der Zeitdilatation als auch einer Kontraktion zu erklären, was als Konsistenz der SR dargestellt wurde. Zur Illustration war in diesem Buch eine Landschaft abgebildet, die aus Sicht des Myons kontrahiert gesehen wurde.

Student: Ich bin von dieser Argumentation eigentlich verwirrt. Die Argumentation in Kombination mit der Abbildung einer Landschaft erweckt den Eindruck, dass der Autor glaubt, die Körperkontraktion sei eine Folge der schon erwähnten ‚Raum-Kontraktion‘, die nebenbei auch die materielle Landschaft kontrahiert.

Simplicius: Jetzt bin ich auch verwirrt. Was passiert denn, wenn zwei Myonen im Anflug sind, mit etwas unterschiedlicher Geschwindigkeit. Ist dann der Raum gleichzeitig auf zwei Arten komprimiert?

Student: Sicherlich nicht, es gibt eben keine ‚Raumkontraktion'.

Professor: Wir wollen die Frage nicht aus den Augen verlieren: Können die Myonen wegen der Zeitdilatation oder wegen irgendeines anderen Effekts so weit reisen? Kehren wir deshalb nochmal zurück zu dem Reisenden in einem Zug, der in einen Bergtunnel passt, Diskussion 5.3 und betrachten die Reisezeit.

Simplicius: Wir hatten die Uhren bei der Zugabfahrt synchronisiert.

Student: Aus dem Flugzeugexperiment haben wir gelernt, dass die Uhr des Reisenden eine frühere Zeit anzeigt, wenn der Zug nach der Tunneldurchquerung zur Station zurückkehrt.

Simplicius: Nach dem von mir erwähnten Buch ist das so, weil der Reisende weniger Zeit zur Durchquerung des kontrahierten Tunnels braucht. Aber wieso ist dann die Zuguhrzeit verschieden von der der Bahnhofsuhr? Ich müsste doch nur früher zurück gekommen sein. Etwas an dieser Argumentation scheint falsch zu sein.

Professor: Jemand, der so argumentiert, wird auch fälschlicherweise das Gegenteil behaupten können: Wenn die Tunnellänge mit einem im Zug mitgeführten ‚kontrahierten' Metermaß vermessen wird, dann braucht man mehr Zeit zur Durchquerung des längeren Tunnels.

Student: Man kann verbal relativ leicht alles Mögliche behaupten, wenn man die Fehler gut versteckt, in dem Fall die Kontraktion des Metermaßes.

Professor: Das ist so, weil Körperkontraktion und Zeitdilatation immer zusammen auftreten und mit den Eigenschaften des bewegten Körpers zusammenhängen. Bei der Beschreibung der Situation wird die Art und Weise der Durchführung einer Messung oft unvollständig dargestellt. Sie ist aber von entscheidender Bedeutung. Hier geht es um die Fragen: 1) In welchem Körper wird die Eigenzeit am gleichen Ort von einer in ihm ruhenden Uhr gemessen? und 2) Welcher Beobachter misst in seinem System gleichzeitig die Länge des bewegten Körpers. Daraus ergeben sich diese beiden Effekte, die Zeitdilatation und die Lorentz-FitzGerald-Körperkontraktion. Zum Beispiel zeigt eine Lichtuhr die Zeit nur deshalb unabhängig von Ihrer Orientierung relativ zur Bewegungsrichtung an, weil es die Körperkontraktion gibt. Das werden wir bald untersuchen, siehe Übung 4.1. Das bedeutet aber durchaus nicht, dass die Lorentz-FitzGerald-Körperkontraktion die Zeitdilatation erklären könnte oder umgekehrt. Diese beiden Effekte sind nicht äquivalent, können sich also nicht gegenseitig ersetzen.

Student: Das Myon ist der reisende Körper. Die Myonenuhr geht langsamer als die Uhr im Labor, in dem ein Beobachter die Myonengeschwindigkeit v misst. Da Myonen punktförmig sind, gibt es keine Körperkontraktion, nur eine Zeitdilatation. Hätte das Myon eine endliche Größe, wäre es in Richtung der Bewegung kontrahiert.

Simplicius: Können wir aber nicht hypothetisch in Betracht ziehen, dass ein mit dem Myon mitbewegter Beobachter die Erde mit der Geschwindigkeit v auf sich zukommen sieht und deshalb die Erde kontrahiert ist?

Student: Was ein mit dem Myon mitbewegter Beobachter sieht, hat nichts zu tun mit der Myonreichweite. Das Myon kann auch zwischen zwei im Raum in 10 km Abstand schwebenden Satelliten unterwegs sein. Offensichtlich gibt es da keine Kontraktion von irgendetwas.

Professor: Insbesondere für Autodidakten der SR ist die Myonenreichweite immer eine große Herausforderung, die Missverständnisse verursacht. Wir werden deshalb auf die Flugweite der Myonen nach Einführung der relativistischen Koordinatentransformationen in Diskussion 6.1 noch einmal zu sprechen kommen. Die Myonenzeitdilatation wird dann in Abschn. 7.1 abgeleitet. Ein verwandtes Problem betrachten wir in Übung 7.2. Dort wird die Reichweitenverlängerung durch die Zeitdilatation in wenigen Zeilen bewiesen.

Diskussion 4.4 Die besondere Rolle der Lichtgeschwindigkeit
Thema: Warum ist die Lichtgeschwindigkeit etwas Besonderes?

Simplicius: Warum gibt es überhaupt einen Unterschied zwischen Schall und Licht? Diese breiten sich doch beide mit einer Geschwindigkeit aus, die eine Eigenschaft des ‚Mediums' ist. Ich habe nie gehört, dass ich wegen der Schallausbreitung neue Koordinatentransformationen brauche.

Student: Also erst mal musst Du beachten, dass alle Materie um uns herum sich im Prinzip schneller bewegen kann als der Schall. Außerdem können wir die Luft mit uns auf die Reise nehmen.

Simplicius: Können wir den Äther nicht auch mitreisen lassen?

Student: Nein, das war ja gerade der entscheidende Unterschied, den Einstein 1920 in seinem Artikel klarlegte. Solange die Lichtgeschwindigkeit universell ist, kommt das nicht infrage. Das Mitführen des Äthers zöge eine Veränderung der Lichtgeschwindigkeit nach sich. Umgekehrt gilt: Weil der Äther unteilbar ist und nicht mit einer Geschwindigkeit in Verbindung gebracht werden darf, ist die Lichtgeschwindigkeit universell.

Simplicius: Weshalb brauche ich aber eine neue, relativistische Koordinatentransformation?

Student: Damit $c' = c$ gilt, also weil die Lichtgeschwindigkeit nicht von irgendeiner Bewegung abhängt.

Simplicius: Ist es dann zumindest so, dass die neue ‚Lorentz'-Koordinatentransformation die Zeitdilatation und die Lorentz-FitzGerald-Körperkontraktion erklärt?

Student: Man braucht immer eine ganz bestimmte Messmethode, um die Vereinbarkeit dieser Koordinatentransformation mit der Zeitdilatation und der Körperkontraktion zu erreichen. Wir können dann auch herausfinden, dass die Lichtgeschwindigkeit die Höchstgeschwindigkeit materieller Körper wie unserer Lichtuhr ist.

Simplicius: Wie kann dieser letzte Punkt begründet werden?

Student: Wenn die Spiegel der Lichtuhr mit $v > c$ bewegt würden, gäbe es keine Lichtausbreitung zwischen den Spiegeln. Die Uhr bliebe stehen, sie könnte sogar rückwärts laufen.

Simplicius: OK, ich verstehe. Damit die Spiegel dem Licht nicht weglaufen, muss c die Höchstgeschwindigkeit der Materie sein, aus der die Lichtuhr gebaut werden kann.

Student: Es gibt noch eine tiefere Verbindung zwischen Licht und der Materie, die mit Licht wechselwirken kann. Denke an die uns allen bekannte Formel $E_0 = mc^2$. Beachte das c^2!

Simplicius: Ich habe das bisher nie so gesehen. $E_0 = mc^2$ bedeutet, dass Materie Ruheenergie besitzt, die berechnet wird, indem man die Masse mit dem Quadrat der Lichtgeschwindigkeit multipliziert. In gewissem Sinn ist also alles, was mit Licht wechselwirkt, aus Licht gemacht.

Student: Deshalb nennen wir es die ‚sichtbare' Materie.

Simplicius: Und die ‚dunkle' Materie?

Professor: Da sind wir bei einer bedeutenden konzeptuellen Frage gelandet. Betrachtet man den Effekt der Gravitation, so bemerkt man in unserem Umfeld die Existenz ‚dunkler' Materie. Die Frage, ob sie wirklich ‚dunkel' oder doch nur ‚grau' ist, ist entscheidend. ‚Grau' bedeutete ‚sichtbar', aber nur mit viel Aufwand. Dann unterliegt diese graue (also nicht dunkle) Materie mit Sicherheit auch der Beziehung $E_0 = mc^2$ mit derselben Höchstgeschwindigkeit c. Wahrhaftig dunkle, aber der Gravitation unterworfene Materie dagegen wechselwirkt nicht direkt mit Licht. Warum sollte solch ein dunkler Stoff etwas von der Lichtgeschwindigkeit als Höchstgeschwindigkeit wissen? Deshalb stellt diese wirklich dunkle Materie in meinen Augen eine ganz neue physikalische Herausforderung dar. Neue und interessante Physik liegt direkt vor unseren Augen. Wir müssen nur lernen, sie zu sehen[3].

---

[3] Anregung zum Weiterstudium: W.J. Swiatecki, „Relativity and the Speed of Light: a 100 year old Misunderstanding (Relativität und die Lichtgeschwindigkeit: 100 Jahre eines Missverständnisses)," *Int. J. Mod. Phys. E* **15**, 275 (2006) argumentiert, dass die SR allein aus den Raum-Zeit-Eigenschaften folgt, das Licht spiele keine Rolle. Das passt nicht zum Inhalt dieser Diskussion. Doch gerade aufgrund dieser Argumente könnte die wahrhaftig dunkle Materie mit den Prinzipien der SR kompatibel sein.

Zusammenfassung

Wir vergleichen jetzt eine bewegte Lichtuhr, in der der Lichtweg parallel zur Bewegungsrichtung ist, mit einer Uhr, in der er zur Bewegungsrichtung orthogonal ist. Wenn der Körper, auf dem die Spiegel montiert sind, eine Lorentz-FitzGerald-Körperkontraktion in Bewegungsrichtung erfährt, stimmen diese Uhren überein. Dann zeigen wir, dass eine beliebig orientierte Lichtuhr die gleiche Zeitdilatation aufweist. Da die Zeitdilatation ein ‚realer' Effekt ist, gilt das auch für die Lorentz-FitzGerald-Körperkontraktion. Wir diskutieren, inwiefern die Körperkontraktion eine natürliche Erscheinung ist. Zuletzt stellen wir die sogenannten Tachyonen vor, also hypothetische Teilchen, die schneller sind als Licht.

5.1 Parallel zum Lichtweg bewegte Lichtuhr

Universalität der Zeitmessung

Wir haben in Abschn. 4.1 eine ruhende Lichtuhr und eine bewegte verglichen, jeweils mit einem zur Relativgeschwindigkeit v orthogonalen Lichtweg. Wir haben dabei stillschweigend angenommen, dass die Lichtgeschwindigkeit von der Bewegung der körperfesten Spiegel unabhängig ist. Wir leiteten also letztendlich die Zeitdilatation mit Hilfe des Prinzips der Universalität der Lichtgeschwindigkeit ab.

Da der Raum als homogen und isotrop angenommen wird, muss die Zeitmessung unabhängig von der Orientierung der Lichtuhr sein. Insbesondere müssen zwei unterschiedlich orientierte Uhren, die in relativer Ruhe zueinander aufgestellt sind, auch immer dieselbe Uhrzeit anzeigen. Nur wenn das Relativitätsprinzip verletzt wäre, könnte der Uhrengang von der Orientierung relativ zur Bewegungsrichtung abhängen. Dann könnte man ein Bezugssystem absoluter Ruhe suchen, in dem die

© Springer-Verlag GmbH Deutschland, ein Teil von Springer Nature 2019
J. Rafelski, *Spezielle Relativitätstheorie heute,*
https://doi.org/10.1007/978-3-662-59420-9_5

Forderung nach Orientierungsunabhängigkeit erfüllt wäre. Da wir am Relativitätsprinzip festhalten, gibt es ein solches Bezugssystem nicht und der Uhrengang muss von der Orientierung der Lichtuhr immer unabhängig sein.

Demnach müssen alle Uhren unabhängig von ihrer Orientierung immer dieselbe Zeit anzeigen. Wir weisen nun nach, dass die Einführung der Lorentz-FitzGerald-Körperkontraktion notwendig ist, um dieses Resultat zu erhalten. Diese wurde bei der Suche nach einer Erklärung für den Ausgang des Michelson-Morley-Experiments von FitzGerald vermutlich in ganz ähnlicher Weise entdeckt. Das MM-Experiment zeigt ja die Bewegung der Erde nicht an. Die Unabhängigkeit der Laufzeit des Lichts von der Orientierung der Lichtspiegel sichert sowohl den synchronen Gang der Lichtuhren als auch das Ergebnis des MM-Experiments.

Lichtweg parallel zur Relativbewegung

Wir betrachten eine Lichtuhr, die sich relativ zu einem Inertialbeobachter mit einer konstanten Geschwindigkeit bewegt. Der Lichtweg der Uhr ist diesmal parallel zur Bewegungsrichtung ausgerichtet, wie in Abb. 5.1 dargestellt.

Wir bestimmen zuerst die Lichtlaufzeit t_{m1} zwischen dem linken Spiegel M_1 und dem rechten Spiegel, der in Abb. 5.1 in der neuen Position M_2' zu sehen ist. Während der Laufzeit des Lichts hat sich dieser Spiegel um die Distanz x von der ursprünglichen Position wegbewegt und es gilt

$$t_{m1} = \frac{l' + x}{c}.$$

Da wir die Körperkontraktion beachten, rechnen wir mit $l \rightarrow l'$. Ist v die Geschwindigkeit des Körpers, so ist t_{m1} auch die Zeit, die der Spiegel von der ursprünglichen Position M_2 nach M_2' braucht

$$t_{m1} = \frac{x}{v}.$$

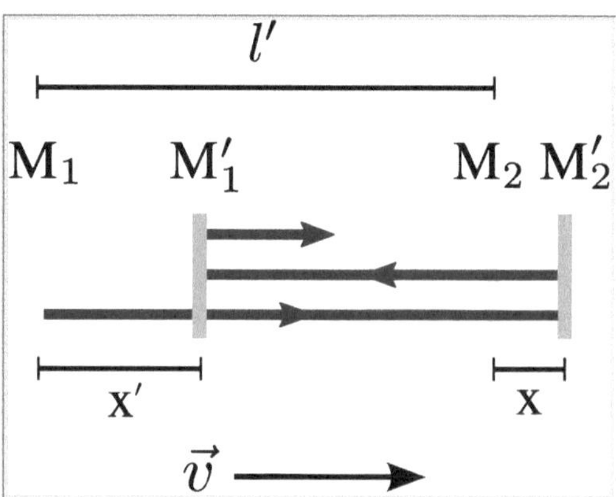

Abb. 5.1 Der Lichtweg ist zur Geschwindigkeit der Lichtuhr parallel

Setzen wir beide Flugzeiten gleich, so erhalten wir

$$\frac{x}{v} = \frac{l' + x}{c}.$$

Damit lässt sich der Wert von x ermitteln

$$x = \frac{l'\, v/c}{1 - v/c}. \tag{5.1}$$

Auf dem Rückweg kommt der linke Spiegel dem Lichtblitz um die Distanz x' entgegen, was die Lichtlaufzeit erniedrigt. Wir wiederholen die beiden ersten Schritte und erhalten die analogen Resultate

$$t_{m2} = \frac{x'}{v}, \qquad t_{m2} = \frac{l' - x'}{c},$$

und der vorherigen Rechnung folgend

$$x' = \frac{l'\, v/c}{1 + v/c}. \tag{5.2}$$

Dann ergibt sich für die gesamte während eines Zeittakts zurückgelegte Distanz

$$S = (l' + x) + (l' - x').$$

Wir setzen jetzt die Resultate für x und x' aus den Gl. (5.1) und (5.2) ein

$$S = 2l' + \frac{l'\, v/c}{1 - v/c} - \frac{l'\, v/c}{1 + v/c}.$$

Nach Herstellung eines gemeinsamen Nenners und Umordnung erhalten wir

$$S = \frac{2l'}{1 - (v/c)^2}. \tag{5.3}$$

Für den Zeittakt einer Uhr, die parallel zur Bewegungsrichtung ausgerichtet ist, ergibt sich also

$$I_{(b)}^{\parallel} = \frac{S}{c} = \frac{2l'}{c}\,\frac{1}{1 - (v/c)^2}. \tag{5.4}$$

Der Vergleichswert für eine in die orthogonale Richtung orientierte Uhr war nach Gl. (4.5)

$$I_{(b)}^{\perp} = \frac{2l}{c}\,\frac{1}{\sqrt{1 - (v/c)^2}}. \tag{5.5}$$

Das sind zwei verschiedene Werte für den Zeittakt, die für $l = l'$ nur übereinstimmen, wenn $c \to \infty$ geht oder $v \to 0$. Von nun an verwenden wir die Schreibweisen $l \to l_0$ für die nicht kontrahierte Körperlänge und $l' \to l$ für die kontrahierte Körperlänge.

5.2   Körperkontraktion

Es erscheint ganz natürlich, zu fordern, dass die Lichtuhr die Zeit unabhängig von der Orientierung der Spiegel messen soll. Sollte das nicht der Fall sein, wäre die Bestimmung eines absolut ruhenden $v = 0$-Systems möglich, in dem die Uhren den gleichen Gang haben. Aus diesem Grunde fordern wir nun, dass die Lichtuhren in den beiden betrachteten Fällen die gleiche Zeit messen.

Wenn die beiden Uhren gleich gehen, können wir die Resultate aus Gl. (5.4) und (5.5) gleichsetzen, also ist $I_{(b)}^{\parallel} = I_{(b)}^{\perp}$

$$\frac{2l}{c} \frac{1}{1 - (v/c)^2} = \frac{2l_0}{c} \frac{1}{\sqrt{1 - (v/c)^2}}. \tag{5.6}$$

Dann muss für die Spiegelabstände gelten, dass $l \neq l_0$ ist. Die Veränderung ist eine Funktion der Geschwindigkeit

$$l = l_0 \sqrt{1 - (v/c)^2}. \tag{5.7}$$

Diese Gleichung zeigt, dass der Körper, auf dem die Spiegel befestigt waren, in Bewegungsrichtung verkürzt wurde. FitzGerald (1889) (Ref. 4 im Kap. 3) und Lorentz (1892) (Ref. 5 im Kap. 3) haben unabhängig voneinander eine Körperkontraktion in Bewegungsrichtung vorgeschlagen. Das ist die Körperkontraktion, die heute nach Lorentz-FitzGerald benannt wird. Wir haben für den Kontraktionsfaktor durch Betrachtung der Bewegung der Spiegel mit Hilfe des Prinzips der Universalität der Lichtgeschwindigkeit exakt den Ausdruck $\sqrt{1 - (v/c)^2}$ ermittelt.

Auch wenn mit Hilfe von Gl. (5.7) die Gl. (5.6) erfüllt ist, verbleibt eine Differenz in der Länge des Zeittakts. Die bewegte Uhr geht langsamer, wie wir bereits in Abschn. 4.2 gesehen haben. Das ist die Zeitdilatation. Die Idee zur Lorentz-FitzGerald-Körperkontraktion entstand mehr als eine Dekade vor der Entdeckung der Zeitdilatation durch Larmor und Einstein. Das zeigt, dass es uns offenbar leichter fällt, bei bewegten Körpern eine Längenänderung zu akzeptieren als eine Veränderung des zeitlichen Ablaufs.

Die Hypothese der Körperkontraktion sorgt für die Übereinstimmung der beiden Uhrzeittakte in Gl. (5.6) und erschien zur Entstehungszeit als eine natürliche Folge der Bewegung durch den Äther. Der allgemeine Ausdruck für die Körperkontraktion in Bewegungsrichtung Gl. (5.7) erforderte aber auch eine logisch aufgebaute theoretische Grundlage, die dieses Resultat begründete. Diese Grundlage wurde von der SR geliefert, in der die Phänomene des Elektromagnetismus im Einklang mit den klassischen Prinzipien gedeutet wurden. In der SR ist die Lorentz-FitzGerald-Körperkontraktion eine Folge aus dem Relativitätsprinzip und der Universalität der Lichtgeschwindigkeit. Heute haben wir diese Prinzipien auf alle uns bekannten Kräfte und auf alle materiellen Körper erweitert.

Man beachte, dass der Vergleich der Lichtwege zwischen der parallelen und der orthogonalen Bewegungsrichtung der Lichtuhr genauso ausfällt wie bei der Betrachtung des Michelson-Morley-Interferometers, siehe Abb. 3.1. Unser Ergebnis, dass die Körperkontraktion die Orientierungsunabhängigkeit des Laufs der Lichtuhr sicherstellt, liefert auch die Erklärung dafür, warum beim Michelson-Morley-Experiment die Drehung des Interferometers keine Veränderung bewirkt.

In Abb. 5.2 wird die Lorentz-Fitzgerald-Körperkontraktion eines Stabs dargestellt. Bei Orientierung senkrecht zur Bewegungsrichtung hat er die Länge $l \to l_0$: Dreht man ihn in Bewegungsrichtung, so wird er auf die Länge l kontrahiert

$$l = l_0\sqrt{1 - \beta^2}. \tag{5.8}$$

Wir verwenden oft die Abkürzungen

$$\boxed{\beta = \frac{v}{c},} \tag{5.9}$$

für die dimensionslose Geschwindigkeit und

$$\boxed{\gamma = \frac{1}{\sqrt{1 - (v/c)^2}} = \frac{1}{\sqrt{1 - \beta^2}} \geq 1.} \tag{5.10}$$

für den Lorentzfaktor. Mit der Hilfe des Lorentzfaktors schreiben wir für die Lorentz-FitzGerald-Körperkontraktion

$$\boxed{l = \frac{l_0}{\gamma},} \tag{5.11}$$

Abb. 5.2 Ein Stab hat senkrecht zur Bewegungsrichtung die Länge l_0. In die Bewegungsrichtung gedreht, hat er die Länge l

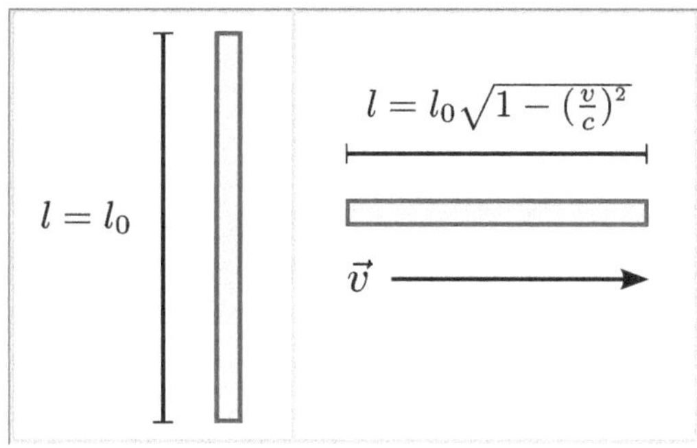

und für die Zeitdilatation

$$t = \gamma t_0, \qquad \tau = \sqrt{1 - \beta^2}\, t.$$

(5.12)

Häufig ersetzt man t_0 durch das Symbol der Eigenzeit τ.

Das Relativitätsprinzip sichert unser Resultat, dass die physikalische Beobachtung der eigenen Geschwindigkeit unmöglich ist. So erfährt z. B. ein mit einem Körper mitbewegtes Metermaß die gleiche Kontraktion wie der Körper, was eine direkte Messung der Körperkontraktion durch einen mitbewegten Beobachter unmöglich macht. Wäre das nicht so, so könnte man auf diese Art den Wert der Geschwindigkeit bestimmen. Das stünde aber im Widerspruch zur Äquivalenz aller Inertialbeobachter und könnte zur Anerkennung eines absoluten Ruhesystems führen. Nichtsdestoweniger werden wir in Kap. 10 zeigen, dass wir imstande sind, bei einem Körper, der in Bewegung versetzt wird, die Körperkontraktion festzustellen und zu messen.

Übung 5.1 Beispiel zur Körperkontraktion
Mit welcher Geschwindigkeit v bewegt sich ein Stab, der in Bewegungsrichtung auf 3/5 seiner ursprünglichen Länge ℓ_0 kontrahiert wird?

Lösung
Die Lorentz-FitzGerald-Körperkontraktion des Stabs ergibt sich aus

$$\ell = \ell_0\, \frac{3}{5}.$$

(1)

Wir benutzen

$$\ell = \ell_0\sqrt{1 - v^2/c^2},$$

(2)

und lösen nach v auf

$$v = c\sqrt{1 - \ell^2/\ell_0^2} = c\,\frac{4}{5}.$$

(3)

Diskussion 5.1 Ein relativistischer Zug in einem Tunnel
Thema: Wir lassen einen Zug durch einen Tunnel fahren, der kürzer ist als der Zug im Ruhezustand und verschaffen uns anhand dieses Beispiels ein genaueres Verständnis der Lorentz-FitzGerald-Körperkontraktion. Es zeigt sich nämlich, das der Zug unter Umständen doch in den Tunnel passt. Dies führt uns auch auf die Frage, was es bedeutet, dass der Zug in Bewegung versetzt wurde und nicht der Tunnel.

Professor: Zuerst führen wir eine Messung aus, um zu bestimmen, dass der Tunnel wirklich deutlich kürzer ist als der Zug. Diese Messung führt man im Ruhesystem des Tunnels durch und bestimmt die Zuglänge *z. B.* im Bahnhof. Danach beginnt der Zug die Fahrt durch den Tunnel.

Simplicius: Ich bin oft mit einem Zug gereist und habe nie etwas von einer Zugkontraktion gemerkt.

Student: Eine relativistische Zugreise ist sicher nicht realisierbar. Wir betrachten nur ein Gedankenexperiment. Du würdest aber so oder so nichts von einer Körperkontraktion bemerken, weil jeder Maßstab, den Du auf die Reise mitnimmst, auch kontrahiert sein wird. Mit einem kontrahierten Metermaß kannst Du keine Körperkontraktion messen.

Simplicius: Wie kann man sie denn messen?

Professor: Hätten Sie den Zug verpasst, so würden Sie vom Bahnhof aus anders messen als der Reisende. Dies ist so, weil wir bei Längenmessungen von Körpern die Körperenden immer gleichzeitig in unserem eigenem Ruhesystem erfassen müssen. Die zwei Messungen vom Bahnhof aus und vom Zug aus sind ganz unterschiedlich, denn was für den einen Beobachter gleichzeitig ist, ist es für den anderen nicht.

Simplicius: Sind Sie sicher, dass zwei verschiedene Inertialbeobachter in der Frage, was gleichzeitig ist, nicht übereinstimmen?

Professor: Das ist in der Tat etwas Neues, erst seit der Entwicklung der SR Bekanntes. Wir haben bereits gezeigt, dass die Zeit aufgrund des endlichen Werts der Lichtgeschwindigkeit in bewegten Uhren langsamer vergeht als in ruhenden. Versucht man das mit Hilfe der relativistischen Koordinatentransformationen zu interpretieren, so stellt man fest, dass zwei im ruhenden System gleichzeitige Ereignisse von einem bewegten Beobachter zu verschiedenen Zeiten registriert werden.

Simplicius: So oder so, mein eigenes Ruhesystem ist etwas Besonderes: Alle Experimente, Messungen, Beobachtungen werden nur in meinem Bezugsystem gleichzeitig ausgeführt. Ich bin also das Zentrum des Universums.

Student: Dann wäre ich auch ein Zentrum des Universums. Jeder hat sein eigenes Ruhesystem, seine Eigenzeit und auch seine eigene Längeneinheit.

Simplicius: Sie sagen, als Mitreisender würde ich im Zug immer dieselbe Eigenlänge des Zugs messen. Wie kann man dann die Körperkontraktion überhaupt wahrnehmen?

Professor: Ihre Frage sollte man besser folgendermaßen stellen: Wie kann ein Reisender im Zug dem Abteilnachbarn erklären, dass für einen außenstehenden Beobachter der lange Zug im kurzen Tunnel verschwindet? Nehmen wir an, dass der Zug bei Einfahrt und Ausfahrt des Zugs durch Lichtschranken im Tunnel registriert wird. Mit diesen Lichtschranken wird im Bezugsystem des Tunnels festgestellt, dass der Zug sich ganz im Tunnel befindet. Von einem Mitreisenden werden aber diese Signale im Bezugssystem des Zugs zu verschiedenen Zeiten wahrgenommen. Denn was für den Beobachter im Tunnel oder auf dem Bahnhof gleichzeitig ist, kann für den Reisenden nicht gleichzeitig sein. Die Differenz zwischen den im Zug an den Tunnelenden wahrgenommenen Zeitsignalen erklärt, wieso der Zugbeobachter, der seinem Nachbarn das Verschwinden des Zuges im Tunnel beschreibt, selbst nichts von einer Körperkontraktion bemerkt.

Simplicius: Das ist ziemlich kompliziert. Gibt es keine einfachere Erklärung für diesen Sachverhalt?

Student: Es gibt nur diese zwei relativ einfachen Sachverhalte. Andere Betrachtungen sind noch komplizierter, z. B. die eines Beobachters in einem anderen Zug. Es ist einfach so: a) Ein Beobachter im Ruhesystem des Bahnhofs bzw. des Tunnels wird feststellen, dass der Zug eine Lorentz-FitzGerald-Körperkontraktion erfahren hat. b) Ein Zugpassagier nimmt die Lorentz-FitzGerald-Körperkontraktion nicht wahr. Für ihn sind die Lichtschrankensignale an den Tunnelenden nicht gleichzeitig.

Professor: Die vielen Widersprüche im Zusammenhang mit der Lorentz-FitzGerald-Körperkontraktion wurden von Einstein gerade durch die Erkenntnis aufgelöst, dass Ereignisse, die für einen Beobachter gleichzeitig stattfinden, für einen anderen Beobachter nur dann auch gleichzeitig sind, wenn er relativ zum ersten Beobachter ruht.

Student: Wie schon gesagt, muss bei einer Körperlängenmessung die Gleichzeitigkeit im Bezugssystem des Messenden beachtet werden. Man braucht also eine vollständige Beschreibung der Raum-Zeit-Ereignisse der durchgeführten Messung, insbesondere auch eine der Zeit.

Professor: Das wichtigste Resultat dieser Diskussion ist die Einsicht, dass in unserem Beispiel die Lorentz-FitzGerald-Körperkontraktion nicht umkehrbar ist. Ein Beobachter im Zug, der berichtet, der Berg sei körperkontrahiert, hat den bewegten Zug als Referenzbezugssystem gewählt. Erinnern wir uns aber daran, dass wir zu Beginn des Gesprächs die Längen von Zug und Tunnel im Bezugssystem des Bahnhofs, also auch dem des Tunnels vorgenommen haben. Deshalb ist eine Messung des bewegten Zuges auch nur von diesem Bezugsystem aus sinnvoll. Denn der Zug wurde beschleunigt, ist also wie ein Astronaut auf einer Raumfahrt nicht in seinem Inertialsystem geblieben. Diese Einsicht erklärt die Äquivalenz der Pädagogik von Lorentz-Bell und der von Einstein. Wir werden diese Fragen in Kap. 9 genauer untersuchen.

5.3   Beliebige Orientierung der Lichtuhr

Bei Betrachtung der senkrecht zur Bewegungsrichtung ausgerichteten Lichtuhr fanden wir die Gleichung für die Zeitdilatation, siehe Abschn. 4.2. Wir mussten dann in Abschn. 5.2 die Lorentz-FitzGerald-Körperkontraktion einführen, damit der Gang der parallelgerichteten Uhr im Einklang mit dem früheren Resultat war. Dabei haben wir immer den gleichen Wert für die Lichtgeschwindigkeit verwendet.

In der folgenden Übung 5.3 wird nachgewiesen, dass auch eine Uhr beliebiger Orientierung, die in Richtung der Relativbewegung nach Lorentz-FitzGerald körperkontrahiert ist, der Zeitdilatation unterliegt. Das zeigt, dass Zeitdilatation und Lorentz-FitzGerald-Körperkontraktion zwei unterschiedliche Effekte sind. Miteinander kombiniert, bilden sie einen in sich logischen theoretischen Rahmen.

Die Untersuchung der beliebig orientierten Lichtuhr gleicht der Interpretation des Michelson-Morley-Experiments (siehe Abb. 3.1). Bei einer Rotation des Interferometers bleibt die Laufzeit des Lichts unverändert. Solange also c konstant bleibt, ist eine Körperbewegung nicht beobachtbar.

Wir untersuchen in Übung 5.2 zunächst, wie die Lorentz-FitzGerald-Körperkontraktion die Orientierung eines bewegten Stabs verändert und sich seine Länge in Abhängigkeit von der Orientierung verkürzt. Nach dieser Vorbereitung wenden wir uns in Übung 5.3 der beliebig orientierten Lichtuhr zu und zeigen, dass der Lichtweg von der Orientierung unabhängig ist. Wir diskutieren anschließend, inwiefern der Effekt der Körperkontraktion als natürlich angesehen werden kann und betrachten zuletzt die Frage, ob es Teilchen geben kann, die sich mit Überlichtgeschwindigkeit bewegen, die sogenannten Tachyonen.

Übung 5.2 Veränderung der Orientierung eines Körpers bei Bewegung

Ein Stab ruht im Labor unter einem Winkel θ^0 gegen die zukünftige horizontale Bewegungsrichtung, siehe Abb. 5.3. Bestimmen Sie den Winkel θ, den dieser Stab nach Erreichen der Geschwindigkeit v relativ zur Horizontalen hat. Bestimmen Sie die Lorentz-FitzGerald-Körperkontraktion dieses Stabes.

Lösung

Im Laborsystem hat der Stab die Längenkomponente l_x^0 parallel zur Bewegungsrichtung. Die Komponente der Länge orthogonal dazu ist l_y^0. Beide Längenkomponenten sind durch den Winkel θ^0 verknüpft

$$\tan \theta^0 = \frac{l_y^0}{l_x^0}. \tag{1}$$

Parallel zur Bewegungsrichtung wird der Stab nach Gl. (5.8) verkürzt auf

$$l_x = l_x^0 \sqrt{1 - (v/c)^2}. \tag{2}$$

Dabei bleibt die Längenkomponente orthogonal dazu unverändert

$$l_y = l_y^0. \tag{3}$$

Wir können aus diesen Größen den gesuchten Winkel θ bestimmen

$$\tan \theta = \frac{l_y}{l_x} = \frac{l_y^0}{l_x^0 \sqrt{1 - (v/c)^2}}. \tag{4}$$

Wir benutzen nun Gl. 1 und erhalten

$$\tan \theta = \frac{\tan \theta^0}{\sqrt{1 - (v/c)^2}}, \qquad \theta = \tan^{-1}\left(\gamma \tan \theta^0\right). \tag{5}$$

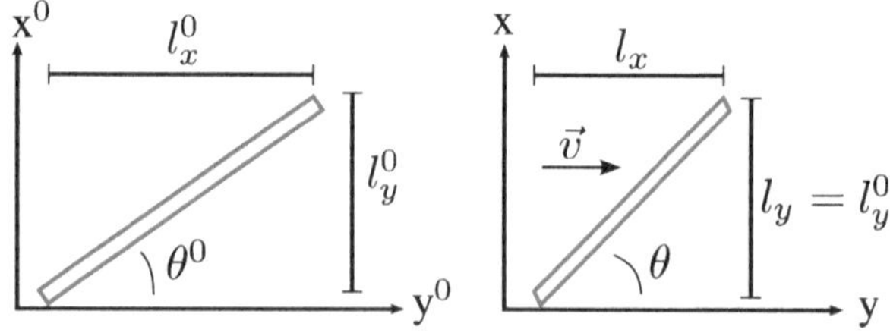

Abb. 5.3 Ein Stab in Ruhe (links) und in Bewegung (rechts), siehe Übung 5.2

Die Stablänge ist von der Orientierung abhängig

$$l \equiv \sqrt{l_x^2 + l_y^2} = \sqrt{l_x^{0\,2}\left(1 - \frac{v^2}{c^2}\right) + l_y^{0\,2}} = \sqrt{l_x^{0\,2} + l_y^{0\,2} - \frac{v^2}{c^2}l_x^{0\,2}} = l^0\sqrt{1 - \frac{v^2}{c^2}\cos^2\theta^0}. \tag{6}$$

Mit Hilfe von Gl. 5 kann man diese Beziehung umkehren

$$l^0 = l\sqrt{\frac{1 - \dfrac{v^2}{c^2}\sin^2\theta}{1 - \dfrac{v^2}{c^2}}}. \tag{7}$$

Die uns bekannten Grenzfälle der parallelen und der senkrechten Staborientierung werden für $\theta = 0°$ bzw. $\theta = 90°$ von den Gl. 6 und 7 auch erfasst.

Übung 5.3 Beliebig orientierte Lichtuhr

Zeigen Sie, dass der Gang einer Lichtuhr unter der Annahme der Lorentz-FitzGerald-Körperkontraktion und der Universalität der Lichtgeschwindigkeit c unabhängig von der Orientierung zeitdilatiert ist.

Lösung

Die Lichtuhr hat parallel zur künftigen Bewegungsrichtung in ihrem Ruhesystem die Ausdehnung a und senkrecht dazu die Ausdehnung b, wie links in Abb. 5.4 dargestellt. Die Entfernung l zwischen den Spiegeln ist im Ruhesystem unabhängig von Änderungen der Orientierung der Uhr.

$$a^2 + b^2 = l^2. \tag{1}$$

Die Taktzeit der Lichtuhr im Ruhesystem ist nach Gl. (4.3)

$$I_{(a)} = \frac{2l}{c}. \tag{2}$$

Wir bestimmen nun die Taktzeit $I_{(b)}$ einer mit der Geschwindigkeit v bewegten Uhr (in Abb. 5.4 rechts). Diese Zeit setzt sich zusammen aus der Zeit t_1 für den Lichtweg S_1 von M_1 nach M_2' und der Zeit t_2 für den Lichtweg entlang S_2 von M_2' nach M_1''

$$I_{(b)} = t_1 + t_2. \tag{3}$$

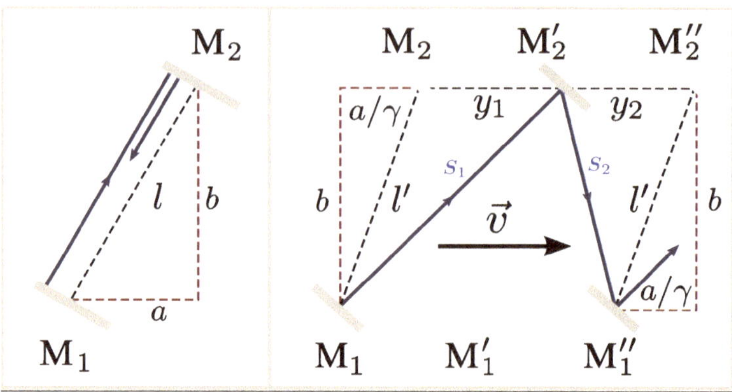

Abb. 5.4 Eine Lichtuhr mit beliebiger Orientierung, links in relativer Ruhe zum Beobachter und rechts sich mit der Geschwindigkeit **v** bewegend. Wie beim Fizeau-Foucault-Experiment Abb. 2.1 wird mit Konkavspiegeln gearbeitet, um zu erreichen, dass der Großteil des Lichts den jeweils anderen Spiegel erreicht. Siehe Übung 5.3

Die für die jeweiligen Strecken benötigten Zeiten sind bei konstanter Lichtgeschwindigkeit c dann

$$t_i = \frac{s_i}{c}, \quad i = 1, 2. \tag{4}$$

Gleichzeitig gilt wegen der Körperbewegung

$$t_i = \frac{y_i}{v} = \frac{y_i}{c\beta}. \tag{5}$$

Wir setzen diese beiden Ausdrücke gleich und erhalten

$$y_i^2 = \beta^2 s_i^2. \tag{6}$$

Bei Bestimmung der Lichtweglänge S_1 muss auch die Körperkontraktion der Lichtuhr in Bewegungsrichtung beachtet werden. Die Abstandskomponente parallel zur Bewegungsrichtung ist nun $\frac{a}{\gamma}$. Unter Beachtung der geometrischen Anordnung in Abb. 5.4 erhalten wir

$$s_1^2 = \left(y_1 + \frac{a}{\gamma} \right)^2 + b^2, \qquad s_2^2 = \left(y_2 - \frac{a}{\gamma} \right)^2 + b^2. \tag{7}$$

Nach Einsetzen in Gl. 6 ergibt sich dann

$$y_1^2 = \beta^2 \left(\frac{a^2}{\gamma^2} + \frac{2ay_1}{\gamma} + y_1^2 + b^2 \right), \qquad y_2^2 = \beta^2 \left(\frac{a^2}{\gamma^2} - \frac{2ay_2}{\gamma} + y_2^2 + b^2 \right). \tag{8}$$

Wir ordnen um und benutzen $1 - \beta^2 = \gamma^{-2}$

$$\gamma^{-2}y_1^2 - \frac{2a\beta^2}{\gamma}y_1 - \left(\frac{a^2}{\gamma^2} + b^2\right)\beta^2 = 0, \quad \gamma^{-2}y_2^2 + \frac{2a\beta^2}{\gamma}y_2 - \left(\frac{a^2}{\gamma^2} + b^2\right)\beta^2 = 0. \quad (9)$$

Dann lösen wir die quadratische Gl. 9 nach y_1 auf

$$y_1 = \frac{1}{2}\gamma^2\left(\frac{2a\beta^2}{\gamma} \pm \sqrt{\frac{4a^2\beta^4}{\gamma^2} + \frac{4\beta^2}{\gamma^2}\left(\frac{a^2}{\gamma^2} + b^2\right)}\right) = \left(a\beta^2\gamma \pm \beta\gamma\, l\right),$$
$$(10)$$

Im letzten Umformungsschritt wurde hier Gl. 1 benutzt. Damit y_1 für bei $b = 0$ positiv bleibt, müssen wir das positive Vorzeichen wählen und erhalten

$$y_1 = \gamma\beta\left(l + a\beta\right). \quad (11)$$

Eine analoge Rechnung oder einfach die Substitution $a \to -a$ (siehe Gl. 7) liefert den Wert von y_2

$$y_2 = \gamma\beta\left(l - a\beta\right). \quad (12)$$

Die gesamte Laufzeit des Lichts ist dann

$$I_{(b)} = t_1 + t_2 = \frac{y_1}{c\beta} + \frac{y_2}{c\beta}. \quad (13)$$

Wir setzen nun die Resultate Gl. 11 und 12 in Gl. 13 ein und erhalten

$$I_{(b)} = \frac{2\gamma l}{c} = \gamma I_{(a)}, \quad (14)$$

siehe Gl. 2. Die Zeit, die das Licht für Hin-und Rückweg braucht, ist unabhängig von a und b, d. h. unabhängig von der Orientierung der Uhr. Die Länge eines Zeittakts hängt nur von der im Faktor γ enthaltenen Geschwindigkeit und dem Spiegelabstand l im Ruhezustand ab. Der Term für die Zeitdilatation hat sich nicht verändert. Sie ist also ebenfalls von der Orientierung der Lichtuhr unabhängig.

Diskussion 5.2　Ist die Lorentz-FitzGerald-Körperkontraktion ‚natürlich'?

Thema: Zweifellos war die Erkenntnis der Lorentz-FitzGerald-Körperkontraktion ein entscheidender Schritt auf dem kurvenreichen Weg zur SR. Wir besprechen, ob und warum diese Einsicht nach dem Ergebnis des MM-Experiments zwangsläufig folgen musste. In diesem Zusammenhang werden auch verwandte Fragestellungen angesprochen.

Simplicius: Nach Maxwells Entdeckung, dass elektromagnetische Wellen sich genauso schnell wie Licht ausbreiten, hätte auch ich vorgeschlagen, dass diese Wellen und das Licht sich in einem Trägermaterial wie dem Äther ausbreiten – ähnlich wie Schall in Luft.

Student: Ja, so sehe ich es auch. Angesichts des damaligen Kenntnisstands konnte man den Sachverhalt nur so interpretieren. Maxwell war der Ansicht, dass der Äther das Universum ausfüllt. Das MM-Experiment wurde entwickelt, um den Einfluss der Orbitalbewegung der Erde auf den ruhenden Äther zu ermitteln. Das Resultat des Experiments war eine große Überraschung. 1919/1920 hat Einstein dann einen nicht-materiellen Äther beschrieben und war der Meinung, dass die Lichtgeschwindigkeit c durch die Eigenschaften des Äthers bestimmt wird.

Simplicius: Ja, das habe ich hier erfahren. Aber weshalb war das Ergebnis des MM-Experiments so überraschend?

Student: Wenn es einen materiellen Äther gibt, muss er Materie in ihrer Bewegung beeinflussen. Maxwells Wellen schwingen transversal zur Ausbreitungsrichtung. Maxwell schloss daraus, dass seine Wellen zur Ausbreitung im Unterschied zu den Dichteschwankungen der beweglichen Luft beim Schall ein festes, schwer zu durchdringendes Medium benötigen. Es war deshalb unverständlich, wie Materie sich in diesem Äther ohne messbaren Widerstand bewegen konnte. Beim MM-Experiment hinterließ sogar die Bewegung der Erde um die Sonne keinerlei Spuren.

Simplicius: Also vertiefte das MM-Experiment das Rätsel des Äther noch.

Professor: Die Hypothese der Körperkontraktion bot vorläufig einen Ausweg. Statt in ihrer Bewegung gehemmt, wurden materielle Körper in Bewegungsrichtung gestaucht.

Simplicius: Aber es kann doch auch andere Erklärungen geben. *Z.B.* könnte ich behaupten, dass das Resultat des MM-Experiments darauf zurückzuführen ist, dass der Äther sich gemeinsam mit der Erde um die Sonne bewegt.

Student: Eine solche Ätherbewegung würde aber das von uns beobachtete Sternenlicht beeinflussen. Die Übereinstimmung der astronomischen und der terrestrischen Messungen der Lichtgeschwindigkeit (siehe Abschn. 2.2) widerlegt diese Deutung.

Simplicius: Wenn das so ist, wird man mit einem MM-Experiment nie einen Effekt beobachten können.

Student: Das ist auch eine Frage der experimentellen Präzision. Ein großer Mitführungseffekt des Äthers auf Licht kann ausgeschlossen werden. Doch eine schwache Mitführung wäre möglich. Das MM-Experiment ist besonders empfindlich für richtungsabhängige Unterschiede in der Lichtgeschwindigkeit und weniger für ihren absoluten Wert.

Simplicius: Wie passt das alles denn zu der Hypothese der Körperkontraktion? Ich nehme ein Lineal und lasse es in Raum rotieren. Wenn die Überlegungen zur Lichtuhr stimmen, müsste es gestaucht und wieder gedehnt werden. Ich merke aber nichts dergleichen.

Professor: Die von Lorentz und unabhängig davon von FitzGerald erwartete Größe des Effektes liegt bei etwa 5×10^{-7} Prozent. Solche Körperveränderungen waren nicht direkt messbar. Der Effekt war aber groß genug, um Veränderungen des Interferenzmusters beim MM-Experiment zu erzeugen.

Student: Wenn man das Lineal um ein Grad erwärmt, ist seine Ausdehnung viel größer und dazu muss man es nur in die Hand nehmen.

Professor: Das zeigt aber, wie präzise man bei heutigen MM-Experimenten (siehe Abschn. 19.2) die Temperatur und andere Umwelteinflüsse kontrollieren muss.

Simplicius: Ich würde gerne noch einmal auf die Idee zurückkommen, dass die Körperkontraktion eine Folge des Widerstands des Äthers ist. Wie kann man sich das erklären?

Student: Wir werden das in Diskussion 10.1 genauer besprechen. Wir gehen dann darauf ein, dass die Kraftfelder, die die Elektronen an Atomkerne binden, durch eine Bewegung so beeinflusst werden, dass ein Atom komprimiert wird. Auf diese Art erfährt eine Kette von Atomen und allgemeiner jede feste Körper die Lorentz-FitzGerald-Körperkontraktion. Das ist aber eine Folge der Maxwellgleichungen und nicht eine direkte Wirkung des Äthers.

Simplicius: Du erklärst jetzt die Körperkontraktion mit Hilfe elektromagnetischer Kräfte, aber wir sind doch aufgrund ganz allgemeiner Untersuchungen ohne Bezug zu irgendwelchen Kräften auf sie gekommen.

Professor: Unser Verständnis der Körperkontraktion ist vergleichbar mit dem für die Energieerhaltung. Zuerst erkennen wir ein allgemeines Prinzip, später untersuchen wir das Zustandekommen auf der Basis von Wechselwirkungen, die mit dem Prinzip vereinbar sein müssen.

Simplicius: Aber ich sehe bei der Lorentz-FitzGerald-Körperkontraktion nichts, das erhalten bleibt. Wenn wir das Lineal drehen, wird es immer wieder ein klein wenig kontrahiert.

Professor: Trotzdem ist es so, wie ich es beschrieben habe. Die Naturgesetze sind immer vereinbar mit den Lorentztransformationen. Deshalb kann man viele Erscheinungen in der SR sowohl aus dem dynamischen Verhalten verstehen, d. h. aufgrund der Kräfte, oder einfach eine Begründung mit Hilfe der Transformation der Raum-Zeit-Koordinaten suchen.

Simplicius: Das bedeutet aber, dass viele physikalische Eigenschaften eines Körpers von seiner Geschwindigkeit abhängen. So ist es mit der Energie, dem Impuls und – wie jetzt gezeigt – seiner Größe. Gibt es auch Eigenschaften, die nicht veränderbar sind?

Student: Natürlich gibt es sogenannte invariante Körpereigenschaften, die für alle Beobachter den gleichen Wert haben. Ein Beispiel ist die träge Masse m. Die kinetische Energie oder der Impuls sind offenbar nicht invariant.

Professor: Masse hat etwas mit der Eigenenergie eines Körpers zu tun: Energie, die im ruhenden Körpers eingefroren ist. Ich erinnere an $E_0 = mc^2$. Das ist ein wichtiges Thema in diesem Buch.

Simplicius: Man spricht auch von Eigenzeit. Ist das auch eine Invariante?

Professor: Ja! Zum Beispiel hat jedes instabile Teilchen eine invarianten Eigenlebenszeit. Diese wird von einer mitbewegten Uhr gemessen. Führt man das weiter, so hat jeder ausgedehnte Körper auch seine Eigengröße, gleichgültig, ob es ein Atomkern, ein Atom, ein langer Stab oder irgendein anderer materieller Körper ist. Mit diesem Argument wird die SR ohne die besonderen Eigenschaften des Lichts begründet, siehe Ref. 3 im Kap. 4.

Diskussion 5.3 Lichtwellenreiter sucht Tachyonen
Thema: Wir vertiefen die Einsichten und die Konsequenzen aus den Resultaten der Untersuchungen der Lichtuhr.

Simplicius: Diese Wurzel $\sqrt{1 - (v/c)^2}$ in Gl. (4.5) stört mich. Was passiert denn, wenn $v > c$ ist?

Student: Immer der Reihe nach. Sehen wir uns doch erst mal an, was für $v \to c$ passiert. Dann hört die Lichtuhr zu laufen auf und bleibt schließlich stehen.

Simplicius: Kein Uhrschlag mehr?

Student: Ja, für $v \to c$ dauert es ewig von einem Uhrschlag zum andern. Diese Lichtuhr könnte das nächste Mal irgendwo im Universum oder während ihrer Reise gar nicht mehr schlagen.

Simplicius: Das heißt, dann reitet man sozusagen auf der Lichtwelle.

Student: Ja, das ist die wichtige Einsicht. Eine Lichtuhr, die sich praktisch mit Lichtgeschwindigkeit bewegt, schlägt nicht und kann überall hin.

Simplicius: Jemand, der auf einer Lichtwelle reitet, altert also nicht, während er das Universum durchquert.

Student: Das wäre schön, auf einer Lichtwelle zu reiten.

Simplicius: Gut, aber was ist jetzt, wenn $v > c$ ist?

Student: Die Lichtuhr funktioniert dann nicht mehr, weil die Spiegel das Licht überholen würden.

Simplicius: Willst Du damit etwa sagen, dass es keine Überlichtgeschwindigkeit geben kann, nur weil Deine Uhr nicht mehr funktioniert?

Student: Nicht ganz. Die Lichtuhr ist nur ein Beispiel. Für Körper aus Materie, die mit Licht wechselwirkt, ist c die Obergrenze der Geschwindigkeit. Das war die implizite Annahme bei Einführung der Lichtuhr.

Simplicius: Aber ich bin in der Literatur auf Tachyonen[1] gestoßen. Irgendjemand muss sich mit solchen Teilchen doch beschäftigt haben.

Student: Ja, jemand hat ein Phantasieprodukt ‚Metarelativität' entworfen[2] und es zu Papier gebracht.

Professor: Man muss diese Idee nicht gleich verwerfen. Unter dem Namen Tachyonen tauchen diese neuen Teilchen in der wissenschaftlichen Literatur Mitte des 20. Jahrhunderts auf[3]. Ursprünglich wurden sie eingeführt, um ein falsches Vorzeichen im Quadrat der Masse zu korrigieren. Dieses Problem war aber, wenn auch zunächst noch unbemerkt, damals schon durch das Higgsfeld gelöst[4]. Mit der Entdeckung des Higgsteilchens 2012 ist dieses Kapitel im Prinzip abgeschlossen.

Simplicius: Wozu brauchen wir dann heute noch Tachyonen?

Student: In Science-Fiction-Filmen. Damit man Körper hat, die sich mit Überlichtgeschwindigkeit bewegen.

Professor: Auch wenn ich mit dieser Bemerkung im Prinzip einverstanden bin, kann man ja untersuchen, ob solche Teilchen prinzipiell denkbar sind. Tachyonen haben sehr ungewöhnliche Eigenschaften. Ihre Geschwindigkeit nimmt bei Energieverlust zu. Alles, was sich mit Überlichtgeschwindigkeit bewegt, wird bei Energieverlust beschleunigt und entfernt sich immer schneller.

Simplicius: Aber wir könnten diese Teilchen im Labor herstellen. Wenn ja, so würden sie auch bei Streuung kosmischer Strahlung entstehen. Sie könnten dann als ein Teil der kosmischen Strahlung bis zu uns gelangen.

Professor: Die Suche nach neuen Teilchen in kosmischer Strahlung dauert an. Das schließt Tachyonen und vieles andere mit ein. Bisher wurde nichts gefunden, was schneller ist als Licht. Die Entdeckung eines neuen Teilchens, auch wenn Tachyonen nicht mehr so neu sind, wäre eine Sensation.

---

[1]Griechisch: $\tau\alpha\chi\upsilon\varsigma$ (tachys), zu deutsch „schnell, flott, geschwind".

[2]O. M. P Bilaniuk, V. K. Deshpande and E. C. G. Sudarshan, „‚Meta' Relativity (Metarelativität)," *Am. J. Phys.* **30,** 718 (1962).

[3]G. Feinberg, „Possibility of Faster-Than–Light Particles" (Sind Überlichtgeschwindigkeits-Teilchen möglich?) *Physical Review,* **159** 1089 (1967).

[4]P. W. Higgs, „Broken symmetries and the masses of gauge bosons," (Gebrochene Symmetrie und die Massen der Eichbosonen) *Phys. Rev. Lett.* **13,** 508 (1964).

Student: Wir hatten darüber gesprochen, dass Materie und Licht durch $E_0 = mc^2$ verbunden sind. Wie kann man da nach Materie suchen, für die $v > c$ sein kann?

Professor: Die Lichtgeschwindigkeit spielt auch für diese seltsamen Teilchen eine etwas andere, aber gewichtige Rolle, nämlich als untere Geschwindigkeitsgrenze. Insofern sind Tachyonen auch an Licht gebunden und deshalb leicht zu sehen. Die Schwierigkeit ist, dass ihre Energie und ihr Impuls uns ungewohnte Funktionen der Geschwindigkeit sind. Trotz oder gerade wegen dieser sehr seltsamen Eigenschaften würde man sie entdecken, wenn sie je produziert werden würden.

Simplicius: Wie würden wir Sie bemerken?

Student: Wenn sie schneller sind als Licht, aber mit Licht wechselwirken, so würden sich Machkegel-Schockwellen aus Licht ausbilden. Wir sehen das oft in heutigen Experimenten. In Materie ist die Lichtgeschwindigkeit immer geringer als im Vakuum. Licht, das die Grenze zwischen zwei Materialien durchquert, liefert uns ein Modell für die Tachyonenbewegung mit allen ungewöhnlichen Eigenschaften. Es wäre schwer, die Tachyonen nicht zu bemerken.

Professor: Trotz des vielen Wunschdenkens bleiben die Tachyonen Phantasiegebilde. Außerdem gibt es Arbeiten, die die wissenschaftliche Widerspruchsfreiheit der Tachyonenmodelle bezweifeln. Wir kehren zu dem Thema in Diskussion 11.1 zurück. In der Zwischenzeit rate ich zum Literaturstudium. *Z.B.* gibt es eine zugängliche Übersicht von Bilaniuk and Sudarshan[5].

---

[5]O.M. P. Bilaniuk, E. C. G. Sudarshan, „Particles Beyond the Light Barrier,‟ (Teilchen jenseits der Lichtgeschwindigkeitsbarriere) *Physics Today*, 43 (5) (1969).

Zusammenfassung – *Im Teil III – Kap. 6, Kap.* 7:
Bei der Herleitung der relativistischen Koordinatentransformation folgen wir der Darstellung von Einstein in seiner Arbeit von 1905. Wir gehen ein auf den nichtrelativistischen Grenzfall, die Rücktransformation und die Lorentzinvarianz der Eigenzeit. Im Zusammenhang mit der Hintereinanderausführung mehrerer Lorentztransformationen untersuchen wir das Additionstheorem der Geschwindigkeiten und vereinfachen die Zusammenhänge mit Hilfe der Rapidität.

Einführende Bemerkungen zum Teil III

Im Teil III ist unser Hauptanliegen das Verständnis und die Charakterisierung eines Wechsels des Bezugssystems von einem Inertialbeobachter zu einem anderen in der Relativitätstheorie. Die relativistische Koordinatentransformation wurde von Larmor und Poincaré nach Lorentz benannt, der als erster systematisch versuchte, das Problem der Unverträglichkeit von Maxwells Elektromagnetismus mit den Galileitransformationen zu klären. Jedenfalls wurden die Transformationen von Einstein im Frühling-Sommer 1905 aus grundlegenden Postulaten hergeleitet und auf andere Art nahezu gleichzeitig von Poincaré. Bei der Herleitung der relativistischen Koordinatentransformation folgen wir der Darstellung von Einstein.

Die Lorentztransformationen sollten besser als Larmor-Lorentz-Einstein-Poincaré **(LLEP)-Koordinatentransformationen** bezeichnet werden (siehe auch Abschn. 1.3): a) Sir Joseph **Larmor** hat die erste korrekte relativistische Darstellung der Koordinatentransformation geliefert, die er nach **Lorentz** benannt hat; b) **Einstein** hat die spezielle Relativitätstheorie entwickelt; und c) **Poincaré hat** die Gruppeneigenschaften der Lorentzkoordinatentransformationen herausgearbeitet.

Durch diese korrekte Bezeichnungsweise könnte die verwirrende Namensähnlichkeit zwischen der relativistischen Lorentzkoordinatentransformation und der Lorentz-FitzGerald-Körperkontraktion (die von vielen als Lorentzkontraktion bezeichnet wird) vermieden werden. Die Namensähnlichkeit verbindet in den Köpfen vieler die Raum-Zeit-Koordinatentransformation fälschlicherweise mit der Körperkontraktion.

Wir klären zunächst, dass die Lorentzkoordinatentransformation in der Regel passiv ist. Der Körper bleibt unverändert in seinem Bewegungszustand. Es ist der Beobachter, der sein Bezugssystem ändert. Wir zeigen, wie die folgenden drei physikalischen Eigenschaften die Form der Lorentzkoordinatentransformation bestimmen: die Isotropie und Homogenität des Raumes, das in Teil 1 diskutierte Relativitätsprinzip und die Universalität der Lichtgeschwindigkeit, siehe Abschn. 2.2.

Wir stellen die Larmorsche Schreibweise der Lorentztransformationen vor, die die Zeitdilatation besonders einfach verständlich macht. Die Widerspruchsfreiheit der Einsteinschen Formulierung wird in mehreren Übungen demonstriert. Die nichtrelativistischen Galileitransformationen werden als ein Grenzfall der Lorentztransformationen abgeleitet und die Bedingungen für die Anwendbarkeit dieses Grenzfalls werden beschrieben.

Danach werden klassische Resultate der Relativitätstheorie vorgestellt, die aus den Lorentztransformationen folgen. Die Invarianz der Eigenzeit unter Lorentzkoordinatentransformationen wird auf zwei unterschiedlichen Wegen gezeigt. Das Additionstheorem der Geschwindigkeiten wird für den einfachen Fall der Kollinearität und den allgemeinen Fall beliebig gerichteter Geschwindigkeiten präsentiert. Mit der Rapidität wird eine neue Größe eingeführt, die die Körpergeschwindigkeit ersetzen kann. Ihre Vorzüge werden durch die Additivität bei kollinearen Bewegungen deutlich gemacht. Als ein Beispiel, das die Entwicklung der Relativitätstheorie beeinflusst hat, wird die Fresnelsche Lichtmitführung durch bewegte Flüssigkeiten betrachtet. Sie wird mit dem Additionstheorem der Geschwindigkeiten erklärt.

Relativistische Koordinatentransformation

Zusammenfassung

Mit der Lorentzkoordinatentransformation beschreiben wir die Veränderung der Koordinaten von Ereignissen beim Wechsel des Inertialsystems des Beobachters. Der Körper bleibt im gleichen Bewegungszustand wie vorher. Es ist der Beobachter, der sein Bezugsystem ändert. Wir zeigen, dass drei grundlegende physikalische Prinzipien die Form der Lorentzkoordinatentransformation bestimmen: i) die Isotropie und Homogenität des Raumes; ii) das Relativitätsprinzip; iii) die Universalität der Lichtgeschwindigkeit. Die Larmorsche Schreibweise der Transformation wird vorgestellt und die Widerspruchsfreiheit der Theorie wird in Übungen demonstriert.

6.1 Herleitung der Lorentzkoordinatentransformation

Passive and aktive Koordinatentransformationen

Im Prinzip gibt es zwei Möglichkeiten der Koordinatentransformation:

1. Wir können aktiv transformieren, d. h., wir behalten das Koordinatensystem bei und transformieren die Koordinaten der Weltlinie, der ein Körper folgt.
2. Wir können passiv transformieren, d. h., wir bewegen das Koordinatensystem und lassen die Weltlinie unverändert.

Unsere Herleitung der Lorentzkoordinatentransformationen in diesem Buch beruht auf einer passiven Transformation, wie sie auch von Einstein durchgeführt wurde. Bei dieser Transformation werden die Veränderungen der Koordinaten eines Körpers beim Vergleich verschiedener Beobachter ermittelt. Es ist problematisch, sich auf den Standpunkt eines mit einem Körper mitbewegten Beobachters zu stellen, weil man sich in dem Moment, in dem der Bewegungszustand dieses Körpers verändert wird,

© Springer-Verlag GmbH Deutschland, ein Teil von Springer Nature 2019   101
J. Rafelski, *Spezielle Relativitätstheorie heute,*
https://doi.org/10.1007/978-3-662-59420-9_6

nicht mehr in einem Inertialsystem befindet. Nur bei ausschließlich freier Bewegung mit unveränderter Geschwindigkeit ist eine solche aktive Transformation in der SR zulässig.

Nur unter dieser Voraussetzung sind aktive und passive Transformationen äquivalent. Eine Veränderung des Bewegungszustandes ist immer durch Messprozesse feststellbar. Beispielsweise sei daran erinnert, dass bei dem sogenannten Zwillingsparadoxon die zeitverzögerte Uhr zu dem Zwilling gehört, der eine Reise unternimmt, und nicht zu dem zu Hause gebliebenen. Das Paradoxon entsteht, wenn bei einer aktiven Transformation von einem Inertialsystem in ein beschleunigtes System transformiert wird. Diese Vorgehensweise ist falsch.

In Abb. 6.1 wird die Situation mit aktiven und passiven Koordinatentransformationen veranschaulicht. Wir sehen zwei Beobachter S und S', die die Bewegung eines Körpers K aufzeichnen. Links ermittelt S die Geschwindigkeit u, rechts ermittelt S' die Geschwindigkeit u'. Es gibt jeweils zwei Koordinatensysteme, x, y, z, t und x', y', z', t', in denen die Beobachter S bzw. S' ruhen. In Abb. 6.1 werden nur die x, y- bzw. x', y'-Koordinaten gezeigt.

Im linken Fenster der Abb. 6.1 ruht der Beobachter S und der Beobachter S' bewegt sich nach rechts mit der Geschwindigkeit v, während im rechten Fenster S' ruht und S sich mit der Geschwindigkeit $-v$ nach links bewegt. Die Relativgeschwindigkeit der zwei Beobachter ist in beiden Fällen gleich, während die von ihnen gemessene Geschwindigkeit des Körpers unterschiedlich ist.

Bei einer Galileitransformation können wir in Abb. 6.1 die Position des Körpers in beiden Koordinatensystemen ablesen. Da links der Ursprung von S' sich dem Körper nähert, muss

$$x' = x - tv, \tag{6.1a}$$

gelten. Differenziert nach der Zeit, erhält man den Additionsatz der Geschwindigkeiten

$$u' = u - v. \tag{6.1b}$$

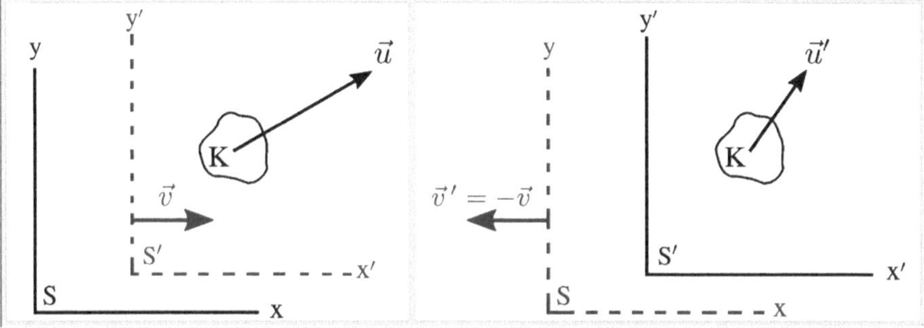

Abb. 6.1 Linkes Fenster: Ein Körper K hat die Geschwindigkeit u in Bezug auf den Beobachter S, während ein anderer Beobachter S' sich mit der Geschwindigkeit v bewegt. Rechtes Fenster: derselbe Körper K bewegt sich gegenüber Beobachter S' mit der Geschwindigkeit u', während der Beobachter S sich mit der Geschwindigkeit $-v$ entfernt. Siehe Text für weitere Information

Tauscht man die Rollen von S und S' (rechtes Fenster), so erhält man die inverse Transformation

$$x = x' - tv' = x' + tv, \tag{6.1c}$$

und deshalb

$$u = u' - v' = u' + v. \tag{6.1d}$$

Aus diesen Beziehungen ergeben sich die Gl. (1.1) und (1.2) aus Abschn. 1.1, wenn wir beachten, dass wir hier die passiven Transformationen benutzt haben.

Jeder, der sich mit aktiven und passiven Koordinatentransformationen im nichtrelativistischen (galileischen) Fall beschäftigt hat, kann durch die Bildung des Grenzfalles $v/c \to 0$ die Korrektheit seiner in der SR erzielten Ergebnisse überprüfen. Aus diesen nichtrelativistischen Betrachtungen weiß man bereits, dass die aktive Transformation sich aus der passiven durch die Substitution $v = v\hat{i} \to v = -v\hat{i}$ ergibt.

Verwendung der Isotropie und Homogenität des Raumes

Die Isotropie des Raumes bedeutet, dass es keine bevorzugte Richtung gibt. Setzen wir Isotropie voraus, so genügt es, eine beliebige Bewegungsrichtung zu betrachten. Die gefundenen Ergebnisse sind allgemeingültig. Wir können deshalb die Relativgeschwindigkeit v als parallel zur x-Achse irgendeines Koordinatensystems S wählen.

Wir betrachten eine Koordinatentransformation, bei der die x'-Achse des transformierten Koordinatensystems S' parallel zur x-Achse von S ist. Durch diese Wahl schließen wir in der laufenden Betrachtung Rotationstransformationen aus, die sich den Lorentztransformationen überlagerten. Die sich ergebenden Transformationen werden als *Spezielle-Lorentztransformationen* oder kurz *Lorentzboosts* bezeichnet. In unserem Buch sprechen wir einfach von Boosts.

Die Homogenität des Raumes bedeutet, dass die beiden Beobachter S und S' die kräftefreie Bewegung eines Körpers als linear und gleichmäßig wahrnehmen. Wir nennen diese Bewegung *gleichförmig*. Wenn also ein Körper K sich im System S mit konstanter Geschwindigkeit u bewegt, so muss seine Geschwindigkeit u' im System S' ebenso konstant sein.

Diese Forderungen können nur erfüllt werden, wenn die Koordinatentransformationen sowohl in Zeit- als auch in Raumkoordinaten linear sind

$$x' = a_{11}x + a_{12}t + k_1, \tag{6.2a}$$

$$t' = a_{21}x + a_{22}t + k_2, \tag{6.2b}$$

$$y' = y, \tag{6.2c}$$

$$z' = z. \tag{6.2d}$$

Wir wählen nun eine solche Koordinatentransformation zwischen S und S', dass zu einem bestimmten Zeitpunkt $t_0' = t_0 = 0$ und $x_0' = x_0 = 0$ ist. Dann gilt

$$k_1 = k_2 = 0. \tag{6.3}$$

Das bedeutet, dass dann die Ursprünge beider Koordinatensysteme zusammenfallen. Durch diese Wahl schließen wir hier Translationen im Raum und/oder der Zeit aus.

Wie in Abb. 6.1 für einen allgemeineren Fall gezeigt, bewegt sich System S' relativ zu S mit der Geschwindigkeit $\boldsymbol{v} = v\hat{\boldsymbol{i}}$. Wir betrachten jetzt die Bewegung des Koordinatenursprungs $x' = 0$ von S' in S. Für den Ursprung von S', der sich mit der Geschwindigkeit v bewegt, erhalten wir die Gleichung

$$a_{11}x + a_{12}t = 0. \tag{6.4}$$

Bei einer kleinen Veränderung dx im Raum und dt in der Zeit ergibt sich

$$-\frac{a_{12}}{a_{11}} = \frac{dx}{dt} \equiv v. \tag{6.5}$$

Die letzte Gleichung ist die Definition von v wegen unserer Wahl der x'-Achse in Bewegungsrichtung. Wir verwenden dieses Resultat in Gl. (6.2a) und erhalten

$$x' = a_{11}(v)(x - vt). \tag{6.6}$$

Die Schreibweise $a_{11}(v)$ erinnert daran, dass der Koeffizient a_{11} im Allgemeinen eine Funktion von v ist, was sich auch aus der Gl. (6.5) ergibt.

Verwendung des Relativitätsprinzips

Wie bereits in Abb. 6.1 im allgemeinen Fall dargestellt, können wir die Bewegung auch im Bezugsystem S' betrachten. Dann bewegt sich S relativ zu S' mit der Geschwindigkeit $\boldsymbol{v}' = -\boldsymbol{v}$. Nach dem Relativitätsprinzip muss die Transformation von S' zu S dann dieselbe Form wie in Gl. (6.6) annehmen

$$x = a_{11}(v')(x' - v't'). \tag{6.7a}$$

Die Geschwindigkeit v' in Gl. (6.7a) ist die Geschwindigkeit von S relativ zu S', während v in Gl. (6.6) die Geschwindigkeit von S' relativ zu S angibt. Deshalb gilt $v' = -v$ und es ergibt sich

$$x = a_{11}(-v)(x' + vt'). \tag{6.7b}$$

Wir hätten die Koordinatenachsen auch so wählen können, dass die x- und x'-Achsen beide in die entgegengesetzte Richtung zeigen. In diesem Fall müssen wir die

Beziehungen Gl. (6.6) und (6.7b) durch die Transformationen $x \to -x$, $x' \to -x'$ und $v \to -v$ modifizieren. Das führt uns auf Gleichungen

$$x' = a_{11}(-v)(x - vt), \qquad x = a_{11}(v)(x' + vt'). \tag{6.8}$$

Um sicherzustellen, dass die von uns gesuchte Transformation von der Wahl der Koordinatenachse unabhängig ist, darf der Koeffizient a_{11} nicht vom Vorzeichen der Geschwindigkeit abhängen, also nicht von der Richtung von $\boldsymbol{v}$. Deshalb muss $a_{11}(v) = a_{11}(-v)$ sein.

Wir verdeutlichen dies durch die Schreibweise $a_{11}(v^2)$. Damit wird aus Gl. (6.8)

$$x' = a_{11}(v^2)(x - vt), \qquad x = a_{11}(v^2)(x' + vt'). \tag{6.9}$$

Verwendung der Universalität der Lichtgeschwindigkeit

Um den Koeffizienten $a_{11}(v^2)$ zu bestimmen, betrachten wir die Koordinaten eines Lichtstrahls. Zur Zeit $t = t' = 0$ fallen die Ursprünge der Systeme S und S' zusammen. Zu diesem Zeitpunkt wird ein Lichtblitz vom gemeinsamen Ursprung ausgesandt. Im System S erreicht der Lichtblitz nach der Zeit t die Position

$$x = ct, \tag{6.10}$$

wie in Abb. 6.2 gezeigt. Ähnlich gilt in S'

$$x' = c't'. \tag{6.11}$$

Die Lichtgeschwindigkeit ist für alle Inertialbeobachter gleich. Das ist ein experimentelles Ergebnis, das in die Überlegungen zu der von uns gesuchten Koordinatentransformation einfließt. Um dieses Resultat zu rechtfertigen, erinnern wir uns daran, dass wir in Abschn. 2.3 festgestellt haben, dass die Messung von c auf der Erde und im Weltraum den gleichen Wert ergibt. Wir haben dort auch beschrieben,

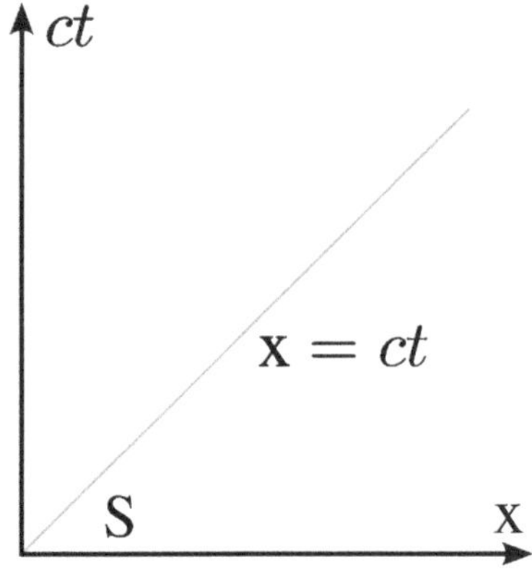

Abb. 6.2 Der Raum-Zeit-Pfad eines Lichtblitzes im System S

dass die Maxwellgleichungen Wellen voraussagen, die sich mit Lichtgeschwindigkeit ausbreiten.

Wir verlangen deshalb, dass in allen Inertialsystemen die beobachtete Lichtgeschwindigkeit den gleichen Wert hat, siehe Gl. (2.6)

$$\boxed{c' = c.}$$

(6.12)

Deshalb hat der Lichtblitz im System S' zur Zeit t' die Position

$$x' = c't' = ct'$$

(6.13)

erreicht.

Wir setzen die beiden Bedingungen $t = x/c$ und $t' = x'/c$ in Gl. (6.9) ein und erhalten als Ergebnis

$$x' = a_{11}(v^2)x\left(1 - \frac{v}{c}\right), \qquad x = a_{11}(v^2)x'\left(1 + \frac{v}{c}\right).$$

(6.14)

Beide Gleichungen beziehen sich zunächst nur auf die Lichtkoordinaten, müssen aber miteinander verträglich sein. Multiplizieren wir die jeweiligen linken und rechten Seiten beider Beziehungen miteinander und streichen den gemeinsamen Faktor $x'x$, so erhalten wir

$$1 = a_{11}(v^2)a_{11}(v^2)\left(1 - \frac{v}{c}\right)\left(1 + \frac{v}{c}\right),$$

(6.15)

und deshalb

$$a_{11}^2(v^2) = \frac{1}{1 - (v/c)^2}.$$

(6.16)

Bei Betrachtung des Grenzfalles $v/c \to 0$ muss sich die Galileitransformation ergeben. Deshalb wählen wir die positive Wurzel und wir erhalten

$$a_{11} = \frac{1}{\sqrt{1 - (v/c)^2}} \equiv \gamma.$$

(6.17)

Mit Gl. (6.5) ergibt sich außerdem

$$a_{12} = \frac{-v}{\sqrt{1 - (v/c)^2}} \equiv -\beta c\gamma, \qquad \beta \equiv \frac{v}{c},$$

(6.18)

mit dem Lorentzfaktor γ.

Transformationen, die die Zeitrichtung oder die Raumrichtung umkehren, würden die negative Wurzel in Gl. (6.17) erfordern und werden als unechte Lorentztransformationen bezeichnet. Solche Transformationen sind ein Bestandteil der Poincaré-Gruppe aller Raum-Zeit-Transformationen.

6.2 Die explizite Form der Lorentztransformation

Einsteinsche Form der Lorentztransformation

Mit Gl. (6.17) und (6.18) können wir den räumlichen Teil der Lorentztransformation
so formulieren:

$$x' = \frac{x - vt}{\sqrt{1 - (v/c)^2}}, \quad \text{oder} \quad x' = \gamma(x - \beta ct). \tag{6.19}$$

Wie immer ist $\beta = v/c$, und Lorentzfaktor $\gamma = 1/\sqrt{1 - \beta^2}$.

Als nächstes bestimmen wir die Koeffizienten a_{21} und a_{22}, die in der Transformationsgleichung Gl. (6.2b) für die Zeitkoordinate t' auftauchen. t' kommt auch auf
der rechten Seite der Gl. (6.9) vor. Wir lösen Gl. (6.9) nach t' auf

$$t' = \frac{x}{va_{11}} - \frac{x'}{v}.$$

a_{11} ergibt sich aus Gl. (6.17) und x' aus Gl. (6.19)

$$t' = \frac{x}{v\gamma} - \frac{\gamma(x - vt)}{v} = \gamma \left(t - x \left(\frac{1}{v} - \frac{1}{v\gamma^2} \right) \right).$$

Damit erhalten wir

$$t' = \frac{x}{v\gamma} - \frac{\gamma(x - vt)}{v} = \gamma(t - (v/c^2)x). \tag{6.20}$$

Also lautet die explizite Form der Transformation der Zeit

$$t' = \frac{t - (v/c^2)x}{\sqrt{1 - (v/c)^2}}, \quad \text{oder} \quad ct' = \gamma(ct - \beta x). \tag{6.21}$$

Wir können aus der Gl. (6.21) die Koeffizienten der Transformation Gl. (6.2b)
ablesen

$$a_{21} = -\frac{v}{c^2} \frac{1}{\sqrt{1 - (v/c)^2}} = -\frac{1}{c}\beta\gamma, \qquad a_{22} = \frac{1}{\sqrt{1 - (v/c)^2}} = \gamma. \tag{6.22}$$

Die beiden anderen zur Bewegung orthogonalen Koordinaten bleiben unverändert

$$y' = y, \quad z' = z. \tag{6.23}$$

Die Beziehungen Gl. (6.19), (6.21), (6.23) sind die Lorentzkoordinatentransformationen in x-Richtung und werden in der Umgangssprache als ‚x-Boosts' bezeichnet.
Wir erinnern daran, dass wegen der räumlichen Isotropie unsere Überlegungen für
Boosts in alle Raumrichtungen gelten. Deshalb erhält man die orthogonalen Boosts
in y- oder z-Richtung einfach durch die Umbenennungen $x \leftrightarrow y$, oder $x \leftrightarrow z$.

Larmorsche Form der Lorentztransformation

Bilden wir die Summe aus Gl. (6.19) und der mit v multiplizierten Gl. (6.21), so erhalten wir die gemischte Transformation für den Raumanteil des Koordinatensystems

$$x' = x\,\sqrt{1 - (v/c)^2} - t'v. \tag{6.24}$$

Die zur Bewegung orthogonalen Raumkoordinaten bleiben unverändert, siehe Gl. (6.23). Diese Form der relativistischen Koordinatentransformation zeigt, dass $x' \leq x$ für $t' = 0$. In Abschn. 9.2 wird gezeigt, dass Gl. (6.24) für $t' = 0$ den Nachweis der Konsistenz der Lorentztransformation mit der Lorentz-FitzGerald-Körperkontraktion gestattet.

Larmor führte die ,lokale Zeit' ein, vgl. Ref. 12 im Kap. 1, die dem Sinn nach die Körpereigenzeit war. Eine entsprechende Beziehung ergibt sich, wenn man die Summe aus Gl. (6.21) und der mit v/c^2 multiplizierten Gl. (6.19) bildet.

$$t' = t\,\sqrt{1 - (v/c)^2} - \frac{x'v}{c^2}. \tag{6.25}$$

Aus Gl. (6.25) folgt für die Koordinatentransformation mit $x' = 0$ die Formel für die Zeitdilatation, denn t' ist die Eigenzeit (von Larmor als lokale Zeit bezeichnet) eines in S' bei $x' = 0$ ruhenden Körpers, vgl. Abschn. 3.2 und Gl. (3.2), sowie Abschn. 4.1 und Gl. (4.2).

Die Ausdrücke für x' und t' in Gl. (6.24) und (6.25) sind zu denen in Gl. (6.19) und (6.21) äquivalent, wie unsere Ableitung zeigt. Wir nennen Gl. (6.24) und (6.25) die Larmorsche Form der Lorentztransformation, da sie dem physikalischen Inhalt der Arbeiten von Larmor nahekommen, siehe auch Ref. 12 im Kap. 1. Larmor arbeitete wie Lorentz mit einem materiellen Äther, deshalb waren seine Erkenntnisse sehr bald vergessen. Er folgte bei Herleitung seiner Resultate der Suche von Lorentz nach invarianten Transformationen der Maxwellgleichungen und setzte das Werk von Lorentz fort (wie er sagt, „bis zu zweiter Ordnung in v/c"). Deshalb bezeichnete Larmor seine Transformationsgleichungen als ,Lorentz-Koordinatentransformationen'.

Übung 6.1 LT-Invarianz der Lichtgeschwindigkeit
Betrachten Sie Licht, das sich im Bezugssystem S parallel zur x-Achse ausbreitet und nach der Zeit t die Position $x = ct$ erreicht hat. Stellen Sie sicher, dass die Lichtgeschwindigkeit in einem Bezugssystem S', das sich mit einer beliebigen Geschwindigkeit v relativ zu S bewegt, den gleichen Wert hat. Da wir $c = c'$ benutzten, um die Lorentztransformationsgleichungen herzuleiten, stellt diese Übung nur eine Gegenprobe dar.

Lösung

Ist im Bezugssystem S zur Zeit $t = 0$ auch $x = 0$, so gilt nach der Zeit t

$$x = ct. \tag{1}$$

Im bewegten Bezugssystem S', in dem die Lichtgeschwindigkeit den Wert c' hat, gilt analog

$$x' = c't', \tag{2}$$

und daraus folgt mit den Transformationsgleichungen Gl. (6.19) und (6.21),

$$c' = \frac{x'}{t'} = \frac{x - vt}{t - (v/c^2)x}. \tag{3}$$

Setzen wir Gl. 1 ein, so finden wir erwartungsgemäß

$$c' = \frac{c - v}{1 - v/c} = c. \tag{4}$$

Damit haben wir überprüft, dass die Lorentztransformation tatsächlich die Invarianz der Lichtgeschwindigkeit für alle Inertialbeobachter gewährleistet.

Übung 6.2 Was verursacht die Zeittransformation?

Die Herleitung der Lorentzkoordinatentransformation enthält eine grundlegende Hypothese, die der Galileitransformation widerspricht, nämlich $c' = c$. Man könnte sich fragen, was bei Herleitung der Lorentzkoordinatentransformation geschähe, wenn man von $c' = c - v$ ausginge.

Lösung

Wir gehen also von zwei verschiedenen Geschwindigkeiten c and c' aus

$$c' = c - v, \tag{1}$$

einer Gleichung, die man vielleicht für eine ‚Tennisball-'Korpuskulartheorie des Lichts postulieren könnte. Das Minuszeichen in Gl. 1 signalisiert eine passive Transformation. Beachten Sie, dass der Koordinatenursprung von S' sich mit der Geschwindigkeit v nach rechts bewegt und deshalb das Tennisball-Licht in der x'-Richtung von S' eine kleinere Geschwindigkeit hat. Beachten wir Gl. (6.14), erlauben aber c', so finden wir

$$x' = a_{11}(v^2)x \left(1 - \frac{v}{c}\right),$$

$$x = a_{11}(v^2)x' \left(1 + \frac{v}{c'}\right) = a_{11}(v^2)x' \left(1 + \frac{v}{c - v}\right) = a_{11}(v^2)\frac{x'}{1 - \dfrac{v}{c}}. \tag{2}$$

Diese zwei Bedingungen sind verträglich, wenn

$$a_{11}^2(v^2) = 1 \quad \rightarrow \quad a_{11}(v^2) = +1. \tag{3}$$

Zur Wahl des Vorzeichens in Gl. 3: Wir können im Prinzip auch $a_{11}(v^2) = -1$ in Betracht ziehen. Doch in diesem Buch werden wir die damit verbundene Zeitumkehrung nicht untersuchen.

Wir wollen nun die Koeffizienten a_{21} und a_{22} bestimmen, die in der Transformationsgleichung Gl. (6.2b) für die Zeitkoordinate t' benötigt werden. Wir lösen Gl. (6.9) nach t' auf

$$t' = \frac{x}{va_{11}} - \frac{x'}{v}. \tag{4}$$

Dann verwenden wir Gl. 3 und erhalten x' auf die gleiche Art wie bei Herleitung von Gl. (6.19)

$$t' = \frac{x}{v} - \frac{(x - vt)}{v} = \left(t - x\left(\frac{1}{v} - \frac{1}{v}\right)\right), \tag{5}$$

woraus folgt

$$t' = t. \tag{6}$$

Also gilt

$$a_{21} = 0, \quad a_{22} = 1. \tag{7}$$

Berücksichtigt man Gl. 3 und 6 bei Betrachtung von Gl. (6.9), so erkennt man, dass wir die Galileitransformation nachgewiesen haben. Diese Argumentation zeigt, dass man die Galileitransformation wie die Lorentztransformation bei Verwendung des Relativitätsprinzips mithilfe der Isotropie und Homogenität der Raumzeit ableiten kann.

Der Unterschied besteht darin, dass wir in Gl. 1 $c' = c - v$ benutzt haben, bei der Herleitung der Lorentztransformation aber $c' = c$. **Einsteins Postulat** $\underline{c' = c}$ ist die Schlüsselhypothese, die alles verändert.

Übung 6.3 Lorentzkoordinatentransformation von *dx* und *dt*

Wir betrachten die Transformation der Koordinatendifferenzen $dx = x_2 - x_1$ und $dt = t_2 - t_1$ in ein anderes Koordinatensystem S', das sich bei Verwendung des Relativitätsprinzips mithilfe der Geschwindigkeit v längs der x-Achse bewegt.

Lösung
Wir untersuchen die Lorentztransformationen zweier verschiedener Ereignisse $(t_1, \boldsymbol{x}_1)$ und $(t_2, \boldsymbol{x}_2)$

$$x_1' = \gamma(x_1 - \beta ct_1), \qquad ct_1' = \gamma(ct_1 - \beta x_1),$$
$$x_2' = \gamma(x_2 - \beta ct_2), \qquad ct_2' = \gamma(ct_2 - \beta x_2). \tag{1}$$

Die Differenz zwischen den Koordinaten dieser beiden Ereignisse ist dann

$$x_2' - x_1' = \gamma(x_2 - x_1 - \beta c(t_2 - t_1)), \qquad ct_2' - ct_1' = \gamma(ct_2 - ct_1 - \beta(x_2 - x_1)). \tag{2}$$

In den transversalen Richtungen ändert sich nichts

$$y_2' - y_1' = y_2 - y_1, \qquad z_2' - z_1' = z_2 - z_1. \tag{3}$$

Das zeigt, dass die Koordinatendifferenzen zwischen Ereignissen sich genau so lorentztransformieren wie Einzelereignisse. Geht man von infinitesimalen Differenzen zwischen Ereignissen aus, so ergibt sich als Korollar die oft benutzte Form

$$dx' = \gamma(dx - \beta cdt), \quad dy' = dy, \quad dz' = dz, \quad cdt' = \gamma(cdt - \beta dx). \tag{4}$$

Dass sich eine Linearkombination von Koordinaten wie eine einzelne Koordinate transformiert, wie gerade für ein Beispiel gezeigt, ist eine Folge der Linearität der Lorentzkoordinatentransformation.

Diskussion 6.1 Warum die Myonen die Erdoberfläche erreichen II
Thema: Wir betrachten hier noch einmal, vgl. Übung 4.2 und Diskussion 4.3, die Reise eines Myons zwischen der oberen Erdatmosphäre und der Erdoberfläche. Wir benutzen diesmal die Lorentztransformation, um den Sachverhalt von der Erdoberfläche aus zu beschreiben.

Simplicius: Ich habe gelernt, dass die Lorentztransformation nicht das Gleiche wie die Lorentz-FitzGerald-Körperkontraktion ist.

Student: Das stimmt. Mit der Hilfe der Lorentztransformation bestimmen wir, wie sich Ereigniskoordinaten für verschiedene Inertialbeobachter (IO) verändern.

Simplicius: Ist die Lorentz-FitzGerald-Körperkontraktion ein Teil der Lorentztransformation?

Professor: Nicht direkt. Mit der Lorentztransformation ermitteln wir die Koordinaten von Ereignissen bei Wechsel des IO. Die Lorentz-FitzGerald-Körperkontraktion betrifft aber die Veränderung der Körpergröße eines bewegten Körpers. Doch man kann die Körperkontraktion mit einigem Geschick auch aus der Lorentztransformation erhalten. Das ist möglich und sogar notwendig, denn die Lorentztransformation und die Körperkontraktion müssen ja miteinander verträglich sein.

Simplicius: In einem Buch habe ich gelesen, dass die Myonen, die in etwa 10 km Höhe über der Erdoberfläche von (sekundärer) kosmischer Strahlung erzeugt werden, die Erdoberfläche erreichen, weil der Raum kontrahiert ist. Sie dagegen sagen, der Raum sei nicht kontrahiert. Wie erklären Sie die Tatsache, dass diese Myonen zur Erdoberfläche gelangen? Während ihrer Lebensdauer von $\tau_\mu = 2{,}2\,\mu$s können diese Myonen selbst mit Lichtgeschwindigkeit doch nur 660 Meter weit kommen. Das ist nur 1/15 der notwendigen Strecke.

Student: Im Ruhesystem des Myons, genauer gesagt, im mit dem Myon bewegten Inertialsystem, ist die Zeitdifferenz zwischen dem Entstehen und dem Zerfall des Myons offenbar gerade die Lebensdauer des Myons ($\Delta t = t_2 - t_1 \equiv \tau_\mu$). In diesem mitbewegten Inertialsystem ist die während dieser Zeit zurückgelegte Entfernung $\Delta x = x_2 - x_1 = 0$, d. h. für den mitbewegten Beobachter verändert das Myon seine Position im Raum nicht.

Simplicius: Gut, ich stimme zu. Für den mitbewegten Beobachter ruht das Myon während seiner ganzen Lebensdauer. Was bedeutet das für den Erdbeobachter. Wie lange lebt das Myon aus seiner Sicht und wie weit kann es reisen?

Student: Die Antwort dazu findet man mit der Hilfe einer LT. Für irgendeinen anderen IO bewegt sich unser Myon mit der Geschwindigkeit $v = \Delta x'/\Delta t'$. Hier sind die gestrichenen Koordinaten die des neuen Beobachters, z. B. auf der Erde. Wir erhalten diese Koordinaten, siehe Gl. 4 in der letzten Übung 6.3, mit der Hilfe einer LT wobei wir $\Delta x = 0$ im Bezugsystem des Myons setzen. Wir erhalten eine besonders einfache Form

$$\Delta t' = \gamma(\tau_\mu - (\Delta x = 0)v/c^2), \qquad \Delta x' = \gamma((\Delta x = 0) - v\tau_\mu).$$

Die Lebensdauer des Myons aus Sicht des anderen Inertialsystems beträgt also tatsächlich $\Delta t' = \gamma\tau_\mu$. In dieser Zeit bewältigt dieses Myon die Entfernung $\Delta x' = -\gamma v\tau_\mu$. Man beachte, dass diese Ergebnisse mit $\Delta x'/\Delta t' = -v$ verträglich sind.

Simplicius: Ich sehe ein, dass für einen Erdbeobachter die Lebensdauer um den Faktor γ gestreckt wird. Wir haben die Zeitdilatation mithilfe der LT abgeleitet. Das stimmt überein mit einer Erklärung, die ich anderswo gelesen habe: Das Myon erreicht die Erdoberfläche, da es für den Erdbeobachter effektiv länger lebt.

Professor: Wir erhielten die Zeitdilatation aus der LT *und* aufgrund der Messvorschrift, dass die Lebensdauer des Myons τ_μ in dem System gemessen wird, in dem $\Delta x = 0$ ist, also in seinem Ruhesystem. Um die Zeitdilatation zu bestimmen, vergleichen wir diese Zeit mit dem Messergebnis eines anderen Beobachters, für den sich sowohl t' als auch x' verändern.

Simplicius: Ist das aber nicht doch verträglich mit dem Argument, dass die Raumkontraktion die Relativität bestätigt. Liefert sie nicht einfach eine andere Erklärung für die Tatsache, dass das Myon die Erdoberfläche erreicht?

Professor: Es gibt aber keine ‚Raumkontraktion‘. Diese Erklärung basiert auf einer falschen Interpretation der Prinzipien der SR.

Simplicius: Die Erklärung mithilfe der Zeitdilatation verwirrt mich immer noch. Mir wurde beigebracht, dass man in der Relativität das Bezugssystem immer umdrehen kann. Ich kann doch der Beobachter sein, der auf das Myon mit der Geschwindigkeit $-v$ zuläuft. Wie verhält es sich mit Ihrer Erklärung bei dieser Situation?

Professor: Alle IO bewegen sich so schnell wie das Myon, nur in entgegengesetzte Richtung und während der Myoneneigenzeit τ_μ werden diese Beobachter dieselbe Entfernung zurücklegen wie das Myon. Relativität bedeutet hier, dass es ohne Bedeutung ist, ob das Myon oder die Erde das bewegte System ist.

Simplicius: Ich glaube zu verstehen, wieso meine Argumentation nichts Neues bringt: Wir haben ja schon die von einem bewegten IO gemessene Strecke $\Delta x'$ bestimmt. Ich will versuchen, meine Unzufriedenheit mit der Erklärung durch die Zeitdilation noch einmal besser zum Ausdruck zu bringen. Wenn ich den Beobachterstandpunkt umdrehe und auf die Uhr des bewegten Erdbeobachters blicke, so wird doch die Zeitdilatation umgekehrt sein, richtig? In diesem Fall sieht doch der Erdbeobachter, dass das Myon nach der Zeit τ_μ/γ zerfällt und es hat dann nicht $10\,\mathrm{km}$, sondern $(660\,\mathrm{m}/15) = 44\,\mathrm{m}$ zurückgelegt.

Professor: Der entscheidende Punkt ist der folgende: Es gibt nur genau ein Inertialsystem, in dem das Myon in Ruhe ist. In diesem Inertialsystem lebt es genau 2,2 μs. Für alle anderen Beobachter ist die Myonuhr in Bewegung. Aus diesem Grunde ist für alle anderen IO die beobachtete Lebensdauer des Myons länger. Das hat unser Student gerade unter Benutzung von $\Delta x \neq 0$ gezeigt. Alle bewegten IO können die Lebensdauer des Myons genauso bestimmen. Das wird in Abschn. 7.1 noch angesprochen werden.

6.3   Der nichtrelativistische Grenzfall

Eine Fülle täglicher Erfahrungen zeigt die Gültigkeit der Galileitransformation (GT) im nichtrelativistischen Grenzfall, weil die Lichtgeschwindigkeit so groß ist, dass ihre Invarianz physikalisch praktisch keine Rolle spielt, es gilt $c \to \infty$. Jede Koordinatentransformation, die die GT ersetzt, muss also diese Alltagserfahrung widerspiegeln und für kleine Geschwindigkeiten mit der GT übereinstimmen.

Um den nichtrelativistischen Grenzfall der Lorentzkoordinatentransformationen zu erhalten, entwickeln wir Beziehungen, die für uns interessant sind, nach dem im Grenzfall kleinen Parameter $v/c \ll 1$. Wir erhalten so

$$\gamma = 1 + \frac{1}{2}\left(\frac{v}{c}\right)^2 + \frac{3}{8}\left(\frac{v}{c}\right)^4 + \frac{5}{16}\left(\frac{v}{c}\right)^6 + \ldots \tag{6.26}$$

Verwenden wir dies in Gl. (6.19), so ergibt sich

$$x' = x - vt\left(1 + \frac{v^2/2 - vx/2t}{c^2} + \ldots\right). \tag{6.27}$$

Für $|v^2/2 - vx/2t| \ll c^2$ erkennt man hier die Galileitransformation $x' = x - vt$
Bei Einsetzen in Gl. (6.21) erhalten wir

$$t' = t\left(1 + \frac{v^2/2 - vx/t}{c^2} + \ldots\right). \tag{6.28}$$

Für $|v^2/2 - vx/t| \ll c^2$ lässt sich jetzt die Galileitransformation $t' = t$ ablesen.

Die Korrekturterme in den beiden Gl. (6.27) und (6.28) sind von ähnlicher Form mit einem quadratischen Term in v/c. Das bedeutet, dass selbst für Körpergeschwindigkeiten von einem Zehntel der Lichtgeschwindigkeit die relativistischen Effekte oft vernachlässigbar sind. Solche Geschwindigkeiten werden im täglichen Leben nicht erreicht. Sie kommen oft in der Atomphysik vor und dominieren in der Teilchen- und Kernphysik. Um relativistische Effekte experimentell beobachten zu können, muss man Körper untersuchen, deren Geschwindigkeit der des Lichts sehr nahe kommt.

6.4   Die inverse Lorentztransformation

Die Lorentzkoordinatentransformation erlaubt einem Beobachter, die Koordinaten eines Ereignisses zu bestimmen, wenn diese einem anderen Beobachter bekannt sind. Die Koordinaten (t, x, y, z) eines Ereignisses in S können in die Koordinaten (t', x', y', z') von S' transformiert werden. Ist v die in x-Richtung orientierte Geschwindigkeit von S' relativ zu S, so gilt

$$ct' = \frac{ct - (v/c)x}{\sqrt{1 - (v/c)^2}} = \gamma(ct - \beta x),$$

$$x' = \frac{x - vt}{\sqrt{1 - (v/c)^2}} = \gamma(x - \beta ct), \tag{6.29}$$

$$y' = y, \qquad z' = z.$$

Von S' aus gesehen, bewegt sich S in negative x'-Richtung. Deshalb sind die vier inversen Transformationsgleichungen gegeben durch:

$$ct = \frac{ct' + (v/c)x'}{\sqrt{1 - (v/c)^2}} = \gamma(ct' + \beta x'),$$

$$x = \frac{x' + vt'}{\sqrt{1 - (v/c)^2}} = \gamma(x' + \beta ct'), \tag{6.30}$$

$$y = y', \qquad z = z'.$$

Diese Gleichungen ergeben sich aus Gl. (6.29) durch Anwendung des Relativitätsprinzips. Man ersetzt die gestrichenen Koordinaten durch ungestrichene und v durch $-v$.

Wie erwartet, erhält man die Lorentztransformationen zurück, wenn man Gl. (6.30) nach x' und t' auflöst. Das ist sehr einfach, wenn man die Larmorsche Form der LT benutzt. Wenn man die erste Gleichung aus Gl. (6.30) nach t' auflöst, folgt Larmors Form der Zeittransformation, Gl. (6.25). Wenn man die zweite Gleichung aus Gl. (6.30) nach x' auflöst, ergibt sich Larmors Form der Raumtransformation, Gl. (6.24).

Übung 6.4 Umkehrung der Lorentzkoordinatentransformation
Löse die Gl. (6.29) der Lorentzkoordinatentransformation nach x, ct, y, z, auf. Nimm dabei an, die gestrichenen Koordinaten seien gegeben.

Lösung
Wie sehen, dass $y = y'$ und $z = z'$. Wir betrachten die Transformationsgleichungen

$$x' = \gamma(x - \beta ct), \qquad ct' = \gamma(ct - \beta x) \tag{1}$$

und bilden die Linearkombinationen

$$x' + \beta ct' = \gamma x(1 - \beta^2) - \gamma\beta ct + \gamma\beta ct = \gamma x(1 - \beta^2) \qquad (2)$$

und

$$ct' + \beta x' = \gamma\beta x - \gamma\beta x + \gamma ct(1 - \beta^2) = \gamma ct(1 - \beta^2). \qquad (3)$$

Wegen $(1 - \beta^2) = 1/\gamma^2$ multiplizieren wir jeweils die äußeren Terme mit γ und erhalten

$$x = \gamma(x' + \beta ct'), \qquad ct = \gamma(ct' + \beta x'). \qquad (4)$$

Offenbar ergibt sich also die Rücktransformation durch die Ersetzung $\beta \to -\beta$ bzw. $v \to -v$. Das ist die inverse Transformation, denn $S \to S' \to S'' = S$ wird erreicht, indem man zunächst mit β und dann mit $-\beta$ transformiert.

Zusammenfassung

Es wird nachgewiesen, dass die Eigenzeit unter Lorentztransformationen invariant ist. Das Additionstheorem der Geschwindigkeiten wird für den Spezialfall kollinearer Bewegungen und für den allgemeinen Fall hergeleitet und eine Formel für die Gesamtgeschwindigkeit bei beliebigen Geschwindigkeitsvektoren wird entwickelt. Es wird gezeigt, dass der Fresnelsche Mitführungskoeffizient für Licht in bewegten Flüssigkeiten ebenso eine Konsequenz dieses Theorems ist wie die Maximalgeschwindigkeit $|v_{\mathrm{max}}| < c$ eines bewegten Körpers. Wir stellen die Rapidität vor, die sich bei kollinearen Bewegungen additiv verhält, so wie die Geschwindigkeit im nichtrelativistischen Fall.

7.1 Invarianz der Eigenzeit

Wir betrachten einen vertrauten dreidimensionalen Vektor. Der Einfachheit halber sei er eingeschränkt auf die x-y-Ebene. Die hier wichtige Eigenschaft ist: seine Länge bleibt bei Rotation um die z-Achse unverändert.

$$r^2 = x^2 + y^2 = x'^{\,2} + y'^{\,2} = r'^{\,2}. \tag{7.1}$$

Wie in Abb. 7.1 gezeigt, liegen die Endpunkte eines Ortsvektors und seines Bildes bei dieser Rotation auf einem Kreis. Wir sprechen deshalb von der Invarianz der Länge eines Vektors bei Rotationen im Raum. Das bedeutet, dass alle Beobachter hinsichtlich dieser Länge übereinstimmen.

Wir suchen nun nach Größen, die bei Lorentztransformationen ein ähnliches Verhalten aufweisen wie die Länge bei Rotationen im Raum. Sie müssen also unter solchen Transformationen invariant sein und damit für alle Inertialbeobachter den gleichen Wert haben. Wir nennen eine solche Größe eine Lorentzinvariante (LI) oder einfach ‚lorentzinvariant'.

© Springer-Verlag GmbH Deutschland, ein Teil von Springer Nature 2019
J. Rafelski, *Spezielle Relativitätstheorie heute*,
https://doi.org/10.1007/978-3-662-59420-9_7

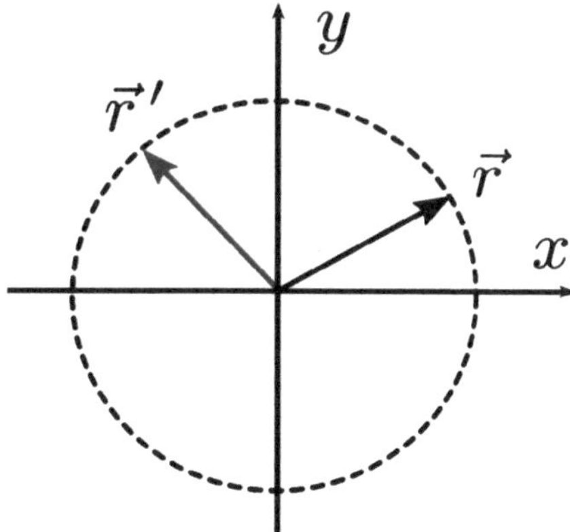

Abb. 7.1 Die Rotation eines Ortsvektors erhält seine Länge. $|r| = |r'|$ ist eine Invariante unter Rotationen

Wir wollen jetzt zeigen, dass die Eigenzeit eines Körpers gerade eine solche Invariante ist. Alle Inertialbeobachter werden die gleiche Eigenzeit messen. Um dieses Ziel zu erreichen, vergleichen wir die von zwei verschiedenen Beobachtern gemessenen Eigenzeit (quadriert) τ^2 eines Körpers.

$$c^2\tau^2 = s^2 = c^2t^2 - x^2 - y^2 - z^2 \quad \text{mit}$$
$$c^2\tau'^{\,2} = s'^{\,2} = c^2t'^{\,2} - x'^{\,2} - y'^{\,2} - z'^{\,2}, \tag{7.2}$$

oder äquivalent

$$\Delta s^2 = c^2(t_2 - t_1)^2 - (x_2 - x_1)^2 - (y_2 - y_1)^2 - (z_2 - z_1)^2 \quad \text{mit}$$
$$\Delta s'^{\,2} = c^2(t'_2 - t'_1)^2 - (x'_2 - x'_1)^2 - (y'_2 - y'_1)^2 - (z'_2 - z'_1)^2. \tag{7.3}$$

Es genügt, nur die x-Richtung zu betrachten. Wenn eine Transformation in eine andere Richtung gebraucht wird, können wir unser Koordinatensystem immer so orientieren, dass die x-Achse in Richtung dieser Transformation zeigt. Deshalb ist in Gl. (7.2) immer $y^2 + z^2 = y'^{\,2} + z'^{\,2}$ und Ähnliches gilt auch für die Differenz Gl. (7.3).

Wir verwenden Gl. (6.19) und (6.21) und finden

$$s'^{\,2} = c^2t'^{\,2} - x'^{\,2} - y'^{\,2} - z'^{\,2}$$
$$= \gamma^2(ct - \beta x)^2 - \gamma^2(x - \beta ct)^2 - y^2 - z^2 \tag{7.4}$$
$$= \gamma^2(c^2t^2 + \beta^2 x^2 - x^2 - \beta^2 c^2 t^2) - y^2 - z^2.$$

Unter Beachtung von $\gamma^2 = (1 - \beta^2)^{-1}$ ergibt sich

$$s'^{\,2} = \gamma^2(1 - \beta^2)(c^2t^2 - x^2) - y^2 - z^2 = s^2. \tag{7.5}$$

Die gleiche Transformationseigenschaft folgt für die Differenz zweier Ereignisse

$$
\begin{aligned}
\Delta s'^{\,2} &= c^2(t_2' - t_1')^2 - (x_2' - x_1')^2 - (y_2' - y_1')^2 - (z_2' - z_1')^2 \\
&= \gamma^2[c(t_2 - t_1) - \beta(x_2 - x_1)]^2 - \gamma^2[(x_2 - x_1) - \beta c(t_2 - t_1)]^2 - (y_2 - y_1)^2 - (z_2 - z_1)^2, \\
&= \gamma^2\left[c^2(t_2 - t_1)^2 + (\beta^2 - 1)(x_2 - x_1)^2 - \beta^2 c^2(t_2 - t_1)^2\right] - (y_2 - y_1)^2 - (z_2 - z_1)^2 \\
&= c^2(t_2 - t_1)^2 - (x_2 - x_1)^2 - (y_2 - y_1)^2 - (z_2 - z_1)^2 = \Delta s^2.
\end{aligned}
\tag{7.6}
$$

Deshalb gilt für infinitesimale zeitliche und räumliche Abstände zwischen den Ereignissen

$$
\begin{aligned}
ds'^{\,2} &= c^2 dt'^{\,2} - dx'^{\,2} - dy'^{\,2} - dz'^{\,2} \\
&= c^2 dt^2 - dx^2 - dy^2 - dz^2 = ds^2.
\end{aligned}
\tag{7.7}
$$

Man spricht von der Lorentzinvarianz von s^2 sowie des Inkrements ds^2.

Dividiert man durch c, so sieht man, dass $ds/c = d\tau$ und

$$
\begin{aligned}
d\tau'^{\,2} = \frac{ds'^{\,2}}{c^2} &= dt'^{\,2} - \frac{dx'^{\,2} + dy'^{\,2} + dz'^{\,2}}{c^2} \\
&= dt^2 - \frac{dx^2 + dy^2 + dz^2}{c^2} = \frac{ds^2}{c^2} = d\tau^2.
\end{aligned}
\tag{7.8}
$$

Die Bedeutung von τ wird klar, wenn man einen Beobachter betrachtet, für den es keine Positionsveränderung gibt, für den also $dx = 0$ ist. Dann ist $dt = d\tau$. Die Uhr dieses Beobachters, der im körpereigenen Bezugssystem ruht, zeigt seine Eigenzeit τ an.

Bei der Herleitung von Gl. (7.8) haben wir herausgefunden, dass das Inkrement der Eigenzeit eine Invariante ist. Das bedeutet, dass für alle Beobachter $S(v)$, deren Geschwindigkeit den gleichen Betrag $v = |\mathbf{v}|$ hat, eine Uhr in einem beliebigen Körper gleich schnell geht.

$$
\begin{aligned}
d\tau &= \sqrt{dt^2 - dx^2/c^2} = dt\sqrt{1 - dx^2/(cdt)^2} \\
&= dt\sqrt{1 - v^2/c^2}.
\end{aligned}
\tag{7.9}
$$

Hier ist v die Geschwindigkeit, die vom Beobachter $S(v)$ gemessen wird. Wir sehen, dass das Inkrement $d\tau$ der Eigenzeit nach Gl. (7.9) kürzer ist als jede von einem Beobachter $S(v)$ gemessene Zeit.

Wichtig: Für alle Beobachter hat die Eigenzeit $d\tau$ eines beliebigen Körpers den gleichen Wert. Sie ist eine Lorentzinvariante. Die Uhr eines Beobachters $S(v)$ misst eine andere und längere Zeit dt, je nachdem wie schnell er sich gegenüber dem Körper bewegt. Allgemein gilt also, dass jeder beliebige inertiale Körper seine Eigenzeit hat. Sie ist eine invariante Größe.

Übung 7.1 Eigenzeit einer interstellaren Sonde

Der Stern Alpha Centauri ist von unserem Sonnensystem 4,4 Lichtjahre entfernt. Eine Sonde verlässt das Sonnensystem und reist mit konstanter Geschwindigkeit. Auf der Erde beobachtet man, dass sie sechs Jahre später Alpha Centauri erreicht hat. Welche Reisezeit zeigt eine Uhr auf der Sonde an?

Lösung

Die Verwendung der Invarianten τ gestattet eine elegante Lösung dieses scheinbar komplexen Problems. Die Eigenzeit ist gegeben durch:

$$c^2 \Delta\tau^2 = c^2 \Delta t^2 - \Delta x^2. \tag{1}$$

Mit $\Delta x = 4,4\,\text{Lichtjahre(LJ)}$ und $\Delta t = 6\,\text{Jahre(J)}$ finden wir

$$c^2 \Delta\tau^2 = (6c\text{J})^2 - (4,4c\text{J})^2 = c^2 (4,1\,\text{J})^2. \tag{2}$$

Also ist $\Delta\tau = 4,1$ Jahre. Beachten Sie, dass mit wachsender Geschwindigkeit $\Delta x/\Delta t \equiv v \to c$ der Sonde $c\Delta t \to \Delta x$ geht und deshalb $\Delta\tau \to 0$. Eine Sonde mit ultrarelativistischer Geschwindigkeit altert kaum.

Übung 7.2 Positronium-Zerstrahlung

Eine metastabile Konfiguration des gewöhnlich mit dem Symbol Ps bezeichneten Positroniums, dem aus einem Elektron und seinem Antiteilchen, dem Positron, bestehenden atomähnlichen System, hat eine mittlere Lebensdauer von $\tau = 142$ ns, bevor es in drei Photonen zerfällt. (Es handelt sich um Orthopositronium[1], bei dem die Spins der Teilchens zusammen einen Spin-1-Zustand bilden.) In einem monoenergetischen Strahl, in dem alle Positronium-‚Atome‘ eine konstante festliegende Geschwindigkeit besitzen, messen Laborbeobachter in ihrem Bezugssystem für die mittlere Lebensdauer der Positronium-‚Atome‘ eine Zeit von $\Delta t = 300$ ns. Wie groß ist die durchschnittliche vor dem Zerfall von den Ps-‚Atomen‘ im Strahl zurückgelegte Entfernung im Laborsystem?

---

[1] Der andere gebundene Positroniumzustand, der in zwei Photonen zerfallt, das ‚Parapositronium‘ mit Spin 0, hat eine Lebensdauer von $\tau = 125$ Picosekunden. Das ist nur etwa ein Tausendstel der Lebenszeit des in der Übung betrachteten Orthopositroniums.

Lösung

Wieder, wie in Übung 7.1, verwenden wir die Invariante τ

$$c^2\tau^2 = c^2\Delta t^2 - \Delta x^2. \tag{1}$$

Ist τ die mittlere Eigenzeit und Δt die mittlere Lebensdauer im Labor, dann ist die mittlere, ab der Quelle zurückgelegte, Entfernung eines Ps

$$\Delta x = c\sqrt{\Delta t^2 - \tau^2} \simeq 264\, c \cdot \text{ns} = 260\ \text{ft} = 79{,}2\ \text{m}. \tag{2}$$

Wir benutzen hier die Einheit Foot (ft), um daran zu erinnern, dass dies etwa die während einer Nanosekunde von Licht im Vakuum zurückgelegte Distanz ist (siehe Ref. 2, im Kap. 2).

Wir bemerken, dass wegen der Zeitdilatation die mittlere beobachtete Lebensdauer $\Delta t = 300$ ns > 142 ns die Eigenzeit weit übertrifft. Ohne die Zeitdilatation wäre die durchschnittliche Reisedistanz bei einer Lebensdauer von $\tau = 142$ ns kleiner als 142 ft, weil die Reisegeschwindigkeit kleiner als die Lichtgeschwindigkeit ist.

In etwas verändertem Zusammenhang ist diese Übung also eine Wiederholung der Myonenreise von der oberen Atmosphäre zur Erdoberfläche, siehe Übung 4.2, Diskussion 4.3 und Diskussion 6.1. Um konkret zu sein, benutzen wir Gl. 1 und erhalten

$$\frac{v^2}{c^2} \equiv \frac{\Delta x^2}{(c\Delta t)^2} = \frac{\Delta x^2}{\Delta x^2 + c^2\tau^2} = \frac{1}{1 + (c\tau/\Delta x)^2}. \tag{3}$$

Das ist Gl. 6 in Übung 4.2.

Wir kommen nun zu der am Ende der Diskussion 4.3 angekündigten Ableitung. Um die Flugreichweite Δx direkter als Funktion der Lebensdauer τ und der Geschwindigkeit v auszudrücken, schreiben wir für Gl. 1

$$c^2\tau^2 = c^2\Delta t^2(1 - v^2/c^2), \qquad v = \Delta x/\Delta t. \tag{4}$$

Wir lösen Gl. 4 nach Δt auf und verwenden das Resultat, um Δx zu bestimmen

$$\Delta x = \Delta t\, v = \tau\gamma\, v, \qquad \gamma = \frac{1}{\sqrt{1 - v^2/c^2}}. \tag{5}$$

Man erkennt in diesem Ausdruck, dass Δx wegen der Zeitdilatation mit dem Lorentzfaktor γ verlängert wird.

7.2 Relativistische Addition von Geschwindigkeiten

Der Fall paralleler Geschwindigkeiten

Ein Beobachter im System S' bewegt sich mit der Geschwindigkeit v relativ zu einem anderen Beobachter im System S in x-Richtung. Der Beobachter in S sieht, dass sich ein Körper mit konstanter Geschwindigkeit u bewegt, wie in Abb. 7.2 dargestellt. Welche Geschwindigkeit wird von dem Beobachter in S' gemessen? Im nichtrelativistischen Fall erhält man die Antwort einfach mit Hilfe der Galilei-Koordinatentransformation Gl. (1.2)

$$u' = u - v \quad \text{(Galilei)}. \tag{7.10}$$

Dieses galileische Additionstheorem für Geschwindigkeiten ist mit der Lorentztransfromation nicht vereinbar und verletzt die Forderung, dass sich kein Körper schneller als mit Lichtgeschwindigkeit fortbewegen kann.

Um die relativistische Form der Geschwindigkeitsaddition zu erhalten, müssen wir uns daran erinnern, wie die Geschwindigkeit mit Ort r und Zeit t zusammenhängt. Im System S haben wir

$$u = \frac{\Delta r}{\Delta t}. \tag{7.11}$$

Sowohl die Raum- als auch die Zeitkoordinaten werden beim Wechsel des Bezugssystems lorentztransformiert, also gilt

$$u' = \frac{\Delta r'}{\Delta t'}, \tag{7.12}$$

und nicht $u' = \Delta r'/\Delta t$.

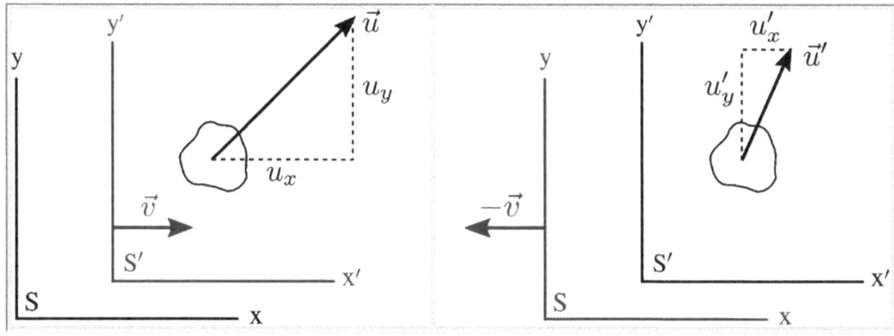

Abb. 7.2 Transformation von Geschwindigkeiten: u ist die Geschwindigkeit im Bezugssystem S, u' ist die Geschwindigkeit im Bezugssystem S', das sich relativ zu S mit der Geschwindigkeit v bewegt (vgl. auch Abb. 6.1)

Im Folgenden orientieren wir S' so, dass $\boldsymbol{v}$ aus Gl. (7.10) in Richtung der x-Achse zeigt

$$\boldsymbol{v} \equiv v\hat{\boldsymbol{i}}. \tag{7.13}$$

Die Körpergeschwindigkeit $\boldsymbol{u}$ wird durch diese Wahl nicht eingeschränkt, d. h. sie kann in beliebige Richtung zeigen.

Wir betrachten dennoch zunächst den Spezialfall, dass $\boldsymbol{u}$ parallel zu $\boldsymbol{v}$ ist. Um die transformierte Geschwindigkeit zu erhalten, verwenden wir die infinitesimale Form der Lorentztransformation, vgl. Übung 6.3

$$u'_x = \frac{dx'}{dt'} = \frac{\gamma}{\gamma}\,\frac{dx - v\,dt}{dt - \dfrac{v}{c^2}dx} = \frac{\dfrac{dx}{dt} - v}{1 - \dfrac{v}{c^2}\dfrac{dx}{dt}}. \tag{7.14}$$

Wir erkennen $\dfrac{dx}{dt}$ als u_x, woraus sich die relativistische Beziehung für die Addition von parallelen Geschwindigkeiten ergibt

$$\boxed{u'_x = \frac{u_x - v}{1 - u_x v/c^2}, \qquad u'_y = u'_z = 0, \qquad \boldsymbol{u} \parallel \boldsymbol{v} = v\hat{\boldsymbol{i}}.} \tag{7.15}$$

Die galileische Relation Gl. (7.10) wird durch den Nenner korrigiert, der eine obere Grenze für die zulässige Geschwindigkeit erzwingt.

Übung 7.3 Verifizierung der relativistischen Geschwindigkeitsaddition: Fall $\boldsymbol{u} \parallel \boldsymbol{v}$
Bestimmen Sie den Wert von u'_x für $u = 0{,}9c$ und $v = \pm 0{,}8c$

Lösung
Wir werden das eben hergeleitete Ergebnis der SR verwenden (Gl. (7.15)) und mit dem der galileischen Geschwindigkeitsaddition vergleichen. Für $v = -0{,}8c$ sagt die galileische Koordinatentransformation eine Geschwindigkeit voraus, die um 70 % höher als die Lichtgeschwindigkeit ist. Das Resultat der SR ist

$$u'_x = \frac{0{,}9c + 0{,}8c}{1 + 0{,}9 \cdot 0{,}8} = \frac{1{,}7c}{1{,}72} = 0{,}9884c.$$

Das kommt der Lichtgeschwindigkeit nahe, aber die Grenze wird beachtet.

Für $v = 0{,}8$ liefert die galileische Geschwindigkeitsaddition Gl. (7.10), dass das Teilchen sich mit der fast nichtrelativistischen Geschwindigkeit von $0{,}1c$ bewegt. Die relativistische Rechnung Gl. (7.15) kommt zu einem ganz anderen Ergebnis. Man findet

$$u'_x = \frac{0{,}9c - 0{,}8c}{1 - 0{,}9 \cdot 0{,}8} = \frac{0{,}1c}{0{,}28} = 0{,}36c.$$

Die Bewegung ist deutlich relativistisch im Widerspruch zum Ergebnis der galileischen Rechnung.

Übung 7.4 Relative Geschwindigkeit und Abstand bei Parallelbewegung
Ein Beobachter auf der Erde sieht zwei Raumschiffe, die sich gleich schnell mit $u_\pm = \pm|u| = \pm0{,}6c$ aufeinander zubewegen. Für diesen Beobachter vermindert sich der Abstand zwischen den Raketen mit der Geschwindigkeit $u_+ - u_- = 1{,}2c$. Das bedeutet, der Abstand zwischen den Raumraketen wird mit Überlichtgeschwindigkeit kleiner! Welche Bedeutung hat dieses Resultat? Verletzt es die Prinzipien der Relativität? Betrachten Sie einen Beobachter, der in einem der Raumschiffe mitreist und die Bewegung des anderen Raumschiffs verfolgt. Welche Geschwindigkeit misst dieser Beobachter für das andere Raumschiff?

Lösung
Nach der Relativitätstheorie gibt es eine Maximalgeschwindigkeit c für die Signalausbreitung durch Licht oder physikalische Körper. Die Relativgeschwindigkeit, mit der sich der Abstand zweier Raumschiffe aus Sicht eines beliebigen dritten Beobachters vermindert, ist aber nicht die Geschwindigkeit eines materiellen Körpers und unterscheidet sich auch von der Geschwindigkeit, die ein auf einem der Raumschiffe mitreisender Beobachter für das andere ermittelt (siehe nachfolgende Rechnung). Für die Bewegung der beiden Raumschiffe hat ein außenstehender Beobachter nach der speziellen Relativitätstheorie keine Relevanz.

Für einen auf einem Raumschiff mitreisenden Beobachter S_- ist die Relativgeschwindigkeit die, die er von seinem Raumschiff für das andere S_+ beobachtet. Um sie zu bestimmen, müssen wir die Einzelgeschwindigkeiten addieren. Ohne Einschränkung können wir annehmen, dass der Beobachter S_- die Reisegeschwindigkeit u_- hat. Die Transformation der Geschwindigkeit u_+ des anderen Raumschiffs S_+ in sein Bezugssystem S_- liefert dann

$$u'_+ = \frac{u_+ - u_-}{1 - u_+ u_- /c^2} = \frac{2|u|}{1 + |u|^2/c^2}. \tag{1}$$

Mit $|u_\pm| = 0{,}6\,c$ ist dann die Relativgeschwindigkeit nach Gl. 1 $u'_+ = 15c/17 = 0{,}88c$ und das ist kleiner als die Lichtgeschwindigkeit.

Übung 7.5 Rettung eines Raumtransporters

Eine Szene aus *Star Wars:* Die Raumüberwachungsbasis informiert einen sich mit $u_s = 0,3c$ bewegenden Raumtransporter ‚s‘, dass er von einem Raumtorpedo ‚T‘ gejagt wird, der ihn mit $u_T = 0,6c$ verfolgt. Aus der entgegengesetzten Richtung nähert sich ein Rettungsraumschiff ‚S‘ mit $u_S = -0,6c$. Alle Geschwindigkeiten sind parallel und werden von der Raumbasis gemessen. Welche Geschwindigkeiten werden im Raumtransporter registriert? Sind diese Ergebnisse mit denen aus Übung 7.4 verträglich?

Lösung

Im Folgenden bezieht sich der Index ‚S‘ auf das Bezugssystem des Rettungsraumschiffs, der Index ‚s‘ auf das Bezugssystem des Raumtransporters und der Index ‚T‘ auf den Raumtorpedo. Zuerst betrachten wir die Relativgeschwindigkeiten vom Standpunkt des Raumtransporters, d. h. wir transformieren in das Bezugssystem von ‚s‘. Das Rettungsraumschiff nähert sich dem Transporter mit der Relativgeschwindigkeit

$$v_{Ss} = \frac{u_S - u_s}{1 - u_S u_s/c^2} = \frac{-0,9c}{1 + 0,18} = -0,763c. \tag{1}$$

Währenddessen vermindert der Raumtorpedo den Abstand zum Transporter mit

$$v_{Ts} = \frac{u_T - u_s}{1 - u_T u_s/c^2} = \frac{0,3c}{1 - 0,18} = 0,366c. \tag{2}$$

Die Rettung ist also möglich, aber noch nicht gesichert.

Wir überprüfen, ob die Berechnungen der Transporterbesatzung korrekt sind, indem wir mit $v = v_{Ts} = -0,366c$ vom Transporterbezugssystem ins Bezugssystem des Raumtorpedos transformieren. Wir können dann die Geschwindigkeit des Rettungsraumschiffs aus Sicht des Torpedos unabhängig von der Transporterbewegung ermitteln

$$v_{TS} = \frac{u_{Ss} - v_{Ts}}{1 - u_{Ss} v_{Ts}/c^2} = \frac{-0,763c - 0,366c}{1 + 0,763 \cdot 0,366} = \frac{-1,129c}{1 + 0,28} = -0,88c. \tag{3}$$

Dieses Ergebnis für die Relativgeschwindigkeit v_{TS} erhalten wir wie in Übung 7.4 auch direkt ohne Wechsel in ein anderes Bezugssystem.

$$v_{TS} = \frac{u_S - u_T}{1 - u_T u_S/c^2} = \frac{-0,6c - 0,6c}{1 + 0,36} = -0,88c. \tag{4}$$

Um diese Resultate allgemein nachzuweisen, werden wir zusätzliche Hilfsmittel in Übung 7.15 in diesem Kapitel entwickeln.

Der Fall beliebig gerichteter Geschwindigkeiten

Im allgemeinen Fall ist die Richtung von $\boldsymbol{u}$ beliebig. Es ist dann hilfreich, $\boldsymbol{u}$ in seine Komponenten u_x (parallel zur Relativgeschwindigkeit $\boldsymbol{v}$, Gl. (7.13)) und die dazu orthogonalen Komponenten u_y und u_z zu zerlegen

$$\boldsymbol{r} = x\hat{i} + y\hat{j} + z\hat{k},$$
$$\boldsymbol{u} = \frac{dx}{dt}\hat{i} + \frac{dy}{dt}\hat{j} + \frac{dz}{dt}\hat{k} = u_x\hat{i} + u_y\hat{j} + u_z\hat{k}. \tag{7.16}$$

Ähnlich zerlegen wir $\boldsymbol{u}'$ im Bezugssystem S' und beachten dabei, dass die x'- und x-Achsen parallel sind

$$\boldsymbol{u}' = \frac{dx'}{dt'}\hat{i} + \frac{dy'}{dt'}\hat{j} + \frac{dz'}{dt'}\hat{k} = u_x'\hat{i} + u_y'\hat{j} + u_z'\hat{k}. \tag{7.17}$$

Obwohl $dy' = dy$ und $dz' = dz$ ist, taucht dt' in den Nennern auf und deshalb transformieren sich alle drei Geschwindigkeitskomponenten. Das bedeutet, dass sich die parallele *und* die orthogonalen Komponenten der Geschwindigkeit verändern, wenn wir die Koordinaten transformieren. Wenn wir dies ausführen, stellen wir fest, dass die erste Gleichung von Gl. (7.15) gültig bleibt, während wir für u_y' und u_z' finden

$$u_y' = \frac{dy'}{dt'} = \frac{dy\sqrt{1 - (v/c)^2}}{dt - \dfrac{v}{c^2}dx} = \frac{u_y\sqrt{1 - (v/c)^2}}{1 - \dfrac{v}{c^2}\dfrac{dx}{dt}} = \frac{u_y\sqrt{1 - (v/c)^2}}{1 - \dfrac{vu_x}{c^2}},$$
$$u_z' = \frac{dz'}{dt'} = \frac{u_z\sqrt{1 - (v/c)^2}}{1 - \dfrac{vu_x}{c^2}}. \tag{7.18}$$

Im letzten Schritt wurde $dx/dt = u_x$ verwendet.

Um es zusammenzufassen: Zeigt $\boldsymbol{v}$ in Richtung der x-Achse, so ergeben sich die folgenden Additionstheoreme für die zu $\boldsymbol{v}$ parallele und die orthogonalen Geschwindigkeitskomponenten

$$\boxed{u_x' = \frac{u_x - v}{1 - u_x v/c^2}, \qquad \boldsymbol{v} = v\hat{i},} \tag{7.19a}$$

$$\boxed{u_y' = \frac{u_y}{1 - u_x v/c^2}\sqrt{1 - v^2/c^2},} \quad \boxed{u_z' = \frac{u_z}{1 - u_x v/c^2}\sqrt{1 - v^2/c^2}.} \tag{7.19b}$$

Übung 7.6 Allgemeine Relativbewegung zweier Raketen

Wir verallgemeinern hier die Übung 7.4 auf den Fall nicht paralleler Bewegungen: Ein Beobachter auf der Erde sieht zwei Raketen, die sich mit den Geschwindigkeiten $u^{\pm}$ bewegen. Wie groß ist ihre Relativgeschwindigkeit?

Lösung

Wir verwenden das Ergebnis Gl. (7.19a). Wir legen die x-Achse des Koordinatensystems in Richtung des Vektors u^{-} und betrachten einen Beobachter auf der Rakete ‚$-$' mit der Geschwindigkeit $v = u_x^{-}$. Bei einer Lorentztransformation ins Bezugssystem dieser Rakete finden wir mit Gl. (7.19a) für den Vektor $u^{r} = u'^{+}$ der Relativgeschwindigkeit

$$
\begin{aligned}
u_x^{r} &= \frac{u_x^{+} - u_x^{-}}{1 - u_x^{+} u_x^{-}/c^2}, \\[2mm]
u_y^{r} &= \frac{u_y^{+}}{1 - u_x^{+} u_x^{-}/c^2} \sqrt{1 - (u_x^{-}/c)^2}, \\[2mm]
u_z^{r} &= \frac{u_z^{+}}{1 - u_x^{+} u_x^{-}/c^2} \sqrt{1 - (u_x^{-}/c)^2}.
\end{aligned}
\tag{1}
$$

Das ist der Vektor der Relativgeschwindigkeit in einem Bezugssystem, dessen x-Achse zum Vektor der von der Erde aus gemessenen Relativgeschwindigkeit der Rakete ‚$-$' parallel ist. Also gibt u_x^{r} an, mit welcher Geschwindigkeit der Beobachter auf Rakete ‚$-$' die Rakete ‚$+$' sich ihm nähern sieht. u_y^{r} und u_z^{r} sind die Geschwindigkeitskomponenten senkrecht zur x-Achse: $u^{-} \parallel \hat{i}$.

Übung 7.7 Relativistische Vorwärtsprojektion der Bewegungsrichtung

Wir betrachten zwei Photonenquellen S und S'. S ruht im Laborsystem des Beobachters, während S' sich mit der Geschwindigkeit $v' = 0,6c$ relativ zu S längs der x-Achse bewegt. Im Ruhesystem beider Systeme misst man für den Emissionswinkel $\vartheta = 60^0$ zwischen der Bewegungsrichtung der Photonen und der Bewegungsrichtung von S', wie in Abb. 7.3 dargestellt wird. Welchen Wert hat der Emissionswinkel der von der bewegten Quelle S' emittierten Photonen für den Laborbeobachter?

Lösung

Geometrie: Die Quelle S' bewegt sich längs der x-Achse, die parallel zur x'-Achse gewählt wird. Die Photonen bewegen sich innerhalb der xy-Ebene, Abb. 7.3. Die y- and y'-Achsen sind ebenfalls parallel.

Die Geschwindigkeit der Photonen im System S ist

$$\boldsymbol{v} = c \cos 60^0 \hat{i} + c \sin 60^0 \hat{j} = u_x \hat{i} + u_y \hat{j}; \tag{1}$$

also $u_x = 0{,}5c$, $u_y = 0{,}866c$.

Wir berechnen die Komponente u'_x der von der bewegten Quelle emittierten Photonen mit Hilfe des Additionstheorems der Geschwindigkeiten

$$u'_x = \frac{u_x + v'}{1 + u_x v'/c^2}. \tag{2}$$

Setzt man $u_x = 0{,}5c$ und $v' = 0{,}6c$ ein, so erhält man $u'_x = 0{,}846c$.

Um u'_y zu erhalten, betrachten wir die Bedingung

$$c = c' = \sqrt{u'^{\,2}_x + u'^{\,2}_y}. \tag{3}$$

Deshalb gilt

$$u'_y = \sqrt{c^2 - u'^{\,2}_x} = \sqrt{1 - 0{,}846^2}\; c = 0{,}533c. \tag{4}$$

Wir erinnern daran, dass diese transversale Geschwindigkeitskomponente sich einzig und allein wegen der Transformation der Laborzeit verändert hat.

Im Laborbezugssystem S wird der Winkel ϑ' zwischen den Bewegungsrichtungen von Photon und von System S' gemessen.

$$\tan \vartheta' = \frac{u'_y}{u'_x} = \frac{0{,}533c}{0{,}846c} = 0{,}630, \tag{5}$$

und damit: $\vartheta' = 32{,}2^0$.

Wir haben diese Rechnung für Photonen durchgeführt, sie gilt aber prinzipiell genauso für die Emission anderer relativistischer Teilchen. Die Übung erklärt ein Phänomen, das bei Experimenten in der Teilchenphysik oft beobachtet wird. Neu erzeugte bewegte Teilchen werden in Vorwärtsrichtung der Bewegung des einfallenden hochenergetischen Teilchens fokussiert. Das ist ein wichtiger relativistischer Effekt.

Eine solche Situation liegt z. B. auch vor, wenn schnelle kosmische Teilchen auf die obere Atmosphäre auftreffen. Hier werden neue Teilchen produziert.

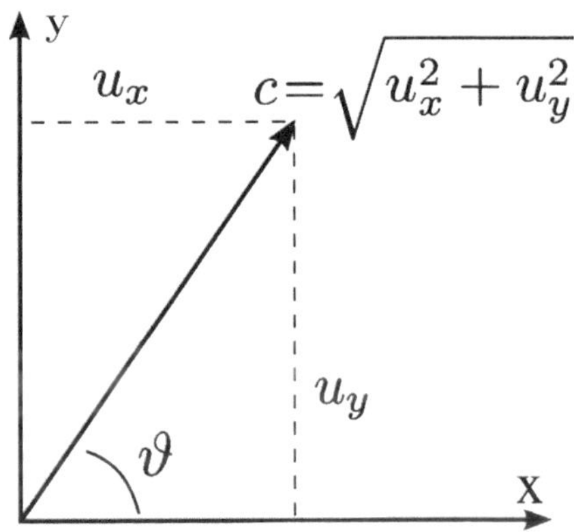

Abb. 7.3 Photonen bewegen sich in S unter dem Winkel ϑ gegenüber der x-Achse. Siehe Übung 7.7

Dabei bewegt sich das Bezugssystem, in dem eine solche Reaktion stattfindet, mit hoher Geschwindigkeit in die gleiche Richtung wie der ursprüngliche kosmische Teilchenstrahl. Unsere Rechnung erklärt, warum man von der Erde aus beobachtet, dass die neu erzeugten Teilchen in Richtung des primären kosmischen Teilchens gebündelt sind.

Die Untersuchung der Aberration des Lichts führt zu einem damit zusammenhängenden, noch allgemeineren Ergebnis, siehe Übung 13.2. Eine vollständige Diskussion des relativistischen Fokussierungseffekts findet sich in Übung 15.10.

Übung 7.8 Fresnelscher Mitführungskoeffizient

Die Lichtgeschwindigkeit in einem Medium vom Brechungsindex $n > 1$ ist bekanntlich $\tilde{c} < c$. Außerdem ist $\tilde{c}$ abhängig von der Geschwindigkeit v des Mediums relativ zu einem Beobachter im Laborsystem. Bestimmen Sie die von einem solchen Beobachter gemessene Geschwindigkeit $\tilde{c}(v)$ in erster Näherung für v in der Form $\tilde{c}(v) = \tilde{c}_0 + v f(n)$. Dabei ist f der Fresnelsche Mitführungskoeffizient (Fresnel[2], 1818).

Lösung

Die Lichtgeschwindigkeit in einem ruhenden Medium wird durch den Brechungsindex n herabgesetzt: Es ist bekannt, dass die Maxwellschen Gleichungen die Herleitung der folgenden Relation erlauben

---

[2]Augustin-Jean Fresnel (1788–1827), Koryphäe der französischen Physik und Begründer der Wellenoptik.

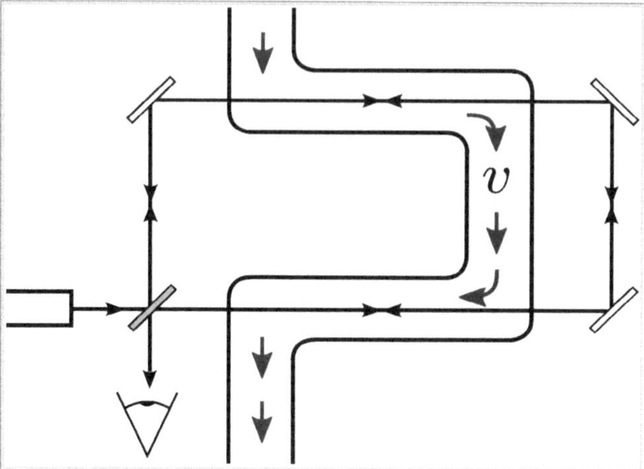

Abb. 7.4 Darstellung eines Experiments zur Messung des Fresnelschen Mitführungskoeffizienten: Das Licht, das sich mit der strömenden Flüssigkeit bewegt, interferiert mit dem Licht, das sich entgegen der Strömungsrichtung ausbreitet: Man betrachtet die Veränderung des Interferenzmusters bei Veränderung der Strömungsgeschwindigkeit v, siehe Übung 7.8

$$\tilde{c}_0 = \frac{c}{n}. \tag{1}$$

Um zu verstehen, was sich ändert, wenn sich das Medium gegenüber dem Laborsystem in Bewegung setzt, betrachten wir Abb. 7.4. Sie zeigt eine mit der Geschwindigkeit v strömende Flüssigkeit, durch die sich ein Lichtstrahl parallel bzw. antiparallel zu v ausbreitet. Ein Beobachter $S(v)$, der sich mit der Flüssigkeit bewegt, hat relativ zum Laborsystem die Geschwindigkeit $\pm v$, je nachdem in welchem Teil des Interferometers aus Abb. 7.4 er sich gerade befindet. Zur Ermittlung der von einen Laborbeobachter S gemessenen Geschwindigkeit $\tilde{c}(v)$ des Lichts verwenden wir das Additionstheorem der Geschwindigkeiten, Gl. (7.19a)

$$\tilde{c}(v) = \frac{\tilde{c}_0 + v}{1 + \tilde{c}_0 v/c^2} = \frac{c/n + v}{1 + v/(nc)} = \left(\frac{c}{n}\right)\left(\frac{1 + nv/c}{1 + v/(nc)}\right). \tag{2}$$

Jede im Labor erreichbare Geschwindigkeit genügt der Bedingung $v \ll c$, also können wir entwickeln

$$\tilde{c}(v) \simeq \frac{c}{n}\left(1 + \frac{nv}{c}\right)\left(1 - \frac{v}{nc} \dots\right) \simeq \frac{c}{n}\left(1 + \frac{nv}{c}\left(1 - \frac{1}{n^2}\right)\right)$$
$$\simeq \frac{c}{n} + v\left(1 - \frac{1}{n^2}\right). \tag{3}$$

Offenbar gilt Gl. 3 sowohl für positives als auch für negatives v.

Der Fresnelsche Mitführungskoeffizient ist also gleich

$$\boxed{f = 1 - \frac{1}{n^2}.}$$

(4)

Für den Spezialfall des Vakuums ($n = 1$) findet man $f = 0$. Das bestätigt, dass in diesem Grenzfall die Lichtgeschwindigkeit von der Bewegung des Beobachters unabhängig ist.

Geschichtliches: Die erste experimentelle Demonstration der Fresnelschen Mitführung wurde 1851 von Fizeau ausgeführt. In der zweiten Hälfte des 19. Jahrhunderts folgte dann eine Menge experimenteller und theoretischer Arbeit zu diesem Thema. Fresnels Vorhersage der Æthermitführung stellt einen Meilenstein in der Wegbereitung der SR dar. Das Konzept der Ætherbewegung musste zwar fallengelassen werden, war aber Gegenstand vieler experimenteller Überprüfungen vor Einsteins Entwicklung der SR.

Die Lösung des Problems mithilfe der Prinzipien der SR, also ohne Bezugnahme auf den Æther, geht zurück auf Max von Laue[3].

Übung 7.9 Lichtgeschwindigkeit als Maximalgeschwindigkeit

Ein Körper bewegt sich mit der Geschwindigkeit u ($|u| < c$) in einer beliebigen Richtung relativ zu einem Beobachter im Bezugssystem S. Ein zweiter Beobachter S' bewegt sich entlang der x-Achse mit der Relativgeschwindigkeit v. S' misst für die Geschwindigkeit des Körpers den Wert u'. Zeigen Sie, dass u' kleiner ist als die Lichtgeschwindigkeit, $|u'| < c$.

Lösung

Wir wollen folgende Beziehung beweisen:

$$u'^2 < c^2.$$

(1)

Wir formen u'^2 mithilfe der Komponenten um

$$u'^2 = u_x'^2 + u_y'^2 + u_z'^2.$$

(2)

---

[3]Max von Laue, „Die Mitführung des Lichtes durch bewegte Körper nach dem Relativitätsprinzip," *Annalen der Physik* **328** 989–990 (1907). Max von Laue (1879–1960) erhielt 1914 den Nobelpreis „für seine Entdeckung der Beugung von Röntgenstrahlen durch Kristalle". Er war ein Mann mit Leidenschaft für die Wahrheit sowohl im Leben wie auch in der Physik.

Hier ist u'_x die Geschwindigkeitskomponente parallel zu den gewählten x- und x'-Achsen und u'_y und u'_z sind die beiden transversalen Komponenten. Wir verwenden Gl. (7.19a) und (7.19b), um diese Komponenten durch u und v auszudrücken und erhalten nach einigen einfachen algebraischen Umformungen

$$u'^2 = \frac{(u_x - v)^2 + (u_y^2 + u_z^2)(1 - v^2/c^2)}{(1 - vu_x/c^2)^2} = \frac{u^2 + v^2 - 2u_x v - (u_y^2 + u_z^2)v^2/c^2}{(1 - vu_x/c^2)^2}$$

$$= c^2 \left(1 - \frac{(1 - vu_x/c^2)^2 - u^2/c^2 - v^2/c^2 + 2u_x v/c^2 + (u_y^2 + u_z^2)v^2/c^4}{(1 - vu_x/c^2)^2}\right),$$

$$\tag{3}$$

wobei $u^2 = u_x^2 + u_y^2 + u_z^2$ ist. Nach Vereinfachung ergibt sich

$$\boxed{u'^2 = c^2 \left(1 - \frac{(1 - u^2/c^2)(1 - v^2/c^2)}{(1 - v \cdot u/c^2)^2}\right).} \tag{4}$$

Hier haben wir ausgenutzt, dass für $v = v\hat{i}$ sowohl $v^2 = v^2$ als auch $vu_x = v \cdot u$ ist. Gl. 4 stellt das Additionstheorem für den Betrag der resultierenden Geschwindigkeit dar, falls die Bewegungsrichtung nicht mit der Relativbewegung des Bezugssystems übereinstimmt.

Schaut man sich die große Klammer in Gl. 4 an, so sieht man, dass ein in jedem Fall positiver Term von Eins subtrahiert wird. Dieser Term wird beliebig klein, wenn eine der beiden Geschwindigkeitsgrößen $|u|$ oder $|v|$ sich der Lichtgeschwindigkeit annähert. Es gilt also immer

$$u'^2 < c^2. \tag{5}$$

Unabhängig von der Bewegungsrichtung folgt also aus dem Additionstheorem der Geschwindigkeiten, dass c die universelle Maximalgeschwindigkeit ist, die nicht übertroffen werden kann.

Es ist noch von Interesse, den Spezialfall eines Lichtstrahls im Bezugssystem S' zu betrachten. Dann gilt also $u^2 = c^2$ und es ergibt sich

$$u'^2 = c^2 \quad \text{für} \quad u^2 = c^2. \tag{6}$$

Dieses Ergebnis wird in Abschn. 13.3 verwendet.

Eine interessante Gegenprobe unserer Rechnung besteht in der Verifizierung des Resultats aus Gl. (7.15), das zum Fall $u_y = u_z = 0$, also $u^2 = u_x^2$ gehört. Wir formen Gl. 4 um und erhalten

$$u'^2 = c^2 \frac{1 - 2vu_x/c^2 + v^2u_x^2/c^4 - 1 - v^2u_x^2/c^4 + u_x^2/c^2 + v^2/c^2}{(1 - vu_x/c^2)^2}$$

$$= \frac{(u_x - v)^2}{(1 - vu_x/c^2)^2}.$$

(7)

Das ist nichts anderes als das Quadrat von Gl. (7.15) und bestätigt die Richtigkeit des wichtigsten Ergebnisses dieser Übung, Gl. 4.

7.3   Zwei aufeinanderfolgende Lorentztransformationen

Wir betrachten zwei aufeinanderfolgende Lorentztransformationen:

a) Das Ereignis $(t,\ x,\ y,\ z)$ in S wird nach $(t',\ x',\ y',\ z')$ im System S' transformiert, das sich mit v_1 relativ zu S bewegt;
b) Das Ereignis $(t',\ x',\ y',\ z')$ in S' wird nach $(t'',\ x'',\ y'',\ z'')$ in S'' transformiert, das sich mit v_2 relativ zu S' bewegt.

In beiden Fällen ist die Transformationsrichtung die gemeinsame Richtung der jeweiligen x-Achsen. Wir zeigen, dass man im Endeffekt eine einzige Transformation von S nach S'' mit der Geschwindigkeit v_x erhält. v_x ergibt sich aus der relativistischen Geschwindigkeitsaddition von v_1 und v_2.

Wir beginnen mit

$$x'' = \gamma_2(x' - \beta_2 ct'), \quad ct'' = \gamma_2(ct' - \beta_2 x') , \tag{7.20}$$

und fügen

$$x' = \gamma_1(x - \beta_1 ct), \quad ct' = \gamma_1(ct - \beta_1 x), \tag{7.21}$$

ein. Wir erhalten

$$x'' = \gamma_2\gamma_1(x - \beta_1 ct - \beta_2(ct - \beta_1 x)), \quad ct'' = \gamma_2\gamma_1(ct - \beta_1 x - \beta_2(x - \beta_1 ct)). \tag{7.22}$$

Umordnung der Terme liefert das Ergebnis

$$x'' = \gamma_2\gamma_1(x(1 + \beta_2\beta_1) - (\beta_2 + \beta_1)ct), \quad ct'' = \gamma_2\gamma_1(ct(1 + \beta_2\beta_1) - (\beta_2 + \beta_1)x). \tag{7.23}$$

Dies stellt genau dann eine neue Lorentztransformation von $S \to S''$ dar, wenn gilt

$$\gamma = \gamma_2\gamma_1(1 + \beta_1\beta_2), \quad \gamma\beta = \gamma_2\gamma_1(\beta_1 + \beta_2). \tag{7.24}$$

Dividiert man diese beiden Gleichungen durcheinander, so erhält man tatsächlich wieder das Additionstheorem der Geschwindigkeiten

$$\beta = \frac{\beta_1 + \beta_2}{1 + \beta_1\beta_2}, \quad \text{d. h.} \quad v_x = \frac{v_1 + v_2}{1 + v_1 v_2/c^2}, \tag{7.25}$$

wobei $v_x = c\beta$ ist. Wir sehen, dass zwei aufeinanderfolgende Lorentztransformationen in x-Richtung durch eine einzige beschrieben werden können, wenn man die Transformationsgeschwindigkeit durch relativistische Geschwindigkeitsaddition aus den ursprünglichen Transformationsgeschwindigkeiten berechnet.

Vergleicht man das jetzige Ergebnis mit dem früheren Resultat in Gl. (7.15) und (7.19a), so bemerkt man einen Vorzeichenwechsel: Im älteren Resultat war v die Geschwindigkeit eines sich bewegenden Körpers, in der gerade durchgeführten Betrachtung beschreibt β_2 einen Wechsel des Bezugssystems. Wir haben hier also die Gleichwertigkeit der passiven und der aktiven relativistischen Geschwindigkeitsaddition nachgewiesen.

Wir überprüfen noch, ob $\beta^2 < 1$. Das geschieht am besten durch Berechnung von

$$1/\gamma^2 \equiv 1 - \beta^2 = \frac{(1 - \beta_1^2)(1 - \beta_2^2)}{(1 + \beta_1\beta_2)^2}. \tag{7.26}$$

Dieser Ausdruck ist positiv und kleiner als Eins für alle $\beta_1^2, \beta_2^2 < 1$.

Für $\beta_1 = -\beta_2$ findet man sowohl mit Gl. (7.25) als auch mit Gl. (7.26), dass die zweite Transformation zum Ausgangssystem $S'' = S$ zurückführt, denn dann ist $\beta = 0, \gamma = 1$.

Übung 7.10 Zwei Lorentztransformationen in verschiedene orthogonale Richtungen

Zwei Lorentztransformationen werden nacheinander ausgeführt. Die erste erfolgt in x-Richtung mit v_{1x}, die zweite in y-Richtung mit v_{2y}. Bestimmen Sie die resultierende Transformation. Was passiert, wenn man die Reihenfolge der Transformationen vertauscht?

Lösung

Da $z = z' = z''$ ist, ignorieren wir diese Koordinate. Wir beginnen mit der ersten Transformation von S zu S' in x-Richtung

$$x' = \gamma_{1x}(x - \beta_{1x}ct), \qquad y' = y, \qquad ct' = \gamma_{1x}(ct - \beta_{1x}x) , \qquad (1)$$

und betrachten dann die zweite von S' zu S'' längs der y-Achse

$$x'' = x', \qquad y'' = \gamma_{2y}(y' - \beta_{2y}ct'), \qquad ct'' = \gamma_{2y}(ct' - \beta_{2y}y'). \qquad (2)$$

Durch Substitution erhalten wir die doppelt gestrichenen Koordinaten als Funktion der ungestrichenen Koordinaten

$$x'' = \gamma_{1x}(x - \beta_{1x}ct),$$
$$y'' = \gamma_{2y}(y - \beta_{2y}\gamma_{1x}(ct - \beta_{1x}x)) = \gamma_{2y}(y + \gamma_{1x}\beta_{2y}\beta_{1x}x) - \gamma_{1x}\gamma_{2y}\beta_{2y}ct,$$
$$ct'' = \gamma_{2y}(\gamma_{1x}(ct - \beta_{1x}x) - \beta_{2y}y) = \gamma_{2y}\gamma_{1x}ct - \gamma_{2y}\gamma_{1x}\beta_{1x}x - \gamma_{2y}\beta_{2y}y.$$
$$(3)$$

Wir sehen, dass dieses Resultat sich erheblich von der gewohnten Form der Lorentzkoordinatentransformation unterscheidet.

Wir überprüfen, ob die Reihenfolge bei der Hintereinanderausführung von nichtparallelen Lorentztransformationen wichtig ist. Wir betrachten also zuerst die Transformation in y-Richtung mit v_{2y} und danach die Transformation in x-Richtung mit v_{1x}. Das Resultat erhält man durch Vertauschung der Koordinaten x und y sowie der Indizes $1x$ und $2y$ in Gl. 3

$$x'' = \gamma_{1x}(x - \beta_{1x}\gamma_{2y}(ct - \beta_{2y}y)) = \gamma_{1x}(x + \gamma_{2y}\beta_{1x}\beta_{2y}y) - \gamma_{2y}\gamma_{1x}\beta_{1x}ct,$$
$$y'' = \gamma_{2y}(y - \beta_{2y}ct),$$
$$ct'' = \gamma_{1x}(\gamma_{2y}(ct - \beta_{2y}y) - \beta_{1x}x) = \gamma_{1x}\gamma_{2y}ct - \gamma_{1x}\gamma_{2y}\beta_{2y}y - \gamma_{1x}\beta_{1x}x.$$
$$(4)$$

Wir sehen, dass Gl. 4 von Gl. 3 verschieden ist. Die Reihenfolge der Transformationen muss in diesem Fall beachtet werden. Das bedeutet, dass die nichtparallelen Lorentzkoordinatentransformationen nicht kommutieren.

Übung 7.11 Ermittlung des Geschwindigkeitsbetrages bei Addition beliebiger Geschwindigkeiten

Geben Sie den Betrag (bzw. das Quadrat des Betrags) der in Gl. 4 aus Übung 7.9 angegebenen Geschwindigkeit in Vektorschreibweise so an, dass der nichtrelativistische Term explizit vorkommt.

Lösung

Wir erinnern daran, dass die Geschwindigkeit v aus Gl. 4 in Übung 7.9 nur eine einzige von Null verschiedene Geschwindigkeitskomponente besitzt. Definiert man $\boldsymbol{\beta}_1 = (u_x/c, u_y/c, u_z/c)$, so ist also $\boldsymbol{\beta}_2 = -(v/c, 0, 0)$. Bei Verwendung dieser Schreibweise wird aus Gl. 4 in Übung 7.9

$$\beta^2 \equiv u'^2/c^2 = \left(1 - \frac{(1 - \boldsymbol{\beta}_1^2)(1 - \boldsymbol{\beta}_2^2)}{(1 + \boldsymbol{\beta}_1 \cdot \boldsymbol{\beta}_2)^2}\right). \tag{1}$$

Wir bringen den rechten Term in Gl. 1 auf einen gemeinsamen Nenner und erhalten

$$\beta^2 = \frac{1 + 2\boldsymbol{\beta}_1 \cdot \boldsymbol{\beta}_2 + (\boldsymbol{\beta}_1 \cdot \boldsymbol{\beta}_2)^2 - 1 + \boldsymbol{\beta}_1^2 + \boldsymbol{\beta}_2^2 - \boldsymbol{\beta}_1^2\boldsymbol{\beta}_2^2}{(1 + \boldsymbol{\beta}_1 \cdot \boldsymbol{\beta}_2)^2}. \tag{2}$$

Unter Verwendung von $(\boldsymbol{\beta}_1 \times \boldsymbol{\beta}_2)^2 = \boldsymbol{\beta}_1^2\boldsymbol{\beta}_2^2 - (\boldsymbol{\beta}_1 \cdot \boldsymbol{\beta}_2)^2$ im Zähler wird daraus

$$\beta^2 = \frac{(\boldsymbol{\beta}_1 + \boldsymbol{\beta}_2)^2 - (\boldsymbol{\beta}_1 \times \boldsymbol{\beta}_2)^2}{(1 + \boldsymbol{\beta}_1 \cdot \boldsymbol{\beta}_2)^2}, \quad \text{oder} \quad \boxed{v^2 = \frac{(\boldsymbol{v}_1 + \boldsymbol{v}_2)^2 - (\boldsymbol{v}_1 \times \boldsymbol{v}_2)^2/c^2}{(1 + \boldsymbol{v}_1 \cdot \boldsymbol{v}_2/c^2)^2}.} \tag{3}$$

Außer dem erwarteten Ausdruck für $\boldsymbol{v}_1 \parallel \boldsymbol{v}_2$ kommt in Gl. 3 ein weiterer wenig bekannter Term vor, der für $\boldsymbol{v}_1 \parallel \boldsymbol{v}_2$ verschwindet. Im Zähler verbleibt dann nur der erste nichtrelativistische Term.

Ein interessanter Spezialfall von Gl. 1 bzw. Gl. 3 liegt vor, wenn die Geschwindigkeiten zueinander orthogonal sind. Dann ist $\boldsymbol{v}_1 \cdot \boldsymbol{v}_2 = 0$ und es gilt

$$v^2 = v_1^2 + v_2^2 - v_1^2 v_2^2/c^2, \qquad \boldsymbol{v}_1 \perp \boldsymbol{v}_2. \tag{4}$$

Man kann sich leicht überzeugen, dass $v^2 < c^2$ ist, solange für die einzelnen Geschwindigkeiten $v_1^2 < c^2$ und $v_2^2 < c^2$ gilt. Vergleicht man diese Resultat mit unseren Betrachtungen der orthogonalen LT in Übung 7.10, so wird einem bewusst, welch beachtliche Vereinfachung mit Gl. 4 erreicht wurde.

7.4 Rapidität

Mit der Rapidität führen wir eine neue Größe $y_r(\beta)$ zur Beschreibung der Geschwindigkeit bei Lorentztransformationen ein[4]. Eine Motivation dafür ist die Suche nach einer Größe, die nicht wie v durch c begrenzt ist. Sie kann deshalb Bewegungen mit ultrarelativistischen Geschwindigkeiten differenzierter charakterisieren. Für den nichtrelativistischen Grenzfall erwarten wir

$$y_r = \beta \quad \text{für } \beta \ll 1. \tag{7.27}$$

Diese Relation legt nahe, dass y_r mit der Geschwindigkeit zusammenhängt. Die Bezeichnung ‚Rapidität' von ‚rapide' verdeutlicht das.

Bekanntlich addieren sich Geschwindigkeiten im nichtrelativistischen Grenzfall einfach vektoriell. Sind sie parallel, so können sie dann sogar wie Zahlen addiert werden. Unter den vielen möglichen Funktionen für $y_r(\beta)$ wählen wir deshalb eine solche, bei der sich auch bei paralleler relativistischer Bewegung die Rapiditäten so summieren lassen wie die Geschwindigkeiten im nichtrelativistischen Fall. Wie das möglich ist, zeigt ein Blick auf das Additionstheorem für den tanh

$$\tanh(y_{r\,1} + y_{r\,2}) = \frac{\tanh y_{r\,1} + \tanh y_{r\,2}}{1 + \tanh y_{r\,1} \tanh y_{r\,2}}, \tag{7.28}$$

das wir mit dem Additionstheorem für parallele Geschwindigkeiten vergleichen

$$\beta_{12} = \frac{\beta_1 + \beta_2}{1 + \beta_1\beta_2}. \tag{7.29}$$

Wir führen also die neue Größe y_r ein, die folgende Bedingung erfüllt

$$\boxed{\beta = \tanh y_r = \frac{e^{y_r} - e^{-y_r}}{e^{y_r} + e^{-y_r}} < 1.} \tag{7.30}$$

Daraus ergibt sich die nützliche Beziehung

$$e^{y_r} = \sqrt{\frac{1+\beta}{1-\beta}} = \gamma(1+\beta), \qquad e^{-y_r} = \sqrt{\frac{1-\beta}{1+\beta}} = \gamma(1-\beta), \tag{7.31}$$

und damit

$$\boxed{y_r = \ln\sqrt{\frac{1+\beta}{1-\beta}} = \frac{1}{2}\ln\left(\frac{1+\beta}{1-\beta}\right) \equiv \operatorname{artanh}(\beta).} \tag{7.32}$$

---

[4]Es wäre ungünstig, die Rapidität allein mit dem üblichen Symbol y zu bezeichnen, weil dieses in unserem Buch mit einer Koordinate verwechselt werden könnte. Wir benutzen deshalb einen Index: hier schreiben wir y_r mit ‚r' für Rapidität.

Da die hyperbolischen Funktionen sich mit Hilfe von Exponentialfunktionen schreiben lassen als

$$\cosh y_{\mathrm r} = \frac{e^{y_{\mathrm r}} + e^{-y_{\mathrm r}}}{2}, \qquad \sinh y_{\mathrm r} = \frac{e^{y_{\mathrm r}} - e^{-y_{\mathrm r}}}{2}, \tag{7.33}$$

zeigt eine kurze Rechnung, dass

$$\boxed{\cosh y_{\mathrm r} = \gamma, \qquad \sinh y_{\mathrm r} = \gamma\beta.} \tag{7.34}$$

Wir überprüfen unsere Rechnung

$$\cosh^2 y_{\mathrm r} - \sinh^2 y_{\mathrm r} = \gamma^2(1 - \beta^2) = 1, \tag{7.35}$$

und weiter

$$\tanh y_{\mathrm r} = \frac{\sinh y_{\mathrm r}}{\cosh y_{\mathrm r}} = \frac{\gamma\beta}{\gamma} = \beta, \tag{7.36}$$

wie erwartet, siehe Gl. (7.30).

Entwickelt man Gl. (7.36) in einer Potenzreihe, so erhält man

$$\beta = \tanh y_{\mathrm r} = y_{\mathrm r} - \frac{1}{3}y_{\mathrm r}^3 + \frac{2}{15}y_{\mathrm r}^5 - \dots, \tag{7.37}$$

und bei Entwicklung von Gl. (7.32)

$$\begin{aligned}
y_{\mathrm r} &= \frac{1}{2}[\ln(1 + \beta) - \ln(1 - \beta)] \\
&= \frac{1}{2}\left[\left(\beta - \frac{\beta^2}{2} + \frac{\beta^3}{3} - \dots\right) - \left(-\beta - \frac{\beta^2}{2} - \frac{\beta^3}{3} - \dots\right)\right] \\
&= \beta + \frac{1}{3}\beta^3 + \frac{1}{5}\beta^5 + \dots.
\end{aligned} \tag{7.38}$$

Aus Gl. (7.30) ergibt sich für $\beta \to 1$ außerdem die Beziehung

$$1 - \beta = 1 - \frac{1 - e^{-2y_{\mathrm r}}}{1 + e^{-2y_{\mathrm r}}} = \frac{2}{1 + e^{2y_{\mathrm r}}} = 2\left(e^{-2y_{\mathrm r}} - e^{-4y_{\mathrm r}} + e^{-6y_{\mathrm r}} - \dots\right). \tag{7.39}$$

Man beachte, wie die Rapidität sich bei Annäherung an die Lichtgeschwindigkeit verhält: $y_{\mathrm r} = 10$ gehört z. B. zu $1 - \beta = 4 \cdot 10^{-9}$, also einer Abweichung von $1{,}2\,\mathrm{m/s}$ von der Lichtgeschwindigkeit.

Wir schreiben jetzt die Gleichungen für die Lorentzkoordinatentransformation mithilfe der Rapidität in der Form

$$\begin{aligned}
x' &= \frac{x - vt}{\sqrt{1 - (v/c)^2}} = \gamma(x - \beta ct) = x\cosh y_{\mathrm r} - ct\sinh y_{\mathrm r}, \\
ct' &= \frac{ct - (v/c)x}{\sqrt{1 - (v/c)^2}} = \gamma(ct - \beta x) = ct\cosh y_{\mathrm r} - x\sinh y_{\mathrm r}.
\end{aligned} \tag{7.40}$$

Die Gleichungen aus Gl. (7.40) ähneln denen einer Rotation um die z-Achse:

$$x' = x \cos\phi + y \sin\phi,$$
$$y' = y \cos\phi - x \sin\phi,$$

$$(7.41)$$

aber mit einer Vorzeichenänderung und einem ‚hyperbolischen Drehwinkel'. Damit wird den geänderten Eigenschaften der Raumzeit Rechnung getragen. Während die gewöhnliche Rotation z. B. um die z-Achse $\rho^2 = x^2 + y^2$ invariant lässt, wird die Rolle der Invarianten bei der Lorentztransformation von $s^2 = (ct)^2 - x^2$ übernommen, vergleiche Gl. (7.7).

Mit Hilfe der Rapidität lässt sich die Lorentzkoordinatentransformation so als neue Form der Rotation in der sogenannten Minkowskischen Raumzeit auffassen. Sie ist durch einen Winkel gekennzeichnet, der hyperbolisch ist und nicht trigonometrisch. Der Unterschied ist eine Folge der Unbeschränktheit von y_r im Unterschied zu einem normalen Drehwinkel ϕ mit $0 \leq \phi \leq 2\pi$.

Wir haben die Rapidität als additive Größe konstruiert. Das bedeutet, dass sich die Rapiditäten bei aufeinanderfolgenden Lorentztransformationen – wie Winkel im Fall von Rotationen um eine feste Achse – addieren

$$\boxed{y_r = y_{r\,1} + y_{r\,2}.}$$

$$(7.42)$$

Das wird der Inhalt der nachfolgenden Übung 7.14 sein. Es ist wichtig, sich daran zu erinnern, dass Gl. (7.42) nur für zwei Lorentztransformationen in der gleichen Raumrichtung gilt. Dennoch ist Gl. (7.42) eine grundlegende Eigenschaft der Rapidität, die sich demnach so verhält wie Geschwindigkeiten bei nichtrelativistischer Addition. Das macht die Rapidität zu einem außerordentlich wichtigen Instrument im Studium vieler physikalischer Probleme.

Beispielsweise gestattet die Formulierung der LT mit Hilfe der Rapidität es uns, die Invarianz der Eigenzeit auf ebenso einfache Art nachzuweisen wie die Invarianz der Länge bei einer Rotation

$$\begin{aligned}
s'^{\,2} &= c^2 t'^{\,2} - x'^{\,2} \\
&= (ct \cosh y_r - x \sinh y_r)^2 - (x \cosh y_r - ct \sinh y_r)^2 \\
&= (\cosh^2 y_r - \sinh^2 y_r)c^2 t^2 + (\sinh^2 y_r - \cosh^2 y_r)x^2 \\
&= c^2 t^2 - x^2 = s^2.
\end{aligned}$$

$$(7.43)$$

Das ist genau das in Abschn. 7.1, Gl. (7.5) hergeleitete Ergebnis.

Übung 7.12 Rotationen im Minkowskiraum

Schreiben Sie die Rotation Gl. (7.41) in Form einer Abbildungsmatrix im vierdimensionalen Minkowskiraum. Weisen Sie damit nach, dass die Eigenzeit auch unter Raumrotationen eine Invariante ist.

Lösung

Die Rotation um die x-Achse kann man nach Gl. (7.41) folgendermaßen beschreiben

$$
\begin{aligned}
ct' &= ct, \\
x' &= x, \\
y' &= \ \ y \cos\phi + z \sin\phi, \\
z' &= -y \sin\phi + z \cos\phi.
\end{aligned}
\tag{1}
$$

Das wollen wir in Form einer Matrixmultiplikation darstellen. Dazu benötigen wir die Rotationsmatrix R_x

$$
X' = R_x X \quad \Rightarrow \quad
\begin{pmatrix} ct' \\ x' \\ y' \\ z' \end{pmatrix}
=
\begin{pmatrix}
1 & 0 & 0 & 0 \\
0 & 1 & 0 & 0 \\
0 & 0 & \cos\phi & \sin\phi \\
0 & 0 & -\sin\phi & \cos\phi
\end{pmatrix}
\begin{pmatrix} ct \\ x \\ y \\ z \end{pmatrix}.
\tag{2}
$$

Dies unterscheidet sich nur durch die Einbeziehung der Zeit von dem wohlbekannten Ausdruck.

Wir betrachten nun das Verhalten der Eigenzeit bei einer Rotation. Da wir bei den Raumkomponenten ein Minuszeichen brauchen, benötigen wir eine zusätzliche Matrix G

$$
(c\tau)^2 = (ct)^2 - x^2 - y^2 - z^2 \equiv X^{\mathrm{T}} G X \quad \Rightarrow \quad
G =
\begin{pmatrix}
1 & 0 & 0 & 0 \\
0 & -1 & 0 & 0 \\
0 & 0 & -1 & 0 \\
0 & 0 & 0 & -1
\end{pmatrix}.
\tag{3}
$$

Mit ‚T' kennzeichnen wir die transponierte Matrix, d. h.

$$
X^{\mathrm{T}} = (ct \ x \ y \ z).
\tag{4}
$$

Wir sind nun bereit, die Transformation der Eigenzeit unter Raumrotationen zu berechnen. Wir betrachten dazu die transformierte Eigenzeit unter Benutzung der Matrixschreibweise

$$
(c\tau')^2 = X^{\mathrm{T}\,\prime} G X' = X^{\mathrm{T}} R_x^{\mathrm{T}} G R_x X.
\tag{5}
$$

Vergleichen wir dieses Resultat mit Gl. 3, so sehen wir, dass die Eigenzeit genau dann invariant bleibt, wenn gilt

$$R_x^{\mathrm{T}}\, G\, R_x = G. \tag{6}$$

Wir bestimmen das Produkt der drei Matrizen

$$
R_x^{\mathrm{T}}\, G\, R_x =
\begin{pmatrix}
1 & 0 & 0 & 0 \\
0 & 1 & 0 & 0 \\
0 & 0 & \cos\phi & -\sin\phi \\
0 & 0 & \sin\phi & \cos\phi
\end{pmatrix}
\begin{pmatrix}
1 & 0 & 0 & 0 \\
0 & -1 & 0 & 0 \\
0 & 0 & -1 & 0 \\
0 & 0 & 0 & -1
\end{pmatrix}
\begin{pmatrix}
1 & 0 & 0 & 0 \\
0 & 1 & 0 & 0 \\
0 & 0 & \cos\phi & \sin\phi \\
0 & 0 & -\sin\phi & \cos\phi
\end{pmatrix}
$$

$$
=
\begin{pmatrix}
1 & 0 & 0 & 0 \\
0 & 1 & 0 & 0 \\
0 & 0 & \cos\phi & -\sin\phi \\
0 & 0 & \sin\phi & \cos\phi
\end{pmatrix}
\begin{pmatrix}
1 & 0 & 0 & 0 \\
0 & -1 & 0 & 0 \\
0 & 0 & -\cos\phi & -\sin\phi \\
0 & 0 & \sin\phi & -\cos\phi
\end{pmatrix}
$$

$$
=
\begin{pmatrix}
1 & 0 & 0 & 0 \\
0 & -1 & 0 & 0 \\
0 & 0 & -\cos^2\phi - \sin^2\phi & \cos\phi\sin\phi - \cos\phi\sin\phi \\
0 & 0 & \cos\phi\sin\phi - \cos\phi\sin\phi & -\cos^2\phi - \sin^2\phi
\end{pmatrix}
= G.
$$

$$\tag{7}$$

Das bedeutet, dass die Eigenzeit auch unter Rotationen invariant ist. Wir haben hier kein Neuland betreten, aber gelernt, wie wir mit den verschiedenen Vorzeichen der Raum- und Zeitkoordinaten im Minkowskiraum umgehen können. Die Matrix G beschreibt eine eigene Metrik in der Raumzeit. Darauf werden wir in diesem Buch aber nicht genauer eingehen.

Übung 7.13 Boosts im Minkowskiraum

Verwenden Sie die Analogie der Gleichungen Gl. (7.40) und (7.41), um die LT als eine Art Rotation im Minkowskiraum mit Hilfe einer Abbildungsmatrix darzustellen. Benutzen Sie Ihr Resultat, um die Invarianz der Eigenzeit unter dieser Abbildung zu beweisen.

Lösung

Wir betrachten die LT in x-Richtung nach Gl. (7.40)

$$
ct' = \frac{ct - (v/c)x}{\sqrt{1 - (v/c)^2}} = \gamma(ct - \beta x) = ct\,\cosh y_{\mathrm{r}} - x\,\sinh y_{\mathrm{r}},
$$

$$
x' = \frac{x - vt}{\sqrt{1 - (v/c)^2}} = \gamma(x - \beta ct) = x\,\cosh y_{\mathrm{r}} - ct\,\sinh y_{\mathrm{r}}, \tag{1}
$$

$$
y' = y,
$$

$$
z' = z.
$$

Das wollen wir in Form einer Matrixmultiplikation schreiben. Dazu benötigen wir die Boostmatrix Λ_x

$$X' = \Lambda_x X \quad \Rightarrow \quad \begin{pmatrix} ct' \\ x' \\ y' \\ z' \end{pmatrix} = \begin{pmatrix} \cosh y_r & -\sinh y_r & 0 & 0 \\ -\sinh y_r & \cosh y_r & 0 & 0 \\ 0 & 0 & 1 & 0 \\ 0 & 0 & 0 & 1 \end{pmatrix} \begin{pmatrix} ct \\ x \\ y \\ z \end{pmatrix}. \tag{2}$$

Wir sehen, dass die Vorzeichen in der Boostmatrix Λ_x nicht dieselben sind wie in der Rotationsmatrix R_x in Übung 7.12.

Wir wenden uns nun dem Verhalten der Eigenzeit bei einem Boost zu. Da wir bei den Raumkomponenten ein Minuszeichen brauchen, benötigen wir wie bei der Rotation die Matrix G von Übung 7.12

$$(c\tau)^2 = X^{\mathrm{T}} G X. \tag{3}$$

Die transformierte Eigenzeit ist

$$(c\tau')^2 = X^{\mathrm{T}'} G X' = X^{\mathrm{T}} \Lambda_x^{\mathrm{T}} G \Lambda_x X. \tag{4}$$

Vergleichen wir Gl. 3 mit Gl. 4, so finden wir analog Übung 7.12, dass die Eigenzeit invariant bleibt, wenn gilt

$$\Lambda_x^{\mathrm{T}} G \Lambda_x = G. \tag{5}$$

Wir bestimmen das Produkt der drei Matrizen

$$\begin{aligned}
\Lambda_x^{\mathrm{T}} G \Lambda_x &= \begin{pmatrix} \cosh y_r & -\sinh y_r & 0 & 0 \\ -\sinh y_r & \cosh y_r & 0 & 0 \\ 0 & 0 & 1 & 0 \\ 0 & 0 & 0 & 1 \end{pmatrix} \begin{pmatrix} 1 & 0 & 0 & 0 \\ 0 & -1 & 0 & 0 \\ 0 & 0 & -1 & 0 \\ 0 & 0 & 0 & -1 \end{pmatrix} \begin{pmatrix} \cosh y_r & -\sinh y_r & 0 & 0 \\ -\sinh y_r & \cosh y_r & 0 & 0 \\ 0 & 0 & 1 & 0 \\ 0 & 0 & 0 & 1 \end{pmatrix} \\
&= \begin{pmatrix} \cosh y_r & -\sinh y_r & 0 & 0 \\ -\sinh y_r & \cosh y_r & 0 & 0 \\ 0 & 0 & 1 & 0 \\ 0 & 0 & 0 & 1 \end{pmatrix} \begin{pmatrix} \cosh y_r & -\sinh y_r & 0 & 0 \\ \sinh y_r & -\cosh y_r & 0 & 0 \\ 0 & 0 & -1 & 0 \\ 0 & 0 & 0 & -1 \end{pmatrix} \\
&= \begin{pmatrix} \cosh^2 y_r - \sinh^2 y_r & \sinh y_r \cosh_r - \sinh y_r \cosh_r & 0 & 0 \\ \sinh y_r \cosh_r - \sinh y_r \cosh_r & -\cosh^2 y_r + \sinh^2 y_r & 0 & 0 \\ 0 & 0 & -1 & 0 \\ 0 & 0 & 0 & -1 \end{pmatrix} = G.
\end{aligned} \tag{6}$$

Dieser Beweis der Invarianz der Eigenzeit zeigt, dass die Interpretation der Boosts als eine Art Rotation im Minkowskiraum und ihre Schreibweise in Form einer Abbildungsmatrix sinnvoll sind, denn alle Beweisschritte sind die gleichen, die wir bereits bei der Betrachtung der echten Rotationen in Übung 7.12 kennengelernt haben. Dies wird noch deutlicher am Ende der folgenden Übung.

Übung 7.14 Addition von Rapiditäten

Zeigen Sie, dass sich die Rapiditäten bei aufeinanderfolgenden Lorentztransformationen wie Winkel im Fall von Rotationen um eine feste Achse addieren. Wiederholen Sie diese Rechnung unter Benutzung der Abbildungsmatrizen für Boosts, siehe Übung 7.13.

Lösung

Wir führen zwei aufeinanderfolgenden Lorentztransformationen durch, siehe Abschn. 7.3, und formulieren sie mit der Rapidität. Es gilt

$$\begin{aligned}
x' &= x\ \cosh y_{r\,1} - ct\ \sinh y_{r\,1}, \quad ct' = ct\ \cosh y_{r\,1} - x\ \sinh y_{r\,1}, \\
x'' &= x'\ \cosh y_{r\,2} - ct'\ \sinh y_{r\,2}, \quad ct'' = ct'\ \cosh y_{r\,2} - x'\ \sinh y_{r\,2}.
\end{aligned} \tag{1}$$

Wir setzen die erste Transformation in die zweite ein

$$\begin{aligned}
x'' &= (x \cosh y_{r\,1} - ct \sinh y_{r\,1}) \cosh y_{r\,2} - (ct \cosh y_{r\,1} - x \sinh y_{r\,1}) \sinh y_{r\,2}, \\
ct'' &= (ct \cosh y_{r\,1} - x \sinh y_{r\,1}) \cosh y_{r\,2} - (x \cosh y_{r\,1} - ct \sinh y_{r\,1}) \sinh y_{r\,2}.
\end{aligned} \tag{2}$$

Umordnung der Terme führt auf
(Hier verwenden wir $\cosh \equiv \mathrm{ch}$, $\sinh \equiv \mathrm{sh}$.)

$$\begin{aligned}
x'' &= x\,(\mathrm{ch}\,y_{r\,1}\,\mathrm{ch}\,y_{r\,2} + \mathrm{sh}\,y_{r\,1}\,\mathrm{sh}\,y_{r\,2}) - ct\,(\mathrm{ch}\,y_{r\,1}\,\mathrm{sh}\,y_{r\,2} + \mathrm{sh}\,y_{r\,1}\,\mathrm{ch}\,y_{r\,2}), \\
ct'' &= ct\,(\mathrm{ch}\,y_{r\,1}\,\mathrm{ch}\,y_{r\,2} + \mathrm{sh}\,y_{r\,1}\,\mathrm{sh}\,y_{r\,2}) - x\,(\mathrm{ch}\,y_{r\,1}\,\mathrm{sh}\,y_{r\,2} + \mathrm{sh}\,y_{r\,1}\,\mathrm{ch}\,y_{r\,2}).
\end{aligned} \tag{3}$$

Es ist bekannt, dass gilt

$$\begin{aligned}
\cosh(y_{r\,1} + y_{r\,2}) &= \cosh y_{r\,1} \cosh y_{r\,2} + \sinh y_{r\,1} \sinh y_{r\,2}, \\
\sinh(y_{r\,1} + y_{r\,2}) &= \cosh y_{r\,1} \sinh y_{r\,2} + \sinh y_{r\,1} \cosh y_{r\,2}.
\end{aligned} \tag{4}$$

Das kann z. B. überprüft werden mit Hilfe von

$$\cosh y_r = \frac{e^{y_r} + e^{-y_r}}{2}, \qquad \sinh y_r = \frac{e^{y_r} - e^{-y_r}}{2}. \tag{5}$$

Die Kombination der LT Transformationen hat also die Form

$$x'' = x \cosh y_r - ct \sinh y_r, \quad ct'' = ct \cosh y_r - x \sinh y_r, \tag{6}$$

mit

$$y_r = y_{r1} + y_{r2}. \tag{7}$$

Die Rapiditäten addieren sich unter Lorentztransformationen, die in der gleichen Richtung ausgeführt werden. Sie verhalten sich also wie parallele Geschwindigkeiten bei Hintereinanderausführung von Galileitransformationen in Geschwindigkeitsrichtung.

Wie erwähnt, kann man die Rapidität als eine Art (hyperbolischen) Drehwinkel auffassen. Wir sehen hier, dass die Rapiditäten bei parallelen Transformationsrichtungen auch genauso addiert werden wie die Winkel bei aufeinanderfolgenden Rotationen um eine feste Achse. Dies wird besonders gut sichtbar, wenn wir mit den Boost-Matrizen arbeiten
(Hier verwenden wir $\cosh \equiv \mathrm{ch}$, $\sinh \equiv \mathrm{sh}$.)

$$\Lambda_x(y_{r1})\,\Lambda_x(y_{r2}) = \begin{pmatrix} \mathrm{ch}\,y_{r1} & -\mathrm{sh}\,y_{r1} & 0 & 0 \\ -\mathrm{sh}\,y_{r1} & \mathrm{ch}\,y_{r1} & 0 & 0 \\ 0 & 0 & 1 & 0 \\ 0 & 0 & 0 & 1 \end{pmatrix} \begin{pmatrix} \mathrm{ch}\,y_{r2} & -\mathrm{sh}\,y_{r2} & 0 & 0 \\ -\mathrm{sh}\,y_{r2} & \mathrm{ch}\,y_{r2} & 0 & 0 \\ 0 & 0 & 1 & 0 \\ 0 & 0 & 0 & 1 \end{pmatrix}$$

$$= \begin{pmatrix} \mathrm{ch}\,y_{r1}\,\mathrm{ch}\,y_{r2} + \mathrm{sh}\,y_{r1}\,\mathrm{sh}\,y_{r2} & -\mathrm{ch}\,y_{r1}\,\mathrm{sh}\,y_{r2} - \mathrm{sh}\,y_{r1}\,\mathrm{ch}\,y_{r2} & 0 & 0 \\ -\mathrm{ch}\,y_{r1}\,\mathrm{sh}\,y_{r2} - \mathrm{sh}\,y_{r1}\,\mathrm{ch}\,y_{r2} & \mathrm{ch}\,y_{r1}\,\mathrm{ch}\,y_{r2} + \mathrm{sh}\,y_{r1}\,\mathrm{sh}\,y_{r2} & 0 & 0 \\ 0 & 0 & 1 & 0 \\ 0 & 0 & 0 & 1 \end{pmatrix}$$

$$= \begin{pmatrix} \mathrm{ch}(y_{r1}+y_{r2}) & -\mathrm{sh}(y_{r1}+y_{r2}) & 0 & 0 \\ -\mathrm{sh}(y_{r1}+y_{r2}) & \mathrm{ch}(y_{r1}+y_{r2}) & 0 & 0 \\ 0 & 0 & 1 & 0 \\ 0 & 0 & 0 & 1 \end{pmatrix} = \Lambda_x(y_{r1}+y_{r2}).$$

$$(8)$$

Es ergibt sich wieder dasselbe Resultat Gl. 7, das wir auch ohne Zuhilfenahme der Matrixmultiplikation erhalten haben. Die Matrixmultiplikation ist aber offensichtlich der effizientere Weg für die Herleitung dieses Ergebnisses und zeigt deutlich die Verwandtschaft der Rotationen und Boosts.

Übung 7.15 Rettung eines Raumtransporters: Rapiditätsmethode

Wir kehren noch einmal zurück zu Übung 7.5. Statt mit Geschwindigkeiten arbeiten wir aber jetzt mit den zugehörigen Rapiditäten. Wir erinnern uns, dass in der Szene aus *Star Wars* die Raumüberwachungsbasis einen sich mit $u_{\mathrm{s}} = 0{,}3c$ bewegenden Raumtransporter darüber informierte, dass er von einem Raumtorpedo ‚T‘ gejagt wurde, der ihn mit $u_{\mathrm{T}} = 0{,}6c$ verfolgte. Aus der entgegengesetzten Richtung näherte sich ein Rettungsraumschiff mit $u_{\mathrm{S}} = -0{,}6c$. Alle Geschwindigkeiten waren parallel. Die Frage war, welche Geschwindigkeiten im Raumtransporter registriert würden. Sind die jetzigen Ergebnisse mit denen aus Übung 7.5 verträglich?

Lösung

Zunächst bestimmen wir unter Verwendung von Gl. (7.32) die zugehörigen Rapiditäten. Wir finden

$$y_{r\,\mathrm{T}} = 0{,}5 \ln \frac{1{,}6}{0{,}4} = 0{,}693, \quad y_{r\,\mathrm{s}} = 0{,}5 \ln \frac{1{,}3}{0{,}7} = 0{,}310, \quad y_{r\,\mathrm{S}} = 0{,}5 \ln \frac{0{,}4}{1{,}6} = -0{,}693.$$

$$(1)$$

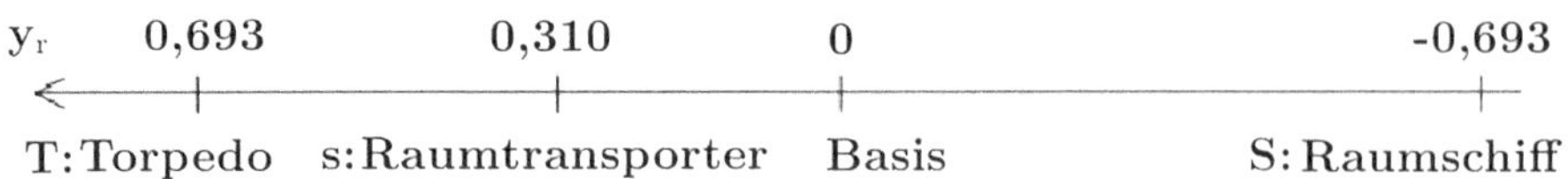

Abb. 7.5 Die Rapiditäten der Basis und der drei relativistischen Raumkörper: das Raumtorpedo, der Raumtransporter und das Rettungsschiff, siehe Übung 7.15

Die Situation ist in der Abb. 7.5 dargestellt, in der die Rapiditäten der vier Beteiligten eingezeichnet sind. Die Zeichnung verdeutlicht, wie die Additivität der Rapidität dabei hilft, relativistische Relativbewegungen zu beschreiben und Probleme wie das hier diskutierte zu lösen.

Die Rapiditäten wurden hier in Bezug auf die Raumbasis angegeben. Von physikalischer Bedeutung sind aber nur die Relativbewegungen. Da die Rapidität eine additive Größe ist, sind die relativen Rapiditäten einfache Zahlendifferenzen. Das nutzen wir aus: Wir transformieren ins Bezugssystem des Transporters. Das Raumschiff nähert sich mit der Rapidität

$$y_{r\,Ss} = y_{r\,S} - y_{r\,s} = -1{,}003, \quad \rightarrow v_{Ss} = 0{,}763\,c. \tag{2}$$

Für die Berechnung der Geschwindigkeit v wurde Gl. (7.30) benutzt. Währenddessen vermindert die Rakete den Abstand zum Transporter mit der Rapidität

$$y_{r\,Ts} = y_{r\,T} - y_{r\,s} = 0{,}383, \quad \rightarrow v_{Ts} = 0{,}366\,c. \tag{3}$$

Die Rettung ist also möglich, aber noch nicht gesichert. Wir überprüfen, ob die Berechnungen der Transporterbesatzung korrekt sind, indem wir mit $v = v_{Ts} = -0{,}366\,c$ vom Transporterbezugssystem ins Bezugssystem der Rakete transformieren. Wir erhalten damit die Rapidität des Rettungsraumschiffs S aus Sicht der Rakete unabhängig von der Transporterbewegung

$$y_{r\,ST} = y_{r\,Ss} - y_{r\,Ts} = -1{,}003 - 0{,}383 = -1{,}386, \quad \rightarrow v_{Sr} = 0{,}88\,c. \tag{4}$$

Das ist das erwartete Resultat

$$y_{r\,ST} = y_{r\,S} - y_{r\,T} = -0{,}693 - 0{,}693 = -1{,}386, \tag{5}$$

denn natürlich gilt

$$y_{r\,ST} = y_{r\,Ss} - y_{r\,Ts} = y_{r\,S} - y_{r\,s} - (y_{r\,T} - y_{r\,s}) = y_{r\,S} - y_{r\,T}. \tag{6}$$

Der Vorteil der Verwendung der Rapidität im Zusammenhang mit der Anpassung von *Star Wars* oder ähnlicher Science Fiction an Einsteins Relativitätstheorie ist jetzt offensichtlich, aber diese physikalische Größe muss von den Filmemachern erst noch entdeckt werden.

Übung 7.16 Aufeinanderfolgende   Lorentz-koordinatentransformationen: Faktor γ_{12}

Bestimmen Sie mit Hilfe der Rapidität den Lorentzfaktor γ_{12} für zwei aufeinanderfolgende Lorentzkoordinatentransformationen, die längs derselben Achse ausgeführt werden.

Lösung

Wir nutzen die Tatsache aus, dass die zu diesen Transformationen gehörenden Rapiditäten sich addieren

$$\gamma_{12} = \cosh(y_{r\,1} + y_{r\,2}). \tag{1}$$

Außerdem gilt allgemein

$$\cosh(a + b) = \cosh a \cosh b + \sinh a \sinh b, \tag{2}$$

und deshalb

$$\gamma_{12} = \cosh y_{r\,1} \cosh y_{r\,2}(1 + \tanh y_{r\,1} \tanh y_{r\,2}). \tag{3}$$

Wir verwenden Gl. (7.30) und Gl. (7.34) und erhalten

$$\gamma_{12} = \gamma_{r\,1}\gamma_{r\,2}(1 + \beta_{r\,1}\beta_{r\,2}). \tag{4}$$

Naürlich ergibt sich dieses Resultat auch durch mühsame Berechnungen mit Hilfe der Geschwindigkeiten und explizite Bestimmung von γ_{12}, wie die Herleitung von Gl. (7.24) zeigt. Die Verwendung der Rapidität vereinfacht die Rechnung aber wesentlich.

Zusammenfassung – *Im Teil IV – Kap. 8, Kap. 9, Kap.* 10:
Eine grafische Methode zur Darstellung der LT wird entwickelt und für die
Bestimmung von Körpereigenschaften wie der Zeitdilatation und der Körperkontraktion ausgenutzt. Die Konsistenz mit relativistischen Koordinatentransformationen wird dabei überprüft. Mehrere Möglichkeiten zur Durchführung
von Zeit- und Längenmessungen werden untersucht. Wir zeigen, wann scheinbar
verschiedene Methoden zum gleichen physikalischen Endergebnis führen. Wenn
ein Körper durch eine Beschleunigung sein Inertialsystem wechselt, kann die
Geschichte der Körperkontraktion aufgezeichnet werden.

Einleitende Bemerkungen zu Teil IV

Wir untersuchen die Konsistenz der Lorentz-Koordinatentransformation mit den
relativistischen Körpereigenschaften, der Zeitdilatation und der Lorentz-Fitz-
Gerald-Körperkontraktion. Unser Ziel ist die Einführung von Messvorschriften,
die in Kombination mit der Lorentz-Koordinatentransformation sowohl die
Lorentz-FitzGerald-Körperkontraktion als auch die Zeitdilatation in einer
unabhängigen Weise erzeugen. Dadurch wird die Vereinbarkeit der beobachteten
Körpereigenschaften mit Koordinatentransformationen sichergestellt.

Um dieses Ziel zu erreichen, führen wir eine grafische Methode ein, die die
Beziehung der Lorentz-Koordinatentransformation zum Prozess der Messung von
Körpereigenschaften wie der Zeitdilatation und der Körperkontraktion verdeutlicht. Anhand von Zeitmessungen beweisen wir die Konsistenz der Zeitdilatation
mit der Lorentz-Koordinatentransformation. Wir berechnen, wie der Zeitunterschied zwischen Ereignissen vom Bezugssystem des Beobachters abhängt. Dabei
geht eine bewegte Uhr in ihrem Ruhesystem langsamer als jede Laboruhr. Das ist
die Zeitdilatation.

Eine fest an einem Körper angebrachte Uhr misst die im Körper ablaufende Eigenzeit. Diese Eigenzeit unterscheidet sich von der Zeit des Laborbeobachters, wenn der Körper sich bewegt. Dadurch entsteht der ‚reale' Zeitdilatationseffekt zwischen der Laboruhr und der körpereigenen Uhr. Dieser Effekt wurde auch experimentell beobachtet.

Wir betrachten zwei Ereignisse, die die Lage der Enden eines sich bewegenden Körpers beschreiben. Wir werden zeigen, dass die von einem ruhenden Beobachter vorgenommene zeitgleiche Beobachtung dieser Ereignisse eine mit der Lorentz-FitzGerald-Körperkontraktion verträgliche Messung darstellt.

Weil es keine körpereigene Aufzeichnung der Lorentz-FitzGerald-Körperkontraktion gibt und es uns bis heute nicht gelungen ist, eine Messvorrichtung dafür zu bauen, denkt manch einer, dass die Körperkontraktion nicht real ist. Wir werden hier zeigen, dass man im Prinzip eine solche „Körperkontraktionsuhr" bauen kann. Damit ist dann nachgewiesen, dass die Lorentz-FitzGerald-Körperkontraktion genauso real ist wie die Zeitdilatation.

Wir folgen bei diesen Betrachtungen einem Beispiel, das von John S. Bell in gleichem Zusammenhang genauestens untersucht wurde. Wir werden das Verhalten von zwei unabhängig angetriebenen identischen Raketen beschreiben, die ihre zu Beginn gemessene räumliche Trennungsdistanz bei (sehr gering) beschleunigter Bewegung beibehalten. Diese Raketen definieren eine fixe Raumdistanz. Man kann sich vorstellen, dass diese Raketen in einer Vakuumkammer innerhalb eines viel größeren Körpers schweben und die Beschleunigungen des großen Körpers nachahmen. Damit bleibt der ursprüngliche Abstand im Raum zwischen den beiden Raketen konstant, d. h. die ursprüngliche nicht materielle Längeneinheit bleibt zum Vergleich mit der kontrahierten Körperlänge erhalten.

Dieser Umstand ermöglicht die Konstruktion einer Vorrichtung (einer „Kontraktionsuhr"), die die Lorentz-FitzGerald-Körperkontraktion aufzeichnet, wie sie in dem sich bewegenden großen Körper auftritt. Genauso kann man sich vorstellen, dass mit Hilfe eines Lichtsignals der Vergleich der Raketeneigenzeit mit einer Standard-Labor-Zeiteinheit ermöglicht wird. Damit gelingt sowohl die Bestimmung der Lorentz-FitzGerald-Körperkontraktion als auch die der Zeitdilatation gegenüber einem Laborbeobachter.

Im Teil IV lernen wir insbesondere: Die Messung der Lorentz-FitzGerald-Körperkontraktion und der Zeitdilatation *zum Zeitpunkt des Auftretens* zeigt, dass die Änderungen der Körpereigenschaften bei ihrer Entstehung beobachtet werden können, d. h. genau dann, wenn sie durch eine (geringfügige) Beschleunigung verursacht werden. Jeder andere Bewegungseffekt bleibt im bewegten Bezugsystem unbeobachtbar. Diese Körperveränderungen bestehen, ohne dass der Beschleunigungsprozess in der Zeit verfolgt werden muss. Man kann deshalb das Resultat allein aus der Relativbewegung der Körper bestimmen, wie es von Albert Einstein gezeigt wurde.

Zusammenfassung

Wir entwickeln die grafische Darstellung der Lorentz-Koordinatentransformation und zeigen: 1) Der Zeitunterschied zwischen Ereignissen hängt vom Bezugssystem des Beobachters ab. 2) Eine bewegte Uhr geht in ihrem Ruhesystem langsamer als jede Laboruhr. Das ist die sogenannte Zeitdilatation. 3) Die Gleichzeitigkeit von zwei Ereignissen erfordert eine eindeutige Messvorschrift. Wir untersuchen die Konsistenz der Zeitdilatation mit der Lorentz-Koordinatentransformation.

8.1   Grafische Darstellung der Lorentztransformation

Wir betrachten einen im Referenzsystem S ruhenden Beobachter. Eine Uhr bewegt sich in Bezug auf S mit der Geschwindigkeit $\boldsymbol{v} = v\hat{i}$ in Richtung der x-Achse. Diese Bewegung kann durch die Linie ℓ im Raum-Zeit-Diagramm in Abb. 8.1 dargestellt werden, in dem nach Konvention die Zeitachse vertikal eingezeichnet ist. ℓ ist die sogenannte Weltlinie der Uhr.

Die Weltlinie ℓ bildet einen Winkel ϑ mit der x-Achse und es gilt

$$\cot\vartheta = \frac{x - x_1}{ct} = \frac{v}{c},$$

und deshalb

$$\vartheta = \operatorname{arcot}\frac{v}{c}. \tag{8.1}$$

Da $ct > vt$ ist, muss die Weltlinie eines Körpers steiler als $45°$ verlaufen. Da der Winkel für die Weltlinie einer ruhenden Uhr $90°$ beträgt, findet die Bewegung von links nach rechts im Bereich $135° > \vartheta > 45°$ statt.

Sei S_0 das Ruhekoordinatensystem der Uhr. S_0 hat die Geschwindigkeit $+v$ in Bezug auf S. Wir identifizieren nun die Koordinatenachsen ct_0 und x_0 der Uhr und zeichnen diese zusammen mit den Koordinatenachsen ct und x.

© Springer-Verlag GmbH Deutschland, ein Teil von Springer Nature 2019
J. Rafelski, *Spezielle Relativitätstheorie heute*,
https://doi.org/10.1007/978-3-662-59420-9_8

Abb. 8.1 Die Weltlinie einer
bewegten Uhr in S

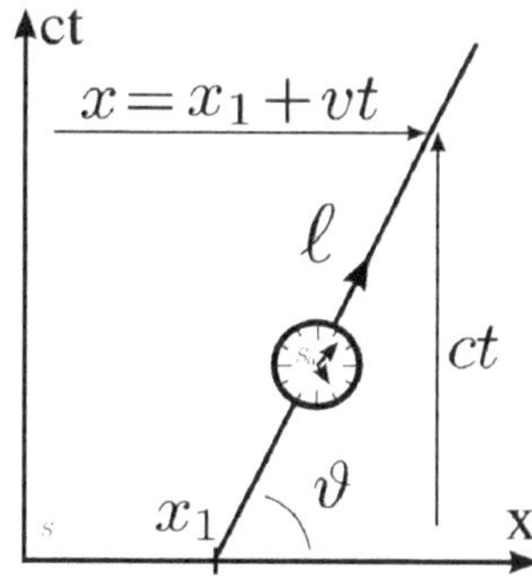

Um das Koordinatensystem S_0 mit den Achsen ct_0, x_0 in unser ursprüngliches Diagramm Abb. 8.1 einzufügen, zeichnen wir die t_0-Achse parallel zu ℓ. Damit misst die Uhr die Zeit t_0, siehe Abb. 8.2. Die x_0-Achse ist definiert durch den Wert der Koordinate $t_0 = 0$. Die Lorentz-Koordinatentransformation, die die Koordinatenzeit t_0 mit den im System S gemessenenen Koordinaten ct und x verbindet, lautet

$$ct_0 = \frac{ct - (v/c)x}{\sqrt{1 - (v/c)^2}} = \gamma(ct - \beta x). \tag{8.2}$$

Für $t_0 = 0$ in Gl. (8.2) finden wir

$$ct = \frac{v}{c}x. \tag{8.3}$$

Diese Beziehung beschreibt die räumliche x_0-Achse im $(ct,\ x)$-Diagramm des Systems S, wie in Abb. 8.2 dargestellt ist. Die x_0-Achse und die x-Achse bilden einen Winkel φ, der gegeben ist durch

$$\varphi = \arctan \frac{v}{c} = 90° - \vartheta. \tag{8.4}$$

Die letzte Gleichheit folgt aus Gl. (8.1) und ist auch in Abb. 8.2 erkennbar. Wir erkennen, dass die Achsen des Systems S_0 innerhalb der Achsen des Systems S verlaufen. Die ct_0-Achse liegt immer über der 45°-Grenze des ‚Lichtkegels‘ (gestrichelt) und die x_0-Achse darunter, siehe Abb. 8.2.

Wir betrachten nun ein Ereignis E_1 auf der Weltlinie ℓ der Uhr, zum Beispiel das Schlagen der Stunde. Wir erhalten die Koordinaten dieses Ereignisses in beiden Systemen, indem wir parallel zu den jeweiligen Achsen der Bezugssysteme projizieren, wie in Abb. 8.3a gezeigt. Im System S hat das Ereignis die Koordinaten x_{E_1} und t_{E_1}. In S_0 hat das Ereignis die Koordinaten x_{0E_1} und t_{0E_1}. Um zum Beispiel x_{0E_1} abzulesen, erfolgt die Projektion auf die x_0-Achse in Richtung der ct_0-Achse und dieser Wert bleibt im Ruhesystem S_0 der Uhr konstant.

Abb. 8.2 Die ct_0-Koordinatenachse einer in S_0 ruhenden Uhr ist parallel zu ℓ. Die x-Achse schließt mit der x_0-Achse den gleichen Winkel ein wie die ct_0-Achse mit der ct-Achse

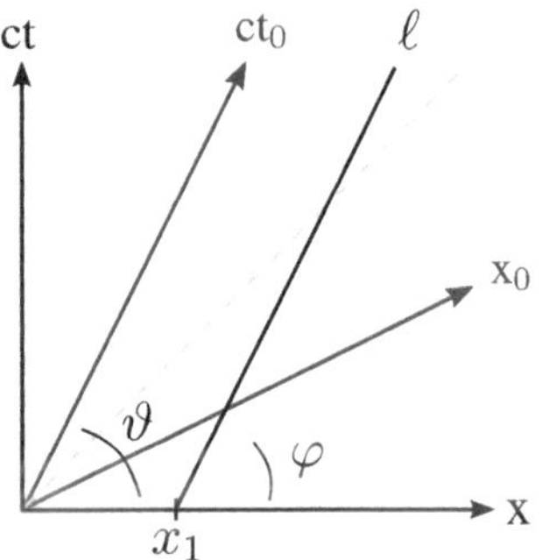

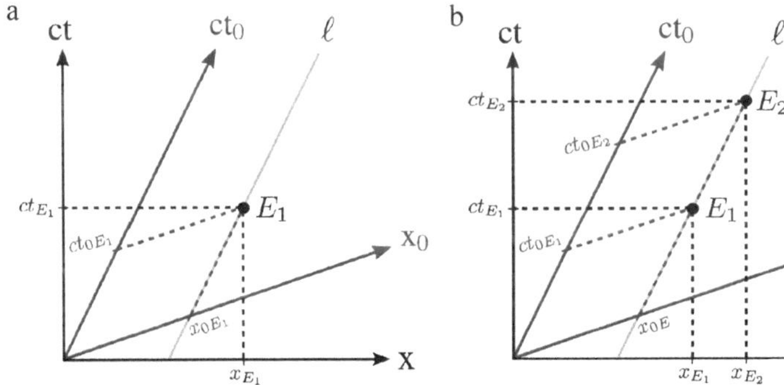

Abb. 8.3 a: Illustration des Ablesens der Koordinaten eines Ereignisses E_1 in den Systemen S und S_0. **b**: Zwei Ereignisse E_1 und E_2 im Ruhesystem S_0 mit $\Delta x_0 = 0$. Koordinatenprojektionen in S_0 und in S sind gestrichelt dargestellt

8.2 Zeitdilatation und Gleichzeitigkeit

Zeitdilatation

Wir betrachten noch einmal dieselbe Uhr und lassen sie zweimal schlagen, wodurch die Ereignisse E_1 und E_2 entstehen, wie in Abb. 8.3b gezeigt. In S hat sich die Uhr zwischen den beiden Ereignissen bewegt und die neuen Uhrkoordinaten sind x_{E_2} und t_{E_2}. Im Gegensatz dazu hat sich im System S_0 nur die Zeit zwischen den Ereignissen vorwärts bewegt, $t_{0E_2} > t_{0E_1}$, da S_0 das Ruhesystem der Uhr ist. Beide Ereignisse treten in S_0 an ein und derselben Raumkoordinate auf: $x_{0E_2} = x_{0E_1} \equiv x_{0E}$. Das heißt $\Delta x_0 \equiv x_{0E_2} - x_{0E_1} = 0$. Zwei solche Ereignisse, die zu verschiedenen Zeiten am gleichen Ort erfolgen, sind zueinander *zeitartig*.

Wir sehen in Abb. 8.3b, dass für einen Ruhebeobachter im System S die Zeitdifferenz $t_{E_1} - t_{E_2}$ im Allgemeinen deutlich von der Zeitdifferenz $t_{0E_1} - t_{0E_2}$ abweicht. Wir benutzen nun die inverse Lorentz-Koordinatentransformation Gl. (6.30), um die in Abb. 8.3b sichtbare Zeitdifferenz zu bestimmen. S bewegt sich mit der Geschwindigkeit $-v$ relativ zu S_0. Die beiden Ereignisses finden damit zu folgenden Zeiten statt:

$$t_{E_1} = \frac{t_{0E_1} + (v/c^2)x_{0E}}{\sqrt{1 - (v/c)^2}}, \qquad t_{E_2} = \frac{t_{0E_2} + (v/c^2)x_{0E}}{\sqrt{1 - (v/c)^2}}. \qquad (8.5)$$

Da die zwei Ereignisse in S_0 am gleichen Ort geschehen, verschwindet der jeweils letzte Term bei Bildung der in S gemessenen Zeitdifferenz und man erhält

$$t_{E_2} - t_{E_1} = \frac{t_{0E_2} - t_{0E_1}}{\sqrt{1 - (v/c)^2}} = \gamma(t_{0E_2} - t_{0E_1}). \tag{8.6}$$

Dieses Ergebnis zeigt, dass das Eigenzeitintervall $t_{0E_2} - t_{0E_1}$, das im Ruhesystem der Uhr am gleichen Ort gemessen wird, immer kleiner ist als das Zeitintervall $t_{E_2} - t_{E_1}$, das man in jedem anderen Bezugsystem misst. Die Veränderung der Zeitspanne wird durch den Lorentzfaktor γ bestimmt.

> **Lektion 1** Der Zeitunterschied zwischen zwei zeitartigen Ereignissen ist vom Bezugssystem des Beobachters abhängig. Die Reihenfolge der Ereignisse wird nicht verändert, da γ positiv ist.

Wir haben damit die Zeitdilatation hergeleitet, wie wir diese bereits in Kap. 4 kennengelernt hatten. Wir sehen, wie dieses Ergebnis einhergeht zuerst mit: i) einer Messvorschrift, welche die Eigenzeit definiert, und dann mit ii) der relativistischen Koordinatentransformation. Damit ist die Konsistenz der Zeitdilatation mit der Lorentz-Koordinatentransformation demonstriert.

Welcher von zwei Beobachtern mit vor Reiseantritt synchronisierten Uhren beim Wiedertreffen jünger sein wird, kann nur bestimmt werden, wenn die gesamte Reisegeschichte beider Beobachter bekannt ist. Wir kommen später auf dieses Thema näher zurück, siehe Abschn. 12.2. Hier halten wir fest, was Langevin und Einstein erkannt haben: Wegen der Zeitdilatation ist immer einer der Reisenden jünger als der andere, es sei denn, sie sind immer zusammen gereist. Dies führt uns zu der Einsicht:

> **Lektion 2** Eine gegenüber irgendeinem Labor bewegte Uhr tickt in ihrem Ruhesystem immer langsamer als eine Laboruhr. Dieser Effekt wird als Zeitdilatation bezeichnet.

Langevin schreibt[1]:

Das Zeitintervall zwischen zwei im Raum koinzidenten Ereignissen ist – in diesem System gemessen – kleiner, wenn man es mit irgendeiner Messung eines anderen gleichförmig bewegten Beobachters vergleicht.

---

[1] Im Orginal (siehe Ref. 19 in Kap. 2):

L'intervalle de temps entre deux événements qui coincident dans l'espace, qui se succèdent en un même point pour un certain système de référence, est moindre pour celui-ci que pour tout autre en translation uniforme quelconque par rapport au premier.

Abb. 8.4 Hier sind zwei in S_0 gleichzeitige Ereignisse E_1' und E_2' markiert. Die Koordinatenprojektionen in den Systemen S_0 und S sind gestrichelt dargestellt

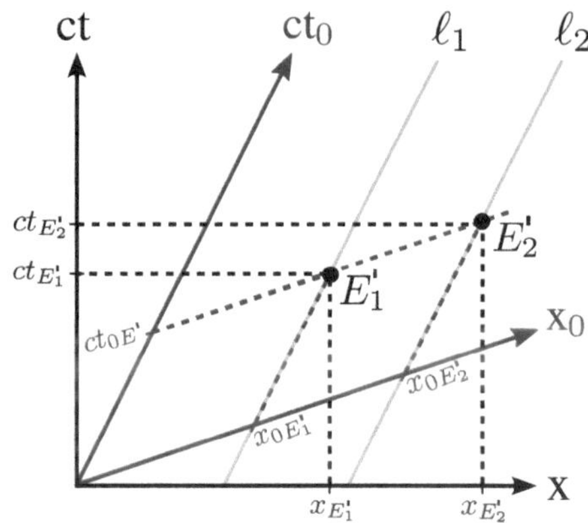

Gleichzeitigkeit

Wir betrachten nun zwei andersartige Ereignisse E_1' und E_2', vgl Abb. 8.4. Sie sind im Bezugsystem S_0 gleichzeitig. Also gilt $\Delta t_{0\,E'} \equiv t_{0\,E_1'} - t_{0\,E_2'} = 0$. Diese Ereignisse könnten beispielsweise dem gleichzeitigen Uhrschlag von zwei durch einen festen Abstand getrennten Uhren entsprechen, die in Abb. 8.4 durch die zwei parallelen Weltlinien ℓ_1 und ℓ_2 dargestellt werden. Zwei Ereignisse, die zur gleichen Zeit an verschiedenen Orten vorkommen, sind zueinander *raumartig*.

Wir werden im folgenden Kap. 9 zeigen, dass die von einem ruhenden Beobachter vorgenommene zeitgleiche Beobachtung von Körperenden eine mit der Lorentz-FitzGerald-Körperkontraktion verträgliche Körpermessung darstellt. Die Projektion auf die ct-und ct_0-Achsen in Abb. 8.4 zeigt, dass diese Ereignisse in S nicht gleichzeitig sein können, obwohl sie in S_0 gleichzeitig auftreten. Wir fragen, welcher Zeitunterschied zwischen den in S_0 gleichzeitig schlagenden Uhren in S gemessen wird. Wir benutzen wie in Gl. (8.5) die inverse Lorentz-Koordinatentransformation Gl. (6.30). Die beiden Ereignisse finden damit zu folgenden Zeiten statt:

$$t_{E_1'} = \frac{t_{0E'} + (v/c^2)x_{0E_1'}}{\sqrt{1-(v/c)^2}}, \qquad t_{E_2'} = \frac{t_{0E'} + (v/c^2)x_{0E_2'}}{\sqrt{1-(v/c)^2}}. \tag{8.7}$$

Da die beiden Ereignisse in S_0 gleichzeitig auftreten, verschwindet der jeweils erste Term bei Bildung der in S gemessenenen Zeitdifferenz

$$t_{E_2'} - t_{E_1'} = (v/c^2)\frac{x_{0E_2'} - x_{0E_1'}}{\sqrt{1-(v/c)^2}} = (v/c^2)\gamma\,(x_{0E_2'} - x_{0E_1'}). \tag{8.8}$$

Zwei Ereignisse, die in einem Bezugsystem gleichzeitig stattfinden, werden in einem dazu bewegten Bezugssystem immer als nicht gleichzeitig beobachtet. Bemerkenswert an diesem Resultat ist, dass das Vorzeichen des Zeitunterschieds nicht festgelegt ist. Wir werden das später genauer untersuchen, siehe Kap. 12 und Übung 12.1. Vergleichen wir Abb. 8.3b mit 8.4, so sehen wir, dass es verschiedenartige Messungen von Zeitdifferenzen gibt.

Abb. 8.5 Siehe Übung 8.1:
Berechnung der
Zeiteinheiten in
Diagrammdarstellungen
zweier Inertialsysteme

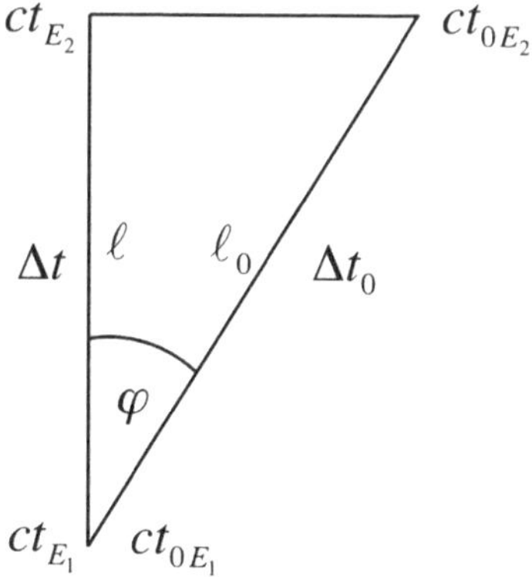

Lektion 3: Zwei raumartige Ereignisse können nur in einem einzigen Bezugsystem als gleichzeitig gemessen werden. Damit wird eine Messvorschrift für die Gleichzeitigkeit bestimmt.

Übung 8.1 Zeiteinheiten längs der Koordinatenachsen in S_0 und S

Betrachtet man die Abb. 8.3b, so erkennt man, dass die in S_0 gemessene Zeitspanne $\Delta t_0 = t_{0E_2} - t_{0E_1}$ zwischen zwei Ereignissen durch eine längere geometrische Strecke dargestellt wird als die entsprechende Zeit $\Delta t = t_{E_2} - t_{E_1}$ in S. Die Theorie zeigt aber, siehe Gl. (8.5), dass Δt_0 kürzer ist: $\Delta t_0 \leq \Delta t$. Offenbar ist in der Darstellung die für eine Zeiteinheit, z. B. eine Sekunde, verantwortliche Länge e_0 auf der ct_0-Achse größer als die entsprechende Länge e auf der ct-Achse. Welcher Zusammenhang besteht zwischen den Zeiteinheiten e_0 und e?

Lösung

Nach Parallelverschiebung der Strecke zwischen E_1 und E_2 in Abb. 8.3b entsteht ein Dreieck, das wir in Abb. 8.5 sehen. Wir erinnern uns an Gl. (8.6)

$$\Delta t = \frac{\Delta t_0}{\sqrt{1 - v^2/c^2}}. \tag{1}$$

Die in Abb. 8.5 dargestellten geometrischen Längen ℓ und ℓ_0 kann man unter Verwendung von Zeiteinheiten e_0 auf der ct_0-Achse und e auf der ct-Achse beschreiben

$$\ell_0 = e_0 c \Delta t_0, \qquad \ell = ec \Delta t, \tag{2}$$

und damit auch

$$\ell = e \frac{c\,\Delta t_0}{\sqrt{1 - v^2/c^2}} = \frac{e}{e_0} \frac{e_0 c\,\Delta t_0}{\sqrt{1 - v^2/c^2}} = \frac{e}{e_0} \frac{\ell_0}{\sqrt{1 - v^2/c^2}}. \tag{3}$$

Andererseits stehen die geometrischen Längen ℓ und ℓ_0 zueinander in der Beziehung

$$\ell_0 = \frac{\ell}{\cos\varphi} = \ell\sqrt{1 + \tan^2\varphi}. \tag{4}$$

Wenn wir uns nochmals die Abb. 8.1 ansehen, erkennen wir ferner

$$\tan\varphi = \frac{v}{c}, \tag{5}$$

also

$$\ell_0 = \ell\sqrt{1 + v^2/c^2}. \tag{6}$$

Dieses Resultat ist bei Betrachtung des rechtwinkligen Dreiecks in Abb. 8.5 leicht zu verstehen.

Wir verwenden Gl. 6 in 3 und finden für das Verhältnis der Zeiteinheiten in S_0 und S

$$\frac{e_0}{e} = \frac{\sqrt{1 + v^2/c^2}}{\sqrt{1 - v^2/c^2}}. \tag{7}$$

Dieses Verhältnis $e_0/e \geq 1$ beschreibt sowohl den Effekt des längeren optischen Lichtweges (Lorentzfaktor $1/\sqrt{1 - v^2/c^2}$), den wir in Abschn. 4.2 unter Gl. (4.5), beschrieben haben, als auch den Effekt der Projektion (Faktor $\sqrt{1 + v^2/c^2}$). Eine ganz analoge Rechnung zeigt, dass Gl. 7 auch den Zusammenhang zwischen den Einheiten auf der x-Achse und der x_0-Achse angibt. Das ergibt sich aber auch aus der Tatsache, dass die Weltlinie eines zur Zeit $t = t_0 = 0$ im gemeinsamen Koordinatenursprung abgesandten Lichtstrahls in beiden Koordinatensystemen durch die Winkelhalbierende zwischen den Koordinatenachsen dargestellt wird.

Skalen-Maßeinheits-Verschiebungen sind auch aus der Geographie bekannt sind. *Z. B.* streckt die winkeltreue Mercator-Projektion die Einheiten überall außer am Äquator. Das ist vor allem in der Polgegend sichtbar.

Zusammenfassung

Die von den Enden eines Körpers emittierten Signale werden beobachtet. Das ermöglicht einmal die räumliche Abstandsmessung im Ruhesystem des Beobachters und zum andern die räumliche Abstandsmessung im Ruhesystem des beobachteten Körpers. Wir zeigen, dass diese Messungen mit der Lorentz-FitzGerald-Körperkontraktion konsistent sind, wenn die Enden des Körpers im Ruhesystem des Beobachters gleichzeitig gemessen werden. Als dritten Fall untersuchen wir die Messung des Abstands der Körperenden für den Fall, dass der Körper vom Ruhesystem des Beobachters aus beleuchtet wird.

9.1   Einführende Bemerkungen

Die Messprozesse zur Bestimmung des räumlichen Abstandes Δx zwischen zwei Ereignissen sind wesentlich aufwendiger als die Zeitmessung. Deshalb beginnen wir mit der Beschreibung der verschiedenen Messverfahren. Es gibt zwei Gründe für diese Vorgehensweise:

1. Wir wollen die räumliche Trennung von Ereignissen bestimmen. Dazu muss auch der Zeitabstand berücksichtigt werden. Man erkennt damit, dass die Gleichzeitigkeit im System des Beobachters eine wichtige Voraussetzung für eine räumliche Abstandsmessung ist.
2. Wir können zwar noch keine ‚Längen-Uhr' einführen, die uns über die Lorentz-FitzGerald-Körperkontraktion informiert. Die Konstruktion eines solchen Gerätes wird aber anhand unserer Ergebnisse in diesem und im folgenden Kapitel ermöglicht und in Abschn. 10.3 vorgestellt.

Wir nehmen nun an, dass der Beobachter im System S, der beobachtete Körper im System S_0 ruht. Unser Ziel ist die Bestimmung des räumlichen Abstandes zwischen

© Springer-Verlag GmbH Deutschland, ein Teil von Springer Nature 2019   157
J. Rafelski, *Spezielle Relativitätstheorie heute*,
https://doi.org/10.1007/978-3-662-59420-9_9

Ereignissen, die an den beiden Enden des beobachteten Körpers gleichzeitig stattfinden. Wir diskutieren die folgenden drei verschiedenen möglichen Messverfahren.

a) Die Enden des Körpers leuchten dauernd und wir photografieren sie mit einer Kamera vom System S aus. Dies bedeutet, dass die Beobachtung gleichzeitig in S, aber nicht gleichzeitig im Ruhesystem S_0 der Lichtquelle erfolgt.
b) Die Enden des Körpers leuchten für einen kurzen Moment gleichzeitig im Körperruhesystem auf, und diese zwei Blitze werden von einer Kamera aufgenommen, die ein dauerhaft offenes Objektiv hat. Die beiden Körperenden werden also gleichzeitig in S_0, aber nicht gleichzeitig in S registriert.
c) Wir bringen Spiegel an den beiden Körperenden an und beleuchten den Körper für einen kurzen Moment durch einen vom Beobachter in S erzeugten Lichtblitz. Das Licht wird von dem in S_0 ruhenden Körper reflektiert und mit einer Kamera aufgezeichnet, die in S mit einem permanent offenen Objektiv auf reflektierte Signale wartet. Im allgemeinen werden diese Signale zu unterschiedlichen Zeiten in S ankommen, doch da die Kamera lange offen bleibt, merken wir das nicht.

In den nachfolgenden Beispielen in Abschn. 9.2 werden Ereignisse in jedem System dort registriert, wo sie stattfinden – jedes System ist an jedem denkbaren Ort mit einer systemeigenen Uhr ausgestattet. Laufzeiten bleiben deshalb unberücksichtigt.

9.2   Bestimmung des räumlichen Abstandes

Im Ruhesystem des Beobachters S synchronisierte Messung

Fall (a), Abschn. 9.1, ist in Abb. 9.1 dargestellt. Die Blende der Kamera öffnet und schließt sich im gleichen Augenblick zum Zeitpunkt $t_E = t_{E_1} = t_{E_2}$ im System S. Das einfallende Licht wird daher zu verschiedenen Zeitpunkten t_{0E_1} und t_{0E_2} im System S_0 ausgesandt. Wir definieren nun den räumlichen Abstand in den beiden Bezugssystemen

$$l_0 = x_{0E_2} - x_{0E_1}, \qquad l^{\text{sim}} = x_{E_2} - x_{E_1}.$$

Der hochgestellte Index ,sim(ultan)' erinnert uns daran, in welchem Bezugssystem die Messung gleichzeitig ist.

Die Lorentztransformation Gl. (6.29) ergibt

$$x_{0E_1} = \frac{x_{E_1} - vt_E}{\sqrt{1 - (v/c)^2}}, \qquad x_{0E_2} = \frac{x_{E_2} - vt_E}{\sqrt{1 - (v/c)^2}}.$$

Betrachten wir die Differenz dieser Gleichungen, so erhalten wir

$$l_0 = \frac{l^{\text{sim}}}{\sqrt{1 - (v/c)^2}}, \quad \text{oder} \quad l^{\text{sim}} = l_0\sqrt{1 - \left(\frac{v}{c}\right)^2}. \tag{9.1}$$

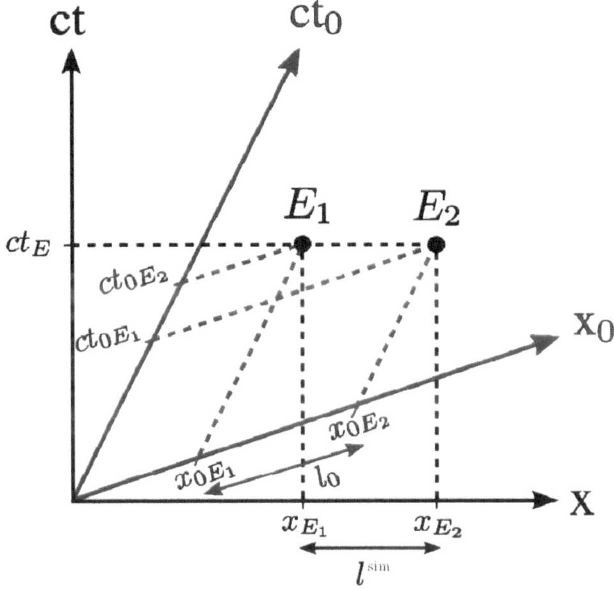

Abb. 9.1 Messung Fall (a): zwei im Ruhesystem des Beobachters S gleichzeitige Ereignisse E_1 und E_2

Das Resultat: Der nach Methode (a) in S gemessene Abstand l^{sim} ist kürzer als der Abstand l_0.

> **Lektion 4a:** Der in Bewegungsrichtung gemessene räumliche Abstand l^{sim} zweier Ereignisse, der in einem System $S = S^{\mathrm{sim}}$ ermittelt wird, in dem beide Ereignisse gleichzeitig auftreten, ist um den Faktor $\sqrt{1 - (v/c)^2} = \gamma^{-1}$ kürzer als derselbe nicht gleichzeitig gemessene Abstand, der im Eigensystem S_0 eines sich mit der Geschwindigkeit v bewegenden Körpers gemessen wird.

Ein Körper wird in Lektion 4a nur aus didaktischen Gründen eingeführt, d. h. die Ereignisse brauchen keine Körperverbindung.

Im Ruhesystem des Körpers S_0 synchronisierte Messung

Wir betrachten den Fall (b), Abschn. 9.1, der in Abb. 9.2 dargestellt ist. Die Ereignisse E_1 und E_2 sind zwei Lichtblitze, die im Ruhesystem S_0 des Körpers gleichzeitig an den Körperenden K emittiert werden: $t_{0\,E} \equiv t_{0\,E_1} = t_{0\,E_2}$. Die beiden Ereignisse sind nicht gleichzeitig in S.

Der Abstand zwischen den beiden Ereignissen in Abb. 9.2 ist

$$l = x_{E_2} - x_{E_1}, \qquad l_0^{\mathrm{sim}} = x_{0E_2} - x_{0E_1}.$$

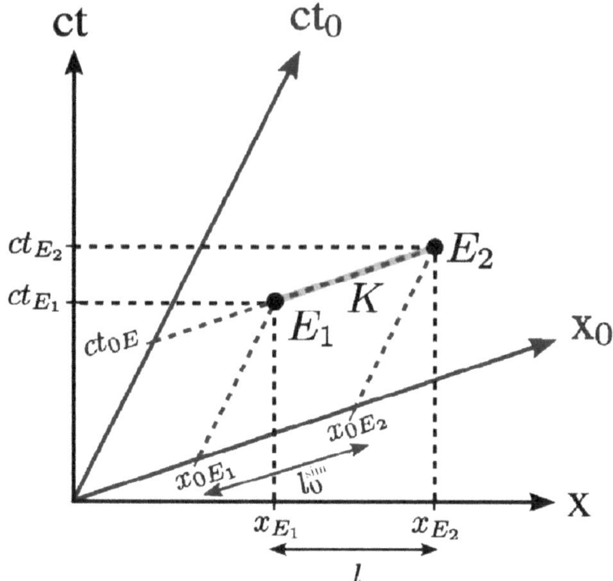

Abb. 9.2 Messung Fall (b): zwei im Ruhesystem S_0 des bewegten Körpers K gleichzeitige Ereignisse E_1 und E_2

Wir verwenden die inverse Lorentztransformation der Koordinaten, Gl. (6.30), zur Bestimmung von x_{E_2} und x_{E_1}

$$x_{E_1} = \frac{x_{0E_1} + vt_{0E}}{\sqrt{1 - (v/c)^2}}, \qquad x_{E_2} = \frac{x_{0E_2} + vt_{0E}}{\sqrt{1 - (v/c)^2}}.$$

Betrachten wir die Differenz dieser Gleichungen, so erhalten wir inhaltlich dasselbe Resultat wie bereits in Gl. (9.1) abgeleitet

$$l = \frac{l_0^{\text{sim}}}{\sqrt{1 - (v/c)^2}}, \quad \text{oder} \quad l_0^{\text{sim}} = l\sqrt{1 - \left(\frac{v}{c}\right)^2}. \tag{9.2}$$

Lektion 4b: Der in Bewegungsrichtung gemessene räumliche Abstand l^{sim} zweier Ereignisse, der in dem System S^{sim} ermittelt wird, in dem beide Ereignisse gleichzeitig auftreten, auch wenn es das Ruhesystem S_0 des Körpers ist, ist um den Faktor $\sqrt{1 - (v/c)^2} = \gamma^{-1}$ kürzer als der Abstand, der in einem gegenüber S^{sim} mit der Geschwindigkeit v bewegten System nicht gleichzeitig gemessen wird.

Ein Körper wird in Lektion 4b nur aus didaktischen Gründen eingeführt, d. h. die Erignisse brauchen keine Körperverbindung.

Körperlänge in Einsteins Didaktik

Wir interpretieren den Abstand zwischen den Ereignissen als Körperlänge. Was wir l_0 oder l nennen, ist offenbar ohne Bedeutung. $l = l_0\sqrt{1-(v/c)^2}$ sollte deshalb in der klareren Form

$$l^{\text{sim}} = l\sqrt{1 - \left(\frac{v}{c}\right)^2}, \tag{9.3}$$

dargestellt werden. Der hochgestellte Index ‚sim(ultan)' erinnert uns daran, wie die Messung der kontrahierten Körperlänge durchgeführt wird.

Damit stellen wir auch fest: i) Zwei Beobachter in verschiedenen Inertialsystemen, die gegenseitig behaupten, dass Körper im anderen System kontrahiert sind, führen unterschiedliche Messungen durch, denn Gleichzeitigkeit ist an einen bestimmten Inertialbeobachter gebunden. ii) Es wird nochmals klar, dass eine absolute Geschwindigkeit nicht messbar ist. Entscheidend ist hier die Geschwindigkeit in Bezug auf den Beobachter ‚sim'. Damit sind bei Interpretation der Lorentz-FitzGerald-Körperkontraktion auftretenden Widersprüche aufgelöst. Zusammengefasst:

Lektion 5: Wichtig für das Verständnis der Körperkontraktion ist also, in welchem Bezugssystem die beiden Ereignisse, die die Körperlänge beschreiben, gleichzeitig stattfinden. Dieses System wird durch ein hochgestelltes ‚sim' gekennzeichnet. Der räumliche Ereignisabstand l^{sim} ist immer kürzer als das Ergebnis aller anderen räumlichen Entfernungsmessungen zwischen diesen Ereignissen, da diese zu ungleichen Zeitpunkten durchgeführt werden.

Die Lorentz-FitzGerald-Körperkontraktion ist von Einstein in dieser Weise interpretiert worden. Bei der Herleitung benutzte Einstein keinen Körper, da er sie mit Hilfe einer Koordinatentransformation durchführte. John S. Bell sagte dazu: *Die Einsteinsche Methode ist vollkommen fehlerfrei, sehr elegant und kraftvoll, meiner Meinung nach aber pädagogisch gefährlich,* siehe Vorwort.

Übung 9.1 Besondere Merkmale des gleichzeitigen Beobachtens

Wir haben in Abschn. 7.1 die Invarianz von $(\Delta s)^2$ betrachtet. Verwenden Sie dieses Resultat, um zu demonstrieren, dass der Beobachter in S^{sim} immer eine räumlich kontrahierte Ereignistrennung beobachten wird.

Lösung

Die Invariante unter der Lorentz-Koordinatentransformation, Gl. (7.6), kann man auch schreiben als

$$(\Delta \boldsymbol{x})^2 - (\Delta ct)^2 = (\Delta \boldsymbol{x}')^2 - (\Delta ct')^2. \tag{1}$$

Die beiden Ereignisabstände $\Delta \boldsymbol{x}$, Δct und $\Delta \boldsymbol{x}'$, $\Delta ct'$ werden in den jeweiligen Koordinatensystemen S und S' gemessen. Wir orientieren die x- und x'-Koordinatenachsen in Richtung der Relativbewegung zwischen S und S'. Transversal zu Bewegungsrichtung haben wir $y = y'$ und $z = z'$, womit Gl. 1 vereinfacht wird.

Sei nun $S \rightarrow S^{\text{sim}}$ der gleichzeitige Beobachter: $\Delta ct = 0$. Damit wird Gl. 1 zu

$$(\Delta x^{\text{sim}})^2 = (\Delta x')^2 - (\Delta ct')^2. \tag{2}$$

Wir haben jetzt eindeutig den besonderen Charakter des Beobachters in S^{sim} erkannt: $\Delta x^{\text{sim}} < \Delta x'$, wobei S' jeder andere Inertialbeobachter ist, für den $\Delta ct' \neq 0$.

Warnung: Will man die Lorentz-FitzGerald-Körperkontraktion Gl. (9.3) explizit bestimmen, so muss man $\Delta ct'$ mit Hilfe der Lorentztransformation berechnen um damit den funktionalen Zusammenhang zwischen Δx^{sim}, $\Delta x'$ und der Relativgeschwindigkeit der Systeme zu ermitteln

$$(\Delta ct')^2 = \gamma^2 \beta^2 (\Delta x^{\text{sim}})^2, \tag{3}$$

da $\Delta ct = 0$. Wir lösen nach Δx^{sim} auf

$$\Delta x^{\text{sim}} = \Delta x' \sqrt{1 - v^2/c^2}. \tag{4}$$

Insbesondere darf man nicht in der Beziehung

$$(\Delta x^{\text{sim}})^2 = (\Delta x')^2 \left(1 - \frac{(\Delta t')^2}{(\Delta x')^2}\right), \tag{5}$$

das Verhältnis $\Delta x'/\Delta t'$ als eine Geschwindigkeit interpretieren. Die Raum-Zeit Intervalle $\Delta x'$, $\Delta ct'$ haben nichts mit der Relativbewegung der Bezugssysteme zu tun.

9.3 Räumliche Abstandsmessung bei Beleuchtung vom Ruhezustand des Betrachters

Zuletzt betrachten wir den komplexeren Fall (c), der in Abb. 9.3 dargestellt wird. Der Körper ruht in S_0, die Körperenden haben die Koordinaten $x_{0\,E_1}$ und $x_{0\,E_2}$ für alle Zeiten ct_0. Ein Blitz wird zur Zeit $t = 0$ am Ort $x = 0$ in S ausgesandt und breitet sich entlang des Lichtkegels $x = ct$ aus. Deshalb werden die Enden des sich bewegenden Körpers zu unterschiedlichen Zeiten belichtet, also in beiden Bezugssystemen auch zu unterschiedlichen Zeiten beobachtet; das heißt $\Delta t = t_{E_2} - t_{E_1} \neq 0$ und $\Delta t_0 = t_{0E_2} - t_{0E_1} \neq 0$, siehe Abb. 9.3.

Die Ereignisse E_1 und E_2 beschreiben die Enden des Körpers zu den Zeitpunkten, in denen das Licht sie erreicht. Im System S geschieht dies an den Stellen $x_{E_1} = ct_{E_1}$ und $x_{E_2} = ct_{E_2}$. Mit Hilfe der Lorentztransformation Gl. (6.29) erhalten wir für die zugehörigen Positionen in S_0

$$x_{0E_1} = \frac{x_{E_1}(1 - v/c)}{\sqrt{1 - (v/c)^2}}, \qquad x_{0E_2} = \frac{x_{E_2}(1 - v/c)}{\sqrt{1 - (v/c)^2}}.$$

Bilden wir die Differenz, so ergibt sich eine Beziehung zwischen dem Ereignisabstand l_0 und dem Abstand l im Laborsystem

$$l_0 = l\,\frac{(1 - v/c)}{\sqrt{1 - (v/c)^2}} = l\sqrt{\frac{1 - v/c}{1 + v/c}}. \tag{9.4}$$

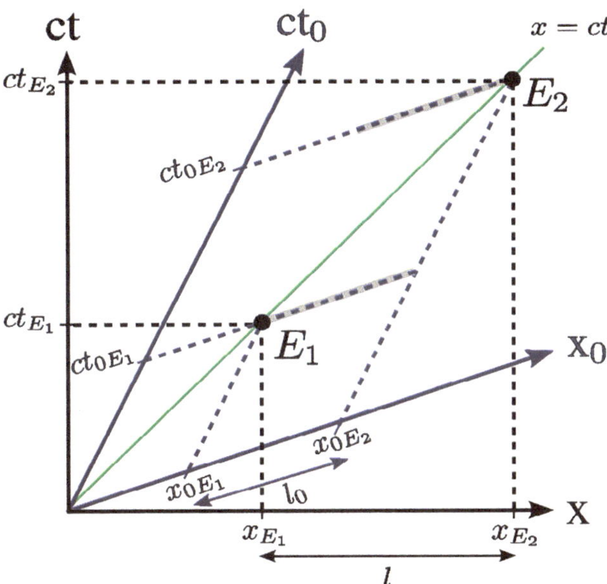

Abb. 9.3 Messfall (c): Aktive Beobachtung bei Beleuchtung eines Körpers vom Ruhezustand des Betrachters aus mit einem Blitzlicht

Auch wenn das Ergebnis der Messung in diesem dritten Fall an die relativistische Doppler-Wellenlängenverschiebung für kollineare Bewegungen erinnert, hat es mit dieser nichts zu tun[1]. Wir werden den Dopplereffekt in Kap. 13 betrachten.

Übung 9.2 Quasi-Rotation eines bewegten Körpers

Ein rechteckiges Prisma mit den Kantenlängen a_0, b_0 und c_0, bewegt sich mit einer Geschwindigkeit v parallel zur Kante a_0 vorbei am ruhenden Beobachter S. An jeder Ecke des Prismas brennt ein Positionslicht. Ein Beobachter in S macht beim Vorbeiflug einen Schnappschuss vom Prisma. Wie sieht das Bild für den Betrachter aus und wie kann er es interpretieren?

Lösung

Das von jeder Ecke aus emittierte Licht muss gleichzeitig in der Kamera im System S ankommen. Um gleichzeitig aufgezeichnet zu werden, wird das Licht daher von den verschiedenen Ecken des Prismas zu unterschiedlichen Zeiten ausgesandt. Die Betrachtung von Abb. 9.4 zeigt, dass das von der Kante 1 kommende Licht im Vergleich zum Licht von Kante 4 die zusätzliche Strecke b_0 zurücklegen muss.

Verglichen mit Licht von Kante 4 wird Licht von Kante 1 um die Zeit

$$\Delta t = \frac{b_0}{c} \tag{1}$$

früher emittiert. Während dieser Zeit bewegt sich das Prisma – wie in Abb. 9.4 gezeigt – um die Distanz

$$\Delta x = v \Delta t = \frac{v}{c} b_0. \tag{2}$$

Damit wird klar, dass die Emission von den Kanten 1 und 4' und genauso von 2 und 3' erfolgen muss, damit das Licht auf der Photoplatte zur gleichen Zeit ankommt. Die Lorentz-FitzGerald-Körperkontraktion beeinflusst nur den Abstand a_0 in Bewegungsrichtung.

Eine denkbare Interpretation der Photografie ist in Abb. 9.5 zu sehen. Die Kanten des bewegten rechteckigen Prismas erscheinen gedreht in der Ebene, in der

---

[1] J. Terrell, „Invisibility of the Lorentz Contraction (Unsichtbare Lorentz-Kontraktion)" *Phys. Rev.* **116** 1041 (1959) schreibt im Abstrakt:

> Beobachter, die den Maßstab gleichzeitig von der gleichen Position aus photografieren, erhalten genau das gleiche Bild, mit Ausnahme einer durch das Dopplerverschiebungsverhältnis gegebenen Maßstabsänderung.

Im Orginal:

> Observers photographing the meter stick simultaneously from the same position will obtain precisely the same picture, except for a change in scale given by the Doppler shift ratio.

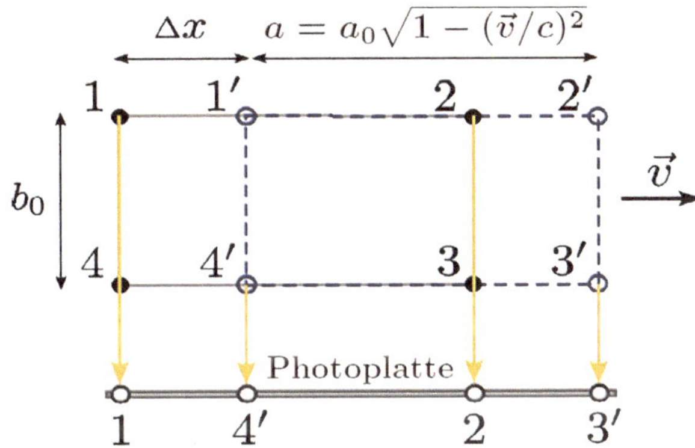

Abb. 9.4 Seitenansicht eines rechteckigen Prisma. Die Positionslichter an den Ecken des Körpers sind als $1, 2, 3, 4$ markiert. Die Lichtwege von den Kanten zur Photoplatte sind eingezeichnet. Siehe Übung 9.2

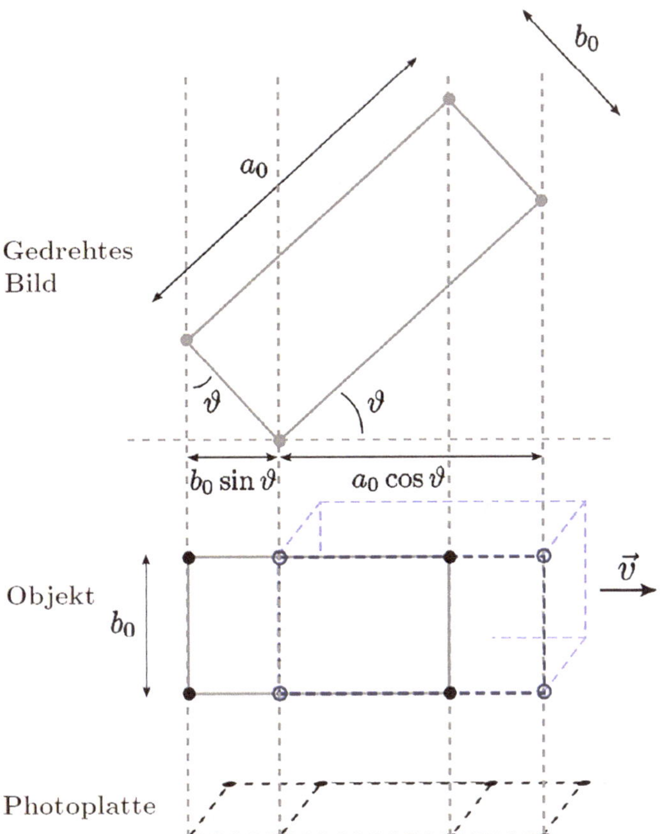

Abb. 9.5 Bild eines rechteckigen Prismas: Auf dem Photo ist ein um den Winkel ϑ gedrehtes Prisma zu sehen. Siehe Übung 9.2

sich die betrachtete Prismenseite befindet. Die Drehung erfolgt um eine Achse senkrecht zur Normalen der Photoplatte und senkrecht zur Relativbewegung $\boldsymbol{v}$. Gedreht wird u. a. die kontrahierte Kante a_0. Die Körper-Längenkontraktion folgt aus der Projektion dieser um den Winkel ϑ gedrehten Kante auf die Bewegungsrichtung des Körpers, wobei

$$\frac{v}{c} = \sin \vartheta, \qquad \sqrt{1 - \left(\frac{v}{c}\right)^2} = \cos \vartheta. \tag{3}$$

Damit ist

$$\Delta x = b_0 \sin \vartheta, \qquad a = a_0 \cos \vartheta. \tag{4}$$

Mit einer Drehung lassen sich beide hier wichtigen Effekte interpretieren: i) die durch die unterschiedlichen Lichtwege von vorderer und hinterer Kante bedingte Laufzeitdifferenz für gleichzeitig in S ankommende Signale und ii) die Lorentz-FitzGerald-Körperkontraktion.

Was wir beobachten, wird offenbar auch von der Methode der Messung bestimmt. Dabei muss man hier den Effekt der Lorentz-FitzGerald-Körperkontraktion und die Endlichkeit der Lichtgeschwindigkeit berücksichtigen. Die wahrgenommene Rotation des Bildes um den in Gl. 3 gegebenen Winkel ist charakteristisch für eine Körperbewegung senkrecht zur Beobachtungsrichtung, wobei nur zu einem bestimmten Beobachtungszeitpunkt das Bild auf dem Photo mit der Darstellung in Abb. 9.5 übereinstimmt. Zu anderen Zeitpunkten braucht das Licht von den vorderen und den hinteren Kanten andere Zeiten, um zur Photoplatte zu gelangen. Das erforderte eine Verallgemeinerung unseres Ergebnisses, die wir hier nicht durchführen.

Offenbar ist die Lorentz-FitzGerald-Körperkontraktion immer eine wichtige Komponente bei der Interpretation der Beobachtungen bewegter Körper. Auch die Endlichkeit der Lichtgeschwindigkeit muss in jedem Fall beachtet werden. Was wir beobachten, hängt wesentlich davon ab, wie ein Experiment durchgeführt wird. Die Möglichkeit, durch Änderung der Messmethoden das Bild des beobachteten Objekts zu ändern, beeinflusst in keiner Weise den physikalischen Inhalt der Lorentz-FitzGerald-Körperkontraktion.

Weiterführende Literatur: Der soeben vorgestellte Rotationseffekt ist auf viel Interesse gestoßen. Der Artikel von J. Terrell Ref. 1 *(loc.cit)* stimulierte beträchtliche Diskussion und mehrere weitergehende Betrachtungen. Besonders gut lesbar sind die Beiträge von Victor F. Weisskopf[2], und von Mary L. Boas[3].

---

[2] V. F. Weisskopf, „The visual appearance of rapidly moving objects (Das visuelle Erscheinungsbild von sich schnell bewegenden Objekten)," *Physics Today* pp 24–27 (September 1960).
[3] M. L. Boas, „Apparent shapes of large objects at relativistic speeds (Scheinbare Formen großer Objekte bei relativistischen Geschwindigkeiten)," *American J. Physics* **29** 283 (1961).

9.4   Ein Zug fährt in einen Tunnel: Ist der Zug oder der Tunnel kontrahiert?

Wir haben drei verschiedene Messungen der Entfernung zwischen Ereignissen betrachtet und drei verschiedene Ergebnisse erhalten. Die ersten zwei Fälle zeigen, auf welche Weise die Lorentz-FitzGerald-Körperkontraktion mit der Lorentz-Koordinatentransformation konsistent ist. Wir fanden, dass der Beobachter, der die Körperenden gleichzeitig misst, den geringsten räumlichen Abstand der die Körperenden festlegenden Ereignisse beobachtet, und dass dieser Abstand genau den Wert hat, den wir von der Lorentz-FitzGerald-Körperkontraktion erwarten. Der dritte Fall (c) ergab ein anderes Ergebnis, da die Ereignisse weder für den Beobachter noch für die Quelle gleichzeitig waren.

Wir kehren nun zurück zum Beispiel des Zuges, der durch einen Tunnel mit Schranken fährt. Die Fahrt beginnt an einer Station, an der wir feststellen, dass der ruhende Zug um einiges länger ist als der Tunnel, den er durchfährt, nachdem er eine sehr hohe Geschwindigkeit erreicht hat. Passt der Zug in den Tunnel? Was passiert, wenn die Schranken im Tunnel gleichzeitig die Tunnelenden schließen. Diese Situation kann sowohl mithilfe der Lorentz-Fitz-Gerald Körperkontraktion als auch mit der Lorentztransformation beleuchtet werden.

- Argumentiert man mit der Lorentz-FitzGerald-Körperkontraktion, so ist die Länge des fahrenden Zuges so stark kontrahiert, dass er leicht in den Tunnel passt. Allerdings macht Simplicius auf eine scheinbar gleichwertige und doch ganz andere Betrachtungsweise aufmerksam. Das Relativitätsprinzip erlaubt eine Transformation in ein anderes Bezugsystem: In diesem ruht der Zug und der Tunnel bewegt sich. In diesem Fall wäre doch der Tunnel kontrahiert und der Zug könnte nicht in den Tunnel passen. Zum Glück haben wir gerade gesehen, dass es keine triviale Umkehrbarkeit gibt. Es ist notwendig, den Messprozess genau zu definieren und sich an die Bedeutung der Zeit für die Messung zu erinnern.
- Argumentiert man mit der Koordinatentransformation, so bemerkt man zur Erleichterung der Befürworter der Lorentz-FitzGerald-Körperkontraktion, dass im Ruhesystem des Zuges (anders als in dem des Tunnels) die vorderen und hinteren Tunnelschranken nicht gleichzeitig schließen. Wenn die Vorderseite des Zuges den Tunnelausgang erreicht, fahren die Passagiere im hinteren Zugteil bis zum Erreichen der hinteren Schranke noch einige Zeit weiter und können ihr so entkommen.

Maßgebend für die Frage, welcher Körper kontrahiert ist, ist der Messprozess. In beiden Bezugssystemen – Zug und Tunnel/Station – finden wir dasselbe Resultat, das wir erhalten, wenn die Messung gleichzeitig im Koordinatensystem Tunnel/Station erfolgt. Die Koordinatentransformation ist konsistent mit der Lorentz-FitzGerald-Körperkontraktion. Simplicius wollte den Sachverhalt im Referenzsystem des Zug betrachten, aber das ist eine ganz andere Messung. Intuitiv ist klar, dass wir von der Station aus den beschleunigenden Zug ständig gleichzeitig im Ruhesystem des Tunnels beobachten. Er wird dann immer kürzer wahrgenommen, weil er immer schneller wird. Diese Sichtweise verdeutlicht, welcher Messprozess zu wählen ist.

Nun ist es Zeit, sich an das Michelson-Morley-Experiment zu erinnern. In diesem Experiment vergleichen wir zwei Längen. Eine ist kontrahiert (parallel zur Bewegung) und die andere nicht (senkrecht zur Bewegung). Die Kontraktion in Bewegungsrichtung wird benötigt, um sicherzustellen, dass der optische Weg zwischen den im Interferometers befestigten Spiegeln in allen Richtungen gleich ist, unabhängig von der Art der Bewegung des Experimentiertisches. Das bedeutet, die relative Geschwindigkeit in Bezug auf den Äther, den Träger der Lichtwellen, ist unbestimmbar. Es ist jedoch nicht die Existenz des Äthers, die durch das Michelson-Morley-Experiment widerlegt wird; es ist die Geschwindigkeit des Äthers, die der Beobachtung unzugänglich wird, wie das Einstein 1920 erklärte, siehe Abschn. 2.3 und Ref. 18 in Kap. 2.

Die Unbeobachtbarkeit der Relativgeschwindigkeit des Äthers widerspricht nicht der Behauptung, dass wir die kontrahierte Körperlänge beobachten können. Wir werden zeigen, dass wir diese Körperkontraktion zur Zeit ihres Auftretens direkt messen können. Das gilt dann auch für den Fall des von einer Station aus startenden, (stufenweise) beschleunigten Zuges, der bei genügend großer Geschwindigkeit in den Tunnel passt. Im folgenden Kapitel werden wir zeigen, dass die Lorentz-FitzGerald-Körperkontraktion in der Tat ein realer Effekt ist, da eine experimentelle Anordnung gebaut werden kann, die den Effekt der Kontraktion zu jeder Zeit misst. Das Resultat kann aufgezeichnet werden und wir behalten diese Information sogar im Gedächtnis, nachdem die Bewegung aufgehört hat (der Zug zur Station zurückgekehrt ist) und der beobachtete Körper nicht mehr kontrahiert ist.

Diskussion 9.1 Körperkontraktion und Koordinatentransformation
Thema: Wir diskutieren, wie man die Lorentz-Koordinatentransformation mit der Lorentz-FitzGerald Körperkontraktion verknüpft.

Simplicius: Ohne Zweifel muss es eine Möglichkeit geben, die Lorentz-FitzGerald-Körperkontraktion im Rahmen der Lorentz-Koordinatentransformation zu verstehen.

Professor: Natürlich ist das möglich. Aber es ist bedauerlich, dass ‚Lorentz' in diesen beiden Begriffen vorkommt. Das stiftet oft Verwirrung. Lorentz suchte nach einer Koordinatentransformation, die im Einklang mit seiner Erklärung des MM-Experiments mithilfe der Lorentz-FitzGerald-Körperkontraktion sein sollte und die gleichzeitig mit dem Maxwellschen Elektromagnetismus vereinbar war. Letztendlich wurde dieses Problem von anderen gelöst. Larmor und Poincaré benannten aber die Koordinatentransformation nach Lorentz, der die Idee als erster hoffähig machte. Es wäre besser gewesen, die durch diese Bezeichnung entstehende Verwirrung zu vermeiden, da die ‚Körperkontraktion' und die ‚Koordinatentransformation' zwei verschiedene physikalische Konzepte sind. Um den Unterschied hervorzuheben, sprechen wir in diesem Buch immer von der ‚Lorentz-FitzGerald-Körperkontraktion'.

Student: Lorentz hatte aber erkannt, dass die zwei nach ihm benannten Effekte miteinander vereinbar sein müssen.

Simplicius: Wie steht es mit dieser Vereinbarkeit, wenn wir den Zug in einem Tunnel betrachten?

Student: Wir messen von der Station aus die Zuglänge $L_0 = x_2 - x_1$ mit einem Maßstab. Das bedeutet, dass wir die beiden Zugenden in diesem Bezugssystem gleichzeitig bestimmen. Es ist hier wichtig, sich immer zu erinnern, dass wir mit einer Längenmessung bei $t_2^{\text{st}} - t_1^{\text{st}} = 0$ am Bahnhof beginnen. Für den im Zug mitfahrenden Beobachter ändert sich nach Abfahrt des Zugs nichts, wenn seine Messung in derselben Weise im Ruhesystem des Zuges wiederholt wird. Dies ist so, weil eine absolute Geschwindigkeit nicht bestimmbar ist. Von außen betrachtet, können wir diesen Sachverhalt so verstehen, dass sowohl der Maßstab als auch der Zug in gleicher Weise kontrahiert sind.

Professor: Der wichtige Punkt hier ist, dass eine Messung, die keine Änderung feststellt, von einem im Bezugssystem des bewegten Zuges ruhenden Beobachter bei $t_2^{\text{Zug}} - t_1^{\text{Zug}} = 0$ ausgeführt wird. Damit wir eine Kontraktion der Zuglänge bemerken, muss es eine Relativgeschwindigkeit zwischen dem Zug und der Station geben und die Messung muss im Bezugssystem der Station gleichzeitig bei $t_2^{\text{st}} - t_1^{\text{st}} = 0$ ausgeführt werden, also in derselben Art und Weise wie die ursprüngliche Messung der Zuglänge *und* in demselben Bezugsystem. Dieser Stationsbeobachter misst auch gleichzeitig in seinem Bezugsystem die unveränderte Tunnellänge.

Simplicius: Wenn die Körperkontraktion vom Prozess der Messung abhängt, scheint es mir, dass sie nicht ‚real‘ ist.

Professor: Nein, die Kontraktion ist real. Der Stationsbeobachter bestätigt es. Wir haben nur sorgfältig diskutiert, warum man die Lorentztransformation der Koordinaten mit Vorsicht verwenden soll. Wir bemerkten die Bedeutung des Zeitunterschieds bei einer Messung. Es ist aber wahr, dass Beobachter in verschiedenen Bezugssystemen, die in gleicher Art und Weise eine Messung durchführen, zwei verschiedene Ergebnisse für die Körperkontraktion erhalten.

Student: Ich erinnere, das ist genau wie mit der kinetischen Energie eines Körpers: Zwei verschiedene Beobachter messen unterschiedliche Werte der kinetischen Energie. Der mitbewegte Beobachter beobachtet gar keine kinetische Energie.

Professor: Einverstanden. Wir erinnern uns: Einstein fand die Lorentz-Koordinatentransformation bei Anwendung von Grundprinzipien. Die Interpretation eines zum Verständnis der Lorentz-FitzGerald-Körperkontraktion führenden Messprozess mithilfe der Lorentz-Koordinatentransformation ist eine andere Sache. Um Missverständnisse auszuräumen, musste Einstein deshalb selbst zur Lorentz-FitzGerald-Körperkontraktion Stellung nehmen. Lasst uns sehen, was er zu sagen hatte[4]:

> Der Verfasser (Varićak) hat zu Unrecht einen Unterschied der Lorentzschen Auffassung von der meinigen in Bezug auf die physikalischen Tatsachen statuiert. Die Frage, ob die Lorentz-Verkürzung wirklich besteht oder nicht, ist irreführend. Sie besteht nämlich nicht *wirklich,* insofern sie für einen mitbewegten Beobachter nicht existiert; sie besteht aber *wirklich,* d. h. in solcher Weise, dass sie prinzipiell durch physikalische Mittel nachgewiesen werden könnte, für einen nicht mitbewegten Beobachter.

Student: Das ist genau richtig und passt zu meinem Beispiel mit der kinetischen Energie.

Simplicius: Ich finde es sehr merkwürdig, dass ein junger Sachbearbeiter in einem Patentamt auf die Lösung eines solchen grundlegenden Rätsels stieß, das ein preisgekrönter Lorentz nicht lösen konnte.

Professor: Lorentz wurde ein großer Bewunderer und Freund von Einstein.

Simplicius: Aber warum konnte der junge Einstein das Rätsel der Lorentz-Koordinatentransformation lösen und die SR schaffen?

Professor: Meine persönliche Meinung zu dieser oft gestellten Frage ist, dass Einstein in einer einzigartigen und in gewissem Sinne privilegierten Situation war. Auf der einen Seite musste er zahlreiche Patente auswerten, die im Gefolge von Maxwell, Hertz, Edison, Tesla und anderen geschrieben wurden, also Schriften, in denen wahrscheinlich nicht immer korrekt argumentiert wurde. Konfrontiert mit vielen Missverständnissen, vielleicht bedingt durch die Notwendigkeit, die unterschiedlichen Standpunkte miteinander in Einklang zu bringen, um seine Arbeit effektiv zu gestalten, fand Einstein einen neuen Weg zum Verständnis der Koordinatentransformation in der Maxwell-Hertzschen Elektrodynamik. In seiner 1905 erschienenen Publikation zur Relativitätstheorie erwähnte Einstein nur seinen lebenslangen Freund Michelangelo Besso, einen Ingenieur, den er seit 1896 kannte, und mit dem er fast jeden Tag in Bern zu

---

[4]A. Einstein, „Zum Ehrenfestschen Paradoxon. Eine Bemerkung zu V. Varićaks Aufsatz" *Physikalische Zeitschrift* **12,** 509–510 (1911).

Fußzur Arbeit ging. Ich glaube, dass der Dank an Besso auch die Umgebung des technischen Patentamts einschließt, die Einsteins intellektuelles Zuhause war, als er die SR begründete. Ich frage mich manchmal, was wäre, wenn Einstein sich 1905 in einer anderen Umgebung befunden hätte?

Übung 9.3   Addition von zwei Körperkontraktionen

Wir betrachten die von zwei verschiedenen Beobachtern gemessene Länge eines Körpers (in Bewegungsrichtung orientiert). Der Körper ruht in Bezugssystem S_1, das von S_2 mit der Relativgeschwindigkeit v_{12} verfolgt wird. S_1 und S_2 bewegen sich im Bezug auf den Betrachter S_B mit den Geschwindigkeiten v_1 und v_2. Die Messung wird gleichzeitig im Ruhesystem des jeweiligen Beobachters durchgeführt. Insbesondere sind wir an der vom Betrachter S_B gemessene Körperlänge $L_1(v_1)$ als eine Funktion der vom bewegten Beobachter S_2 gemessenen Länge $L_{12}(v_{12})$ interessiert, wenn sowohl die Geschwindigkeit v_2 von S_2 gegenüber S_B als auch die Relativgeschwindigkeit v_{12} zwischen S_2 und S_1 bekannt sind.

Lösung

Um unsere vorherige Diskussion über den Zug im Tunnel nutzen zu können, lösen wir dieses Problem, indem wir S_B als den in der Bahnstation ruhenden Beobachter wählen, der einen sich mit Geschwindigkeit v_1 einem Tunnel nähernden Zug beobachtet. Sei nun S_2 ein Beobachter, der sich in einem zweiten Zug befindet, der dem ersten – langsamer fahrend – folgt ($v_2 < v_1$). Für die Beschreibung der relativen Bewegung der beiden Züge verwenden wir Gl. (7.25)

$$\beta_{12} = \frac{\beta_1 - \beta_2}{1 - \beta_1\beta_2}, \qquad y_{r\,12} = y_{r\,1} - y_{r\,2}. \tag{1}$$

Wir benutzen hier die Geschwindigkeiten β_i in Einheiten von c sowie die Rapiditäten $y_{r\,i}$, die sich bei Bewegung in die gleiche Richtung additiv verhalten. Wir benötigen unten

$$\cosh(y_{r\,1} - y_{r\,2}) = \gamma_{12}, \quad \tanh(y_{r\,1} - y_{r\,2}) = \beta_{12}, \quad \sinh y_{r\,2} = \beta_2\gamma_2. \tag{2}$$

Hier beziehen sich die Indizes $r\,1$ und $r\,2$ auf die Geschwindigkeiten oder Rapiditäten in Bezug auf den Beobachter S_B.

Zwei Beobachter, die in ihrem jeweiligen Ruhesystem zur gleichen Zeit messen, ermitteln die kontrahierten Längen L_i bezogen auf die Ruhelänge L_0 eines Körpers in S_1. Bei Verwendung der Rapiditäten $y_{r\,1}$ und $y_{r\,2}$ erhalten wir zwei gleichwertige Ausdrücke für L_0

$$L_0 = \cosh y_{r\,1}\, L_1, \quad L_0 = \cosh y_{r\,12}\, L_{12}, \quad \Rightarrow \quad \cosh y_{r\,12}\, L_{12} = \cosh y_{r\,1}\, L_1. \quad (3)$$

Wir können nun die vom Beobachter S_2 gemessene Länge in der Form

$$L_{12} = \frac{\cosh(y_{r\,1} - y_{r\,2} + y_{r\,2})}{\cosh(y_{r\,1} - y_{r\,2})}\, L_1, \quad (4)$$

schreiben. Hier haben wir das Argument von cosh im Zähler trivial erweitert. Gehen wir wie in Übung 7.16 vor, so erhalten wir

$$L_{12} = [\cosh y_{r\,2} + \tanh(y_{r\,1} - y_{r\,2})\sinh y_{r\,2}]L_1. \quad (5)$$

Unter Benutzung von Gl. 2 folgt

$$L_{12} = \gamma_2(1 + \beta_{12}\beta_2)L_1, \quad (6)$$

und damit

$$\boxed{\sqrt{1 - \beta_2^2}\, L_{12} = (1 + \beta_{12}\beta_2)L_1.} \quad (7)$$

Wir wollen dieses Resultat besser verstehen: Ersetzt man nun L_{12} und L_1 unter Benutzung von Gl. 3 und streicht den gemeinsamen Faktor L_0, so ergibt sich

$$\boxed{\frac{\sqrt{1 - \beta_{12}^2}\sqrt{1 - \beta_2^2}}{1 + \beta_{12}\beta_2} = \sqrt{1 - \beta_1^2}.} \quad (8)$$

Der Nenner macht deutlich, dass die Addition der Lorentz-FitzGerald-Körperkontraktion nicht als ein einfaches Produkt der Faktoren der einzelnen Lorentz-FitzGerald-Körperkontraktionen geschrieben werden kann.

Dieses Resultat überrascht uns aber nicht. Wir haben genau dieses Resultat bereits bei der Betrachtung der Addition der Geschwindigkeiten abgeleitet, siehe dazu insbesondere Gl. 1 in Übung 7.11: Subtrahiert man beide Seiten in dieser Gl. 1 von 1 und zieht die Wurzel, so erhält man die Verallgemeinerung von Gl. 8 auf den Fall, dass die betrachteten Geschwindigkeiten nicht parallel sind.

$$\boxed{\frac{\sqrt{1 - \boldsymbol{\beta}_{12}^2}\sqrt{1 - \boldsymbol{\beta}_2^2}}{1 + \boldsymbol{\beta}_{12} \cdot \boldsymbol{\beta}_2} = \sqrt{1 - \boldsymbol{\beta}_1^2}.} \quad (9)$$

Wir haben das Endergebnis Gl. 8 und die Verallgemeinerung Gl. 9 bei Verwendung der relativistischen Addition von Geschwindigkeiten unter der Annahme hergeleitet, dass beide Beobachter von der gleichen Ruhelänge L_0 des beobachteten Körpers ausgehen (‚Länge des stehenden Zuges‘), Gl. 3.

Zusammenfassung

Wir untersuchen, wie sich innerhalb der Theorie der Relativität der Raum von einem materiellen Körper unterscheidet. Wir betrachten zwei synchron in Bewegung gesetzte Raketen, die durch einen schwachen Faden verbunden sind. Die Raketen bewegen sich immer schneller, aber die räumliche Entfernung der Raketen bleibt unverändert, der körperkontrahierte Faden dagegen reißt. Wir zeigen, wie man es schaffen kann, die Geschichte der Kontraktionseffekte genauso aufzuzeichnen, wie mit Hilfe einer Uhr der Zeitdilatationseffekt gemessen wird. Damit entwerfen wir ein Körperkontraktions-Messgerät.

John Stuart Bell *Britisch-irischer Physiker, 1928 - 1990*

Ausschnitt aus dem: ©CERN-Photo-73-4-271
Zuerst Erschienen in:
CERN Annual Report (Jahresbericht) 1972, S.75

Bell, weltbekannt für Beiträge zur Quantentheorie, wurde in Belfast geboren und erhielt dort 1948 an der Queens University einen B.Sc. in Experimentalphysik und ein Jahr später einen in Mathematik. Nach vier Jahren beim *Atomic Energy Research Establishment* in Harwell studierte er ab 1953 bei Paul Mathews und Rudolf Peierls in Birmingham, wo er promovierte. Danach war er dreißig Jahre lang eine Schlüsselfigur in der theoretischen Abteilung des CERN in Genf. Bell ist weithin bekannt für sein Studium des nach Einstein-Podolsky-Rosen (EPR) benannten Quantenparadoxons und für die **Entwicklung der Bell-Ungleichung,** die es erlaubt, die Quantenmechanik nach versteckten Variablen zu testen. Er lieferte auch bahnbrechende Beiträge zu verschiedenen Bereichen der Theorie der Hochenergiephysik, der SR (in diesem Buch dargestellt) und auch zur Entwicklung relativistischer Teilchenbeschleuniger[*].

[*] Siehe dazu auch Würdigungsartikel von R. Jackiw und A. Shimony, "The Depth and Breadth of John Bell's Physics (Tiefe und Breite von John Bells Physik)," *Phys. Perspect.* **4** 78 (2004); arXiv:physics/0105046 [physics.hist-ph] und die Sonderausgabe *Europhysics News* **22** Nr. 4, 65–80 (April 1991).

© Springer-Verlag GmbH Deutschland, ein Teil von Springer Nature 2019
J. Rafelski, *Spezielle Relativitätstheorie heute,*
https://doi.org/10.1007/978-3-662-59420-9_10

10.1   Mit einem Faden verbundene Raketen

Wir betrachten einen Physiker in einer relativistischen Rakete, der die Lorentz-FitzGerald-Körperkontraktion messen will. Er würde feststellen, dass alle Körperlängen gleich bleiben, da alle Messinstrumente ebenfalls der Lorentz-FitzGerald-Körperkontraktion unterliegen. Wegen dieser Schwierigkeit vermuten wir, dass wir den Längenstandard beim Übergang zwischen verschiedenen Bezugssystemen nicht vorbereiten und beibehalten können. Angesichts dieses an sich recht einfachen Arguments schlussfolgern viele, dass die Messung der Lorentz-FitzGerald-Körperkontraktion prinzipiell unmöglich ist.

Diese Betrachtung unserer Fähigkeiten ist aber zu pessimistisch. Erinnern wir uns daran, dass die Lorentz-FitzGerald-Körperkontraktion vorgeschlagen wurde, um das Michelson-Morley-Experiment zu erklären. In diesem Experiment sehen wir keine Veränderung des Interferenzbilds (keine Streifenverschiebung), weil nach FitzGerald und (von ihm unabhängig) Lorentz der Körper, auf dem das Experiment aufgebaut ist, in Bewegungsrichtung kontrahiert ist. Wir können deshalb das MM-Experiment als eine Demonstration der Lorentz-FitzGerald-Körperkontraktion unbekannter Größe im Beobachtersystem sehen. Die Größe ist unbekannt, da eine absolute Geschwindigkeit im Kontext der Einstein'schen Relativitätstheorie prinzipiell nicht messbar ist. Deshalb betrachtete Einstein das MM-Experiment auch als einen Beweis dafür, dass eine absolute Geschwindigkeit nicht messbar ist, und nicht als einen Beweis der Körperkontraktion.

Auf jeden Fall ist die Lorentz-Fitz-Gerald-Interpretation des MM-Experiments ein Hinweis darauf, dass eine Änderung der Körperlänge aufgrund einer bekannten Geschwindigkeitsänderung messbar sein sollte. Damit dies auch wirklich möglich ist, müssen wir uns einen Weg ausdenken, ein Maß für die Längenmessung materieller Körper von einem Bezugssystem unverändert in ein dazu bewegtes zu übertragen.

Wir betrachten nun eine nach John S. Bell benannte Methode. Bell benutzte eine Vorrichtung, die die zeitliche Entwicklung der Körperkontraktion im ‚Gedächtnis‘ behält. Der Artikel von J. S. Bell „How to teach special relativity?‘‘ (Wie lehrt man spezielle Relativitätstheorie?)[1] diskutierte genau unsere Frage, basierend auf Konzepten, die bereits in der Literatur verfügbar waren[2]. Diese Vorrichtung ist heute als das „Bellsche Raketenparadoxon“ bekannt.

---

[1]J.S. Bell, „How to teach special relativity,“ in A. Zichichi, ed. *Progress in Scientific Culture* **1**, No. 2, 135–148 (1976); „Ich habe das nicht erfunden …“ Handnotiz von J.S. Bell gerichtet an J. Rafelski; Artikel nachgedruckt mit Referenzen, zu Referenzen siehe Fußnote 7 in: J.S. Bell, *Speakable and unspeakable in quantum mechanics* Kapitel 9, 67–80, Cambridge University Press (1987); nachgedruckt in M. Bell, K. Gottfried, and M. Veltman, edts. *Quantum Mechanics, High Energy Physics and Accelerators,* World Scientific, Singapore (1995).

[2] In Artikel 1 betrachtet Bell ein Thema, das mit einer kurzen Notiz von E. Dewan and M. Bernan beginnt: „Note on stress effects due to relativistic contraction (Eine Betrachtung der Stress-Effekte aufgrund der relativistischen Kontraktion),“ *Am. J. Phys.* **27**, 517 (1959). Bell zitiert auch: A.A. Evett and R.K. Wangsness, „Note on the separation of relativistically moving rockets (Eine Betrachtung des Abstandes von relativistisch bewegten Raketen),“ *Am. J. Phys.* **28**, 566 (1960); E.M. Dewan, „Stress effects due to Lorentz contraction (Stress-Effekte aufgrund der Lorentz-Kontraktion),“ *Am.*

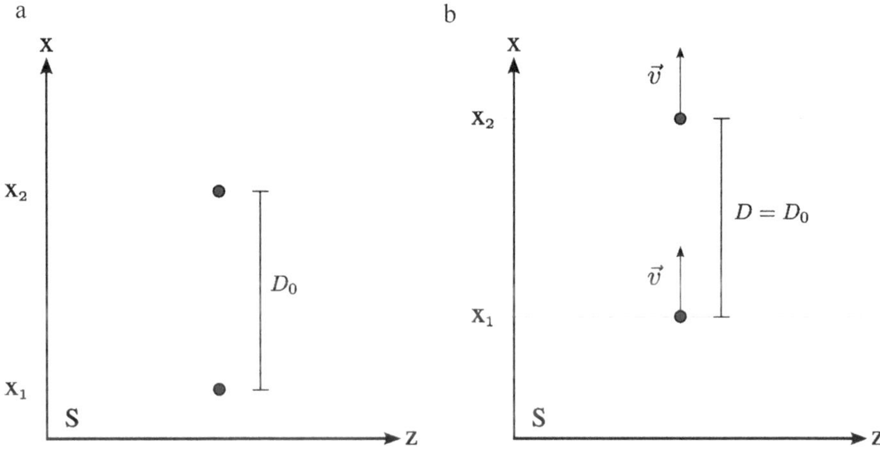

Abb. 10.1 Zwei Punktteilchen: **a** zunächst im Ruhezustand in Entfernung $x_2 - x_1 = D_0$ voneinander; **b** sich mit der gleichen Geschwindigkeit v bewegend, die zu einem späteren Zeitpunkt erreicht wurde. Ihre räumliche Trennung hängt nicht von der Zeit ab: $D = D_0$

Zur Erklärung der Methode betrachten wir zwei Punktteilchen, Abb. 10.1, die anfänglich voneinander in der Entfernung $D = x_2 - x_1 = D_0$ sind. Nun beginnen diese Teilchen sich im Laborsystem S zu bewegen. Die zwei Teilchen werden gleichmäßig und identisch in der Zeit $t > 0$ sehr langsam beschleunigt. Diese Bewegung wird durch die Weltlinien beschrieben, die wir aus den Bewegungsgleichungen erhalten

$$m \frac{d^2}{dt^2} (x_1 - x_2) = 0,$$
$$\frac{d}{dt} (x_1 - x_2) = \Delta v, \tag{10.1}$$
$$(x_1 - x_2) = \Delta v \, t + \Delta x_0,$$

in denen wir insbesondere die Teilchenentfernung betrachten.

Wir sehen, dass die räumliche Trennung $D = D_0 \equiv |\Delta x|$ unserer Teilchen konstant bleibt, wenn wir sie gleichzeitig aus der Ruhe starten, d. h., mit $\Delta v = 0$, denn diese räumliche Trennung zwischen Teilchen (Ereignissen) wird nicht durch die Lorentz-FitzGerald-Körperkontraktion beeinflusst. Deshalb erkennen wir, dass die unabhängige, aber identische schwach beschleunigte Bewegung zweier Körper einen Standard für den räumlichen Abstand zur Verfügung stellt, der beim Übergang zwischen zwei beliebigen Bezugssystemen aufrecht erhalten bleibt, hier zwischen dem anfänglichen Ruhesystem S und irgend einem anderen Inertialsystem, das sich mit einer durch die Beschleunigung erreichten Relativgeschwindigkeit bewegt.

J. Phys. **31**, 383 (1963); A.A. Evett, „A relativistic rocket discussion problem (Ein Problem in der relativistischen Raketendiskussion),“ *Am. J. Phys.* **40**, 1170 (1972).

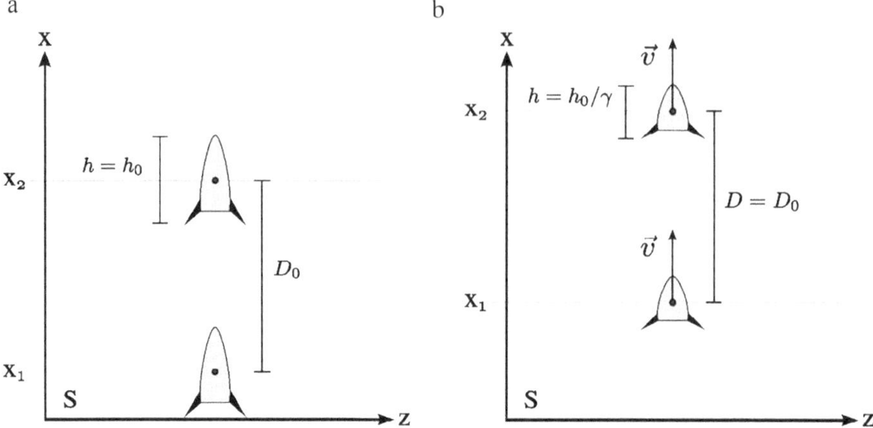

Abb. 10.2 Zwei Raketen der Länge h sind mit räumlichen Abstand $D = x_2 - x_1 = D_0$ zu sehen. **a** im Ruhesystem, und **b** in Relativbewegung mit der Geschwindigkeit v, die zu einem späteren Zeitpunkt erreicht wurde

Betrachten wir nun wie J.S. Bell zwei Raketen anstelle von zwei Punktteilchen (vgl. Abb. 10.2), so behalten die Schwerpunkte der Raketen einen konstanten räumlichen Abstand $D = D_0$ bei. Da die Raketen selbst starre Körper sind, wird die Körperlänge der Raketen um einen Faktor γ in Richtung der Bewegung schrumpfen. Die Lorentz-FitzGerald-Körperkontraktion hat nur eine Wirkung auf die physikalische Länge jeder Rakete, aber nicht auf die räumliche Trennung zwischen ihren Schwerpunkten.

10.2 Der Faden reißt

Als nächstes fügen wir einen beliebig schwachen dünnen Faden der Länge $l = D_0$ hinzu, der im Ruhesystem der Raketen ihre Schwerpunkte miteinander verbindet, wie in Abb. 10.3 dargestellt. John Bells Frage war: Was passiert mit diesem Faden, wenn die Raketen sehr sanft beschleunigen? Wir haben bereits den räumlichen Abstand der zwei unabhängigen Raketen betrachtet und wissen, dass er konstant bleiben muss, da die Raketen unabhängig beschleunigen. Wir haben auch schon mehrere Male den Fall eines materiellen Körpers besprochen. Sowohl der Zug im Tunnel als auch der hier beschriebene Faden, der die Raketen verbindet, unterliegen der Lorentz-FitzGerald-Körperkontraktion, wie es Abb. 10.3 verdeutlicht.

$$l = \frac{D_0}{\gamma} \rightarrow l < D_0, \qquad D(t) = D_0. \tag{10.2}$$

Die für uns offensichtliche und richtige Antwort: *die Lorentz-FitzGerald-Körperkontraktion verursacht das Reißen des Fadens.* Dieser Antwort wird oft mit Skepsis begegnet. In der Tat könnte ein ausreichend starker Faden die Raketen trotz der Anwesenheit von zwei unabhängigen Raketentriebwerken zusammenziehen. Das

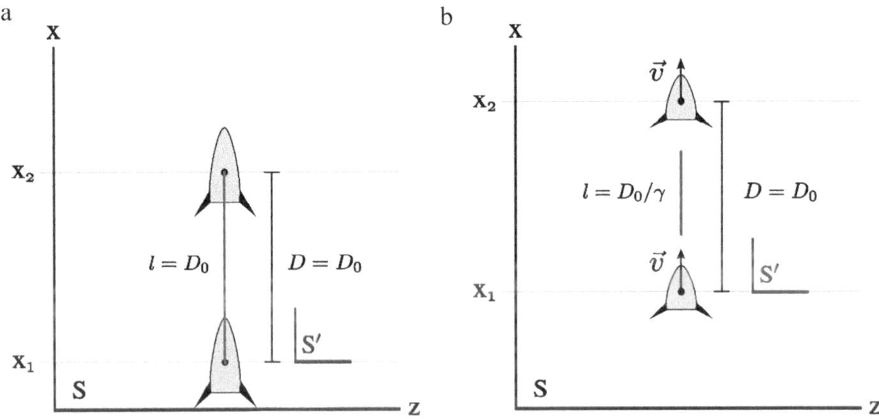

Abb. 10.3 Zwei Raketen im räumlichen Abstand $D = x_2 - x_1 = D_0$, verbunden mit einem dünnen Faden: **a** im Ruhesystem, und **b** in Relativbewegung mit der Geschwindigkeit v, die zu einem späteren Zeitpunkt erreicht wurde

gesamte System würde also wie ein starrer Körper kontrahieren. Man kann aber immer einen so schwachen Faden wählen, dass die Raketen sich unabhängig bewegen können. Eine so schwacher Faden muss reißen.

Die tiefe physikalische Relevanz der obigen Aussage folgt aus dem Auftreten einer irreversiblen Zustandsänderung eines materiellen Körpers aufgrund der Lorentz-FitzGerald-Körperkontraktion. Das beweist, dass diese Körperkontraktion ein realer Effekt sein muss.

10.3 Messung der Lorentz-FitzGerald-Körperkontraktion

Wir verfeinern jetzt Bells Gedankenexperiment der ‚zwei Raketen, die durch einen Faden verbunden sind' durch Bereitstellen von zwei Ratschenspulen, von denen eine in der vorderen Rakete den Faden weiter ausrollen kann, während die andere Rolle auf der anderen Rakete in der Lage ist, den Faden aufzurollen. Die erste wickelt den Faden ab und fügt bei Bedarf mehr Faden hinzu, um die Lorentz-FitzGerald-Körperkontraktion zu kompensieren. Deshalb verbindet der Faden immer die beschleunigten Raketen, trotz Lorentz-FitzGerald Körperkontraktion reißt er nicht. Wenn die Raketen abbremsen und langsamer werden, nimmt die Aufrollspule den losen Verbindungsfaden auf, bis er wieder straff ist.

Die Aufrollspule gewährleistet eine dauerhafte Erinnerung an die sich ändernde Körperkontraktion. Bells ‚zwei Raketen mit zwei Ratschenspulen' erlauben die Messung sowohl der momentanen Kontraktionseffekte (bei Informationsaustausch zwischen den Raketen) als auch der kumulativen Körperkontraktionseffekte, nachdem die Raketen zum ursprünglichen Ruhesystem S zurückgekehrt sind. In diesem Falle verhält sich die Aufrollspule ähnlich einer Uhr, die die kumulierte Zeitdilatation nach der Reise anzeigt.

Auch wenn diese Ratschenspulen-Methode extrem umständlich erscheint, belegt sie die prinzipielle Beobachtbarkeit des Effekts der Lorentz-FitzGerald-Körperkontraktion, basierend auf einem Vergleich mit einem räumlichen Standardabstand. Daher verdeutlicht diese Methode den physikalischen Inhalt eines der strittigsten Phänomene der speziellen Relativität.

Wir kehren jetzt zu unserer ursprünglichen Frage zurück: *Können wir zwischen verschiedenen Bezugssystemen eine Standardeinheit der Länge transportieren, ohne dass diese die Körperkontraktion erfährt, und wenn ja wie?* Wir haben im Bellschen Raketenbeispiel gezeigt, wie ein kontrahierter materieller Körper (der Faden) mit dem unveränderten räumlichen Abstand der Raketen verglichen werden kann. Um diese Konstellation z. B. für den relativistischen Zug auszunutzen, betrachten wir in einem Zugwaggon zwei Miniaturraketen, die unabhängig voneinander genau mit der gleichen Beschleunigung wie der Zugschwerpunkt dessen Bewegung folgen. Die unabhängig voneinander frei bewegten Raketen bewahren ihre Einheitsdistanz während der gesamten Zugreise und diese Distanz gestattet es, die momentane Körperkontraktion von Teilen des relativistischen Zuges zu erfassen.

Mit dieser Anordnung kann man nicht die absolute Geschwindigkeit ermitteln, sondern nur die seit Reisebeginn erreichte relative Geschwindigkeit, wenn man die Lorentz-FitzGerald-Körperkontraktion auswertet. Allerdings ist unsere Messvorrichtung – ebenso wie relativistische Züge und Raketen – weit entfernt von realisierbarer Technologie.

Übung 10.1　Beobachtung bei Abstandsmessung im Bezugsystem einer der Raketen

Wir betrachten, wie ein Beobachter S', der sich auf der hinteren Rakete befindet (vgl. Abb. 10.3), die Situation mit den Bell-Raketen bewertet.

Lösung

Seien x_1' und x_2' die in S' gemessenen Koordinaten der Raketen und l_1' und l_2' die entsprechenden Koordinaten der beiden Fadenenden. Der Abstand der Raketen ist dann D' und die Länge des Fadens l'. Wir haben demnach

$$D' = |x_2' - x_1'|, \qquad l' = |l_2' - l_1'|. \tag{1}$$

Messungen in S' finden statt bei $t_2' - t_1' = 0$. Unter der Annahme, dass der Faden von der hinteren Rakete unabhängig von der vorderen Rakete beschleunigt wird, wissen wir, dass seine Länge in S' unverändert bleibt: $l' = D_0$.

Betrachten wir die zeitliche Lorentz-Transformation zurück zu S, so finden wir:

$$t_2 - t_1 = \gamma \left((t_2' - t_1' + \frac{v}{c^2} (x_2' - x_1')) \right), \qquad t_2 - t_1 = \gamma \frac{v}{c^2} D'. \tag{2}$$

Die rechte Seite der letzten Gleichung ist positiv, also ist klar, dass die gleichzeitige Messung der Raketen in S' einer Messung der Position der hinteren Rakete vor der Messung der Position der vorderen Rakete in S entspricht. Die vordere Rakete wird während der verfügbaren Zeitdifferenz weiterfliegen und der verbindende Faden muss dann mit wachsendem Raketenabstand reißen, es sei denn, er ist stark genug, um die Raketenantriebskraft aufzuhalten.

Übung 10.2 Beobachtung im Raketensystem bei Abstandsmessung im Labor

Eine weitere Variante des Bell-Raketenproblems besteht darin, dass nun eine Abstandsmessung im Laborsystem vorgenommen wird, also der räumliche Abstand zweier im Laborsystem S gleichzeitigen Ereignisse in beiden Raketen bestimmt wird. Für die Messung ist also $t_2 - t_1 = 0$. Wir wollen aber den im System S' beobachteten Raketenabstand $D' = x_2' - x_1'$ ermitteln.

Lösung

Eine gleichzeitige Messung in S entspricht einer Messung mit Zeitdifferenz in S':

$$t_2' - t_1' = \gamma \left((t_2 - t_1) - \frac{v}{c^2}(x_2 - x_1) \right) = -\gamma \frac{v}{c^2}(x_2 - x_1) = -\gamma \frac{v}{c^2} D_0. \quad (1)$$

Wir setzen nun diese Zeitdifferenz, Gl. 1, in die räumliche Rücktransformation von S' zu S ein:

$$x_2 - x_1 = \gamma((x_2' - x_1') + v(t_2' - t_1')) = \gamma \left((x_2' - x_1') - \gamma \frac{v^2}{c^2}(x_2 - x_1) \right). \quad (2)$$

und lösen nach $x_2' - x_1'$ auf:

$$D' = (x_2' - x_1')|_{t_2=t_1} = \frac{D_0}{\sqrt{1 - v^2/c^2}} > D_0. \quad (3)$$

Dasselbe Resultat erhalten wir auch mit der Hilfe der Lorentz-Koordinatentransformation

$$D' = (x_2' - x_1')|_{t_2=t_1} = \gamma \left(x_2 - x_1 - v(t_2 - t_1) \right)|_{t_2=t_1} = \gamma D_0, \quad (4)$$

was die vorherige Betrachtung bestätigt. Allerdings wird in Gl. 4 nicht klar, dass die Zeitdifferenz Gl. 1 diesen Effekt verursacht.

Wir sehen, dass der vom System S' der hinteren Rakete beobachtete Abstand der zwei Raketen größer ist als der räumliche Abstand, der im Laborsystem S regelgerecht (gleichzeitig an den Körperenden) gemessen wurde. Es überrascht uns nicht, dass das Verhältnis dieser zwei Abstände den Lorentz-Faktor beinhaltet.

$$\frac{D'}{D_0} = \gamma. \tag{5}$$

Andererseits kann der Beobachter S' keine Änderung der mitbewegten Fadenlänge feststellen, also ist nach wie vor $l' = D_0$. Damit haben wir gezeigt, dass der in S' mitbewegte Faden reißen wird.

Wir fassen die Ergebnisse dieser und der vorhergehenden Übung wie folgt zusammen:

- Wenn wir vom Laborsystem S aus die Fadenenden gleichzeitig betrachten (also $t_1 = t_2$), so ist der Faden um den Lorentz-Faktor γ verkürzt, während der Raketenabstand unverändert bleibt, das entspricht der gewöhnlichen Lorentz-FitzGerald-Körperkontraktion.
- Betrachten wir denselben Sachverhalt von einer Rakete aus, so ist der mit der Rakete mitbewegte Faden gleich lang geblieben, der Raketenabstand ist aber um den Lorentz-Faktor γ gewachsen.

Es bleibt festzuhalten, dass das Ergebnis jeder der zwei unterschiedlichen Messungen zur gleichen Konsequenz führt.

Diskussion 10.1 Starre Körper, Relativität und ‚Längenuhr'
Thema: Der Faden reißt nur, wenn zwei durch ihn verbundene Raketen nicht einen einzigen starren Körper bilden. Aber wann ist ein Körper starr? Kann die Relativitätstheorie das Verhalten aller unterschiedlichen materiellen Körper beschreiben? Viele solche Fragen können diskutiert werden. Zu diesem Gespräch haben wir einen sachkundigen Kollegen ‚Iwo' eingeladen und ihn gebeten, die Debatte zu moderieren und ‚ehrlich' zu gestalten. Diese Diskussion schließt an das Gespräch in Diskussion 5.2 an.

Iwo: In der detaillierten Analyse des Zwei-Raketen-Rätsels fehlt ein wesentlicher Bestandteil: die Erörterung des Begriffs eines starren Körpers im Rahmen der Relativitätstheorie.

Simplicius: Richtig, alle Resultate, die wir im Buch sehen, beruhen auf den physikalischen Eigenschaften des verbindenden Fadens. Wir erwarten, dass sich die Fadenlänge ändert und wenn der Faden überlastet ist, soll er reißen können. Damit haben wir eher ein Modell entwickelt, aber nicht elementare Eigenschaften der Relativitätstheorie studiert.

Student: Ich sehe das aber ganz anders. Diese Kritik ist aus zwei Gründen problematisch: 1. Wir führen eine Garnrolle ein, was bedeutet, dass wir einen Faden verwenden, der nicht reißt oder sich dehnt, sondern sich abwickelt. 2. Jede fundamentale Betrachtung der Lorentz-FitzGerald-Körperkontraktion muss auf ausgedehnte Objekte angewendet werden können. Zwei durch einen Faden verbundene Raketen sind deshalb nichts Neues.

Simplicius: Professor, könnten Sie mir bitte erklären, wie die Lorentz-FitzGerald-Körperkontraktion des Fadens aus seiner physikalischen Struktur abgeleitet werden kann?

Professor: Ich glaube, dass materielle Körper endlicher Größe ausschließlich aufgrund der Quantenphysik existieren.

Simplicius: Wie kann die Quantenphysik die Bildung von ausgedehnten und gar starren Körpern verursachen?

Student: Kristalle sind ein gutes Beispiel.

Simplicius: Wie zieht sich ein Kristallstab zusammen, der zwei Kristallraketen verbindet?

Professor: Wir müssen ermitteln, wie die elektromagnetischen Kräfte, die die Quantenkristallstruktur aufgrund der Quantenphysik und der elektromagnetischen Wechselwirkungen formen, sich für verschiedenen Beobachter verändern.

Simplicius: Maxwells Elektromagnetismus ist eine *klassische* von Natur aus relativistische Theorie!

Professor: Die Maxwellsche Theorie ist aber auch ein Teil der Quantenphysik. Entscheidend ist, wie sich die Bewegung der Quantenelektronen im Kristall an die von einem Beobachter festgestelle Bewegung der geladenen Atomkerne anpassen. Wir können uns diese Kerne als klassische Objekte vorstellen.

Simplicius: Bewegte Ladungen erzeugen elektrische Ströme.

Student: Und elektrische Ströme induzieren wiederum magnetische Felder. Damit wird der sich bewegende Atomkern eine Quelle sowohl von elektrischen als auch von magnetischen Feldern.

Professor: Wir benutzen die elektromagnetischen Felder der sich bewegenden Kerne, um die quantenmechanischen Bewegungsgleichungen zu lösen. Die anwesenden magnetischen Felder verursachen eine elliptische Deformation der Elektronenorbitale. Daraus ergibt sich, dass der Kristall nach der Lorentz-FitzGerald-Körperkontraktion verkürzt sein wird.

Simplicius: Kann man wirklich auf diese Weise große Körperkontraktionen erhalten?

Professor: Die Berechnung ist schwierig, wenn wir in einem Schritt eine große Kontraktion erreichen wollen. Stattdessen machen wir sehr viele kleine Kontraktionsschritte und verwenden Additionstheoreme. Deshalb müssen wir nur zeigen, dass für eine sehr kleine Geschwindigkeit die erwartete kleine Kontraktion des Kristalls eintritt.

Simplicius: Bitte erklären Sie das noch einmal: Wie erhalten wir eine starke Körperkontraktion?

Professor: Ich kann einen zweiten Schritt mit einer zweiten kleinen Geschwindigkeit durchführen und so weiter. Wir haben gezeigt, dass die Effekte zweier aufeinanderfolgender Lorentz-Koordinatentransformationen sich entsprechend dem relativistischen Additiontheorem der Geschwindigkeiten addieren, siehe Übung 9.3. In ähnlicher Weise können wir die erwartete kumulierte Kontraktion berechnen, die viele kleine Kontraktionen umfasst. Nach Berücksichtigung der Wirkung aller kleinen Schritte müssen wir das erwartete Ergebnis finden, eine Kontraktion jeder Größenordnung, abhängig von der Gesamtgeschwindigkeit.

Simplicius: Selbst wenn sich Kristalle auf diesem Wege zusammenziehen, heißt das nicht, dass ein Stück Holz, Flüssigkeiten oder ein Sandhaufen das auch tun.

Professor: Sand ist ein Haufen von einzelnen Siliziumkristallkörnern und wir erwarten eigentlich nur eine Kontraktion von jedem kristallinen Sandteilchen. In Abwesenheit anderer Kräfte im Zustand der Schwerelosigkeit wird ein Sandhaufen nicht kontrahieren, da das eine Kontraktion des Raumes sein würde. Diese Situation ist analog zu einem Pulk von Raketen, die sich unabhängig voneinander mit gleicher Geschwindigkeit bewegen, so wie die zwei in Bells Raketenbeispiel. Jede Sandrakete ist kontrahiert, aber der Raum zwischen ihnen ist es nicht. Wenn wir allerdings diese Raketen durch starke Kräfte verbinden würden und die Sandraketentriebwerke recht schwach wären, so könnte das gesamte System kontrahieren.

Simplicius: Was passiert mit einem Holzstab?

Professor: Holz besteht aus komplexen Makromolekülen und deshalb ist mir die Berechnung der Holzeigenschaften nicht möglich. Da aber die Elektronenorbitale kontrahieren, wirkt dies auf die langen Moleküle und komprimiert sie. Aus diesem Grund bin ich davon überzeugt, dass ein Stück Holz genau wie ein kristalliner starrer Körper kontrahiert.

Simplicius: Es gibt leicht verformbare Substanzen wie Wasser. Ich bezweifle, dass die Lorentz-FitzGerald-Körperkontraktion auch in diesem Fall beobachtet werden kann.

Professor: Die Frage ist, ob ‚weiche Körper' im Kontext der Körperkontraktion eine Veränderung der molekularen Anordnung erfahren. Nach einigem Nachdenken bin ich bereit, den folgenden Standpunkt zu verteidigen: *Jeder gebundene Körper*, das heißt, jeder Körper, bei dem die Veränderung der Entfernung zwischen Atomen und/oder Molekülen merkliche Energie kostet, unterliegt der gleichen Lorentz-FitzGerald-Körperkontraktion. Das schließt Wasser und alle Flüssigkeiten mit ein. Ausnahmen sind, wenn überhaupt, Gase. Ich denke, nur ein loser Haufen von Materie wird sich nicht zusammenziehen. Dazwischen kann es schwach gebundene Teilchenanhäufungen geben, die nicht von dieser Regel erfasst werden und schwer zu verstehen sind.

Student: Ich habe noch ein anderes Problem, das mich beschäftigt: In vielen Texten zur Relativitätstheorie taucht ein Kausalitätsproblem auf, wenn man starre Körper betrachtet. Stellt dies ein anderes Problem für Bells Raketen dar?

Simplicius: Ich lese auch über Unverträglichkeiten mit der Kausalität in der Quantenphysik.

Professor: Das Problem, das diese Bücher erwähnen, ist, dass ein unendlich starrer Körper ein Signal mit Überlichtgeschwindigkeit übertragen könnte: Wenn man auf ein Stabende drückt, bewegt sich zur gleichen Zeit das andere Ende des unendlich starren Stabes, unabhängig davon, wie weit es entfernt ist. Es gibt dann Inertialbeobachter, die die Bewegung des anderen Stabendes sehen, bevor auf das vordere Ende gedrückt wird.

Student: In habe in meinem Studium gelernt: Wenn ich an einem Ende eines Quantenkristalls eine Kraft ansetze, so breitet sich die Wirkung dieser Kraft im Kristall so aus, dass das andere Ende sie später spürt. Die Ausbreitungsgeschwindigkeit dieser Wirkung ist nicht größer als die Lichtgeschwindigkeit im Kristall, von der bekannt ist, dass sie niedriger ist als die Lichtgeschwindigkeit im Vakuum.

Professor: Kristalle sind nämlich in Wahrheit nicht unendlich starr. Sie können beispielsweise durch starke Kräfte zerquetscht werden. Alle relevanten physikalischen Eigenschaften zur Wellenausbreitung, wie Kompression und Dichteschwankungen, breiten sich mit einer Signalverzögerung aus, die die Kausalität gewährleistet und mit der Lorentz-FitzGerald-Körperkontraktion verträglich ist.

Simplicius: Trotzdem behaupten einige, dass die Quantenphysik akausal sein kann. Ist das möglich ?

Professor: Das sind lose Worte. Die Quantenelektrodynamik, also die relativistische Quantenfeldtheorie geladener Teilchen, garantiert die Kausalität. Für eine weitere Diskussion des klassisch simulierten Falles siehe Kap. 12.

Iwo: All das ist schön und gut, doch glaube ich, dass beschleunigte ausgedehnte starre Körper keinen Platz in der Relativitätstheorie haben!

Professor: Einverstanden, wenn es sich um Überlegungen aus den ersten Jahren der speziellen Relativitätstheorie handelt, also bevor die relativistische Quantenfeldphysik entwickelt wurde. Seitdem haben wir gelernt, mit ausgedehnten Körpern umzugehen. In jedem Fall sollten wir uns keine großen Sorgen wegen des Einflusses auf einen schwach beschleunigten Körper machen.

Iwo: Behaupten Sie, dass Kräfte, die am LHC[3] wirken, unbedeutend sind?

---

[3] Der Große Hadron Collider (Large Hadron Collider = LHC) ist der weltgrößte und energiereichste Teilchenbeschleuniger mit 27 Kilometer Umfang. Der LHC befindet sich am CERN in der Nähe von Genf an der Grenze zwischen Frankreich und der Schweiz in einem 175 Meter tiefen Tunnel unter der Erdoberfläche.

Professor: Elektromagnetische Kräfte halten Teilchen auf einer LHC-Umlaufbahn. Diese Kräfte sind im Vergleich zur täglichen Erfahrung recht groß, und doch sind diese Kräfte immer noch extrem schwach auf einer natürlichen Skala. Wäre es nicht so, dann würden die geladenen Teilchen stark strahlen und einen großen Teil ihrer Energie auf einer Quantenskalenlänge verlieren. Das ist die Bedeutung von ‚starker' Beschleunigung, wie wir sie in diesem Buch einführen. Wir werden auf dieses Thema im Kap. 20 zurückkommen.

Simplicius: Aber was ist mit der Bemerkung „Ausgedehnte starre Körper haben keinen Platz in der Relativitätstheorie?"

Student: Dies wurde mit Hilfe des Beispiels eines Kristalls doch geklärt. Natürlich gibt es komplizierte halbstarre Körper, die dann gründlich untersucht werden müssen.

Zusammenfassung – *Im Teil V – Kap.* 11, *Kap.* 12, *Kap.* 13:
In diesem Teil des Buchs betrachten wir Eigenschaften der 3+1 dimensionalen Raumzeit in der SR. Der Lichtkegel ermöglicht die Trennung in zeitartige und raumartige Ereignisse. Die Begriffe Zukunft, Vergangenheit und Kausalität werden neu beleuchtet und untersucht. Es wird hinterfragt, wieso unser Universum in homogener Gestalt existieren kann, ob es sinnvoll ist, Teilchen zu postulieren, die schneller sind als das Licht (Tachyonen) und ob die Kausalität wegen der Quanten-Nichtlokalität angezweifelt werden darf. Wir klären den Ursprung der Lichtaberration und des Doppler-Effekts.

Einleitende Bemerkungen zu Teil V

Im Mittelpunkt unserer Betrachtungen in diesem Teil des Buchs steht die Zeit. Damit verknüpft ist die Frage nach der Bedeutung der Eigenschaften von Zeit und Raum in der SR. Dieser Teil des Buches enthält viele neue Konzepte und Termini. Wir beginnen mit der Einführung des Lichtkegels, der eine Trennung von Ereignissen in zeitartige und raumartige ermöglicht. Die Begriffe Zukunft und Vergangenheit werden vor diesem Hintergrund neu beleuchtet und es wird untersucht, was geschieht, wenn man sich fast mit Lichtgeschwindigkeit bewegt, also in der Nähe der Lichtkegelkoordinaten.

Bei Betrachtung der zeitlichen Abfolge von Ereignissen spielt der Unterschied zwischen zeitartigen und raumartigen Ereignissen eine wichtige Rolle. Diese Überlegungen ebnen den Weg zu zentralen Fragen, die uns alle bewegen: Warum ist eine Reise mit Überlichtgeschwindigkeit nicht möglich? Wie sicher ist das Kausalitätsprinzip? Ist also Kausalität tatsächlich immer gewährleistet? Sind Zeitreisen realisierbar? Ist es sinnvoll, Teilchen zu postulieren, die sich mit Überlichtgeschwindigkeit bewegen (Tachyonen)? Natürlich basiert alles hier Angesprochene auf den Prinzipien der SR. Aber es gibt viel zu diskutieren und einige Ergebnisse sind die Grundlage für nachfolgende Themen, die wir im Buch ansprechen werden.

Als nächstes erläutern wir, warum der Zeitdilatationseffekt nicht reversibel ist. Nur der ‚reisende Zwilling‘ bleibt jünger, wenn man ihn mit dem zu Hause gebliebenen (unbeschleunigt im Labor ruhenden) vergleicht. Der Prozess der Beschleunigung (z. B. bei einer Weltraumfahrt) ist für diesen Unterschied zwischen den Zwillingen verantwortlich. Sie sorgt dafür, dass die vom reisenden Zwilling gemessene Eigenzeit kürzer ist als die Laboreigenzeit. Wir erweitern die Untersuchung auf den Fall von Drillingen und diskutieren, welcher von zwei reisenden und einem ruhenden Drilling am jüngsten bleibt.

Kausalität und Quantenphysik sind Gegenstand eines Aufsatzes, der die Ideen der speziellen Relativitätstheorie in das dynamisch wachsende Gebiet der Quanten-Nichtlokalität einbindet. Wir beschreiben den aktuellen Stand dieses Themenkomplexes und zeigen, dass es keinen Konflikt mit der speziellen Relativitätstheorie gibt. Was geschieht, ist durch eine kausale Ereignisfolge vorgeschrieben. Allerdings kann man die Fragen der Quanten-Nichtlokalität nicht mit den Konzepten der speziellen Relativitätstheorie erklären, die in der ‚lokalen Realität‘ begründet sind.

Wir wenden uns dann der Erörterung des Dopplereffekts zu, d. h. der Wellenlängen- und Frequenzverschiebung des Lichts. Verglichen mit dem bei Schall beobachteten Dopplereffekt muss hier ganz anders argumentiert werden, denn offensichtlich kann man nicht sagen, ob die Lichtquelle oder der Beobachter des Lichts sich bewegt. Das kann nur bedeuten, dass entgegen einer oft geäußerten Straßenweisheit der Dopplereffekt beim Licht nichts mit der Zeitdilatation zu tun hat.

Um das Problem zu lösen, verwenden wir nach Einstein die Lorentz-Invarianz der Lichtwellenphase und zeigen auch, dass die Dopplerverschiebung umkehrbar ist. Das bedeutet, dass jeder von zwei lichtaussendenden bewegten Beobachtern beim Licht des anderen die gleiche Dopplerverschiebung messen wird. Unter anderem wird jeder der beiden dieselbe relative (vektorielle) Geschwindigkeit bestimmen. Wir zeigen damit, dass die Zeitdehnung der Eigenzeit der Quelle oder des Beobachters keine Rolle in dieser Diskussion spielt.

Andererseits stellt der Aberrationseffekt (siehe Abschn. 13.3) ein wesentliches Element zum Verständnis der Dopplerverschiebung dar. Es handelt sich dabei um eine durch Bewegung verursachte Veränderung der Richtungswahrnehmung von einfallendem Licht. Der relativistische Aberrationseffekt wird hier mit Hilfe der Lorentztransformation des Lichtstrahls erklärt. Auch der Vektorcharakter des Aberrationseffekts wird diskutiert.

Zusammenfassung

Die Raumzeit ist in zwei durch den Lichtkegel getrennte Regionen unterteilt. Innerhalb des Lichtkegels unterscheiden wir wiederum zwei Bereiche: a) die Zukunft, die wir durch unser Handeln beeinflussen können; b) die Vergangenheit, von der aus unsere Gegenwart beeinflusst werden kann. Außerhalb des Lichtkegels befindet sich die akausale Raum-Zeit-Region, mit der wir nicht kommunizieren können. Signale mit Überlichtgeschwindigkeit widersprechen der Kausalität.

11.1 Der Zukunftsbereich

Wir wissen, dass ein Signal sich im Vakuum zwischen zwei beliebigen Ereignissen mit der maximalen Geschwindigkeit c ausbreiten kann. Wir befinden uns im Ereignispunkt $x = y = z = 0$ bei $t = 0$ und senden zwei hochfokussierte Laserpulse ab, die sich in x-Richtung bzw. in entgegengesetzte Richtung ausbreiten. Die Signale erreichen alle Ereignispunkte auf den Linien $x = ct$ und $-x = ct$. Diese beiden Linien werden in Abb. 11.1 gezeigt. In die gleiche Figur könnten wir auch die Weltlinien materieller Teilchen einfügen, die sich mit Geschwindigkeiten $v < c$ entlang der Richtung $\pm x$ bewegen. Alle möglichen Pfade dieser Art füllen die schattierte Region oberhalb der eingezeichneten Linien in Abb. 11.1. Wenn die Bewegung bei $x = y = z = 0$ beginnt, kann die nicht schattierte Region für $ct > 0$ weder von Licht noch von einem materiellen Körper mit $v < c$ erreicht werden.

Ein Signal, das am Ursprung $x = y = z = 0$ gesendet wird, könnte sich in jede Richtung des dreidimensionalen Raums ausbreiten. Wenn es ein Lichtimpuls ist, kann es alle Orte

$$\boldsymbol{x} = (ct)\hat{n}, \tag{11.1}$$

erreichen. Hier ist $\hat{n}$ ein Einheitsvektor, der in eine beliebige Richtung zeigt. Wir können diese Gleichung quadrieren:

© Springer-Verlag GmbH Deutschland, ein Teil von Springer Nature 2019
J. Rafelski, *Spezielle Relativitätstheorie heute*,
https://doi.org/10.1007/978-3-662-59420-9_11

Abb. 11.1 Die Zukunftsregion liegt innerhalb des Lichtkegels für $t > 0$, siehe Text. Darstellung in einer Raumdimension

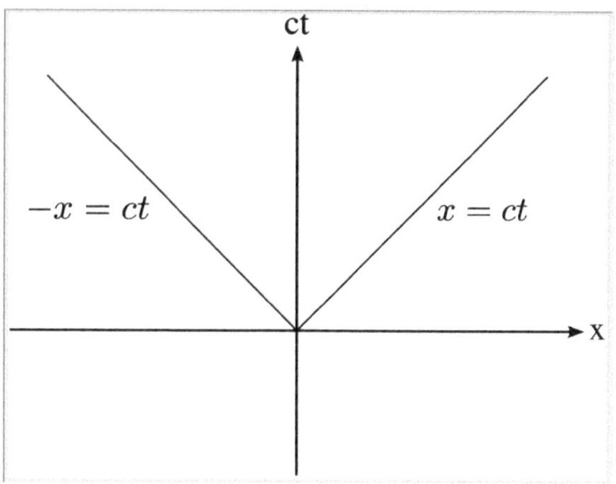

$$x^2 = (ct)^2. \tag{11.2}$$

Wir schreiben Gl. (11.2) explizit, so dass alle drei Koordinaten sichtbar werden:

$$(ct)^2 = x^2 + y^2 + z^2. \tag{11.3}$$

Nun erkennen wir, dass ein Lichtblitz, der in alle Richtungen ausgesandt wurde, nicht nur die beiden Grenzlinien aus Abb. 11.1 erreicht, sondern einen viel größeren Bereich im Raum. Um die Situation zu verstehen, betrachten wir zuerst den Spezialfall $z = 0$. Der Vektor $\hat{n}$ zeigt dann in Richtung eines beliebigen Punktes der x-y-Ebene mit $x, y \neq 0$. Das Licht erreicht alle Orte auf dem Lichtkegel, also der Raum-Zeit-Mannigfaltigkeit

$$(ct)^2 = x^2 + y^2, \tag{11.4}$$

die in Abb. 11.2 dargestellt wird.

Abb. 11.2 Die Zukunftsregion liegt innerhalb des Lichtkegels für $t > 0$, siehe Text. Darstellung in zwei Raumdimensionen

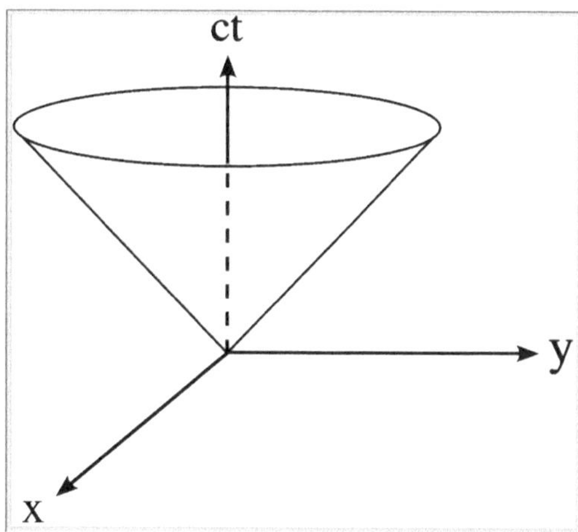

Sie bildet die Grenze der Zukunftsregion in der Raum-Zeit. Wir werden auch im allgemeinen Fall $z \neq 0$ die durch Gl. (11.3) beschriebene dreidimensionale Raum-Zeit-Mannigfaltigkeit als den Lichtkegel bezeichnen. In Abb. 11.1 wurde sie für eine Raumdimension und in Abb. 11.2 für zwei Raumdimensionen gezeichnet.

Der allgemeine Fall lässt eine so übersichtliche Darstellung leider nicht zu, denn er verlangte die Darstellung einer dreidimensionalen Mannigfaltigkeit in einem vierdimensionalen Raum. Um ihn näher zu beleuchten, betrachten wir noch einmal den sphärischen Lichtblitz, der am Raum-Zeit-Punkt $x = y = z = 0$, $t = 0$ ausgesandt wird. Da jetzt $z \neq 0$ erlaubt ist, schreiben wir

$$(ct)^2 - (x^2 + y^2) = z^2. \tag{11.5}$$

Ist nun $z \neq 0$, so ist die linke Seite der Gl. (11.5) positiv und gehört deshalb zu einem beliebigen Punkt innerhalb des zweidimensionalen Lichtkegels, also zum schattierten Bereich in Abb. 11.2. Das bedeutet, dass wir den gesamten Inhalt des durch den zweidimensionalen Kegel begrenzten Bereichs in Abb. 11.2 füllen, wenn wir den drei-dimensionalen Lichtkegel in die zweidimensionale Darstellung Abb. 11.2 projizieren. Ein unserer Anschauung direkt zugängliches Analogon zu dieser Abbildung wäre die Projektion der Kegeloberfläche in Abb. 11.2 auf die Ebene aus Abb. 11.1.

Die Überlegung zeigt jedenfalls, dass für $z \neq 0$ der gesamte Raum-Zeit-Inhalt des Lichtkegels aus Abb. 11.2 von dem Lichtsignal erreicht wird. Denn aus Gl. (11.3) folgt, dass unser Lichtblitz in der Zukunft (zu unterschiedlichen Zeiten) jeden Punkt im dreidimensionalen Raum erreichen wird, wenn nur genügend Zeit zur Verfügung steht. Die Gesamtheit dieser Ereignisse bildet den erwähnten dreidimensionalen Lichtkegel.

Einen anderen, einfacheren Zugang zur dargestellten Situation liefern Momentaufnahmen zu bestimmten Zeitpunkten $t > 0$. Der sphärische Lichtpuls hat dann die Oberfläche einer Kugel mit Radius $|\mathbf{x}| = ct$ erreicht. Im Laufe der Zeit wächst die Kugel, der kugelförmige Lichtimpuls beleuchtet schließlich jeden Punkt im dreidimensionalen Raum. Wenn wir in den Himmel schauen, sehen wir deshalb das Licht, das von *allen* Sternen in der Vergangenheit ausgestrahlt wurde. Gleichzeitig von uns empfangenes Licht hat diese Sterne aber zu unterschiedlichen, von ihrer Entfernung abhängigen Zeiten verlassen.

Der dreidimensionale Lichtkegel wird im Minkowski-Raum durch die Gl. (11.2) beschrieben

$$s^2 = (ct)^2 - \mathbf{x}^2 = 0, \quad t > 0. \tag{11.6}$$

s^2 ändert sich nicht unter einer Lorentz-(Boost)-Koordinatentransformation, siehe Abschn. 7.1, d. h. s^2 hat denselben Wert für alle Inertialbeobachter. Auch der Zukunftsbereich bleibt für alle Inertialbeobachter gleich und wird von einer solchen Lorentztransformation nicht beeinflusst. Der Begriff ‚Zukunft' ist damit invariant unter den erwähnten speziellen Lorentztransformationen. Das gilt natürlich nicht mehr für Raum-Zeit-Transformationen, die die Reihenfolge von Ereignissen nicht bewahren, etwa einer Zeitspiegelung. Wie wir in der Diskussion nach Gl. (6.16) kurz erwähnt haben, schließt die gesamte Gruppe der Lorentztransformationen solche Transformationen aber mit ein, denn auch sie lassen s^2 invariant. Es wird später notwendig sein, noch andere Transformationen einzubeziehen, die zusammen mit dieser Lorentzgruppe die sogenannte Poincaré-Gruppe bilden.

Würde ein Beobachter bei $x = y = z = 0$ Materialpartikel in alle Richtungen schießen, dann hätten diese bei gegebener Energie und Masse eine feste Geschwindigkeit. Bei einer für alle Raumrichtungen konstanten Signalgeschwindigkeit $v < c$ bilden ihre Weltlinien einen Kegel innerhalb des Lichtkegels. Mit sinkendem v verengt sich dieser Kegel und wird schließlich zu einer vertikalen Linie für ruhende Teilchen. Für eine materielle Signalübertragung ist der zukünftig erreichbare Teil der vierdimensionalen Raum-Zeit also der Bereich innerhalb des Lichtkegels, in dem die Lorentz-Invariante s^2 positiv ist, für den also gilt:

$$s^2 = c^2 t^2 - x^2 > 0, \qquad t > 0. \tag{11.7}$$

Die Lichtkegelgrenze $s^2 = 0$ wird mit immer höherer Energie der Materialteilchen asymptotisch angenähert. Da eine Geschwindigkeit $v > c$ nicht erlaubt ist, begrenzt der Lichtkegel im Raum-Zeit-Diagramm wie Abb. 11.2 für $t > 0$ den Bereich, der für uns in der Zukunft zugänglich ist. Beobachter und Ereignisse außerhalb unseres Lichtkegels können wir nicht beeinflussen.

Allerdings zeigen uns quantenmechanische Untersuchungen, auf die wir hier nicht genauer eingehen, dass Materieteilchen in einen sehr, sehr kleinen Bereich außerhalb des Lichtkegels eindringen können. Die Eindringtiefe liegt in der Größenordnung der Comptonwellenlänge $\lambda_C = h/mc$ der Teilchen. Hier h ist die Planck-Konstante.

Die Größe s^2 hängt eng mit der Eigenzeit eines Körpers zusammen, siehe Abschn. 7.1. Betrachtet man einen Beobachter immer im Ruhezustand am Ursprung eines Referenzsystems, so gilt

$$\sqrt{\frac{s^2}{c^2}} = \sqrt{t^2 - \frac{(x = 0)^2}{c^2}} = \tau. \tag{11.8}$$

Die Verwendung von τ sagt uns, dass die Zeit von einem Ruhebeobachter gemessen wird und es sich um die Eigenzeit dieses Beobachters handelt. Für einen anderen Beobachter ändern sich die Werte von t und x entsprechend der Lorentz-Koordinatentransformation, der Wert von τ ändert sich jedoch nicht, siehe Gl. (7.8).

Übung 11.1 Lichtkegelkoordinaten

Für die Beschreibung der physikalischen Eigenschaften von Körpern, deren Geschwindigkeit nur wenig von der Lichtgeschwindigkeit abweicht, sind normale Raum-Zeitkoordinaten nicht optimal geeignet. Solche Bewegungen werden besser mit Hilfe sogenannter Lichtkegelkoordinaten $x_- = ct - x$, $x_+ = ct + x$ beschrieben. Wie transformieren sich diese Koordinaten unter Lorentztransformationen? Verwenden Sie das Ruhesystem eines Teilchens, um die physikalische Bedeutung dieser Koordinaten zu erklären.

Lösung

Ultrarelativistische Bewegung tritt in der Nähe des Lichtkegels auf und kann durch Lichtkegelkoordinaten beschrieben werden:

$$x_- = ct - x, \qquad x_+ = ct + x, \qquad y = y, \quad z = z. \tag{1}$$

Die Koordinaten y, z bleiben unverändert. Das relativistische Teilchen bewegt sich in der Nähe des Lichtkegels. Je nach der Orientierung der Bewegung wird entweder $x \simeq ct$ oder $x \simeq -ct$. Damit wird eine der Koordinaten $x_\pm$ sehr klein und die andere sehr groß. Dies wird auch bei Betrachtung der Invarianten s^2 sichtbar

$$s^2 = (ct)^2 - x^2 - y^2 - z^2 = (ct-x)(ct+x) - y^2 - z^2 = x_- x_+ - y^2 - z^2, \tag{2}$$

in der das Produkt $x_- x_+$ auftaucht. Dies legt nahe, dass bei einer Lorentz-Koordinatentransformation die beiden neuen Koordinaten Gl. 1 umgekehrt zueinander transformiert werden.

Unter Verwendung der expliziten Form der Lorentz-Koordinatentransformation erhalten wir

$$x'_\pm = \gamma(ct - \beta x \pm x \mp \beta ct) = (ct \pm x)\gamma(1 \mp \beta). \tag{3}$$

Eine einfache Umformung, siehe auch Gl. (7.31), ergibt

$$\gamma(1 \mp \beta) = \frac{1 \mp \beta}{\sqrt{(1 \pm \beta)(1 \mp \beta)}} = \sqrt{\frac{1 \mp \beta}{1 \pm \beta}} = \exp\left\{\ln\sqrt{\frac{1 \mp \beta}{1 \pm \beta}}\right\} = e^{\mp y_r}. \tag{4}$$

Wir haben damit die transformierten Lichtkegelkoordinaten in Rapiditätdarstellung gefunden

$$\boxed{x'_+ = e^{-y_r} x_+, \qquad x'_- = e^{y_r} x_-, \qquad x'_+ x'_- = x_+ x_-.} \tag{5}$$

Wir betrachten die Bewegung eines sehr schnellen Teilchens nach rechts. Dann gilt also $x \simeq ct$. Dabei sind die Koordinaten $x'_\pm$ nun die des mitbewegten Teilchens, d. h.

$$x' = 0 \quad \rightarrow \quad x'_\pm = ct' = c\tau. \tag{6}$$

Hier ist τ die Teilcheneigenzeit. Wir können damit Gl. 5 einfach schreiben

$$\boxed{x_\pm = e^{\pm y_t} c\tau.} \tag{7}$$

In dieser Gleichung ist y_t die Rapidität eines Teilchens in Bezug auf das Ruhesystem, in dem wir die Eigenzeit τ messen. Gl. 7 gestattet es, für jedes produzierte Teilchen, dessen Rapidität gemessen wird und dessen Entstehungzeit τ geschätzt werden kann, das Ereignis seiner Entstehung im Minkowskiraum zu bestimmen.

Wir werden in Abschn. 23.4 beschleunigte Körperbewegungen betrachten und eine zu Gl. 7 äquivalente Form für die Inkremente $dx_\pm$ und $d\tau$ finden.

11.2 Die Vergangenheit

Die Argumente, die wir oben für den zukünftigen Lichtkegel, Fall $t > 0$, entwickelt haben, gelten analog auch für den Vergangenheitslichtkegel, Fall $t < 0$. Der Raum-Zeit Bereich

$$s^2 > 0, \quad t < 0, \tag{11.8}$$

ist in Abb. 11.3 in einer Raumdimension dargestellt. Wir können Nachrichten von allen Ereignispunkten in dem Bereich empfangen, der durch den Vergangenheitslichtkegel begrenzt ist. Das bedeutet, dass die Gegenwart durch jedes Ereignis in der schattierten Region in Abb. 11.3 beeinflusst werden kann. Diese Region enthält alle Punkte, die zu Ereignissen aus unserer eigenen Vergangenheit gehören. Signale aus der Vergangenheit sind *kausal:* Weil ihre Relativgeschwindigkeit zu allen Beobachtern kleiner als c ist, werden sie erzeugt, bevor sie beobachtet werden. Für den Fall $v(?) > c$ siehe Übung 11.2 unten.

Wenn wir auf die Sterne schauen, sehen wir das bei Ereignissen auf dem Vergangenheitslichtkegel emittierte Licht aller Sterne, da jeder Stern in alle Richtungen strahlt. Wie schon erwähnt ist das von uns empfangene Sternenlicht allerdings von sehr unterschiedlichem Alter, je nach zurückgelegter Entfernung. Der Bereich

Abb. 11.3 Die Vergangenheit liegt innerhalb des Lichtkegels für $t < 0$, siehe Text. Darstellung in einer Raumdimension

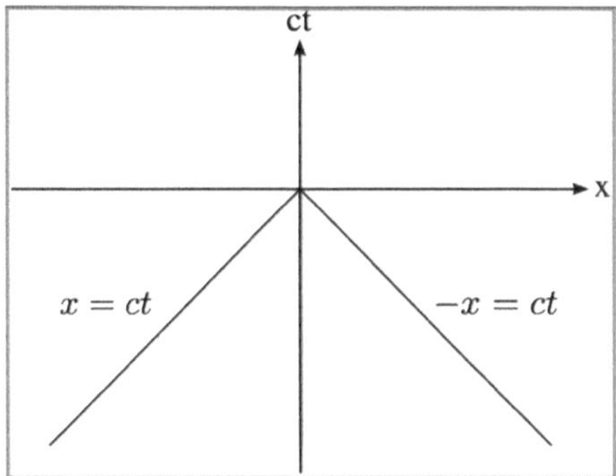

des Universums, den wir beobachten können, ist um so größer, je älter das von uns wahrgenommene Licht ist. Wir werden diesen Zusammenhang in Abschn. 12.1 näher untersuchen.

Diskussion 11.1 – Tachyonen?

Thema: Können Teilchen existieren, die schneller sind als Licht? Wir kehren zu dem Thema zurück, das wir bereits am Ende der Diskussion 5.3 kurz angesprochen haben.

Simplicius: Star Trek erwähnt häufig Teilchen, die schneller als Licht sind und Tachyonen genannt werden. Es gibt sogar ein Buch *Die Star Trek Physik*[1]. Können Tachyonen existieren?

Student: Ich habe das Buch gelesen und darin nichts über Tachyonen gefunden. Der Autor ist ein angesehener theoretischer Physiker. Er weist darauf hin, dass große Effekte der Zeitdilatation Fernsehsendungen verderben oder gar unmöglich machen würden, da die Schauspieler im Raumschiff ganz anders altern würden als die, die auf der Basis verbleiben. Daher wurde in *Star Trek* Serien der Warpantrieb eingeführt. Mit Warp sind Reisen über galaktische Distanzen möglich, ohne dass man sich fast mit Lichtgeschwindigkeit bewegen muss, was ja die Zeitdilatation verursacht. Wie das mit der SR vereinbar ist, wird nicht erklärt. Wichtiger ist, dass es keinen Zeitdilatationeffekt im Alter der Schauspieler gibt, was ein inhaltliches Problem für das Drehbuch wäre.

Simplicius: So oder so, über eine große Entfernung schneller als das Licht zu reisen, wird mit Sicherheit sehr große Probleme mit der Kausalität schaffen, richtig?

Professor: In der Tat kann für bestimmte Beobachter dann die Zeitreihenfolge der Ursache und der Wirkung vertauscht sein.

Student: Jedes Signal, also auch ein Raumschiff in *Star Trek,* das sich schneller als c bewegt, wird Probleme für die Relativitätstheorie aufwerfen. Am leichtesten sind solche Herausforderungen für die Kausalität zu erkennen, wie wir sie gerade betrachtet haben. Das hindert uns aber nicht, hier zu spekulieren, wie wir die Probleme, die ein Warpantrieb mit sich bringt, umgehen können.

---

[1] L.M. Krauss, *The Physics of Star Trek,* (Basic Books 1995); in Deutsch (Heyne 1996).

Professor: Ich denke, wir werden in unlösbare Schwierigkeiten mit der SR geraten, es sei denn, es gibt eine andere und auch sehr große Synchronisationsgeschwindigkeit wie die des Lichts, die uns den Zeitvergleich von zwei Ereignissen gestattet. Aber ich sehe nicht, wie das sein kann.

Simplicius: In der Science-Fiction-Literatur spricht man oft von einem erweiterten, anders dimensionierten Rahmen, d. h. ‚Unterraum‘, in dem diese Geschwindigkeit möglich wird.

Student: Sie sollte dann Milliarden mal größer sein als die Lichtgeschwindigkeit.

Simplicius: Ein Flugzeug kann mit Überschallgeschwindigkeit fliegen. Vielleich kann jemand uns einpacken (wie beim Warpantrieb) und mit Überlichtgeschwindigkeit transportieren, wie wir es in *Star Trek* sehen.

Student: In anderen Science-Fiction-Serien werden sogenannte ‚FTL-Triebwerke‘, (**F**aster **T**han **L**ight = schneller als Licht) verwendet, mit denen das Raumschiff auf einem eigenen Pfad im Unterraum einen Sprung macht.

Professor: Wie Sie schon sagten, FTL ist wie Warp nur Science-Fiction. Es ist wichtig, sich immer daran zu erinnern, dass alles, was wir in diesem Buch über spezielle Relativitätstheorie lernen, nur für das Gebiet unserer Raumzeit und der uns bekannten Materie gilt. Wir bestehen aus dieser Materie im Sinne der Formel $E = mc^2$ (man beachte das c). Heute fehlt uns jeder experimentelle Nachweis für die Existenz eines anderen Raums oder Materiebereichs, in dem man sich viel schneller bewegen kann.

Simplicius: Dies ist genau die Frage nach der Existenz von Tachyonen. Glauben Sie nicht, dass es Tachyonen gibt?

Student: Wir waren uns bereits in Diskussion 5.3 in der Sache einig.

Professor: Angesichts dieser Diskussion will ich doch noch einmal auf den Unterschied zwischen Wissenschaft und pseudowissenschaftlicher Science-Fiction hinweisen. Wissenschaft basiert auf Beobachtungen von Phänomenen sowie auf Theorien, die mit Hilfe solcher Beobachtungen experimentell überprüft werden können, wie schwierig das auch sein mag. Ihre Frage zu Tachyonen stellt heutige wissenschaftliche Paradigmen in Frage[2]. Ein Paradigmenwechsel ist eine Neufassung der grundlegenden Annahmen für das betreffende Wissenschaftsgebiet. Um die Bedeutung dieser Bemerkung zu klären, erinnere ich daran, dass man Einsteins Paradigmenwechsel kurz so charakterisieren kann: alt: $t = t', c \neq c'$; neu: $t \neq t', c = c'$. Eine wissenschaftliche Revolution in der Zukunft ist natürlich nicht ausgeschlossen, d. h. ein Paradigmenwechsel, der uns auf der Grundlage einer neuen experimentellen Beobachtung und/oder eines zwingenden theoretischen Rahmens nahelegt, sich auch der Tachyonenfrage zu widmen.

Simplicius: Es kann also vielleicht Tachyonen geben?

Student: Nein, unser Professor sagte klar, weder ja, noch nein und auch nicht vielleicht. Die einzige Antwort, die man heute geben kann, ist ‚niemand weiß es'.

Professor: Das ist ein guter Moment, um auf eine Episode aus jüngerer Zeit hinzuweisen. Vor ein paar Jahren gab es einige Aufregung über die Möglichkeit, dass Neutrinos schneller als Licht sein könnten. Diese These hat tiefere Wurzeln. Es begann mit wissenschaftlichen Veröffentlichungen, in denen das Neutrino als Tachyon vorgeschlagen wurde[3]. Als dann die Geschwindigkeit von Neutrinos schließlich das erste Mal genau gemessen wurde, ergab sich tatsächlich ein etwas größerer Wert[4] als c. Das Auftreten eines solchen experimentellen Ergebnisses wäre Anlass für einen Paradigmenwechsel: eine Messung, die der SR widerspricht. Viele meiner Kollegen haben wie auch ich ihre Forschungsprojekte unterbrochen und dieses sensationelle Resultat diskutiert. Es wurde dann aber bald klar, dass jemand einfach ein Kabel nicht ganz eingesteckt hatte! Wir werden das richtige Resultat in Abschn. 19.3 besprechen.

Simplicius: Schade, dass die Messung falsch war.

---

[2]Thomas Kuhn, *The Structure of Scientific Revolutions* (University of Chicago Press 1962); übersetzt: *Die Struktur wissenschaftlicher Revolutionen* (Suhrkampf 1967); beschrieb die Verschiebung der wissenschftlichen Paradigmen – Paradigmen sind grundlegende von der Fachwelt akzeptierte Denkweisen.

[3]A. Chodos, A.I. Hausera, V.A. Kostelecky, „The Neutrino as a Tachyon (Das Neutrino als ein Tachyon)," *Physics Letters B* **150** (6), 431–435 (1985).

[4]OPERA Kollaboration (T. Adam et al.) „Measurement of the neutrino velocity with the OPERA detector in the CNGS beam (Messung der Neutrinogeschwindigkeit mit dem OPERA-Detektor im CNGS-Strahl)," September 2011. 24 Seiten. E-Druck: arXiv:1109.4897; dieses Ergebnis wurde ein paar Monate später zurückgezogen.

Professor: Versuch und Irrtum hinterließen trotzdem ein gutes Gefühl: Eine Erklärung für das Versagen der SR gesucht zu haben und dabei selbst zu versagen. Wir lernen daraus, dass wir die Relativitätstheorie testen müssen. Wir werden zu diesem Thema hier im Buch einiges zu sagen haben, siehe Kap. 19. Allerdings muss man beachten, dass *z. B.* das Ende der Newtonschen Mechanik nur zum Teil durch Testen der Newtonschen Gesetze erreicht wurde. Entscheidend war das Studium des Elektromagnetismus, eines neuen Gebiets der Physik, das mit der klassischen Physik in Konflikt stand.

Student: Gibt es etwas derart Neues wie damals Elektromagnetismus, auf das wir heute hoffen können?

Professor: Das Universum ist voll von Dingen, die wir im wahrsten Sinne des Wortes noch nicht gesehen haben, der sogenannten ‚dunklen Materie‘. Es gibt viermal mehr dunkle als normale für uns sichtbare Materie. Dann gibt es die mysteriöse ‚dunkle Energie‘. Davon gibt es drei mal soviel wie jegliche Materie. Die dunkle Energie wirkt im Universum ähnlich wie Einsteins ‚kosmologische Konstante‘.

Simplicius: Wie kann man etwas Unsichtbares, Dunkles, beobachten?

Professor: Wir haben dieses dunkle Etwas gefunden, indem wir die Gravitationswirkung im Universum über große Entfernungen überprüft haben. Manche Leute denken deshalb, dass unser Verständnis der Gravitationskraft falsch sein könnte, denn dunkle Materie ist bisher nur durch Effekte dieser Art bemerkbar.

Student: Gibt es einen weiteren Grund, nach besseren Erklärungen für die Gravitationskraft zu suchen als die allgemeine Relativitätstheorie sie liefert?

Professor: Es gibt bekannte Probleme der Gravitation in dem Bereich, der sich mit der Quantenphysik überschneidet. Selbst auf der Ebene des klassischen Elektromagnetismus verstehen wir die Physik der großen Beschleunigungen und der Strahlungsreaktionen nicht. Die Liste der Geheimnisse um uns herum ist lang.

Simplicius: Bitte vergessen Sie nicht, Tachyonen zu ihrer Liste hinzuzufügen.

Student: Nein. Unser Professor erwähnte wissenschaftliche Rätsel, die auf wiederholbaren experimentellen Ergebnissen und/oder theoretischen Widersprüchen beruhen, und für die es noch keine bekannte oder einheitlich akzeptierte Erklärung gibt. Tachyonen haben keinen Platz auf dieser Liste, da es keinen Hinweis für ihre Existenz gibt.

Übung 11.2 Signale mit Überlichtgeschwindigkeit
Ein sich frei bewegender Beobachter S erzeugt ein ‚tachyonisches' Signal,
das sich angeblich schneller als Licht (d. h. superluminal) ausbreitet. Es gilt
also $\dfrac{\Delta x}{\Delta t} \equiv v > c$. Betrachten wir einen zweiten Inertialbeobachter S', der
sich relativ zu S mit der Geschwindigkeit v' bewegt. In welchem Geschwindigkeitsbereich muss v liegen, wenn sich für S' die zeitliche Reihenfolge von
Ereignissen umdreht, die Kausalität also verletzt wird?

Lösung
Das von S emittierte Signal habe die Geschwindigkeit $v > c$. Der Beobachter
S' bewegt sich relativ zu S mit der Geschwindigkeit v'. Dieser Beobachter misst
das Zeitintervall $\Delta t'$, das mit Hilfe der Lorentz-Koordinatentransformation von
S nach S' bestimmt werden kann:

$$\Delta t' = \frac{\Delta t - v'\Delta x/c^2}{\sqrt{1 - v'^2/c^2}} = \Delta t\, \frac{1 - (\Delta x/\Delta t)(v'/c^2)}{\sqrt{1 - v'^2/c^2}}. \tag{1}$$

Hier bestimmt $\Delta x/\Delta t$ die Neigung der Weltlinie des von S emittierten Signals,
das sich mit Überlichtgeschwindigkeit ausbreitet, d. h. es ist $v > c$. In Abb. 11.4
wird eine solche Weltlinie mit W angezeigt.

Wir suchen nach der Bedingung, die das Vorzeichen von $\Delta t'$ im Vergleich
zu Δt umkehrt. Dies geschieht in Gl. 1, wenn

$$vv'/c^2 > 1, \quad v > c, \quad v' < c. \tag{2}$$

Dies ist eigentlich unmöglich, aber wir betrachten hier die Konsequenz der
nicht realisierbaren Annahme $v > c$, machen also weiter. Wir formen Gl. 2 um
und erhalten

$$c > v' > c^2/v. \tag{3}$$

Wenn ein Signal sich mit $v > c$ ausbreitete, würden alle Beobachter S', die
sich in Bezug auf die Quelle des Signals mit der Geschwindigkeit

$$v' > c\left(\frac{c}{v}\right) \tag{4}$$

reisen, die falsche Abfolge der Ereignisse messen. Dies ist graphisch in der
Abb. 11.4 gezeigt. Dabei ist zu beachten, dass die im x-ct-Diagramm eingezeichneten Koordinatenachsen von S' den folgenden Geraden entsprechen:
Die x'-Achse ergibt sich, wenn wir $ct' = 0$ setzen

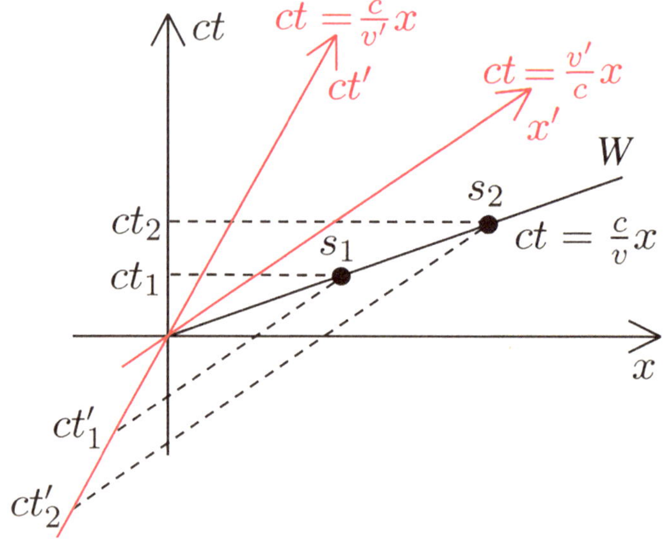

Abb. 11.4 Zu einem Signal, das schneller als Licht ist, gehört die in der Figur eingezeichnete Weltlinie W mit $ct = \frac{c}{v} x$. Auf ihr sind zwei Ereignisse s_1 und s_2 markiert. Die Raumzeitachsen ct, x gehören zum unbewegten Beobachter S, die Achsen ct', x' zu einem gegenüber S mit v' bewegten Beobachter S'. Offenbar ist die im Text erarbeitete Bedingung Gl. 4 $\frac{v'}{c} > \frac{c}{v}$ erfüllt. Betrachtet man die Raum-Zeit-Koordinaten der beiden Ereignisse s_1 und s_2 in beiden Bezugssystemen, so wird die unterschiedliche zeitliche Abfolge dieser Ereignisse deutlich

$$ct' = \gamma \left(ct - \frac{v'}{c} x \right) = 0 \quad \rightarrow ct = \frac{v'}{c} x, \tag{5}$$

und die ct'-Achse ergibt sich, wenn wir $x' = 0$ setzen

$$x' = \gamma \left(x - \frac{v'}{c} ct \right) = 0 \quad \rightarrow ct = \frac{c}{v'} x. \tag{6}$$

In Abb. 11.4 sind auf der Weltline W des sich mit Überlichtgeschwindigkeit ausbreitenden Signals die Ereignisse s_1 und s_2 eingezeichnet. Nach Projektion dieser Ereignisse auf die jeweiligen Zeitachsen lassen sich die Zeitkoordinaten t_i und t'_i ablesen. Man erkennt die Vertauschung der zeitlichen Abfolge. Ein sich mit Überlichtgeschwindigkeit ausbreitendes Signal könte den Beobachter S' erreichen, bevor dieser Beobachter (in seinem System) die Ursache des Signals beobachten könnte. Das bedeutete, die Kausalität wäre verletzt, siehe Kap. 12.

Zusammenfassung

Ausgehend vom Koordinatenursprung wird die Raumzeit in zwei Hauptbereiche mit zeitartiger und raumartiger Ereignistrennung eingeteilt. Die Begriffe Zukunft und Vergangenheit werden vor diesem Hintergrund noch einmal betrachtet. Die Zeitdilatation wird genauer untersucht und das Alter mehrerer Reisender wird verglichen. In einem Aufsatz beschreiben wir, dass bei makroskopischer Quantenverschränkung die Kausalität aufrechterhalten bleibt.

12.1 Zeitartige und raumartige Ereignisabstände

Vom Ursprung des Koordinatensystems betrachtet, können wir den gesamten Minkowskiraum in zwei Ereignisregionen teilen.

1. Alle Ereignisse in der Region

$$s^2 > 0, \quad \text{d. h.} \quad c^2 t^2 - x^2 > 0, \tag{12.1}$$

nennen wir *zeitartig*. Dies betrifft die Bereiche der Zukunft und der Vergangenheit innerhalb des Lichtkegels.
2. Die verbleibende Raum-Zeit-Region ist charakterisiert durch

$$s^2 < 0, \quad \text{d. h.} \quad c^2 t^2 - x^2 < 0, \tag{12.2}$$

und wird *raumartig* genannt. Ein Beobachter am Ursprung des Koordinatensystems kann Ereignisse in der raumartigen Region nicht beeinflussen. Darüber hinaus kann eine Tat, die in der raumartigen Region entsteht, von diesem Beobachter erst mit einer zeitlichen Verzögerung wahrgenommen werden, die mindestens so groß ist wie die Zeit, die ein Lichtsignal vom raumartigen Ereignis zum ruhenden Beobachter am Ursprung benötigt.

3. Die Trennfläche

$$s^2 = 0, \quad \text{d. h.} \quad c^2 t^2 - x^2 = 0, \tag{12.3}$$

ist *lichtartig*, da entlang des Lichtkegels nur das Licht zu finden ist.

Die Benennung der zwei Regionen richtet sich nach dem größeren der Koordinatenwerte; das heißt, für $ct > |x|$ ist die Region zeitartig, und für $|x| > ct$ ist sie raumartig. Der Lichtkegel selbst wird beschrieben durch $|x| = ct$.

Die Definition der invarianten Größe s^2 lässt sich verallgemeinern, wenn man den im Koordinatenursprung ruhenden Beobachter durch einen ersetzt, der sich an einem beliebigen Ort im Minkowskiraum befindet. Das Raum-Zeit-Intervall zwischen zwei Ereignissen E_1 und E_2 ist dann

$$s^2 = c^2 (t_1 - t_2)^2 - (x_1 - x_2)^2. \tag{12.4}$$

Sobald wir den Koordinatenursprung zu einem der Ereignispunkte verschoben haben, entspricht Gl. (12.4) unserer vorhergehenden Definition von s. Gl. (12.4) definiert somit den lorentzinvarianten ‚Abstand' zwischen zwei Ereignissen. Eine Größe ist lorentzinvariant, wenn sie für jeden Inertialbeobachter den gleichen Wert hat, sich also bei einer Lorentztransformation nicht ändert. Für $s^2 \geq 0$ ist also der Abstand zeitartig und das Ereignis mit dem kleineren t kann das Ereignis mit dem größeren t beeinflussen. Andererseits sind für $s^2 < 0$ die beiden Ereignisse durch einen raumartigen Abstand getrennt und können wegen $v \leq c$ nicht kausal miteinander zusammenhängen.

Auf den ersten Blick erkennt man, dass es große Bereiche des Universums gibt, die nicht nur heute außer Sicht sind, sondern auch für immer unerreichbar bleiben werden und somit Bedingungen unterliegen, die wir weder beeinflussen noch beobachten können. Aber es gibt Wege, die Lichtkegelgrenze zu überschreiten:

1. In der fernen Vergangenheit $t \to -\infty$ wäre es möglich gewesen, eine relativ große zukünftige Raum-Zeit Region zum Beispiel mit Messstäben zu versehen und mit synchronisierten Uhren auszustatten. Die Synchronisation hätte man durch ein Lichtsignal erzeugen können, das von $t \to -\infty$, $x = 0$ ausging, wie in Abb. 12.1 zu sehen ist. Damit wäre es z. B. gelungen, innerhalb eines größeren Lichtkegels gemeinsame Messskalen einzuführen. Der zukünftige Lichtkegel eines anfänglichen Synchronisationssignals $t \to -\infty$ ist viel größer und enthält viel mehr

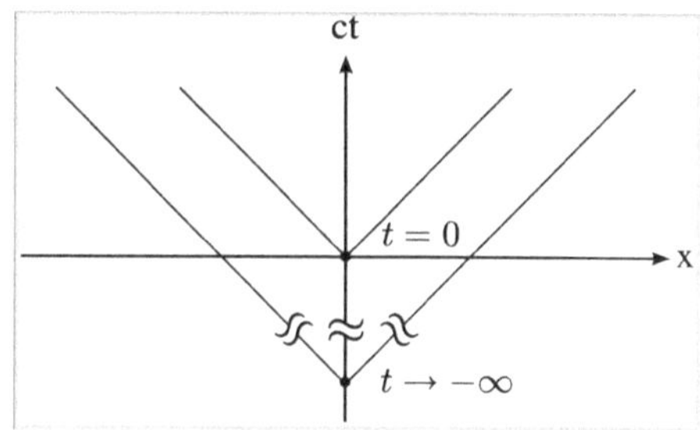

Abb. 12.1 Synchronisation der Ereignisse bei $t \to -\infty$: ein Signal, ausgesandt bei $t \to -\infty$, erreicht das gesamte Raumzeitgebiet des Universum

Raum-Zeit, als wir ab heute in unseren Zukunft erreichen können. Insbesondere bedeutet dies, dass ein Beobachter in der fernen Vergangenheit sicherstellen konnte, dass dieselben Naturgesetze in einem viel größeren Bereich des Universums gelten, als er uns heute zugänglich ist.

2. Der zukünftige Lichtkegel eines ruhenden oder auch eines mit $v < c$ bewegten Beobachters, der sich für uns unsichtbar heute weit außerhalb unseres zukünftigen Lichtkegels befindet, wird letztendlich unseren Lichtkegel schneiden. Das bedeutet, dass wir die Wirkungen, die dieser Beobachter auslöst, eines Tages in der Zukunft beobachten können. Ereignisse, die heute außerhalb unseres Lichtkegels stattfinden, können uns eines Tages beeinflussen.

Diskussion 12.1 Die Struktur-Homogenität des Universum
Thema: Wir diskutieren, wie die Struktur-Homogenität des Universums mit dem Urknall konsistent sein kann, also dem Ursprung des Universum.

Simplicius: Ich habe ein Problem mit den Ideen, die hier vorgestellt wurden. Ich habe gehört, dass die Zeit im Universum mit dem Urknall begann. Das heißt, es gab niemanden vor dieser Zeit. Damit ist doch klar, dass der Zukunftsbereich des Lichtkegels, vom Urknall aus gesehen, nicht das ganze heutige Universum umfassen kann. Es muss also Raumbereiche geben, die gar nichs von diesem Urknall wissen.

Professor: Das Universum ist ungefähr 13,8 Mrd. Jahre alt. Alle Ereignisse sind danach entstanden, doch…

Student: …Ich habe damit auch ein Problem. Heute können wir nach rechts und nach links im Himmel die Sterne sehen, die sich alle sehr weit weg von uns befinden. Sollten diese älter als etwa $13,8/2 = 6,9$ Mrd. Jahre sein und in die eine und in die entgegengesetzte Richtung gesehen werden, dann glaube ich, dass diese Sterne weiter als 13,8 Mrd. Lichtjahre voneinander entfernt sind. Deshalb können diese Sterne nicht mit einem Signal, das beim Urknall zur Zeit $t = 0$ emittiert wurde, kausal synchronisiert worden sein. Mit anderen Worten, zumindest einer dieser Sterne ist außerhalb des Zukunftsbereiches des Beobachters beim Urknall.

Simplicius: Da ist genau mein Problem: Wohin wir auch in unsere Vergangenheit schauen, sehen wir dasselbe. Wie kann das erklärt werden, wenn zum Teil die Raumgebiete nichts voneinander wissen?

Student: Ja, wenn es einen Anfang der Zeit gab, kann man in der Zeit nicht weit genug zurückgehen, um das Verhalten des gesamten heute sichtbaren Universums nach den gleichen Regeln zu synchronisieren.

Simplicius: Es muss eine Koordination der Raumkonditionen, d. h. eine Synchronisation gegeben haben, die mit den hier diskutierten Ideen nichts zu tun hat.

Professor: Es ist erfreulich zu sehen, wie Ihr das Problem beschreibt, doch kommen wir nun zur Lösung: Die Frage, wie es möglich ist, dass das von uns ‚links' und ‚rechts' in der fernen Vergangenheit beobachtete Universum in der Tat ganz gleich ist, zeigt, dass wir weitere Ideen und Prinzipien brauchen. Vor allem muss man bedenken, was genau mit dem Raum beim Urknall passiert. Da es einen Urknall gab, musste danach auch der Raum expandieren. Das bedeutet, dass der Lichtkegel nicht gerade ist, wie eure Diskussion es impliziert, sondern sich immer weiter öffnet. Daraus folgt, dass das heutige große Universum aus einem in der Vergangenheit viel kleineren Raumbereich entstanden ist. Wäre die Rate der räumlichen Ausdehnung des Universums konstant, dann könnten wir argumentieren, dass die Sterne, die wir 6,9 Mrd. Lichtjahre entfernt auf der linken und rechten Seite sehen, vor 6,9 Mrd. Jahren eine geringere Entfernung hatten als es uns heute erscheint. Folgt man diesem Gedankengang weiter, so erkennt man, dass der heute sichtbare Raum mit allen Eigenschaften zum Zeitpunkt des Urknalls synchronisiert werden konnte, da er aus einer einzigen Singularität entstanden ist. Genau das macht den Urknall aus.

Simplicius: Sie beschreiben, wie nach dem Urknall-Modell des Universums weite Raumzeitbereiche miteinander koordiniert, d. h. synchronisiert werden, die nach der speziellen Relativitätstheorie gar nichts voneinander wissen dürften. Bedeutet das nicht, dass es irgendwann in der Entwicklung nach dem Urknall Signalübertragung mit Überlichtgeschwindigkeit gegeben hat?

Professor: Wenn überhaupt, wurden die Prinzipien der speziellen Relativitätstheorie bei der Geburt des Universums verletzt. Betrachten wir zum Beispiel das „Inflations-Modell" Wie bei einer Geldinflation kommt es zu einem exponentiellen Wachstum des Universums. Ein solcher räumlicher Inflationsprozess stellt sicher, dass das gesamte Universum seinen Ursprung im Urknallpunkt hat und deshalb die Struktur des Universums überall gleich ist.

Simplicius: Bedeutet exponentielle räumliche Expansion nicht Wachstum mit Überlichtgeschwindigkeit?

Student: Das macht mir keine Sorgen. ich glaube nicht, dass ein exponentiell wachsender Raum die kausale Abfolge von Ereignissen verändern kann.

Professor: Selbst superluminale, inflationäre Ausdehnung des räumlichen Universums bedeutet nicht, dass es einen Beobachter im Sinne der SR gibt, der sich gegen den kosmischen Zeitpfeil bewegen könnte. Ich bin mir aber ziemlich sicher, dass sich unsere Ansichten über den Urknall noch weiter entwickeln werden und dass das von uns diskutierte Thema noch oft aus einem neuem Blickwinkel betrachtet werden wird. Heute ist die Inflations-Interpretation zufriedenstellend, aber es gibt Kollegen, die die Frage des universell gleichen Universum gerne auch anders erklären wollen.

Übung 12.1 Raumartige Ereignistrennung und die Lorentz-FitzGerald-Körperkontraktion

Ein Beobachter S registriert zwei raumartige getrennte Ereignisse $s_1 = (ct_1, \boldsymbol{x}_1)$ und $s_2 = (ct_2, \boldsymbol{x}_2)$. Zeigen Sie, dass man auch für $t_1 \neq t_2$ immer einen anderen sich mit der Geschwindigkeit v bewegenden Beobachter S' finden kann, für den diese Ereignisse gleichzeitig sind, wie dies in der Abb. 12.2 dargestellt ist. Ist das auch der Fall für zeitartige getrennte Ereignisse? Welche räumliche Trennung der beiden Ereignisse beobachtet $S'(v)$? Stellen Sie das Resultat als eine Funktion von v und $x_1 - x_2$ dar, so dass keine Abhängigkeit von der Zeit verbleibt. Interpretieren Sie Ihr Ergebnis für den Fall, dass die beiden Ereignisse den Enden eines physischen Körpers entsprechen.

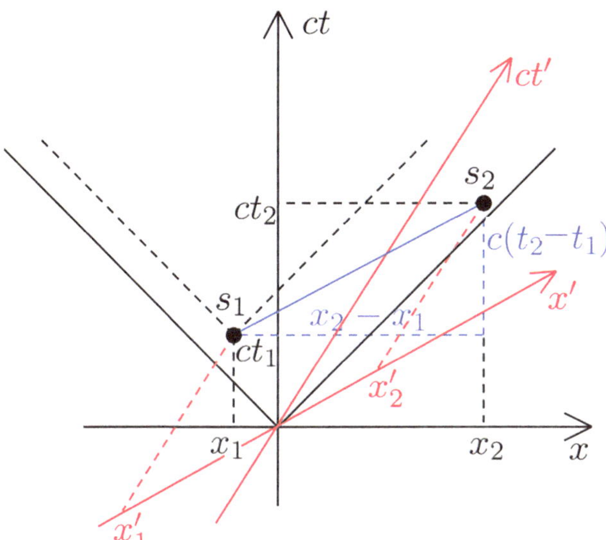

Abb. 12.2 Zwei Ereignisse s_1 und s_2 mit zugehörigen Koordinatenprojektionen ct_i, x_i, ct'_i, x'_i sind im Diagramm erkennbar. s_2 liegt außerhalb des Lichtkegels von s_1, also sind die beiden Ereignisse raumartig getrennt. Der Beobachter S' ist so gewählt, dass $t'_1 = t'_2$: Die Gerade, auf der die x'-Achse liegt, erfüllt in S die Gleichung $ct = \frac{v}{c}x$. Für $\frac{v}{c} = \frac{ct_2 - ct_1}{x_2 - x_1}$ verläuft sie also parallel zu der Geraden, die die Ereignisse s_1 und s_2 verbindet, Übung 12.1

Lösung

Der Ereignisabstand $s^2 = (s_1 - s_2)^2$ ist eine Invariante unter Lorentzkoordinatentransformationen, siehe Abschn. 7.1. Wenn also $s^2 < 0$ (raumartige Ereignistrennung Gl. (12.2)) von Beobachter S festgestellt wird, so gilt das für alle anderen Beobachter $S'(v)$

$$s^2 = s'^2 = c^2(t_1' - t_2')^2 - (\boldsymbol{x}_1' - \boldsymbol{x}_2')^2 < 0. \tag{1}$$

Für zeitartige getrennte Ereignisse ist $s^2 > 0$. Dann kann die Bedingung $t_1' - t_2' = 0$ nie erfüllt werden, da in diesem Fall $(x_1' - x_2')^2$ negativ wäre, wie es Gl. 1 zeigt.

Daher können wir nur im Falle einer raumartigen Ereignistrennung nach einem Bezugssystem suchen, so dass $t_1' - t_2' = 0$

$$0 = t_1' - t_2' = \gamma(t_1 - t_2 - (x_1 - x_2)v/c^2). \tag{2}$$

Wie üblich, orientieren wir das Koordinatensystem so, dass die x-Achse in die Richtung des Geschwindigkeitsvektors $\boldsymbol{v}$ deutet. Aus der Gl. 2 folgt:

$$t_1 - t_2 = (x_1 - x_2)v/c^2. \tag{3}$$

Wir können nun Gl. 3 nach v auflösen und erhalten so die Geschwindigkeit des Beobachters S'

$$\frac{v}{c} = \frac{c(t_1 - t_2)}{x_1 - x_2}. \tag{4}$$

Konzentrieren wir uns nun auf den Beobachter S', für den $t_1' - t_2' = 0$ gilt, und vergleichen seine Beobachtung mit der von S. Beobachter S' ermittelt für die räumliche Trennung zwischen den beiden Ereignissen

$$x_1' - x_2' = \gamma(x_1 - x_2 - v(t_1 - t_2)). \tag{5}$$

Wir benutzen die Gl. 3, um $t_1 - t_2$ zu eliminieren und erhalten

$$x_1' - x_2' = \gamma(1 - \frac{v^2}{c^2})(x_1 - x_2) = \sqrt{1 - \frac{v^2}{c^2}}(x_1 - x_2) = \frac{1}{\gamma}(x_1 - x_2). \tag{6}$$

Wir finden mit Gl. 6, dass die von einem die Ereignisse gleichzeitig registrierenden Beobachter S' gemessene räumliche Trennung der Ereignisse verglichen mit dem Messergebnis im Ruhereferenzsystem S verkürzt ist. Der die Verkürzung beschreibende Faktor ist gleich dem Kehrwert des Lorentz-Faktors. Der

Ruhebeobachtern S misst diese Ereignisse nicht zur gleichen Zeit, sondern mit der von Gl. 3 beschriebenen Zeitdifferenz.

Wenn wir die beiden hier betrachteten Ereignisse den zwei Enden eines materiellen Körpers zuordnen, wird das Resultat wie folgt interpretiert: Der gleichzeitig messende Beobachter S', der den bewegten Körper beobachtet, misst im Vergleich zu einem im Körper mitreisenden Beobachter S eine verkürzte Körperlänge. Dieses Verhalten der räumlichen Ereignisse, die die zwei Enden eines Körpers charakterisieren, zeigt die Konsistenz der Lorentztransformation mit der von FitzGerald und Lorentz postulierten Körperkontraktion. Diese Konsistenz ist eine notwendige Eigenschaft der Relativitätstheorie.

Wir bestätigten damit die Ergebnisse von Kap. 8 mit der zusätzlichen Erkenntnis, dass ein materieller Körper raumartig ist, d. h. es gibt einen Beobachter S', der die Körperenden gleichzeitig misst.

12.2 Zeitdilatation, noch einmal betrachtet

Effekte wie die Zeitdilatation und das „Zwillingsparadoxon" fordern immer wieder viele Studenten heraus. Deshalb wollen wir unser Verständnis der Zeitdilatation, die wir in Kap. 4 bereits untersucht haben, hier vertiefen. Stellen Sie sich vor, ein Astronaut unternimmt mit einem Raumschiff S_A eine Reise zu einem entfernten Stern und zurück. Ohne Zweifel muss er bis zur einer hohen Geschwindigkeit $v \approx c$ beschleunigen. Währenddessen verbleibt ein Zwilling auf der Erde S_E, die frei im Raum schwebt. Betrachtet man den Effekt der Zeitdilatation, so sollte die Zeit t_A im Raumschiff deutlich langsamer als die Zeit t_E auf der Erde vergehen. Der reisende Astronaut müsste daher nach der Reise weniger alt sein als sein Zwilling auf der Erde.

Wegen des Relativitätsprinzips könnte man (fälschlicherweise) argumentieren, die freischwebende Erde S_E, die wir als Bezugssystem für die relative Zeitmessung angenommen haben, unterscheide sich nicht vom Ruhesystem eines Beobachters, der mit dem Raumschiff reist. Dann könnte man argumentieren, dass sich aus Sicht des Astronauten im Ruhesystem S_A („Raumschiff") doch die Erde mit einer hohen Geschwindigkeit wegbewegte. Diese Argumentation wirft die Frage auf, ob wir die beiden Zwillinge nicht doch unterscheiden können. Denn wie sonst könnten wir beurteilen, welcher Zwilling jünger ist, wenn beide sich wieder auf der Erde treffen? Es könnte ja darüber hinaus noch einen dritten Beobachter S_B geben, der einen anderen Weg einschlägt. Für diesen sind sowohl die Erde S_E, als auch das Raumschiff S_A mit dem Astronauten in Bewegung. Natürlich kann es nicht sein, dass das Altern von Zwillingen von der Anwesenheit eines dritten Beobachters S_B abhängt.

Der Unterschied zwischen den reisenden Zwillingen wird erkennbar, wenn man die Längen ihrer Weltlinien vergleicht. Die Weltlinie des Astronauten ist in der Raum-Zeit länger, da dieser Zwilling eine *Beschleunigung* erfährt. Da S_A beschleunigt wird, also sein Inertialsystem verlässt, ist es nicht möglich, die Situation umzukehren, denn der Zwilling auf der Erde S_E bleibt während der ganzen Reise in seinem Inertialsystem. Alle Beobachter werden zustimmen, dass der beschleunigte Körper eine längere Weltlinie hat. Ob diese Beschleunigung kontinuierlich ist oder abrupt, spielt keine Rolle. Ein Beobachter in einem beschleunigten Bezugssystem kann nicht den gleichen Zeitdilatationseffekt erfahren wie ein freischwebender Beobachter, egal wie der Beschleunigungsverlauf zeitlich strukturiert ist.

Wir können diesen Sachverhalt quantifizieren, in dem wir die Weltlinie des beschleunigten Zwillinges im ct, x-Diagramm auswerten. Die Differenz der Weltlinienlängen $dl^2 \equiv c^2 dt^2 + dx^2$ der beiden Beobachter beträgt

$$dl_A^2 - dl_E^2 = (dt^2 c^2 + dx^2) - dt^2 c^2 = dx^2. \tag{12.5}$$

Hier ist dl_A die inkrementelle Weltlinienlänge des beschleunigten Zwillings und dl_E die des Zwillings auf der Erde. Führen wir nun eine LT aus so erhalten wir: $dx^2 \to dx'^2 = [\gamma(dx - v dt)]^2 \geq 0$. Der Zuwachs dx'^2 verschwindet nur für einen Beobachter, der momentan die gleiche Geschwindigkeit besitzt wie der beschleunigte Astronaut, d. h. $dx/dt = v$. Abgesehen von dieser zufälligen und augenblicklichen Übereinstimmung ist im allgemeinen $dx'^2 > 0$. Wir können daher folgern, dass das Integral über die gesamte Weltliniendifferenz Gl. (12.5) bis auf eine Stelle immer ein positives Argument hat und daher das Ergebnis der Integration von Gl. (12.5) positiv ist und nicht verschwindet. Das bedeutet, dass es einen beobachtbaren Unterschied zwischen beiden Zwillingen gibt, den wir durch Untersuchung der Weltlinien bestimmen können. *Konsequenz: der beschleunigte reisende Zwilling ist immer jünger.*

Zum Zweck des Uhrenvergleichs erfordert die spezielle Relativitätstheorie, dass die Zwillinge sich in einem gemeinsamen Raum-Zeit-Punkt treffen. Das bedeutet, dass zumindest einer beschleunigt und wieder verlangsamt, wenn er wegreist und wieder zum Treffpunkt zurückkehrt. Wir wissen nun, dass der unbeschleunigte Zwilling immer der Ältere von beiden sein wird. Den Altersunterschied kann man durch Untersuchung der Längen der Weltlinien ermitteln.

Obwohl es die Beschleunigung ist, die dem reisenden Raumschiffzwilling in S_A seinen Weg in der Raum-Zeit vorgibt und ihn von dem Zwilling auf der Erde S_E unterscheidet, müssen wir die spezielle Relativitätstheorie nicht erweitern und/oder die allgemeine Relativitätstheorie zu Rate ziehen, um herauszufinden, wer von beiden Zwillingen jünger ist. Das liegt daran, dass die Beschleunigung, die die Weltlinien der Zwillinge unterscheidbar macht, beliebig klein sein kann. Wir können deshalb die Zeitdilatation ganz nach den Prinzipien der speziellen Relativitätstheorie bestimmen. Die Anwesenheit einer Beschleunigung von beliebig kleiner Stärke genügt, um S_A und S_E zu unterscheiden.

Abb. 12.3 Die Reisen der Drillinge A, B, und E. Siehe Übung 12.2

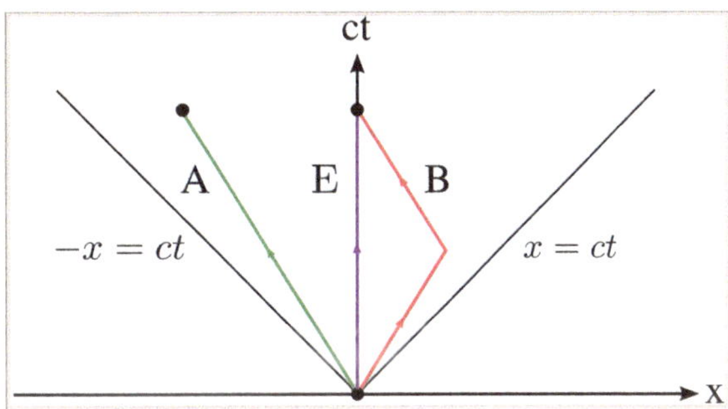

Übung 12.2   Welcher Drilling ist der Jüngste?

„Drillinge" E, und A, B folgen Raum-Zeit-Pfaden, die alle am Ursprung des Koordinatensystems beginnen. Die Zeitperiode, in der die Geschwindigkeit sich verändert, d. h. der Körper eine Beschleunigung erfährt, soll im Vergleich zu der Dauer der Reise vernachlässigbar sein.

Drilling E verbleibt auf der Erdbasis, die frei von Kräften im Koordinatenursprung $x = 0$ zu finden ist. Die Referenzzeit t, die wir benutzen, wird mit einer Uhr von E gemessen.

Drilling A reist mit einer konstanten Geschwindigkeit $v_A < c$, beginnend bei $t = 0$. Die Reise endet weit entfernt zur einer Zeit $t = t^f$. Die Bewegung von A wird in Bezug auf den Ruhebeobachter E und die Zeit t betrachtet.

Drilling B reist mit einer konstanten Geschwindigkeit $v_B < c$, beginnend bei $t = 0$ bis $t = t^f/2$. Dann dreht er um und fliegt zur Erdbasis zurück, wo er zur Zeit $t = t^f$ den Drilling E wieder trifft.

Diese drei Weltlinien sind in Abb. 12.3 zu sehen. Berechnen Sie die Eigenzeiten, die für jeden der Reisenden E, A, und B in dem betrachteten Zeitintervall vergehen (zwischen $t = 0$ und $t = t^f$ im System E) und deuten Sie die Ergebnisse. Vergleichen Sie das Alter der Drillinge für den Fall, dass A irgendwann später zur Erdbasis zurückkehrt. Zeigen Sie mit exakten mathematischen Methoden, dass der Drilling mit der längsten Weltlinie am Ende der Reise der Jüngste ist.

Lösung

Für alle Drillinge können wir die Eigenzeit als eine Funktion der vom Laborbeobachter E gemessenen Drillingsgeschwindigkeit angeben.

Für den Drilling E ist die Reisegeschwindigkeit $v = 0$. Damit erhalten wir die einfache Beziehung

$$\tau_E^f = t_E^f. \tag{1}$$

Für den Drilling A ist die Reisegeschwindigkeit v_A konstant. Also erhalten wir

$$\tau_A^f = t_A^f \sqrt{1 - v_A^2/c^2} = t_A^f/\gamma_A. \tag{2}$$

Dies ist die normale Zeitdilatation, doch der Drilling befindet sich am Ende seiner Reise fern der Erde.

Für den Drilling B ist die Geschwindigkeit v_B wieder effektiv konstant, da wir die Beschleunigungszeiten nicht berücksichtigen wollen. Wir erhalten deshalb

$$\tau_B^f = t_B^f \sqrt{1 - v_B^2/c^2} = t_B^f/\gamma_B. \tag{3}$$

Wir beachten, dass die Richtung der Bewegung von B sich ändert, was die Rückkehr zu E gestattet.

Für $v_A = v_B$ finden wir $\tau_A = \tau_B$, da die Pfadlängen gleich sind, wie wir in der Abb. 12.3 sehen. Das heißt, die beiden Drillinge A und B sind zur Zeit t_f gleich alt. Wir beachten aber, dass der Drilling B sich bereits am Ende seiner Reise zurück zur Basis befindet, der Drilling A aber noch den Heimweg antreten muss, damit er mit B und E zusammen kommt. Dieser Teil der Reise ist nicht in Abb. 12.3 zu sehen. Um die Reise in diesem Sinne zu Ende zu bringen, muss Drilling A wieder zur Basis E zurück, also die Reise mit irgendeiner Geschwindigkeit fortsetzen. Wir können der Einfachheit halber annehmen, dass die Rückfluggeschwindigkeit wieder gleich v_A ist. Dieser Teil der Reise wird die Zeitdilatation von A weiter erhöhen, wenn man ihn mit den bereits auf der Erde verweilenden Drillingen E und B vergleicht. Wir erkennen nun, dass von den beiden Reisenden, die mit gleicher Geschwindigkeit unterwegs waren, nach dem Wiedertreffen derjenige am jüngsten ist, der am weitesten gereist ist. Die nicht reisende Basisbesatzung ist am ältesten.

Wir können diesen Umstand auch exakt beschreiben: Die inkrementelle Änderung in der Eigenzeit eines Reisenden R ist

$$d\tau_R^2 = dt^2 - dx^2/c^2 = d\tau_E^2 - dx^2/c^2, \tag{4}$$

wobei wir eingefügt haben, dass die Laborzeit zugleich auch die Eigenzeit des Basisdrillings E ist. E misst für die Reisegeschwindigkeit von R den Wert:

$$v_R = \frac{dx}{dt} = \frac{dx}{d\tau_E}. \tag{5}$$

Eingesetzt in Gl. 4 ergibt sich für jede nicht verschwindende infinitesimale Veränderung des Ortes des Reisenden R mit $dx^2 > 0$

$$d\tau_R^2 = d\tau_E^2 \left(1 - \frac{v_R^2}{c^2}\right) \le d\tau_E^2. \tag{6}$$

Gleichheit gilt hier nur für $dx = 0$. Irgendeine zusätzliche Reiseentfernung dx führt zu einer entsprechenden Verringerung der Eigenzeit des Reisenden, verglichen mit der Situation vor Hinzufügen dieser Entfernung.

Betrachten wir ungleiche Reisegeschwindigkeiten $v_A \ne v_B$ und vergleichen, so ändert sich nichts an unserer Argumentation, da die Eigenzeit vom während der Zeit dt zurückgelegten Weg dx abhängt. Der Reisende, der am weitesten reist (größtes dx), ist am Ende unabhängig von seiner Reisegeschwindigkeit der Jüngste. Natürlich können wir den Sachverhalt verkomplizieren, indem wir einem der Reisenden erlauben, viele Male zu wenden, so dass der Abstand von der Basis klein bleibt. In diesem Falle müssen wir die Summe der Teilreisen bilden. Dasselbe Resultat erzielen wir auch durch der Bestimmung der Pfadlänge der Reise.

Legt man auf die Weltlinie jedes Reisenden je einen Faden, so sieht man, dass der längste Faden zum meistgereisten und deshalb jüngsten Reisenden gehört. Das folgt daraus, dass jede Verlängerung des Pfades eine weitere Reduktion der Eigenzeit des Reisenden zu Folge hat, wie es Gl. 6 verdeutlicht. Damit ist die geometrische Länge der Weltlinie in der (t, x)-Ebene ein geeignetes Maß für die Eigenzeit eines Reisenden und ermöglicht den Altersvergleich von Beobachtern, die sich nach einer Reise am Startort wiedertreffen.

Übung 12.3   Optimierung der Reisezeit zu einem vorgegebenem Ziel

Wir wollen zu einem vorgegebenen Ziel im Raum reisen. a) Wie muss man die Reise planen, damit sie in möglichst kurzer Eigenzeit bewältigt wird? b) Vergleichen Sie die Weltlinienlängen verschiedener möglicher Reisen und stellen Sie eine Verbindung zur Eigenzeit her. c) Zeigen Sie, dass das Ergebnis dem der vorhergehenden Übung 12.2 nicht widerspricht.

Lösung

Die bisherige Diskussion Übung 12.2 hat ‚Zeitreisen' betrachtet, bei denen die Reisenden beliebige Reiseziele aufsuchen, bevor Sie zum Startort zurückkehren und aufeinander warten. Wir halten fest, dass in diesem Fall der Reisende mit der längsten Weltlinie am jüngsten bleibt. Die Situation ändert sich, wenn wir die Reisedauern zu einem vorgegebenen entfernten Ort vergleichen, siehe Abb. 12.4.

Zuerst betrachten wir einen Reisenden ‚R', der praktisch mit Lichtgeschwindigkeit zu einem entfernten Ziel unterwegs ist. Verglichen mit der Erdzeit ‚E' altert er während der Reise praktisch nicht, da wir die Beschleunigungszeiten vernachlässigen

$$d\tau_{\mathrm{R}}^2 = d\tau_{\mathrm{E}}^2 \left(1 - \frac{v_{\mathrm{R}}^2}{c^2}\right) \leq d\tau_{\mathrm{E}}^2. \tag{1}$$

Wir betrachten nun einen Reisenden, der zumindest zeitweise langsamer gereist ist. Offenbar ist für ihn die verstrichene Eigenzeit Gl. 1 länger. Diese Argumentation kann man beliebig fortsetzen. Bei vorgegebenen Raumziel wird letztendlich der schnellste Reisende am wenigsten Eigenzeit brauchen.

Vergleicht man aber die Längen L_{Pfad} verschiedener mit konstanten Geschwindigkeit v reisender Personen bei fest vorgegebenem Ziel, so kommt man zu einem auf den ersten Blick überraschenden Ergebnis. Mit $x \to D = v\,\tau_{\mathrm{E}}$ finden wir

$$L_{\mathrm{Pfad}} = \sqrt{c^2\tau_{\mathrm{E}}^2 + D^2} = D\sqrt{(c/v_{\mathrm{R}})^2 + 1}. \tag{2}$$

Wir sehen, dass die Weltlinie am kürzesten ist für $v_{\mathrm{R}} \to c$. Jetzt gehört also zu dem schnellsten Reisenden mit der kürzesten Eigenzeit die kürzeste Weltlinie. Das ist genau umgekehrt zu der Situation, die wir in der vorhergehenden Übung 12.2 erarbeitet haben.

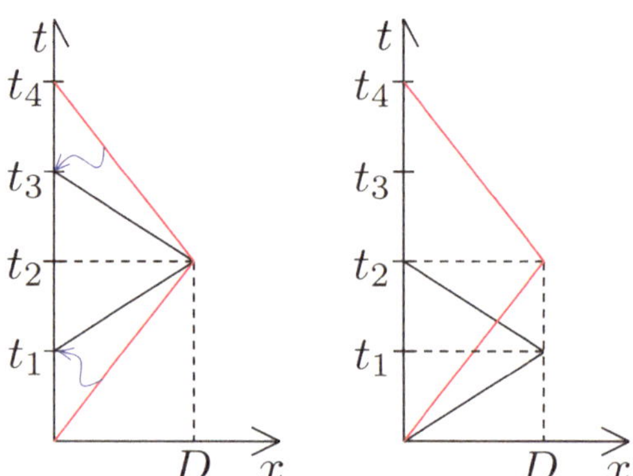

Abb. 12.4 Zwei Reisende, die mit verschiedenen konstanten Geschwindigkeiten zu einem vorgegebenem Raumziel unterwegs sind. Links: Ankunft der Reisenden am Raumziel zur gleichen Zeit; Rechts: Reisebeginn zur gleichen Zeit. Die Reisegeschwindigkeiten sind für die jeweiligen Reisenden in beiden Fällen (links und rechts) gleich. Die Reiserouten ergeben also links und rechts für jeden der beiden Reisenden denselben Alterzuwachs, da die jeweiligen Weltlinien gleich lang sind. Die Pfeile im Bild links deuten an, wie die Deformation der kürzeren Weltlinie vorgenommen wird, um die längere zu überdecken. Bei dieser Deformation verlängert man die Weltlinienlänge (Dreiecksungleichung). Damit wird gezeigt dass der schnellere Reisende mit der längeren Weltlinie immer der jüngere bleibt. Siehe Übung 12.3

Der scheinbare Widerspruch löst sich auf, wenn man die Reisenden wie in der letzten Übung zur Basis zurückkehren und aufeinander warten lässt, so dass sie sich nach eventueller Wartezeit wiedertreffen. Ein solcher Reiseverlauf ist in Abb. 12.4 dargestellt. Links sehen wir den Fall der gleichzeitigen Ankunft am fernen Ziel, rechts den Fall der gleichzeitigen Abreise. Die Weltlinien beider Reisenden sind links und rechts offenbar jeweils gleich lang. Wendet man in der linken Zeichnung zweimal die Dreiecksungleichung an, so sieht man deutlich, dass zum schnelleren Reisenden (in beiden Fällen) die längere Weltlinie gehört. Die Ursache dafür ist der Wartezeitanteil der Weltlinie.

12.3 *Nebenbetrachtung:* Quantenverschränkung und Kausalität

Dieser Abschnitt ist eine Abhandlung, die vom eigentlichen Thema dieses Buches abschweift. In ihr wird Wissen aus speziellen Teilgebieten der Quantenmechanik vorausgesetzt. Unser Ziel ist es, dem häufigen Missverständnis zu begegnen, dass die Quantenverschränkung über große Entfernungen Probleme mit der Kausalität verursacht.

Die Feststellung, dass die Ursache eines Ereignisses an einem Ort der Wirkung an einem anderen um wenigstens soviel Zeit vorausgehen muss, wie eine mit Lichtgeschwindigkeit übermittelte Botschaft braucht, hat sich in der Quantenphysik als nicht selbstverständlich erwiesen. Das Problem ist aufgetaucht, weil die Quanten-Nichtlokalität eine Herausforderung für den klassischen lokalen Realismus darstellt, auf den unsere Sicht auf die Welt aufgebaut ist und auf dem auch dieses Buch fußt. Um klarzustellen, was folgt: Der Beweis der Verletzung der Bellschen Ungleichung[1] bedeutet, dass die Quanten-Nichtlokalität sich gegen den klassischen lokalen Realismus durchgesetzt hat.

Wir beginnen mit einer Behauptung aus der Zusammenfassung einer an prominenter Stelle veröffentlichten wissenschaftlichen Arbeit, in der behauptet wird, es gäbe Signalübertragung, also Informationsaustausch, mit Überlichtgeschwindigkeit[2]:

> Die experimentelle Verletzung der Bellschen Ungleichung, die raumartig getrennte Messungen verwendet, lässt eine Erklärung mit Hilfe kausaler, sich maximal mit Lichtgeschwindigkeit ausbreitender Einflüsse nicht zu. ...Wenn wir annehmen, es sei unmöglich, nichtlokale

---

[1] Benannt nach dem gleichen John S. Bell, der auch die in Kap. 10 vorgestellten Bell-Raketen entwickelte.

[2] J-D. Bancal, S. Pironio, A. Acin, Y-C. Liang, V. Scarani, & N. Gisin „Quantum non-locality based on finite-speed causal influences leads to superluminal signaling," (überstzt: „Quanten-Nichtlokalität, die auf der Ausbreitung kausaler Einflüsse mit endlicher Geschwindigkeit beruht, führt zu Signalübermittlung mit Überlichtgeschwindigkeit") https://doi.org/10.1038/nphys2460 Nature Physics **8,** 867 (2012).

Korrelationen für Kommunikation mit Überlichtgeschwindigkeit zu verwenden, schließen wir jede mögliche Erklärung für Quantenkorrelationen aus, die auf sich mit endlicher Geschwindigkeit ausbreitenden Einflüssen beruht[3].

Stellen wir uns vor, S_1 sei der Urheber zweier Quantensignale und S_2, S_3 seien die messenden Beobachter. Die oben erwähnten Autoren glauben, es sei der Messprozess des Beobachters S_2 am Ereignisort s_2, der den Zustand festlegt, den S_3 am Ort s_3 beobachtet, wobei für den (raumartigen) Abstand gilt

$$0 > (s_2 - s_3)^2 = c^2(t_2 - t_3)^2 - (x_2 - x_3)^2. \tag{12.6}$$

Die räumliche Quanten-Nichtlokalität, die raumartig getrennte Ereignisse verbindet, erfordert in den Augen der eben zitierten Autoren unendlich große Geschwindigkeit. Dieser Punkt soll auf den folgenden Seiten genauer diskutiert werden.

Insbesondere sind wir interessiert an der Frage: Ist die sofortige Teilhabe an Quanteninformationen über große raumartige Entfernungen im Konflikt mit der Kausalität? Wir begründen jetzt, warum das nicht der Fall ist. Bedenken wir hier, dass weder S_2 noch S_3 wissen, wer von ihnen seine Messung zuerst durchführt. Natürlich misst der zuerst, der sich näher an der Quelle S_1 befindet, aber raumartig getrennte Beobachter S_2 und S_3 können sich ihren Standort nicht gegenseitig übermitteln.

Wer zuerst misst, S_2 oder S_3, ist eine unentscheidbare Frage im Kontext der Relativitätstheorie, wenn man Gl. (12.6) beachtet. Für raumartig getrennte Ereignisse kann man nämlich immer einen Beobachter S' finden, siehe Übung 11.2, für den das Vorzeichen von $\Delta t'$ umgekehrt ist wie in $\Delta t = t_2 - t_3$

$$\frac{t_2' - t_3'}{t_2 - t_3} = \gamma \left(1 - \frac{v'}{c^2} \frac{x_2 - x_3}{t_2 - t_3} \right) < 0 \quad \text{wenn} \quad \frac{v'}{c} > c \frac{t_2 - t_3}{x_2 - x_3}. \tag{12.7}$$

Die Ereignisabfolge t_2, t_3 ist noch aus einem anderen Grund unerheblich: Das Messergebnis wird konfiguriert von Beobachter S_1, der den verschränkten nichtlokalen Quantenzustand erzeugt hat und deshalb auch eine Wahrscheinlichkeitsverteilung für die möglichen Kombinationen der Messergebnisse. Deshalb kommt es darauf an, dass S_2 und S_3 zu S_1 in kausalem Verhältnis stehen, der kausale Zusammenhang von S_2 und S_3 ist überhaupt nicht von Belang.

Das Minkowskidiagramm des Experiments ist in Abb. 12.5 zu sehen. Im Zukunftsbereich des Beobachters S_1 finden wir die Quelle der spinverschränkten Signale, die

---

[3]Im Orginal:

The experimental violation of Bell inequalities using spacelike separated measurements precludes the explanation of quantum correlations through causal influences propagating at subluminal speed. …assuming the impossibility of using non-local correlations for superluminal communication, we exclude any possible explanation of quantum correlations in terms of influences propagating at any finite speed.

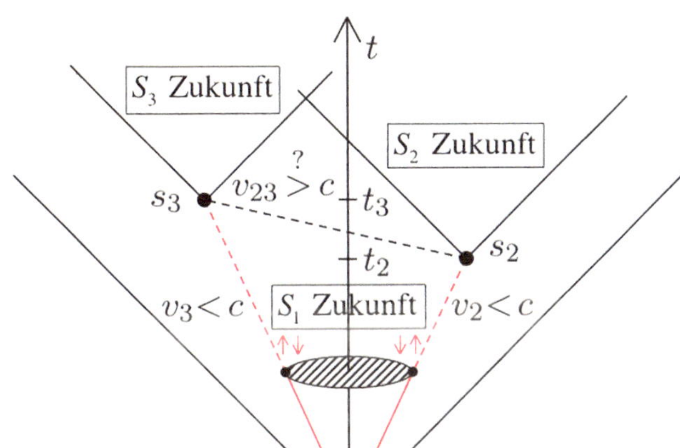

Abb. 12.5 Das Minkowskidiagramm eines quantenverschränkten Spin-Experiments: Im Zukunfts-kegel des Beobachters S_1, der das Experiment vorbereitet und realisiert, sehen wir die Ereignisse s_2 und s_3, die mit den jeweiligen Geschwindigkeiten $v_2 < c$ und $v_3 < c$ von den verschränkten Teilchen erreicht werden. s_2 und s_3 haben raumartigen Abstand, denn sie liegen außerhalb des Zukunftskegels des jeweils anderen Beobachters S_3 bzw. S_2

dann bei s_2 und s_3 beobachtet werden. Die Zukunftsbereiche von S_2 und S_3 sind nicht kausal verbunden, ein Signal von s_2 brauchte Überlichtgeschwindigkeit, um bei s_3 anzukommen. Da die Bellsche Ungleichung verletzt ist, kann man den klassichen lokalen Realismus aber nicht verwenden. Die Quantenmechanik erklärt diesen Effekt ganz anders und braucht eine solche Signalübertragung nicht. Das Resultat der Messungen bei s_2 und s_3 wurde von S_1 nach heute geltenden physikalischen Gesetzen vorausbestimmt.

Nachdem geklärt ist, dass wegen der Rolle von S_1 die Quanten-Nichtlokalität keinen Widerspruch zur Relativitätstheorie beinhaltet, könnten wir die Diskussion jetzt abschließen, insbesondere weil überhaupt kein Konflikt zwischen Quantenphysik und Relativitätstheorie bekannt ist. Es gibt aber verwandte Fragen, die einer weiteren Diskussion wert sind, vor allem die Aussage *(loc. cit.) ...schließen wir jede mögliche Erklärung für Quantenkorrelationen aus, die auf sich mit endlicher Geschwindigkeit ausbreitenden Einflüssen beruht.*

Die Gesetze der Quantenmechanik sind auf mikroskopischer Ebene symmetrisch bezüglich der Zeitumkehr, das ist die sogenannte T-Symmetrie. Im allgemeinen wird man die Vorwärtsrichtung der Zeit wählen, wenn man die Kausalität der zeitlichen Entwicklung eines Quantensystems sicherstellen will. Die Entdeckung einer sehr schwachen Verletzung der T-Symmetrie bei gewissen elementaren Vorgängen[4] hat keine direkte Bedeutung für diese Argumentation.

---

[4]The BABAR Collaboration: J. P. Lees et al., „Observation of Time Reversal Violation in the B0 Meson System (Beobachtung der Verletzung der Zeitumkehr im B0-Mesonen-System)," *Phys. Rev. Lett.* **109,** 211801 (2012).

Aus der mathematischen Beschreibung von Quanten durch komplexe Wellenfunktionen ergibt sich die Konsequenz, dass Elementarteilchen versuchen, in die kausal verbotenen Zone außerhalb des Lichtkegels zu tunneln. In Einklang mit der Unbestimmtheitsrelation kann das aber nur über Entfernungen geschehen, die in der Größenordnung der Comptonwellenlänge $\lambda_C = h/mc$ des Teilchens liegen. Für ein Elektron ist $\lambda_{e\,C} = 2{,}4 \times 10^{-6}\,\mu$m und für fast alle anderen Elementarteilchen ist diese Distanz wesentlich kleiner.[5]

Diese *mikroskopische* Quanten-Nichtlokalität ist ein weithin akzeptiertes Ergebnis der Quantenphysik, bezieht sich aber nur auf ein einzelnes Teilchen, während die makroskopische Quanten-Nichtlokalität zwei Teilchen erfordert. Für ein Teilchen ist ein klassisches Analogon zur Quantenkohärenz (Stichwort Schrödingers Katze) nicht vorstellbar. Bei zwei und mehr Teilchen kann man immer ein klassisches Modell entwickeln, in dem das Quantensystem für eine bestimmte Situation simuliert wird. Die Bellsche Ungleichung erlaubt dann die Unterscheidung zwischen einer klassischen Simulation mit versteckten Variablen und der Quantenphysik.

Wir wollen jetzt das Phänomen der Quantenverschränkung etwas präzisieren. Beobachter S_1 sendet zwei Teilchen in entgegengesetzte Richtung. Sie besitzen Eigenschaften, die im Prozess der Erzeugung miteinander gekoppelt sind. Wir sprechen von vollständiger Korrelation, wenn die Messung *z. B.* des Spinzustands des einen Teilchens den des anderen mit Sicherheit festlegt, unter Umständen auch an einem weit entfernten Ort. Verschränkung bedeutet das nichtlokale makroskopische Vorhandensein eines Quantensystems der beiden Teilchen, das durch die Tatsache nachgewiesen werden kann, dass eine Messung ‚hier‘ ein Ergebnis ‚dort, weit weg‘ impliziert. Manch einem erscheint es sehr rätselhaft, dass eine Messung hier das Ergebnis an einem anderen Ort ohne kausale Zeitverzögerung beeinflussen kann. So wird dann auch die Frage der Kausalität und der Informationausbreitung mit Überlichtgeschwindigkeit berührt.

Ausgehend von diesem scheinbaren Widerspruch zwischen der Quantenverschränkung von Teilchen und dem klassischen lokalen Realismus würde es helfen, wenn die Quanten-Nichtlokalität falsch, also die Bellsche Ungleichung immer erfüllt wäre. Mittlerweile wurde aber in einer unangreifbaren Beweisdemonstration der definitive Nachweis für die Gültigkeit der Quanten-Nichtlokalität erbracht, ohne dass ein Ausweg verblieben wäre.[6] Die Autoren verwendeten den Spin verschränkter Elektronen und zwei Detektoren, die 1,3 km voneinander entfernt waren. Zwei weitere

---

[5] Der Kenntnisstand bei den Neutrinos ist noch in Entwicklung: Die drei Neutrinos könnten deutlich geringere Massen haben – im Bereich von 0,01–0,1 eV, was Entfernungen zuließe, die etwa 5×10^6 mal so groß sind, also im Bereich von 10 μm liegen. Überdies sind wir nahezu mit Gewissheit von einem See kosmischer Neutrinos umgeben, siehe zum Beispiel: J. Birrell, and J. Rafelski, „Proposal for Resonant Detection of Relic Massive Neutrinos (Ein Vorschlag zur resonanten Beobachtung kosmischer massiver Urneutrinos),“ *Eur. Phys. J. C* **75** 91 (2015).

[6] B. Hensen et al., „Loophole-free Bell inequality violation using electron spins separated by 1,3 km (Schlupflochfreie Verletzung der Bellschen Ungleichung bei Benutzung von Elektronspins über eine Entfernung von 1,3 km),“ https://doi.org/10.1038/nature15759 *Nature Letter.* **526** 682 (October 2015).

Bestätigungen der Quantenphysik folgten[7]. In einem ähnlichen Experiment dieses Typs konnte bei Neutrinos jüngst Quantenverschränkung über eine Entfernung von 735 km nachgewiesen werden[8].

Wir stehen also offensichtlich einer logischen Herausforderung gegenüber: Wie kann ein delokalisiertes Quantensystem sein Verhalten über raumartige Distanzen hinweg koordinieren? Wir sind uns dabei bewusst, dass es keine aktive Kommunikation zwischen S_2 und S_3 geben kann. Wir wissen nur, dass ein von einem der beiden erzieltes Messergebnis ein vorhersagbares, genau vorgeschriebenes Messresultat durch den anderen Beobachter zur Folge hat. Dadurch wird aber keine Kommunikation mit Überlichtgeschwindigkeit hergestellt, denn wir entnehmen das erwartete zweite Resultat den möglichen Messergebniskombinationen, die S_1 bei Schaffung der Quanten-Nichtlokalität bereitgestellt hat. Es ist das Zusammenspiel von S_1 und S_2, das ein Signal zu S_3 sendet, der sich in zeitartigem Abstand zu S_1 befindet. Ohne die Aktivität von S_1 gäbe es für S_3 nichts zu messen. Kausalität ist gesichert. Nichtsdestotrotz lässt die Messung von S_2 die vielen möglichen Messergebnisse, die S_1 zugelassen hat, zu einer einzigen ‚Welt' kollabieren. Das Argument kann umgekehrt natürlich auch auf S_1 und S_3 angewandt werden, die ein Signal zu S_2 senden, der sich in zeitartigem Abstand zu S_1 befindet.

Es scheint, als ob S_1 alternative virtuelle Welten geschaffen hätte, von denen genau eine durch die Messung am Ereignisort s_2 in eine reale Welt verwandelt wird, die dann auch am Ort s_3 zur Wirklichkeit wird. Entsprechend dasselbe gilt, wenn wir am Ort s_3 die Messung durchführen und dann am Ort s_2 die Konseqenz feststellen. Um den Widerspruch in der Kausalität der Kommunikation zwischen den Ereignisorten s_2 und s_3 aufzulösen, stehen wir also vor der Herausforderung, zu verstehen, wie viele mögliche Zukunftswelten sich in eine einzige, universell gültige Realität verwandeln. Die Lösung dieser Fragen steht noch aus. Auf den ersten Blick sollte aber keine Modifikation der speziellen Relativitätstheorie benötigt werden.

Auch wenn die bisherige Diskussion sich auf ein Quantenphänomen bezog, gibt es doch Ähnlichkeit mit Zusammenhängen in der klassischen Physik, die wir jetzt entwickeln wollen. Dies schärft unser Verständnis für das Problem der Nicht-Lokalität. Ein Beobachter S_1 soll nun ein entferntes Ereignis s_2 vorherbestimmen. Beispielsweise kann S_1 vorprogrammieren, was ein Marsrover am Ereignisort s_2 tun wird, um sicherzustellen, dass er während der Zeit, die ein Signal für den Rückweg braucht, autonom die Erforschung der Marsoberfläche fortsetzt. Der Rover ist unser Beobachter S_2. Etwas allgemeiner formuliert, kann S_1 auch zwei Ereignisse s_2 und s_3 mit Beobachtern S_2 und S_3 vorbestimmen, falls diese sich im Zukunftslichtkegel von S_1

---

[7]M. Giustina et al., „Significant-Loophole-Free Test of Bell's Theorem with Entangled Photons (Ein signifikanter schlupflochfreier Test des Bellschen Theorems mit verschränkten Photonen)," *Phys. Rev. Lett.* **115** 250401 (December 2015); L. K. Shalm et al., „Strong Loophole-Free Test of Local Realism (Strenger schlupflochloser Test des Lokalen Realismus)," *Phys. Rev. Lett.* **115** 250402 (December 16, 2015).
[8]J. A. Formaggio, D. I. Kaiser, M. M. Murskyj, and T. E. Weiss, „Violation of the Leggett-Garg Inequality in Neutrino Oscillations (Verletzung der Leggett-Garg-Ungleichung bei Neutrino-Oszillationen)," *Phys. Rev. Lett.* **117** 050402 (2016).

befinden und durch die raumartige Entfernung $(s_2 - s_3)^2 < 0$ getrennt sind. Letzteres schließt nach der speziellen Relativitätstheorie aus, dass S_2 und S_3 miteinander kommunizieren können.

S_1 kann das, was mit S_2 und S_3 geschieht, auch auf ‚versteckte' Art vorherbestimmen, also so, dass die zwei raumartig getrennten Beobachter S_2 und S_3 sich nicht bewusst sind, dass ihr Verhalten früher von S_1 aufeinander abgestimmt war. Die Geschehnisse könnten S_2 und S_3 täuschen, so dass sie behaupten, es hätte einen Informationsaustausch mit Überlichtgeschwindigkeit zwischen ihnen gegeben. An dieser Stelle beachte man, dass die Bellsche Ungleichung entwickelt wurde, um die Quantenwelt vor einer Welt mit versteckten Variablen zu unterscheiden. Unser Beispiel ist aber gerade eine solche ‚versteckte' Weltvariable. Aber fahren wir fort.

Wenn eine solche Verhaltensabstimmung von S_1 sogar unbewusst ausgeführt wird, tauchen zusätzliche Komplikationen auf. Dann könnte nämlich jeder der Beteiligten S_1, S_2 und S_3 behaupten, Kommunikation mit Überlichtgeschwindigkeit sei möglich. Wie das geschehen kann, zeigen wir an einem Beispiel. Beachten Sie dabei, dass wir klassische physikalische Prozesse diskutieren.

Stellen wir uns vor, dass S_1 eine Radioübertragung beginnt. Diese wird gleichzeitig von zwei raumartig getrennten Beobachtern S_2 und S_3 mit $(s_2 - s_3)^2 < 0$ an den entgegengesetzten Enden ihrer Stadt, ihres Kontinents, ihres Planeten *etc.* empfangen. Natürlich verletzt das die Kausalität nicht. Bedenkt man, dass jeder die Übertragung hören kann, so besteht der ausschlaggebende Informationsinhalt doch darin, ob man den Empfänger ein- oder ausgeschaltet hat: Wenn ein Zuhörer weiß, was der andere hören könnte, so weiß er noch nicht, ob der andere auch wirklich zugehört hat.

Diesem Gedankengang folgend stelle man sich vor, dass die per Radio übermittelte Botschaft die Beobachter S_2 und S_3 auffordert, sich gegenseitig eine Nachricht zu schicken, das seien die Ereignisse s_2 und s_3. Dann sei S_4 ein weiterer Beobachter, in dessen Vergangenheitslichtkegel die beiden Ereignisse s_2 und s_3 enthalten und auch raumartig separiert sind, denn der Abstand $(s_2 - s_3)^2 < 0$ ist invariant, d. h. beobachterunabhängig. S_4 berichtet, dass S_2 und S_3 mit superluminalen Geschwindigkeit kommunizieren konnten. Wir wissen aber, dass beide Beobachter nur Anweisungen ausgeführt haben, die ihnen von S_1 erteilt wurden. Das ist wie beim Empfang der Radioübertragung, nur dass jetzt S_2 und S_3 nach Erhalt des Signals von S_1 aktiv eine Tat ausführen, und dies für S_4 wie superluminaler Informationsaustausch über die raumartige Entfernung $(s_2 - s_3)^2 < 0$ aussieht.

Im letzten Beispiel informiert S_1 die beiden raumartig getrennten Beobachter S_2 und S_3 darüber, wie sie gewisse zufallsbedingte Abweichungen in die auszutauschenden Botschaften einbauen können, so dass diese nicht vollständig vorherbestimmt sind, sondern das Ergebnis eines Spiels mit Wahrscheinlichkeiten. Je nach Komplexität des Spiels wird S_4 dann erst recht überzeugt sein, dass S_2 und S_3 sich gegenseitig wahrnehmen und mit Überlichtgeschwindigkeit kommunizieren.

Um die klassische Situation den aktuellen Experimenten zur Quantenverschränkung noch mehr anzugleichen, können wir uns vorstellen, dass die von S_1 an S_2 und S_3 übermittelte Aufforderung zum Austausch von Nachrichten von jemand anderem, sagen wir S_1' an der Sendestation arrangiert wird, so dass S_1 nichts von der Aufforderung weiß. Darüber hinaus sei S_4 mit S_1 identisch, beobachte aber zu einem späteren Zeitpunkt. Natürlich würde $S_4 = S_1(t + \Delta t)$ behaupten, er habe Kommunikation mit Überlichtgeschwindigkeit zwischen S_2 und S_3 beobachtet. Er wäre damit von S_1' getäuscht worden, der jetzt möglicherweise schon tot ist und die Behauptung von S_4 nicht richtigstellen kann.

Um es zusammenzufassen, beseitigt im klassischen Fall die Erkenntnis, dass ein Messergebnis vorbestimmt ist, das Paradoxon der superluminalen oder gar verzögerungsfreien Kommunikation in einem Beispiel, das die Quantenverschränkung nachahmt, aber nicht ganz angleicht. Dennoch ermuntert dieses Beispiel dazu, im Rahmen der Quantenmechanik zu diskutieren, wie S_1 es schafft, die Synchronisation der Ereignisse an Orten s_2 und s_3 vorauszubestimmen.

In einer populären Wiedergabe der Resultate von Hensen und seinen Kollegen geht der Wissenschaftsjournalist des *Economist*[9] noch weiter:

> Möglicherweise …sind alle diese der Intuition zuwiderlaufende Erkenntnisse schon bei Entstehung des Universums festgelegt und alle diese Experimente laufen vorherbestimmt ab.

Wie dem auch sei: a) Unsere Beispiele stellen klar, dass ein großer universeller Determinismus nicht benötigt wird. b) Wegen der Verletzung der Bellschen Ungleichung ist klassischer Determinismus weder im Großen noch im Kleinen die Erklärung. Zum jetzigen Zeitpunkt haben wir die Herausforderung, die die nichtlokale Quantenverschränkung darstellt, noch nicht bewältigt.

---

[9]*Economist* of October 24, 2015, p77, „Hidden no more (Nicht mehr verborgen).“

Überblick 12.1: Kausalität und Eigenzeit

Der Raum-Zeit Abstand s zwischen zwei Ereignissen, von denen eines am Koordinatenursprung platziert ist und das zweite bei (ct, x), ist gegeben durch

$$s^2 \equiv c^2 t^2 - x^2.$$

Diese Größe ist relativistisch invariant. Wenn die Einschränkung $s^2 > 0$ besteht, handelt es sich um ‚zeitartige‘ Ereignisse, da die Zeit ct den Raum x dominiert – wir können dann auch einen Beobachter S' finden, der $x' = 0$ misst. Diese beiden zeitartigen Ereignisse können sich beeinflussen, wenn dabei die zeitliche Abfolge beachtet wird. Ist aber $s^2 < 0$, so werden diese beiden Ereignisse als ‚raumartig‘ bezeichnet. Es gibt einen Beobachter, der behaupten kann, dass die Ereignisse gleichzeitig geschehen, also $t' = 0$ ist. Solche Ereignisse können nicht miteinander kommunizieren.

Signale und ihr Informationsinhalt können sich maximal mit Lichtgeschwindigkeit c ausbreiten und erzeugen so den Lichtkegel $|x| = ct$. Daher gibt es eine Region der Raum-Zeit, die der ‚Zukunft‘ zugeordnet ist und die vom Ursprung des Koordinatensystems aus beeinflusst werden kann. Es gibt auch eine weitere Raum-Zeit-Region, die ‚Vergangenheit‘, von der aus der Koordinatenursprung beinflusst werden kann. Die Ereignisse außerhalb des Lichtkegels sind akausal, das heißt, sie benötigten zur Kommunikation mit dem Koordinatenursprung Nachrichtenübertragung mit Überlichtgeschwindigkeit.

Kausalität bedeutet, dass die zeitliche Abfolge von (zeitartigen) Ereignissen für alle Beobachter gleich ist. Das ist gewährleistet, solange alle Geschwindigkeiten $v \leq c$ sind.

Quantenphänomene sind im Großen mit der speziellen Relativität vereinbar. Es gibt da insbesondere keine akausale Übertragung von Information.

Die Eigenzeit τ eines Körpers, der sich vom Ursprung zum Ort (ct, x) im Zukunftsbereich bewegt, ist gegeben durch

$$\tau^2 = s^2/c^2$$

und wie s^2 ist das eine Invariante, die für alle Beobachter den gleichen Wert hat. Um eine allgemeine Bewegung zu behandeln, betrachten wir das differentielle Inkrement der Eigenzeit, gegeben durch

$$d\tau = dt\sqrt{1 - v^2/c^2} = \sqrt{(dt)^2 - (dx)^2/c^2}.$$

Hier ist v die momentane Geschwindigkeit des Körpers. Die Eigenzeit, bzw. das ‚Alter‘ des Körpers ergibt sich dann für einen Laborbeobachter, der die Zeit t misst, aus der Beziehung

$$\int^t d\tau = \int^t \sqrt{1 - v^2/c^2}\, dt.$$

Zusammenfassung

Der relativistische Dopplereffekt, d. h. die Wellenlängen- oder Frequenzverschiebung aufgrund der Relativbewegung zweier Körper, wird bestimmt durch ihre (vektorielle) Relativgeschwindigkeit und ist umkehrbar: Zwei Beobachter auf zwei Lichtquellen messen die gleiche Frequenzverschiebung. Wir erläutern, warum man den Dopplereffekt nicht mit der Zeitdilatation erklären kann und zeigen, dass er eine Konsequenz des Einsteinschen Postulats der Lorentzinvarianz der Lichtwellenphase ist. Dabei wird auch verdeutlicht, dass die Aberration der Sichtlinie ein wesentliches Element für das vollständige Verständnis dieses Effekts darstellt.

13.1 Einführung der relativistischen Dopplerverschiebung

Das Phänomen der durch Bewegung erzeugten Veränderung der Tonfrequenz ist heutzutage eine alltägliche Erfahrung. Nähert sich *z. B.* ein schneller Sportwagen, so hört man einen erhöhten Ton, entfernt er sich, so hört man diesen Ton tiefer. Zu der Zeit, als Doppler[1] den Einfluss der Bewegung von Doppelsternen auf die Farbe des emittierten Lichtes untersuchte, gab es noch keine schnellen Wagen, Flugzeuge oder Eisenbahnzüge.

Die klassische nichtrelativistische Dopplerverschiebung wird oft erklärt als die Änderung des Abstandes zwischen zwei Wellenbergen, verursacht durch die Bewegung des Senders. Es ist leicht zu sehen, dass die Frequenz der ankommenden

---

[1]Christian Andreas Doppler, (1803–1853) war zur Zeit der Verkündigung der Dopplerverschiebung 1842/1843 Professor der Mathematik und der praktischen Geometrie am Technischen Institut (1841–1847) (heute: Tschechische Technische Universität) in Prag.

© Springer-Verlag GmbH Deutschland, ein Teil von Springer Nature 2019

J. Rafelski, *Spezielle Relativitätstheorie heute*,

https://doi.org/10.1007/978-3-662-59420-9_13

Wellenberge steigt, wenn Sender und Empfänger sich nähern und dass die Wellenlänge sich deshalb verkürzt (Blauverschiebung). Wenn umgekehrt Sender und Empfänger sich voneinander entfernen, wird die Wellenlänge größer (Rotverschiebung). Diese nichtrelativistische Wellenlängen- oder Frequenzverschiebung existiert deshalb nicht, wenn die Relativbewegung senkrecht zur Sichtlinie erfolgt. Die Sichtlinie ist die Verbindungslinie zwischen Sender und Empfänger. In der SR existiert diese Verschiebung auch dann und wird als transversale oder quadratische Dopplerverschiebung bezeichnet; quadratisch, weil diese Verschiebung bei einer Potenzreihenentwicklung für kleine Geschwindigkeiten proportional zu $(v/c)^2$ ist.

Dopplers Gedankengang bezieht sich auf das Phänomen der Schallausbreitung in Luft. Luft als Träger der Schallwellen ist ein ponderables Medium. Deshalb wird der Schall durch die Bewegung einer Schallquelle gegenüber dem Schallträger verändert. Typischerweise ist entweder der Beobachter oder die Quelle gegenüber der Luft in Ruhe. Nehmen wir an, der Beobachter ruht. Wie er dann ein sich bewegendes Objekt hört, hängt von der Bewegung der Quelle gegenüber der Luft ab.

Nach Entwicklung der SR und der Verbannung des materiellen Æthers muss der Dopplereffekt des Lichts anders verstanden werden. Das von einer Quelle emittierte Licht kann nicht vom Bewegungszustand der Lichtquelle abhängen, denn eine ‚absolute‘ Bewegung ist ja nicht bestimmbar. Deshalb sollte der Leser die im Buch diskutierte Dopplerverschiebung nur auf die Eigenschaften von Licht anwenden und nicht auf Schall.

Betrachten wir zwei Standardlichtquellen, eine im Labor und eine andere auf einem Raumschiff, das zu einer Forschungsreise im Universum gestartet ist. Wir wissen aus Kap. 12, dass die Uhr im Raumschiff langsamer geht als die im Labor. Nichtsdestoweniger ist nach der Relativitätstheorie der Bewegungszustand der Quelle ohne Bedeutung für das von ihr emittierte Licht. Deshalb sollten diese beiden Beobachter, einer im Labor, der andere auf dem Raumschiff, dieselbe Dopplerverschiebung beobachten, die nur von der Relativgeschwindigkeit abhängt. Wir bezeichnen dies als relativen und umkehrbaren Dopplereffekt. Offenbar hat der relative und umkehrbare Dopplereffekt nichts mit der Zeitdilatation der Quelle zu tun.

Um es zusammenzufassen: Es gibt wesentliche Unterschiede zwischen dem relativistischen Dopplereffekt von Licht und der Dopplerverschiebung bei Schall.

- Das Licht breitet sich im Raum völlig unabhängig vom Bewegungszustand der Quelle aus. Der Bewegungszustand der Quelle ist so nicht bestimmbar. Dieser kann also die Eigenschaften des emittierten Lichts nicht beeinflussen.
- Der relativistische Dopplereffekt ist **relativ und umkehrbar.**
- Es gibt einen transversalen Dopplereffekt für eine Bewegung senkrecht zur Sichtlinie.

Weil die Aberration der Sichtlinie die Dopplerverschiebung fast immer begleitet, werden die Aberrationseffekte mit eingeschlossen, wenn wir vom ‚Dopplereffekt‘ sprechen. Die Dopplerverschiebung bezieht sich sowohl auf die Lichtwellenfrequenz als auch auf die Lichtwellenlänge.

Diskussion 13.1   Die Formel für Dopplerverschiebung

Thema: Wir verdeutlichen, warum das von einer entfernten Quelle emittierte Licht durch die Relativbewegung beeinflusst wird.

Simplicius: Ich habe vorgearbeitet und viel über die Dopplerverschiebung gefunden. Ich bin neugierig, warum der Professor dieser Angelegenheit soviel Aufmerksamkeit widmet.

Student: Die Methode der Dopplerverschiebung erlaubt die Messung der Geschwindigkeiten von Sternen in unserer Galaxie. Auf diese Weise können wir eine Bewegungskarte erzeugen und das hilft uns *z. B.*, die Verteilung der dunklen Materie zu bestimmen. Die Dopplerverschiebung sorgt auch dafür, dass unser GPS exakt arbeitet. Muss ich noch weitere Beispiele nennen, um dein Interesse zu wecken?

Simplicius: Warum machen wir es uns nicht einfach, schreiben den guten 175 Jahre alten Doppler ab und fügen den wohlbekannten Zeitdilatationsfaktor γ dazu? Fertig! Ich denke, das könnte einige Studenten von Kopfschmerzen befreien und die Zahl der Seiten in diesem Buch reduzieren.

Student: Wirklich? Bedenke, dass Licht immer so emittiert wird, als käme es von einem heißen Stern wie unserer Sonne. Es ist für alle sichtbar. Die Atome auf dem Stern, der das Licht abstrahlt, können nicht wissen, dass sie sich gegenüber dem Beobachter auf der Erde bewegen, der zum Beispiel einige 1000 Jahre später eine Messung durchführt. Oder bezüglich eines anderen weit entfernten Beobachters. In Abwesenheit eines materiellen Æthers ist die Relativbewegung des Beobachters das Einzige, das für die Messung eine Rolle spielt. Viele mögliche Beobachter werden unterschiedliche Messergebnisse für die Frequenzen erhalten.

Simplicius: Natürlich, wie dumm von mir! Ja, die SR-Dopplerverschiebung muss im Messprozess erzeugt werden. Das habe ich aber in anderen Büchern nicht gelesen.

Student: Und doch ist es offensichtlich. Der Licht emittierende Beobachter sieht die sich entfernende Lichtwelle in seinem Koordinatensystem. Frequenz und Wellenlänge des Lichts, also die Lichtphase, richten sich in der Raum-Zeit nach den von ihm gesetzten Bedingungen. Dieselbe Phasenschwingung wird im Bezugssystem eines bewegten Beobachters anders interpretiert.

Simplicius: Das alles klingt überhaupt nicht nach dem klassischen Doppler-effekt bei Schallwellen! *Student:* Richtig! Das ist so, weil die Schallwellen sich einem materiellen Medium wie Luft ausbreiten. Deshalb müssen wir bei Schall statt mit der Relativbewegung zwischen Lautsprecher und Mikrophon mit der Relativbewegung zwischen Lautsprecher und/oder Mikrophon und der Luft arbeiten.

Simplicius: Mich verunsichert immer noch die Tatsache, dass man auf dem Standort Erde die Relativbewegung eines weit entfernten Sterns bestimmen kann.

Student: Das ist nur möglich, weil in der Lichtwelle die kritische Information für die Bestimmung der Relativbewegung gespeichert ist.

Professor: In der Tat! Einstein postulierte 1905, dass der Wert der Licht-phase für alle Beobachter gleich ist. Heute sagen wir, die Lichtphase ist eine Lorentzinvariante. Ein Beobachter, der das emittierte Licht in seiner Originalfrequenz wahrnimmt, muss sich mit der Lichtquelle bewegen. Wie wir sehen, beinhaltet die Lichtphase das Wissen über die Bewegung der Quelle, die vom Beobachter als Relativbewegung wahrgenommen wird. Dazu muss er den Inhalt der Lichtphase in sein eigenes Koordinatensystem lorentztransformieren. Der relativistische Dopplereffekt wird demzufolge bei der vom Beobachter durchgeführten Messung erzeugt.

Simplicius: Aber woher weiß der Beobachter, dass sich Frequenz und Wel-lenlängen geändert haben?

Professor: Das ist nur möglich, weil der Sender Referenzsignale wie die Spektrallinien im Wasserstoff benutzt. Es gibt aber eine verbleibende Mehr-deutigkeit in der Frequenzverschiebung wegen des Zusammenhangs zwischen Dopplerverschiebung und Aberration, die wir auch im Folgenden betrachten.

Simplicius: Wann können wir die Aberration des Beobachtungwinkels igno-rieren?

Professor: Nur bei Parallelbewegung, d. h., wenn die Bewegung in Richtung der Sichtlinie erfolgt.

Student: Um es zusammenzufassen: Was ist die wichtigste Einsicht und die wichtigste Lektion, die beim Unterricht über den Dopplereffekt beachtet werden muss?

Professor: Bei Vorlesungen über die SR ziehen viele Professoren es vor, das Verständnis des SR-Dopplereffekts über die Zeitdilatation der Lichtquelle zu erleichtern. Das ist ein Kurzschluss, der bei Studenten ein ziemlich schlechtes Verständnis der SR zur Folge hat. Der relativistische Dopplereffekt entsteht beim Beobachtungsprozess und nicht bei der Emission. Zudem ist das Verhält-nis zwischen der Originalfrequenz und der beobachteten Frequenz nur dann umkehrbar, wenn man die Aberration der Sichtlinie mitberücksichtigt. Nur dann erhält man auch eine widerspruchfreie Interpretation des Dopplereffekts.

13.2 Missverständnisse beim SR-Dopplereffekt

Oft wird der relativistische Dopplereffekt zurückgeführt auf die Zeitdilatation und gelegentlich sogar auf die Verschiebung der Wellenberge im Trägermedium. Wie wir gerade gezeigt haben, kann die Dopplerverschiebung der Wellenlänge und Frequenz aber unmöglich von der Bewegung der Quelle abhängen, weil es keinen materiellen Æther gibt. Beide Erklärungen stellen eine Fehlinterpretation der Gesetze der Relativität dar, die leider in SR-Einführungstexten häufig aufzufinden ist. Man findet diese Fehler selbst in einigen aktuellen Forschungsreferenztexten. Die Klärung dieses Sachverhalts erfordert hier zusätzlichen Aufwand und einige Buchseiten.

Überblick 13.1: SR Dopplereffekt und 'andere' Verschiebungen

Wir kennen drei *verschiedene* physikalische Ursachen von Verschiebungen der beobachteten Lichtfrequenzen und Wellenlängen. Im folgenden vergleichen wir diese drei unterschiedlichen physikalischen Effekte, die gelegentlich verwechselt werden:

1. **Die relativistische Dopplerverschiebung,** die wir in diesem Buch genauer untersuchen, hat ihre Ursache in der Relativbewegung zwischen Quelle und Beobachter. Diese Verschiebung ist nicht die Wirkung einer Kraft und ist von der Entfernung zwischen der Quelle und dem Beobachter unabhängig. Sie entsteht allein aufgrund des Relativitätsprinzips und wird durch die Lorentzinvarianz der Lichtphase bestimmt.

2. **Die Gravitationsdopplerverschiebung** entsteht, wenn das Licht aus einer Potentialsenke der Gravitation entweicht. Dieser Effekt wird durch die allgemeine Relativitätsstheorie beschrieben, also die relativistische Beschreibung der Gravitationskraft. Das sichtbare Sternenlicht wird durch diesen Effekt beeinflusst, da alle Lichtemissionen innerhalb des Gravitationspotentials eines Sterns stattfinden. Die Gravitationsdopplerverschiebung kann recht genau auch im Rahmen der SR gedeutet werden, wenn man den Energieerhaltungsatz beim Entweichen der Photonen berücksichtigt. Deshalb wird dieser Effekt selten mir der SR-Dopplerverschiebung verwechselt. Er wurde von R.V. Pound, und G.A. Rebka Jr.[a] im Laborexperiment nachgewiesen.

3. **Die kosmologische Rotverschiebung** entsteht bei Emissionen einer von uns im Universum weit entfernten Lichtquelle. Zum Zeitpunkt der Emission bewegten sich die Sterne kaum anders als heute und hatten auch einen ähnliche gravitative Kraft. Diese Rotverschiebung muss also vom Abstand zwischen Quelle und Beobachter abhängen: Das Licht ist im expandierenden Universum zu uns unterwegs. Während der Reisezeit vergrößert sich die Wellenlänge und die Photonen verlieren an Energie. Der Effekt kann erstaunlich groß sein, da er mit dem Abstand und damit der Reisezeit der Photonen anwächst. Diese Interpretation erlaubt es, den Zeitverlauf der kosmologischen Expansion zu bestimmen. Sie hat dann zu der Entdeckung der beschleunigten Expansion und der dunklen Energie geführt[b]. Nichtsdestoweniger kommt es in vereinzelten Quellen immer noch zur Verwechslung mit der Dopplerverschiebung. Dabei wird auf die sehr schnelle Relativbewegung der entfernten Sterne im expandierenden Universum verwiesen, die objektiv aber nicht vorhanden ist.

---

[a] R.V. Pound, und G.A. Rebka Jr. "Gravitational Red-Shift in Nuclear Resonance (Gravitative Rotverschiebung bei Kernresonanz)," *Physical Review Letters* **3** 439 (1959); siehe auch: "Apparent weight of photons (Das scheinbare Gewicht der Photonen)," *ibid* **4** 337 (1960).

[b] Der Nobelpreis für Physik wurde 2011 an Saul Perlmutter, Brian P. Schmidt and Adam G. Riess verliehen für "...die Entdeckung der beschleunigten Expansion des Universums bei Beobachtung weit entfernter Supernovae".

Der relativistische Dopplereffekt ist von Einstein bei der Betrachtung des Postulats der Lorentzinvarianz der Lichtphase hergeleitet worden. Das geht aus seiner berühmten Publikation aus dem Jahre 1905 hervor, Ref. 15, im Kap. 1. Auf S. 915 unten erklärt Einstein, dass alle relativistischen Probleme, die sich auf Licht beziehen, durch Anwendung der Lorentztransformation in das Bezugssystem des Beobachters gelöst werden. Insbesondere gilt das für elektrische und magnetische Felder (genannt Kräfte) in §6, Seiten 907 ff. Die Lichtwelle wird in §7, Seiten 910 ff. mit dem Untertitel „Theorie des Doppler-Prinzips und der Aberration" vorgestellt. Einstein unterstützt seine Argumente nicht durch Rechnungen, aber er erklärt, dass die EM-Felder des Lichtes sich genauso lorentztransformieren lassen wie andere EM-Felder. Dies ist völlig äquivalent zum Postulat der Lichtphaseninvarianz in der Form

$$\Phi(t', x'; \nu', \lambda') = \Phi(t, x; \nu, \lambda), \tag{13.1}$$

in seiner Schreibweise (siehe Gleichungen auf S. 910 unten und S. 911 oben).

Wir werden den Dopplereffekt genau mit Hilfe dieser Invarianzbeziehung herleiten. Das bedeutet, dass die Phase des emittierten Lichtes die Information beinhaltet, die es jedem gestattet, mit Hilfe des relativistischen Dopplereffekts die Relativgeschwindigkeit zum Zeitpunkt der Beobachtung zu bestimmen. Entscheidend für den Dopplereffekt ist also die beobachtete Lichtphase. Dieser Zugang ermöglicht die geforderte Relativität und Umkehrbarkeit des Dopplereffekts. Die Zeitdilatation der Lichtquelle geht in diese Betrachtung nicht ein.

Es stellt sich die Frage, weshalb so viele Einführungen in die Theorie der Relativität das irreführende Argument der Zeitdilatation verwenden, siehe Ref. 8 in Kap. 3. Vermutlich liegt der Ursprung dieses Problems im Erwachen des Interesses an der wissenschaftlichen Ausbildung der 50–60-er Jahre. Es wurden Bücher gebraucht, die den Zugang zur modernen Physik (SR und Quantenphysik) bereits in den Erstsemestern ermöglichen. Für die Quantenphysik waren bereits viele gute Quellen in den verschiedenen Sprachen der Erfindungsepoche verfügbar. Ganz anders war die Lage in der SR. Die Quellen waren vorwiegend in Deutsch und waren älter, stammten aus der Zeitepoche zwischen 1905 und 1915.

Unter den vielen SR-Quellen ist insbesondere das Buch von Max von Laue[2] bemerkenswert. Dieser Text wurde in den 50 Jahren bis nach 1960 vom Autor immer wieder an den aktuellen Wissenstand angepasst. Von Laue beschreibt den Dopplereffekt etwa wie folgt[3]

Die Wurzel $\sqrt{1 - \beta^2}$ in 14.8, welche den quadratischen Doppler-Effekt bedingt, stammt, wie man an Hand der Rechnung zurückverfolgt, aus dem Nenner $\sqrt{1 - \beta^2}$ der Transformation (4.7). Da wir aus demselben Nenner in §5a auf die Zeitdilatation schlossen, finden wir auch hier den Zusammenhang zwischen dem quadratischen Effekt und der Verlangsamung des Uhrenganges …

…der γ-Faktor, der den neuen quadratischen Dopplereffekt beschreibt, hat den Ursprung in dem γ-Faktor der Lorentztransformation. Dieser γ-Faktor geht auch in die Formel für die Zeitdilatation ein. Beide Effekte haben Ihren Ursprung in der Lorentztransformation.

---

[2]Max von Laue, *Die Relativitätstheorie* (Braunschweig: Vieweg 1960), 7 durchgesehene Auflage.
[3]Seiten 101–102, Max von Laue, *loc.cit.*

Vermutlich wollte von Laue mit dem letzte Kommentar auf die Tatsache aufmerksam machen, dass der γ-Faktor (von Laue benutzte $1/\gamma = \sqrt{1 - \beta^2}$) in verschiedenen Zusammenhängen in der Relativitätstheorie auftaucht, unter anderem beim quadratischen Dopplereffekt und in der Formel für die Zeitdilatation. Man sollte sich daran erinnern, dass von Laues Buch aus der Zeit um 1910 stammt, kurz nachdem Einstein eine Arbeit publizierte[4], in der er unter anderem den Dopplereffekt als einen Test der Relativitätstheorie vorschlug.

Von Laue ist recht klar in seiner Darstellung des Dopplereffekts, doch ist der Text schwer zu übersetzen, wenn man weder mit SR noch mit der deutschen Sprache hinreichend gut vertraut ist. In vielen Büchern, die *z. B.* von R. Resnick (mit)verfasst wurden[5], tauchen missverständliche Übersetzungen des Textes von Max von Laue auf[6]:

> Es ist aufschlussreich, dass der transversale Dopplereffekt eine einfache Interpretation durch die Zeitdilatation aufweist …Der transversale Dopplereffekt ist ein weiteres physikalisches Beispiel, das die relativistische Zeitdilatation bestätigt.

Die Einführung der Worte *Interpretation* und *Zeitdilatation bestätigt*, die nicht im Max von Laues Originaltext vorkommen, ist ein fataler konzeptioneller Fehler, der in den nachfolgenden Jahren die lernenden Studenten verwirrte, insbesondere in den USA, aber auch anderswo.

Die obige Darstellung ist nur ein Beispiel. Es ist fast unmöglich, eine einfache Einführung in die SR zu finden, in der der relativistische Dopplereffekt heute verständlich und korrekt dargestellt wird. Diese Missverständnisse belasten auch Wikipedia. In der englischen Version lesen wir[7]:

> Der relativistische Dopplereffekt unterscheidet sich vom nichtrelativistischen Dopplereffekt, da die Gleichungen der SR die Zeitdilatation enthalten, aber kein Trägermedium als Bezugspunkt beinhalten.

---

[4]A. Einstein, „Über die Möglichkeit einer neuen Prüfung des Relativitätsprinzips," *Annalen der Physik* (ser. 4), **23**, 197–198 (1907).

[5]siehe *z. B.*: R. Resnick, *Introduction to Special Relativity* (Deutsch: Einführung in die spezielle Relativität) (New York: J. Wiley, 1968), siehe Seiten 90–91; D. Halliday, R. Resnick, and K. S. Krane, *Physics* (Deutsch: Die Physik) Vol. **2** (New York: J. Wiley 2002). 4. Ausgabe, Seiten 897–898.

[6]Original:

> It is instructive to note that the transverse Doppler effect has a simple time-dilation interpretation …The transverse Doppler effect is another physical example confirming the relativistic time dilation.

[7]Eingesehen am 28. Juli 2018 https://en.wikipedia.org/wiki/Relativistic_Doppler_effect:

> The relativistic Doppler effect is different from the non-relativistic Doppler effect as the equations include the time dilation effect of special relativity and do not involve the medium of propagation as a reference point.

Dies ist mit unserer Sicht nicht vereinbar:

- **Was verursacht den relativistischen Dopplereffekt**
  Der Dopplereffekt wird vom selben γ-Faktor bestimmt, den man bei vielen relativistischen Zusammenhängen, *z. B.* bei der Zeitdilatation vorfindet. Ansonsten hat der Dopplereffekt nichts mit der Zeitdilatation zu tun. Er ist von Einstein durch Verwendung des Postulats der Lorentzinvarianz der Lichtphase hergeleitet worden.
- **Das Trägermedium**
  Aus einigen Publikationen Einsteins geht hervor, dass er die Existenz der Lichtausbreitung als eine Eigenschaft des lorentzinvarianten, nicht materiellen Æthers betrachtet, wie wir es bereits in Abschn. 2.3 diskutiert haben, siehe auch davor die Diskussion 2.1.
- **Bezugspunkt**
  Die lorentzinvariante Lichtphase des emittierten Lichtes ist der Bezugspunkt, der uns gestattet, die Relativgeschwindigkeit zur weit entfernten Lichtquelle zu bestimmen. Oft wird das Licht zu einem Zeitpunkt emittiert, zu dem man sich den heutigen Beobachter gar nicht vorstellen konnte.

In deutscher Sprache gibt es keine eigenständige Wikipedia-Beschreibung zum relativistischen Dopplereffekt. Es gibt aber einen Artikel, der auf beide Effekte ausführlich eingeht[8], d. h. auf den nichtrelativistischen und den relativistischen Fall. Das fehlerhafte Argument mit der Zeitdilatation taucht auch in diesem Artikel auf.

13.3   SR-Lichtaberration

Wie Maxwell vor gut 150 Jahren realisierte, ist Licht eine Wellenlösung der Gleichungen, die wir heute Mawellgleichungen nennen[9]. Es handelt sich bei diesen Wellen um Transversalwellen, die den für ebene Wellen charakteristischen Faktor

$$W(x, t) = \cos\left(\omega t - \boldsymbol{x} \cdot \boldsymbol{k}\right) = \cos\left(2\pi \nu t - 2\pi\, \boldsymbol{x} \cdot \boldsymbol{n}/\lambda\right), \qquad (13.2)$$

enthalten. Wir führen noch folgende Größen ein

$$\boldsymbol{k} = 2\pi \boldsymbol{n}/\lambda, \qquad \omega = 2\pi \nu. \qquad (13.3)$$

Die Welle mit der Wellenlänge λ wird von einer ruhenden Lichtquelle mit Koordinaten t, x in Richtung des Einheitsvektors $\boldsymbol{n}$ ausgesandt, wie in Abb. 13.1 zu sehen ist. Jeder Wellenberg dieser Welle, *z. B.* $\omega t - \boldsymbol{x} \cdot \boldsymbol{k} = 0$, breitet sich mit Lichtgeschwindigkeit aus: $dx/dt = c\boldsymbol{n}$. Es gilt also

$$\omega^2 - c^2 \boldsymbol{k}^2 = 0, \qquad |\boldsymbol{k}| = \omega/c, \;\rightarrow\; \lambda = c/\nu. \qquad (13.4)$$

---

[8] Eingesehen am 28 Juli 2018 https://de.wikipedia.org/wiki/Doppler-Effekt.
[9] A. Einstein in 1905 schreibt ‚Maxwell-Hertz' Gleichungen, siehe Ref. 14, im Kap. 2.

Abb. 13.1 Das in Richtung $\boldsymbol{n}$ von der Quelle S emittierte Licht wird vom Beobachter S' empfangen, der sich mit der Relativgeschwindigkeit $\boldsymbol{v}$ bewegt

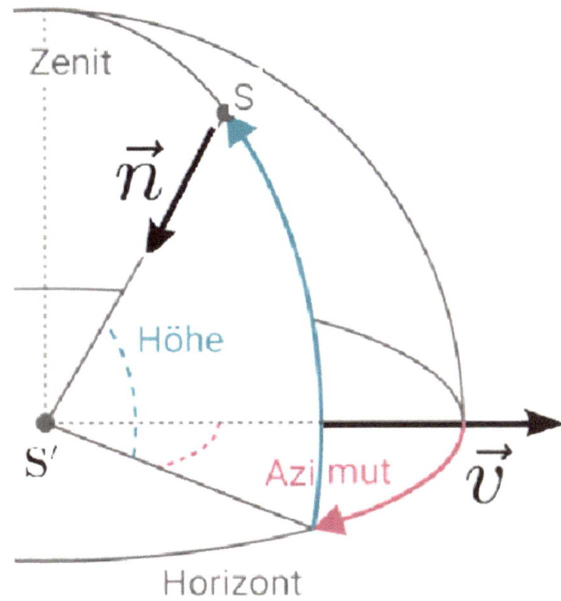

Abb. 13.2 Der Aberrationswinkel α des Lichts von einem entfernten Stern: Vergleich der Sichtlinie für einen relativ ruhenden Beobachter und einen Beobachter, der sich mit der Relativgeschwindigkeit $\boldsymbol{v}$ bewegt. θ ist der Höhenwinkel bei $v = 0$, und θ' ist der gemessene Höhenwinkel. u_z ist die z-Komponente der Photonengeschwindigkeit

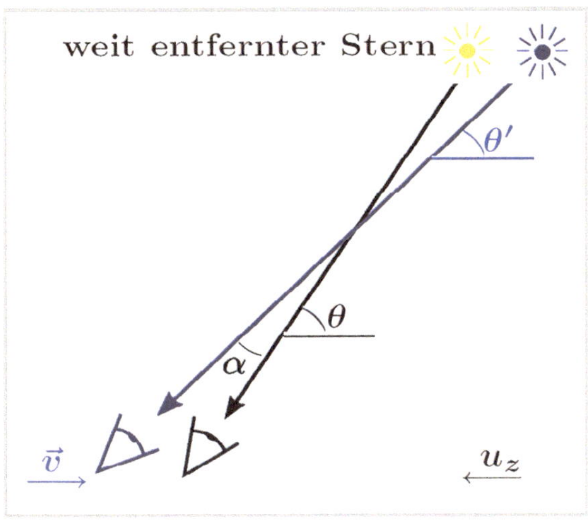

Da der Beobachter S' in Abb. 13.1 in Bewegung ist, erscheint für ihn das Licht flacher einzufallen, wie wir es schon in Abschn. 2.3 beschrieben haben und wie es die Abb. 13.2 darstellt. Ist θ' der beobachtete Höhenwinkel, und θ der Höhenwinkel bei $v = 0$, siehe Abb. 13.2, so ist der Aberrationswinkel

$$\alpha \equiv \theta - \theta'. \tag{13.5}$$

Wir bestimmen diesen Aberrationswinkel jetzt mit Hilfe des Additionstheorem der Geschwindigkeiten, ohne die Invarianz der Lichtphase zu verwenden.

Wir fassen den Lichtstrahl von einem entfernten Stern auf als inkohärenten Fluss von Photonen, die in voneinander unabhängigen atomaren Prozessen erzeugt wurden. Wir wählen die Richtung der z'-Achse des Bezugsystems S' und die z-Richtung des Bezugssystems S ohne Verlust der Allgemeinheit parallel zum Geschwindigkeitsvektor $\boldsymbol{v}$. Deshalb sind θ und θ' die Winkel zwischen den Sichtlinien und diesem Geschwindigkeitsvektor $\boldsymbol{v}$, wie es in Abb. 13.2 zu sehen ist. Im Bezugsystem der Lichtquelle S orientieren wir die x-Koordinatenachse so, dass sie von der Erde wegzeigt. Die Richtung der y-Achse ergibt sich. Die Geschwindigkeitskomponenten des Lichtstrahls werden durch die Einheitsvektoren $\boldsymbol{n}$ in S, bzw. $\boldsymbol{n}'$ in S' beschrieben, die zur Erde hinunter zeigen, wie in Abb. 13.1 für $\boldsymbol{n}$ dargestellt. Damit ergibt sich für die Geschwindigkeitskomponenten der einfallenden Photonen

$$u_x = cn_x = -c\sin\theta\cos\varphi, \quad u_y = cn_y = -c\sin\theta\sin\varphi, \quad u_z = cn_z = -c\cos\theta.$$
$$(13.6)$$

φ ist der azimutale Winkel. Die z-Komponente der Photonengeschwindigkeit ist $\boldsymbol{v}$ entgegengerichtet, wie es aus Gl. (13.6) hervorgeht und in der Abb. 13.2 gezeigt ist.

Wir suchen den Geschwindigkeitsvektor $\boldsymbol{u}'$, den man von der Erde für den Lichtstrahl beobachtet. Wir benutzen das Additionstheorem der Geschwindigkeiten Gl. (7.19a), wobei jetzt die Transformation in z-Richtung und nicht in x-Richtung erfolgt. Im Bezugsystem der Erde S' ist die Lichtstrahlgeschwindigkeit $\boldsymbol{u}'$ dann

$$u_x' = \frac{u_x}{\gamma(1 + v'u_z/c^2)} = -\frac{c\sin\theta\cos\varphi}{\gamma(1 + (v/c)\cos\theta)} \equiv -c\sin\theta'\cos\varphi' = cn_x',$$

$$u_y' = \frac{u_y}{\gamma(1 + v'u_z/c^2)} = -\frac{c\sin\theta\sin\varphi}{\gamma(1 + (v/c)\cos\theta)} \equiv -c\sin\theta'\sin\varphi' = cn_y', \quad (13.7)$$

$$u_z' = \frac{u_z + v'}{1 + v'u_z/c^2} = -\frac{c\cos\theta + v}{1 + (v/c)\cos\theta} \equiv -c\cos\theta' = cn_z'.$$

Dabei ist wie gewöhnlich $\gamma = 1/\sqrt{1 - v^2/c^2} = \gamma'$, da $\boldsymbol{v}' = -\boldsymbol{v}$. Es ist leicht zu verifizieren, dass $u_x'^2/c^2 + u_y'^2/c^2 + u_z'^2/c^2 = 1$, wie in Übung 7.9 gezeigt. Die Geschwindigkeit v' ist die der Quelle S, vom Erdbeobachter S' aus gesehen. Die letzte Gleichung auf der rechten Seite von Gl. (13.7) erinnert daran, dass wir nach Gl. (13.6) auch die lorentztranformierten Komponenten des Einheitsvektors $\boldsymbol{n}'$ erhalten.

Auf der rechten Seite in Gl. (13.7) haben wir die Beobachtungswinkel θ', φ' eingeführt, die ein Beobachter auf der Erde für die Ortsbeschreibung des Beobachters S verwendet. Daher stellt Gl. (13.7) einen geschwindigkeitsabhängigen Zusammenhang zwischen den Winkelpaaren θ, φ und θ', φ' her, der die Sichtlinien der beiden Bezugsystem verbindet: der Quelle S und dem sich mit der Relativgeschwindigkeit $\boldsymbol{v}$ bewegenden Beobachter S'.

Vergleichen wir die beiden ersten Ausdrücke in Gl. (13.7) so sehen wir zuerst zwei Gleichungen, die sich nur in den Faktoren $\sin\varphi$ und $\cos\varphi$ unterscheiden. Wenn wir das Verhältnis der linken und rechten Seiten dieser Gleichungen bilden, so erhalten wir

$$\tan\varphi = \tan\varphi' \quad \rightarrow \quad \varphi = \varphi', \tag{13.8}$$

d.h. die azimutale Aberration verschwindet. Aber die Höhenwinkelabweichung α verschwindet nach der letzten Beziehung in Gl. (13.7) nicht:

$$\cos\theta' \equiv \frac{\cos\theta + (v/c)}{1 + (v/c)\cos\theta} \simeq \cos\theta + \frac{v}{c}\sin^2\theta - \left(\frac{v}{c}\right)^2 \cos\theta\sin^2\theta + \cdots . \qquad (13.9)$$

Wir weisen darauf hin, dass für $v > 0$ (Bewegung des Beobachters nach rechts) gilt, dass $\cos\theta' > \cos\theta$ und deshalb $\theta' < \theta$ für jeden Höhenwinkel $\theta \in \{0, \pi/2\}$, siehe Abb. 13.2. Erinnern wir uns daran, dass wir die Winkel θ', θ gegen die z-Achse messen. Also bedeutet $\theta' < \theta$, dass das Licht aus einer Richtung zu kommen scheint, die näher an der Bewegungsrichtung ist. Für $\theta \to 0$ verschwindet die Höhenwinkelabweichung. Das ist ist der Fall, wenn die Bewegungsrichtung mit der Sichtlinie übereinstimmt.

Wir verifizieren die relativistische Konsistenz unseres Resultates Gl. (13.9), indem wir diese Gleichung nach $\cos\theta$ lösen

$$\cos\theta = \frac{\cos\theta' - (v/c)}{1 - (v/c)\cos\theta'}. \qquad (13.10)$$

Die Höhenwinkelabweichung wird durch die Gleichungen Gl. (13.5), (13.9) und (13.10) beschrieben. Sie beinhalten auch die Äquivalenz der Beobachter S und S' unter den Transformationen

$$v \leftrightarrow -v, \quad \theta \leftrightarrow \theta' \quad \to \quad \alpha \leftrightarrow -\alpha. \qquad (13.11)$$

Gleichung (13.10) zeigt, dass der Effekt der Aberration für Beobachter S umgekehrt ist wie für Beobachter S', siehe Gl. (13.9) und Gl. (13.11). Diese Umkehrbarkeit beruht auf dem Relativitätsprinzip. Wir hätten dies nutzen können, um mit qualitativen Argumenten das Ergebnis Gl. (13.10) abzuleiten: Da es um Licht geht, erwarten wir eine Abhängigkeit von c und aufgrund von Dimensionsbetrachtungen wissen wir, dass das Resultat vom Verhältnis v/c abhängen muss. Des Weiteren ist uns bekannt, dass es im nichtrelativistischen Grenzfall linear in v/c ist. Die Symmetrie der Umkehrbarkeit der Beobachter auf dem Stern und der Erde, siehe Gl. (13.11), kann dann nur mit der Gl. (13.9) erfüllt werden, die wir mit der Hilfe des Additionstheorems der Geschwindigkeiten abgeleitet haben. Wie wir sehen, erhält man dieses Resultat auch schon durch qualitative Betrachtung des Relativitätsprinzips unter Beachtung des nichtrelativistischen Grenzfalls.

Die relativistisch konsistente Gl. (13.10) gestattet uns, mit Hilfe der Relativgeschwindigkeit v und des von der Erde aus gemessenen Höhenwinkels θ' den Höhenwinkel θ zu berechnen, den ein unbewegter Beobachter messen würde. Gelegentlich wird θ als der ‚wahre' Höhenwinkel bezeichnet. Doch da in der SR alle Inertialbeobachter äquivalent sind, ist eine Bevorzugung des relativ ruhenden Erdbeobachters natürlich willkürlich.

Wir betrachten nun die erwartete Größe der Sternlichtaberration: Bei $v/c < \mathcal{O}(10^{-3})$, kann man den quadratischen Term in der Potenzreihenentwicklung in

Gl. (13.9) vernachlässigen[10]. Wir betrachten einen kleinen Aberrationseffekt und formen um

$$\cos\theta' = \cos(\theta - \alpha) = \cos\alpha\cos\theta + \sin\alpha\sin\theta \simeq \cos\theta + \alpha\sin\theta. \qquad (13.12)$$

Der lineare Term in der nichtrelativistischen Reihenentwicklung in Gl. (13.9) führt auf

$$\alpha = \frac{v_\perp}{c}, \qquad v_\perp = v\sin\theta. \qquad (13.13)$$

Dies ist unser Endergebnis zum nichtrelativistischem Grenzfall der Aberration: Die zur Sichtlinie transversale Geschwindigkeitkomponente bestimmt den Aberrationswinkel α. Die zur Sichtlinie parallele Geschwindigkeitkomponente $v_\parallel = v\cos\theta$ beeinflusst die Aberration im nichtrelativistischem Grenzfall nicht.

Diskussion 13.2 Die Lichtaberration und die Æther-Mitführung

Thema: Die Lichtaberration ist ein immer wiederkehrendes Thema bei Betrachtungen der Æther-Theorien. Oft wird behauptet, sie sei ein Maß für die absolute Geschwindigkeit des mitbewegten Æthers in der Nähe der Erde. Kann das wirklich so sein?

Simplicius: In einem Buch, das ich las, argumentiert der Autor, dass bei der Messung der periodischen Fixsternaberration die beobachtete absolute Bahngeschwindigkeit der Erde um die Sonne in Wirklichkeit die Bewegung des mitbewegten Æthers ist.

Professor: Zur Zeit des MM-Experiments vor 150 Jahren wurde die Himmelbewegung der Sterne mit Hilfe der orbitalen Bewegung des Æthers um die Sonne erklärt.

Student: Wir messen heute in einfachen Dopplereffektexperimenten die Relativbewegung der Erde zu vielen Sternen, nicht die orbitale Geschwindigkeit der Erde oder des Æthers. Die Betonung liegt hier auf dem Wort ‚relativ‘.

Simplicius: Aber der Autor legt Wert auf den Punkt, dass wir bei der Betrachtung von vielen Fixsternen, die gleichmäßig am Himmel verteilt sind, ausschließlich die Umlaufgeschwindigkeit der Erde um die Sonne messen. Er schließt daraus, dass diese Messung durch die Bewegung des Lichtträgers verursacht wird, also des materiellen Æthers, den die Erde in Ihrer Bewegung um die Sonne mitzieht.

---

[10]Das ist nicht immer der Fall: Man hat in der Nähe der zentralen Masse der Milchstraße einen Stern beobachtet, der eine Geschwindigkeit von bis zu $v \simeq 0{,}026\,c$ erreicht: GRAVITY Collaboration – R. Abuter *et al.* „Detection of the gravitational redshift in the orbit of the star S2 near the Galactic centre massive black hole (Beobachtung der gravitativen Rotverschiebung bei der Bahnbewegung des Sterns S2 in der Nähe des galaktischen schwarzen Lochs),“ Astronomy & Astrophysics **615**, L15 (2018).

Professor: Ich rate, hier vorsichtig zu sein. Es ist wahrscheinlich, dass einige der fast 200 Jahre alten Vorstellungen über den materiellen Æther heute wiederdeckt werden, ohne die Argumente zu beachten, die diese Vorstellungen widerlegten.

Student: Ich habe in Wikipedia gelesen, dass der Aberrationseffekt einen großen Einfluss auf die Entwicklung der Erkenntnisse hatte, die zur Relativitätstheorie führten. Wikipedia weist darauf hin, dass die Hypothese der Bewegung des Æthers den Effekt der Aberration nicht erklären könnte. Es gibt sogar eine grafische Simulation zur Veranschaulichung dieses Sachverhalts.

Simplicius: Die vorhandenen Wikipedia-Webseiten über ‚Lichtaberration‘ sind sehr theoretisch und noch dazu in Englisch und Deutsch recht verschieden. In vorhin erwähnten Buch finden sich viele experimentelle Ergebnisse über die Aberration von Fixsternen in allen möglichen Himmelsrichtungen. Bei der Analyse der Daten kommt der Autor in jedem einzelnen Fall auf die Umlaufgeschwindigkeit der Erde, so dass er den Effekt der Bewegung dem mitgezogenen Æther zuordnet. Ich neige dazu, diesen experimentellen Ergebnissen zu glauben. Eine Theorie könnte falsch sein.

Professor: Die Sterne, die wir in unserer Galaxie leicht beobachten können, sind in der Regel höchstens ein paar hundert Lichtjahre entfernt. Diese nahe gelegenen Sterne bewegen sich in der Milchstraße mit uns. Deshalb wird der Aberrationseffekt dann in der Tat durch die Bewegung der Erde um die Sonne verursacht. Fachmännisch gesagt: Bei vielen nahe gelegenen Sterne ist für die Bewegung transversal zur Sichtlinie hauptsächlich die Bahngeschwindigkeit von 30 km/s der Erde um die Sonne entscheidend.

Simplicius: Ihren Worten ist zu entnehmen, dass es einige Sterne geben sollte, bei denen man für die Erdgeschwindigkeit nicht 30 km/s erhält. …

Professor: …und Sie fragen sich, warum dieses Buch das nicht erwähnt? Ich erfahre auch in meinem eigenen Forschungsbereich, dass manche Menschen geneigt sind, Messergebnisse abzulehnen, die ihren Ansichten widersprechen.

Student: Das sehe ich immer wieder beim Lesen der Praktikumsberichte. Viele Studenten notieren nur Ergebnisse, die sie für richtig halten, d. h. Ergebnisse, die sie finden sollten.

Professor: Es kommt oft vor, dass experimentelle Daten selektiv betrachtet werden. Das gilt zunächst für die Auswahl der Ergebnisse, kommt aber auch dadurch zum Ausdruck, dass man bei experimentellen Resultaten, die nicht so gut passen, große Fehler anführt. Ich weiß, woher diese Angewohnheiten kommen: Was wäre denn die Folge, wenn ein Student in einem Laborbericht ein Ergebnis präsentieren würde, das darauf hindeutet, dass Newton oder Hooke falsch lagen. Gute Noten kann er da nicht erwarten? Ich bin mir ganz sicher, im Praktikum werden die Studenten dazu erzogen, nur genehme Resultate in Betracht zu ziehen.

Simplicius: Ich würde das nie tun…, oder doch? Stellt die Tabelle im erwähnten Buch also eine voreingenommene Faktenauswahl dar? Wurden die Resultate, die dem Autor nicht passten, einfach weggelassen? Jedenfalls weiß ich jetzt, wie ich dem Freund, der mir das Buch geliehen hat, die Problematik erklären kann. Welchen anderen Rat können Sie mir noch geben?

Professor: Ich würde mich auf experimentelle Daten konzentrieren, um langwierige Diskussionen und Zweifel zu vermeiden. Bei rein zufällig ausgewählten Sternen sollte man die genauen Resultate der im Jahresrhythmus vorgenommenen Aberrationsmessungen berücksichtigen. Dann wird man sehr bald einzelne Fälle finden, die der Theorie der Mitbewegung des Æthers widersprechen. Da heute viele Resultate verfügbar sind, kann das ohne zusätzlichen experimentellen Aufwand gemacht werden.

Simplicius: Das Buch enthält aber sehr viele Daten, die die Theorie stützen.

Student: Sie müssen aber nicht die gleiche Anzahl von entgegengesetzten Beispielen finden. Es genügen ein paar Resultate, die diese Hypothese klar widerlegen – im Prinzip reicht ein Resultat, aber zwei, drei haben mehr Überzeugungskraft.

Übung 13.1 Lichtaberration von Gamma Draconis
Hintergrundinformation: Wir haben in Abschn. 2.2 (siehe auch Ref. 3, im Kap. 2) die Entdeckung der Lichtaberration durch James Bradley bei der Beobachtung des Londoner Zenitsterns Gamma Draconis besprochen. Diese erlaubte die Bestimmung der Lichtgeschwindigkeit. Heute wissen wir, dass Gamma Draconis sich auf unser Sonnensystem mit einer Geschwindigkeit von $28,19 \pm 0,36$ km/s zubewegt. Die transversale Winkeleigenbewegung beträgt $-8,48$ mas/Jahr (as = Bogensekunde(n), mas = Milli-Bogensekunde(n)). Die beobachtete Winkelaberration beträgt $\pm 20,2$ as/Jahr. Der Aberrationseffekt ist also 2000 mal so groß. Das bedeutet, dass die transversale Bewegung der Erde, wie von Bradley angenommen, auf die Bahnbewegung der Erde um die Sonne zurückzuführen ist.

Benutze die Aberration von Gamma Draconis, um die Lichtgeschwindigkeit zu bestimmen.

Lösung

Wir betrachten als erstes die Bewegungskomponenten eines Erdbeobachters S' in Bezug auf den Londoner Zenitstern Gamma Draconis: Der Geschwindigkeitsvektor $\boldsymbol{v}$ des Erdbeobachters S' wird bestimmt von der Relativgeschwindigkeit der Sonne $\boldsymbol{v}_\odot$ gegenüber dem beobachteten Stern, die im jährlichem Rhythmus von der Geschwindigkeit $\boldsymbol{v}_\oplus$ der Erde um die Sonne überlagert wird, und der Rotationsgeschwindigkeit $\boldsymbol{v}_{\mathrm{rot}}$ der Erde.

$$\boldsymbol{v} = \boldsymbol{v}_\odot + \boldsymbol{v}_\oplus + \boldsymbol{v}_{\mathrm{rot}}. \tag{1}$$

Wir vernachlässigen die Rotationsgeschwindigkeit $v_{\mathrm{rot}} \simeq 0,46\,\mathrm{km/s}$ der Erde, da die Bahngeschwindigkeit $v_\oplus \simeq 30\,\mathrm{km/s}$ etwa 67 mal so groß ist. Ausgehend von der Vermutung, dass $|\boldsymbol{v}| \ll c$, betrachten wir den Effekt der nichtrelativistischen Aberration.

Bei der nichtrelativistischen Aberration ist nur die Transversalkomponente der Relativgeschwindigkeit relevant, Gl. (13.13). Sie setzt sich also aus der Umlaufgeschwindigkeit um die Sonne und der Transversalbewegung der Sonne in Bezug auf den Stern zusammen. In unserem Bereich der Milchstraße ist aber die Relativbewegung $v_\odot$ zwischen der Sonne und den gut sichtbaren Sternen im Allgemeinen nicht groß, da diese Sterne gemeinsam mit uns um das galaktische Zentrum kreisen. Zwar kommen auch größere Relativgeschwindigkeiten vor, doch ein ‚guter Fixstern' bewegt sich entlang der Sichtlinie, so dass er seine Position am Sternenhimmel nicht verändert.

In der Tat bewegt sich Gamma Draconis direkt auf uns zu, so dass die relative Bewegung Stern-Sonne nicht zur Lichtaberration beitragen kann. Dieser besonders geeignete Fixstern wurde von Molyneux und Bradley in der Hoffnung ausgesucht, durch den Parallaxeffekt seine Entfernung bestimmen zu können. Diese war dafür jedoch zu groß. Jedenfalls wird der dominante Beitrag der zur Sichtlinie transversalen Bewegung des Erdbeobachters von der Bahnbewegung der Erde um die Sonne $v_\oplus$ geliefert. Da Gamma Draconis im Zenit senkrecht zur Richtung der Bahnbewegung zu finden ist, ist allein der Betrag $|v_\oplus|$ der Umlaufgeschwindigkeit von Bedeutung.

Wir bestimmen die Lichtgeschwindigkeit aus dem Aberrationswinkel α unter Benutzung der Gl. (13.13) mit Hilfe der Umlaufgeschwindigkeit $v_\oplus = 30\,\mathrm{km/s} = 10^{-4}c$.

Die Messungen von Molyneux und Bradley ergaben während eines Umlaufs der Erde um die Sonne eine Aberrationwinkelabweichung mit den extremalen Werten

$$\delta\alpha(t) \in (-20{,}2'', +20{,}2''). \tag{2}$$

In der Gl. (13.13) verwenden wir für α das Bogenmaß. Wir erinnern uns

$$1\,\text{rad} \equiv 360/2\pi = 57{,}2958\cdots^\circ = 57{,}2958^\circ \times 60' \times 60'' = 20{,}6265 \times 10^4\,\text{as}. \tag{3}$$

Nun wandeln wir die beobachtete Aberration aus Gl. 2 unter Benutzung von Gl. 3 ins Bogenmaß um und interpretieren das Resultat mit Hilfe von Gl. (13.13).

$$\frac{20{,}2\,\text{as}}{20{,}6265 \times 10^4\,\text{as}} = \frac{1}{10200} = \frac{v_\perp}{c}. \tag{4}$$

Aus $v_\perp \simeq |v_\oplus| = 30\,\text{km/s}$ folgt dann $c \simeq 300.000\,\text{km/s}$, wie von Bradley berechnet wurde, siehe Abschn. 2.3.

Übung 13.2   Ultrarelativistische Aberration des Lichtes
Ein Laborbeobachter betrachtet eine isotropisch strahlende Lichtquelle, die sich mit ultrarelativistischer Geschwindigkeit bewegt. Bestimme die Aberration des Beobachtungswinkels.

Lösung
Die Aberrationformel Gl. (13.9) ist zur Lösung dieser Aufgabe nicht geeignet, da die relativistische Empfindlichkeit in dieser Formel zu gering ist.

Glücklicherweise erhalten wir eine zweite äquivalente Formel für die Aberration, wenn wir das Resultat Gl. (13.8) in eine der beiden ersten Beziehungen Gl. (13.7) einsetzen. Es ergibt sich

$$\boxed{\sin\theta' = \frac{\sin\theta}{\gamma\,(1 + (v/c)\cos\theta)}.} \tag{1}$$

Die Summe der Quadrate der Gl. (13.9) und 1 ist gleich $\sin^2\theta' + \cos^2\theta' = 1$. Das beweist die Verträglichkeit von Gl. 1 mit Gl. (13.9). Bilden wir das Verhältnis der Gl. (13.9) und 1, so erhalten wir

$$\cot\theta' = \frac{\gamma\,(\cos\theta + (v/c))}{\sin\theta} = \gamma\cot\theta + \frac{\gamma v/c}{\sin\theta}. \tag{2}$$

Sowohl Gl. 1 als auch Gl. 2 sind im Grenzfall $v/c \to 1$ von Nutzen, da beide Ausdrücke explizit den Lorentzfaktor $\gamma \gg 1$ enthalten.

In dieser Aufgabe beobachtet ein ruhender Laborbeobachter die Strahlungemissionen einer relativistisch bewegten Lichtquelle, z. B. eines Feuerballs, wie er in Teilchenkollisionen erzeugt werden kann. Wenn der Feuerball sich nach rechts mit $v_F > 0$ bewegt, entspricht das der relativen Geschwindigkeit $v = -|v_F|$ in unseren bisherigen Formeln. Der Feuerball emittiert in alle Richtungen θ mit der gleichen Stärke, denn die Emission ist nach Aufgabenstellung im Ruhesystem des Feuerballs isotropisch. Vom Labor beobachtet bei $|v| \to c$ muss diese Strahlung aber keineswegs isotropisch sein, da die Aberration sehr starken Einfluss haben kann, wie die folgende Rechnung zeigt.

$$\sin \theta' = \frac{\sin \theta}{\gamma_F (1 - (|v_F|/c) \cos \theta)}, \qquad \cot \theta' = \gamma_F \cot \theta - \frac{\gamma_F |v_F|/c}{\sin \theta}. \qquad (3)$$

Wir betrachten das Beispiel $\theta = 45°$, d. h. $\sin \theta = \cos \theta = 1/\sqrt{2}$. Wir verwenden im ersten Ausdruck in Gl. 3 $|v|/c \to 1$ und erhalten $\sin \theta' \simeq \theta' = 2{,}4/\gamma$. Für $\gamma = 100$ erkennen wir, dass dieser Emissionswinkel im Labor dem Wert $\theta' = 0{,}024 \times 360°/(2\pi) = 1{,}4°$ entspricht. Wir lernen daraus, dass die isotrope Strahlung der Quelle stark in Bewegungsrichtung fokussiert wird.

Bei der gegebenen Anordnung des Experiments holt bei einer Emission nach vorne die Quelle die emittierten Teilchen ein. Bei einer Emission nach hinten entfernt sich die Quelle dagegen von den emittierten Teilchen. In diesem Fall dreht sich das Vorzeichen im ersten Nenner in Gl. 3 um. Der Aberrationseffekt ist dann stärker ausgeprägt.

13.4 SR-Dopplerverschiebung

Wir behalten die in Abschn. 13.3 eingeführte Koordinatenanordnung bei und orientieren die Koordinatensysteme wie bisher. Der Laborbeobachter S' bewegt sich mit der Relativgeschwindigkeit v entlang der z'-Achse, die mit der z-Achse der Quelle S übereinstimmt. Ohne Einschränkung der Allgemeinheit betrachten wir eine ebene Welle entlang der Sichtlinie zwischen der Quelle S und dem Beobachter S' in Richtung des Einheitsvektors $\boldsymbol{n}$ und erinnern uns an $\boldsymbol{k} = k\boldsymbol{n}$, Gl. (13.3) aus Abb. 13.1. Das ist die gleiche Ausgangssituation wie in 13.3.

Allerdings werden wir uns jetzt der Dopplerverschiebung zuwenden und dazu konzentrieren wir uns auf die Phase der Lichtwelle Gl. (13.2)

$$\Phi = \omega t - \boldsymbol{x} \cdot \boldsymbol{k} = \omega t - \boldsymbol{x} \cdot \boldsymbol{n}|k| = \omega/c(ct - \boldsymbol{x} \cdot \boldsymbol{n}). \qquad (13.14)$$

Diese Lichtphase Φ soll für alle Beobachter denselben Wert haben, siehe Gl. (13.1).

Zu jedem Beobachter gehört ein anderes Koordinatensystem. Die Koordinaten für die Quelle S sind t, x, die für den Beobachter S' sind t', x'. Wir zeigen nun, dass die Unabhängigkeit des Werts der Lichtphase von der Relativbewegung zwischen S und S' zur Folge hat, dass die Lichtfrequenz (und damit auch die Wellenlänge λ) sich für den bewegten Beobachter nach der relativistischen Dopplerformel verschiebt. Wir gehen zunächst auf den Spezialfall einer Bewegung entlang der Sichtlinie ein und betrachten danach den etwas komplizierteren allgemeinen Fall, in dem Aberration und Dopplerverschiebung zusammenspielen.

$v \parallel n$: Relativbewegung entlang der Sichtlinie

Die Ausrichtung von $n \parallel v$ bedeutet

$$k_x = 0, \quad k_y = 0, \quad k_z = -k = -\omega/c, \ \rightarrow \ c\Phi = \omega(ct + z). \tag{13.15}$$

Das Minuszeichen ergibt sich aus der Tatsache, dass k in die negative z-Richtung zeigt, wenn das Licht von S in Richtung Erde emittiert wird. Wir führen nun in Gl. (13.15) eine Lorentztransformation vom Inertialsystem S der Quelle zum Inertialsystem S' der Erde durch. Ist v' die Relativgeschwindigkeit der Quelle S aus Sicht eines Beobachters auf der Erde, so gilt $v' = z'/t'$. Dann ist $z = \gamma'(z' - v't')$ die entscheidende Transformationsgleichung. Wegen $v' = z'/t'$ gilt $z = 0$, also ruht die Quelle in S. Es folgt

$$c\Phi = \omega(ct + z) = \omega\gamma' \left([ct' - (v'/c)\,z'] + [z' - (v'/c)\,ct']\right) = \omega\gamma'(1 - v'/c)(ct' + z').$$
$$\tag{13.16}$$

Die Phase des Lichtes Φ, Gl. (13.16), ändert sich nicht für die verschiedenen Beobachter. Das bedeutet

$$c\Phi = c\Phi' = \omega'(ct' + z'). \tag{13.17}$$

Wir vergleichen Gl. (13.16) mit Gl. (13.17) und erkennen

$$\omega' = \omega\gamma'(1 - v'/c). \tag{13.18}$$

Da v' die Geschwindigkeit der Quelle in z'-Richtung aus Sicht eines Erdbeobachters angibt, entfernt sich für $v' > 0$ die Quelle vom Beobachter und die Frequenz ω' wird kleiner, d. h. die Wellenlänge λ' größer, es gibt die Rotverschiebung. Ist umgekehrt $v' < 0$, so bewegt sich die Quelle auf die Erde zu, die Frequenz ω' wird größer und die Wellenlänge kürzer, wir haben eine Blauverschiebung.

Die Gl. (13.18) ist unser Endresultat für die Bewegung entlang der Sichtlinie, bei der keine Aberration auftritt. Allerdings ist die Schreibweise unseres Resultats nicht die allgemein übliche:

Die Festlegung, die gestrichelten Variablen dem Erdbeobachter und die ungestrichelten der Quelle zuzuordnen, wurde getroffen, um die Rechnung mit der in diesem Buch eingeführten Schreibweise der Lorentztransformationen durchführen zu können. Wir wollen aber in den Endresultaten die in den Lehrbüchern gewöhnlich benutzte Schreibweise verwenden. Es ist üblich, für die Eigenschaften der Lichtquelle den Index ‚Null' zu benutzen, d. h. $v, \lambda, \theta \;\rightarrow\; v_0, \lambda_0, \theta_0$. Außerdem ersetzen wir $v' \rightarrow -v$. v ist dann die Relativgeschwindigkeit des Beobachters aus Sicht der Quelle.

In dieser Schreibweise lautet das Resultat Gl. (13.18) für die dopplerverschobene Frequenz $v = \omega/2\pi$ des Beobachters, der sich parallel zur Sichtlinie auf die Quelle mit $v > 0$ zubewegt

$$v = v_0 \frac{1 + v/c}{\sqrt{1 - (v/c)^2}} = v_0 \sqrt{\frac{1 + v/c}{1 - v/c}}. \tag{13.19}$$

Die beobachtete Frequenz ist dann $v > v_0$. Wir können Gl. (13.19) auch umkehren

$$v_0 = v \sqrt{\frac{1 - v/c}{1 + v/c}} = v \frac{1 - v/c}{\sqrt{1 - (v/c)^2}}. \tag{13.20}$$

Dies ergibt sich aus Gl. (13.19) mit der Transformation $v \Leftrightarrow v_0$ für $v \Leftrightarrow -v$.

Für die Wellenlängenverschiebung finden wir unter Benutzung von Gl. (13.4) in Gl. (13.19)

$$\lambda \equiv \frac{c}{v} = \lambda_0 \frac{\sqrt{1 - (v/c)^2}}{1 + v/c} = \lambda_0 \sqrt{\frac{1 - v/c}{1 + v/c}}. \tag{13.21}$$

Wie erwartet, beobachtet man Blauverschiebung der Wellenlänge ($\lambda < \lambda_0$), wenn der Beobachter sich auf die Quelle zubewegt und Rotverschiebung, wenn Beobachter und Quelle sich voneinander entfernen.

Allgemeiner Fall, beliebige v, n.
Wir betrachten nun den Fall, dass die Sichtlinie $\boldsymbol{n}$ nicht parallel zur Bewegungsrichtung $\boldsymbol{v}$ ist, wie in Abb. 13.1 dargestellt. Wir verwenden die gleichen Koordinatenkonventionen wie bisher. Es gilt dann

$$\boldsymbol{k} \equiv (\omega/c)\boldsymbol{n}, \tag{13.22a}$$

mit

$$k_x = -\frac{\omega}{c} \sin\theta \cos\varphi, \quad k_y = -\frac{\omega}{c} \sin\theta \sin\varphi, \quad k_z = -\frac{\omega}{c} \cos\theta. \tag{13.22b}$$

Die Lichtphase ist

$$c\Phi = \omega(ct - \boldsymbol{n}\cdot\boldsymbol{x}) = \omega\left(\gamma'[ct' - (v'/c)z'] + \gamma'[z' - (v'/c)ct']\cos\theta - \boldsymbol{x}'_{\perp}\cdot\boldsymbol{n}_{\perp}\right).$$
$$(13.23\text{a})$$

Die Komponenten senkrecht zur Bewegungsrichtung sind

$$-\boldsymbol{x}'_{\perp}\cdot\boldsymbol{n}_{\perp} = x'\sin\theta\cos\varphi + y'\sin\theta\sin\varphi. \qquad (13.23\text{b})$$

Dieser Ausdruck wird verglichen mit

$$c\Phi' = \omega'\left(ct' - \boldsymbol{n}'\cdot\boldsymbol{x}'\right) = \omega'\left(ct' + z'\cos\theta' + x'\sin\theta'\cos\varphi' + y'\sin\theta'\sin\varphi'\right).$$
$$(13.24)$$

Unser Ziel ist es, die Größen ω', θ', φ' als Funktionen der (ungestrichelten) Quellengrößen zu bestimmen. Die Bezeichnungen für die Geschwindigkeiten bleiben unverändert, ebenso $\gamma' = \gamma$, $v' = -v$. Um unser Ziel zu erreichen, vergleichen wir die Koeffizienten ct', x', y', z' in Gl. (13.23a), (13.23b) mit denen in Gl. (13.24).

- **Vergleich der Komponenten senkrecht zur Bewegungsrichtung**
  Da diese Koordinaten von der Lorentztransformation nicht berührt werden, finden wir für die Koeffizienten von x' und y'

$$\omega\sin\theta\cos\varphi = \omega'\sin\theta'\cos\varphi', \qquad \omega\sin\theta\sin\varphi = \omega'\sin\theta'\sin\varphi'. \qquad (13.25)$$

Vergleichen wir die jeweiligen Größen auf den rechten und linken Gleichungsseiten, so erkennen wir, dass $\varphi = \varphi'$ ist, also gibt es keine azimutale Aberration, siehe dazu auch Gl. (13.8). Setzen wir das in Gl. (13.25) ein, so finden wir

$$\boxed{\omega\sin\theta = \omega'\sin\theta'.} \qquad (13.26)$$

Dies macht den engen Zusammenhang zwischen der Dopplerverschiebung und der Höhenaberration deutlich.
- **Vergleich der Koeffizienten von ct$'$**

$$\omega\gamma'(1 - v'/c\cos\theta) = \omega\gamma(1 + v/c\cos\theta) = \omega'. \qquad (13.27)$$

Die Gl. (13.27) beschreibt die Dopplerverschiebung.
- **Vergleich der Koeffizienten von z$'$**

$$\omega\gamma'(\cos\theta - v'/c) = \omega\gamma(\cos\theta + v/c) = \omega'\cos\theta'. \qquad (13.28)$$

Dividieren wir die jeweiligen linken und rechten Seiten der Gl. (13.28) und (13.27), so finden wir die Aberrationsgleichung

$$\cos\theta' = \frac{\cos\theta + v/c}{1 + v/c\,\cos\theta}. \qquad (13.29)$$

Das ist die uns schon bekannte Gleichung Gl. (13.9). Dividieren wir die jeweiligen linken und rechten Seiten der Gl. (13.26) und (13.27), so erhalten wir die andere Form der Aberrationsgleichung, siehe Gl. 1 in Übung 13.2

$$\sin \theta' = \frac{\sin \theta}{\gamma(1 + v/c \; \cos \theta)}. \tag{13.30}$$

Wir haben jetzt die Formeln für die Dopplerverschiebung und die Aberration mit Hilfe der Lichtphaseninvarianz abgeleitet.

Mit den in den meisten Lehrbüchern verwendeten Bezeichnungen lautet die Formel für die Frequenzverschiebung

$$\nu = \nu_0 \frac{1 + v/c \; \cos \theta_0}{\sqrt{1 - (v/c)^2}}. \tag{13.31}$$

Hier wird der Winkel θ_0 im Bezugssystem der Lichtquelle gemessen. Dies ist natürlich ungeeignet für den Beobachter, der eine Quelle analysiert. Deshalb suchen wir ein Resultat, das den beobachteten Höhenwinkel θ enthält. Diese Beziehung finden wir durch Bildung der Umkehrrelation unter Anwendung des Relativitätsprinzips

$$\nu_0 \Leftrightarrow \nu, \quad v \Leftrightarrow -v, \quad \theta_0 \Leftrightarrow \theta.$$

Wir erhalten eine Beziehung, die die Quellenfrequenz als Funktion der vom Erdbeobachter beobachteten Größen, also der Frequenz ν und des Höhenwinkels θ beschreibt

$$\boxed{\nu_0 = \nu \frac{1 - v/c \; \cos \theta}{\sqrt{1 - (v/c)^2}}.} \tag{13.32}$$

Für $\cos \theta \to 1$ ergibt sich wieder Gl. (13.20). Da ν_0 normalerweise eine uns bekannte Strahlungsgröße ist, stellt Gleichung Gl. (13.32) einen Zusammenhang zwischen dem Betrag der Relativgeschwindigkeit v und dem Höhenwinkel her. Wie bereits in Abschn. 2.3 diskutiert, hilft die durch die Bewegung der Erde um die Sonne entstehende Variation, diese Mehrdeutigkeit zu klären.

Übung 13.3 Geschwindigkeitsmessung mit Hilfe des Dopplereffekts

Die H_α-Strahlung ($\lambda_0 = 6563 \, \text{Å}$) eines Sterns ist mit einer Rotverschiebung von $\delta\lambda = 3 \, \text{Å}$ beobachtet worden. Es ist bekannt, dass der Stern sich in Richtung der Sichtlinie bewegt, weil keine laterale Positionsveränderung am Sternenhimmel beobachtbar ist. Geben Sie die Orientierung der Relativbewegung an und bestimmen Sie den Betrag der Relativgeschwindigkeit.

Lösung

Wir haben in 13.4 herausgefunden, dass die Strahlungsfrequenz kleiner und die Wellenlänge größer wird, wenn Quelle und Beobachter sich voneinander entfernen, d. h. dann liegt Rotverschiebung vor.

Wir benutzen nun Gl. (13.19) und finden für eine Lichtquelle, die von uns sich fortbewegt

$$\frac{\nu}{\nu_0} = \sqrt{\frac{1 - v/c}{1 + v/c}}. \tag{1}$$

Da $c = \nu\lambda$ ist, gilt für die Wellenlänge die inverse Relation, siehe Gl. (13.21), also

$$\frac{\lambda_0}{\lambda} = \sqrt{\frac{1 - v/c}{1 + v/c}}. \tag{2}$$

In unserem Fall ist $\lambda > \lambda_0$. Wir lösen nach v auf und betrachten den nichtrelativistischen Grenzfall

$$v = c\,\frac{1 - (\lambda_0/\lambda)^2}{1 + (\lambda_0/\lambda)^2} \simeq c\,\frac{\lambda - \lambda_0}{\lambda_0}. \tag{3}$$

Setzen wir $\lambda_0 = 6563\text{Å}$ und $\delta\lambda = \lambda - \lambda_0 = 3\text{Å}$ ein, so erhalten wir $v = 0{,}000457c$. Damit ist die Relativgeschwindigkeit, mit der dieser Stern von uns wegfliegt

$$v = 0{,}000457c = 0{,}00046 \times 300\,000 \text{ km/s} = 137{,}1 \text{ km/s}. \tag{4}$$

Da diese Geschwindigkeit klein genug ist, um den Effekt durch den nichtrelativistischen Grenzfall zu beschreiben, war die in der zweiten Beziehung in Gl. 3 benutzte Näherung $\gamma \simeq 1$ gerechtfertigt.

Zusammenfassung – *Im Teil VI – Kap.* 14, *Kap.* 15, *Kap.* 16:
Die grundlegende Erkenntnis, dass Masse mit Energie gekoppelt ist, wird hier hergeleitet. Die Ruhemasse repräsentiert die in Materie eingeschlossene Energie. Wir zeigen, dass die Nettoenergie eines Körpers seine Masse bestimmt. Der Zusammenhang zwischen Energie, Impuls und Masse eines Körpers wird begründet. Die Beziehung $E_0 = mc^2$ zwischen der Ruheenergie $E(v = 0) \equiv E_0$ eines Körpers, seiner trägen Masse m und der Lichtgeschwindigkeit c lässt wegen des Auftauchens der letztgenannten Größe auf einen tiefgehenden Zusammenhang zwischen allen sichtbaren materiellen Körpern schließen.

Einleitende Bemerkungen zu Teil VI
Die Messung der bei Zerstrahlung eines Elektron-Positron-Paares entstehenden Energie durch zwei verschiedene Inertialbeobachter führt auf die Gleichung $E(v = 0) \equiv E_0 = mc^2$. Wir zeigen, dass diese Gleichung sich mit dem bekannten nichtrelativistischen Term für die kinetische Energie zu einem einfachen Ausdruck für die gesamte relativistische Energie $E(v)$ verknüpfen lässt, die ein bewegter Körper in Bezug auf einen Inertialbeobachter hat. Wir wenden uns strikt gegen die Auffassung, $E(v)/c^2$ als geschwindigkeitsabhängige Masse anzusehen.

Zwei wichtige Zusammenhänge aus der Mechanik, nämlich die impulsändernde Wirkung von Kräften und der Arbeitssatz, der den durch aufgewandte Arbeit erzielten Energiezuwachs eines Körpers beschreibt, verhelfen uns zur Definition des relativistischen Impulses. Durch Ausnutzung der Analogie zur Lorentztransformation von Koordinaten werden die Transformationsgleichungen für Energie und Impuls bei Wechsel des Inertialsystems hergeleitet. Wir zeigen, wie sich ein bewegter Körper durch Lorentztransformation aus einem ruhenden ergibt und ermitteln umgekehrt die Lorentztransformation in ein mit dem Körper mitbewegten Bezugssystem. Sowohl die nichtrelativistischen als auch die ultrarelativistischen Grenzfälle der Beziehung zwischen Energie, Impuls und Geschwindigkeit werden untersucht.

Ungeachtet der komplexen inneren Dynamik erfüllt ein Körper als Ganzes Einsteins Gleichung $E_0 = mc^2$. Dieses Resultat folgt aus der Tatsache, dass die inneren Vorgänge den allgemeinen Zustand eines Körpers nicht beeinflussen dürfen. Wir beschreiben in einem Beispiel, wie ein materieller Körper Energie und Masse mit einem sich in ihm ausbreitenden Lichtstrahl aufteilt. Einsteins Überlegung, dass Strahlung träge Masse übertragen kann, wird so genauer herausgearbeitet und bestätigt.

Wir ergänzen das Verständnis der in Abschn. 7.4 eingeführten Rapidität, indem wir für die Beschreibung von Teilchen die Teilchenrapidität benutzen. Dieses Konzept entspricht der Charakterisierung von Teilchenbewegungen mit Hilfe der Geschwindigkeit, ist aber im relativistischen Bereich wegen der Additivität der Teilchenrapidität praktischer. In verschiedenen Bezugssystemen beobachtete Energien und Impulse von Teilchen lassen sich mit Hilfe einer einfachen Veränderung der Teilchenrapidität nachverfolgen. Außerdem erlaubt die Teilchenrapidität eine bessere Charakterisierung der Eigenschaften ultrarelativistischer Teilchen, für die die Geschwindigkeit zu wenig Differenzierung ermöglicht.

Wir wenden uns dann detailliert der Diskussion des Ursprungs der im täglichen Leben benutzten Energie zu. Wir begründen die grundlegende Erkenntnis, dass jede verwendbare Energie letzten Endes aus dem Massenverlust der beteiligten Reaktionspartner stammt. Die gewonnene Energie resultiert immer aus der Differenz zwischen der Masse im Ursprungszustand und der im Endstadium. Dabei ist es nicht von Belang, ob die Energiequelle konventionell, nuklear oder solar ist, vielleicht sogar dem Urknall entstammt.

Erneuerbare Energie nutzt die uns *z. B.* während der Lektüre dieses Buchs von der Sonne gelieferte Fusionsenergie. Fossile Energie stammt von der Strahlung, die die Erde vor langer Zeit von der Sonne empfangen hat. Nukleare Energie hat ihren Ursprung in der Asche von Supernova-Explosionen, während zukünftige Fusionsreaktoren die Energie ausbeuten, die der Urknall uns überlassen hat. In all diesen Fällen gab oder gibt es irgendwo und irgendwann einen *Verlust an Masse, der die von uns genutzte Energie bereitstellt.*

Zusammenfassung

Die grundlegende Beziehung $E(v = 0) = E_0 = mc^2$ wird hergeleitet. Der Beweis stützt sich auf den Vergleich von Messungen des Energieinhalts eines bewegten Körpers, die von verschiedenen Beobachtern durchgeführt werden. Wir diskutieren den Unterschied zwischen der Energie eines Körpers und der Masse $m = E_0/c^2$, die durch die Energie im Ruhesystem eines Körpers bestimmt wird. Wir sprechen uns strikt gegen die Auffassung aus, $E(v)/c^2$ als eine geschwindigkeitsabhängige Masse anzusehen und fügen auch Kommentare von Einstein und anderen zu diesem Thema bei.

14.1 Ruheenergie

In einer von verschiedenen Publikationen aus dem Jahre 1905, die Arbeiten zum Photoeffekt und zur Brownschen Bewegung einschlossen, formulierte Einstein die spezielle Relativitätstheorie (siehe Ref. 15, im Kap. 1). Einsteins berühmteste Gleichung, die Äquivalenz von Masse und Energie,

$$E = mc^2, \tag{14.1}$$

wurde in einer getrennten, sehr kurzen Abhandlung erörtert (siehe Ref. 17 im Kap. 1). Einstein betrachtete die Emission von Strahlung durch ein Atom, also eine teilweise Umwandlung von träger Masse in Energie, um den folgenden Term für die kinetische Energie T eines Körpers herzuleiten

$$T = \frac{mc^2}{\sqrt{1 - (v/c)^2}} - mc^2. \tag{14.2}$$

© Springer-Verlag GmbH Deutschland, ein Teil von Springer Nature 2019 245
J. Rafelski, *Spezielle Relativitätstheorie heute*,
https://doi.org/10.1007/978-3-662-59420-9_14

Abb. 14.1 Ein Elektron und sein Antiteilchen, das Positron, treffen mit gleich großen, aber entgegengesetzten Impulsen aufeinander, zerstrahlen und setzen zwei Photonen frei

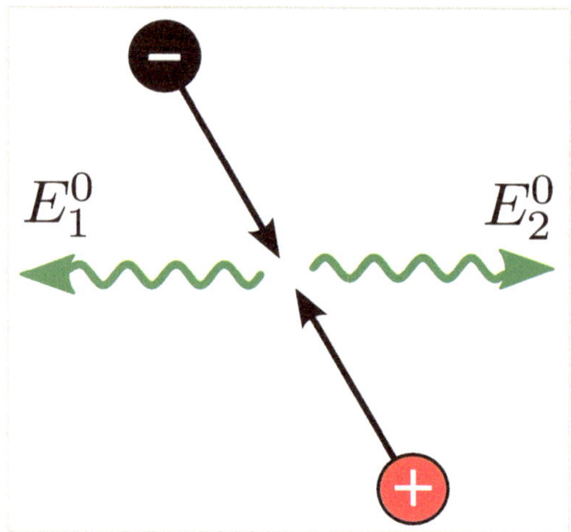

Im Folgenden wird eine analoge, aber dramatischere Version von Einsteins Argumentation vorgestellt. Wir betrachten Strahlung, die bei der Vernichtung von Materie und Antimaterie freigesetzt wird. In diesem Fall wird die gesamte träge Masse der beteiligten Teilchen in die Energie der emittierten Strahlung verwandelt. Dem Leser wird das Auftauchen von $\hbar$, dem Planckschen Wirkungsquantum, auffallen. Man darf das nicht so interpretieren, als sei die Quantenmechanik für den Beweis von Gl. (14.1) erforderlich. Der Hauptgrund für die Verwendung von $\hbar$ ist vielmehr, dass wir hervorheben wollen, was in Einsteins beiden Abhandlungen implizit gebraucht wird, nämlich den Zusammenhang zwischen Lichtfrequenz und Photonenenergie, den Einstein vorher in einer anderen bemerkenswerten Veröffentlichung von 1905 formulierte[1].

Wir betrachten die ‚Begegnung' eines Elektrons e^- mit seinem Antiteilchen, dem Positron e^+. Wir wählen unser Bezugssystem so, dass der Gesamtimpuls gleich Null ist. Ein solches Bezugssystem wird als relativistisches CM-System bezeichnet und in Kap. 17 genauer behandelt[2]. Die Teilchen treffen deshalb aus entgegengesetzten Richtungen mit gleichem Geschwindigkeitsbetrag aufeinander, siehe Abb. 14.1. Um den Sachverhalt rechnerisch zu vereinfachen, wollen wir hier den Fall betrachten, dass im CM-System der Geschwindigkeitsbetrag beider Teilchen sehr gering ist. In diesem Falle ist ihre kinetische Energie vernachlässigbar.

Wegen des Impulserhaltungssatzes muss der Gesamtimpuls bei Zerstrahlung eines Teilchens mit seinem Antiteilchen im CM-System gleich Null bleiben. Da hier zwei

---

[1] Albert Einstein, „Über einen die Erzeugung und Verwandlung des Lichtes betreffenden heuristischen Gesichtspunkt," *Annalen der Physik* **17** 132 (1905) (Vom Verlag am 18. März 1905 erhalten).
[2] Ein Bezugssystem, in dem der Gesamtimpuls aller Teilchen gleich Null ist, entspricht dem Sinn nach dem Schwerpunktsystem der nichtrelativistischen Mechanik und wird deshalb in der deutschen Sprache oft so bezeichnet. Wir verwenden in diesem Buch die Abkürzung (CM), die im Englischen sowohl für „Center of Mass" (klassisches Schwerpunktsystem) als auch für „Center of Momentum" steht.

Photonen freigesetzt werden, werden diese Photonen deshalb in entgegengesetzte Richtungen abgestrahlt

$$\boldsymbol{p}^{\,0}_{\,1} = -\boldsymbol{p}^{\,0}_{\,2}, \tag{14.3}$$

wie in Abb. 14.1 dargestellt wird.

Der photoelektrische Effekt beweist den Teilchencharakter der Photonen. Ihre Impulse sind demnach gegeben durch

$$|\boldsymbol{p}^{\,0}_{\,1}| = \hbar k_1 = 2\pi\hbar\nu_1/c, \qquad |\boldsymbol{p}^{\,0}_{\,2}| = \hbar k_2 = 2\pi\hbar\nu_2/c. \tag{14.4}$$

Dabei sind k_1 und k_2 die Wellenzahlen und ν_1 und ν_2 sind die Frequenzen der Photonen. Beide Photonen haben also die gleiche Frequenz ν_0:

$$\nu^0_1 = \nu^0_2 \equiv \nu_0. \tag{14.5}$$

Jedes Photon trägt die Energie

$$E^0_1 = E^0_2 \equiv E_0 = pc = 2\pi\hbar\nu_0. \tag{14.6}$$

Außer dem Impuls bleibt auch die Energie erhalten, also muss die Energie des Elektron-Positron-Paars (e^+e^--Paar) gleich der Gesamtenergie der beiden Photonen sein

$$E^0_{e^+e^-} = 2E_0. \tag{14.7}$$

Hier ist $E^0_{e^+e^-}$ die dem e^+e^--Paar vor der Zerstrahlung innewohnende Energie.

Bis jetzt haben wir den Prozess nur im Bezugssystem S betrachtet, in dem sowohl Elektron als auch Positron praktisch in Ruhe sind. Wir gehen nun über zu einem Bezugssystem S', das sich relativ zu S mit einer Geschwindigkeit $\boldsymbol{v}$ bewegt, die parallel zu der Richtung eines der Strahlungsphotonen (und antiparallel zu dem anderen) gewählt ist.

In diesem Bezugssystem beobachten wir eine Dopplerverschiebung. Eine Photonenfrequenz wächst, die andere sinkt, wie es Abb. 14.2 zeigt. Verwenden wir die SR-Doppler-Beziehung, Gl. (13.19) für eine Bewegung längs der Sichtlinie, so erhalten wir

$$\nu^{\pm} = \nu_0 \frac{1 \pm v/c}{\sqrt{1-(v/c)^2}}. \tag{14.8}$$

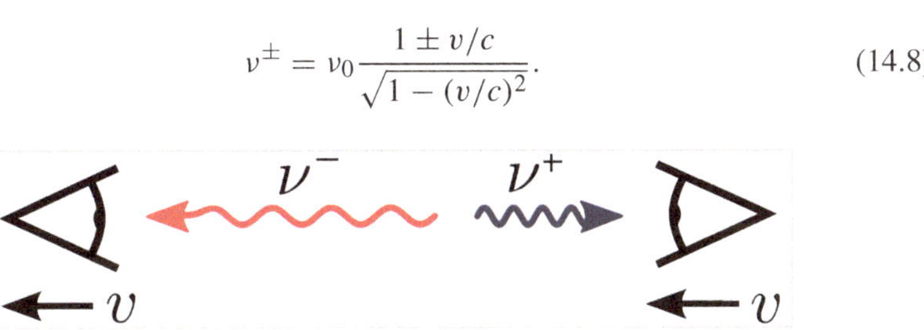

Abb. 14.2 Der bewegte Beobachter nimmt bei einem Photon (links) eine Rotverschiebung und beim anderen eine Blauverschiebung wahr

In Gl. (14.8) gilt $+v/c$ für das Photon, das sich antiparallel zu $\boldsymbol{v}$ bewegt, und $-v/c$ für das sich parallel zu $\boldsymbol{v}$ bewegende. Die Energien der beiden Photonen haben sich im Bezugssystem S' ebenfalls verändert und sind jetzt gegeben durch

$$E^{\pm} = 2\pi\hbar\nu^{\pm} = 2\pi\hbar\frac{1\pm v/c}{\sqrt{1-(v/c)^2}}\nu_0. \tag{14.9a}$$

Setzen wir die Energie des Ruhesystems ein, Gl. (14.6), so erhalten wir

$$E^{\pm} = E_0\frac{1\pm v/c}{\sqrt{1-(v/c)^2}}. \tag{14.9b}$$

Nach dem Relativitätsprinzip muss der Energieerhaltungssatz auch für den bewegten Beobachter gelten. Das bedeutet, dass auch im System S' die Energie des $\mathrm{e}^+\mathrm{e}^-$-Paars vor der Zerstrahlung gleich der Gesamtenergie der beiden emittierten Photonen sein muss. Die in S' beobachtete Energie bezeichnen wir mit $E_{\mathrm{e}^+\mathrm{e}^-}(v)$ und nehmen dabei vorweg, dass das Ergebnis eine Funktion der Geschwindigkeit v sein wird

$$E_{\mathrm{e}^+\mathrm{e}^-}(v) = E^+ + E^-. \tag{14.10a}$$

Nach Einsetzen von 14.9b erhalten wir

$$E_{\mathrm{e}^+\mathrm{e}^-}(v) = \frac{2E_0}{\sqrt{1-(v/c)^2}} = \frac{E^0_{\mathrm{e}^+\mathrm{e}^-}}{\sqrt{1-(v/c)^2}}. \tag{14.10b}$$

Hier wurde Gl. (14.7) benutzt, um den Zähler zu vereinfachen.

Dieses Resultat unterscheidet sich von dem im CM-Bezugssystem durch das Auftauchen des Lorentzfaktors, den wir nun entwickeln

$$\gamma = \frac{1}{\sqrt{1-(v/c)^2}} = 1 + \frac{1}{2}\left(\frac{v}{c}\right)^2 + \frac{3}{8}\left(\frac{v}{c}\right)^4 + \ldots \tag{14.11}$$

Wir setzen diese Entwicklung in Gl. (14.10b) ein

$$E_{\mathrm{e}^+\mathrm{e}^-}(v) = E^0_{\mathrm{e}^+\mathrm{e}^-} + \frac{1}{2}E^0_{\mathrm{e}^+\mathrm{e}^-}\left(\frac{v}{c}\right)^2 + \mathcal{O}(v^4). \tag{14.12}$$

Ein Vergleich des zweiten Terms in Gl. (14.12) mit dem bekannten Ausdruck für die nichtrelativistische kinetische Energie

$$E_{\mathrm{kin}}(v) = \frac{1}{2}mv^2, \tag{14.13}$$

lässt eine Beziehung zwischen dem Energieeinhalt des $\mathrm{e}^+\mathrm{e}^-$-Paars und seiner Masse erkennen

$$E^0_{\mathrm{e}^+\mathrm{e}^-} = m_{\mathrm{e}^+\mathrm{e}^-}c^2. \tag{14.14}$$

Wir verzichten ab jetzt auf die Indizes ‚e^+e^-', denn diese Gleichungen gelten für jedes abgeschlossene Teilchensystem mit der trägen Masse m, das sich mit der Geschwindigkeit v bewegt. Die Gleichung für die Ruheenergie

$$\boxed{E_0 = mc^2}\tag{14.15}$$

ist wohl die berühmteste Formel des ganzen 20. Jahrhunderts. Sie sagt aus, dass jeder materielle Körper der trägen Masse m einen mitbewegten Gehalt E_0 an ‚innerer Energie' besitzt. Weil c^2 für jedes materielle Teilchen auftaucht, stellt diese Gleichung eine Verbindung zwischen allen materiellen sichtbaren Körpern her[3].

14.2 Relativistische Energie eines bewegten Körpers

Setzen wir Gl. (14.14) in (14.10b) ein, so erhalten wir die Energie im bewegten Bezugssystem

$$\boxed{E(v) = \frac{mc^2}{\sqrt{1 - (v/c)^2}} = \gamma mc^2.}\tag{14.16}$$

Der Energieinhalt eines ruhenden Körpers, siehe Gl. (14.15), wird als Ruheenergie bezeichnet. Die wichtige Botschaft von Gl. (14.16) ist dann, dass die gesamte Energie eines Teilchens durch seine träge Masse m bestimmt wird, wobei die beiden Energiekomponenten, die kinetische Energie und die Ruheenergie, in einem relativ einfachen Ausdruck vereint sind, indem der Lorentzfaktor γ vorkommt. Um diese Komponenten zu trennen, formulieren wir Gl. (14.16) mit Hilfe von Gl. (14.11) um

$$E(v) = mc^2 + \frac{1}{2}mv^2 + \frac{3}{8}mv^2 \left(\frac{v}{c}\right)^2 + \ldots .\tag{14.17}$$

Der erste Term,

$$E_0 = mc^2,\tag{14.18}$$

ist die Ruheenergie, der zweite die nichtrelativistische kinetische Energie.

Die volle relativistische kinetische Energie erhält man durch Entfernung der Ruheenergie aus Gl. (14.16)

$$T = E(v) - mc^2 = (\gamma - 1)mc^2 \simeq \frac{1}{2}mv^2 \left[1 + \frac{3}{4}\left(\frac{v}{c}\right)^2 + \frac{5}{8}\left(\frac{v}{c}\right)^4 + \ldots\right].\tag{14.19}$$

---

[3]Wir verwenden hier das Attribut ‚sichtbar' wegen des Faktors c^2, der eine Kopplung an Licht, bzw. elektromagnetische Strahlung beinhaltet und zur Unterscheidung von der sogenannten ‚dunklen Materie', die allein durch die gravitative Wirkung wahrgenommen wird.

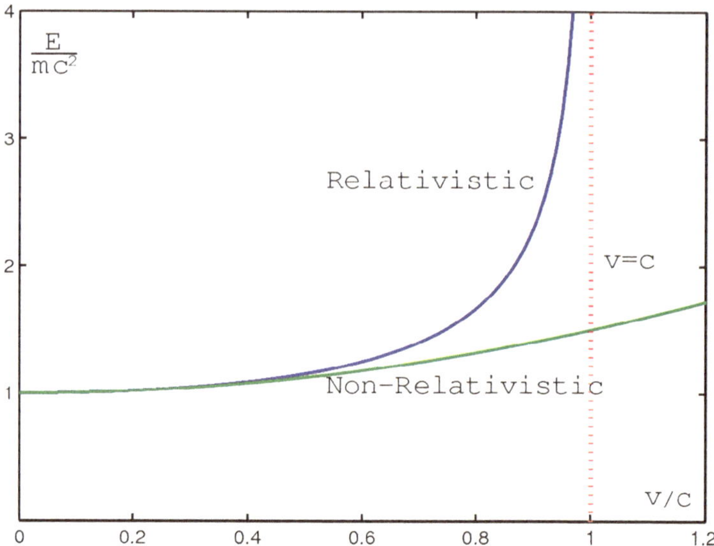

Abb. 14.3 $E(v)$ im relativistischen Gl. (14.16) und nichtrelativistischen Fall Gl. (14.13) (ergänzt um Gl. (14.18))

Die Entwicklung weist als ersten Summanden die nichtrelativistische kinetische Energie auf, gefolgt von Korrekturen in $(v/c)^2$ und höherer Ordnung.

Wir sehen, dass die Masse eines Körpers die Energie dieses Körpers bestimmt. Natürlich ist von besonderem Interesse, dass auch im Grenzfall $v \to 0$ Gl. (14.18) noch Energie enthält. Das ist das grundlegend neue Ergebnis. Was wir daraus lernen, hat niemand klarer formuliert als Einstein, den wir aus seiner Abhandlung zitieren (siehe Ref. 17, im Kap. 1, viertletzter Paragraph):

> *Gibt ein Körper die Energie* δE *in Form von Strahlung ab, so verkleinert sich seine Masse um* $\delta E/c^2$

(Einstein schrieb $\delta E \equiv L$ und $c^2 \equiv V^2$). In unserem Fall wird die gesamte Energie des Materie-Antimaterie-Paars abgegeben, so dass hier eine komplette Äquivalenz von Masse m und Energie E vorliegt, siehe Gl. (14.18).

Wir vergleichen die relativistische Energie Gl. (14.16) mit dem nichtrelativistischen Grenzfall, also der Summe der beiden ersten Terme in Gl. (14.17): Beide werden in Abb. 14.3 als Funktion der Geschwindigkeit v dargestellt. Die verwendete Energieeinheit ist mc^2, die der Geschwindigkeit v ist c. Man beachte den Unterschied zwischen beiden Termen nahe $v = c$. In der speziellen Relativitätstheorie divergiert die Energie eines Körpers für $v \to c$. Daraus folgt, dass ein Körper nie die Lichtgeschwindigkeit erreichen kann, selbst wenn noch soviel Arbeit an ihm verrichtet wird. Auch in diesem Sinn ist die Lichtgeschwindigkeit eine obere Geschwindigkeitsgrenze für alle materiellen Körper.

14.3 Masse eines Körpers

In der älteren Literatur war es üblich, den geschwindigkeitsabhängigen Faktor in die Masse zu übernehmen und zu schreiben

$$M = \frac{m_0}{\sqrt{1 - (v/c)^2}}, \qquad \text{diese Schreibweise wird in unserem Buch \textbf{nicht} verwendet,}$$

und deshalb

$$M = \frac{E(v)}{c^2}, \qquad \text{diese Schreibweise wird in unserem Buch auch \textbf{nicht} verwendet.}$$

Diese Festlegung bedeutete, dass wir an die Masse immer den Index ,0' anfügen müssten, um die Ruhemasse von einer Größe zu unterscheiden, die in Wahrheit keine Masse ist, sondern $E(v)/c^2$, d. h. bis auf einen Faktor c^2 die Gesamtenergie. Wir werden sehen, dass die Ruhemasse m_0 eine Lorentzinvariante ist, aber $M(v)$ nicht. Wir behalten uns das Wort ,Masse' vor für die lorentzinvariante Größe, die die träge Masse eines Körpers angibt und für alle Inertialbeobachter den gleichen Wert hat.

Ein qualitatives physikalisches Argument für die Lorentzinvarianz der Masse m_0 ist das folgende: Nach Gl. (14.18) ist jedem Körper eine Ruheenergie zugeordnet. Sie ist eine physikalische Eigenschaft des Körpers und sollte nach dem Relativitätsprinzip von der Wahl des Inertialsystems unabhängig sein. Folgerichtig sollte es zusätzlich zur Eigenzeit τ eine zweite lorentzinvariante Größe geben, die innere Energie $m_0 c^2$ eines Körpers und damit die Ruhemasse.

Die Verwendung der Energie eines bewegten Körpers als eine effektive Masse ist folgendermaßen kritisiert worden:

<u>Albert Einstein</u>[4]:

Es ist nicht gut, von der Masse $M = m/(1 - v^2/c^2)^{1/2}$ eines bewegten Körper zu sprechen, da für M keine klare Definition gegeben werden kann. Man beschränkt sich besser auf die "Ruhemasse" m.

<u>Lev Okun</u>[5]:

Das Konzept der relativistischen Masse, die mit der Geschwindigkeit wächst, ist nicht mit der Standardsprache der Relativitätstheorie verträglich und behindert das Verständnis und das Erlernen der Theorie.

---

[4] In einem Brief vom 19. Juni 1948 an Lincoln K. Barnett bei Vorbereitung des Buches *Einstein und das Universum,* Quelle: Hebrew Universität, Jerusalem; zitiert nach Lev Okun, „The Concept of Mass" (Das Konzept der Masse) *Physics Today* Juni 1989, Seite 31 und Original des Briefes in der Abbildung auf Seite 32 dieses Artikels.

[5] L. Okun, „Mass versus relativistic and rest masses (Masse: eine Gegenüberstellung der relativistischen Masse und der Ruhemasse)," *Am. J. Phys.* **77** 430–431 (May 2009). Siehe auch „The Einstein formula: $E_0 = mc^2$ Isn't the Lord laughing? ", (Die Einsteinsche Formel $E_0 = mc^2$: Ist Gott etwa am Lachen?) arXiv:0808.0437.

In vielen Büchern sprechen Autoren von Teilchenenergie und gehen stillschweigend von $E/c^2 \equiv {}_{,}M(v){}^{,}$ aus. Falls die Abhängigkeit von v unerwähnt bleibt (und vielleicht auch noch natürliche Einheiten verwendet werden), wächst die Verwechslungsgefahr von Energie mit Masse, wie z. B. in Max Borns *Die Relativität* von 1920, oder R.P Feynmans *Lectures,* nicht aber im *Lehrbuch von Landau-Lifshitz.* Im hier vorliegenden Buch werden wir Energie und Masse immer unterscheiden und c in allen Gleichungen beibehalten.

Von jetzt an verzichten wir auf den Index ‚0‘. Die träge Masse eines Körpers ist damit

$$m \equiv \frac{E(v=0)}{c^2} \equiv \frac{E_0}{c^2}. \tag{14.20}$$

Für die Energie eines sich mit der Geschwindigkeit v bewegenden Körpers der Masse m gilt dann

$$\boxed{E = \frac{mc^2}{\sqrt{1-(v/c)^2}}.} \tag{14.21}$$

Übung 14.1 Geschwindigkeit und kinetische Energie

Bestimmen Sie bei vorgegebener kinetischer Energie T eines Teilchens exakt die Geschwindigkeit und vergleichen Sie das Ergebnis mit dem bei nichtrelativistischer Rechnung

Lösung

Die Energie eines Körpers ist nach Vorgabe

$$E = mc^2 + T. \tag{1}$$

Wir setzen das in Gl. (14.21) ein und lösen nach v auf

$$mc^2 + T = \frac{mc^2}{\sqrt{1-(v/c)^2}} \;\Rightarrow\; v = c\frac{\sqrt{(mc^2+T)^2 - m^2 c^4}}{mc^2 + T}. \tag{2}$$

Unter der Wurzel fällt der quadratische Massenterm weg. Wir ziehen den bekannten Term der nichtrelativistischen Rechnung als Faktor heraus und erhalten

$$v = \sqrt{\frac{2T}{m}}\;\frac{\sqrt{1 + \frac{1}{2}(T/mc^2)}}{1 + T/mc^2}. \tag{3}$$

Der erste Faktor in Gl. 3 ist die nichtrelativistische Geschwindigkeit als Funktion der kinetischen Energie. Der zweite Faktor ist die relativistische Korrektur. Dieser Faktor ist immer kleiner als eins. Aus Gl. 2 folgt außerdem, dass wir im ultrarelativistischen Fall die Lichtgeschwindigkeit erreichen: $v \rightarrow c$, wenn $T/mc^2 \gg 1$ ist.

Wir betrachten diese Zusammenhänge weiter in der Übung 15.11.

Übung 14.2 Lorentztransformation der Photonenenergie

Wir betrachten ein Photon als korpuskulares Teilchen mit der Energie E_γ und dem Impuls p_γ. Wie groß ist dann die Teilchenenergie des Photons aus Sicht eines gegenüber der Photonenquelle bewegten Beobachters? Vergleichen Sie das Resultat mit der Lorentzkoordinatentransformation der Zeit.

Lösung

Wir beginnen mit der Gl. (13.19): Wir kehren zurück zu der üblichen Schreibweise, ersetzen also $v \rightarrow v'$ und $v_0 \rightarrow v$. Nach Multiplikation der Frequenz des Photons mit $2\pi\hbar$ erhalten wir die Photonenenergie. Damit wird aus Gl. (13.19)

$$E'_\gamma = E_\gamma \frac{1 + v/c}{\sqrt{1 - (v/c)^2}}. \tag{1}$$

Ein Beobachter, der sich gegenüber der Photonenquelle mit der Relativgeschwindigkeit v entlang der Bewegungslinie dieses Photons bewegt, erhält den Betrag E'_γ bei Messung der Photonenenergie.

Ein Photon trägt außer Energie auch einen Impuls $p_\gamma = E_\gamma/c$. Diese Beziehung erlaubt uns, Gl. 1 in einer Form zu schreiben, die an die Lorentztransformation erinnert

$$E'_\gamma = \frac{E_\gamma + v p_\gamma}{\sqrt{1 - (v/c)^2}}. \tag{2}$$

Dabei liegt die x-Achse in Bewegungsrichtung des Photons.

Vergleichen wir diesen Ausdruck mit der Lorentztransformation der Zeit, Gl. (6.21), so stellen wir fest, dass er die gleiche Form hat, wenn wir die Zuordnung $t \rightarrow E/c$ und $x \rightarrow cp$ treffen.

Anders als bei der Lorentzransformation der Koordinaten ist aber das Rechenzeichen im Zähler von Gl. 2 positiv. Wir werden das genauer im folgenden Kap. 15 diskutieren.

Zusammenfassung

Die physikalische Arbeit als Produkt aus impulsändernder Kraft und Weg liefert eine Beziehung zwischen Energieänderung, Impulsänderung und Geschwindigkeit, die für die Definition des Impulses ausgenutzt werden kann. Sowohl der nichtrelativistische als auch der ultrarelativistische Grenzfall für die gefundenen Zusammenhänge zwischen Energie, Impuls und Geschwindigkeit werden untersucht. Da die Linearität der galileischen Geschwindigkeitsaddition jetzt fehlt, wird das Konzept der Rapidität bei Behandlung der Dynamik von Teilchen weiterentwickelt und in mehreren Beispielen zum Vorteil verwendet. Berechnungen von Teilchenstrahlen werden relativistisch durchgeführt.

15.1 Zusammenhang zwischen Energie und Impuls

Wir erarbeiten jetzt einen Ausdruck für den relativistischen Impuls, der mit der Formel Gl. (14.21) für die relativistische Energie vereinbar ist. Unsere Argumentation wird durch das Ergebnis gerechtfertigt werden. Wir erinnern daran, dass ein Körper kinetische Energie dadurch erhält, dass eine Kraft Arbeit an ihm verrichtet. Wir betrachten eine infinitesimale Änderung der Energie eines Körpers nach dem Arbeitssatz der Mechanik

$$dE = \boldsymbol{F} \cdot dx = \frac{d\boldsymbol{p}}{dt} \cdot dx = \frac{dx}{dt} \cdot d\boldsymbol{p} = \boldsymbol{v} \cdot d\boldsymbol{p}. \tag{15.1}$$

Das bedeutet, dass eine infinitesimale Änderung der kinetischen Energie eines Körpers durch das Produkt aus Geschwindigkeit $\boldsymbol{v}$ und einer infinitesimalen Änderung des Impulses $d\boldsymbol{p}$ beschrieben werden kann. Diese Gleichung ist exakt die gleiche wie in der nichtrelativistischen Dynamik. Wir verwenden Gl. (15.1), um die relativistische Definition des Impulsvektors zu finden.

© Springer-Verlag GmbH Deutschland, ein Teil von Springer Nature 2019
J. Rafelski, *Spezielle Relativitätstheorie heute*,
https://doi.org/10.1007/978-3-662-59420-9_15

Die Relativitätstheorie geht über die Formel Gl.(14.21) für $E(v)$ in die Impulsdefinition ein. Mit ihr folgt

$$dE = \frac{m\,\boldsymbol{v}\cdot d\boldsymbol{v}}{\left(1-(v/c)^2\right)^{3/2}}. \tag{15.2}$$

Wir eliminieren dE mit Hilfe von Gl.(15.1)

$$\boldsymbol{v}\cdot d\boldsymbol{p} = \frac{m\boldsymbol{v}\cdot d\boldsymbol{v}}{\left(1-(v/c)^2\right)^{3/2}}. \tag{15.3}$$

Die Impulskomponente parallel zur Geschwindigkeit ist

$$\boxed{\boldsymbol{p} = \frac{m\boldsymbol{v}}{\sqrt{1-(v/c)^2}} = m\boldsymbol{v}\gamma.} \tag{15.4}$$

Um Gl.(15.4) zu beweisen, berechnen wir die linke Seite von Gl.(15.3) unter Verwendung von Gl.(15.4)

$$\boldsymbol{v}\cdot d\boldsymbol{p} = m\gamma\,\boldsymbol{v}\cdot d\boldsymbol{v}+mv^2 d\gamma = m\gamma^3(1-v^2/c^2)\frac{dv^2}{2}+m\gamma^3(v^2/c^2)\frac{dv^2}{2} = m\gamma^3\frac{dv^2}{2}.$$

Das stimmt mit Gl.(15.3) überein.

Sind Impuls und Energie eines Teilchens gegeben, so kann die Geschwindigkeit auch bestimmt werden. Da sowohl $\boldsymbol{p}$ als auch E zu γ proportional sind, ergibt sich die recht nützliche und einfache Beziehung

$$\boxed{\beta = \frac{v}{c} = \frac{c\boldsymbol{p}}{E}.} \tag{15.5}$$

Entwickelt man Gl.(15.4) nach v/c, so ergibt sich

$$\boldsymbol{p} = m\boldsymbol{v} + m\boldsymbol{v}\left[\frac{1}{2}\left(\frac{v}{c}\right)^2 + \frac{3}{8}\left(\frac{v}{c}\right)^4 + \frac{5}{16}\left(\frac{v}{c}\right)^6 + \frac{35}{128}\left(\frac{v}{c}\right)^8 + \ldots\right]. \tag{15.6}$$

Der erste Term ist der nichtrelativistische Impuls. Das bestätigt noch einmal, dass der Vektor $\boldsymbol{p} = \gamma m\boldsymbol{v}$ eine geeignete relativistische Verallgemeinerung des klassischen Impulsvektors ist.

Diese Bemerkung ist wichtig, denn Gl.(15.3) erlaubt keine Aussage über Impulskomponenten, die zur Geschwindigkeit transversal gerichtet sind. Nichtsdestoweniger kann man aufgrund der physikalischen Bedeutung des Impulses fordern, dass keine Impulskomponenten senkrecht zur Körpergeschwindigkeit $\boldsymbol{v}$ existieren. Um noch einmal zusammenzufassen: Die durch Gl.(15.4) gegebene Form des relativistischen Impulses eines Teilchens wurde mit Hilfe des Arbeitssatzes der Mechanik

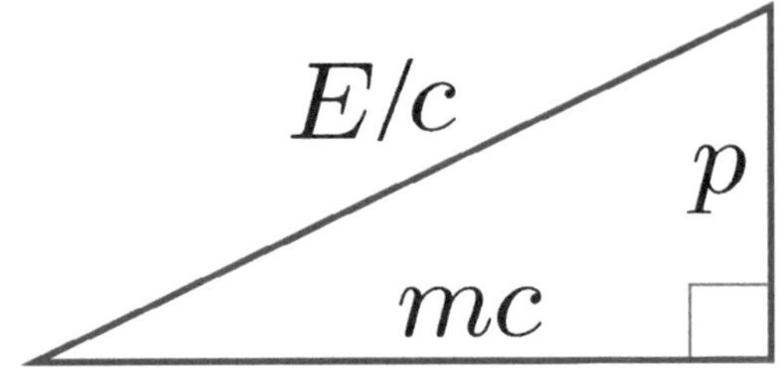

Abb. 15.1 Der Zusammenhang zwischen Energie, Impuls und Ruhemasse nach Gl. (15.8)

Gl. (15.1) unter Betrachtung des nichtrelativistischen Grenzfalles aus der relativistischen Energie des bewegten Körpers Gl. (14.21) entwickelt.

Mit Hilfe von Gl. (15.4) und (14.21) erhalten wir

$$E^2 - \boldsymbol{p}^2 c^2 = m^2 c^4 \gamma^2 (1 - \boldsymbol{v}^2/c^2) = m^2 c^4, \tag{15.7}$$

was umgeformt werden kann zu

$$E/c = \sqrt{m^2 c^2 + \boldsymbol{p}^2}. \tag{15.8}$$

Es ist ganz hilfreich, diese Beziehung mit Hilfe der Seiten eines rechtwinkligen Dreiecks zu veranschaulichen, wie es in Abb. 15.1 dargestellt wird. Beachten Sie: Die Basis dieses Dreiecks ist in jedem Bezugssystem die gleiche, weil die Ruhemasse lorentzinvariant ist. Ein bewegter Beobachter S' wird aber andere Werte für Impuls und Energie ermitteln, wobei immer ein geschlossenes Dreieck entsteht.

Wir fassen die verschiedenen Beziehungen zwischen Energie und Impuls eines Teilchens der Geschwindigkeit $\boldsymbol{v}$ noch einmal zusammen

$$\boxed{\begin{aligned} mc^2 &= \sqrt{E^2 - (\boldsymbol{p}c)^2}, \\ E &= \gamma mc^2 \\ &= \sqrt{(mc^2)^2 + (\boldsymbol{p}c)^2}, \\ c\boldsymbol{p} &= \gamma mc\boldsymbol{v} = \gamma\boldsymbol{\beta}mc^2, \\ c|\boldsymbol{p}| &= \sqrt{E^2 - (mc^2)^2}. \end{aligned}} \tag{15.9}$$

Wir erinnern uns an die in Übung 14.2 diskutierte Lorentztransformation der Energie eines Photons. Wir wollen die Erkenntnisse dieser Übung 14.2 für Teilchen mit endlicher Masse erweitern. Motiviert von Gl. (15.9), wollen wir die folgende Analogie zwischen den Raum-Zeit-Koordinaten und Energie bzw. Impuls betrachten

$$(c\tau, \, ct, \, \boldsymbol{x}) \Longleftrightarrow (mc^2, \, E, \, c\boldsymbol{p}). \tag{15.10}$$

Wir kennen bereits die folgenden Beziehungen:

$$
\begin{aligned}
c\tau &= \sqrt{(ct)^2 - (\boldsymbol{x})^2}, \\
ct &= \gamma c\tau \\
&= \sqrt{(c\tau)^2 + (\boldsymbol{x})^2}, \\
\boldsymbol{x} &= \gamma \tau \boldsymbol{v} = \gamma \boldsymbol{\beta} c\tau, \\
|\boldsymbol{x}| &= \sqrt{(ct)^2 - (c\tau)^2},
\end{aligned}
$$

die dann in Gl. (15.9) ihre genauen Analoga haben. Die Erweiterung auf die Masse $m \neq 0$ macht deutlich, dass sowohl die Masse m wie auch die Eigenzeit τ eines Körpers für beliebige Beobachter immer denselben Messwert haben. Das kann nur der Fall sein, wenn sich bei Lorentztransformationen E wie ct und $c\boldsymbol{p}$ wie $\boldsymbol{x}$ verhalten. Die Analogie Gl. (15.10) gilt also auch für die Lorentztransformationen

$$
\boxed{
\begin{aligned}
E' &= \gamma(E + cp_x\beta), \\
cp'_x &= \gamma(cp_x + E\beta), \\
p'_y &= p_y, \quad p'_z = p_z.
\end{aligned}
}
\tag{15.11}
$$

Die Vorzeichen sind hier so gewählt, dass ein Teilchen bei üblicher Koordinatenwahl nach der Transformation einen Bewegungsimpuls ‚nach rechts' hat.

Der interessante Spezialfall ist der eines ruhenden Körpers. Dann ist $E = mc^2$ and $\boldsymbol{p} = 0$. Um seine Eigenschaften bei endlicher Geschwindigkeit v_x zu bestimmen, führen wir für diesen Körper einen Boost unter Verwendung von Gl. (15.11) durch und finden

$$
\begin{aligned}
E' &= \gamma\left((E = mc^2) + (cp_x = 0)\beta\right) = \gamma\, mc^2, \\
cp'_x &= \gamma\left((cp_x = 0) + (E = mc^2)\beta\right) = \gamma\beta\, mc^2, \\
p'_y &= p_y = 0, \\
p'_z &= p_z = 0,
\end{aligned}
\tag{15.12}
$$

in Übereinstimmung mit Gl. (15.9).

Durch explizite Berechnung überzeugen wir uns außerdem davon, dass

$$
\begin{aligned}
E'^2 - \boldsymbol{p}'^2 c^2 &= \gamma^2[(E + cp_x\beta)^2 - (cp_x + E\beta)^2] - p_y^2 c^2 - p_z^2 c^2 \\
&= \gamma^2(1 - \beta^2)(E^2 - (cp_x)^2) - p_y^2 c^2 - p_z^2 c^2.
\end{aligned}
$$

Also gilt

$$
\boxed{
E'^2 - \boldsymbol{p}'^2 c^2 = E^2 - \boldsymbol{p}^2 c^2 = (mc^2)^2.
}
\tag{15.13}
$$

Dieses Resultat bedeutet: Wenn zwei Beobachter den Wert der Masse eines Körpers bestimmen, so erhalten sie den gleichen Wert, auch wenn einer der Beobachter gegenüber dem Körper in Ruhe ist und der andere sich ihm gegenüber mit der Geschwindigkeit v bewegt.

Die Lorentzinvarianz der Masse bedeutet, dass die in der Masse eingeschlossene Energie für alle Beobachter den gleichen Wert hat, insbesondere natürlich auch für einen mitbewegten Beobachter. Die Teilchenmasse ist eine Lorentzinvariante. Die Erkenntnis, dass der innere Energiegehalt eines Körpers für alle Beobachter den gleichen Wert hat, ist eine Einsicht von monumentaler praktischer Bedeutung und erlaubt eine Verallgemeinerung des Energieerhaltungssatzes, die den inneren Energiegehalt aller beteiligten Körper einschließt. Das werden wir in dem folgenden Kap. 16 vertiefen.

Übung 15.1 LT in das mit dem Körper bewegte System
Bestimmen Sie die Geschwindigkeit $\beta_x = v_x/c$ der LT eines Beobachters, für den ein bewegter Körper mit Energie E und Impuls p_x ruht (mitbewegter Beobachter) und geben Sie die neuen Koordinaten dieses Beobachters explizit an.

Lösung
Um die Geschwindigkeit des mitbewegten Beobachters (gestricheltes System) zu bestimmen, setzen wir in Gl. (15.11) den Wert $p'_x = 0$ ein und erhalten

$$\beta_x = -\frac{cp_x}{E}. \tag{1}$$

Wir verifizieren dieses Resultat, indem wir die vom mitbewegten Beobachter gemessene, transformierte Energie E' bestimmen

$$E'_{\text{rest}} = \gamma \,\frac{E^2 - (cp_x)^2}{E} = \frac{\gamma (mc^2)^2}{E} = mc^2. \tag{2}$$

Die letzte Beziehung gilt, da

$$\gamma = \frac{E}{mc^2}. \tag{3}$$

Die explizite Form der LT zum gestrichelten mitbewegten Koordinatensystem (ausgehend vom ungestrichelten Laborsystem) finden wir aus der Lorentztransformation Gl. (6.19) unter Verwendung von Gl. 1

$$x' = \gamma(x - \beta ct) \;\rightarrow\; x' = \frac{E}{mc^2}\left(x + \frac{cp_x}{E}ct\right). \tag{4}$$

Vereinfacht erhalten wir

$$x' = x\,\frac{E}{mc^2} + ct\,\frac{cp_x}{mc^2}, \tag{5}$$

und genauso nach Gl. (6.20)

$$ct' = ct\,\frac{E}{mc^2} + x\,\frac{cp_x}{mc^2}. \tag{6}$$

Wir klären die Bedeutung dieser Transformationsgleichungen wie folgt: Der mitbewegte Beobachter ruht auf dem Teilchen, d. h. für $x' = 0$ finden wir wieder Gl. 1. Die mitbewegte Zeit ist die Eigenzeit des Körpers, also $c\tau = ct'$. Dies lässt sich leicht bestätigen, wenn wir

$$x' = 0 \;\rightarrow\; x = -ct\,\frac{cp_x}{E} \tag{7}$$

in Gl. 6 einsetzen. Wir erhalten

$$c\tau \equiv ct' = ct\left(\frac{E}{mc^2} - \frac{c^2 p_x^2}{Emc^2}\right) = ct\left(\frac{E^2 - c^2 p_x^2}{Emc^2}\right) = ct\,\frac{mc^2}{E} = \frac{ct}{\gamma} = ct\,\sqrt{1 - \beta^2}. \tag{8}$$

Übung 15.2 Nichtrelativistische Grenze der Energie-Impuls-Beziehung
Approximieren Sie die Energie eines nichtrelativistischen Teilchens mit Hilfe seines Impulses und vergleichen Sie sie mit Gl. (14.19). Erklären Sie die Differenz.

Lösung
Wir beginnen mit der Formel aus Gl. (15.9)

$$E = \sqrt{(pc)^2 + (mc^2)^2} = mc^2\sqrt{1 + x}, \qquad x = \frac{p^2}{(mc)^2}. \tag{1}$$

Dann verwenden wir die Taylorentwicklung

$$\sqrt{1 + x} = 1 + \frac{1}{2}x - \frac{1}{8}x^2 + \frac{1}{16}x^3 - \frac{5}{128}x^4 + \dots. \tag{2}$$

Das führt auf folgenden Ausdruck für die Energie

$$E = mc^2 + \frac{p^2}{2m} - mc^2\left[\frac{1}{8}\frac{p^4}{(mc)^4} - \frac{1}{16}\frac{p^6}{(mc)^6} + \frac{5}{128}\frac{p^8}{(mc)^8} - \dots\right]. \tag{3}$$

Die Koeffizienten der Potenzreihe, die in der Entwicklung der Energie nach der Geschwindigkeit in Gl. (14.19) auftauchen, unterscheiden sich von denen, die wir hier in Gl. 3 erhalten haben. Die Ursache liegt in der Beziehung zwischen Impuls und Geschwindigkeit, die sich nach Gl. (14.19) ja ebenfalls in einer Potenzreihe ausdrücken lässt. Verwendet man diese in Gl. 3, so lässt sich die früher erhaltene Potenzreihe aus Gl. (14.19) reproduzieren. Die Entwicklung der Energie nach dem Impuls in Gl. 3 konvergiert schneller als die nach der Geschwindigkeit.

Übung 15.3 Ultrarelativistische Grenze

Erarbeiten Sie eine Approximation für die Energie eines ultrarelativistischen Teilchens. Damit ist ein Teilchen gemeint, dessen kinetische Energie wesentlich größer ist als seine Ruheenergie. Welchen Wert hat die Geschwindigkeit eines solchen Teilchens?

Lösung

Große kinetische Energie bedeutet $p^2 c^2 \gg m^2 c^4$, so dass die Entwicklung

$$E = \sqrt{p^2 c^2 + m^2 c^4} = pc \sqrt{1 + \left(\frac{mc^2}{pc}\right)^2} = pc + \frac{m^2 c^4}{2pc} + \dots \qquad (1)$$

gerechtfertigt ist. In erster Ordnung ist $E = pc$. Damit erhalten wir eine Beziehung für masselose Teilchen, also Photonen. Betrachtet man sich dieses Resultat genauer, so wird man zu einer ähnlichen, aber exakten Formel geführt

$$E - pc = \frac{(\sqrt{p^2 c^2 + m^2 c^4})^2 - (pc)^2}{\sqrt{p^2 c^2 + m^2 c^4} + pc}$$

$$= \frac{m^2 c^4}{E + pc} \quad \Rightarrow \quad \boxed{E = pc + \frac{m^2 c^4}{\sqrt{p^2 c^2 + m^2 c^4} + pc}.} \qquad (2)$$

Um die Geschwindigkeit zu bestimmen, benutzen wir Gl. (15.5)

$$v = \frac{pc^2}{E} = c \frac{1}{\sqrt{1 + (mc^2/pc)^2}} = c \left(1 - \frac{1}{2}\left(\frac{mc^2}{pc}\right)^2 + \dots\right). \qquad (3)$$

In den meisten Fällen wird man bei ultrarelativistischen Teilchen davon ausgehen können, dass $v \approx c$. In Übung 15.8 werden wir die kleine Abweichung von der Lichtgeschwindigkeit bestimmen.

Übung 15.4 LT von E und p im nichtrelativistischen Grenzfall

Zeigen Sie, dass sich die Lorentztransformation von Energie E und Impuls p eines Teilchens im nichtrelativistischen Grenzfall, also für $c \to \infty$, auf die Galileitransformation reduziert.

Lösung

Für den Impuls liefert die Galileitransformation eines Teilchens der Masse m bei der Transformationsgeschwindigkeit $\boldsymbol{v} = (v_x, 0, 0)$ den Ausdruck

$$p'_x = p_x + m v_x, \qquad p'_y = p_y, \qquad p'_z = p_z. \tag{1}$$

Deshalb ergibt sich für die transformierte Energie dieses Teilchens

$$T' = \frac{(\boldsymbol{p}')^2}{2m} = \frac{1}{2m}\left((p'_x)^2 + (p_y)^2 + (p_z)^2\right) = T + p_x v_x + \frac{1}{2}m v_x^2. \tag{2}$$

Wir betrachten zunächst die Transformation des Impulses in Gl. (15.11)

$$p'_x = \gamma\left(p_x + \frac{E}{c^2}v_x\right). \tag{3}$$

Weil in führender Ordnung von c^2 gilt, dass $\gamma \to 1$ und $E/c^2 \to m$ geht, erkennen wir hier die Galileitransformation Gl. 1 im Grenzfall. Die nächstfolgenden Terme enthalten den Faktor $1/c^2$ und verschwinden im Grenzfall $c \to \infty$.

Die Lage wird komplizierter, wenn wir uns der Energietransformation in Gl. (15.11) zuwenden

$$E' = \gamma(E + p_x v_x), \tag{4}$$

denn der Term $\gamma E \to mc^2$ enthält zwei zusätzliche Terme. Beide lassen sich identifizieren, wenn wir die Entwicklung Gl. 3 in Übung 15.2 und Gl. (6.26) bis zur Ordnung $1/c^2$ benutzen

$$\gamma E = \left(1 + \frac{1}{2}\left(\frac{v_x}{c}\right)^2 + \dots\right)\left(mc^2 + \frac{p^2}{2m} - \dots\right) = mc^2 + \frac{p^2}{2m} + \frac{1}{2}m v_x^2. \tag{5}$$

Der letzte Term in Gl. 4 ist von c unabhängig. Wir gehen zum Grenzwert $\gamma \to 1$ über, ordnen die Terme und bringen mc^2 auf die andere Seite der Gleichung. Wir erhalten

$$T' \equiv E' - mc^2 = \frac{p^2}{2m} + \frac{1}{2}m v_x^2 + p_x v_x, \tag{6}$$

und bestätigen damit Gl. 2.

Wie Gl. 5 zeigt, spielt die Ruheenergie mc^2 eines Teilchens eine bedeutsame Rolle in der Herleitung des galileischen Grenzfalls bei der Lorentztransformation der Teilchenenergie. Der nichtrelativistische Grenzfall ist damit ein weiterer Beleg für die LT-Formel aus Gl. (15.11).

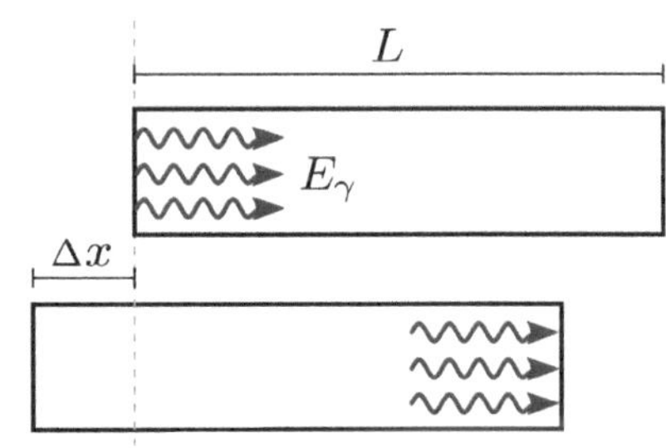

Abb. 15.2 Photonen tragen einen Teil der Masse der Box von links nach rechts. Währenddessen verschiebt sich die Box um Δx, siehe Übung 15.5 und 15.6

Übung 15.5 Strahlung überträgt Trägheit

Einsteins Veröffentlichung über die Äquivalenz von Masse und Energie endet mit dem Satz:

Wenn die Theorie den Tatsachen entspricht, so überträgt die Strahlung Trägheit zwischen den emittierenden und den absorbierenden Körpern.

Diese Übung zeigt, wie Masse (=Trägheit) von Strahlung – also durch Photonen – übertragen werden kann, obwohl Photonen selbst masselos sind: Wie in Abb. 15.2 skizziert, werden am linken Ende einer geschlossenen Box der Länge L einige Photonen emittiert, die zum rechten Ende fliegen. Weisen Sie die Äquivalenz von Masse und Energie nach, indem Sie die beim Rückstoß entstehende Verschiebung der Box betrachten. Beachten Sie, dass der Schwerpunkt des Systems sich am Ende in der Ausgangslage befinden muss und dass der Körper sich nicht spontan in Bewegung setzen kann. Energie und Impuls des Photons sind durch die Beziehung $E_\gamma = p_\gamma c$ miteinander verknüpft. Betrachten Sie zunächst den Fall, dass die Information sich innerhalb des starren Körpers der Box langsamer als das Licht ausbreitet. Wir werden den umgekehrten Fall in Übung 15.6 diskutieren.

Lösung

Wir betrachten die Box in ihrem Ruhesystem. Wenn das Photon am linken Ende in Richtung rechtes Ende emittiert wird, überträgt es auf das linke Ende einen Impuls, der den Körper in Bewegung setzt. Wenn das Licht absorbiert wird, gibt es den Impuls p_γ zurück an die Box und bringt sie zum Stillstand. Nichtsdestotrotz hat die Box sich um Δx bewegt, wie in Abb. 15.2 zu sehen ist.

Wenn das so ist, was ist dann aber mit dem Schwerpunkt der Box geschehen? Hat er sich auch um Δx verschoben? Das kann nicht sein, denn der Schwerpunkt eines abgeschlossenen Systems kann seine Lage nicht verändern! Dann muss aber zwangsläufig Masse vom linken zum rechten Ende der Box bewegt worden sein und zwar eine Masse m_{eq}, die von der Strahlung getragen wurde. Dadurch muss die seitliche Verschiebung der Box so kompensiert worden sein, dass der Schwerpunkt seine Lage exakt beibehält.

Es gibt zwei Beiträge zur Schwerpunktsverlagerung bei diesem System. Der erste besteht darin, dass eine Masse m_{eq} von der Strahlung um L nach rechts bewegt wird. Der zweite besteht in der Bewegung der starren Box der Masse M um Δx nach links. Beide Beiträge müssen sich kompensieren. Daraus folgt die Bedingung für den Endzustand

$$M\,\Delta x + m_{eq}L = 0 \quad \Rightarrow \quad m_{eq} = -M\frac{\Delta x}{L}. \tag{1}$$

Der Einfachheit halber wollen wir annehmen, dass der Strahlungsrückstoß die Box in langsame und gleichförmige Geschwindigkeit v versetzt

$$\Delta x = v\Delta\tilde{t}, \quad (\Delta x < 0). \tag{2}$$

Die Zeit $\Delta\tilde{t}$ ist zeitdilatiert, wie wir es bereits bei Betrachtung der Reise der Myonen durch die Atmosphäre kennengelernt haben. Damit kann der Körper sich länger bewegen als erwartet, denn

$$\Delta\tilde{t} = \frac{\Delta t}{\sqrt{1 - v^2/c^2}}. \tag{3}$$

Die Laborzeit Δt ergibt sich aus der vom Licht zurückgelegten Distanz über

$$L = c\,\Delta t. \tag{4}$$

Setzen wir Gl. 3 in Gl. 2 ein und verwenden Gl. 4, so ergibt sich

$$\Delta x = L\frac{v/c}{\sqrt{1 - v^2/c^2}} = L\frac{p_M}{Mc} = -L\frac{p_\gamma}{Mc}, \tag{5}$$

wobei wir Gl. (15.4) und den Impulserhaltungssatz verwendet haben. Wir setzen dieses Resultat in Gl. 1 ein und erhalten

$$m_{eq} = \frac{p_\gamma}{c} = \frac{E_\gamma}{c^2}. \tag{6}$$

Der Proportionalitätsfaktor $1/c^2$ in Gl. 6 folgt aus Gl. 4 und aus der Proportionalität von Energie und Impuls des Photons.

Wir haben herausgefunden, dass die Energie und die transportierte Masse durch die bekannte Einsteinsche Formel Gl. 6 miteinander verknüpft sind. Diese Tatsache erklärt auch, wie die Photonenenergie zur Umverteilung der Masse im Box-Photon-Systems beiträgt. Wenn das Photon emittiert wird, kommt seine Energie von der Masse der Box und wenn es absorbiert wird (durch atomare oder thermische Anregung), trägt diese Energie wieder zur Masse der Box bei. Wir werden in Kap. 16 weitere Formen der Energie betrachten und diesen Sachverhalt verallgemeinern.

Übung 15.6 Zurück zur Strahlung und Trägheit

In Übung 15.5 betrachteten wir, wie das Licht innerhalb eines Körpers die Massenverteilung verändern kann. Aus der Erhaltung der Position des Schwerpunkts haben wir die Einsteinsche Beziehung zwischen Masse und Energie abgeleitet. Nun wollen wir diese Aufgabe noch einmal unter der Annahme behandeln, dass die Signalübertragung im festen Körper schneller ist als die Ausbreitungsgeschwindigkeit des Lichts im Hohlraum (der dann natürlich nicht evakuiert sein kann). Weisen Sie die Äquivalenz von Masse und Energie nach, indem Sie die Verschiebung der Box betrachten.

Lösung

In diesem Fall werden wir wie in Kap. 5 im Zusammenhang mit der Zeituhr vorgehen. Wir stellen uns auf den Standpunkt, dass der Körper sich auf das Licht zubewegt und beachten die Lorentzkontraktion des bewegten Körpers. Mit Blick auf die Resultate Gl. (5.4), (5.5) und (5.6) gelingt es, die in Gl. 1 benötigte Boxverschiebung sofort zu bestimmen

$$\Delta x = \frac{L}{c} \frac{v}{\sqrt{1 - (v/c)^2}} = -L \frac{p_\gamma}{Mc} = -L \frac{E_\gamma}{Mc^2}. \tag{1}$$

In Gl. 1 benutzten wir Gl. (15.4), um den Geschwindigkeitsterm durch den Photonenrückstoß auszudrücken (daher ein Minuszeichen). Unser Resultat ist nun identisch mit Gl. 5 in Übung 15.5. Die dort folgende Betrachtung sowie alle Ergebnisse der Übung 15.5 bleiben unverändert.

15.2 Teilchenrapidität

Die Lorentztransformation Gl. (15.11) von Energie und Impuls kann auch mit Hilfe der in Abschn. 7.4 eingeführten Rapidität y_r ausgedrückt werden. Analog zu Gl. (7.40) für die Veränderung der Koordinatens gilt bei Verwendung der Rapidität für die Transformation von Energie und Impuls bei einem Boost in x-Richtung

$$\boxed{\begin{aligned} E' &= \cosh y_r\, E + \sinh y_r\, cp_x, \\ cp'_x &= \cosh y_r\, cp_x + \sinh y_r\, E, \\ p'_y &= p_y, \quad p'_z = p_z. \end{aligned}} \tag{15.14}$$

Wie in Übung 7.13, können wir dies in Matrixschreibweise formulieren

$$P' = \Lambda_{p_x} P, \qquad \Lambda_{p_x} = \begin{pmatrix} \cosh y_r & \sinh y_r & 0 & 0 \\ \sinh y_r & \cosh y_r & 0 & 0 \\ 0 & 0 & 1 & 0 \\ 0 & 0 & 0 & 1 \end{pmatrix}, \qquad P' = \begin{pmatrix} E'/c \\ p'_x \\ p'_y \\ p'_z \end{pmatrix}. \tag{15.15}$$

So wie die Matrix X in Übung 7.13 die Dimension einer Länge hatte, besitzt die Impulsmatrix P die Dimension eines Impulses.

Wir betrachten jetzt einen interessanten Spezialfall und beginnen mit $p_x = 0$. In diesem Fall gilt

$$E(p_x = 0) = \sqrt{m^2 c^4 + (p_y^2 + p_z^2)c^2} \equiv \sqrt{m^2 c^4 + \boldsymbol{p}_\perp^2 c^2} = E_\perp. \qquad (15.16)$$

Nach Ausführung der Transformation Gl. (15.14) hat das Teilchen einen ‚longitudinalen' Impuls $p_x' \equiv p_\parallel$ und eine Energie $E' \to E$. Wir benennen hier die gestrichelten Werte um.

Die zur Transformation gehörende Rapidität bezeichnen wir als Teilchenrapidität[1] y_t. Dann wird aus Gl. (15.14)

$$\boxed{\begin{aligned} E\ &= \cosh y_\mathrm{t}\, E_\perp,\\ cp_\parallel &= \sinh y_\mathrm{t}\, E_\perp,\\ p_y' &= p_y, \quad p_z' = p_z. \end{aligned}} \qquad (15.17)$$

Gl. (15.17) stellt eine geschickte Art dar, Energie und Impuls eines Teilchens mit Hilfe der transversalen Energie und einer neuen, die longitudinale Bewegung beschreibenden Variablen darzustellen. Die Wahl eines $\parallel$ $-$gerichteten Teilchens ist zunächst willkürlich. Bei Einführung eines Boosts wollen wir aber natürlich, dass der Boost diese Richtung besitzt. Der von uns gewählte Spezialfall ist deshalb jetzt der, in dem die Bewegungsrichtung des Teilchens genau mit dieser Bezugsrichtung übereinstimmt, also gilt: $\boldsymbol{p}_\perp = 0$, $p_\parallel = p$ und damit

$$\boxed{\begin{aligned} E\ &= \cosh y_\mathrm{t}\, mc^2,\\ cp &= \sinh y_\mathrm{t}\, mc^2,\\ p_\perp' &= p_\perp = 0. \end{aligned}} \qquad (15.18)$$

Wenn wir den aus Gl. (15.17) folgenden Zusammenhang zwischen Teilchenenergie und Impuls genauer ausarbeiten, erhalten wie ein mit den bisherigen Resultaten konsistentes Ergebnis

$$E^2 - c^2 p_\parallel^2 = (\cosh^2 y_\mathrm{t} - \sinh^2 y_\mathrm{t}) E_\perp^2 = E_\perp^2 \to E^2 = m^2 c^4 + c^2 \boldsymbol{p}_\perp^2 + c^2 p_\parallel^2.$$

Als nächstes dividieren wir die beiden nichttrivialen Gleichungen aus Gl. (15.17) durcheinander

$$\beta_\parallel \equiv \frac{cp_\parallel}{E} = \tanh y_\mathrm{t} \to y_\mathrm{t} = \operatorname{artanh}(cp_\parallel/E). \qquad (15.19)$$

---

[1] Wir erinnern uns, dass der Index ‚t' bedeutet, dass es sich bei y_t nicht um eine Koordinate, sondern um eine Teilchenrapidität handelt.

Die erste Gleichung in Gl. (15.19) ist

$$\boxed{\beta_{\parallel} = \tanh y_{\mathrm{t}},}$$
(15.20)

woraus folgt

$$\boxed{y_{\mathrm{t}} = \frac{1}{2} \ln\left(\frac{1 + \beta_{\parallel}}{1 - \beta_{\parallel}}\right).}$$
(15.21)

Die letzte Gleichung in Gl. (15.19) führt auf

$$\boxed{\begin{aligned} y_{\mathrm{t}} &= \frac{1}{2} \ln\left(\frac{E + cp_{\parallel}}{E - cp_{\parallel}}\right), \\ y_{\mathrm{t}} &= \ln\frac{E + cp_{\parallel}}{E_{\perp}}, \\ y_{\mathrm{t}} &= \ln\frac{E_{\perp}}{E - cp_{\parallel}}. \end{aligned}}$$
(15.22)

Bei den beiden letzten Ausdrücken wurde mit $E + cp_{\parallel}$ beziehungsweise $E - cp_{\parallel}$ erweitert.

Übung 15.7 Eigenschaften der Teilchenrapidität

Zeigen Sie, dass $y_{\mathrm{t}} = 0$ ist für ein Teilchen mit $\boldsymbol{p}_{\perp} \neq 0$, $p_{\parallel} = 0$. Weisen Sie nach, dass die Teilchenrapidität im nichtrelativistischen Grenzfall mit dem Verhältnis aus Teilchengeschwindigkeit in $\parallel$-Richtung und Lichtgeschwindigkeit c übereinstimmt. Führen Sie eine Lorentztransformation in $\parallel$-Richtung explizit aus und ermitteln Sie die transformierte Teilchenrapidität.

Lösung

Für $p_{\parallel} = 0$ folgt aus der ersten Gleichung von Gl. (15.22), dass $y_{\mathrm{t}} \propto \ln 1 = 0$. Das beweist die erste Behauptung. Um das Verhalten im nichtrelativistischen Grenzfall zu erkennen, schreiben wir Gl. (15.22) um

$$y_{\mathrm{t}} = \frac{1}{2} \ln\left(1 + \frac{2cp_{\parallel}}{E - cp_{\parallel}}\right).$$
(1)

Der nichtrelativistische Grenzfall liegt vor, wenn der Impuls sehr klein ist, also $|\boldsymbol{p}| \ll mc$. Wir nutzen dann aus, dass $E - cp_{\parallel} \to mc^2$. Der zweite Term im Argument des Logarithmus ist dann offenbar sehr klein und der Logarithmus lässt sich entwickeln. Man erhält

$$y_{\mathrm{t}} \simeq \frac{cp_{\parallel}}{mc^2} = \beta_{\parallel}.$$
(2)

Dieselbe Schlussfolgerung ergibt sich auch bei Verwendung von Gl. (15.20)

$$\beta_\parallel \equiv \frac{cp_\parallel}{E} = \tanh y_t \simeq y_t + \mathcal{O}(y_t^3). \tag{3}$$

Wir führen einen Boost für das Teilchen in Richtung von $\boldsymbol{v}$ aus, d. h. wir geben dem Teilchen einen Impuls in diese Richtung. Deshalb beziehen wir uns mit $\perp$, $\parallel$ auf die Richtung von $\boldsymbol{v}$. Wir verwenden Gl. (15.14) mit $y_r \to y_{t'}$

$$
\begin{aligned}
E' &= \cosh y_{t'}\, E + \sinh y_{t'}\, cp_\parallel, \\
cp'_\parallel &= \cosh y_{t'}\, cp_\parallel + \sinh y_{t'}\, E, \\
p'_\perp &= p_\perp.
\end{aligned}
\tag{4}
$$

Mit der Substitution $\cosh y_{t'} = \gamma$, $\sinh y_{t'} = \beta\gamma$ erkennen wir hier Gl. (15.11). Wir berechnen nun die transformierte Teilchenrapidität mit Hilfe von Gl. (15.22)

$$
\begin{aligned}
y'_t &= \frac{1}{2} \ln\left(\frac{E' + cp'_\parallel}{E' - cp'_\parallel}\right) \\[2mm]
&= \frac{1}{2} \ln\left(\frac{\cosh y_{t'} E + \sinh y_{t'} cp_\parallel + \cosh y_{t'} cp_\parallel + \sinh y_{t'} E}{\cosh y_{t'} E + \sinh y_{t'} cp_\parallel - \cosh y_{t'} cp_\parallel - \sinh y_{t'} E}\right).
\end{aligned}
\tag{5}
$$

Offenbar kann man die Koeffizienten mit Hilfe von $\cosh y \pm \sinh y = e^{\pm y}$ vereinfachen und erhält

$$y'_t = \frac{1}{2} \ln\left(\frac{E e^{y_{t'}} + cp_\parallel e^{y_{t'}}}{E e^{-y_{t'}} - cp_\parallel e^{-y_{t'}}}\right) = \frac{1}{2} \ln\left[e^{2y_{t'}}\left(\frac{E + cp_\parallel}{E - cp_\parallel}\right)\right] = y_{t'} + y_t. \tag{6}$$

Das ist ein sehr allgemeines Resultat, das als Additionstheorem der (Teilchen)rapiditäten bezeichnet wird.

Man kann mehrere Boosts benutzen, um eine bestimmte Rapidität zu erreichen. Beginnt man mit $p_\parallel = 0$, so hat man $y_t = 0$, also ist die erste Boostrapidität $y_{t'}$ gerade die Teilchenrapidität. Man kann mehrere Boosts in Folge ausführen: Wird das Teilchen im ersten Boost von $y = 0$ nach $y_{t'} = y_1$ bewegt, so addiert der zweite Boost sich auf die gleiche Art und es ergibt sich nach zwei Boosts

$$y_{t'} = y_1 + y_2. \tag{7}$$

Wir haben gelernt, dass sich Teilchenrapiditäten unter Lorentztransformationen gleicher Richtung additiv verhalten, also genauso wie Boostrapiditäten. Das hat sich nachweisen lassen, obwohl die Ausdrücke für die Teilchenrapiditäten y_t in Gl. (15.17) auf den ersten Blick komplizierter erscheinen und es nicht offensichtlich ist, dass sie diese Eigenschaft beinhalten.

Übung 15.8 Abweichung $c - v$

Erarbeiten Sie die Abweichung $c - v$ mit der Hilfe der Teilchenrapidität y_t und geben Sie eine Approximation für relativistische Teilchen an.

Lösung

Will man die Abweichung von c ermitteln, so geht man am besten immer von exakten Formeln aus. Wir benutzen Gl. (15.5) und beginnen wie im zweiten Teil von Übung 15.3

$$c - v = c(1 - v/c)) = c(1 - pc/E) = c\,\frac{E - pc}{E} = c\,\frac{(mc^2)^2}{(E + pc)E}. \quad (1)$$

Wir setzen die Teilchenrapidität y_t ein (Gl. 15.18)

$$c - v = c\,\frac{1}{(\cosh y_\mathrm{t} + \sinh y_\mathrm{t})\cosh y_\mathrm{t}} = c\,\frac{2}{1 + e^{2y_\mathrm{t}}} = 2\,c\,e^{-2y_\mathrm{t}}\,\frac{1}{1 + e^{-2y_\mathrm{t}}}. \quad (2)$$

Bisher haben wir keine Approximation durchgeführt. Für ultrarelativistische Teilchen können wir aber den exponentiell kleinen Term im Nenner vernachlässigen und erhalten

$$c - v \simeq 2\,c\,e^{-2y_\mathrm{t}}. \quad (3)$$

Kennt man die Teilchenrapidität eines ultrarelativistischen Teilchens, so lässt sich damit der Unterschied der Teilchengeschwindigkeit zur Lichtgeschwindigkeit gut bestimmen.

Übung 15.9 Lorentztransformation der Phase

Betrachten Sie die LT der Phase $\Phi = Et - \boldsymbol{p} \cdot \boldsymbol{x}$ bei Benutzung der Rapidität in Analogie zu einer Rotation, wie wir es in Übung 7.13, kennengelernt haben, siehe auch Gl. (15.15), Das Ziel ist es, herauszufinden, bei welchen Transformationen diese Phase unverändert ist, also eine Lorentzinvariante darstellt.

Lösung

Wir erinnern uns an das Einsteinsche Postulat, dass die Phase einer Lichtwelle für alle Beobachter gleich ist, siehe Kap. 13. Diese Übung zeigt, dass dieser Sachverhalt auch für massive Teilchen richtig ist. Es ist also zu zeigen, dass

$$\Phi = E/c\,ct - \boldsymbol{p} \cdot \boldsymbol{x} = \Phi' = E'/c\,ct' - \boldsymbol{p}' \cdot \boldsymbol{x}'. \quad (1)$$

Wie in Übung 7.13 schreiben wir

$$\Phi = P^{\mathrm{T}} G X, \qquad P^{\mathrm{T}} = (E/c, \ p_x, \ p_y, \ p_z). \tag{2}$$

Die Matrix G wurde in Gl. 3 aus Übung 7.12 vorgestellt. X wird genauso übernommen aus Gl. 4.

Wir beachten die Eigenschaft der Impulsmatrix Gl. 15.15 und ihrer Lorentztransformierten

$$m^2 c^2 = P^{\mathrm{T}} G P = P^{\mathrm{T}\prime} G P' = P^{\mathrm{T}} \Lambda_{p_x}^{\mathrm{T}} G \Lambda_{p_x} P. \tag{3}$$

Wie bei Rotationen in Gl. 6 aus Übung 7.12 und Boosts der Koordinaten in Gl. 5 aus Übung 7.13, gilt auch hier

$$\Lambda_{p_x}^{\mathrm{T}} G \Lambda_{p_x} = G. \tag{4}$$

Nun betrachten wir die Transformation der Phase in Gl. 1. Ihre Invarianz verlangt, dass gilt

$$\Lambda_{p_x}^{\mathrm{T}} G \widetilde{\Lambda}_x = G. \tag{5}$$

Hier haben wir sicherheitshalber eine noch unbekannte Matrix $\widetilde{\Lambda}_x$ für die Transformation von X benutzt. Die eindeutige Lösung dieser Gleichung nach Gl. 4 ist aber

$$\widetilde{\Lambda}_x = \Lambda_{p_x} = \begin{pmatrix} \cosh y_{\mathrm{r}} & \sinh y_{\mathrm{r}} & 0 & 0 \\ \sinh y_{\mathrm{r}} & \cosh y_{\mathrm{r}} & 0 & 0 \\ 0 & 0 & 1 & 0 \\ 0 & 0 & 0 & 1 \end{pmatrix}, \tag{6}$$

was bei Betrachtung der Koordinaten einer Rücktransformation entspricht. Dies gilt für massive Teilchen genauso wie für Photonen. Lässt man Photonen nach rechts laufen, wie wir das in Λ_{p_x} mit unseren Teilchen tun, so entspricht das einer Koordinatentransformation in umgekehrter Richtung. Das war *z. B.* bei unserer Betrachtung des Dopplereffekts auch so: Das Licht eines Sterns bewegte sich entgegen der Orientierung der Koordinatenachsen des Erdbeobachters. Deshalb war die Lichtphase invariant, siehe dazu Kap. 13.

Wir haben gezeigt, dass die Phase Φ Gl. 1 invariant ist, wenn die Koordinatentransformation in umgekehrter Richtung zur Impulstransformation durchgeführt wird.

$$\Lambda_{p_x} = \widetilde{\Lambda}_x(y_{\mathrm{r}}) = \Lambda_x(-y_{\mathrm{r}}). \tag{7}$$

Übung 15.10 Transformation des Polarwinkels der Emission

Dieses Problem verallgemeinert und erweitert Übung 7.7. Wir legen die x-Achse in die Bewegungsrichtung eines Beobachters der Geschwindigkeit $\beta_F c$, bzw. der Rapidität y_F. Das könnte ein Beobachter sein, der sich mit der Quelle eines ‚Feuerballs' mitbewegt, einer Gruppe heißer Teilchen, die beim Zusammenstoß von Elementarteilchen erzeugt wurde. Relativ zu einem solchen Beobachter werden die Teilchen des Feuerballs typischerweise in isotroper Verteilung emittiert. Es gibt also keine bevorzugte Achse. θ_t sei der Winkel zwischen der Senkrechten zur Bewegung der Quelle und der Emissionsrichtung im Laborsystem und θ_t' der zugehörige Winkel im mitbewegten Ruhesystem der Quelle. Welcher Zusammenhang besteht zwischen den Winkeln θ_t' und θ_t, wenn die Quelle sich mit der Rapidität y_F bewegt?

Lösung

Wir benutzen die Lorentztransformation in Rapiditätsschreibweise aus Gl. (15.14), verwenden aber unsere Definitionen der Emissionswinkel in Bezug auf die Bewegungsrichtung. Es ergibt sich sowohl für die gestrichelten als auch für die ungestrichelten Größen in den beiden Bezugssystemen

$$p_\parallel = p \sin \theta_t, \quad p_\perp = p \cos \theta_t; \quad \parallel \equiv \hat{x}, \ \perp \equiv \hat{z}. \tag{1}$$

Die z-Achse zeigt in Richtung der transversalen Impulskomponente. Da $p = \sqrt{p_\parallel^2 + p_\perp^2}$ eine kompliziertere Lorentztransformation aufweist, betrachten wir stattdessen das Verhältnis $p_\parallel / p_\perp = \tan \theta_t$. Nach Gl. (15.14) erhalten wir

$$\tan \theta_t' = \frac{p_\parallel'}{p_\perp'} = \frac{\cosh y_F\, p_\parallel - \sinh y_F (E/c)}{p_\perp} = \frac{\cosh y_F \sin \theta_t - \sinh y_F (E/cp)}{\cos \theta_t}. \tag{2}$$

Hier wurde die Bewegungsrichtung, die am Vorzeichen von y_F erkennbar ist, so gewählt, dass das Teilchen in Richtung des Geschwindigkeitsvektors der Quelle emittiert wird, die im Allgemeinen der Richtung eines mitbewegtem Beobachters entspricht.

Die inverse Transformation erhält man durch Vertauschung der gestrichelten und ungestrichelten Größen und Verändern von $y_F \to -y_F$:

$$\tan \theta_t = \frac{p_\parallel}{p_\perp} = \frac{\cosh y_F\, p_\parallel' + \sinh y_F (E'/c)}{p_\perp'} = \frac{\cosh y_F \sin \theta_t' + \sinh y_F (E'/cp')}{\cos \theta_t'}. \tag{3}$$

Wir erinnern daran, dass $\cosh y_F = \gamma_F$, $\sinh y_F = \beta_F \gamma_F$. Wir betrachten ein Teilchen im mitbewegten Bezugssystem mit $E' = \gamma_t' m c^2$, $cp' = \gamma_t' \beta_t' m c^2$. Das erlaubt uns die Umformung zu

$$\tan \theta_t = \gamma_F \frac{\sin \theta_t' + \beta_F/\beta_t'}{\cos \theta_t'}. \tag{4}$$

Es gibt noch eine andere Möglichkeit, dieses Ergebnis auszudrücken, wenn man den Polarwinkel $\tilde{\theta}$ benutzt. Dieser Winkel wird gegenüber der Bewegungsrichtung der Quelle gemessen. Dann gilt $\sin \theta_t' \to \cos \tilde{\theta}_t'$, $\cos \theta_t' \to \sin \tilde{\theta}_t'$ und $\tan \theta_t \to \cotan \tilde{\theta}_t$. Damit ergibt sich

$$\tan \tilde{\theta}_t = \frac{1}{\gamma_F} \frac{\sin \tilde{\theta}_t'}{\cos \tilde{\theta}_t' + \beta_F/\beta_t'}. \tag{5}$$

Für ultrarelativistische Teilchen und die Feuerballbewegung gilt $\beta_F/\beta_t' \to 1$ und wir finden

$$\tan \tilde{\theta}_t \simeq \frac{1}{\gamma_F} \tan \frac{\tilde{\theta}_t'}{2}. \tag{6}$$

Dabei benutzten wir die Formel für den halben Winkel

$$\tan \frac{\alpha}{2} = \frac{\sin \alpha}{\cos \alpha + 1}. \tag{7}$$

Man kann sie mit Hilfe der bekannteren Formeln für die Winkelverdopplung $\sin 2\alpha = 2 \sin \alpha \cos \alpha$ and $\cos 2\alpha = \cos^2 \alpha - \sin^2 \alpha$ verifizieren.

Das Resultat beweist, dass die Emissionswinkel im Ruhesystem der Quelle durch die Lorentztransformation auf wesentlich kleinere Winkel im Laborsystem abgebildet werden. Der Effekt der relativistischen Bewegung der Quelle besteht darin, die im Ruhesystem $z.\,B.$ isotrop emittierten Teilchen im Laborsystem innerhalb eines relativ kleinen nach vorne geöffneten Kegels zu fokussieren.

Weiterführendes: Wenn als Quelle mehrere Feuerbälle mit verschiedenen Werten von γ_i vorhanden sind (siehe Abschn. 18.6), so gibt es auch mehrere Teilchenbündel im zum jeweiligen Wert von γ gehörenden Kegel. Das bedeutet, dass man in einer solchen Situation ineinanderliegende konzentrische Emissionsringe beobachtet. Solche Überlegungen spielten vor einiger Zeit eine bedeutende Rolle für das Verständnis der Reaktionsmechanismen bei stark wechselwirkenden Teilchen[2]. Der in dieser Publikation verwendete Teilchenemissionswinkel ist der Polarwinkel[3].

---

[2] N.M. Duller, W.D. Walker, „High-Energy Meson Production (Mesonenprouktion bei hohen Energien," *Phys. Rev.* **93** (1954).

[3] R. Hagedorn, „The long Way to the Statistical Model (Der lange Weg zum statistischen Modell)," in *Hot Hadronic Matter: Theory and Experiment (Heiße hadronische Materie: Theorie und Experiment* NATO-ASI-Series B **346**, pp 13–46, eds. J. Letessier, H.H. Gutbrod, und J. Rafelski, Plenum Press, New York, (1995).

Übung 15.11 Elektronen- und Protonenstrahlen

Wie groß sind Geschwindigkeit und Rapidität eines Elektrons in einem Strahl der kinetischen Energie 1 MeV? 1 GeV? 1 TeV? Wie ist das in einem Protonenstrahl? Die Ruhemassen von Elektron und Proton betragen $m_e \approx 0.511\,\text{MeV}/c^2$ bzw. $m_p \approx 938\,\text{MeV}/c^2$. Wir erinnern hier auch an Übung 14.1.

Lösung

Ausgangspunkt ist die Gl. (15.5)

$$\frac{v}{c} = \frac{pc}{E}. \tag{1}$$

Mit Hilfe von Gl. (15.8) ergibt sich

$$\frac{v}{c} = \frac{\sqrt{E^2 - m^2 c^4}}{E} = \sqrt{1 - \frac{m^2 c^4}{E^2}}. \tag{2}$$

Die kinetische Energie T wird in Gl. (14.19) definiert als Differenz zwischen Gesamtenergie und Ruheenergie,

$$T = E - mc^2, \tag{3}$$

so dass wir unter Verwendung von Gl. 2 eine Formel erhalten, die für kleine Werte von mc^2/T geeignet ist

$$\frac{v}{c} = \sqrt{1 - \frac{m^2 c^4}{(T + mc^2)^2}} = \frac{\sqrt{1 + 2mc^2/T}}{1 + mc^2/T}. \tag{4}$$

Um die Rapidität der Teilchen zu ermitteln, benutzen wir die zweite Gleichung von Gl. (15.22). Wir setzen $E = T + mc^2$ und $cp_{\parallel} = cp = \sqrt{(T + mc^2)^2 - (mc^2)^2} = \sqrt{T^2 + 2Tmc^2}$ ein, so dass folgt

$$y_{\mathrm{t}} = \ln\left(1 + \frac{T}{mc^2} + \sqrt{\frac{T^2}{(mc^2)^2} + 2\frac{T}{mc^2}}\right) \to \ln\left(1 + 2\frac{T}{mc^2}\right). \tag{5}$$

Der letzte Grenzwert gilt für $T/mc^2 > 1$. Diese spezifische Gleichung verschafft uns schnell eine genaue Antwort, denn in allen hier betrachteten Fällen ist $T/mc^2 > 1$ außer im Fall eines Protons der kinetischen Energie von 1 MeV. In diesem Fall ist $T/mc^2 << 1$. Da aber alle Terme im exakten Argument des Logarithmus positiv sind, liefert unser Ausdruck auch in diesem nichtrelativistischen Fall ein brauchbares Ergebnis.

Es ist wichtig, sich daran zu erinnern, dass die theoretisch sehr schöne Gl. (15.21) im Grenzfall $\beta_{\parallel} \to 1$ singulär ist. Man sollte deshalb die Rapidität in diesem Fall nicht mit Hilfe der Geschwindigkeit berechnen, denn numerische Rundungsfehler können schwerwiegende Folgen haben. Man kann aber Gl. (15.20) benutzen, um das nachfolgend ermittelte Resultat zu bestätigen

$$y_{\mathrm{t}} = \ln[\gamma(1 + \beta)]. \tag{6}$$

Im ultrarelativistischen Grenzfall geht $\beta \to 1$ und es ist $\gamma = 1 + \dfrac{T}{mc^2}$. Wir erhalten die folgenden Geschwindigkeiten und Rapiditäten. Elektronen von GeV-Energien und Protonen von TeV-Energien haben Geschwindigkeiten, die sich von der Lichtgeschwindigkeit nur um einige Zehnmillionstel unterscheiden.

T	$T/m_e c^2$	v_e	y_e	$T/m_p c^2$	v_p	y_p
1 MeV	1,957	$0,941c$	1,747	0,001	$0,046c$	0,046
1 GeV	1957	$0,99999987c$	8,27	1,066	$0,875c$	1,36
1 TeV	$1,96 \times 10^6$	$\sim c$	15,2	1 066	$0,99999956c$	7,665

Ist die (kinetische) Energie wesentlich größer als die Ruheenergie eines Teilchens, so ist es offenbar schwer, die Teilchengeschwindigkeit von der Lichtgeschwindigkeit zu unterscheiden. Die Rapidität dagegen gestattet Differenzierung und kann die Bewegung ultrarelativistische Teilchen adäquater beschreiben.

Zusammenfassung

Wir sprechen hier in vielen Beispielen die Frage an, woher die von uns benutzte Energie kommt. Wir befassen uns dabei sowohl mit kinetischer und potentieller Energie als auch mit innerer Körperenergie. Zusammengesetzte Körper mit komplexer innerer Dynamik erfüllen immer Einsteins $E = mc^2$, unabhängig davon, was sich in ihnen an chemischen oder nuklearen Reaktionen oder sogar an Strahlungsprozessen abspielt. Wir zeigen, dass verwendbare Energie immer aus der Massendifferenz zwischen Endstadium und Ausgangszustand eines Systems stammt, gleichgültig, ob es sich um eine konventionelle oder eine nukleare Anlage handelt. Erneuerbare Energiequellen nutzen die täglich von der Sonne bereitgestellte Energie.

16.1 Woher kommt die Energie?

Im Folgenden zeigen wir Fall für Fall, dass jede aus einem Körper extrahierte oder in ihm deponierte Energie direkt mit der Energie zusammenhängt, die in seiner Ruhemasse eingeschlossen ist. Das entschlüsselt auch oft verwendete Aussagen wie: ‚Die Energie kommt von der Sonne' oder ‚. . .aus einem Kraftwerk'. Alle Energie, die wir verwenden, kommt letzten Endes von einer Vorrichtung, die einen kleinen Teil materieller Masse in eine für uns nutzbare Energieform umwandelt.

Kurz vor der französischen Revolution zeigte Antoine Lavoisier[1], dass bei der Verbrennung von Gasen die Gesamtmasse der Materie – in neuer Form – erhalten bleibt. Heute gehen wir einen Schritt weiter: Jede bei Verbrennung erzeugte Wärme muss in Wirklichkeit der Reduktion der Ruhemasse der beteiligten Stoffe

---

[1] Antoine-Laurent de Lavoisier (1743–1794), Französischer Adliger und Chemiker, spielte eine zentrale Rolle bei der Entwicklung der Chemie im achtzehnten Jahrhundert.

© Springer-Verlag GmbH Deutschland, ein Teil von Springer Nature 2019

275

J. Rafelski, *Spezielle Relativitätstheorie heute*,
https://doi.org/10.1007/978-3-662-59420-9_16

entstammen. Wenn wir Energie ‚benutzen', z. B. beim Autofahren, erzeugt die Verbrennung des Benzin-Luft-Gemischs einen winzigen Massendefekt, weit jenseits der von Lavoisier erfassbaren Größenordnungen.

Betrachten wir als anderes Beispiel die Energieumwandlung, die sich in unserer Sonne abspielt. Die Sonne ist ein riesiger Fusionsreaktor, der einen Teil seiner Masse aufbraucht. Wenn von ihr emittierte Strahlung die Erde erreicht, hilft sie, in biologischen Vorgängen CO_2-Moleküle aufzubrechen, indem sie die Bindung zwischen Kohlenstoff und Sauerstoff löst. Das erhöht vorübergehend die Masse der Erde. Der Zuwachs wird wieder freigesetzt, wenn in Kraftwerken fossiler Brennstoff verbrannt wird. Die Hitze wird (hoffentlich) abgestrahlt und die Massenbilanz der Erde wieder ausgeglichen.

Andererseits werden auf der Erde heute in Kernreaktoren und in Zukunft vielleicht auch in Fusionskraftwerken Elemente ineinander umgewandelt und die resultierende Energie führt zu zusätzlicher Hitze, die abgestrahlt wird. Diese Umwandlung von Elementen bewirkt also eine leichte Abnahme der Erdmasse.

Auf diese Weise resultiert die von uns verwendete Energie in einer Reduktion der Sonnenmasse und – falls Kernprozesse eine Rolle spielen – der Erdmasse. Im Folgenden werden wir diese Argumentation durch viele Fallbeispiele stützen. In Abschn. 17.4 kommen wir dann auch zu einer quantitativeren Beschreibung des radioaktiven Zerfalls eines schweren Kerns in zwei leichtere Teilchen, der einen Nettogewinn an Energie zur Folge hat.

16.2   Massen-Äquivalenz für die kinetische Energie eines Gases

Betrachten wir einen Behälter, der mit einem einatomigen Gas gefüllt ist, das sich bei der Temperatur T im thermischen Gleichgewicht befindet. Erhöht sich die Temperatur des Gases, so nimmt die kinetische Energie der Gasatome ebenfalls zu. Wir erwarten also, dass die Masse des Behälters wächst. Die mittlere Energie der einatomigen Gasteilchen wird durch den Gleichverteilungssatz geliefert,

$$\langle E \rangle = \frac{3}{2} k_b T. \tag{16.1}$$

Hier ist $k_b = 1{,}38 \times 10^{-23}$ J/K die Boltzmannkonstante. Wie wir schon gesehen haben, hängt die Masse des Systems von der kinetischen Energie seiner Komponenten ab. Der Beitrag jedes der Gasatome zur Masse ist proportional zu

$$\delta M = \frac{\langle E \rangle}{c^2}, \tag{16.2}$$

also nimmt die Gesamtmasse des Gases mit seiner Temperatur zu. Wir überprüfen das in Übung 16.1.

Überblick 16.1: Elementare Energieeinheiten

Das Energieäquivalent $m_p c^2 = 0{,}9383\,\text{GeV}$ der Masse eines Protons wird im Bereich der subatomaren Physik mit Hilfe der Energieeinheit GeV (Giga-eV: $= 10^9\,\text{eV}$) angegeben. Diese und verwandte Einheiten werden oft in der Atom-, Kern- oder Teilchenphysik verwendet. In ‚GeV' verknüpft man die SI-Einheit ‚Volt' mit der Elementarladung e, um die elementare Energieeinheit ‚eV' zu bilden. Das ist demzufolge diejenige kinetische Energie, die ein Teilchen der Elementarladung e erhält, wenn es durch eine Potentialdifferenz von 1 V beschleunigt wird. Der Zusammenhang mit der SI-Energieeinheit Joule folgt aus der Definition $1\,\text{V} = 1\,\text{J/C}$. Für die Umrechnung braucht man also den Messwert für die Elementarladung $e = 1{,}602177 \times 10^{-19}\,\text{C}$

$$\boxed{\text{eV} = 1{,}602177 \times 10^{-19}\,\text{J}, \qquad 1\,\text{J} = 6{,}241509 \times 10^{18}\,\text{eV}.} \tag{16.3}$$

Teilchen- und Kernphysiker geben die Masse von Teilchen oft in der energieäquivalenten Einheit eV/c^2 an. Mit Hilfe von Gl. (16.3) ergibt sich

$$1\,\text{J} = 1\,\text{kg}\,\frac{\text{m}^2}{\text{s}^2} = 6{,}241509 \times 10^{18} \times (299\,792\,458)^2\,\frac{\text{m}^2}{\text{s}^2}\,\frac{\text{eV}}{c^2} \ \rightarrow \tag{16.4}$$

$$\boxed{1\,\text{kg} = 5{,}609589 \times 10^{35}\,\frac{\text{eV}}{c^2}, \qquad 1\,\text{eV} = 1{,}782662 \times 10^{-36}\,\text{kg}\,c^2.} \tag{16.5}$$

Die in Gl. (16.5) auftauchende sehr große Zahl ergibt sich aus dem Produkt des Quadrats der Lichtgeschwindigkeit mit der Anzahl der Elementarladungen in einem Coulomb.

Die meisten Elementarteilchen haben ein Energie-Masse-Äquivalent im GeV-Bereich. Das Elektron gehört mit einem Wert von einem halben MeV zu den Ausnahmen (Mega-eV $= 10^6\,\text{eV}$). Die heute erreichbare höchste kinetische Energie in den Elementarteilchenbeschleunigern liegt unter 10 TeV (Tera-eV: $= 10^{12}\,\text{eV}$). Noch höhere Potenzwerte tauchen beim Einsatz ultrakurzer Laserpulse auf. Hier hat man es mit Momentanleistungen von PeV/s (Peta: $= 10^{15}$), EeV/s (Exa: $= 10^{18}$) oder ZeV (Zeta: $= 10^{21}$) zu tun. Am anderen Ende der Größenordnungsskala erscheint in der Thermodynamik oder der Chemie die Einheit meV (milli: $= 10^{-3}$). Die durchschnittliche kinetische Energie eines Atoms oder Moleküls der Luft bei Raumtemperatur liegt bei etwa 40 meV, die typische Bindungsenergie zwischen Molekülen beträgt einige eV. In schweren Atomen erreicht die Bindungsenergie der Elektronen Werte von 100 keV (kilo: $= 10^3$). Die Bindungsenergie im Kern liegt bei bis zu 15 MeV.

Einen weiteren wichtigen Einblick erhält man, wenn man untersucht, was eine Energie von 1 eV pro Atom oder Molekül für den Energieinhalt in Joule pro mol bedeutet. Dazu multiplizieren wir den Umrechnungsfaktor von eV in Joule aus Gl. (16.3) mit der Avogadrokonstanten N_A

$$N_A = 6{,}022141 \times 10^{23}/\text{mol} \ \rightarrow \ \boxed{\frac{\text{eV}}{\text{Atom}} \equiv 0{,}964853 \times 10^5\,\frac{\text{J}}{\text{mol}}.} \tag{16.6}$$

Die Verwendung der elementaren Energieeinheit ‚eV' ist vorteilhaft, wenn man Eigenschaften von einzelnen elementaren Objekten untersucht und wird allgemein als Ergänzung zu den SI-Einheiten akzeptiert.

Übung 16.1 Thermischer Masseninhalt eines heißen Zeppelins

Ein Superzeppelin wird von 100 Tonnen Heliumgas am Himmel in der Schwebe gehalten.[2] Das Auftriebsvermögen entspricht damit dem einer Boeing 747. Während eines Flugs wächst die Temperatur des Gases von $T_1 = 270\,$K auf $T_2 = 310\,$K. Um welchen Betrag nimmt die Masse des Gases dabei zu?

Lösung

Die Atommasse des Heliums beträgt $\mu \approx 4$ g/mol. Die Teilchenzahl im Gas ergibt sich zu

$$N = \frac{M}{\mu} = \frac{10^8\,\text{g}}{4\text{g/mol}} N_A \approx 1{,}5 \times 10^{31}. \tag{1}$$

Hier ist $N_A = 6{,}02 \times 10^{23}\ \text{mol}^{-1}$ die Avogadrozahl. Die durch die Erwärmung bewirkte Veränderung der kinetischen Energie ist dann gegeben durch

$$\Delta E = E_2 - E_1 = \frac{3}{2} N k_b (T_2 - T_1) \approx 1{,}2 \times 10^{10}\,\text{J}. \tag{2}$$

Das scheint ein hoher Wert zu sein, aber er wird von der auf den Zeppelin auftreffenden Sonnenstrahlung während einer Stunde geliefert. Die relative Veränderung der Masse des Gases aufgrund der Änderung der thermischen Energie, also der relative Massenzuwachs beträgt

$$\frac{\Delta M}{M} = \frac{\Delta E}{Mc^2} \approx \frac{0{,}14\,\text{mg}}{M} \approx 10^{-12}. \tag{3}$$

Dieser Massengewinn ist so winzig, dass das Luftschiff offensichtlich nicht Gefahr läuft, deshalb abzustürzen. Es ist so gut wie unmöglich, eine so kleine relative Massenveränderung zu messen.

---

[2] Die 1937 durch Feuer zerstörte *Hindenburg* erhielt ihren Auftrieb von 200 000 m^3 Wasserstoff. Das sind etwa 18 t. Die erhoffte Heliumfüllung hätte das doppelte Gewicht gehabt, also 36 t. Helium liefert fast 93 % des Auftriebs von Wasserstoff, denn $(29-4)/(29-2) = 0{,}926$ (hier verglichen mit dem Molekulargewicht von 29,0 der Luft). Man nimmt an, dass unser Helium aus radioaktiven Zerfallsprozessen im Erdinneren stammt. Es wird vermischt mit natürlichem Gas gefunden, manchmal mit Anteilen von über 5 %. Helium gilt als strategisch wichtiges Material. Es ist das zweitleichteste Element und als Edelgas chemisch inaktiv. Mit einem Siedepunkt von 4,2 K spielt es eine wesentliche Rolle in einem weiten Feld technologischer und wissenschaftlicher Anwendungen.

16.3 · Massen-Äquivalenz potentieller Energie

Wir betrachten jetzt die in der Abb. 16.1 dargestellte Situation: Zwei Kugeln gleicher Masse m sind durch eine masselose, zusammengepresste, arretierte Feder bei hoher potentieller Energie V verbunden. Wird die Arretierung der Feder gelöst, so werden die Kugeln nach außen gestoßen. Wegen des Impulserhaltungssatzes besitzen sie im Ruhesystem des Behälters jederzeit gleichgroße, entgegengesetzte Geschwindigkeiten $\pm u$. Wenn die Feder ihre Gleichgewichtslage passiert, hat sich ihre potentielle Energie vollständig in die kinetische Energie der beiden Kugeln verwandelt.

Ein Beobachter, der nichts über die in Abb. 16.1 gezeigte Situation im ‚Inneren' des Behälters weiß, wird immer das gleiche Energie-Masse-Äquivalent feststellen. Bei der Umwandlung der potentiellen Energie der Feder in die kinetische Energie der beiden Kugeln wird also dieses Energie-Masse-Äquivalent nicht verändert. Betrachtet man die Situation vor und nach Freigabe der Feder im ursprünglichen Ruhesystem, so folgt aus dem Energieerhaltungssatz

$$V(x(t)) + 2\frac{mc^2}{\sqrt{1 - u(t)^2/c^2}} = Const. \tag{16.7}$$

Ist t_m die Zeit, nach der die potentielle Federenergie sich komplett in kinetische Energie der Kugeln umgewandelt hat und u_m deren Geschwindigkeit, so gilt

$$2\frac{mc^2}{\sqrt{1 - u_m^2/c^2}} = Mc^2. \tag{16.8}$$

M ist hier die Masse der Box einschließlich der Kugeln, aber ohne die zeitlich unveränderten Bestandteile. Die Konstante aus Gl. (16.7) ist dadurch fixiert. Vergleicht man den Energieinhalt zur Zeit $t = 0$, also $u(0) = 0$ und $V(x(0)) = V_0$ mit

Abb. 16.1 Zwei mit einer Feder verbundene Kugeln vor und nach Freigabe der potentiellen Energie V der Feder in deren Ruhesystem. Die Masse des diese Vorrichtung enthaltenden Behälters hängt nicht von der Kompression der Feder ab

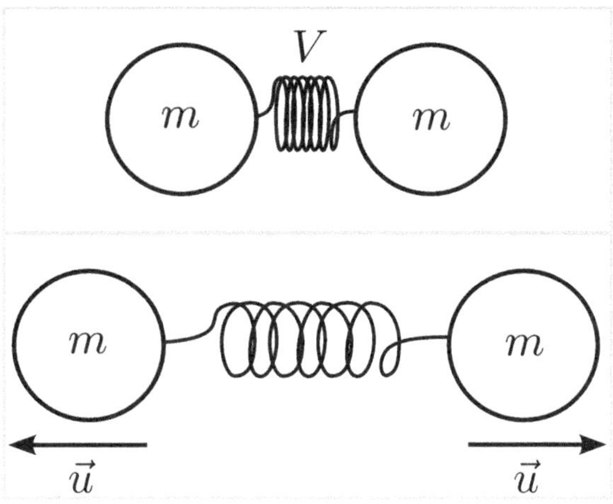

dem zur Zeit t_m, wenn die potentielle Energie sich in Bewegungsenergie verwandelt hat, so gilt wegen Gl. (16.7)

$$V_0 + 2mc^2 = 2\frac{mc^2}{\sqrt{1 - u_m^2/c^2}} = Mc^2. \tag{16.9}$$

Die Bedeutung dieser Überlegung ist klar. Wenn im Inneren eines Körpers potentielle Energie in kinetische verwandelt wird, nimmt man von außen keine Veränderung der Masse dieses Körpers wahr. Natürlich trägt die in der komprimierten Feder gespeicherte potentielle Energie den Betrag $\delta M = V/c^2$ zur Masse des Körpers bei. Jedoch wird nach Umwandlung der verfügbaren potentiellen Energie in Bewegung exakt dieser Beitrag zur Behälterruhemasse von der kinetischen Energie der bewegten Komponenten geliefert.

Übung 16.2 Massendefekt bei potentieller Energie

Alle massiven Körper auf der Erdoberfläche sind durch die Schwerkraft an sie gebunden. Bestimmen Sie den durch das Gravitationspotential der Erde bewirkten Massendefekt ohne Beachtung der Effekte der GR.

Lösung

Die Kraft auf eine Masse an der Erdoberfläche ist auf den Erdmittelpunkt gerichtet und hat den Betrag

$$F_g = mg = \frac{GMm}{R^2}, \tag{1}$$

Dabei ist $g = 9,80\,\text{m/s}^2$, G ist die Gravitationskonstante, M die Erdmasse und R der Erdradius. Die Verwendung von g umgeht das Rechnen mit großen Zahlenwerten.

Das Gravitationspotential für einen Körper auf der Erdoberfläche kann in der Form

$$V_g = -\frac{GMm}{R} = -mgR \tag{2}$$

geschrieben werden und das entspricht dem Wert, um den die Masse zu vermindern ist

$$\delta mc^2 = V, \tag{3}$$

denn V ist negativ. Der relative Massendefekt ist damit

$$\frac{\delta m}{m} = \frac{V/c^2}{m} = -\frac{gR}{c^2} = -6{,}94 \times 10^{-10}. \tag{4}$$

Der numerische Wert bezieht sich auf den durchschnittlichen Erdradius $R =$ 6371 km. Dieser gravitative Massendefekt ist offenbar klein, aber dennoch vergleichbar mit atomaren und chemischen Massendefekten, wie wir sehen werden. Er wird aber gewöhnlich kaum erwähnt. Dass der Effekt klein, aber nicht völlig vernachlässigbar ist, bemerkt man, wenn man ihn für einen menschlichen Körper berechnet. Er hat dann einen Wert von etwa 50 μg. Wir erwarten, dass unser Resultat in Gl. 4 auch innerhalb der relativistischen Theorie der Gravitation qualitativ richtig bleibt, da unsere Überlegungen sich auf den Newtonschen Grenzfall bezogen haben und keine relativistischen Geschwindigkeiten beinhalteten.

16.4 Atomarer Massendefekt

Wir betrachten in einem Atom ein Elektron, das sich in einem hohen angeregten Zustand befindet. Wenn es in einen Zustand mit geringerer Energie übergeht, wird die Energiedifferenz in Form eines Photons abgestrahlt. Wie wir schon gesehen haben, kann ein Photon Masse transportieren, also wird die Masse des Atoms entsprechend der Veränderung der Bindungsenergie des Elektrons abnehmen. Im einfachsten Fall eines an ein einzelnes Proton gebundenen Elektrons gilt dann

$$e^- + p \rightarrow \mathrm{H} + \overline{Q}. \tag{16.10}$$

Der durch jede solche Reaktion in Form von Strahlung freigesetzte Energiebetrag beträgt dann beim Übergang des Elektrons in den Grundzustand $\overline{Q} = 13{,}6\,\mathrm{eV}$. Die Energie-Massen-Bilanz dieser Reaktion sieht dann so aus

$$m_e c^2 + m_p c^2 = m_H c^2 + \overline{Q}. \tag{16.11}$$

Die Masse des Reaktionsprodukts, hier eines Wasserstoffatoms, ist jetzt kleiner als die Summe der Massen der Komponenten und zwar um

$$\delta m = \frac{\overline{Q}}{c^2} = m_e + m_p - m_H. \tag{16.12}$$

Der relative Massendefekt beträgt also für das am stärksten gebundene Elektron im Wasserstoffatom

$$\frac{\delta m}{m_H} = \frac{\overline{Q}}{m_H c^2} = 1{,}45 \times 10^{-8}. \tag{16.13}$$

Dabei haben wir mit $m_H c^2 = 0{,}938 \times 10^9$ eV gerechnet. Dieser atomare Massendefekt ist zwar klein, aber doch deutlich größer als der Effekt des Gravitationspotentials.

16.5   Massen-Äquivalenz der Rotationsenergie

Wir haben gesehen, dass innere kinetische Energie zur Masse eines Körpers beiträgt. Rotation ist eine spezielle Form der Bewegung. Deshalb erwirbt ein rotierender Körper die seiner kinetischen Energie entsprechende zusätzliche Masse. Die Rotationsenergie muss einen Beitrag liefern, denn sie entsteht aus der Geschwindigkeit der Bestandteile des rotierenden Körpers der Masse m. Im Fall $(v/c) \ll 1$ ergibt sich für den rotierenden Körper unter der Annahme, dass der Schwerpunkt seine Lage nicht verändert

$$\frac{E(v)}{c^2} = m + \frac{E_{\text{rot}}^{\text{NR}}}{c^2} > m. \tag{16.14}$$

Hier ist E_{rot}^{NR} die nichtrelativistische Rotationsenergie, die sich bei Verwendung des klassischen Trägheitsmoments ergibt.

Der relative Massenzuwachs, den man durch Beschleunigung einer Schwungradmasse erreichen kann, ist verhältnismäßig gering. Bei den besten Schwungrädern wird das in Übung 16.1 erarbeitete Verhältnis von $10^{-13} - 10^{-11}$ nicht überschritten. Das liegt daran, dass die Geschwindigkeiten der Bestandteile bei der Rotation unterhalb des Bereichs der thermischen Bewegung bleiben müssen, um sicherzustellen, dass die Fliehkräfte das Gerät nicht zerstören.

Prinzipiell ist der Effekt der Äquivalenz von Masse und Rotationsenergie messbar, wie in Abb. 16.2 dargestellt wird. Der an der linken Feder angebrachte Zeiger misst das Gewicht des Körpers der Masse m, der relativ zur Skala ruht, während der Zeiger der rechten Feder das Gewicht eines identischen, aber gegenüber der Skala rotierenden Körpers anzeigt. Für den rotierenden Körper erhält man das zu $E_{\text{rot}}^{\text{NR}}(v)/c^2$ gehörende größere Gewicht. Bei ‚Konstruktion‘ der Skala in Abb. 16.2

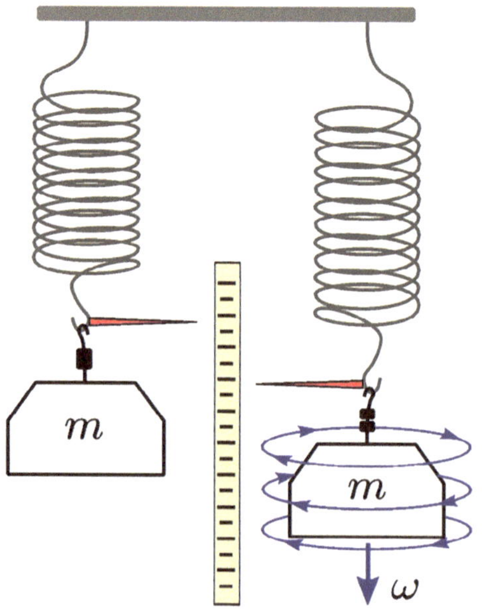

Abb. 16.2 Ein Massenvergleich: Der Körper links ruht, der gleiche Körper rechts rotiert. Die Federn messen die gesamte Masse einschließlich des Äquivalents der Rotationsenergie

wurde stillschweigend die Äquivalenz von träger und schwerer Masse benutzt. Diese Tatsache ist als Äquivalenzprinzip bekannt und bildet die Grundlage der allgemeinen Relativitätstheorie. Nur innerhalb dieser Theorie kann im Grenzfall relativistischer Bewegung das exakte Massen-Äquivalent der Rotation bestimmt werden.

Es werden fortlaufend Anstrengungen unternommen, mit Hilfe von superschnellen Schwungrädern Rückgewinnungsanlagen für die kinetische Energie *z. B.* in Autos zu konstruieren. (Solche Anlagen werden KERS [kinetic energy recovery system] genannt, und finden zum Teil Verwendung in der heutigen Rennwagentechnik.) Statt hier an relativistische Geschwindigkeitsbereiche zu denken, ist es realistischer, Schwungräder sehr großer Masse als Energiespeicher zu nutzen. Wird Energie des Schwungrads verbraucht, so verlangsamt es sich und seine Masse nimmt ab.

Man kann also sagen, dass ein Auto mit Schwungradantrieb seine Energie aus der Variabilität der Schwungradmasse bezieht, die von der Rotationsgeschwindigkeit abhängt. Hier ist zu beachten, dass eine Rotation innerhalb eines Körpers (*z. B.* eines Autos) zum inneren Inhalt der Energie beiträgt und damit als ein Teil der (Ruhe-)Masse verstanden werden kann, anders als der Energieinhalt der linearen Bewegung, den wir von der Masse unterscheiden, siehe Abschn. 14.3. Das Nachdenken über die Veränderung der Masse liefert so eine allgemeinere Sichtweise auf Verfahren zur Speicherung der nutzbaren Energie. In demselben Sinne wird in einem Wasserkraftwerk die Energie im Energie-Masse-Äquivalent der potentiellen Energie gespeichert, das wir in Abschn. 16.3 betrachtet haben.

16.6   Massendefekt bei chemischer Energie

Wenn Brennmaterial aus Kohlenwasserstoffen verbrannt wird, denken viele, dass die Energie den chemischen Reaktionen dieser Stoffe mit dem Sauerstoff der Luft entstammt. Doch auch in diesem Fall verdanken wir den Energiegewinn der Differenz zwischen den Massen der Ausgangsstoffe und denen der Reaktionsprodukte. Wir bestimmen die Größe dieses Effekts für die vielleicht effizienteste dieser chemischen Reaktionen

$$H_2 + \frac{1}{2}O_2 \rightarrow H_2O + Q_h. \tag{16.15}$$

Hier ist Q die bei der Wasserstoffverbrennung freigesetzte Wärmeenergie $Q = Q_h$. Sie wird normalerweise in Joule pro mol angegeben ($Q_h = 286\,\text{kJ/mol}$), aber da wir elementare Reaktionen betrachten, ziehen wir es vor, die Einheit eV pro erzeugtes Einzelmolekül (Wasser) zu verwenden. Die Umwandlung erfolgt so: Es gibt $6{,}022 \times 10^{23}$ Moleküle in jedem Mol ($N_A = 6{,}022 \times 10^{23}\,\text{mol}^{-1}$ = Avogadro-Konstante in SI-Einheiten) und ein Joule $\equiv 6{,}24 \times 10^{18}\text{eV}$ (Der Zahlenwert ist gleich der Anzahl der Elementarladungen in einem ‚Coulomb' an Ladung, siehe Überblick 16.1). Der Umrechnungsfaktor ist also

$$R_Q = \frac{6{,}24 \times 10^{18}}{6{,}022 \times 10^{23}} = 1{,}03643 \times 10^{-5}\text{eV}\,\frac{\text{mol}}{\text{J}}. \tag{16.16}$$

Das führt auf den molekularen Energiegewinn von

$$\overline{Q}_h \equiv Q_h R_Q = 2{,}86 \times 10^5 \, \frac{\text{J}}{\text{mol}} \times 1{,}03643 \times 10^{-5}\text{eV} \, \frac{\text{mol}}{\text{J}} = 2{,}96 \text{ eV}. \quad (16.17)$$

An jeder der Reaktionen Gl. (16.15) sind viele Teilchen beteiligt. Um genau zu sein, sind es 10 Elektronen, 10 Protonen und 8 Neutronen, denn jedes Wasserstoffatom enthält ein Proton und ein Elektron, jedes Sauerstoffatom 8 Elektronen, 8 Protonen und 8 Neutronen. Natürlich tragen die Nukleonen fast die gesamte Masse. Wir erinnern an die Energie-Masse-Äquivalente dieser Teilchen in eV, siehe Überblick 16.1:

$$m_e c^2 = 0{,}5110 \text{ MeV},$$
$$m_p c^2 = 938{,}3 \text{ MeV}, \quad m_n c^2 = 939{,}6 \text{ MeV}. \quad (16.18)$$

Die Gesamtmasse aller beteiligten Teilchen in Gl. (16.15) entspricht demnach 16 900 MeV. In jeder der Reaktionen Gl. (16.15) wird etwa die Energie 3 eV von $1{,}7 \times 10^{10}$ eV gewonnen. Das entspricht einem relativen Massendefekt der Größe $1{,}8 \times 10^{-10}$

$$\left.\frac{\delta m}{m}\right|_{\text{chemisch}} \lesssim 1{,}8 \times 10^{-10}. \quad (16.19)$$

Das ist möglicherweise der größte Massendefekt, den man bei chemischen Reaktionen finden kann. Er ist größenordnungsmäßig 100 mal größer als der bei den vorher betrachteten Schwungrädern und um den Faktor 4 kleiner als der Massendefekt beim Gravitationspotential, Gl. 4 in Übung 16.2.

16.7   Nuklearer Massendefekt

Einer von möglichen Wegen zur Kernfusion von Helium erfordert Deuterium, den schweren Wasserstoff. Jedes Deuteriumatom D hat einen Kern d, das Deuteron, das aus einem Proton und einem Neutron besteht $d = pn$. Der Reichtum an Deuterium um uns ist Überbleibsel der Periode der primordialen Nukleosynthese des frühen Universums. Im Wasser auf der Erde ist eines von 6420 Wasserstoffatomen tatsächlich ein Deuteriumatom. Der relativ kleine Restanteil bezeugt, wie gut Deuterium als nuklearer Brennstoff für Fusionsprozesse geeignet war, denn es wurde fast vollständig verbrannt.

Um ein Deuteron zu schaffen, müssen ein Proton und ein Neutron aneinander gebunden werden

$$p + n \rightarrow d + \gamma + \overline{Q}_d. \quad (16.20)$$

Die freiwerdende Energie beträgt $\overline{Q}_d = 2{,}2245$ MeV. Diese Energiedifferenz zwischen den fusionierenden Nukleonen und dem fusionierten Kern wird bis auf einen kleinen Rückstossanteil in Form von Gammastrahlen frei, also einer sehr energiereichen Strahlung. Der relative nukleare Massendefekt für die Reaktion Gl. (16.20), bezogen auf die Massen Gl. (16.18) ist

$$\frac{\delta m}{m} \simeq \frac{2{,}2245}{938{,}3 + 939{,}6} = 1{,}2 \times 10^{-3}. \tag{16.21}$$

Dieser Wert ist sehr groß verglichen mit atomaren, chemischen oder gravitativen Massendefekten. Der wesentliche Vorteil der Kernfusion gegenüber chemischen Verbrennungsprozessen ist bei einem ein Million mal so großen Massendefekt offensichtlich. Das lässt sich auch sofort daran erkennen, dass die Energie bei Kernreaktionen im Bereich von MeV liegt, während man sich bei atomaren Prozessen im eV-Bereich befindet.

Im Allgemeinen wird die in nuklearen Reaktionen entstehende Energie überwiegend als kinetische Energie von Reaktionsfragmenten sichtbar. Das ist sowohl bei der Fusion leichter wie auch bei der Spaltung schwerer Elemente der Fall. Bei Reaktionen wie im betrachteten Beispiel liegt der Massendefekt in der bemerkenswerten Größenordnung von 0,1 % oder sogar etwas höher. Bei den vermutlich in der ersten Generation von Fusionsreaktoren genutzten Prozessen ist er dreimal so groß wie in Gl. (16.21).

Die Effektivität von Nuklearreaktionen wie der in Gl. (16.20) zeigt, warum die Suche nach akzeptablen Formen der Nuklearenergie weitergeht. Eine entscheidende Anforderung ist die Minimierung von entstehenden radioaktiven Komponenten. Ein möglicher Weg wäre die neutronenfreie Fusion, ein kontrollierter Fusionsprozess ohne direkte Produktion von Neutronen. Neutronen dringen als ungeladene Teilchen leicht in Materie ein und können während ihrer Lebensdauer von etwa $\tau_n = 15\,\text{min}$ beträchtliche Strecken zurücklegen. Es existiert keine bewährte Methode, um die hochenergetischen Neutronen zu kontrollieren, die in Plasma-Fusionsreaktoren produziert werden. Einen neutronenfreien Ansatz stellen die sogenannten aneutronischen pB(Proton-Boron)-Reaktionen dar, die durch direkte Beschleunigung der Reaktionspartner mit Lasern angeregt werden können[3]

$$p + \text{B}^{11} \rightarrow \alpha + \alpha + \alpha, \qquad \frac{\delta m}{m} = \frac{8{,}68}{938{,}3 + 11{,}007 \times 931{,}5} = 0{,}8 \times 10^{-3}. \tag{16.22}$$

Die Nuklearreaktion Gl. (16.22) setzt 8,68 MeV frei. Die Referenzmasse besteht aus dem Energie-Masse-Äquivalent des Protons und des B^{11}-Kerns. Letzteres wurde

---

[3]C. Labaune, C. Baccou, S. Depierreux, C. Goyon, G. Loisel, V. Yahia, and J. Rafelski, „Fusion reactions initiated by laser-accelerated particle beams in a laser-produced plasma (Durch laserbeschleunigte Teilchenstrahlen angeregte Fusionsreaktionen in laserproduziertem Plasma)," *Nature Communications* **4** 2506 (2013); und C. Labaune, C. Baccou, V. Yahia, C. Neuville, and J. Rafelski, „Laser-initiated primary and secondary nuclear reactions in Boron-Nitride (Durch Laser angeregte primäre und sekundäre Nuklearreaktionen in Boron-Nitriden)," *Nature Scientific Reports* **6** 21202 (2016).

mit Hilfe der Atommasse ausgedrückt (nach Entfernung des Massenanteils der Elektronen). Man sieht, dass der Massendefekt mit dem in Gl. (16.21) vergleichbar ist. Das ist typisch für exotherme Nuklearreaktionen leichter Kerne. Bemerkenswert ist, dass die Reaktion Gl. (16.22) neben der Neutronenfreiheit den Vorteil hat, dass B^{11} ohne Weiteres verfügbar ist.

Übung 16.3   Energieinhalt des Deuteriums in Wasser

Berechnen Sie den prinzipiell zugänglichen Energieinhalt einer Gallone destilliertes Wasser und vergleichen Sie diesen Wert mit dem Inhalt $Q_B \simeq 125\,\mathrm{MJ}$ an chemischer Energie in einer Benzinmenge vom gleichen Volumen.

Lösung

Ein mol Wasser hat eine Masse von etwa 18 Gramm. Eine Gallone Wasser, das sind 3,78 kg, umfasst deshalb ungefähr 210 mol. Diese runde Zahl ist der Grund dafür, dass wir hier keine SI-Einheiten verwenden. Die Anzahl an Deuteronen in einer Gallone Wasser ist dann

$$N_d = \frac{200}{6420} 2 N_A = 3{,}94 \times 10^{22}, \qquad N_A = 6{,}022 \times 10^{23}\mathrm{mol}^{-1}, \qquad (1)$$

wobei wir die Avogadro-Konstante N_A benutzt haben und beachteten, dass nur 1/6240 des Wasserstoffs Deuterium ist. Der zusätzliche Faktor ‚2‘ kommt daher, dass jedes Wassermolekül zwei Wasserstoffatome enthält.

Wir nehmen an, dass jedes d zu einem Energiegewinn von $\overline{Q}_d = 5\,\mathrm{MeV}$ verhelfen kann. Dem Überblick 16.1 entnehmen wir

$$1\mathrm{eV} \equiv 1{,}6 \times 10^{-19}\mathrm{J}, \qquad 1\mathrm{MeV} \equiv 1{,}6 \times 10^{-13}\mathrm{J}.$$

Die Schätzung des gesamten Energieinhalts des im Wasser enthaltenen Deuteriums führt dann auf

$$Q_d = N_d\, 5\mathrm{MeV}\, 1{,}6 \times 10^{-13} \frac{\mathrm{J}}{\mathrm{MeV}} = N_d 8 \times 10^{-13}\mathrm{J}. \qquad (2)$$

Das liefert für eine Gallone Wasser den Wert

$$Q_d^{\mathrm{gallon}} = 3{,}16 \times 10^{10}\,\mathrm{J} = 253\, Q_{\mathrm{gas}}. \qquad (3)$$

Für eine Zukunftstechnologie, die auf Deuterium in Wasser basiert, sollte also eine Energiemenge zur Verfügung stehen, die die chemische Energie in einem gleich großen Benzinvolumen bei weitem übertrifft.

16.8 Ursprung der Energie

Um verwendbare Energie zu erhalten, benutzen wir Reaktionen, die die Masse reduzieren, allerdings im Allgemeinen um einen sehr kleinen, oft kaum wahrnehmbaren Betrag. Das führt zu der fundamentalen Frage, wo die von uns bei der Bereitstellung von Energie verbrauchte Masse herstammt. Die an Forschungsstätten vorgenommenen Untersuchungen relativistischer Zusammenstöße von Schwerionen verhalfen zum Nachweis, dass die uns bekannte Materie sich in der Urphase unseres Universums, als dieses etwa $20\,\mu s$ alt war, aus dem Quark-Gluon-Plasma entwickelt hat[4]. Seit dieser *Hadronisierungsepoche* hat die materielle Masse im Universum abgenommen und dabei zu einem (kleinen) Teil die für die Expansion des Universums benötigte Energie bereitgestellt. Wenn wir heute Energie verbrauchen, entsteht letzten Endes Strahlung, die zu diesem Expansionsprozess beiträgt.

Der Ursprung des winzigen Überschusses an Nukleonen gegenüber Antinukleonen im Ur-Universum bleibt nichtsdestotrotz unverstanden. Dieser Überschuss bestimmt aber den heutigen Bestand an sichtbarer Materie. Die Ursache der Asymmetrie von Materie und Antimaterie gehört zu den großen grundlegenden wissenschaftlichen Herausforderungen der Gegenwart.

Im Verlauf der nachfolgenden Entwicklung des Universums haben viele Prozesse zur Herausbildung der Häufigkeitsverteilung der Elemeante beigetragen, die wir heute auf der Erde vorfinden und auf der Sonne beobachten. Die Sonne wird durch nukleare Fusionsprozesse mit Energie versorgt, in denen Wasserstoff, das leichteste Element, in Kerne schwererer Elemente verwandelt wird. Sonnenenergie wird in Form von Strahlung zur Erde emittiert. Von der Strahlungsleistung, die von der Sonne aus die Oberfläche einer Sphäre in Erdentfernung erreicht, entfällt dabei nur ein winziger Bruchteil, nämlich 173,000 TW, auf die Erdoberfläche. Aus dem Erdinneren entweicht dabei zusätzlich Wärmestrahlung von etwa $44 \pm 1\,$TW[5]. Nur ungefähr die Hälfte dieser Strahlung kann natürlichem radioaktivem Zerfall zugeschrieben werden.

Der Zusammenhang zwischen der oben verwendeten Leistungseinheit TW $=$ 10^{12} J/s und dem energieäquivalenten Massenverbrauch ist erläuterungsbedürftig: Zunächst erinnern wir an die Tatsache, dass in der Einheit ‚eV' vorkommende Elektronenladung $e = 1,602177 \times 10^{-19}\,$C ist

$$1\text{TW} = 10^{12}\,\frac{\text{CV}}{\text{s}} = \frac{10^{12}\,\text{eV}}{1{,}602177 \times 10^{-19}\text{s}} = 6{,}2415 \times 10^{30}\,\frac{\text{eV}}{\text{s}}. \qquad (16.4)$$

---

[4] J. Letessier and J. Rafelski, *Hadrons and Quark-Gluon Plasma (Hadronen und Quark-Gluon-Plasma),* Cambridge University Press (2002).

[5] The KamLAND Collaboration, A. Gando, *et al.,* „Partial radiogenic heat model for Earth revealed by geoneutrino measurements (Partielles radiogenes Wärmemodell der Erde auf der Basis von Geoneutrinomessungen)," *Nature Geoscience,* **4** 647 (2011).

Ein Gramm Wasserstoff ist ein mol, das so viele einzelne Atome enthält, wie die Avogadro-Konstante $N_A = 6{,}022141 \times 10^{23}$ mol^{-1} angibt. Dabei hat jedes Wasserstoffatom die Masse $M_H = (938{,}272 + 0{,}511)10^6$ eV$/c^2$

$$1\,\mathrm{g}c^2 = N_A\, M_H c^2 = 6{,}022141 \times 10^{23}(938{,}272 + 0{,}511)10^6\,\mathrm{eV} \tag{16.5}$$

$$= 5{,}6535 \times 10^{32}\,\mathrm{eV}.$$

Verknüpft man Gl. (16.4) und (16.5), so erhält man

$$1\,\mathrm{TW} = 1{,}1 \times 10^{-5}\,\frac{\mathrm{kg}\ c^2}{\mathrm{s}}. \tag{16.6}$$

Diese Beziehung verbindet die zwei SI-Einheiten TW (das auf Volt zurückgeführt werden kann) und kg, deren Werte festgelegt wurden, bevor die Relation $E = mc^2$ zwischen Masse und Energie allgemein bekannt wurde.

Unter Verwendung der Gl. (16.6) und des Strahlungsflusses der Sonne von 173 000 TW bestimmen wir das von der Sonne in jeder Sekunde in Form von Strahlung an die Erde gelieferte Energie-Masse-Äquivalent zu 1,9 kg, im Jahr also zu 60 000 000 kg. Dies ist ein kleiner Betrag im Vergleich zur Erdmasse. Normalerweise wird der größte Teil dieser Energie wegen des thermischen Gleichgewichts wieder abgestrahlt, nur ein Bruchteil wird in Form der fossilen Energie gespeichert. Bei einer Störung des thermischen Gleichgewichts, wie sie derzeit – am Klimawechsel erkennbar – wohl vorliegt, ist das nicht der Fall.

Hier sei zum Vergleich erwähnt, dass der jährliche Gesamtverbrauch der Welt bei etwa 5×10^8 TJ liegt. Das entspricht (nach Division durch $3{,}15 \times 10^7$ s/Jahr) einer Leistung von 16 TW. Die menschliche Aktivität stört deshalb die heutige natürliche Energiebilanz der Erde von etwa 173 000 TW direkt nur um einen kaum messbaren Betrag. Allerdings kann der indirekte Effekt groß sein: Gegenwärtig werden Schadstoffe produziert, die in der Lage sind, einen wenn auch kleinen Teil des natürlichen Energieaustauschs von 173 000 TW zu behindern. Sie haben das Potential, das Energiegleichgewicht empfindlich zu stören. Um der durch Schadstoffe verursachten globalen Erderwärmung zu entkommen, wird die Nutzung von Sonnenenergie propagiert. Ein Bruchteil von 1/10 000 der zur Verfügung stehenden Energie reicht aus, um den menschlichen Energiebedarf zu decken.

Wenn man von erneuerbaren Energien spricht, so meint man die Verwendung solarer Fusionsenergie auf der Erde. Das Adjektiv ‚fossil' beschreibt die in der Vergangenheit in Form von Kohlenwasserstoffen gespeicherte Sonnenenergie. Kernenergie dagegen – sei es Kernfusion oder Kernspaltung – verwendet das primordiale Vorkommen an Elementen, die durch Prozesse vor Entstehung unseres Sonnensystems erzeugt wurden.

Zusammenfassung – *Im Teil VII – Kap.* 17, *Kap.* 18:
Wir befassen uns mit den Werkzeugen der Kinematik, die man für das Studium der Umwandlungsprozesse von Energie in Materie, von Materie in Energie oder von massiven Teilchen in andere Partikel benötigt. Alle Prozesse werden maßgeblich bestimmt von den Erhaltungssätzen für Energie und Impuls. Das ist der Inhalt der relativistischen Kinematik. Beispiele elastischer und unelastischer Stoßvorgänge und Zerfallsprozesse von Teilchen demonstrieren die Schlüsselmethoden. Wir untersuchen dabei auch Stöße von Körpern gegen eine relativistisch bewegte Wand, die von der Übertragung einer großen Abstoßenergie begleitet werden.

Einleitende Bemerkungen zu Teil VII
Die wichtigsten Themen von Teil VII dieses Buchs sind die Werkzeuge der Kinematik, die man für das Studium der Umwandlungsprozesse von Energie in Materie, von Materie in Energie oder von massiven Teilchen in andere Partikel benötigt. Zunächst wird das CM-Bezugssystem für die Beschreibung von Vielteilchensystemen eingeführt. ‚CM' steht hier für ‚center of momentum'. Im CM-System ist definitionsgemäß der Gesamtimpuls aller beteiligten Teilchen gleich Null. Es handelt sich also um eine relativistische Verallgemeinerung des aus der klassischen Physik bekannten Schwerpunktsystems (im Englischen ‚center of mass') und wird im Deutschen oft auch wieder so bezeichnet. Doch da in der SR ein Bezugspunkt im Raum nicht existiert, werden wir im Folgenden unter ‚CM' immer ‚center of momentum' verstehen, wenn wir von CM-Systemen sprechen.

Wir gehen ausführlich auf den Zerfall eines quasi-stabilen Teilchens in verschiedene leichtere Teilchen ein und betrachten diesen Prozess in unterschiedlichen Bezugssystemen. Die Energiebilanz eines Teilchenzerfalls wird dann im CM-System untersucht. Die kinematischen Variablen Energie und Impuls der Zerfallsprodukte eines Körpers werden in vielen Anwendungsbeispielen charakterisiert. Dabei wird besonderer Wert auf solche Zerfallsprozesse gelegt, bei denen eines der Zerfallsprodukte im betrachteten Bezugssystem ruht. In einer anderen Übung wird nachgewiesen, dass Photonen nicht in zwei massive Teilchen zerfallen können.

Wir wenden uns dann dem Studium von Zwei-Körper-Kollisionen zu und sprechen dabei sowohl elastische Streuprozesse an als auch unelastische, bei denen Teilchenenergie in Materie verwandelt wird. Die letztgenannten Vorgänge sind ein weites Feld. Wir werden hier zur Einführung in dieses Teilgebiet der relativistischen Physik nur einige wichtige Resultate vorstellen. Dabei wird der Umgang mit Erhaltungssätzen für Energie und Impuls weiter vertieft. Als Beispiel betrachten wir die Compton-Streuung von Photonen an Elektronen.

Ein weiteres Anwendungsbeispiel für die elastische Streuung befasst sich mit Teilchen, die von einer bewegten Wand zurückprallen. Dabei erzeugt die relativistische Bewegung der Wand mit dem Lorentzfaktor γ bei den abprallenden Teilchen Energien und Impulse, die auf das bis zu $4\gamma^2$-fache verstärkt werden. Unsere Untersuchung verallgemeinert Bemerkungen, die in Einsteins Veröffentlichung zur Relativitätstheorie aus dem Jahr 1905 auftauchen.

Bei elastischen Stößen bleiben die Massen der Teilchen erhalten. Es werden dann auch keine neuen Teilchen produziert. Bei unelastischen Reaktionen verändern sich die Massen der beteiligten Teilchen und es können neue Teilchen entstehen. Die Erzeugung und Vernichtung von Antimaterie veranschaulicht die technischen Details unelastischer Stoßprozesse. Wir beschreiben auch Kollisionen relativistischer Kerne und damit einhergehende unelastische Vorgänge, bei denen viele Teilchen produziert werden.

Zusammenfassung

Energie- und Impulserhaltung regeln Teilchenkollisionen und Zerfallsprozesse. Das Konzept des relativistischen CM-Bezugssystems wird analog zum klassischen Schwerpunktsystem eingeführt und die Lorentztransformation in dieses Bezugssystem wird konstruiert. Wir untersuchen Zerfallsprozesse von Teilchen in leichtere Partikel und betrachten diese Vorgänge in verschiedenen Bezugssystemen. Die Energiebilanz eines Teilchenzerfalls wird dann im CM-System erstellt. Besondere Aufmerksamkeit widmen wir dem Zerfallsprozess, bei dem ein Reaktionsprodukt entsteht, das im Laborsystem ruht. Eine Übung zeigt, dass Photonen nur im Vakuum nicht in zwei massive Teilchen zerfallen können.

17.1 Das CM-Bezugssystem (CM: center of momentum)

Die geschickte Auswahl eines Bezugssystem ist beim Studium der Eigenschaften eines physikalischen Systems von besonderer Bedeutung. Das gilt vor allem für den Umgang mit einem oder mehreren relativistischen Teilchen. Die Idee des Schwerpunktsystems, das in der nichtrelativistischen Mechanik so nützlich ist, muss sinnvoll auf den relativistischen Bereich erweitert werden. Beachtet man, dass jetzt Teilchen erzeugt und vernichtet werden können und bei Bindungen Massendefekte eine Rolle spielen, so ist ein Schwerpunkt für uns unzugänglich. Beim Studium von Teilchensystemen wird man stattdessen zum CM-Bezugssystem geführt, bei dem der Gesamtimpuls aller Teilchen gleich Null ist.

Die Existenz eines solchen Bezugssystems wird durch den Impulserhaltungssatz sichergestellt. Dieser Satz hat tiefe experimentelle Wurzeln und ist in der theoretischen Physik eine Konsequenz der räumlichen Translationssymmetrie. Einfach ausgedrückt erwartet man, dass die physikalischen Gesetze überall die gleichen sind. Der

Zusammenhang zwischen dieser einfachen Forderung und dem Impulserhaltungssatz wurde von E. Noether[1] gefunden. Er ist eine Folgerung aus dem berühmten Noether-Theorem. Eine andere Konsequenz aus diesem Theorem ist die Tatsache, dass die zeitliche Konstanz physikalischer Gesetze den Energieerhaltungssatz zur Folge hat. Wir verlassen uns auf die Energie- und Impulserhaltung als die fundamentalen physikalischen Prinzipien, also nach dem Noether-Theorem darauf, dass die Gesetze der Physik in Zeit und Raum unveränderlich sind.

Wir wollen zunächst etwas systematischer untersuchen, wie man die Masse eines Körpers bestimmt, dessen Bestandteile sich bewegen. Tatsächlich besteht fast jeder materielle Körper, wenn man genauer hinsieht, aus kleineren Komponenten, die zueinander in Bewegung sind. Für die Gesamtenergie E eines solchen Teilchensystems gilt dann

$$E = \sum_i E_i, \tag{17.1}$$

und für den Gesamtimpuls $\mathbf{P}$ des Systems

$$\mathbf{P} = \sum_i \mathbf{p}_i. \tag{17.2}$$

Das Ruhesystem für ein aus vielen sich bewegenden Bestandteilen zusammengesetztes System ist das CM-System. In diesem Bezugssystem ergeben die Impulsvektoren der individuellen Teilchen i, aus denen das interessierende Objekt besteht, zusammen Null

$$\overline{\mathbf{P}} = 0 = \sum_i \overline{\mathbf{p}}_i. \tag{17.3}$$

Der Strich oben bedeutet in diesem Buch, dass es sich um den Wert der betreffenden Größe im CM-System handelt.

Jedes der beteiligten Teilchen kann in Bewegung sein, also ergibt sich die Gesamtenergie als Summe über alle Teilchenenergien

$$\overline{E} = \sum_i \overline{E}_i. \tag{17.4}$$

Diese Formel gilt streng genommen nur für ein Gas von nicht wechselwirkenden Teilchen, das normalerweise als Staub bezeichnet wird. Zunächst haben wir Teilchenwechselwirkungen hier also als klein vernachlässigt. In Abschn. 16.3 haben wir zwar gesehen, dass das Vorhandensein eines Potentials, das solche Austauchkräfte beschreibt, zur Energie und Masse eines Körpers beiträgt, für viele physikalischen Prozesse liefert aber die Bewegung eines Teilchens im CM-System den beherrschenden Beitrag zur Energie.

---

[1] (Amalie) Emmy Noether (1882–1935) wird bis heute als die bedeutendste Frau in der Geschichte der theoretischen Physik und der Mathematik angesehen.

Während jeder der zu Gl. (17.4) beitragenden Summanden aus der Bewegung eines einzelnen Teilchens resultiert, ist der Gesamtkörper in Ruhe. Wir können also seine Masse einfach berechnen

$$M = \frac{\overline{E}}{c^2} > 0. \tag{17.5}$$

Wir haben hier auf den Strich über der Masse M des zusammengesetzten Systems bewusst verzichtet, weil M als Lorentzinvariante ja nicht vom verwendeten Bezugssystem abhängt. Dagegen gilt Gl. (17.5) definitionsgemäß nur im CM-Bezugssystem, in dem der zusammengesetzte Körper ruht (wie der Strich bei E anzeigt).

Natürlich kann man die Masse M in jedem Bezugssystem ermitteln. Das geschieht mit Hilfe eines zu Gl. (15.13) analogen Ausdrucks, ebenfalls einer Lorentzinvariante[2]

$$M^2 c^4 = E^2 - \mathbf{P}^2 c^2 = \left(\sum_i E_i \right)^2 - \left(c \sum_i \mathbf{p}_i \right)^2 \equiv s. \tag{17.6}$$

In Gl. (15.13) haben wir m als die zu einem Teilchen gehörende (Ruhe-)Masse eines Teilchens betrachtet. M in Gl. (17.6) ist die Definition der Masse eines Teilchensystems. Dieser Ausdruck gilt exakt nur, wenn die Bestandteile sich frei voneinander bewegen. Es ist dann üblich, die sich ergebende Energie Mc^2 im CM-System mit dem Symbol $\sqrt{s}$ zu bezeichnen, was in Gl. (17.6) auch schon angedeutet wird. Wir werden diese Variable in Abschn. 18.5. genauer charakterisieren.

Für ein aus einem einzelnen Teilchen bestehendes System gilt die Gl. (17.4) trivialerweise. In diesem Fall ist nichts zu summieren und das CM-System ist einfach das Ruhesystem des Teilchens, in dem $\mathbf{p}_{i=1} = 0$ ist. Die Masse ist dann gegeben durch $M = E_{i=1}/c^2 = m_{i=1}$. Dabei ist $E_{i=1}$ die Ruheenergie des Teilchens. Handelt es sich um zwei Objekte, so müssen diese frontal zusammenstoßen, damit im CM-System der Gesamtimpuls verschwinden kann. In Übung 18.5 geht es um einen solchen Vorgang für den Fall, dass beide Teilchen gleiche Masse haben.

Der allgemeinere Fall des Zusammenstoßes zweier Teilchen mit verschiedenen Massen wird in Abschn. 18.5. untersucht. Im Folgenden werden wir aber zunächst ermitteln, welche Energie für ein Zwei-Teilchen-System beim Stoß auf ein im Laborsystem ruhendes Ziel erreichbar ist. Das Ergebnis wird dann verglichen mit dem bei Betrachtung des Prozesses im CM-Bezugssystem, in dem beide Teilchen aus entgegengesetzten Richtungen zusammenstoßen.

---

[2]In Gl. (17.6) führen wir eine ‚Mandelstam-Variable' s ein, für die wir das gleiche Symbol verwenden, das sonst in diesem Buch für die invariante Ereignistrennung benutzt wird, dies wird aber nicht zu Verwechslungen führen.

17.2 Lorentztransformation ins CM-System

Wir untersuchen jetzt die Lorentztransformation zwischen dem Laborsystem und dem CM-Bezugssystem. Wir wählen unser Koordinatensystem so, dass der Impulsvektor des Teilchensystems $\mathbf{P}$ im Laborsystem zur x-Achse parallel ist, $\mathbf{P} = P_x \hat{x}$. Mit einem Boost in ein mit $\mathbf{fi} = \mathbf{v}/c$ bewegtes System in Richtung der x-Achse ergibt sich für die transformierten Werte von Energie und Impuls

$$\begin{aligned} \overline{E} &= \gamma (E - \beta P_x c), & \overline{P}_x &= \gamma \left(P_x - \beta \tfrac{E}{c} \right), \\ \overline{P}_y &= P_y = 0, & \overline{P}_z &= P_z = 0. \end{aligned} \tag{17.7}$$

Da wir in das CM-System transformieren, konnen wir in Gl. (17.7) $\overline{P}_x = 0$ setzen. Wir lösen dann nach β auf und bestimmen die Geschwindigkeit des CM-Systems gegenüber dem Laborsystem. Wir versehen den Wert mit dem Index ‚CM‘, um klarzustellen, dass es sich um eine Transformation ins CM-System handelt.

$$\boxed{\beta_{CM} = \frac{c\,P_x}{E} = \frac{c \sum\limits_i \mathbf{p}_i}{\sum\limits_i E_i}.} \tag{17.8}$$

Wir erhalten auch γ_{CM}:

$$\gamma_{CM} = \frac{1}{\sqrt{1 - \beta_{CM}^2}} = \frac{E}{\sqrt{E^2 - P^2 c^2}},$$

was mit Hilfe von Gl. (17.6) vereinfacht wird zu

$$\boxed{\gamma_{CM} = \frac{E}{M c^2}.} \tag{17.9}$$

Beachten Sie, dass Größen mit dem Index ‚CM‘ Eigenschaften des CM-Bezugssystems beschreiben, die von dem Bezugssystem aus beobachtet werden, in dem man auch die anderen Größen misst. Wir können sie deshalb nicht mit einem ‚Strich oben‘ markieren. Definitionsgemäß ist $\bar{\beta}_{CM} = 0$ und $\bar{\gamma}_{CM} = 1$.

Übung 17.1 Transformation ins CM-System bei Zwei-Teilchen-Kollisionen
Bestimmen Sie die Parameter der Lorentztransformation vom Laborsystem S ins CM-System S' für den Aufprall eines Protonenstrahls der Energie 7000 GeV im LHC des CERN auf eine Wand und erläutern Sie die physikalische Relevanz solcher Kollisionen.

Lösung

Ein ankommendes Proton im Strahl hat die Energie $E_1 = 7000$ GeV. Für ein Nukleon in der Wand ist sie gleich $E_2 = mc^2 = 0,94$ GeV. Auch wenn $m_1 = m_2 = m$ ist, rechnen wir weiter mit zwei Massen m_1, m_2. Es gilt

$$p_1 c = \sqrt{E_1^2 - m_1^2 c^4} = \sqrt{7000^2 - 0,94^2}\,\text{GeV} = 6999,999937\,\text{GeV}. \tag{1}$$

$p_1 c$ stimmt also fast mit E_1 überein. Wir werden aber sehen, dass es oft besser ist, alle Ziffern möglichst vollständig beizubehalten, weil signifikante Unterschiede sonst verwischt werden können.

Die (hohe) Geschwindigkeit des CM-Systems gegenüber dem Laborsystem beträgt dann nach Einsetzen von Gl. (17.1) und (17.2) in Gl. (17.8)

$$\beta_{\text{CM}} = \frac{p_1 c + p_2 c}{E_1 + E_2} = \frac{\sqrt{E_1^2 - m_1^2 c^4}}{E_1 + m_2 c^2} = \sqrt{\frac{E_1 - mc^2}{E_1 + mc^2}}. \tag{2}$$

In der letzten Gleichung wurde die Tatsache verwendet, dass Projektil und Ziel die gleiche Masse m besitzen. Dann kann man nämlich $\sqrt{E_1 + mc^2}$ in Zähler und Nenner kürzen. Wir entwickeln nach Potenzen von m/E_1

$$\beta_{\text{CM}} = \sqrt{\frac{E_1 - mc^2}{E_1 + mc^2}} \simeq 1 - \frac{mc^2}{E_1} \simeq \frac{7000 - 0,94}{7000} = 0,9998657. \tag{3}$$

Aus dem einfachen Ausdruck in Gl. 2 können wir den Lorentzfaktor γ_{CM} direkt berechnen

$$\gamma_{\text{CM}} = \frac{1}{\sqrt{1 - \beta_{\text{CM}}^2}} = \sqrt{\frac{E_1 + mc^2}{2mc^2}} = \sqrt{\frac{7000,94}{2 \cdot 0,94}} \simeq 61,02. \tag{4}$$

Wir überprüfen die Richtigkeit dieses Ergebnisses mit Hilfe von Gl. (17.9) und finden für den Fall einer Kollision mit einem im Laborsystem ruhenden Teilchen

$$\gamma = \frac{E}{\sqrt{s}} = \frac{E_1 + m_2 c^2}{\sqrt{(m_1 c^2)^2 + (m_2 c^2)^2 + 2 m_2 c^2 E_1}} = \frac{7000,94}{\sqrt{2 \cdot 0,94 \cdot 7000,94}} = 61,02. \tag{5}$$

Den Prozess, bei dem Protonen aus dem LHC auf eine speziell dafür vorgesehene – im Laborsystem ruhende – Wand aufprallen, nennt man ‚fixed target‘-Kollision, d. h. Laborzielbetrieb. Nach Gl. 4 hat man es dann im CM-System mit Frontalzusammenstößen der Energie 57 GeV/Proton ($57 = 0,94\gamma_{\text{CM}}$) zu tun, also für das betrachtete Projektil/Ziel-Paar zweier Nukleonen mit $\sqrt{s_{\text{NN}}} = 114$ GeV, das mit der Speicherringenergie von 2×7000 GeV verglichen wird. Das sind nur 0,8% der Energie, die im LHC-Beschleuniger zur Verfügung stehen, wenn beschleunigte Teilchen auf entgegenkommende beschleunigte Teilchen treffen (Collider-Modus). Bei einer Kollision mit einem im Labor fixierten Ziel ist also im Vergleich zum Collider-Modus nur verhältnismäßig wenig Energie erreichbar. Die 114 GeV würden auch beim RHIC-Collider[3] nur im mittleren Energiebereich liegen.

Allerdings bietet die hohe Geschwindigkeit des CM-Systems bei einem Laborzielbetrieb des LHC experimentelle Vorteile, *z. B.* für die Entdeckung kurzlebiger Teilchen, wenn man die signifikant längere Lebenszeit der produzierten instabilen Teilchen im Laborsystem bedenkt, denn diese ist gegenüber dem CM-System um den Dilatationsfaktor γ_{CM} gedehnt. Ein Versuchsprogramm für Laborzielbetrieb wurde am LHC-B-Detektor mit einem Gasjet getestet und wird untersucht[4].

Übung 17.2 CM Rapidität kollidierender Teilchen

Bestimmen Sie die CM-Rapidität zweier kollidierender Teilchen zunächst mit Hilfe der kinematischen Größen und stellen Sie sie dann als eine Funktion der Massen und Rapiditäten dieser Teilchen dar. Betrachten Sie zuerst den Sonderfall von Teilchen gleicher Masse.

Lösung

Zwei kollidierende Teilchen, die im Laborsystem nicht ganz kollinear aufeinander zulaufen, sind in Abb. 17.1 dargestellt. In dieser Abbildung haben wir ein (Labor-)Bezugssystem gewählt, in dem die Einzelimpulse gegenüber der z-Streuachse einen transversalen Nettoimpuls $\mathbf{p}_{\perp 1} + \mathbf{p}_{\perp 2} \neq 0$ haben, während die longitudinalen Impulse $\mathbf{p}_{\parallel 1} + \mathbf{p}_{\parallel 2} = 0$ sich im eingezeichneten Fall zu Null addieren. Wählen wir ein Bezugssystem mit einer kollinearen Streuung entlang der z-Achse (also definitionsgemäß das CM-System), so verschwindet der transversale Impuls.

Wir erhalten die CM-Rapidität unter Verwendung von Gl. (17.8)

$$\tanh y_{CM} \equiv \beta_{CM} = \frac{cP_{\parallel}}{E} = \frac{cp_{\parallel 1} + cp_{\parallel 2}}{E_1 + E_2}. \tag{1}$$

Das führt auf

$$y_{CM} = \frac{1}{2} \ln \left(\frac{E_1 + E_2 + cp_{\parallel 1} + cp_{\parallel 2}}{E_1 + E_2 - cp_{\parallel 1} - cp_{\parallel 2}} \right). \tag{2}$$

---

[3] Der RHIC=Relativistic Heavy-Ion Collider ist seit dem Jahr 2000 am Brookhaven National Laboratory, Long Island, New York in Betrieb.

[4] Siehe zum Beispiel eine Spezialausgabe von: *Advances in High Energy Physics* **2015** (2015) Gasteditoren: J.-Ph. Lansberg, G. Cavoto, C. Hadjidakis, J. He, C. Lorcé, and B. Trzeciak.

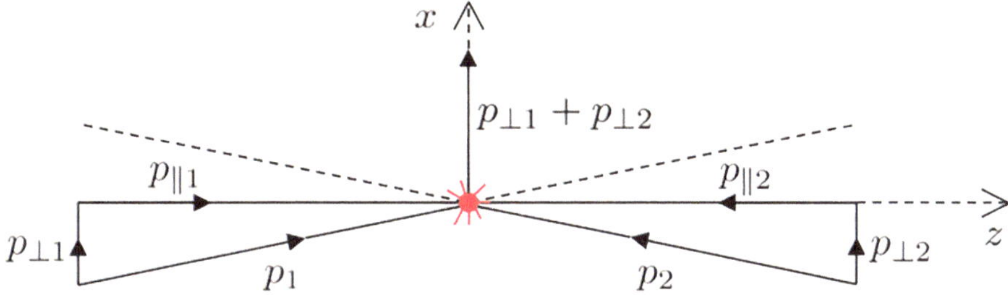

Abb. 17.1 Teilchenimpulse in einer Zwei-Körper-Kollision im CM-Bezugssystem, zerlegt in transversale $p_\perp$ und longitudinale $p_\parallel$ Komponenten in Bezug auf die Winkelhalbierende der Teilchenbahnen als Kollisionachse z. Übung 17.2

Wir benutzen die Beziehungen Gl. (15.17) für die Teilchenrapiditäten und erhalten

$$E_{1,2} \pm cp_{\parallel\,1,2} = E_{\perp\,1,2}\, e^{\pm y_{1,2}}. \tag{3}$$

In Gl. 2 eingesetzt, ergibt sich

$$y_{\mathrm{CM}} = \frac{1}{2} \ln \left(\frac{E_{\perp 1}\, e^{y_1} + E_{\perp 2}\, e^{y_2}}{E_{\perp 1}\, e^{-y_1} + E_{\perp 2}\, e^{-y_2}} \right), \qquad E_{\perp i} = \sqrt{m_i^2 c^4 + p_{\perp i}^2 c^2},\ i = 1,2. \tag{4}$$

Der Spezialfall $m_1 = m_2$ ist von besonderem experimentellen Interesse. In diesem Fall ist auch $\mathbf{p}_{\perp 1}^2 = \mathbf{p}_{\perp 2}^2$ und deshalb auch $E_{\perp 1} = E_{\perp 2}$

$$E_{\perp 1} = \sqrt{m_1^2 c^4 + \mathbf{p}_{\perp 1}^2 c^2} = E_{\perp 2} = \sqrt{m_2^2 c^4 + \mathbf{p}_{\perp 2}^2 c^2}\,, \tag{5}$$

Wir können nun den gemeinsamen Energiefaktor in Gl. 4 kürzen. Es ergibt sich

$$y_{\mathrm{CM}} = \frac{1}{2} \ln \left(\frac{e^{y_1} + e^{y_2}}{e^{-y_1} + e^{-y_2}} \right) = \frac{1}{2} \ln \left(e^{y_1 + y_2}\, \frac{e^{-y_2} + e^{-y_1}}{e^{-y_1} + e^{-y_2}} \right) = \frac{y_1 + y_2}{2}, \qquad m_1 = m_2. \tag{6}$$

> Für $m_1 = m_2$ verschwinden alle masseabhängigen Terme und wir erkennen, dass die CM-Rapidität exakt der Mittelwert der Rapiditäten der zwei kollidierenden Teilchen ist.

Wir bestimmen nun die Rapiditäten der Teilchen in Bezug auf das CM-System. Da die Rapiditäten sich bei einer LT in Richtung der z-Achse addieren, erhalten wir

$$\bar{y}_1 = y_1 - y_{\mathrm{CM}} = \frac{y_1 - y_2}{2}, \qquad \bar{y}_2 = y_2 - y_{\mathrm{CM}} = \frac{y_2 - y_1}{2}. \tag{7}$$

Ein Spezialfall bestätigt das Resultat: Für ein im Labor ruhendes Ziel mit $y_2 = 0$ wird $\bar{y}_1 = y_1/2$ und $\bar{y}_2 = -y_1/2$.

Wir betrachten nun den Fall $m_1 \neq m_2$, also $E_{\perp 1} \neq E_{\perp 2}$ in Gl. 4. Klammert man im Zähler den Faktor e^{y_1} und im Nenner den Faktor e^{-y_2} aus und zieht diese Faktoren vor den Logarithmus, so folgt daraus

$$y_{\text{CM}} = \frac{y_1 + y_2}{2} + \frac{1}{2} \ln \left(\frac{E_{\perp 1} + E_{\perp 2}\, e^{-(y_1 - y_2)}}{E_{\perp 2} + E_{\perp 1}\, e^{-(y_1 - y_2)}} \right). \tag{8}$$

Man beachte, dass dieser Ausdruck symmetrisch bei Vertauschung der Indizes $1 \Leftrightarrow 2$ ist. In den meisten Fällen ist $y_1 - y_2 \gg 0$. Das gilt auch beim Aufeinandertreffen entgegengesetzt gerichteter Teilchenstrahlen, d. h. für den ‚Collider-Modus'. In diesem Fall ist die Rapiditätslücke zwischen zwei relativistischen Stoßpartnern groß, also die Exponentialfunktion in Gl. 8 genügend klein. Sie gestattet dann die Entwicklung

$$y_{\text{CM}} \simeq \frac{y_1 + y_2}{2} + \frac{1}{2} \ln \left(\frac{E_{\perp 1}}{E_{\perp 2}} \right) + \frac{E_{\perp 2}^2 - E_{\perp 1}^2}{2 E_{\perp 1} E_{\perp 2}} e^{-(y_1 - y_2)} + \cdots . \tag{9}$$

Wir können die in Abschn. 7.4 besprochene Additivität der Teilchenrapidität benutzen, um den Zusammenhang zwischen den Teilchenrapiditäten im CM-System und im Laborsystem zu bestimmen

$$y_1 = \bar{y}_1 + y_{\text{CM}}, \qquad y_2 = \bar{y}_2 + y_{\text{CM}}. \tag{10}$$

Setzen wir die erste Form von Gl. 10 in Gl. 8 ein, so finden wir schließlich

$$\bar{y}_1 = \frac{y_1 - y_2}{2} - \frac{1}{2} \ln \left(\frac{E_{\perp 1} + E_{\perp 2}\, e^{-(y_1 - y_2)}}{E_{\perp 2} + E_{\perp 1}\, e^{-(y_1 - y_2)}} \right). \tag{11}$$

Durch Vertauschung der Indizes $1 \Leftrightarrow 2$ ergibt sich ein ähnliches Ergebnis für $\bar{y}_2$. Wenn $|\mathbf{p}_\perp| \ll m_i c$, darf $E_{\perp i}/c^2 \to m_i$ eingesetzt werden. Dies ist gewöhnlich der Fall, wenn man Kollisionen in einem Speicherring betrachtet. Dann ist $|y_1 - y_2|$ groß (typischerweise $y_2 \simeq -y_1$), weil die Teilchen aus entgegengesetzten Richtungen aufeinanderprallen. Wenn Teilchen ‚1' sich nach rechts bewegt, ist $y_1 > 0$. Dann gilt $y_1 - y_2 = y_1 + |y_2| \gg 1$, so dass die Exponentialfunktionsterme vernachlässigt werden dürfen

$$\bar{y}_1 = \frac{y_1 - y_2}{2} - \frac{1}{2} \ln \left(\frac{m_1}{m_2} \right), \qquad |\mathbf{p}_\perp| \ll c\, m_i, \quad \text{für} \quad y_1 - y_2 \gg 1. \tag{12}$$

17.3 Teilchenzerfall im CM-System

Wenn ein schwerer Kern eine spontane oder angeregte Spaltung erfährt, besitzen die entstehenden Fragment nutzbare kinetische Energie. Das ist ein Spezialfall für eine Familie von Reaktionen, die als Zerfall von Körpern (Teilchen) bezeichnet weden. Wir behandeln hier zunächst den Zwei-Körper-Zerfall, bei dem ein Materieteilchen der Masse M sich in zwei Tochterteilchen der Massen m_1 und m_2 aufteilt, wie in Abb. 17.2 zu sehen ist.

Wir betrachten diesen Vorgang im Ruhesystem des Mutterteilchens, das wegen des Impulserhaltungssatzes mit dem CM-System aller Tochterteilchen übereinstimmt. Energie- und Impulserhaltung in diesem Bezugssystem können folgendermaßen ausgedrückt werden

$$Mc^2 = \overline{E}_1 + \overline{E}_2, \tag{17.10}$$

$$\mathbf{0} = \overline{\mathbf{p}}_1 + \overline{\mathbf{p}}_2, \tag{17.11}$$

und deshalb

$$|\overline{\mathbf{p}}_2| = |\overline{\mathbf{p}}_1|. \tag{17.12}$$

Aus dem in Gl. (17.10) formulierten Energieerhaltungssatz folgt

$$M = \sqrt{m_1^2 + \left(\frac{\overline{p}_1}{c}\right)^2} + \sqrt{m_2^2 + \left(\frac{\overline{p}_1}{c}\right)^2} > m_1 + m_2. \tag{17.13}$$

Die Ungleichung zeigt, dass ein Zerfall des Mutterteilchens nur möglich ist, wenn die Tochterteilchen zusammen eine geringere Masse besitzen. Das Energiegleichgewicht wird durch deren Bewegungsenergie hergestellt.

Wir können Gl. (17.13) nun nach dem unbekannten Impulsbetrag $|\overline{\mathbf{p}}_1|$ auflösen. Die nötigen Umformungen sind gradlinig, wenn auch nicht trivial. Wir bringen zunächst eine der Wurzeln auf eine Seite. Dann folgt aus Gl. (17.13)

$$\left(M - \sqrt{m_1^2 + \left(\frac{\overline{p}_1}{c}\right)^2}\right)^2 = m_2^2 + \left(\frac{\overline{p}_1}{c}\right)^2,$$

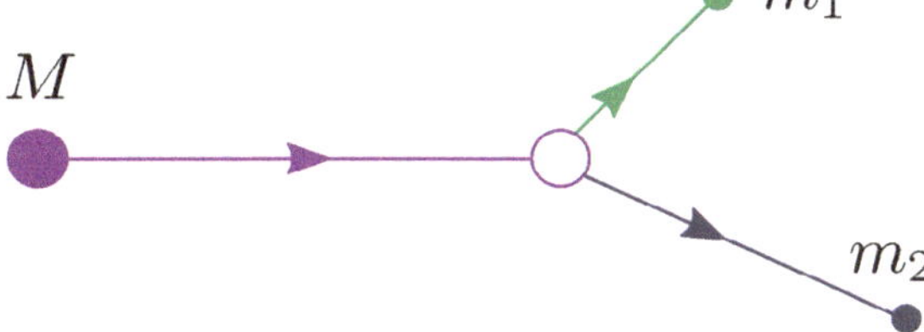

Abb. 17.2 Der Zwei-Körper-Zerfall

und nach Vereinfachung

$$M^2 - 2M\sqrt{m_1^2 + \left(\frac{\overline{p}_1}{c}\right)^2} + m_1^2 = m_2^2.$$

Wir erhalten

$$\overline{p}_1^2 = c^2\left[\left(\frac{M^2 + m_1^2 - m_2^2}{2M}\right)^2 - m_1^2\right], \tag{17.14}$$

und damit

$$\overline{p}_1^2 = c^2\left(\frac{M^4 + m_1^4 + m_2^4 - 2M^2 m_1^2 - 2M^2 m_2^2 - 2m_1^2 m_2^2}{4M^2}\right). \tag{17.15}$$

Die Energie jedes der Tochterteilchen folgt aus Gl. (17.14)

$$\frac{\overline{E}_1}{c^2} = \sqrt{m_1^2 + \left(\frac{\overline{p}_1}{c}\right)^2} = \frac{M^2 + m_1^2 - m_2^2}{2M}, \tag{17.16}$$

und

$$\frac{\overline{E}_2}{c^2} = \sqrt{m_2^2 + \left(\frac{\overline{p}_1}{c}\right)^2} = \frac{M^2 + m_2^2 - m_1^2}{2M}. \tag{17.17}$$

Man beachte, dass diese Lösung einer Überprüfung standhält, denn $\overline{E}_1 + \overline{E}_2 = Mc^2$. Die Ausdrücke für $\overline{E}_1$ und $\overline{E}_2$ sind außerdem symmetrisch bei Vertauschung der Indizes (Teilchen) $1 \leftrightarrow 2$.

Übung 17.3 Der Impuls von π^- beim Λ-Zerfall
Λ ist ein neutrales Elementarteilchen der Masse $m_\Lambda = 1,1157\,\mathrm{MeV}/c^2$. Eine mit einer Wahrscheinlichkeit von etwa 2/3 eintretende Zerfallsmöglichkeit für Λ liefert als Tochterteilchen ein Proton p (Masse $m_p = 938,3\,\mathrm{MeV}/c^2$) und ein negativ geladenes Pion, π^- (Masse $m_\pi = 139,6\,\mathrm{MeV}/c^2$). Zeigen Sie, dass der Impuls des beim Zerfall $\Lambda \to \pi^- + p$ produzierten π^- exakt $101\,\mathrm{MeV}/c$ beträgt, wenn er im Ruhesystem von Λ gemessen wird und vergleichen Sie diesen Wert mit dem Impuls des entstehenden Protons

Lösung
Im Ruhesystem von Λ erscheinen die Zerfallsprodukte mit entgegengesetzt gleichen Impulsen, so dass der Gesamtimpuls gleich Null bleibt

$$\bar{\mathbf{p}}_{\pi^-} + \bar{\mathbf{p}}_p = \bar{\mathbf{p}}_\Lambda = 0. \tag{1}$$

Die Impulse von Proton und Pion haben also den gleichen Betrag, aber entgegengesetztes Vorzeichen. Nach Gl. (17.15) ergibt sich für das Betragsquadrat dieser Impulse

$$\bar{p}^2 = c^2 \frac{m_\Lambda^4 + m_p^4 + m_\pi^4 - 2m_\Lambda^2(m_p^2 + m_\pi^2) - 2m_p^2 m_\pi^2}{4m_\Lambda^2}. \tag{2}$$

Bei der Auswertung von Gl. 2 gibt es eine Schwierigkeit. Man sieht leicht, dass gilt

$$m_p c^2 + m_\pi c^2 = 1077{,}9\,\text{MeV} = m_\Lambda c^2 - 37{,}8\,\text{MeV}. \tag{3}$$

Dieses Beinahe-Gleichgewicht der Ruheenergien lässt es ratsam erscheinen, für die numerische Auswertung dieses Terms die folgenden Umformungen in Betracht zu ziehen

$$\bar{p}^2 = c^2 \frac{\left[m_\Lambda^2 - (m_p + m_\pi)^2\right]\left[m_\Lambda^2 - (m_p - m_\pi)^2\right]}{4m_\Lambda^2}. \tag{4}$$

Wie Gl. 2 ist auch Gl. 4 symmetrisch bei der Vertauschung $p \leftrightarrow \pi$.

Der erste Faktor im Zähler von Gl. 4 kann folgendermaßen geschrieben werden

$$m_\Lambda^2 - (m_p + m_\pi)^2 = \left[m_\Lambda - (m_p + m_\pi)\right]\left[m_\Lambda + (m_p + m_\pi)\right] \tag{5}$$

und erlaubt so eine Faktorisierung mit dem kleinen Faktor $m_\Lambda - (m_p + m_\pi) = 37{,}8\,\text{MeV}/c^2$, so dass jetzt eine direkte Berechnung des gewünschten Ergebnisses ohne Probleme möglich ist.

17.4 Energiebilanz eines Zerfalls im CM-System

Um zu sehen, wieviel Energie bei einem Zerfall freigesetzt wird, berechnen wir die kinetische Energie $T_i = E_i - m_i c^2$ für beide Teilchen $i = 1,2$.

$$\overline{T}_1 = \overline{E}_1 - m_1 c^2 = \frac{(M - m_1)^2 - m_2^2}{2M} c^2, \tag{17.18}$$

und

$$\overline{T}_2 = \overline{E}_2 - m_2 c^2 = \frac{(M - m_2)^2 - m_1^2}{2M} c^2. \tag{17.19}$$

Also ist die gesamte freigesetzte (kinetische) Energie

$$\overline{T} = \overline{T}_1 + \overline{T}_2 = (M - m_1 - m_2)c^2, \tag{17.20}$$

was auch zu erwarten war: Die verfügbare Bewegungsenergie ist die Differenz aus der Ruheenergie des Mutterteilchens und der Summe der Ruheenergien der Tochterteilchen. Das ist natürlich auch korrekt, wenn der Endzustand mehr als zwei Teilchen umfasst. Gl. (17.20) kann demzufolge auf alle Zerfallsprozesse verallgemeinert werden, die im Ruhesystem des Mutterteilchens beobachtet werden.

Viele Satelliten, vor allem solche, die sich von der Sonne entfernen, benutzen radioaktive Zerfallsprozesse als Energiequelle. In diesen ‚Batterien' werden langsam zerfallende radioaktive Isotope verwendet und die Zerfallsprodukte werden z. B. in einem Bleimantel abgebremst. Die beim Zerfall frei werdende Wärme erhält dann die Betriebstemperatur der Instrumente aufrecht und treibt einen Generator an. Ein bißchen ausgeklügelter ist die in einem Kernreaktor angeregte Zerfallsreaktion. Hier löst das Auftreffen thermischer Neutronen die Kernspaltung aus. Die bei der Reaktion freigesetzte Energie wird ebenfalls durch Gl. (17.20) beschrieben.

Natürlich kann ein spontaner Zerfall nur vorkommen, wenn die freigesetzte Energie positiv ist. Andererseits kann auch Energie gewonnen werden, wenn mehrere Komponenten zu insgesamt weniger massiven Körpern fusionieren. Der Energiegewinn entstammt dann dem Massendefekt, also z. B. der Differenz aus der Summe $m_1 + m_2$ der Massen der ursprünglichen zwei Komponenten und der Masse M des entstehenden Körpers.

$$(m_1 + m_2 - M)c^2 = \delta\overline{E}. \tag{17.21}$$

Die Reaktion läuft ab, wenn die Bindungsenergie z. B. in Form eines abgestrahlten Photons frei werden kann oder – wie in vielen chemischen Raktionen – durch Rückprall an der Oberfläche eines Katalysators.

Für weitere Details verweisen wir auf die vorausgegangene Diskussion in Kap. 16.

17.5 Zerfall eines bewegten Körpers

Die Überlegungen im letzten Abschnitt führten uns zu Eigenschaften von Zerfallsprodukten im Ruhesystem des Mutterteilchens. Im Allgemeinen ist das Mutterteilchen aber im Laborsystem in Bewegung und hat dort die Energie

$$E = \sqrt{M^2 c^4 + \mathbf{P}^2 c^2} \tag{17.22}$$

und den Impuls $\mathbf{P}$. Die Transformation vom Laborsystem ins CM-System wird durch Gl. (17.8) und (17.9) geliefert. Die inverse Transformation vom CM-System ins Laborsystem wird dann durch folgende Parameter beschrieben

$$\gamma = \frac{E}{Mc^2}, \quad \boldsymbol{\beta} = \frac{-\mathbf{P}c}{E}, \quad \gamma\boldsymbol{\beta} = \frac{-\mathbf{P}}{Mc}. \tag{17.23}$$

Zerlegt man die Impulse der Tochterteilchen in Komponenten parallel ($\parallel$) und senkrecht ($\perp$) zu $\mathbf{P}$, so kann man die Lorentztransformation von Gl. (17.7) mit den Parametern aus Gl. (17.23) ausführen, um die Eigenschaften der beiden Tochterteilchen ($i = 1,2$) im Laborsystem zu bestimmen

$$E_i = \frac{1}{M}\left(\frac{E}{c^2}\overline{E}_i + P\,\overline{p}_{i\parallel}\right),$$
(17.24)

$$p_{i\parallel} = \frac{1}{M}\left(\frac{E}{c^2}\overline{p}_{i\parallel} + \frac{P}{c^2}\overline{E}_i\right),$$
(17.25)

$$\mathbf{p}_{1\perp} = -\mathbf{p}_{2\perp} = \mathbf{p}_\perp.$$
(17.26)

In einem Experiment misst man gewöhnlich die Impulse und Energien der produzierten Teilchen im Laborsystem und möchte daraus die Werte im CM-System erhalten, um den Reaktionsprozess besser zu verstehen. Dieses Resultat erhalten wir entweder mit Hilfe der inversen Transformation oder durch Auflösen aus den Gleichungen Gl. (17.24) und (17.25). Beide Methoden führen zum gleichen Ergebnis.

Wir multiplizieren Gl. (17.24) mit E und Gl. (17.25) mit P. Bilden wir dann die Differenz und verwenden Gl. (17.22), so ergibt sich

$$\overline{E}_i = \frac{1}{M}\left(\frac{E}{c^2}E_i - Pp_{i\parallel}\right).$$
(17.27)

Wenn man E/M und P/M in Gl. (17.27) mit Hilfe von Gl. (17.8) und (17.9) ersetzt, so geht Gl. (17.27) in die Lorentztransformationsgleichung vom Laborsystem ins CM-System über, falls man dort β durch $-\beta$ austauscht.

Ähnlich kann man Gl. (17.27) in Gl. (17.25) einsetzen und erhält mit Hilfe von Gl. (17.22)

$$\overline{p}_{i\parallel} = \frac{1}{M}\left(\frac{E}{c^2}p_{i\parallel} - \frac{P}{c^2}E_i\right).$$
(17.28)

Man erkennt auch hier leicht die Transformation ins CM-System, wenn man bei dieser Transformation wieder β durch $-\beta$ ersetzt.

Wegen der Erhaltungssätze für Energie und Impuls im Laborsystem gilt außerdem

$$P = p_{1\parallel} + p_{2\parallel}, \quad E = E_1 + E_2, \quad Mc^2 = \sqrt{E^2 - P^2c^2},$$
$$E_i = \sqrt{m_i^2 c^4 + p_{i\parallel}^2 c^2 + p_{i\perp}^2 c^2}\,; i = 1,2.$$
(17.29)

Das kann man oben einsetzen und erhält dann die Eigenschaften der Tochterteilchen im CM-System in Abhängigkeit von den gemessenen Impulsen $p_{1\parallel}$ und $p_{2\parallel}$ dieser Teilchen.

Übung 17.4 Zerfall des η-Teilchens

Etwa 40% der Zerfälle des η-Teilchens enden in der Produktion zweier Photonen (γ-Teilchen). Berechnen Sie die Energien und Impulse der γ-Teilchen sowohl im CM-System als auch im Laborsystem für ein η, das sich mit dem Impuls von 1 GeV/c in die Bewegungsrichtung eines der beiden beim Zerfall entstehenden Photonen bewegt. Die Ruheenergie des η-Teilchens beträgt $M_\eta c^2 = 0{,}5475\,\text{GeV}$.

Lösung

Beim Zerfallsprozess im CM-System verteilt sich die Ruheenergie des η-Teilchens wegen des Impulserhaltungssatzes gleichmäßig auf die masselosen Photonen. Also gilt für jedes der beiden Photonen, die sich ja in entgegengesetzte Richtung bewegen

$$\overline{p}_{1,2}c = \overline{E}_{1,2} = 0{,}5 M_\eta c^2 = 0{,}274\,\text{GeV}. \tag{1}$$

Wir betrachten jetzt einen Boost auf einen Impuls von 1 GeV/c für das η-Teilchen. Seine Energie ist dann

$$E_\eta = \sqrt{M_\eta^2 c^4 + P_\eta^2 c^2} = \sqrt{0{,}5475^2 + 1^2}\,\text{GeV} = 1{,}1401\,\text{GeV}. \tag{2}$$

Daraus folgt

$$\frac{P_\eta}{M_\eta c} = \gamma\beta = 1{,}8265, \quad \frac{E_\eta}{M_\eta c^2} = \gamma = 2{,}0823, \quad \frac{P_\eta c}{E_\eta} = \beta = 0{,}8771. \tag{3}$$

Im Folgenden verwenden wir den Index γ für die Photonen – er sollte nicht mit dem Lorentzfaktor verwechselt werden. Wir setzen Gl. 3 in Gl. (17.24) ein, die wir dann in der Form

$$E_{\gamma\pm} = \left(\gamma\overline{E}_\gamma \pm \gamma\beta\,\overline{p}_\gamma c\right) = 2{,}0823\overline{E}_\gamma \pm 1{,}8265\overline{p}_\gamma c \tag{4}$$

schreiben können. Die Zeichen $\pm$ beziehen sich auf Photonenbewegungen parallel bzw. antiparallel zur Bewegungsrichtung des η-Teilchens.

Beachtet man, dass jedes Photon im CM-System die Hälfte der Energie des η-Teilchens trägt, so ergibt sich wegen $E_{\gamma\pm} = p_{\gamma\pm}c$ nach Einsetzen der numerischen Werte

$$\begin{aligned}
E_{\gamma+} &= (2{,}0823 + 1{,}8265)0{,}274\,\text{GeV} = 1{,}0710\,\text{GeV}, \\
E_{\gamma-} &= (2{,}0823 - 1{,}8265)0{,}274\,\text{GeV} = 0{,}0701\,\text{GeV}.
\end{aligned} \tag{5}$$

Der Energieerhaltungssatz ist wegen $E_{\gamma+} + E_{\gamma-} = (1{,}0710 + 0{,}0701)\,\text{GeV} = 1{,}1411\,\text{GeV}$ erfüllt, denn das ist die Energie des η-Teilchens im Laborsystem. Da die Zerfallsprodukte masselos sind, also $E_{\gamma\pm} = p_{\gamma\pm}c$ ist, gilt dieses Resultat bis auf den Faktor c auch für die Photonenimpulse.

Wir sehen hier, dass sich die Photonenenergien stark unterscheiden. Tatsächlich ist eine nahezu gleich Null, gemessen an der Gesamtenergie. Wir lernen also, dass bei einem geeignet gewählten Bezugssystem für das Mutterteilchen eines der produzierten Tochterphotonen im Laborsystem sehr wenig Energie trägt. Damit stellt sich die Frage, ob dieses Resultat verallgemeinert werden kann. Das ist der Inhalt der folgenden Übung 17.5.

Übung 17.5 Der ‚magische‘ Zerfallsimpuls

Wenn man ein bei einem Zerfallsprozess entstandenes kurzlebiges Tochterteilchen im Laborsystem untersuchen will, ist man daran interessiert, dass es bei der Entstehung im Laborsystem (möglichst) ruht. Es stellt sich die Frage, wie Energie und Impuls des Mutterteilchens zu wählen sind, damit dieser Fall eintreten kann. Man kommt zu dem Ergebnis, dass das Mutterteilchen dann einen ganz bestimmten Impuls P_m besitzen muss, den wir den magischen Impuls nennen. Offenbar vereinigt dann das zweite Teilchen den Gesamtimpuls auf sich und bewegt sich parallel zum Mutterteilchen ohne eine transversale Impulskomponente. Da der Wert von $\overline{\mathbf{p}}_\perp$ nach Gl. (17.26) nicht vom Impuls $\mathbf{P}$ des Mutterteilchens abhängt und nur durch die Energierhaltung, Gl. (17.29), eingeschränkt wird, kann der Fall $\overline{\mathbf{p}}_\perp = 0$ nur mit geringer Wahrscheinlichkeit eintreten.

Bestimmen Sie P_m allgemein für den Zerfall eines instabilen Teilchens in zwei Tochterteilchen, von denen das mit der Masse m_1 im Laborsystem ruhen soll. Berechnen Sie dann den numerischen Wert von P_m für den Zerfall eines Pions π^-, bei dem neben einem masselosen Antineutrino $\bar\nu$ ein im Laborsystem ruhendes Myon μ produziert wird.

$$\pi^- \to \mu^- + \bar\nu, \quad M_\pi c^2 = 139{,}57\,\text{MeV},$$

$$m_{1=\mu} c^2 = 105{,}66\,\text{MeV}, \quad m_{2=\bar\nu} c^2 \simeq 0$$

Lösung

Wie oben erläutert, lösen wir das Problem unter der Bedingung $\overline{\mathbf{p}}_\perp = \mathbf{0}$. Wenn das Mutterteilchen den verlangten magischen Impuls P_m besitzt, so muss $p_{1\parallel} = 0$ sein. Wir setzen in Gl. (17.25) $p_{1\parallel} = 0$ ein

$$\frac{E_m}{P_m} = \frac{\overline{E_1}}{\overline{p}_1}. \tag{1}$$

Quadriert man beide Seiten, ersetzt die Energien mit Hilfe der relativistischen Energie-Impuls-Beziehung aus Gl. (15.8) und formt um, so ergibt sich

$$P_m^2 = \frac{M^2}{m_1^2}\,\overline{p}\,_1^2.\qquad(2)$$

$\overline{p}_1^2$ wurde bei Bestimmung der Teilcheneigenschaften im CM-System schon berechnet und kann mit Hilfe von Gl. (17.15) ersetzt werden. Man erhält nach Kürzen von M^2

$$P_m^2 = c^2\left(\frac{M^4 + m_1^4 + m_2^4 - 2M^2 m_1^2 - 2M^2 m_2^2 - 2m_1^2 m_2^2}{4m_1^2}\right).\qquad(3)$$

Jetzt können wir den magischen Impuls für die angegebene spezielle Reaktion $\pi^- \rightarrow \mu^- + \overline{\nu}$ bestimmen. In diesem Fall ist $M = m_\pi$, $m_1 = m_\mu$, and $m_2 = m_\nu = 0$. Für den magischen Impuls des Pions folgt mit Hilfe von Gl. 3 dann

$$P_m^2 = c^2\left(\frac{m_\pi^4 + m_\mu^4 - 2m_\pi^2 m_\mu^2}{4m_\mu^2}\right),\qquad(4)$$

also

$$P_m = c\left(\frac{m_\pi^2 - m_\mu^2}{2m_\mu}\right) = 39{,}4\ \text{MeV/c}.\qquad(5)$$

Wir können auch explizit die Geschwindigkeit β des Pions und den Lorentz-faktor berechnen

$$\beta = \frac{P_m c}{\sqrt{P_m^2 c^2 + m_\pi^2 c^4}} = 0{,}27, \quad \gamma = \frac{\sqrt{P_m^2 c^2 + m_\pi^2 c^4}}{M c^2} = 1{,}04.\qquad(6)$$

Übung 17.6　Können Photonen zerfallen?

Zeigen Sie, dass ein freies Photon nicht in ein Elektron-Positron-Paar zerfallen kann und erklären Sie, wie ein Detektor für die Paarbildung aus Photonen trotz dieser Tatsache funktionieren kann.

Lösung

Nehmen Sie an, die folgende, in Abb. 17.3 links dargestellte Reaktion sei möglich

$$\gamma \xrightarrow{\ ?\ } e^+ + e^-.$$

Dann müssen die Summen der Energien und der Impulse des Elektrons und des Positrons die Energie bzw. den Impuls des Photons ergeben.

$$E_\gamma = E_{e^+} + E_{e^-}, \tag{1}$$

$$\mathbf{p}_\gamma = \mathbf{p}_{e^+} + \mathbf{p}_{e^-}. \tag{2}$$

Wir betrachten die uns bekannten Beziehung $E_\gamma = c|\mathbf{p}_\gamma|$, da diese den Photonzerfall verbietet: Der relativistische Zusammenhang zwischen Impuls und Energie Gl. (15.8) lautet für das Photon

$$E_\gamma^2 - \mathbf{p}_\gamma^2 c^2 = m_\gamma^2 c^4. \tag{3}$$

Da es masselos ist, folgt daraus

$$E_\gamma^2 - \mathbf{p}_\gamma^2 c^2 = 0. \tag{4}$$

Setzt man Gl. 1 und 2 in Gl. 4 ein und verwendet die relativistische Energie-Impuls-Beziehung Gl. (15.8) für Elektron und Positron, so ergibt sich nach Division durch $2c^2$

$$m^2 c^2 + \frac{E_{e^+} E_{e^-}}{c^2} - \mathbf{p}_{e^+} \cdot \mathbf{p}_{e^-} = 0. \tag{5}$$

Dabei ist $m = m_{e^+} = m_{e^-}$ die Masse von Elektron bzw. Positron. Verwendet man wieder Gl. (15.8), so wird daraus

$$m^2 c^2 + \sqrt{\mathbf{p}_{e^+}^2 + m^2 c^2}\sqrt{\mathbf{p}_{e^-}^2 + m^2 c^2} = \mathbf{p}_{e^+} \cdot \mathbf{p}_{e^-}. \tag{6}$$

Da $m^2 c^2 > 0$ ist und wegen der Cauchy-Schwartzschen Ungleichung kann die linke Seite von Gl. 6 aber nicht gleich der rechten sein. Also ist unsere Annahme falsch gewesen. Der Zerfall eines freien Photons im Vakuum ist demzufolge unmöglich.

Dieses Ergebnis lässt sich leicht zu folgendem Theorem verallgemeinern, siehe Gl. (17.13): Ein Teilchen der Masse M kann nur dann in (wenigstens zwei) andere Teilchen der Massen m_i zerfallen, wenn $M \geq \sum_i m_i$. Man kann das ohne jede Rechnung erkennen, indem man sich in das Ruhesystem des Teilchens der Masse M begibt. Dort hat der zerfallende Körper die Energie Mc^2 und die Zerfallsprodukte müssen zusammen wegen der Energieerhaltung dieselbe Energie besitzen. Die im Theorem genannte Bedingung gehört dann zum Schwellenwert, bei dem alle Zerfallsprodukte in Ruhe sind, also keine kinetische Energie besitzen. Die für das Photons unternommene Anstrengung war dennoch nicht vergebens, denn in diesem Fall ist ja $M = 0$ und für masselose Teilchen gibt es kein Ruhesystem.

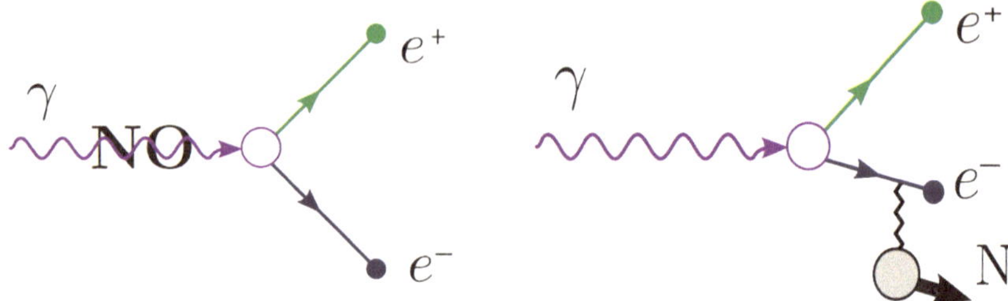

Abb. 17.3 Photonenzerfall: verbotener Zerfall (links); erlaubte $e^- e^+$-Paarbildung in der Nähe des Kerns N (rechts). Siehe Übung 17.6

Die Realität ist komplizierter. Tatsächlich gibt es die Paarbildung von Photonen zu einem $e^+ e^-$-Paar dennoch. In dem in Abb. 17.3 rechts veranschaulichten Prozess ist aber ein weiterer Körper an dem Wechselwirkungsprozess beteiligt. Befindet sich das Photon nämlich in der Nähe eines Kerns N, so kann dieser an der Reaktion teilnehmen. Seine Gegenwart legt ein spezielles Bezugssystem fest, im Wesentlichen das Ruhesystem des Kerns. Die Reaktion besteht dann im Aufprall des Photons auf den Kern

$$\gamma + \text{Kern in Ruhe} \longrightarrow e^+ + e^- + (\text{bewegter Kern mit Impuls} = P_\mathrm{N}). \quad (7)$$

Unsere Bedingung Gl. 5 wird nun um zwei zusätzliche Terme auf der rechten Seite ergänzt, die zum Kern gehören

$$2(\ldots) = 2\mathbf{P}_\mathrm{N} \cdot (\mathbf{p}_{e^-} + \mathbf{p}_{e^+}) - P_\mathrm{N}^2 \left(\frac{E_{e^+} + E_{e^-}}{M_\mathrm{N} c^2} - 1 \right). \quad (8)$$

Normalerweise ist der letzte Term, die Rückstoßenergie $E_\mathrm{N} = P_\mathrm{N}^2/2M_\mathrm{N}$ des Kerns, wegen seiner großen Masse vernachlässigbar. Aber der andere Term ist zu berücksichtigen und wenn man sich die mathematischen Relationen genauer anschaut, erkennt man, dass die Reaktion $\gamma \to e^+ + e^-$ nicht länger verboten ist. Die im Ruhesystem des Kerns gemessene Energie des Photons ist dann zu dem des leichten $e^+ e^-$-Paars vergleichbar; siehe Abb. 17.3 rechts.

Die Reaktion Gl. 7 ist von praktischem Interesse und wird in Detektoren genutzt. Wir werden diese sogenannte Photonkonversion in Übung 18.8 im folgenden Kapitel genauer betrachten.

Zusammenfassung

Bei elastischen Stößen, wie *z. B.* der Comptonstreuung, bleiben die Massen der Teilchen erhalten und es werden keine neuen Teilchen produziert. Wir betrachten auch den elastischen Abprall von einer relativistisch bewegten Wand. Bei einer unelastischen Reaktion können sich die Massen verändern sowie neue Teilchen enstehen, wie es bei der Entstehung oder Vernichtung von Antimaterie der Fall ist. Wir charakterisieren auch unelastische Prozesse, bei denen viele Teilchen produziert werden.

18.1 Elastische Zwei-Körper-Reaktionen

Wir untersuchen zunächst elastische Zwei-Körper-Reaktionen, bei denen alle physikalischen Charakteristika der wechselwirkenden Teilchen unverändert bleiben. Elastische Stöße haben also folgende Eigenschaften

a) die innere Struktur der beteiligten Teilchen verändert sich nicht und
b) es werden keine neuen Teilchen produziert.

Bei relativistischen Energien stellen elastische Stöße eher Ausnahmereaktionen dar und es ist nicht so einfach, physikalische Situationen zu finden, bei denen die Regeln für elastische Streuung Anwendung finden. Wir untersuchen zwei Beispiele eingehend: a) die Comptonstreuung von Photonen an Elektronen in Abschn. 18.2 und b) die Rückstreuung an einer bewegten festen Wand in Abschn. 18.3.

Wir versehen die Teilcheneigenschaften nach dem Stoßprozess mit einem Strich. Beispielsweise ist E_1 die Energie eines Teilchens ‚1' *vor* dem Stoß und E'_1 die Energie desselben Teilchens *nach* dem Stoß. Die gesamte Konvention für die Schreibweise bei Stoßprozessen, bei denen das Ziel- Teilchen ‚2' im Laborsystem ruht, wird in Abb. 18.1 dargestellt.

© Springer-Verlag GmbH Deutschland, ein Teil von Springer Nature 2019
J. Rafelski, *Spezielle Relativitätstheorie heute*,
https://doi.org/10.1007/978-3-662-59420-9_18

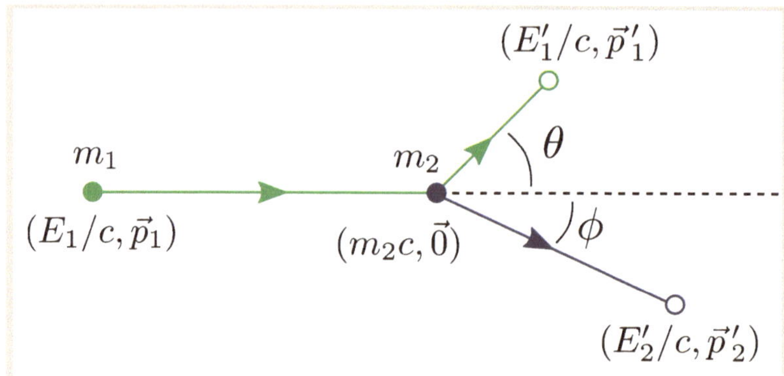

Abb. 18.1 Streuung von Teilchen ‚1' mit Energie E_1 und Impuls $\mathbf{p}_1$ an einem ruhenden Ziel-Teilchen ‚2' mit Energie $E_2 = m_2 c^2$ und Impuls $\mathbf{p}_2 = 0$. Die gestrichelten Variablen geben die Werte nach dem Stoß an. Der Streuwinkel des einlaufenden Teilchen ‚1' wird mit θ und der des rückstoßenden Ziel-Teilchen ‚2' mit ϕ beschrieben

Wie zuvor in Abschn. 17.1 werden wir die im CM-System gemessenen Werte physikalischer Größen durch einen Querstrich über dem Symbol kennzeichnen. Zum Beispiel gehört $\overline{\mathbf{p}}_1$ zum Impuls des Teilchens ‚1' im CM-System vor dem Stoß und $\overline{\mathbf{p}}_1'$ zum Impuls im CM-System nach dem Stoß. Diese Größen werden in Abb. 18.2 gezeigt, in der die Streuebene senkrecht zum Drehimpuls $\mathcal{L}$ dargestellt wird. Der Drehimpulserhaltungssatz für Zentralkräfte garantiert die Existenz einer Streuebene. Wir sehen hier zwei aus entgegengesetzten Richtungen kommende Teilchen ‚1' und ‚2'. Sie werden, was die Impulse betrifft, symmetrisch gestreut, ganz anders als in dem Beispiel in Abb. 18.1. Genau wie im nichtrelativistischen Fall ‚rotieren' bei elastischen Reaktionen im CM-System die Impulse der wechselwirkenden Teilchen. Die Beträge bleiben unverändert, wie in Übung 18.1 nachgewiesen wird.

$$\overline{p}{\,}' = |\overline{\mathbf{p}}_1'| = |\overline{\mathbf{p}}_1| = |\overline{\mathbf{p}}_2| = |\overline{\mathbf{p}}_2'| \equiv |\overline{\mathbf{p}}|. \tag{18.1}$$

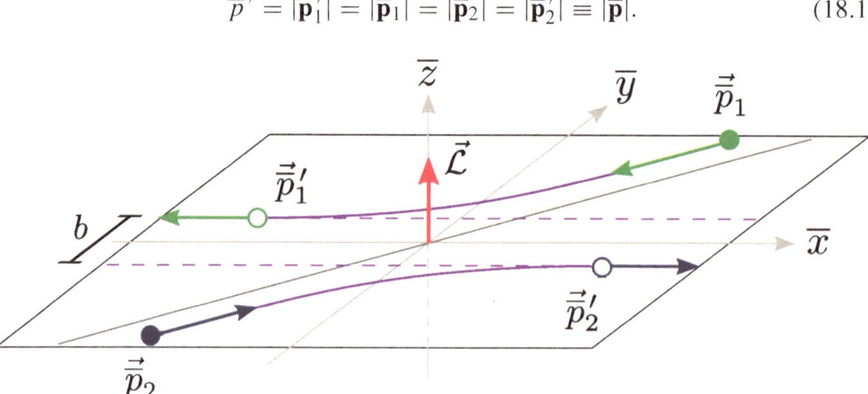

Abb. 18.2 Streuebene zweier kollidierender Teilchen im CM-System senkrecht zu der durch den Drehimpuls $\mathcal{L}$ festgelegten z-Richtung; wir sehen den Stoßparameter b, die anderen Variablen sind in Abb. 18.1 beschrieben

Bei Streuprozessen, bei denen die Wechselwirkung über eine bestimmte Distanz erfolgt, wie zum Beispiel bei Streuungen infolge elektromagnetischer Kräfte, spielt der Stoßparameter b für die Beschreibung der Auswirkung der Kollision eine wichtige Rolle. Seine Definition wird links in Abb. 18.2 veranschaulicht.

Bei elastischen Stößen bleiben wie bei allen Stoßprozessen die Gesamtenergie und der Gesamtimpuls erhalten. Wir betrachten die Situation vor und nach der Kollision

$$E = E_1 + E_2, \ \mathbf{p} = \mathbf{p}_1 + \mathbf{p}_2, \qquad E' = E_1' + E_2', \ \mathbf{p}' = \mathbf{p}_1' + \mathbf{p}_2'. \tag{18.2}$$

Dann gilt also

$$E = E', \qquad \mathbf{p} = \mathbf{p}'. \tag{18.3}$$

Außerdem bleiben bei elastischen Kollisionen definitionsgemäß die Massen der beteiligten Teilchen unverändert

$$m_1^2 c^4 = E_1^2 - (cp_1)^2 = E_1'^2 - (cp_1')^2, \tag{18.4}$$

und ähnlich

$$m_2^2 c^4 = E_2^2 - (cp_2)^2 = E_2'^2 - (cp_2')^2. \tag{18.5}$$

Übung 18.1 ‚Rotieren' der Impulse im CM-System
Zeigen Sie, dass die Beträge der Impulse jedes Teilchens sich bei einer elastischen Kollision im CM-System nicht ändern und veranschaulichen Sie die Bedeutung dieses Resultats grafisch.

Lösung
Wir verwenden den Energieerhaltungssatz

$$\overline{E}_1 + \overline{E}_2 = \overline{E}_1' + \overline{E}_2', \tag{1}$$

und beachten die Gleichheit der Massen vor und nach der Kollision in der relativistischen Energie-Impuls-Beziehung

$$\sqrt{m_1^2 c^4 + \overline{p}^2 c^2} + \sqrt{m_2^2 c^4 + \overline{p}^2 c^2} = \sqrt{m_1^2 c^4 + \overline{p}'^2 c^2} + \sqrt{m_2^2 c^4 + \overline{p}'^2 c^2}. \tag{2}$$

Diese Gleichung kann offenbar nur erfüllt werden, wenn der Betrag der Teilchenimpulse gleich bleibt

$$\overline{p} = \overline{p}'. \tag{3}$$

Das bedeutet, dass die Impulsvektoren im CM-System bei elastischen Stößen rotieren, ohne ihre Größe zu ändern, wie in Abb. 18.3 dargestellt.

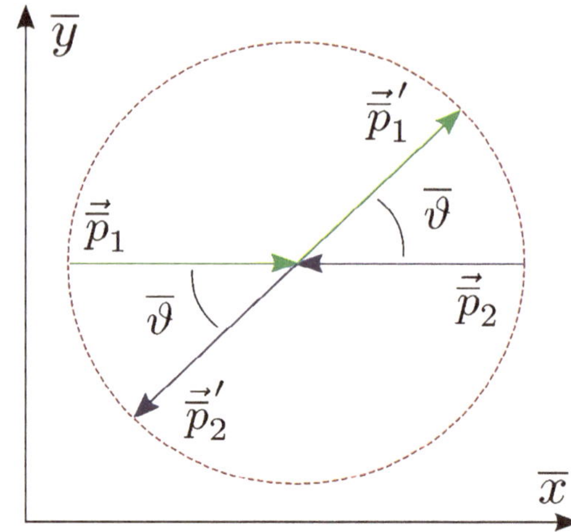

Abb. 18.3 Elastischer Stoß im CM-System, siehe Übung 18.1

18.2 Der Comptoneffekt

Ein spezieller und sehr wichtiger Typ elastischer Stöße liegt vor, wenn ein masseloses Teilchen, *z. B.* ein Photon, auf ein im Laborsystem ruhendes Teilchen trifft, beispielsweise auf ein Elektron. Dieser spezifische Vorgang wird als Compton-Streuung[1] bezeichnet. Das Elektron als Ziel hat im Laborsystem keinen Impuls, $\mathbf{p}_e = 0$. Dagegen besitzt das Photon, obwohl masselos, sehr wohl einen Impuls $|\mathbf{p}_\gamma| = E_\gamma/c$. Wegen des Impulserhaltungssatzes muss der Anfangsimpuls des Photons gleich der Summe der resultierenden Impulse von Elektron und Photon sein

$$\mathbf{p}_\gamma - \mathbf{p}_\gamma' = \mathbf{p}_e'. \tag{18.6}$$

Quadriert man und verwendet den Kosinussatz, so erhält man

$$p_e'^2 = p_\gamma^2 + p_\gamma'^2 - 2p_\gamma' p_\gamma \cos\theta, \tag{18.7}$$

Dabei wird der Ablenkwinkel θ des gestreuten Photons gegenüber der ursprünglichen Bewegungsrichtung gemessen, siehe Abb. 18.4. Setzt man $p_\gamma = E_\gamma/c$ in Gl. (18.7) ein, so folgt

$$p_e'^2 = \frac{E_\gamma^2}{c^2} + \frac{E_\gamma'^2}{c^2} - \frac{2E_\gamma E_\gamma' \cos\theta}{c^2}. \tag{18.8}$$

---

[1] Arthur H. Compton (1892–1962), Amerikanischer Physiker und 1927 Nobelpreisträger für die Entdeckung des Comptoneffekts.

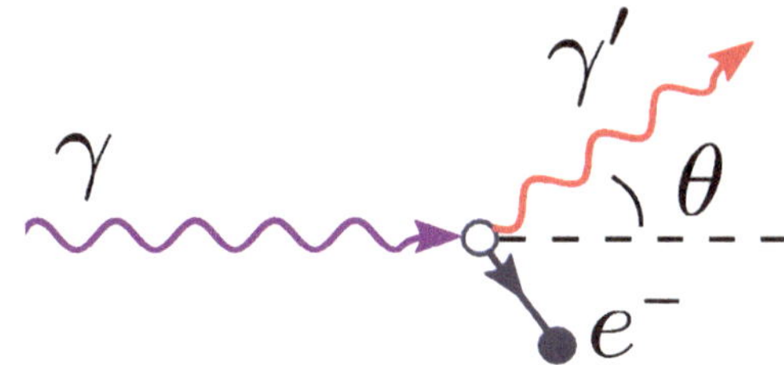

Abb. 18.4 Ein Photon wird an einem Elektron gestreut: Comptoneffekt

Wegen des Energieerhaltungssatzes gilt

$$E_\gamma + E_e = E_\gamma' + E_e'. \tag{18.9}$$

Da das Elektron vor dem Stoß keinen Impuls, also auch keine kinetische Energie besitzt, gilt

$$E_e = m_e c^2. \tag{18.10}$$

Wir bleiben nach dem Stoß im Laborsystem, dem Ruhesystem des Elektrons, und müssen deshalb den an das Elektron übertragenen Impuls berücksichtigen

$$E_e' = \sqrt{p_e'^2 c^2 + m_e^2 c^4}. \tag{18.11}$$

Setzt man Gl. (18.10) und (18.11) in den Energieerhaltungssatz Gl. (18.9) ein, so ergibt sich

$$E_\gamma + m_e c^2 = E_\gamma' + \sqrt{p_e'^2 c^2 + m_e{}^2 c^4}. \tag{18.12}$$

Diese Gleichung kann man nach dem Endimpuls des Elektrons auflösen

$$p_e'^2 = \frac{(E_\gamma - E_\gamma' + m_e c^2)^2 - m_e^2 c^4}{c^2}. \tag{18.13}$$

Die beiden Ausdrücke Gl. (18.8) und (18.13) kann man nun gleichsetzen

$$\frac{(E_\gamma - E_\gamma' + m_e c^2)^2 - m_e^2 c^4}{c^2} = \frac{E_\gamma{}^2}{c^2} + \frac{E_\gamma'{}^2}{c^2} - \frac{2 E_\gamma E_\gamma' \cos\theta}{c^2}. \tag{18.14}$$

Wenn man diese Gleichung vereinfacht, so erhält man die Comptonsche Energie-Formel

$$E_\gamma E_\gamma' (1 - \cos\theta) = (E_\gamma - E_\gamma') m_e c^2. \tag{18.15}$$

Sie gibt an, wie sich die Photonenenergie in Abhängigkeit vom Streuwinkel verändert. Normalerweise wird diese Comptonformel so umgeformt, dass man die Wellenlängenveränderung des Photons ablesen kann. Wir erinnern daran, dass die Energie E eines Photons zu seiner Frequenz v proportional ist. Es gilt $E = hv$ mit der Planckschen Konstanten h. Das ist die von Einstein 1905 vorgeschlagene Teilcheneigenschaft des Lichts. Da Licht sich mit der Geschwindigkeit c ausbreitet, hängt die Wellenlänge mit der Frequenz über die Beziehung $\lambda v = c$ zusammen. Daraus folgt für die Relation zwischen Photonenenergie und Wellenlänge

$$E = \frac{hc}{\lambda}.\tag{18.16}$$

Setzt man dies in die Comptonsche Energie-Formel Gl. (18.15) ein und formt um, so ergibt sich die Comptonsche Bedingung für die Wellenlängenänderung

$$\lambda' - \lambda = \lambda_{\mathrm{C}}(1 - \cos\theta), \quad \lambda_{\mathrm{C}} = \frac{h}{m_e c} = 2{,}42631 \times 10^{-12}\mathrm{m}.\tag{18.17}$$

Die Größe λ_{C} wird als Compton-Wellenlänge des Elektrons bezeichnet. Zu jedem Teilchen gehört eine solche natürliche Quantenwellenlänge, die durch die Teilchenmasse m bestimmt ist.

Die Wellenlängenverschiebung in Gl. (18.17) passt zu unseren Erwartungen in Bezug auf Energie- und Impulserhaltung. Wenn der Ablenkwinkel wächst, wird auch λ' größer und das bedeutet, dass die Energie des gestreuten Photons abnimmt. Davon würden wir auch bei nichtrelativistischen Stoßprozessen ausgehen. Der größtmögliche Wellenlängenzuwachs $2\lambda_{\mathrm{C}}$ liegt vor, wenn das Photon in die ursprüngliche Richtung zurückgeworfen wird ($\cos\theta = -1$). Wenn $\lambda' - \lambda = 0$ ist, so ist $\cos\theta = 1$. Dann passiert das Photon das Elektron ohne Kollision. In der Tat ist das der häufigste Fall.

Wir haben mit diesen Bemerkungen nur die direkten Konsequenzen der Energie- und Impulserhaltung aufgezeigt, indem wir den Zusammenhang zwischen Streuwinkel und Wellenlängenverschiebung beleuchteten. Noch nicht berührt wurde die Frage, wie oft eine solche Photon-Elektron-Streuung vorkommt und mit welcher Häufigkeit ein bestimmter Streuwinkel θ zu erwarten ist.

Das Studium der Quantenreaktionen zwischen Photon und Elektron ist Teilgebiet der Quantenelektrodynamik (QED). Das Ergebnis der Untersuchungen bei Streuprozessen dieser Teilchen ist der Wirkungsquerschnitt der Reaktion, der die effektive Größe eines Elektrons bei Wechselwirkung mit einem Photon angibt. Der Prozess der unpolarisierten Comptonstreuung wird durch die Klein-Nishina-Formel[2]

$$\frac{d\sigma}{d\Omega} = \frac{r_e^2}{2}\frac{\lambda^2}{\lambda'^2}\left(\frac{\lambda}{\lambda'} + \frac{\lambda'}{\lambda} - \sin^2\theta\right),\tag{18.18}$$

beschrieben. Die Größe

$$\boxed{r_e \equiv \frac{e^2}{4\pi\,\epsilon_0 m_e c^2} = 2{,}817\,940\,\mathrm{fm}}\tag{18.19}$$

---

[2]O. Klein and Y. Nishina, „Über die Streuung von Strahlung durch freie Elektronen nach der neuen relativistischen Quantendynamik von Dirac,“ Z. Phys. **52** p853 und p869 (1929).

ist der ‚klassische' Elektronenradius.

Die Wahrscheinlichkeit für eine Streuung wird wesentlich vom ‚klassischen' Elektronenradius mitbestimmt, der von ähnlicher Größe ist wie der Atomkernradius. Der Wert von r_e ist wohlbekannt. Es ist von einiger praktischer Bedeutung, dass die effektive Größe eines Elektrons ‚aus Sicht' eines Photons mit der eines kleinen Atomkerns ‚aus Sicht' eines α-Teilchens beim einem so grundlegenden Versuch wie dem Rutherfordschen Streuexperiment[3] vergleichbar ist.

Man kann dieses Ergebnis noch anders verstehen. Wir schreiben Gl. (18.19) in folgender Form

$$\boxed{r_e \equiv \left(\frac{e^2}{4\pi\epsilon_0\hbar c}\right)\left(\frac{\hbar c}{m_e c^2}\right) \equiv \alpha\,\lambdabar_C, \qquad \alpha = \frac{e^2}{4\pi\epsilon_0\hbar c} = \frac{1}{137{,}036}.} \qquad (18.20)$$

Hier ist α die Feinstrukturkonstante (und hat nichts zu tun mit einem α-Teilchen). Diese Feinstrukturkonstante beschreibt die Stärke der Elektron-Photon-Wechselwirkung in der Quantenelektrodynamik. Die (mit 2π) reduzierte Comptonwellenlänge des Elektrons $\lambdabar_C = \lambda_C/2\pi$ wird deshalb als die Quantengröße des Elektrons angesehen. Der kleine Wert von r_e wird durch den verhältnismäßig kleinen Wert der elektrischen Ladung e (der in α eingeht) verursacht.

Übung 18.2 Thomsonstreuung

Bestimmen Sie den Grenzwert des Klein-Nishina-Wirkungsquerschnitts Gl. (18.18) für kleine Energien, also den Thomson-Wirkungsquerschnitt. Kommt $\hbar$ im Ergebnis vor?

Lösung

Der Wert des Klein-Nishina-Wirkungsquerschnitts in Gl. (18.18) wird wesentlich bestimmt durch den ‚klassischen' Elektronenradius aus Gl. (18.19), der offenkundig von $\hbar$ unabhängig ist. $\hbar$ taucht nur im Ausdruck für die Compton-Wellenlängenverschiebung in Gl. (18.17) auf. Wir verwenden diese Formel, um das Verhältnis λ'/λ im Klein-Nishina-Wirkungsquerschnitt aus Gl. (18.18) zu eliminieren und finden

$$\frac{d\sigma}{d\Omega} = \frac{r_e^2}{2}\left(\frac{1}{(1+\epsilon)^3} + \frac{1}{1+\epsilon} - \frac{\sin^2\theta}{(1+\epsilon)^2}\right), \qquad \epsilon = \frac{\lambda_C(1-\cos\theta)}{\lambda}. \qquad (1)$$

---

[3]Ernest Rutherford (1871–1937), berühmter Experimentator und Entdecker des Atomkerns mit Hilfe der Streuung von α-Teilchen, gilt als ‚Vater' der Kernphysik und erhielt 1908 den Nobelpreis in Chemie.

Da wir von kleinen Energien ausgehen, also von hohen Wellenlängen, kann im Grenzfall ϵ beliebig klein werden.

Nach Integration über den Streuwinkel θ ergibt sich der Thomson-Wirkungsquerschnitt

$$\sigma_{\text{Thomson}} = r_e^2 \int d\Omega \left(1 - \frac{1}{2} \sin^2 \theta \right) = 4\pi r_e^2 \left(1 - \frac{1}{3} \right) = \frac{8\pi}{3} r_e^2 = 665 \text{ mb}. \tag{2}$$

Das Barn b (engl. für ,Scheune') ist eine Maßeinheit der Fläche, die zur Angabe von Wirkungsquerschnitten in der Atom-, Kern- und Teilchenphysik verwendet wird. Kleine Streuwirkungsquerschnitte werden in Millibarn (mb) angegeben, wobei 30 mb $= 3 \times 10^{-30}$ m^2 die Querschnittsgröße eines Protons ist.

Das Ergebnis ist nicht von $\hbar$ abhängig. Da r_e^2 zu $1/m^2$ proportional ist, ist die Wechselwirkung mit Photonen für das leichteste freie elektrisch geladene Teilchen am stärksten. Sie ist bemerkenswerter groß, von einer Dimension oberhalb der Skala der starken Wechselwirkung von Protonen oder α-Teilchen mit leichten Atomkernen.

18.3 Elastischer Aufprall auf eine bewegte Wand

Die Reflexion eines Photons durch einen Spiegel ist ein wohlbekanntes Phänomen. Im Ruhesystem des Spiegels wird die zum Spiegel senkrechte Komponente des Photonenimpulses reflektiert. In seiner denkwürdigen Veröffentlichung zur Relativitätstheorie betrachtete Einstein den Fall einer Photonenreflexion durch einen sich nähernden Spiegel. Er erhielt das faszinierende Resultat, dass die reflektierte Energie mit $\gamma_{\text{Spiegel}}^2$, also dem Quadrat des Lorentzfaktors des Spiegels zunimmt. Das liegt daran, dass das ankommende Photon im Ruhesystem des Spiegels auf eine höhere Energie gehoben wird und dass die Rücktransformation ins Laborsystem nach der Reflexion eine zweite Anhebung der Energie produziert, denn die Impulskomponente senkrecht zum Spiegel hat sich umgekehrt.

Für einen Laborbeobachter ist die Reflexion eine ,quadrierte' Energieveränderung. Für den Fall einer relativistischen Geschwindigkeit des Spiegels erwartet man dann einen sehr großen ,Boost' der Photonenenergie, der seinen Ursprung in der kinetischen Energie des Spiegels hat. Letztere wird als so groß angenommen, dass der Rückstoß ignoriert werden kann. Wir zeigen in Übung 18.3, dass im nichtrelativistischen Grenzfall ein Ball wesentlich schneller von einer solchen bewegten Wand zurückprallt, denn die Normalkomponente seiner Geschwindigkeit nimmt das Doppelte der Geschwindigkeit der Wand auf.

Der Stoßprozess wird in Abb. 18.5 dargestellt. Sie zeigt den elastischen Stoß eines Teilchens der Masse m (für Photonen $m \rightarrow 0$) mit der Geschwindigkeit $\mathbf{v}$ auf einen wesentlich massiveren Spiegel der Geschwindigkeit $\mathbf{u}$. Elastisch bedeutet hier, dass die Komponente des Teilchenimpulses senkrecht zur Wand sich in dessen Ruhesystem umdreht, während die Komponente parallel zur Wand unverändert bleibt.

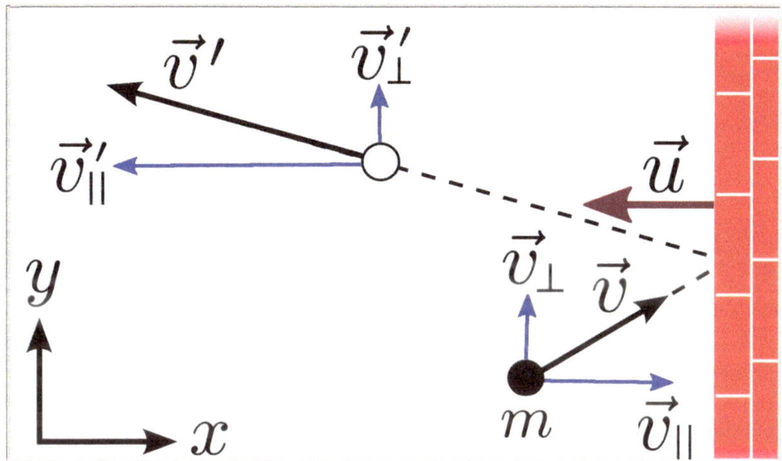

Abb. 18.5 Streuung eines massiven Teilchens der Masse m, das auf eine Ziegelmauer der Geschwindigkeit **u** auftrifft. Die Richtungsangaben $\perp$ und $\parallel$ bezeichnen die Komponenten der Teilchengeschwindigkeit **v** oder des Impulses **p** senkrecht oder parallel zu **u**. Das Koordinatensystem ist so gewählt, dass die Wand sich entgegengesetzt zur x-Achse bewegt, während die y-Achse in die dazu orthogonale Richtung zeigt

$\perp$ und $\parallel$ seien die Komponenten des Teilchenimpulses senkrecht und parallel zur Bewegungsrichtung der Wand, siehe Abb. 18.5. Sie gehören zur Lorentztransformation, die wir zur Lösung des Problems durchführen. Die Gesamtenergie das ankommenden Teilchens ist

$$E = \sqrt{m^2 c^4 + p^2 c^2} = \sqrt{m^2 c^4 + p_\perp^2 c^2 + p_\parallel^2 c^2} \equiv \sqrt{E_\perp^2 + p_\parallel^2 c^2}. \qquad (18.21)$$

Dabei ist $E_\perp = \sqrt{m^2 c^4 + p_\perp^2 c^2}$. Da die x-Achse der Bewegungsrichtung der Wand entgegengerichtet ist, definiert sie die $\parallel$-Komponente $p_\parallel = m\gamma v_\parallel$. Die y-Achse ist parallel zu $\mathbf{p}_\perp = m\gamma \mathbf{v}_\perp$, während die z-Komponenten von Impuls und Geschwindigkeit verschwinden. Wir können das auch so darstellen

$$E = E_\perp \cosh y_p \,, \quad p_\parallel c = E_\perp \sinh y_p. \qquad (18.22)$$

y_p ist dabei die Teilchenrapidität, siehe Gl. (15.17). Wir werden auch y_W verwenden, die Wandrapidität, die wie üblich der Geschwindigkeit u der Wand zugeordnet ist, siehe Gl. (7.32)

$$y_W = \frac{1}{2} \ln\left(\frac{1 + \beta_W}{1 - \beta_W}\right), \quad \beta_W = \frac{u}{c},$$

$$\gamma_W = \frac{1}{\sqrt{1 - \beta_W^2}} = \cosh y_W, \quad \beta_W \gamma_W = \sinh y_W. \qquad (18.23)$$

Wir schreiben die Energie- und Impulskomponenten in Spaltenform. Das Koordinatensystem ist das in Abb. 18.5 gezeigte.

$$\begin{bmatrix} E \\ cp_\parallel \\ cp_\perp \\ 0 \end{bmatrix} = \begin{bmatrix} E_\perp \cosh y_p \\ E_\perp \sinh y_p \\ cp_\perp \\ 0 \end{bmatrix} \to \underset{\text{Wand}}{[\text{LT}]} \to \begin{bmatrix} E_\perp \cosh(y_p + y_\text{W}) \\ E_\perp \sinh(y_p + y_\text{W}) \\ cp_\perp \\ 0 \end{bmatrix}. \tag{18.24}$$

Im letzten Schritt haben wir eine aktive Lorentztransformation vorgenommen, die uns ins Ruhesystem der Wand geführt hat. Da wir den Teilchenimpuls in die entsprechenden Komponenten zerlegt haben und die Bewegungsrichtung der Wand entgegengesetzt zu der des Teilchens ist, addieren sich die Rapiditäten, wie wir in Übung 15.7 gesehen haben. Aus Gl. (18.24) wird deutlich, dass das ankommende Teilchen vom Ruhesystem der Wand aus energiereicher ist. Von nun an verzichten wir in den Spalten auf die beiden letzten Einträge, weil sich die transversalen Impulskomponenten nicht verändern.

Im nächsten Schritt geht es um die Reflexion des Teilchens an der Wand. Im Ruhesystem der Wand ändert dann die zur Bewegungsrichtung der Wand parallele Impulskomponente ihr Vorzeichen. Ein hochgestelltes ‚zp‘ steht für ‚zurückprallend im Ruhesystem der Wand‘:

$$\begin{bmatrix} E^\text{zp} \\ cp_\parallel^\text{zp} \end{bmatrix} = \begin{bmatrix} E_\perp \cosh(y_p + y_\text{W}) \\ -E_\perp \sinh(y_p + y_\text{W}) \end{bmatrix} = \begin{bmatrix} E_\perp \cosh y_\text{pR} \\ E_\perp \sinh y_\text{pR} \end{bmatrix}. \tag{18.25}$$

y_pR ist die Rapidität des Teilchens nach dem Abprall.

$$y_\text{pR} = -y_p - y_\text{W}. \tag{18.26}$$

Das Minuszeichen signalisiert, dass das Teilchen sich nun in die entgegengesetzte Richtung bewegt.

Wir transformieren dann zurück ins Laborsystem. Die gestrichenen Teilchengrößen werden nach der Reflexion im Laborsystem gemessen.

$$\begin{bmatrix} E' \\ cp_\parallel' \end{bmatrix} = \begin{bmatrix} E_\perp \cosh(y_\text{pR} - y_\text{W}) \\ E_\perp \sinh(y_\text{pR} - y_\text{W}) \end{bmatrix} = \begin{bmatrix} E_\perp \cosh(y_p + 2y_\text{W}) \\ -E_\perp \sinh(y_p + 2y_\text{W}) \end{bmatrix}. \tag{18.27}$$

Das Ergebnis zeigt, dass das reflektierte Teilchen in Richtung der Wandbewegung das Doppelte der Wandrapidität erworben hat. Am geänderten Vorzeichen der Parallelkomponente des Impulses ist erkennbar, dass es sich entgegengesetzt zur ursprünglichen Richtung bewegt.

Das erhaltenen Resultat ist aber noch nicht das Endergebnis. Wir müssen mit der Anfangsgröße $p_\parallel$ vergleichen, um den Effekt ganz deutlich zu machen. Das erreichen wir mit Hilfe der Additionstheoreme für hyperbolische Funktionen

$$\cosh(a + b) = \cosh a \cosh b + \sinh a \sinh b,$$
$$\sinh(a + b) = \cosh a \sinh b + \sinh a \cosh b. \tag{18.28}$$

Sie führen auf

$$\begin{bmatrix} E' \\ cp'_\parallel \end{bmatrix} = \begin{bmatrix} E_\perp \cosh y_p \cosh 2y_W + E_\perp \sinh y_p \sinh 2y_W \\ -E_\perp \cosh y_p \sinh 2y_W - E_\perp \sinh y_p \cosh 2y_W \end{bmatrix}. \tag{18.29}$$

Mit Blick auf Gl. (18.24) ist nun der Vergleich mit den ursprünglichen Laborwerten von Energie und Impuls des ankommenden Teilchens möglich

$$\boxed{\begin{bmatrix} E' \\ cp'_\parallel \end{bmatrix} = \begin{bmatrix} E \cosh 2y_W + cp_\parallel \sinh 2y_W \\ -cp_\parallel \cosh 2y_W - E \sinh 2y_W \end{bmatrix}}, \tag{18.30}$$

Das ist unser Endergebnis, in dem die Größe y_W zur Charakterisierung des von der Wand als Spiegel verursachten Effekts dient.

Um das Resultat in nichtrelativistischen und ultrarelativistischen Grenzfällen anzuwenden, möchten wir es mit Hilfe der Geschwindigkeitsvektoren ausdrücken. Mit Gl. (18.28) erhalten wir

$$\cosh 2y_W = \cosh^2 y_W + \sinh^2 y_W = (1 + \beta_W^2)\gamma_W^2 \to 2\gamma_W^2,$$

$$\sinh 2y_W = 2 \cosh y_W \sinh y_W = 2\beta_W \gamma_W^2 \to 2\gamma_W^2. \tag{18.31}$$

Hier haben wir den ultrarelativistischen Grenzwert explizit angegeben. Schreibt man Gl. (18.30) um, indem man die Geschwindigkeit der Wand und den Lorentzfaktor γ_W verwendet und gibt der Vollständigkeit halber die zuletzt weggelassenen transversen Komponenten wieder mit an, so ergibt sich

$$\begin{bmatrix} E' \\ cp'_\parallel \\ cp'_\perp \\ 0 \end{bmatrix} = \gamma_W^2 \begin{bmatrix} (1 + \beta_W^2)E + 2\beta_W cp_\parallel \\ -(1 + \beta_W^2)cp_\parallel - 2\beta_W E \\ cp_\perp/\gamma_W^2 \\ 0 \end{bmatrix} \xrightarrow{\beta_W \to 1} 2\gamma_W^2 \begin{bmatrix} E + cp_\parallel \\ -(cp_\parallel + E) \\ cp_\perp/2\gamma_W^2 \\ 0 \end{bmatrix} \tag{18.32}$$

Energie und Impuls des ankommenden Teilchens werden also offensichtlich um den Faktors γ_W^2 verstärkt, der transversale Impuls bleibt unverändert. Das deutet darauf hin, dass sich ultrarelativistische Teilchenstrahlen durch Zusammenprall mit einer bewegten Wand realisieren lassen.

Die Gl. (18.30) und (18.32) gelten auch für den Spezialfall masseloser Teilchen (d. h. Photonen), denn in der vorgestellten Herleitung wurde nur mit Impuls und Energie der Teilchen ohne Bezugnahme auf die Teilchenmasse gearbeitet. Wir entdecken in Gl. (18.32) auch den wohlbekannten Einsteinschen Grenzfall

$$E' \simeq cp' \simeq 4\gamma_W^2 E \tag{18.33}$$

für frontale Zusammenstöße.

Dieses bemerkenswerte Ergebnis ist heute nicht mehr nur ein theoretisches Thema. Mit Hilfe eines ultrakurzen Laserpulses in Wechselwirkung mit einer nanometerdünnen Kohlenstofffolie konnte eine relativistische Elektronenwolke, also ein

‚relativistischer Lichtspiegel' realisiert werden[4]. In einem anderen Versuch bildete ein in einem konventionellen Linearbeschleuniger erzeugter intensiver Elektronenpuls den bewegten Spiegel[5].

Ein Laserstrahl kann nur an genügend dichten Elektronenwolken gespiegelt werden, da im Ruhesystem des relativistisch bewegten Spiegels die Lichtwellenlänge stark verkürzt ist, wodurch es zu einer Röntgendurchleuchtung der Elektronenwolke kommen kann. Um die Gammaquantenenergie von $1\,\mathrm{MeV}$ zu erreichen, müssen Photonen der Energie $1\,\mathrm{eV}$ mit einem Faktor der Größe 10^6 verstärkt werden. Nach Gl. (18.33) brauchte man bei einem Frontalaufprall einen Lorentzfaktor von $\gamma = 500$, d. h. eine Wolke mit einer Elektronenenergie von $256\,\mathrm{MeV}$. Im Bezugssystem des Elektronenspiegels, in dem die Reflexion stattfindet, wird die Wellenlänge der ankommenden Laserphotonen um den Faktor 2γ verkürzt. Demnach erfolgt der Abprall für Photonen einer Energie von $1\,\mathrm{eV} \times 2\gamma = 1\,\mathrm{keV}$. Das entspricht einer Wellenlänge von $\lambda = hc/1\mathrm{keV} = 12{,}4\,\text{Å}$. Der relativistische Spiegel muss imstande sein, Licht im Röntgenbereich der Wellenlänge zu reflektieren.

Übung 18.3 Nichtrelativistischer Abprall

Bestimmen Sie den Geschwindigkeitsvektor eines an einer bewegten Wand gestreuten Teilchens, indem Sie den nichtrelativistischen Grenzfall des in Gl. (18.32) erhaltenen Resultats untersuchen.

Lösung

Im nichtrelativistischen Grenzfall betrachten wir die führenden Terme

$$E = \left(1 + \frac{\mathbf{v}^2}{2c^2} + \dots\right) mc^2, \quad p_\parallel = mv_\parallel + \dots, \quad p_\perp = mv_\perp + \dots, \quad \gamma_{\mathrm{W}}^2 = 1 + \frac{\mathbf{u}^2}{c^2} + \dots, \tag{1}$$

in Gl. (18.32). Dann ergibt sich

$$\begin{bmatrix} E' \\ cp'_\parallel \\ cp'_\perp \\ 0 \end{bmatrix} \rightarrow \begin{bmatrix} mc^2\left(1 + \frac{2u^2}{c^2}\right)\left(1 + \frac{\mathbf{v}^2}{2c^2}\right) + 2muv_\parallel \\ -mc\left(1 + \frac{2u^2}{c^2}\right)v_\parallel - mc^2\left(1 + \frac{\mathbf{v}^2}{2c^2}\right)\frac{2u}{c} \\ cp_\perp \\ 0 \end{bmatrix} = \begin{bmatrix} (2\mathbf{u} + \mathbf{v})^2\frac{m}{2} + mc^2 \\ -(2u + v_\parallel)\,mc \\ v_\perp\,mc \\ 0 \end{bmatrix}. \tag{2}$$

---

[4]D. Kiefer, *et al.*, „Relativistic electron mirrors from nanoscale foils for coherent frequency upshift to the extreme ultraviolet (Relativistische Elektronenspiegel aus Nanoschichten für kohärente Frequenzverschiebungen ins extrem Ultraviolette)," *Nature Communications,* 1763 (2013).
[5]N.V. Zamfir, „Nuclear physics with 10 PW laser beams at ELI-NP (Kernphysik mit 10 PW Laserstrahlen am ELI-NP)," *EPJ-ST* **223** 1221 (2014).

Das beweist, dass beim Rückprall von einer bewegten Wand die umgedrehte (reflektierte) Komponente $v_\parallel$ (parallel zur Wandbewegung) des Vektors der Teilchengeschwindigkeit um das Doppelte der Wandgeschwindigkeit vergrößert wird. Der Geschwindigkeitsvektor nach dem Rückprall lautet also

$$\boxed{\mathbf{v}' = -2\mathbf{u}\left(1 + \frac{\mathbf{u} \cdot \mathbf{v}}{\mathbf{u}^2}\right) + \mathbf{v}.} \tag{3}$$

Als Gegenprobe berechnen wir das Quadrat des Geschwindigkeitsvektors, das uns die kinetische Energie aus Gl. 2 liefern muss.

$$(\mathbf{v}')^2 = 4(\mathbf{u})^2 + 8\mathbf{u} \cdot \mathbf{v} + 4\frac{(\mathbf{u} \cdot \mathbf{v})^2}{\mathbf{u}^2} - 4\mathbf{u} \cdot \mathbf{v} - 4\frac{(\mathbf{u} \cdot \mathbf{v})^2}{\mathbf{u}^2} + (\mathbf{v})^2. \tag{4}$$

Fasst man zusammen, so erhält man das gewünschte Resultat, also bis auf den Faktor m/2 die kinetische Energie aus Gl. 2

$$(\mathbf{v}')^2 = (2\mathbf{u} + \mathbf{v})^2. \tag{5}$$

Der Rückprall von einer bewegten Wand verschafft einen ersten Eindruck der als ‚swing-by'-Methode bezeichneten Impulsmitnahme, die zum Beispiel benutzt wird, um die Geschwindigkeit von Raumsonden mit Hilfe des Gravitationspotentials eines Himmelskörpers im Vorbeiflug zu vergrößern.

18.4 Schwellenwerte bei unelastischen Zwei-Körper-Reaktionen

Wir wenden uns nun unelastischen Reaktionen zu, bei denen Energie in die Ruhemasse von Teilchen umgewandelt werden kann und umgekehrt. Das ist uns bei Zerfallsreaktionen auch schon begegnet. In diesen Prozessen ändern sich die physikalischen Eigenschaften der beteiligten Teilchen. Das können relativ kleine Veränderungen sein, zum Beispiel die innere Anregung eines Atoms oder Atomkerns. Bei relativistischen Kollisionen hat man es aber viel öfter mit radikalen Umgestaltungen zu tun, etwa mit dem Auseinanderfallen eines Teilchens in elementare Bestandteile oder mit der Entstehung neuer Teilchen. Beispielsweise kann man Antiprotonen erzeugen, indem man Protonen aufeinanderprallen lässt. Diesen Vorgang werden wir noch genauer untersuchen

Ein ‚praktisches' Beispiel einer unelastischen Reaktion ist die Fusion zweier schwerer Wasserstoffisotope (Deuteron $d = pn$, und Triton $t = pnn$) in ein α-Teilchen ($ppnn$) und ein Neutron n. Hier wird ein Proton mit p gekennzeichnet.

$$d + t \rightarrow \alpha + n + 17{,}6 \,\text{MeV}.$$

Das Pluszeichen deutet an, dass diese Reaktion exothermisch ist. Es werden $Q = 17{,}6\,\text{MeV}$ an kinetischer Energie freigesetzt. Viele andere Zwei-Körper-Reaktionen sind aber endothermisch. Es wird also Energie gebraucht, um sie in Gang zu setzen. In einem solchen Fall verwendet man für den benötigten Energieschwellenwert ein Minuszeichen.

In der Elementarteilchenphysik wird bei der Produktion neuer Teilchen wegen der Verwandlung von kinetischer Stoßenergie in die Ruhemasse der erzeugen Teilchen Energie verbraucht. Wir betrachten als Beispiel die Erzeugung der zwei als ‚seltsam‘ bezeichneten Teilchen Λ und K^0.

$$m_\Lambda = 1115{,}68\,\text{MeV/c}^2, \qquad m_{\text{K}^0} = 497{,}65\,\text{MeV/c}^2.$$

Die Bezeichnung ‚seltsam‘ für die neuen Teilchen Λ und K^0 entstand in der Mitte des 20. Jahrhunderts wegen ihrer ungewöhnlicher Eigenschaften und der Name ist geblieben. Die ‚Seltsamkeit‘ produzierende Reaktion ist stark endothermisch

$$\pi^- + p \rightarrow \Lambda + K^0 - 535{,}5\,\text{MeV}, \tag{18.34}$$

wie das negative Vorzeichen des Werts von Q zeigt, dem letzten Term in Gl. (18.34). Der Energieschwellenwert, also die benötigte Energie, ergibt sich aus den Ruhemassen der beteiligten Teilchen

$$Q = m_p + m_{\pi^-} - m_\Lambda - m_{\text{K}^0}.$$

Die Massen der ankommenden Teilchen sind

$$m_{\pi^-} = 139{,}57\,\text{MeV/c}^2, \qquad m_p = 938{,}27\,\text{MeV/c}^2.$$

In dieser und anderen endothermischen Reaktionen müssen die reagierenden Teilchen offenbar eine kinetische Energie über einem Minimalwert besitzen. Unterhalb dieses Wertes wäre es unmöglich, die Ruhemassen der Reaktionsprodukte zu erzeugen. Der angezeigte Energieschwellenwert ist der dafür erforderliche Energiebetrag. Tatsächlich hat aber die kinetische Energie, die ein Projektil braucht, damit eine Reaktion zustande kommt, oft einen viel größeren Wert. Das zeigt die nachfolgende Untersuchung für das gerade betrachtete Beispiel.

Wir berechnen die Minimalwerte von kinetischer Energie und Impuls der reagierenden Teilchen wie folgt. Im CM-System gehört zur Masse M des Systems die Energie $\overline{E}$ mit $\overline{E} = Mc^2$. Die Lorentztransformation vom CM-System in ein anderes Bezugssystem lautet

$$E = \gamma \overline{E} = \gamma M c^2. \tag{18.35}$$

Man sieht, dass die Minimierung des erforderlichen Energie-Masse-Äquivalents Mc^2 eines Systems auch die Minimierung der Energie in einem anderen Bezugssystem zur Folge hat. Wir betrachten den Prozess aus (18.34) deshalb im CM-System. Dort gilt

$$\overline{\mathbf{p}}_{\pi^-} = -\overline{\mathbf{p}}_p = \overline{\mathbf{p}}. \tag{18.36}$$

Die Gesamtenergie der ankommenden Teilchen ist dann

$$\overline{E}_T = \overline{E}_{\pi^-} + \overline{E}_p = \sqrt{m_{\pi^-}^2 c^4 + \overline{p}^2 c^2} + \sqrt{m_p^2 c^4 + \overline{p}^2 c^2}. \tag{18.37}$$

Nach der Kollision müssen die erzeugten Teilchen die gleiche Gesamtenergie besitzen. Also gilt

$$\overline{E}_T = E_\Lambda + E_{K^0} = \sqrt{m_\Lambda^2 c^4 + \overline{\mathbf{p}}_\Lambda^2 c^2} + \sqrt{m_{K^0}^2 c^4 + \overline{\mathbf{p}}_{K^0}^2 c^2}. \tag{18.38}$$

Die minimale für das Zustandekommen der endothermischen Reaktion erforderliche Energie gehört zu dem Zustand, in dem beide Reaktionsprodukte im CM-System in Ruhe sind. In diesem Fall wird aus Gl. (18.38)

$$\overline{E}_{T\min} = m_\Lambda c^2 + m_{K^0} c^2. \tag{18.39}$$

Aus Gl. (18.37) und (18.39) erhalten wir eine implizite Gleichung für den minimalen für die Reaktion erforderlichen Teilchenimpuls der ankommenden Teilchen im CM-System

$$\sqrt{m_{\pi^-}^2 c^4 + \overline{p}_{\min}^2 c^2} + \sqrt{m_p^2 c^4 + \overline{p}_{\min}^2 c^2} = (m_\Lambda + m_{K^0}) c^2. \tag{18.40}$$

Wir können jetzt $\overline{p}_{\min}$ ins Laborsystem transformieren. Dort bewegt sich das unstabile Pion auf das Ziel, ein ruhendes Proton, zu. Das Pion besitzt dabei den minimalen im Labor benötigten Impuls $p_{\pi^-\min}$. Wir finden die Transformation, indem wir bestimmen, wie ein ruhendes Proton ins CM-System zu transformieren ist, wenn es dort den Impuls $\overline{p}_{\min}$ besitzt

$$\overline{p}_{\min} = \gamma\beta m_p c = \frac{p_{\pi^-\min}}{M} m_p. \tag{18.41}$$

Wir haben hier Gl. (17.8) und (17.9) verwendet, um γ und β zu ersetzen. Die invariante Masse M des Systems lässt sich mit Hilfe der Reaktionsprodukte berechnen, die ja beide im CM-System ruhen sollen

$$M = m_\Lambda + m_{K^0}. \tag{18.42}$$

Damit wird aus Gl. (18.41)

$$\overline{p}_{min} = \frac{m_p}{m_\Lambda + m_{K^0}} p_{\pi^-\,\text{min}}.$$ (18.43)

Es ist vorteilhaft, den Impuls $p_{\pi^-\,\text{min}}$ des Pions in der Einheit $m_{\pi^-}\,c$ auszudrücken, also

$$p_{\pi^-\,\text{min}} = f m_{\pi^-}\,c.$$

Setzt man Gl. (18.43) in Gl. (18.40) ein, so erhält man für f die folgende implizite Gleichung

$$\sqrt{f^2 + \left(\frac{m_\Lambda + m_{K^0}}{m_p}\right)^2} + \sqrt{f^2 + \left(\frac{m_\Lambda + m_{K^0}}{m_{\pi^-}}\right)^2} = \frac{(m_\Lambda + m_{K^0})^2}{m_p m_{\pi^-}}.$$ (18.44)

Beachten Sie, dass Gl. (18.44) symmetrisch ist bei Vertauschung der Bezeichnungen von Anfangs- und/oder Endzustand.

Wir können jetzt Gl. (18.44) nach f auflösen. Bringt man eine Wurzel auf die andere Seite, quadriert, isoliert dann die verbliebene Wurzel und quadriert erneut, so ergibt sich

$$4f^2 = \frac{m_p^2}{m_{\pi^-}^2} + \frac{m_{\pi^-}^2}{m_p^2} + \frac{(m_\Lambda + m_{K^0})^4}{m_p^2 m_{\pi^-}^2} - 2\left(\frac{(m_\Lambda + m_{K^0})^2}{m_{\pi^-}^2} + \frac{(m_\Lambda + m_{K^0})^2}{m_p^2} + 1\right).$$ (18.45)

Wieder stellt man fest, dass dieser Ausdruck symmetrisch ist in Bezug auf die Vertauschung der Teilchen π^- und p bei Prozessbeginn und der Endprodukte Λ und K^0, siehe Gl. (18.34).

Wir setzen dann die numerischen Werte für $m_{\pi^-}, m_p, m_\Lambda$ und m_{K^0} ein und finden $f \simeq 6{,}4$. Mit diesem Resultat lässt sich Gl. (18.44) bestätigen

$$\sqrt{f^2 + 1{,}7195^2} + \sqrt{f^2 + 11{,}56^2} = 19{,}88.$$

Das Pion muss das ruhende Proton mit dem Minimalimpuls $p_{\pi^-\,\text{min}} \approx 6{,}4\, m_{\pi^-}\,c \simeq$ 890 MeV/c treffen, damit die Reaktion Gl. (18.34) möglich ist. Wir können jetzt auch die kinetische Energie des Projektils, also des Pions bestimmen

$$T \equiv E_\pi - m_\pi c^2 = m_{\pi^-}\,c^2\left(\sqrt{f^2 + 1} - 1\right) = 139{,}6\left(\sqrt{6{,}4^2 + 1} - 1\right) = 765\ \text{MeV}.$$ (18.46)

Wir sehen, dass die gesamte kinetische Energie der ursprünglichen vorhandenen Teilchen deutlich größer ist als Q.

Übung 18.4 Zerstrahlung im Laborsystem
Ein Positron der kinetischen Energie T_e kollidiert mit einem ruhenden Elektron. Bei der Zerstrahlung beider Teilchen entstehen zwei Photonen.

$$e^+ + e^- \rightarrow \gamma + \gamma \,.$$

Es kann vorkommen, dass eines der Photonen sich in Richtung des einfallenden Positrons bewegt. Welche Bewegungsrichtung hat dann das andere Photon und wie groß sind die im Labor gemessenen Energien der beiden Photonen?

Lösung
Wegen der Impulserhaltung kann der Impuls des zweiten Photons keine Transversalkomponente besitzen, da in diesem Beispiel das erste die Bewegungsrichtung des Positrons übernommen hat.

Wir können uns also auf die Impulskomponenten parallel zur Richtung des Positrons vom Impuls p_e konzentrieren. Beachtet man, dass der Zusammenhang zwischen Energie und Impuls von Photonen durch $cp_{1,2} = E_{1,2}$ gegeben ist, so folgt aus dem Impulserhaltungssatz

$$cp_e = E_1 + \varepsilon E_2. \tag{1}$$

Für $\varepsilon = +1$ bewegt sich das zweite Photon in die gleiche Richtung wie das erste, also in die des Positrons, und für $\varepsilon = -1$ in die entgegengesetzte Richtung. Wir verwenden jetzt die relativistische Energie-Impuls-Beziehung, um p_e mit Hilfe der kinetischen Energie T_e auszudrücken

$$E_e^2 \equiv (T_e + m_e c^2)^2 = (p_e c)^2 + (m_e c^2)^2. \tag{2}$$

Wir setzten den gefundenen Ausdruck für p_e in Gl. 1 ein

$$E_1 + \varepsilon E_2 = \sqrt{(T_e + m_e c^2)^2 - (m_e c^2)^2} = \sqrt{T_e^2 + 2 m_e c^2 T_e}. \tag{3}$$

Beim Prozess der Zerstrahlung bleibt auch die Energie erhalten

$$E_1 + E_2 = T_e + m_e c^2 + m_e c^2. \tag{4}$$

Hier wurde die Photonenenergie links mit der Energie von Elektron und Positron rechts gleichgesetzt. Bildet man die Differenz der beiden Gl. 3 und 4, so ergibt sich

$$E_2(1 - \varepsilon) = T_e + 2 m_e c^2 - \sqrt{T_e^2 + 2 m_e c^2 T_e} > 0. \tag{5}$$

Man überprüft leicht, dass die rechte Seite von Gl. 5 immer positiv ist. Für $\varepsilon = 1$ verschwindet aber die linke Seite. Also muss $\varepsilon = -1$ sein und das bedeutet, dass sich das zweite Photon in die Gegenrichtung des ersten und des Positrons bewegen muss.

Addiert man die beiden Gl. 3 und 4 und formuliert Gl. 5 neu, so folgt

$$2E_1 = T_e + 2m_ec^2 + \sqrt{T_e^2 + 2m_ec^2T_e},$$

$$2E_2 = T_e + 2m_ec^2 - \sqrt{T_e^2 + 2m_ec^2T_e}, \tag{6}$$

für die Energien und Impulse der zwei Photonen, von denen sich das mit der geringeren Energie (E_2) entgegengesetzt zum Originalimpuls des Positrons bewegt.

Wir gehen in einem Beispiel von $T_e = 3\,\mathrm{MeV}$ aus und erhalten bei einer Ruheenergie von $m_ec^2 = 0{,}511\,\mathrm{MeV}$ für die Energien

$$p_1 = \frac{E_1}{c} = 3{,}748\,\mathrm{MeV}/c, \qquad p_2 = -\frac{E_2}{c} = -0{,}274\,\mathrm{MeV}/c. \tag{7}$$

Der Energieerhaltungssatz lässt sich jetzt überprüfen

$$E_1 + E_2 = 3{,}748 + 0{,}274\,\mathrm{MeV} = 4{,}022\,\mathrm{MeV} = 3\,\mathrm{MeV} + 2 \times 0{,}511\,\mathrm{MeV}. \tag{8}$$

Im CM-System entfernen sich die bei der Zerstrahlung entstandenen Photonen in entgegengesetzte Richtungen. Deshalb vergrößert sich bei der Lorentztransformation vom CM-System ins Laborsystem die Energie des einen Photons, während die des anderen reduziert wird.

18.5 Verfügbare Energie bei einer Kollision zweier Teilchen

Wir ermitteln jetzt allgemein den Ausdruck für die Masse eines aus zwei miteinander kollidierenden Teilchen ‚1' und ‚2' bestehenden Systems im Bezugssystem des Labors. Das Energie-Masse-Äquivalent Mc^2 dieser beiden Teilchen ist

$$Mc^2 = \sqrt{(E_1 + E_2)^2 - c^2(\mathbf{p}_1 + \mathbf{p}_2)^2}. \tag{18.47}$$

Die physikalische Bedeutung von Mc^2 versteht man am besten bei Betrachtung des umgekehrten Prozesses: Ein gedachtes Teilchen der Masse M und der Ruheenergie Mc^2 zerfällt in zwei Teilchen ‚1' und ‚2', von denen jedes die Energie E_i, $i = 1, 2$ und den Impuls $\mathbf{p}_i$, $i = 1, 2$ besitzt. Wir folgern dann, dass M die ‚Quasimasse' ist, die von zwei kollidierenden Teilchen erzeugt werden kann und Mc^2 die im Ruhesystem von M verfügbare Energie. In Gl. (18.47) ist die Quasimasse M eine Lorentzinvariante.

Die invariante Energie wird nach Gl. (17.6) mit $\sqrt{s}$ bezeichnet, also ist

$$\sqrt{s} = Mc^2. \tag{18.48}$$

Das ist die für weitere Prozesse, z. B. für die Erzeugung von Teilchen, verfügbare Energie. Beachten Sie, dass s in Gl. (18.48) nicht mit dem früher definierten invarianten Raum-Zeit-Intervall verwechselt werden darf. Da wir in diesem Buch die übliche Schreibweise verwenden, müssen diese beiden Größen anhand des Textzusammenhangs auseinandergehalten werden.

Wir können die Terme in Gl. (18.47) umordnen und beachten, dass $E_i^2 - c^2 p_i^2 = m_i^2 c^4$, $i = 1, 2$ ist. Dann ergibt sich

$$\boxed{\sqrt{s} = \sqrt{m_1^2 c^4 + m_2^2 c^4 + 2(E_1 E_2 - c^2 \mathbf{p}_1 \cdot \mathbf{p}_2)} \, .} \tag{18.49}$$

Zwei Fälle sind jetzt von besonderem Interesse

1. Kollision mit Teilchen ‚2' in Ruhe. Dann ist $E_2 = m_2 c^2$, $\mathbf{p}_2 = 0$ und wir finden

$$\boxed{\sqrt{s} = \sqrt{m_1^2 c^4 + m_2^2 c^4 + 2E_1 m_2 c^2}.} \tag{18.50}$$

2. Frontaler Zusammenstoß zweier Teilchen aus entgegengesetzten Richtungen. Für den Spezialfall, dass $m_1 = m_2$ ist, setzen wir $\mathbf{p}_1 = -\mathbf{p}_2 = \mathbf{p}$, $m_1 = m_2 = m$ und $E_1 = E_2 = E = \sqrt{m^2 c^4 + p^2 c^2}$. Wir erhalten dann

$$\boxed{\sqrt{s} = 2E.} \tag{18.51}$$

Die in einem Beschleuniger erreichbare Energie wird oft mit Hilfe der Größe des in Zwei-Teilchen-Kollisionen erreichbaren Wertes von $\sqrt{s}$ ausgedrückt. Der derzeit leistungsfähigste Beschleuniger ist der Large Hadron Collider (LHC) am CERN. Hier treffen im Collider-Modus Teilchen (Protonen) aus entgegengesetzten Richtungen mit gleichgroßen Impulsen und Energien zusammen. Das Laborsystem ist also das CM-System. Nach Gl. (18.51) wird hier die Summe der Energien von zwei Protonenstrahlen erreicht, also $\sqrt{s} = (7+7)\,\text{TeV} = 14\,\text{TeV}$. Der Wert übertrifft das Energie-Masse-Äquivalent eines Protons um mehr als das 14000-fache. Ein wesentlich größerer Energiebetrag wäre erforderlich, um den gleichen Wert von $\sqrt{s}$ durch Kollisionen bewegter Protonen mit ruhenden zu erzielen. Um das zu sehen, lösen wir Gl. (18.50) nach E_1 auf

$$E_1 = \frac{s - m_1^2 c^4 - m_2^2 c^4}{2 m_2 c^2}. \tag{18.52}$$

Man beachte, dass auf der rechten Seite s auftaucht und nicht $\sqrt{s}$. Aus diesem Grund ergibt sich für das Energie-Äquivalent des LHC beim Auftreffen eines Strahls auf ein ruhendes Ziel ein Wert von $E_{\mathrm{LHC}} = 104000\,\mathrm{TeV}$! Offensichtlich ist der Collider-Modus enorm ökonomisch. Man benutzt zwei Strahlen von 7 TeV und erreicht das Gleiche wie mit einem Strahl von 104000 TeV. Abgesehen davon, ist ein Protonenstrahl von 104 PeV ($\mathrm{PeV}=10^{15}\,\mathrm{eV}$) weit jenseits des heute technisch Realisierbaren.

Übung 18.5 Relativistischer Totalschaden

Zwei identische Raketen, jede mit der Masse $m = 50\,000\,\mathrm{kg}$, sollen die spezielle Relativitätstheorie testen. Unglücklicherweise kollidieren sie frontal, nachdem sie ihre Reisegeschwindigkeit von $v = 0{,}6c$ erreicht haben. Wie groß ist die Masse des Wracks, wenn wir annehmen, dass keine Trümmer weggeflogen sind, keine Strahlung freigesetzt wurde, die komplette Energie in Masse verwandelt wurde und sich nichts mehr bewegt?

Lösung

Dies ist ein Beispiel für einen vollständig unelastischen Stoß. Die Energien der beiden kollidierenden Raketen sind nach Gl. (14.21)

$$E_1 = E_2 = \frac{mc^2}{\sqrt{1 - v^2/c^2}} = \frac{5}{4}mc^2. \tag{1}$$

Wegen des Energieerhaltungssatzes ist die Energie des Wracks gleich der Gesamtenergie

$$E = E_1 + E_2 = \frac{5}{2}mc^2. \tag{2}$$

Da die Raketen mit gleicher Masse frontal zusammenstießen, ist das Wrack in Ruhe, sein Ruhesystem ist das CM-System. In diesem Fall steckt alle Energie in dem entstandenen Wrack der Masse M,

$$E = Mc^2. \tag{3}$$

Mit Gl. 2 und 3 erhalten wir

$$M = E/c^2 = \frac{5}{2}m = 125\,000\,\mathrm{kg}. \tag{4}$$

Die Masse des Wracks ist 25 000 kg größer als die Gesamtmasse der beiden Raketen. Durch die Materialisierung der kinetischen Energie der Raketen wurden 25 % an zusätzlicher Masse erzeugt.

Übung 18.6 Produktion von Ψ-Teilchen
Ein aktuelles Beispiel für eine völlig unelastische Kollision zweier Körper besteht in der Umwandlung von Elektronen und Positronen über Strahlungsbildung in ein neues Teilchen. Wenn Elektronen und Positronen im Collider-Modus mit der Rapidität $\pm \overline{y}_e$ gleich schnell zusammenstoßen, können sie ein im Labor ruhendes Ψ-Teilchen mit der Masse $M_\Psi c^2 = 3097$ MeV produzieren. Welchen Wert hat $\overline{y}_e$? Welchen Wert muss die Rapidität y_e eines Positrons mindestens haben, wenn bei Kollision mit einem im Labor ruhenden Elektron ein Ψ-Teilchen erzeugt werden soll und welche Energie muss es dann besitzen?

Lösung
Um ein ruhendes Ψ-Teilchen der Masse M zu erzeugen, müssen Elektron und Positron je die Hälfte der erforderlichen Energie in die Kollision bringen, d. h.

$$\overline{E}_e = \frac{Mc^2}{2} = 1\,548{,}5 \text{ MeV}. \tag{1}$$

Wir erinnern uns an die Beziehung zwischen Energie und Rapidität, Gl. (15.17)

$$\overline{y}_e = \operatorname{arcosh} M/(2m_e) = \operatorname{arcosh} 3030 = 8{,}71. \tag{2}$$

Wir sehen, dass Elektronen und Positronen im Collider-Modus die Rapidität 8,71 brauchen, um im Labor ruhende Ψ-Teilchen zu produzieren.

Wie verwenden eine Lorentztransformation, um das sich bewegende Elektron so in das Laborsystem zu transformieren, dass es ruht. Dabei erinnern wir uns daran, dass die Rapidität unter Lorentztransformationen additiv ist. Das bedeutet, dass die Positronenrapidität verdoppelt werden muss

$$y_e = 2\overline{y}_e = 17{,}42. \tag{3}$$

Das ist die Positronenrapidität, die man braucht, um im Laborzielbetrieb ein Ψ Teilchen zu erzeugen.

Um die Laborenergie des Positrons zu bestimmen, betrachten wir wieder Gl. (15.17) und erhalten

$$E_e = m_e c^2 \cosh 2\overline{y}_e = 0{,}511 \text{ MeV} \times \cosh 17{,}42 = 9{,}39 \text{ TeV}. \tag{4}$$

Diese Energie des Positronenstrahls übertrifft die Möglichkeiten des Internationalen Linearkolliders (ILC) um mehr als eine Größenordnung.

Historische Anmerkung: Für die Entdeckung des Ψ-Teilchen im Jahr 1974 durch Burton Richter im e^+e^--Collider-Modus und parallel dazu durch Sam Ting bei Experimenten mit Protonen im Laborzielbetrieb erhielten beide Forscher 1976 den Nobelpreis. Das Teilchen wurde bald als ein gebundener Zustand des schweren Charmquark-paars erkannt. Seine Entdeckung hat den Weg geebnet zur Weiterentwicklung des Quarkmodells und später des Standardmodells der Teilchenphysik.

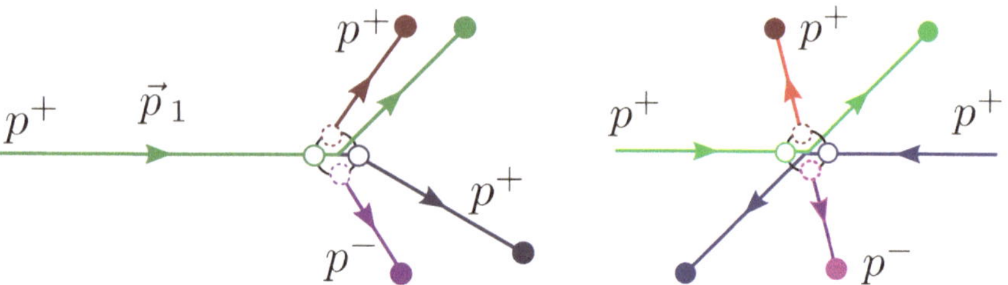

Abb. 18.6 Erzeugung eines Proton-Antiproton-Paars: (links) im Laborsystem; (rechts) im CM-System. Siehe Übung 18.7

Übung 18.7 Produktion von Antiprotonen

Beim Aufprall eines relativistischen Protons auf ein im Labor ruhendes Proton kann ein zusätzliches Proton-Antiproton-Paar erzeugt werden[6]. Wie groß muss die Gesamtenergie des sich bewegenden Protons mindestens sein, und welchen Impuls und welche Geschwindigkeit hat es dann?

Lösung

Die Situation im Laborsystem wird in Abb. 18.6 links dargestellt. Der Impuls $\mathbf{p}_1$ des ankommenden Protons verteilt sich auf alle nach der Kollision vorhandenen Teilchen. Im in Abb. 18.6 rechts zu sehenden CM-System stoßen die Protonen von links und rechts kommend frontal zusammen und das neue Paar fliegt in entgegengesetzte Richtungen davon. Der Gesamtimpuls aller Teilchen ist gleich Null.

Wir bestimmen den Schwellenwert der Reaktion im CM-System: Damit ein Proton-Antiproton-Paar erzeugt werden kann, müssen die zwei kollidierenden Protonen im CM-System die Ruheenergie für das neue Teilchenpaar bereitstellen. Mit vier im CM-System ruhenden Teilchen sind das mindestens

$$\sqrt{s_{\text{Th}}} = (2+2)m_p c^2. \tag{1}$$

Das ist der Schwellenwert, den wir in Gl. (18.52) einsetzen, um die Strahlenergie E_1 im Laborsystem zu bestimmen. Mit $m_1 = m_2 = m_p = 938{,}3\ \text{MeV}/c^2$ ergibt sich

$$E_1 = \frac{4^2 - 2}{2} m_p c^2 = 7 m_p c^2 = 6568\ \text{MeV}. \tag{2}$$

---

[6]Die Entdeckung des Antiprotons gelang am Bevatron in Berkeley beim Stoß von Protonen auf in Kupferkernen gebundene Nukleonen. Diese Vorgehensweise reduzierte die Energieschwelle der hier berechneten Reaktion dank gelegentlicher Stöße ankommender Protonen mit einem auf sie zusteuernden ‚umlaufenden' Nukleon. Emilio Segré und Owen Chamberlain wurden 1959 für die Entdeckung des Antiprotons mit dem Nobelpreis für Physik geehrt.

Die Energiedifferenz $7m_pc^2 - 4m_pc^2 = 3m_pc^2$ ist die gesamte kinetische Energie aller vier Teilchen.

Um den Impuls und die Geschwindigkeit des einlaufenden Protons zu bestimmen, erinnern wir uns an die relativistischen Beziehungen

$$cp = \sqrt{E^2 - m^2c^4}\,, \qquad v = c\,\frac{cp}{E}. \tag{3}$$

Verwenden wir das Resultat Gl. 2, so folgt

$$p_p = \sqrt{7^2 - 1}\; m_pc = 6928\; m_pc = 6501\;\text{MeV}/c\,,$$

$$v_p = c\,\frac{\sqrt{7^2 - 1}}{7} = c\,\sqrt{48/49} = c\,0{,}9897. \tag{4}$$

Übung 18.8 e^+e^--Paarbildung

Ein Photon der Energie $E_\gamma = 1{,}1\,\text{MeV}$ trifft auf eine $M_{\text{Pb}} = 0{,}020\,\text{kg}$ schwere Bleiplatte. Dabei verwandelt es sich in ein Elektron-Positron Paar, das sich in Richtung des ankommenden Photons bewegt. Berechnen Sie die Geschwindigkeit und die Energie eines Bleiatomkerns in der Bleiplatte unter der Annahme, dass die Energie des Photons je zur Hälfte auf Elektron und Positron übergeht. Beginnen Sie mit einem Massenvergleich der beteiligten Körper, um diese Annahme zu begründen.

Lösung
Es gilt

$$m_{e^\pm} = \frac{511\,\text{keV}}{c^2} \equiv 9{,}11 \times 10^{-31}\,\text{kg}\,, \qquad \frac{m_{e^\pm}}{M_{\text{Pb}}} = 4{,}55 \times 10^{-29}. \tag{1}$$

An der Reaktion ist aber nur ein einzelner Bleiatomkern m_{Pb} beteiligt

$$\frac{m_{e^\pm}}{m_{\text{Pb}}} = \frac{1}{1840 \times 207} = 2{,}63 \times 10^{-6}. \tag{2}$$

Wegen des kleinen Massenverhältnisses von Elektron zu Bleikern ist die Rückstoßenergie vermutlich klein genug, um sie zu vernachlässigen. Wir werden dies zuletzt überprüfen.

Die Energie des Photons geht je zur Hälfte auf das Elektron und das Positron über. Sie wird von der Einheit eV mit Hilfe der Elementarladung $e = 1{,}602 \times 10^{-19}$ C in die SI-Einheit Joule umgerechnet, siehe Überblick 16.1

$$E_{e^+} = E_{e^-} = \frac{E_\gamma}{2} = 550\,\text{keV}\ ,$$

$$E_{e^+} = E_{e^-} = 550 \times 10^3 \times 1{,}602 \times 10^{-19} = 8{,}81 \times 10^{-14}\,\text{J}. \qquad (3)$$

Wir bestimmen den Betrag des Teilchenimpulses und rechnen wieder in SI-Einheiten um

$$p_{e^\pm} = \frac{1}{c}\sqrt{E_{e^\pm}^2 - c^4 m_{e^\pm}^2} = 203{,}4\,\frac{\text{keV}}{c}$$

$$= \frac{203{,}4 \times 10^3 \times 1{,}602 \times 10^{-19}}{2{,}998 \times 10^8} = 1{,}09 \times 10^{-22}\,\frac{\text{kg m}}{\text{s}}. \qquad (4)$$

Dann berechnen wir die Teilchengeschwindigkeit

$$v_{e^+} = v_{e^-} = \frac{c^2 p_{e^\pm}}{E_{e^\pm}} = c\,\frac{203{,}4}{550} = 0{,}370c = 1{,}109 \times 10^8\,\frac{\text{m}}{\text{s}}. \qquad (5)$$

Die Impulserhaltung erfordert

$$\mathbf{p}_{\text{Pb}} = \mathbf{p}_\gamma - (\mathbf{p}_{e^+} + \mathbf{p}_{e^-})\,. \qquad (6)$$

Dabei ist $cp_\gamma = E_\gamma$. Wenn Elektron und Positron sich in die Richtung des ursprünglichen Photons bewegen, ergibt sich

$$p_{\text{Pb}} = \frac{E_\gamma}{c} - p_{e^+} - p_{e^-} = \frac{(1100 - 2 \times 203{,}4) \times 10^3 \times 1{,}602 \times 10^{-19}}{2{,}998 \times 10^8}$$

$$\qquad (7)$$

$$= 3{,}70 \times 10^{-22}\,\frac{\text{kg m}}{\text{s}}.$$

Ein Vergleich mit Gl. 4 zeigt, dass ein großer Teil des Impulses vom Bleikern aufgenommen wird. Wegen seiner großen Masse Gl. 2 hat er nur die Geschwindigkeit

$$v_{\text{Pb–Kern}} \simeq \frac{p_{\text{Pb}}}{m_{\text{Pb}}} = \frac{3{,}70 \times 10^{-22}}{3{,}46 \times 10^{-25}} = 1{,}07\,\frac{\text{km}}{\text{s}}. \qquad (8)$$

Sie ist um etwa fünf Größenordnungen kleiner als die Elektronengeschwindigkeit Gl. 5. Mit Hilfe der Impulserhaltung kann auch die Plattengeschwindigkeit abgeschätzt werden, nachdem der bewegte Atomkern in der Platte zur Ruhe gekommen ist. Wegen der großen Zahl N_A der Bleiatome in der Platte

$$N_{\text{Pb}} = \frac{M_{\text{Pb}}}{m_{\text{Pb}}} = 5{,}78 \times 10^{22}, \qquad (9)$$

wird diese Geschwindigkeit offenbar unmessbar klein sein.

Wie angekündigt, bestimmen wir zuletzt die auf den Bleikern übertragene nichtrelativistische kinetische Energie

$$E_{\text{Pb-Kern}} = \frac{p_{\text{Pb}}^2}{2\,m_{\text{Pb}}} = \frac{13{,}7 \times 10^{-44}}{6{,}92 \times 10^{-25}}\,\text{J} = 1{,}97 \times 10^{-19}\,\text{J}$$

$$= \frac{1{,}97 \times 10^{-19}}{1{,}602 \times 10^{-19}}\,\text{eV} = 1{,}23\,\text{eV}. \tag{10}$$

Sie ist entsprechend dem in Gl. 2 angegebenen Massenverhältnis sechs Größenordnungen kleiner als die Photonenergie. Man sieht, dass zwar der Impulsübertrag auf den Bleikern als Katalysator bedeutend ist, doch nimmt dieser kaum Energie auf. Die Photonenenergie geht also im Wesentlichen auf Elektron und Positron über. Unser ursprünglicher Ansatz wird damit gerechtfertigt.

Übung 18.9 Bezugssystem gleicher Geschwindigkeit

Ein Teilchen mit der Geschwindigkeit u und dem zugehörigen Lorentzfaktor γ kollidiert mit einem ruhenden Ziel-Teilchen im Laborsystem S. Dann gibt es ein Bezugssystem S', in dem die Geschwindigkeiten beider Teilchen gleich groß, aber entgegengesetzt gerichtet sind ($\mathbf{u}'_{\text{particle}} = -\mathbf{u}'_{\text{target}}$). In diesem Bezugssystem stoßen die Teilchen also frontal mit gleichen Geschwindigkeiten aufeinander. Berechnen Sie die Größe dieser Geschwindigkeit $u' = |\mathbf{u}'_{\text{particle}}| = |\mathbf{u}'_{\text{target}}|$ und den zugehörigen Lorentzfaktor γ' allgemein und für das Beispiel $\gamma = 3$. Die Situation in beiden Bezugssystemen S und S' ist in Abb. 18.7 zu sehen.

Lösung

Ein in S' ruhender Beobachter sieht, wie die Teilchen sich mit den Geschwindigkeiten $+\mathbf{u}'$ und $-\mathbf{u}'$ aufeinander zubewegen. Weil das Ziel-Teilchen im Bezugssystem S ruht, muss die Geschwindigkeit von S relativ zum Bezugssystem S' ebenso $\mathbf{v} = -\mathbf{u}'$ sein. Mit Hilfe von Gl. (7.19a) können wir die Geschwindigkeit des in S bewegten Teilchens von S' nach S transformieren (also von gestrichenen zu ‚ungestrichenen' Koordinaten und damit umgekehrt wie in Gl. (7.19a)).

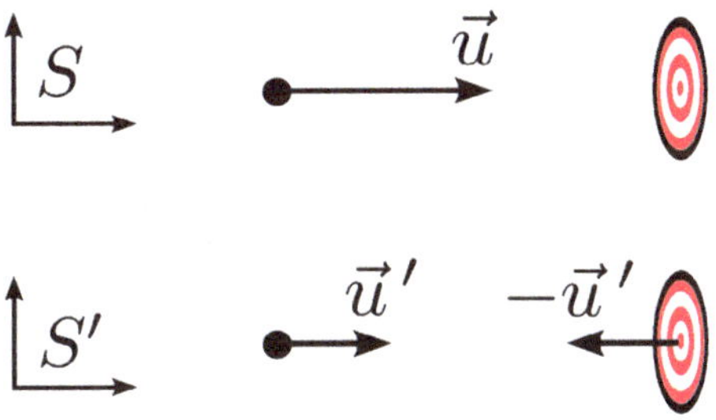

Abb. 18.7 Oben: Ein Teilchen kollidiert mit einem Ziel im Laborsystem S. Unten: Gleiche Situation im bewegten Bezugssystem S'. Siehe Übung 18.9

$$u = \frac{u' - v}{1 - u'v/c^2} = \frac{2u'}{1 + u'^2/c^2}. \tag{1}$$

Löst man nach u' auf, so ergibt sich

$$\frac{u'}{c} = \frac{c}{u}\left(1 \pm \sqrt{1 - \frac{u^2}{c^2}}\right). \tag{2}$$

Wir wählen das negative Vorzeichen für die Wurzel, damit wir im nichtrelativistischen Fall $u \to 0$ die dann richtige Antwort $u' = \frac{1}{2}u$ erhalten. Mit $1/\sqrt{1 - u^2/c^2} = \gamma$ und

$$\frac{u}{c} = \frac{\sqrt{\gamma^2 - 1}}{\gamma} \tag{3}$$

können wir Gl. 2 umformen zu

$$\frac{u'}{c} = \frac{\gamma - 1}{\sqrt{\gamma^2 - 1}} = \sqrt{\frac{\gamma - 1}{\gamma + 1}} \tag{4}$$

und mit $1 - (u'/c)^2 = 2/(\gamma + 1)$ erhalten wir

$$\gamma' = \frac{1}{\sqrt{1 - (u'/c)^2}} = \sqrt{\frac{\gamma + 1}{2}}. \tag{5}$$

Aus Gl. 3 ergibt sich in unserem Beispiel

$$\gamma = 3 \, , \ \to \ \frac{u}{c} = \sqrt{\frac{8}{9}}. \tag{6}$$

Nach Gl. 2 und 5 erhalten wir für die Geschwindigkeit, bzw. den Lorentzfaktor bei der Frontalkollision in S'

$$\frac{u'}{c} = \frac{1}{\sqrt{2}} \, , \ \gamma' = \sqrt{2}. \tag{7}$$

Wir vergleichen die Ergebnisse dieser Übung mit den in Übung 17.4 erhaltenen und stellen fest, dass wir zum Beispiel Gl. 5 verwenden können, um den Wert $\gamma = 61{,}02$ für die Transformation vom Laborsystem zum CM-System zu erhalten. Das ist möglich, weil $m_1 = m_2$ ist. Deshalb ist das CM-System auch ein Bezugssystem gleicher Geschwindigkeiten, wie in dieser Übung verlangt.

Die physikalische Bedeutung eines Bezugssystems gleicher Geschwindigkeit wird deutlich, wenn die kollidierenden Objekte zusammengesetzt sind und in der Regel auch verschiedene Massen besitzen, aber aus gleichen Bestandteilen bestehen. Dies ist *z. B.* bei Kollisionen von zwei verschiedenen Atomkernen der Fall. Dann ist das Bezugssystem gleicher Geschwindigkeit für die Kollisionen der Bestandteile, d. h. der Nukleonen, auch das CM-System und damit bestens geeignet, solange nur die Reaktionen der Bestandteile relevant sind. Diese Situation liegt beispielsweise bei Erzeugung sehr massiver Teilchen vor. Sie erfolgt überwiegend durch primäre Stöße, bei denen die Schwellenenergie deutlich überschritten wird.

18.6   Unelastischer Stoß und Teilchenerzeugung

Wir betrachten Stöße von zwei relativistischen stark wechselwirkenden Teilchen, die von links und rechts kommend im CM-System aufeinandertreffen, wie es in Abb. 18.8 gezeigt wird. Es handelt sich typischerweise um Protonen oder auch um Schwerionen, also Atomkerne. Man spricht von Kollisionen relativistischer Schwerionen (Relativistic Heavy Ions) (RHI). Es ist bekannt, dass bei solch hochenergetischen Stoßprozessen viele Sekundärteilchen erzeugt werden können. Der Impuls $\bar{\mathbf{p}}$ jedes emittierten Sekundärteilchens kann in Komponenten parallel und senkrecht zur Kollisionsachse zerlegt werden, wie in Abb. 18.8 zu sehen ist

$$\bar{p}_{\parallel} = |\bar{\mathbf{p}}| \cos \bar{\theta}, \qquad |\bar{\mathbf{p}}_{\perp}| = |\bar{\mathbf{p}}| \sin \bar{\theta}. \tag{18.53}$$

Analog gilt im Laborsystem

$$p_{\parallel} = |\mathbf{p}| \cos \theta, \qquad |\mathbf{p}_{\perp}| = |\mathbf{p}| \sin \theta. \tag{18.54}$$

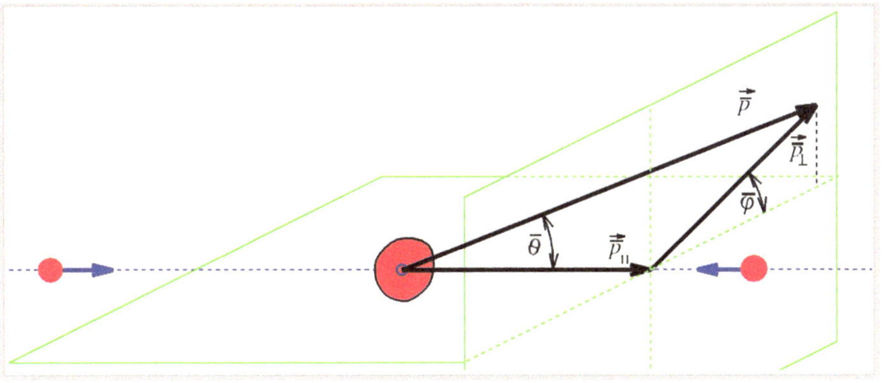

Abb. 18.8 Die Zerlegung des Teilchenimpulses in Komponenten parallel ($\bar{\mathbf{p}}_{\parallel}$) und senkrecht ($\bar{\mathbf{p}}_{\perp}$) zur Kollisionsachse im CM-System. Achten Sie auf den Inklinationswinkel θ von $\bar{\mathbf{p}}$ und den Azimutwinkel φ von $\bar{\mathbf{p}}_{\perp}$

Tab. 18.1 Kollisionen von p+p (NA61/SHINE CERN-SPS Kollaboration, siehe Ref. [7]). Die Strahlimpulse p_{beam} stehen in der ersten Spalte, die zugehörigen CM-Rapiditäten y_{CM} in der zweiten, die verfügbare p+p-Energie $\sqrt{s_{\mathrm{pp}}}$ in der dritten, die Anzahl der erzeugten negativ geladenen Pionen N_{π^-} in der vierten und die pro erzeugtem π^- benötigte Energie in der letzten

p_{beam} [GeV/c]	y_{CM}	$\sqrt{s_{\mathrm{pp}}}$ [GeV]	N_{π^-}	$\dfrac{\sqrt{s_{\mathrm{pp}}}}{N_{\pi^-}}$ [GeV]
158	2,91	17,27	$2{,}444 \pm 0{,}130$	$7{,}1 \pm 0{,}3$
80	2,57	12,32	$1{,}938 \pm 0{,}080$	$6{,}4 \pm 0{,}3$
40	2,22	8,76	$1{,}478 \pm 0{,}051$	$5{,}9 \pm 0{,}2$
31	2,10	7,74	$1{,}312 \pm 0{,}069$	$5{,}9 \pm 0{,}3$
20	1,88	6,27	$1{,}047 \pm 0{,}051$	$6{,}0 \pm 0{,}3$

Die Verteilung der Teilchen mit dem Azimutwinkel φ ist meist symmetrisch in Bezug auf die Kollisionsachse. Das ist aber nicht immer der Fall und eine Asymmetrie der Verteilung in φ enthält oft bedeutende Informationen über die unelastischen Prozesse, die zu der üppigen Teilchenproduktion geführt haben.

Die erzeugten Teilchen werden in Detektoren gemessen, die sich im Laborsystem befinden. Hat man einmal den Impuls $\mathbf{p}$ und den Erzeugungswinkel θ bestimmt und das Teilchen identifiziert, so kennt man seine Masse und seine Energie $E_p = \sqrt{m_p^2 c^4 + \mathbf{p}^2 c^2}$. Man kann dann mit Hilfe von Gl. (15.22) die Teilchenrapidität bestimmen

$$y_p = \frac{1}{2} \ln \left(\frac{E_p + c p_\parallel}{E_p - c p_\parallel} \right) = \frac{1}{2} \ln \left(\frac{E_p + c |\mathbf{p}| \cos \theta}{E_p - c |\mathbf{p}| \cos \theta} \right). \tag{18.55}$$

Bei Experimenten ist es üblich, zu ermitteln, wie viele Teilchen pro Rapiditätsintervall dy erzeugt werden. Man bildet dann dN/dy, wobei N beispielsweise die Zahl der innerhalb des betrachteten Rapiditätsintervalls erzeugten negativ geladenen Pionen π^- ist. Im Folgenden besprechen wir π^--Rapiditätsspektren, die von der NA61/SHINE CERN-SPS Kollaboration erstellt wurden (SPS: super proton synchrotron)[7]. Diese Resultate wurden bei Experimenten erzielt, bei denen schnelle Protonen auf ein im Laborsystem ruhendes Zielproton prallten. Der Impuls des ankommenden Protons wurde variiert. Die Impulsbeträge kann man der ersten Spalte von Tab. 18.1 entnehmen.

Um die Teilchenproduktion bei unelastischen Stößen im Labor für Prozesse vergleichen zu können, die bei verschiedenen Energien stattfinden, werden die Labormesswerte für $d\pi^-/dy$ ins CM-System verschoben. Der Zusammenhang zwischen

---

[7]N. Abgrall *et.al.*, „Measurement of negatively charged pion spectra in inelastic p+p interactions at $p_{\mathrm{lab}} = 20, 31, 40, 80$ and $158\,\mathrm{GeV}/c$ (Messungen der Spektren negativ geladener Pionen bei unelastischen p+p Wechselwirkungen für $p_{\mathrm{lab}} = 20, 31, 40, 80$ und $158\,\mathrm{GeV}/c$)," *Eur. Phys. J. C* **74** 2794 (2014).

der CM-Rapidität $\bar{y}$ und der im Labor gemessenen Rapidität y_p ist gegeben durch

$$\bar{y} = y_p - y_{\text{CM}}. \tag{18.56}$$

Den Wert y_{CM} erhält man wie in Übung 17.2 beschrieben: Wenn beide Kollisionspartner die gleiche Masse haben, ist es der Durchschnitt der Rapiditäten der kollidierenden Teilchen, siehe Gl. 9 in dieser Übung 17.2.

Dass das Zielteilchen, hier das Proton, im Laboratorium ruht, bedeutet, dass die CM-Rapidität y_{CM} halb so groß ist wie die Projektilrapidität $y_{\text{CM}} = y_p/2$. Um y_p für einen vorgegebenen hohen Wert des Projektilimpulses $|\mathbf{p}_p| \gg m_p c$ zu erhalten, können wir die zweite Gleichung aus Gl. (15.22) für den Spezialfall $\mathbf{p}_{p\perp} = 0$ verwenden. Es folgt

$$y_p = \ln \frac{E_p + c p_{p\parallel}}{E_{p\perp}} = \ln \left(\sqrt{1 + \frac{\mathbf{p}_p^2}{m_p^2 c^2}} + \frac{|\mathbf{p}_p|}{m_p c} \right) = \ln \left(\frac{2|\mathbf{p}_p|}{m_p c} \right) + \frac{1}{4} \frac{m_p^2 c^2}{\mathbf{p}_p^2} + \dots. \tag{18.57}$$

Die resultierenden Werte für y_{CM} stehen in der zweiten Spalte von Tab. 18.1.

Die dritte Spalte in Tab. 18.1 zeigt die verfügbare p+p Gesamtenergie $\sqrt{s_{\text{pp}}}$, siehe Abschn. 18.5. In der vierten Spalte sehen wir die Zahl der erzeugten π^-, nach Ref. [7]. Bei diesen Resultaten der NA61-Kollaboration wird ein systematischer Fehler angegeben, der bei einer Extrapolation der gemessenen Resultate zu den Bereichen des Teilchenimpulses $\mathbf{p}$ entsteht, in denen das Experiment NA61 keine Daten aufnehmen konnte. Die Rapiditätsverteilungen nach Ref. [7] sind in Abb. 18.9 angezeigt. Alle Verteilungen sind vom Laborsystem zum CM-System verschoben worden. Die Verteilungen sind um den zentralen Wert $y = 0$ lokalisiert. Dieses Resultat überrascht bei den elementaren p+p Kollisionen und deutet auf einen hohen Verlust an kinetischer Energie beim Stoß hin. In der vierten und letzten Spalte in Tab. 18.1 kann man den Energieaufwand zur Produktion eines π^- ablesen. Innerhalb der Fehlergrenzen ist das Resultat für die vier niedrigsten Projektilimpulse konstant.

Die Form der Rapiditätsverteilung in Abb. 18.9 kann nach Hagedorn[8] in einem thermischen Modell interpretiert werden. Man nimmt an, dass die unbekannte Impulsverteilung der Teilchen im Ruhesystem der Teilchenquelle, einem Feuerball, nur von der Energie abhängt $\tilde{n}(\mathbf{p}) \to n(E)$ und eine (relativistische) Boltzmannverteilung vorliegt. Mit Gl. (15.18) folgt dann

$$n(E) = A e^{-E/T} = A e^{-E_\perp \cosh y / T}. \tag{18.58}$$

---

[8]Rolf Hagedorn (1919–2003) war ein deutscher Physiker, der am CERN arbeitete und maßgeblich zur Entwicklung des thermischen Modells der Teilchenproduktion beigetragen hat. Der Schmelzpunkt der hadronischen Materie, bei dem die Wandlung in das Quark-Gluon-Plasma erfolgt, die Hagedorntemperatur, wird nach ihm benannt. Siehe: *Melting Hadrons, Boiling Quarks: From Hagedorn Temperature to Ultra-Relativistic Heavy-Ion Collisions at CERN (Schmelzende Hadronen, kochende Quarks: von der Hagedorntemperatur zu ultrarelativistischen Schwerionenkollisionen am CERN)* J. Rafelski (Editor) (Springer Open 2016).

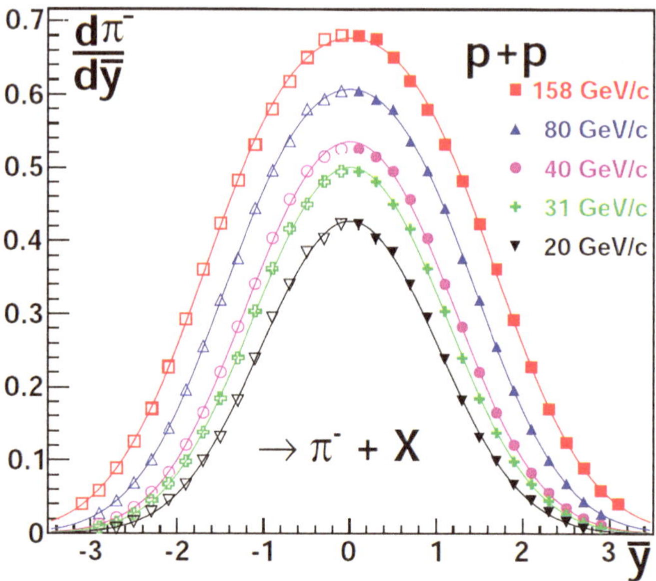

Abb. 18.9 Rapiditätsspektren von π^--Mesonen, die in unelastischen Stößen von Protonen der Impulse $p_{\mathrm{lab}} = 20, 31, 40, 80$ und $158\,\mathrm{GeV}/c$ mit im Labor ruhenden Zielprotonen produziert wurden. Die anderen Reaktionsprodukte sind durch ‚X' symbolisiert. Die statistischen Fehler sind kleiner als die Größe der in der Abbildung verwendeten Anzeigesymbole. Systematische Fehler werden durch leicht schattierte Bänder verdeutlicht. Resultate der NA61/SHINE CERN-SPS Kollaboration. Darstellung der Resultate der Figur 20 in Ref. [7]

Der Verteilungsparameter T wird in Einheiten der Energie gemessen. A normalisiert die Verteilung auf ein Teilchen. Definitionsgemäß gilt

$$\frac{dN}{dy} = \int n(E) \frac{dp_{\parallel}}{dy}\, d^2 p_{\perp} = A \int e^{-E_{\perp}\cosh y/T} E_{\perp}/c\, \cosh y\, d^2 p_{\perp}. \quad (18.59)$$

Bei der letzten Umformung wurde wieder Gl. (15.18) benutzt. Differenziert man $E_{\perp}^2 = m^2 c^4 + \mathbf{p}_{\perp}^2 c^2$, so erkennt man, dass man $d^2 p_{\perp}$ durch $2\pi E_{\perp} dE_{\perp}/c^2$ ersetzen kann. Der Faktor 2π entsteht durch Integration über den Azimutwinkel. Mit der Substitution $w = E_{\perp}\cosh y/T$ ergibt sich

$$\frac{dN}{dy} = \frac{A\, 4\pi\, T^3}{c^3 \cosh^2 y} \int_{m\cosh y/T}^{\infty} e^{-w} w^2 dw. \quad (18.60)$$

Der zusätzliche Faktor 2 kommt daher, dass sowohl positive wie auch negative $p_{\parallel}$ vorkommen.

Das Ergebnis der elementaren Integration wird in Abb. 18.10 veranschaulicht. Die π-Verteilung (gestrichelte Linie) hat die gewünschte Form und passt zur niedrigsten Kollisionsenergie aus Abb. 18.9. Für höhere Energien wird die beobachtete Verbreiterung der experimentell ermittelten Verteilung (Abb. 18.9) durch das einfache Modell

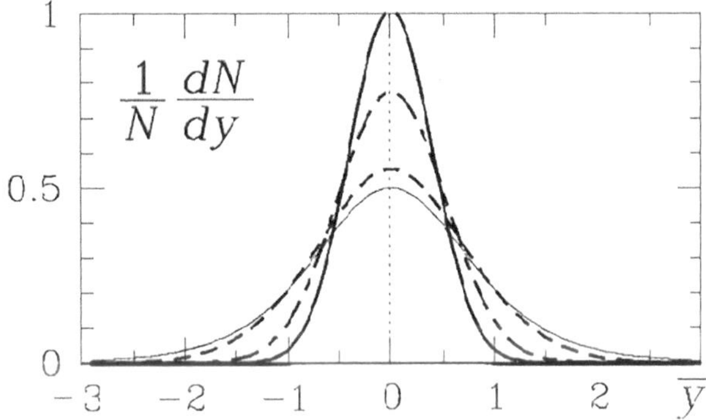

Abb. 18.10 Auf ein Teilchen normalisierte Rapiditätsspektren im thermischen Modell für $T = 160\,\text{MeV}$. Dünne Linie: masselose Teilchen; gestrichelte Linie: Pionen ($m_\pi c^2 \simeq 140\,\text{MeV}$); unterschiedlich gestrichelte Linie; Kaonen ($m_K c^2 \simeq 500\,\text{MeV}$); durchgezogene Linie: Nukleonen ($m_N c^2 \simeq 940\,\text{MeV}$)

der Boltzmannverteilung nicht erfasst. Bei hohen Energien werden die wechselwirkenden Teilchen nicht voll abgebremst. Ihre Bestandteile und Reaktionsprodukte behalten einen Teil des longitudinalen Impulses, wodurch die Rapiditätsverteilung in Abb. 18.9 verbreitert wird.

Eine Bemerkung zum Weiterstudium: Es gibt ganze Bücher, die sich elastischen oder inelastischen Stößen mit thermischer Vielteilchenproduktion widmen. Eine sehr klare Einführung in die kinematischen Fragen wird von Hagedorn angeboten[9]. Thermische Modelle der Teilchenproduktion werden von Letessier und Rafelski (in Ref. 4 im Kap. 16) vorgestellt.

---

[9]R. Hagedorn, *Relativistic Kinematics (Relativistische Kinematik)* W. A. Benjamin, New York (1963, 1973).

Zusammenfassung – *Im Teil VIII – Kap.* 19, *Kap.* 20:
Wir stellen Arbeiten vor, deren Ziel es ist, die experimentelle Bestätigung der
SR zu verbessern. Wie sicher sind wir im Hinblick auf die Richtigkeit und Vollständigkeit der SR? Gibt es Grenzen der Gültigkeit der grundlegenden Prinzipien
oder den daraus folgenden Resultaten? Außerdem beschreiben wir physikalische
Prozesse, die offensichtlich den Rahmen der SR sprengen, aber bis jetzt noch nicht
zu beobachtbarer Störung im Denkgebäude der SR geführt haben. Bei diesen Prozessen ist das gemeinsame Rätsel der Umgang mit der Beschleunigung.

Einleitende Bemerkungen zu Teil VIII
Jeder erwartet, dass wir eines Tages ein theoretisches Rahmenwerk finden wer-
den, das umfassender ist als die SR. Auf den folgenden Seiten sprechen wir in
Kap. 19 den Stand der aktuellen experimentellen Suche nach wahrnehmbaren
Gültigkeitsgrenzen der SR an und gehen danach in Kap. 20 auf Denkmodelle zur
Beschleunigung ein. Die Entwickler der SR hielten die Beschleunigung für ein
Element, das in die Struktur der SR nicht zu passen schien. Wir fragen deshalb,
wie stark eine Beschleunigung werden muss, damit sie die Struktur der SR auf-
bricht.

Es wurden schon viele Experimente durchgeführt, in denen nach den Grenzen
der SR gesucht wurde. Wir ordnen sie so an, dass zunächst die grundlegenden Pos-
tulate, dann die Konsequenzen und Resultate der SR angesprochen werden. In diesem Zusammenhang wurde das Michelson-Morley-Experiment oft als Bestätigung
der Körperkontraktion bezeichnet. Es ist aber *per se* ein Test des Relativitätsprinzips, also eines Schlüsselpostulats der SR. Ein anderes Prinzip, auf das wir
unser Augenmerk legen, ist die Konstanz der Lichtgeschwindigkeit. Die wichtigsten von uns betrachteten Resultate der SR betreffen die Veränderungen materieller Köper, die Zeitdilatation und die Lorentz-FitzGerald-Körperkontraktion. Wir
gehen auch auf die Äquivalenz von Masse und Energie ein.

Wir besprechen die große Zahl von Tests des Dopplereffekts. Wir erinnern daran, dass mit diesen Tests, anders als oft behauptet, nicht die Zeitdilatation überprüft wird. Der Dopplereffekt basiert in der SR in erster Linie auf den Eigenschaften der Lorentztransformation der Raum-Zeit-Koordinaten und der Natur der Lichtwelle, insbesondere auf der Unabhängigkeit der Lichtwellenphase von der Beschaffenheit der Raumzeit sowie des Zustandes des Beobachters.

Die kosmologische Geschichte des Universums und seine fortgesetzte Expansion legen nahe, dass man schließlich eine Gültigkeitsgrenze finden muss, denn Raum und Zeit sind nicht völlig gleichwertig. Diese Äquivalenz war aber das Fundament des Minkowskiraums und der Lorentzkoordinatentransformation. Wir sprechen deshalb den Begriff der Zeit und den Unterschied zum Raum ebenfalls an.

Wir wenden uns in Kap. 20 der Frage zu, wie sich Beschleunigung und SR verknüpfen lassen. Einsteins Inertialsysteme und die Formulierung der Koordinatentransformation vermeiden den Gebrauch des Begriffs der Beschleunigung. Die Herangehensweise von Lorentz an die SR erlaubt den Transfer eines Beobachters von einem Inertialsystem zu einem anderen. Dieser Übergang verlangt eine (kleine) Beschleunigung und weckt das Bedürfnis, sich mit dieser Größe zu befassen. Da die Lorentztransformationen der SR aber keinen Übergang von einem Bezugssystem zu einem relativ dazu beschleunigten zulassen, liefert die SR keinen Zugang zu beschleunigten Bezugssystemen.

Elektromagnetische Kräfte werden oft benutzt, um geladenen Körpern beschleunigte Bewegungen zu verleihen. Wir vergleichen heute verfügbare Kräfte mit solchen, die man in einer künftigen Theorie vermutlich als ‚elementar‘ einstufen wird, da sie sich mit Hilfe natürlicher Konstanten ergeben, also mit Hilfe von Ladung e und Masse m des Teilchens, auf das das Feld einwirkt, und der Lichtgeschwindigkeit. Interessant sind in diesem Zusammenhang die im Umfeld der Planckeinheiten – einem System natürlicher Einheiten – diskutierten Theorien (Ref. 3, in Kap. 20). Wir zeigen, dass in Umgebungen, in denen gegenwärtige Tests der SR ausgeführt werden, Beschleunigungen auftreten, die um 20 Größenordnungen oder mehr unterhalb solcher ‚Elementarstärken‘ liegen. Wir plädieren für zukünftige Tests der SR unter dem Einfluss starker Beschleunigungen.

Wir zeigen, dass die Beschleunigung eines Körpers lokal definiert ist. Sie manifestiert sich in der Emission von Strahlung. Der damit verbundene Energieverlust erzeugt bei beschleunigten geladenen Körpern eine Strahlungsrückwirkung, eine durch Strahlung verursachte Reibungskraft im Vakuum. Solche Effekte haben bisher noch keine endgültige Erklärung gefunden. Wir bezeichnen die Suche nach der Erweiterung des Kraftbegriffes in diesem Bereich als die Erforschung der ‚Beschleunigungsgrenze‘ der Gesetze der Physik. Wir beschreiben mehrere experimentelle Umgebungen, in denen diese Grenze erforscht werden könnte.

Zusammenfassung

Wir untersuchen zunächst den experimentellen Stand der Grundlagen der SR: das Relativitätsprinzip und die Konstanz der Lichtgeschwindigkeit. Danach wenden wir uns Konsequenzen der SR zu: der Zeitdilatation, der Körperkontraktion und der Äquivalenz von Masse und Energie. Wir betrachten den Dopplereffekt als Test der Relativität *an sich*. Das Ende dieses Kapitels bestimmen weitergehende Fragen: Sind Raum und Zeit nicht doch grundverschieden? Eignet die kosmische Hintergrundstrahlung sich als bevorzugtes ‚Machsches' Bezugssystem? Sind Naturkonstanten wirklich konstant?

19.1 Überblick: Tests der SR

Eines der grundlegenden physikalischen Prinzipien, an denen wir in diesem Buch festhalten, besteht darin, dass eine absolute kräftefreie Bewegung nicht beobachtbar ist. Das MM-Experiment beweist das und deshalb ist es ein Test des Relativitätsprinzips. Tests von der Art des MM-Experiments werden auch heute noch durchgeführt, um den Bewegungszustand einer kräftefreien Apparatur zu untersuchen. Ihr Anliegen ist nach Einsteins Worten der Nachweis, dass eine konstante Bewegung relativ zum Äther nicht nachweisbar ist. In Abschn. 19.2 beschreiben wir den aktuellen Stand dieser Experimente.

Die SR beruht außerdem auf dem von Einstein hinzugefügten Postulat der Konstanz der Lichtgeschwindigkeit, siehe Gl. (2.6) und (6.12): Sie hat unabhängig vom Bewegungszustand der Quelle und des Beobachters immer den gleichen Wert. Die Tests der Art des MM-Experiments beziehen sich darauf, aber es kann noch mehr getestet werden als dieses Prinzip. Wir diskutieren das in Abschn. 19.3.

Wir untersuchen dann in Abschn. 19.4, wie die Schlüsselresultate der SR, die Eigenschaften materieller Körper zum Inhalt haben, den experimentellen Tests standhalten, also die Zeitdilatation, die Lorentz-FitzGerald-Körperkontraktion und die Äquivalenz von Masse und Energie.

© Springer-Verlag GmbH Deutschland, ein Teil von Springer Nature 2019   343
J. Rafelski, *Spezielle Relativitätstheorie heute,*
https://doi.org/10.1007/978-3-662-59420-9_19

In Abschn. 19.5 befassen wir uns noch einmal mit dem Dopplereffekt. Wir erinnern daran, dass er sich aus den Lorentztransformationen der Koordinaten ergibt. Er befasst sich mit der Möglichkeit, mit Licht Informationen über den Bewegungszustand einer Quelle zum Empfänger zu senden, der diese Informationen dann entschlüsseln kann. Wie erwähnt, beinhaltet ein Test des Dopplereffekts keinen Test der Zeitdilatation. Da der Dopplereffekt primär von der Gültigkeit der Lorentztransformationen abhängt, die sich ihrerseits direkt aus den Grundprinzipien der SR ergeben, stellen die ultrapräzisen Experimente zum Dopplereffekt einen umfassenden Test der Eigenschaften der SR und der Natur des Lichts dar.

Im abschließenden Abschn. 19.6 sprechen wir Fragen im Zusammenhang mit dem Begriff der Zeit an. Wenn die Tests der SR sich weiterentwickeln, werden sie eines Tages die Präzision erreichen, der es bedarf, den Unterschied zwischen Raum und Zeit von Grund auf zu untersuchen. Aus heutiger Sicht gab es einen Beginn der Zeit im Universum. Andererseits hat das Universum keine räumlichen Grenzen. Nach kosmologischen Maßstäben ist das ein direkter Widerspruch zur Minkowskischen Raum-Zeit-Symmetrie. Wir befassen uns auch mit Machs Idee eines bevorzugten Inertialsystems, das durch Sterne oder heute durch die kosmische Hintergrundstrahlung definiert werden könnte. Wenn Zeit und Raum aus kosmologischer Sicht unterschiedlich sind, stellt sich auch die Frage, ob die sogenannten Naturkonstanten, die im Raum konstant sind, auch Konstante in der Zeit darstellen.

19.2 Das Michelson-Morley-Experiment heute

Das Michelson-Morley-Experiment testet das Relativitätsprinzip, indem es demonstriert, dass absolute Bewegung der Messapparatur im Universum nicht nachweisbar ist. Das Experiment wurde im vergangenen Jahrhundert bedeutend verbessert, wie man der zeitlichen Darstellung in Abb. 19.1 entnehmen kann. Anfangs gingen diese Fortschritte noch auf Michelson selbst zurück. Das sieht man an den verbesserten Grenzen in der linken oberen Ecke der Figur. Man beachte, dass diese Darstellung sich auf das andere Postulat der SR bezieht, nämlich die Konstanz der Lichtgeschwindigkeit. Es werden die Abweichungen $\Delta c/c$ dieser Geschwindigkeit betrachtet oder die der Signalfrequenz $\Delta v/v$, die durch eine mutmaßliche Äthermitführung verursacht worden sein könnte.

In der rechten unteren Ecke von Abb. 19.1 sieht man die Ergebnisse einer modernen Version des MM-Experiments, das im Jahr 2009 vorgestellt wurde. Die Vorrichtung schwebte auf einem dünnen Luftpolster über einem 1,3 Tonnen schweren Granittisch. Sie bestand aus zwei rechtwinklig zueinander angeordneten Hohlräumen von etwa 8,4 cm Länge, die im Wesentlichen zwei Paare von Spiegeln enthielten, die das Licht vor- und zurückwarfen. Da die Hohlräume etwas unterschiedliche Länge hatten, unterschieden sich auch beider Resonanzfrequenzen leicht.

Ein Laserstrahl wurde in zwei Strahlen geteilt, je einen für jeden Hohlraum. Die Frequenzen der beiden Strahlen wurden dann mit Hilfe akustooptischer Modulatoren auf die jeweilige Resonanzfrequenz abgestimmt. Wäre die Lichtgeschwindigkeit in beiden Richtungen unterschiedlich, so hätte das diese Resonanzfrequenzen

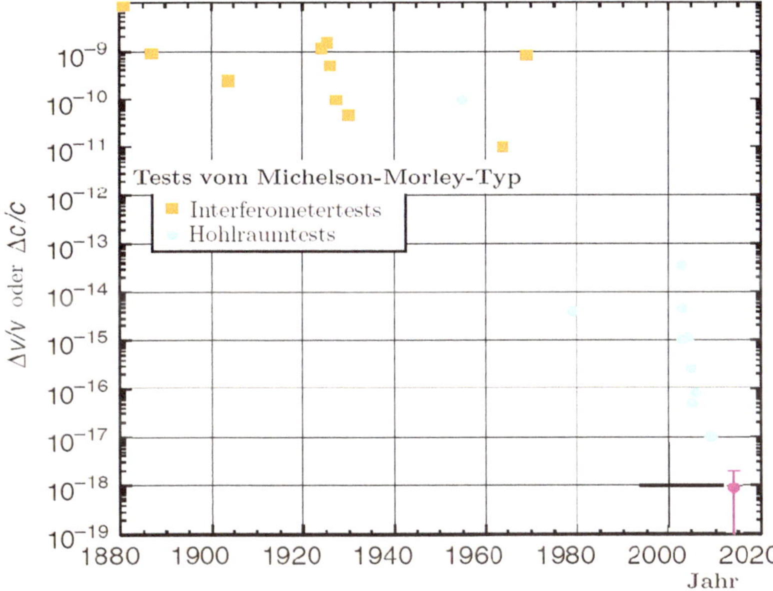

Abb. 19.1 Interferenzmessungen mit Lichtsignalen nach Art des MM-Experiment setzen Veränderungen $\Delta c/c$ der Lichtgeschwindigkeit oder entsprechenden Veränderungen $\Delta v/v$ der Signalfrequenz infolge der Äthermitführung Grenzen. Die Darstellung der im Laufe der letzten 140 Jahre erzielten Fortschritte stammt aus Ref. 2.

beeinflusst. Dies hätte sich bei Rotation der Vorrichtung in einer Veränderung der Schwebungsfrequenz bemerkbar gemacht, die entsteht, wenn die beiden Teilstrahlen sich überlagern. Dieses Experiment[1] wurde über einen Zeitraum von 13 Monaten durchgeführt und zeigte die lokale Isotropie der Lichtausbreitung für Größenordnungen von $\Delta c/c = 10^{-17}$.

Ein noch aktuelleres Experiment[2] bestand aus zwei Saphirzylindern mit zueinander senkrecht angeordneten Kristallachsen. In beiden Saphiren wurden Resonanz-Moden angeregt. Der Frequenzunterschied wurde aufgezeichnet, während die Anordnung innerhalb von 100s rotierte. Die Auswertung der Daten über ein Jahr ergab mit Hilfe der relativen Frequenzänderung $\Delta v/v$ eine obere Grenze von $\Delta c/c = 9{,}2 \pm 10{,}7 \times 10^{-19}$ für die Änderung der Lichtgeschwindigkeit bei einem Vertrauensintervall von 95 %. Das ist das letzte in Abb. 19.1 ganz unten rechts eingetragen experimentelle Ergebnis. Die Autoren erwarten noch weitere Präzisionssteigerungen mit dieser neuen Methode.

---

[1] C. Eisele, A. Y. Nevsky and S. Schiller, „Laboratory Test of the Isotropy of Light Propagation at the 10^{-17}- Level (Labortest der Isotropie der Lichtausbreitung für $\Delta c/c = 10^{-17}$)," *Phys. Rev. Lett.*, **103**, 090401 (2009).

[2] Moritz Nagel, Stephen R. Parker, Evgeny V. Kovalchuk, Paul L. Stanwix, John G. Hartnett, Eugene N. Ivanov, Achim Peters, und Michael E. Tobar, „Direct terrestrial test of Lorentz symmetry (Direkter terrestrischer Test der Lorentz-Symmetrie)," *Nature Comm.* **6** 8174 (2015).

Der Nachweis, dass die Ausbreitungsgeschwindigkeit des Lichts von der Bewegungsrichtung des Labors im Universum unabhängig ist, hat mittlerweile die Geschwindigkeit einer ‚Äthermitführung' auf Werte unterhalb von 3Å/s gesenkt, das entspricht einer Atomgröße pro Sekunde.

19.3 Wie konstant ist die Lichtgeschwindigkeit?

In Teil I haben wir über die Messung der Lichtgeschwindigkeit gesprochen und vermerkt, dass sie heute über die Definition der Längeneinheit ‚Meter' Gl. (2.2) einen festgelegten Wert hat. Bei einem Test der Lichtgeschwindigkeit untersucht man also:

1. Die Frequenzunabhängigkeit: Astrophysikalische Explosionen mit hoher Rotverschiebung wurden benutzt, um die relative Veränderung $\Delta c/c$ der Lichtgeschwindigkeit mit der Frequenz auf Werte unterhalb von 6.3×10^{-21} zu begrenzen[3].
2. Unabhängigkeit von der Bewegung der Lichtquelle: Bei der Beobachtung eines Doppelpulsars wurde eine Obergrenze[4] gefunden, die durch $c' = c + kv$, $k < 2 \times 10^{-9}$ beschrieben werden kann.
3. Die Geschwindigkeit v von Elementarteilchen nähert sich der Lichtgeschwindigkeit $v \to c$, wenn ihre Energie wächst. Wir bestimmen die nach der SR zu erwartende Differenz

$$\frac{\delta v}{c} \equiv \frac{c - v}{c} = \frac{c}{(c + v)\gamma^2} \to \frac{1}{2\gamma^2}. \tag{19.1}$$

Neutrinos sind die leichtesten Teilchen und bieten deshalb die größte Sensitivität, um Gl. (19.1) zu testen, da man mit ihnen im Labor den größten Wert des Lorentzfaktors $\gamma = E/m\,c^2$ bei gegebener Energie E erreicht. In Laborexperimenten mit Neutrinos[5] hat man $(c-v)/c \simeq 0{,}3 \pm 1{,}5 \times 10^{-6}$ gefunden. Allerdings wäre bei dem γ-Faktor von $\simeq 10^{11}$, der zu den verwendeteten Neutrinoenergien gehört, im Prinzip ein viel besserer Wert erreichbar gewesen. Zu einer Messung der Gültigkeit der SR ist deshalb die Betrachtung der relativen Flugzeit von Gammastrahlung und kosmischen Neutrinos von TeV-Energien besser geeignet.

---

[3]B. E. Schaefer, „Severe Limits on Variations of the Speed of Light with Frequency (Grenzen der Änderung der Lichtgeschwindigkeit mit der Frequenz)," *Phys. Rev. Lett.* **82**, 4964 (1999).
[4]K. Brecher, „Is the Speed of Light Independent of the Velocity of the Source? (Ist die Lichtgeschwindigkeit von der Geschwindigkeit der Lichtquelle unabhängig?)," *Phys. Rev. Lett.* **39**, 1051 (1977).
[5]P. Alvarez Sanchez *et al.* [BOREXINO Collaboration], „Measurement of CNGS muon neutrino speed with Borexino (Messungen der Geschwindigkeit von CNGS-Myonenneutrinos mit Borexino)," *Phys. Lett. B* **716** 401 (2012).

Man erwartet eine Steigerung der Laborgrenze um 13 Größenordnungen[6]. Wir können das Resultat aus Ref. 5 aber als einen absoluten Test dafür betrachten, dass auch für Neutrinos die Lichtgeschwindigkeit die obere Schranke darstellt. In der Diskussion 11.1, haben wir die Bedeutung dieser Messung besprochen.

Fazit: Die Lichtgeschwindigkeit c ist für alle Frequenzen und überall in der sichtbaren Raum-Zeit gleich und unabhängig vom Bewegungszustand der Quelle und des Beobachters. Sie ist die obere Grenze der Bewegungsgeschwindigkeit aller materiellen Körper (auch von Neutrinos). Obwohl die Tests der Konstanz der Lichtgeschwindigkeit nicht leicht von anderen potentiellen Verletzungen der Prinzipien der SR abgekoppelt werden können, weist das Niveau der erreichten Präzision das Relativitätsprinzip und die Konstanz der Lichtgeschwindigkeit als extrem gut bestätigte Grundpfeiler der SR aus.

19.4   Tests von Eigenschaften, die materielle Körper nach der speziellen Relativitätstheorie aufweisen

Test der Zeitdilatation

Wir lassen den Dopplereffekt hier beiseite, weil er – wie wiederholt erwähnt – nichts mit der Zeitdilatation zu tun hat. Verschiedene Typen von Messungen sind hier zu nennen:

1. Die erste Messung der Zeitdilatation wurde bei der Untersuchung der Eigenlebensdauer der Myonen vorgenommen. Historisch gesehen, war das der erste Test dieses Effekts. 1941 ermittelten Rossi und Hall (siehe Ref. 2 in Kap. 4) den Unterschied der Zerfallsraten für zwei Gruppen kosmischer Myonen, die in verschiedenen Höhen gemessen wurden – auf einem 3240 m hohen Berg und in Denver in 1616 m Höhe. Die durchschnittlichen Reisestrecken waren um mindestens 1624 Meter verschieden, abhängig vom Einfallwinkel. In der Auswertung der Ergebnisse lesen wir

> Die beschriebenen Experimente … bestätigen die Ansicht, dass die Absorptionsanomalie durch spontanen Zerfall der Myonen in der Atmosphäre verursacht wird. Ein Wert für die Eigenlebenszeit der Myonen wird hergeleitet …

und in der einleitenden Kurzzusammenfassung

> Es stellte sich heraus, dass eine langsamere Gruppe von Myonen dreimal so schnell zerfiel…in Übereinstimmung mit den theoretischen Vorhersagen der Veränderung des Gangs einer bewegten Uhr nach der Relativitätstheorie.

---

[6]Jun-Jie Wei, Xue-Feng Wu, He Gao, and Peter Mészáros, „Limits on the neutrino velocity, Lorentz invariance, and the weak equivalence principle with TeV neutrinos from gamma-ray bursts (Grenzen der Neutrinogeschwindigkeit, der Lorentzinvarianz und des schwachen Äquivalenzprinzips bei TeV-Neutrinos aus Gammastrahlenausbrüchen)," JCAP 2016, (August 2016).

2. Viele Experimente ähnlicher Art folgten. Eines verdient besondere Erwähnung, weil es bei einer von Ablenkmagneten erzeugten Beschleunigung der Größenordnung $10^{18}g$ durchgeführt wurde. Wir werden im folgenden Kap. 20 begründen, warum die Beschleunigung, die das Myon erfuhr, bedeutungslos ist, so dass die Bestätigung der SR unter solchen Verhältnissen nicht überraschend ist. Diese Messungen wurden am CERN gemacht. Man verwendete positiv und negativ geladene relativistische Myonen, die in einen kreisförmigen Speicherring injiziert wurden[7]. Dieses Experiment hat die Gültigkeit des Zeitdilatationsfaktors der Größe $\gamma = 29,3$ mit einem relativen Fehler von $\simeq 10^{-3}$ bestätigt.

3. Die Zeitdilatation kann natürlich auch getestet werden, indem man die Uhrzeit eines Reisenden mit der Laborzeit vergleicht. Ein solches direktes Zeitdilatationsexperiment wurde 1972 von Hafele und Keating durchgeführt. Sie verglichen Uhren, die sie in Flugzeugen auf eine Reise um die Erde in westlicher und östlicher Richtung geschickt hatten[8]. Sie erhielten ein Ergebnis, das mit der SR und der GR in Einklang war. Die GR spielt hier eine Rolle, weil eine terrestrische Messung der Zeitdilatation Uhren unter dem Einfluss des Gravitationpotentials der Erde benutzt. Dieses ist aber an der Erdoberfläche größer als in Flughöhe. Die von der SR und der GR erzeugten Effekte sind von vergleichbarer Größe und können unter den vorliegenden experimentellen Bedingungen als additiv angesehen werden. Darüber hinaus ist der durch die SR erklärbare Anteil geschwindigkeitsabhängig und bei Ostflügen größer als bei Westflügen, während der durch die GR erklärbare Anteil vom Gravitationspotential, also von der Entfernung zur Erdoberfläche abhängt. Durch die Erdumrundungen in unterschiedlichen Richtungen ist es möglich, beide Anteile zu isolieren: Wir besprachen die Messung in der Diskussion 4.2.

4. Das GPS-Satellitensignal eröffnet eine andere Möglichkeit, die Zeitdilatation direkt zu testen, siehe Ref. 1, im Kap. 4. Die Ergebnisse moderner Laborexperimente liefern aber noch strengere Gültigkeitsgrenzen für die SR. Damit sind die GPS-Effekte gut unter Kontrolle, so dass man sich auf das GPS-Netzwerk für präzise Positionsbestimmung verlassen kann.

---

[7]J. Bailey, *et al.*, „Measurement of relativistic time dilation for positive and negative muons in a circular orbit (Messungen der relativistischen Zeitdilatation für positive und negative Myonen auf einer Kreisbahn)," *Nature*, **268** 301 (1977); and „Final report on the CERN muon storage ring …(Abschlussbericht über den Myonenspeicherring des CERN …)," *Nuc. Phys. B* **150**, 1 (1979).

[8]J.C. Hafele, and R.E. Keating, „Around-the-World Atomic Clocks: Predicted Relativistic Time Gains (Atomuhren reisen um die Welt: Vorhergesagte relativistische Zeitgewinne)." *Science* **177** 166 (1972), und „Around-the-World Atomic Clocks: Observed Relativistic Time Gains (Atomuhren reisen um die Welt: Beobachtete relativistische Zeitgewinne." *Science* **177** 168 (1972).

Beobachtbarkeit der Lorentz-FitzGerald Körperkontraktion und ein Test

Wir erinnern daran, dass der Ausgang des MM-Experiments darauf zurückzuführen war, dass der Lichtweg zwischen zwei Spiegeln transversal zur Bewegung genau so groß war wie in Bewegungsrichtung. Im Rahmen der SR wird das erklärt, indem man sich auf die Lorentz-FitzGerald-Körperkontraktion beruft. Allerdings sind auch andere Interpretationen möglich, auf deren Diskussion wir in diesem Buch verzichtet haben, weil die SR ein bewährtes Erklärungsmodell bereitstellt. Der Punkt bei dieser Bemerkung ist, dass das MM-Experiment unabhängig von seiner Funktionsweise das Relativitätsprinzip sicherstellt. Es beseitigt die Hypothese vom materiellen Äther, der beim Experiment eine Veränderung der Lichtgeschwindigkeit und damit der Lichtwege hätte ergeben müssen (vgl. Abschn. 19.2).

So kommen wir wieder auf die Frage zurück, ob die Lorentz-FitzGerald-Körperkontraktion je gemessen wurde. Bei der Suche in der Literatur stößt man auf ein Manuskript, das von der erwarteten Lorentz-Modifikation der Eigenschaften des elektromagnetischen Felds berichtet[9]. Bei diesem Resultat geht es aber nicht um eine Veränderung von Körpereigenschaften.

Es gibt keine Berichte über derartige Messungen der Lorentz-FitzGerald-Körperkontraktion. Das liegt daran, dass beim Vergleich materieller Körper endlicher Ausdehnung mit verschiedenen Geschwindigkeiten (auch relativistischen) diese beschleunigt werden müssten. Der Länge der Beschleunigungsstrecken sind aber durch die Labordimensionen enge Grenzen gesetzt. Das erfordert Kräfte einer Größenordnung, die einen materiellen Körper ebenso stark deformieren können wie die Lorentz-FitzGerald-Körperkontraktion bei im Vergleich zu c kleinen Geschwindigkeiten. Deshalb ist es schwer, zu entscheiden, ob die Körperkontraktion oder eine mechanische Deformation für eine gemessene Längenänderung verantwortlich ist.

Kürzlich wurde ein Vorschlag gemacht, die Lorentz-FitzGerald-Körperkontraktion bei einem absichtlich destruktiven Beschleunigungsprozess zu beobachen[10], bei dem das experimentelle Ergebnis vom Vorhandensein einer aktuellen Materialkontraktion abhängt. Man betrachte eine Folie aus nanometerdünnem Material, durch die ein hochintensiver Laserpuls geschossen wird. Die Elektronen als die leichtesten geladenen Teilchen (möglicherweise begleitet von einigen Protonen) sind beim Entweichen aus den Folientrümmern auf eine hohe Geschwindigkeit beschleunigt worden und bilden eine Elektronenwolke. Anfangs behält diese noch etwas vom extremen Effekt der Lorentz-FitzGerald-Körperkontraktion der Folie bei, die auf eine relativ

---

[9] A. Laub, T. Doderer, S. G. Lachenmann, R. P. Huebener, and V. A. Oboznov, „Lorentz Contraction of Flux Quanta Observed in Experiments with Annular Josephson Tunnel Junctions (Beobachtung der Lorentzkontraktion von Flussquanten in Experimenten mit ringförmigen Josephson-Tunnel-Kontakten),“ *Phys. Rev. Lett.* **75** 1372 (1995).

[10] J. Rafelski, „Measurement of the Lorentz-FitzGerald Body Contraction (Messungen der Lorentz-FitzGerald-Körperkontraktion),“ *Eur. Phys. J. A* **54** no.2, 29 (2018).

hohe Rapidität beschleunigt wurde. Angesichts der Größe der Lorentz-FitzGerald-Körperkompression kann dies nicht mit Deformation der Folie durch die elektromagnetische Lichtwelle erklärt werden. Die Untersuchung der stark verdichteten Elektronenwolke erfolgt dann mit einem weiteren Laserpuls, der auf die Folienüberbleibsel einen Moment später von der anderen Seite auftrifft. Eine Rückstreuung in Form eines kohärenten Reflexionsprozesses kann nur bei genügend hoher Elektronendichte erfolgen.

Test von $E = mc^2$

Die Messung der Massen M_1 (vor) und M_2 (nach) der durch durch Neutroneneinfang (Neutronenmasse m_n) ausgelösten nuklearen Umwandlung ergibt eine relative Genauigkeit[11]

$$\frac{(M_1 c^2 + m_n c^2) - (M_2 c^2 + \Delta E)}{M_2 c^2} = (-1.4 \pm 4.4) \times 10^{-7}. \tag{19.2}$$

Hier ist ΔE die von einem Gammastrahl weggetragene beobachtete Bindungsenergie.

19.5 Dopplereffekt und Tests der Lorentztransformation

Wir stellen Tests des relativistischen Dopplereffekts vor. Wie erwähnt, sind das keine Tests der Zeitdilatation, sondern vor allem der präzisen Form der Lorentztransformationen. In Abschn. 13.4 haben wir gezeigt, dass der Dopplereffekt auf diesen Gleichungen beruht und seine Umkehrbarkeit begründet. Der logische Fehler bei der Missinterpretation der Experimente zum Dopplereffekt als Tests der Zeitdilatation besteht vor allem darin, dass man für das Ergebnis der Experimente den Bewegungszustand der Quelle verantwortlich macht. Wenn die SR gültig ist, hängen die Ergebnisse aber von diesem Bewegungszustand nicht ab. Für eine weitere Diskussion siehe Überblick 19.1 zum Dopplereffekt in diesem Kapitel.

Des ungeachtet kann die Bedeutung der relativistischen Dopplerverschiebung als potentieller Test des Relativitätsprinzips und der speziellen Relativitätstheorie nicht überbetont werden. Einstein erkannte die grundlegende Rolle dieses Effekts, siehe Ref. 4, in Kap. 13. Er verteidigte seine Theorie auch gegenüber fehlerhaften Experimenten mit Ergebnissen, die 10 mal so groß waren wie die von der SR vorhergesagten.

---

[11] S. Rainville, *et al.*, „A direct test of $E = mc^2$ (Ein direkter Test von $E = mc^2$)," *Nature*, **438** 1096 (2005).

Überblick 19.1: Test des relativistischen Dopplereffekts
Viele Tests der Relativitätstheorie bestanden in der Verifizierung der Dopplerverschiebung von Licht. Zu Beginn sei daran erinnert, dass Licht nicht materiell ist. Licht altert nicht und besitzt keine kontrahierbare Größe.

Was ist getestet worden? Um diese Frage zu beantworten, muss man sich an die Voraussetzungen erinnern, die bei der Herleitung der Formeln für die Dopplerverschiebung in Abschn. 13.4 im kollinearen und im allgemeinen Fall benutzt wurden:

i) Wir verlangten, dass die Phase der Lichtwelle unabhängig vom Bewegungszustand von Quelle und Empfänger ist, siehe Kap. 13. Da der Empfänger beliebig wählbar ist, nahmen wir an, dass die Lichtwelle für jeden Inertialbeobachter gleich ist. Diese Forderung sicherte das Relativitätsprinzip für Lichtwellen. Über dieses Prinzip hinaus behaupteten wir, dass die Form der Lichtwelle nicht vom Empfänger abhängt.

ii) Wir benutzten die Lorentztransformation und den mit Hilfe dieser Transformation erhaltenen Aberrationswinkel, um die Veränderungen von Frequenz und Wellenlänge der Lichtwelle herzuleiten, die notwendig waren, um die Gleichheit der Lichtwellenphase für jeden Inertialbeobachter sicherzustellen.

Der Dopplereffekt wird bei Labormessungen, also bei lokaler Betrachtung von Quelle und Empfänger, oft als Test der Zeitdilatation dargestellt. Doch unserer Ansicht nach unterscheiden sich solche Experimente im Prinzip nicht von der Betrachtung entfernter Sterne. In allen diesen Fällen muss man bedenken, dass für Photonen, die sich mit Lichtgeschwindigkeit bewegen, die Eigenzeit Null ist, d. h., sie befinden sich auf dem Lichtkegel und altern nicht, also kann für sie nichts zeitverzögert sein. Die Tatsache, dass der Lorentzsche γ-Faktor bei der Dopplerverschiebung die ursprüngliche nichtrelativistische Formel korrigiert, bedeutet nach unserer Ansicht nicht, dass hier ein Test der Zeitdilatation vorliegt. Dieser Faktor taucht in praktisch allen Ergebnissen der Relativitätstheorie auf und nur wenige hängen mit der Zeitdilatation zusammen.

Es ist eine bequeme Abkürzung, in einer Vorlesung die Gleichung für den nichtrelativistischen Dopplereffekt einfach mit einem Zeitdilatationsfaktor zu korrigieren. Es ist aber zu bedenken, dass diese Argumentation die Existenz eines materiellen Äthers voraussetzt, denn der nichtrelativistische Dopplereffekt beruht auf der Ausbreitung von Schallwellen in Luft.

Wenn eines Tages eine Modifikation der Lorentzkoordinatentransformation entdeckt werden würde, müsste die SR durch ein ähnliches Rahmenwerk ersetzt werden und dann wären sowohl bei der Zeitdilatation als auch bei der Lorentz-FitzGerald-Körperkontraktion Änderungen notwendig, um die Verträglichkeit der Koordinatentransformation mit den Körpereigenschaften sicherzustellen. Wir sollten jedoch einen Test der Koordinatentransformation, der in einem Test des Dopplereffekts ja enthalten ist, entkoppeln von einem Test der Körpereigenschaften, siehe Abschn. 19.4.

Ein auf dem relativistischen Dopplereffekt beruhendes Experiment wurde schon 1938 von Ives und Stilwell ausgeführt. Eine Diskussion des historischen und physikalischen Hintergrunds gab Ives etwa eine Dekade danach[12]. Heute kann die Empfindlichkeit des Experiments von Ives und Stilwell erheblich verbessert werden, denn man erreicht relativistische Geschwindigkeiten zwischen dem Laborsystem und dem Absorber/Emitter, der sich bei jetzigen Experimenten in einem Speicherring für Elementarteilchen befindet. Verglichen mit den MM-Experimenten, die von der Geschwindigkeit der Erde relativ zu einem hypothetischen Äther abhängen, erlaubt die hoch relativistische Bewegung von Teilchen in einem Speicherring deutliche Verbesserungen von Tests der Relativitätstheorie.

Aus diesem Grund ist das Interesse am Experiment von Ives und Stilwell auch wiedererwacht. Die verwendete Methode besteht aus zwei komplementären ‚parallelen‘, aber entgegengesetzten Dopplereffekten. Wenn man die beiden relativistischen Dopplerverschiebungen – eine parallel, eine entgegengesetzt zur Sichtlinie – kombiniert, kann man ihr Produkt bilden und erhält

$$\nu_+ \nu_- = \nu_0 \gamma (1 + \beta) \nu_0 \gamma (1 - \beta) = \nu_0^2. \tag{19.3}$$

Das Ergebnis sollte also von der Relativgeschwindigkeit unabhängig sein. Deshalb nennt man diese Art von Test des Dopplereffekts auch die ‚Null-Methode‘.

Sollte eine Modifikation der Lorentztransformationen notwendig sein, so wäre zu erwarten, dass sich in vielen Fällen die Faktoren in Gl. (19.3) nicht gegenseitig neutralisieren. Das erlaubt uns, die Grenzen von Veränderungen der speziellen Relativitätstheorie zu untersuchen. Man schreibt zu diesem Zweck die invariante Eigenzeit in der Form

$$d\tau = \left(1 + \alpha_{\mathrm{RMS}} V^2/c^2 + \alpha_{\mathrm{RMS},2} V^4/c^4 + \ldots \right) \sqrt{dt^2 - dx^2/c^2}. \tag{19.4}$$

Dabei ist V nicht nur die lokale relative Geschwindigkeit, sondern enthält noch eine unbekannte absolute Geschwindigkeitskomponente. Der Parameter α_{RMS} ist bekannt als Robertson-Mansouri-Sexl-Parameter (RMS-Parameter). Wir fügen einen weiteren Parameter $\alpha_{\mathrm{RMS},2}$ hinzu, der von einer möglichen Geschwindigkeitsabhängigkeit vom RMS α-Parameter herrührt. Allgemeiner kann man annehmen, dass α_{RMS} von der Geschwindigkeit abhängt.

Um α_{RMS} zu messen, wurde ein Vergleich der bei verschiedenen Geschwindigkeiten $\beta_i = v_i/c$ mit der Null-Methode gemessenen Verschiebungen durchgeführt.

---

[12]H. Ives, „Historical Note on the Rate of a Moving Atomic Clock (Bemerkung über den Gang einer bewegten Atomuhr)," *Journal of the Optical Society of America* **37** (10) 810 (1947).

Für Details verweisen wir auf das Heidelbergsche Zeitdilatationsexperiment[13]. Eine mögliche Abweichung kann den zwei gemessenen Frequenzen entnommen werden, die man für die zugehörigen Werte von β erhält

$$\nu_{01} = \sqrt{\nu_+^{(1)}\nu_-^{(1)}} = 546\,466\,918\,577 \pm 108\,\mathrm{kHz}, \quad \beta_1 = 0{,}030, \quad v = 9\,000\,\mathrm{km/s},$$

$$\nu_{02} = \sqrt{\nu_+^{(2)}\nu_-^{(2)}} = 546\,466\,918\,493 \pm 98\,\mathrm{kHz}, \quad \beta_2 = 0{,}064 \quad v = 19\,200\,\mathrm{km/s}.$$

Diese Ergebnisse begrenzen die Modifikation der Zeitdilatation auf

$$\alpha_{\mathrm{RMS}} = 4{,}8 \pm 8{,}5 \times 10^{-8}. \tag{19.5}$$

Man sieht, dass das Experiment sich mit großer Genauigkeit von Null nicht unterscheidet.

Dennoch wurde ein anderes Experiment bei noch höherer relativistischer Geschwindigkeit mit $\beta = 0{,}338$ durchgeführt. Dafür wurden Li^+-Ionen im ESR-Speicherring des GSI-Laboratoriums bei Darmstadt[14] als Uhren verwendet. Da der Wert von $\beta^2 = 0{,}114$ dreißig mal so groß war wie beim Heidelberger Experiment, konnte eine noch engere Grenze für $\alpha_{\mathrm{RMS},\,2}$ gefunden werden.

$$\alpha_{\mathrm{RMS},\,2} < 1{,}2 \times 10^{-7}. \tag{19.6}$$

Das Ergebnis schränkt auch die Geschwindigkeitsabhängigkeit des RMS Parameters ein:

$$\alpha_{\mathrm{RMS}} \equiv \left| \frac{\alpha_{\mathrm{RMS}}\,V^2/c^2 + \alpha_{\mathrm{RMS},\,2}\,V^4/c^4 + \cdots}{V^2/c^2} \right| \leq 2{,}0 \times 10^{-8}. \tag{19.7}$$

Einige Jahre nach dem GSI-Experiment wurde dieses Resultat Gl. (19.7) mit einer anderen Methode bestätigt und sogar leicht verbessert[15]

$$\alpha_{\mathrm{RMS}} < 1{,}1 \times 10^{-8}. \tag{19.8}$$

Dabei wurde ein Lichtfasernetzwerk verwendet, das aus vier ultrapräzisen Laseruhren in Frankreich, Deutschland und dem Vereinigten Königreich bestand.

---

[13]S. Reinhardt, *et al.*, „Test of Relativistic Time Dilation with Fast Optical Atomic Clocks at Different Velocities (Test der relativistischen Zeitdilatation mit schnellen optischen Atomuhren bei verschiedenen Geschwindigkeiten)," *Nature Physics* **3**, 861 (2007).

[14]C. Novotny, *et al.*, „Sub-Doppler Laser Spectroscopy on Relativistic Beams and Tests of Lorentz Invariance (Sub-Doppler Laserspektroskopie bei relativistischen Strahlen und Tests der Lorentzinvarianz)," *Phys. Rev. A* **80**, 022107 (2009); B. Botermann, *et al.*, „Test of time Dilation Using Stored Li^+ Ions as Clocks at Relativistic Speed (Tests der Zeitdilatation unter Verwendung von Li^+-Ionen als Uhren bei relativistischer Geschwindigkeit)," *Phys. Rev. Lett.* **113**, 120405 (2014).

[15]P. Delva, *et al.*, „Test of Special Relativity Using a Fiber Network of Optical Clocks (Test der speziellen Relativitätstheorie mit einem Lichtfasernetzwerk von Laseruhren)" *Phys. Rev. Lett.* **118**, 221102 (2017).

Diese Grenzen für α_{RMS} sind um zwei Größenordnungen besser als die durch Analyse von GPS-Signalen (siehe Ref. 1, im Kap. 4) gelieferten. Das bedeutet, dass die Präzision der Positionsbestimmung beim GPS noch wesentlich gesteigert werden kann, ohne dass man sich um messbaren Einfluss bisher unentdeckter Verletzungen der SR kümmern muss.

19.6   Die Zeit

Zeit und Raum sind verschieden

Eine der wichtigsten Erkenntnisse der speziellen Relativitätstheorie ist die Neubewertung der Zeit als gleichwertigen Partner des Raums in der Raum-Zeit. Das wurde in den ersten Kapiteln dieses Buchs beschrieben, siehe Abschn. 1.2. Es gibt aber ein paar versteckte Probleme:

1. Wir behandeln die Zeit von Beginn an anders als den Raum: Abgesehen davon, dass sie eine weitere Koordinate zur Beschreibung von Ereignissen liefert, ist sie ein Parameter, der die Entwicklung physikalischer Systeme charakterisiert.
2. Während wir auf unsere Position im Raum Einfluss nehmen können, ist eine Kontrolle unserer Bewegung in der Zeit unmöglich. Unser Verhältnis zur Zeit ähnelt dem eines Baums, der sich mit der Erde im Raum fortbewegt. Analog gleiten wir entlang der Zeitachse und werden dabei von dem sich entwickelnden Universum mitgenommen.
3. In einem sich ausdehnenden Universum unterscheiden Raum und Zeit sich und deshalb kann die spezielle Relativitätstheorie auf makroskopischer Ebene nicht angewandt werden. Ihr Anwendungsbereich beschränkt sich auf den lokalen, flachen und statischen Minkowski-Raum. Das Wort lokal oder besser ‚tangential‘ ist im gleichen Sinn zu verstehen wie bei der Verwendung der euklidschen Geometrie auf einer Tangentialebene zur Erdoberfläche.

Da Raum und Zeit in der speziellen Relativitätstheorie in der minkowskischen Raum-Zeit vereinigt sind, ist die Frage nicht, ob, sondern bei welcher Genauigkeitsstufe die Grenzen der Gültigkeit der SR erreicht sein werden. Um den Kontrast zwischen Realität und spezieller Relativitätstheorie zu verstärken, werden wir uns dem letzten der genannten Unterschiede genauer widmen.

Die Zeit in der Kosmologie

Die meisten Physiker stimmen darin überein, dass das Universum nicht statisch ist. Wir können deshalb messen, wieviel Zeit seit dem Urknall vergangen ist. Wenn wir eine Messung der kosmologischen Zeit, der Zeit seit dem ‚Anfang‘, durchführen wollen, so benötigen wir ein Bezugssystem – das kosmische Bezugssystem – dessen Eigenzeit dann die kosmische Zeit unseres Universums ist. Im frühen Universum war die Materie durchschnittlich in Ruhe.

Als das Universum sich ausdehnte und abkühlte, formten sich neutrale Atome aus dem Plasma aus Ionen und Elektronen. Das Universum wurde durchlässig für die kosmische Strahlung. Diese Strahlung wird heute als kosmische Hintergrundstrahlung (CMB) im Mikrowellenbereich wahrgenommen. Wir werden unten auf sie zurückkommen. Auf diese Weise definiert die vor langer Zeit im Wesentlichen homogene Materie das natürliche kosmologische Bezugssystem. Dieses Bezugssystem kann durch Messung der Bewegung der Erde relativ zur kosmischen Hintergrundstrahlung festgelegt werden. Wir diskutierten das bei Besprechung des MM-Experiments in Abb. 3.2.

Das Alter des Universums wird heute durch globale Analyse von Fluktuationen der kosmischen Hintergrundstrahlung bestimmt. Sie werden von Dichtefluktuationen herumirrender Photonen verursacht, die die vollständige räumliche Homogenität stören. 2012 berichtete die WMAP-Kooperation[16], das Alter des Universums betrage $13,772 \pm 0,059$ Milliarden Jahre. Die Planck-Kollaboration berichtete[17] 2016 von $13,813 \pm 0,038$ Milliarden Jahren (2018 revidiert[18] auf $13,830 \pm 0,037$). Alle diese Werte wurden mit Hilfe des ΛCDM-Modells des Universums bestimmt, das nach der Einstein-Konstanten Λ für dunkle Energie und den Anfangsbuchstaben von 'Cold Dark Matter' benannt ist.

Wir sehen, dass wir im Prinzip sagen können, wo wir uns heute in der Zeit befinden. Deshalb sind Zeit und Raum sehr verschieden: Wir können punktgenau die kosmologische Zeit als eine absolute Zeitkoordinate festlegen. Wir haben aber keine Möglichkeit, absolute Raumkoordinaten einzuführen. Überdies hat die Zeit in der speziellen Relativitätstheorie weder Anfang noch Ende, sie ist für immer gleichartig. Tatsächlich haben wir aber erfahren, dass es einen Beginn der Zeit gab. Deshalb hat die Translationssymmetrie in der Zeit keinen immerwährenden Bestand.

Gegenwärtig dauern Laborexperimente zum Test der speziellen Relativitätstheorie etwas länger als ein Jahr, sind also um zehn Größenordnungen kürzer als das Lebensalter des Universums. Legt man die übliche experimentelle Genauigkeit zugrunde, so ist die kosmologische Geschichte des Univerums innerhalb eines Zeitraums von einem Jahr irrelevant, so dass die Prinzipien der SR innerhalb dieses Zeitraums anwendbar sind. Die SR könnte aber bald in einem anderen Zusammenhang mit einer Herausforderung konfrontiert werden. Die rapiden Fortschritte in der Technologie von Atomuhren könnten es erlauben, Grenzen der SR zu entdecken, die durch die kosmologische Expansion verursacht werden, siehe Ref. 15. Diese wird durch den Hubble-Parameter beschrieben, dessen Wert in SI-Einheiten bei $H \simeq 2,2$–$2,3 \times 10^{-18}$/s liegt (siehe Refs. 16, 17, 18). Die derzeit mit Uhren

---

[16]C.L. Bennett, *et al.*, „Nine-Year Wilkinson Microwave Anisotropy Probe (WMAP) Observations: Final Maps and Results (Neun Jahre WMAP-Beobachtungen: Abschließende Karten und Ergebnisse“, *Astrophys. J. Suppl.* **208** 20 (2013).

[17]Planck Collaboration, „Planck 2015 results. XIII. Cosmological parameters (Table 4 on page 31 of arXiv pdf) (Planck-Ergebnisse aus dem Jahr 2015. XIII: Kosmologische Parameter (Tabelle 4 auf Seite 31))“ *Astronomy&Astrophysics* **594**, A13 (2016).

[18]Planck Collaboration, „Planck 2018 results. VI. Cosmological parameters, (Planck-Ergebnisse aus dem Jahr 2018. VI: Kosmologische Parameter (Tabelle 2 auf Seite 15)),“ arXiv:1807.06209.

erreichbare Genauigkeit liegt nur um eine Größenordnung unterhalb dieses Richtwerts. Es sind aber schon Kernuhren (nukleare Uhren) im Gespräch, die die Grenze des Hubble-Parameters durchbrechen könnten.[19]

Das Bezugssystem der kosmischen Hintergrundstrahlung

Die kosmische Mikrowellen-Hintergrundstrahlung (CMB) ist die Asche des Urknalls in Form von Strahlung, die entstand, als sich in der heißen Phase des Universums die Atome bildeten. Diese 1964 entdeckte Strahlung[20] erfüllt das ganze gegenwärtige Universum mit der thermischen Schwarzkörperstrahlung einer Temperatur von $T_{CMB} = 2,7255(6)\,$K, die im Mikrowellenlängenbereich (Zentimeterwellen) liegt. Wenn wir außerhalb der Erdatmosphäre lebten, würden uns überall diese urzeitlichen Photonen begegnen, die zur Zeit der Bildung der Atome erzeugt wurden.

Die nach dem Urknall einsetzende Abkühlung des Universums aufgrund der Expansion erlaubte nämlich etwa 372 000 Jahre nach dem Urknall die Bindung von Elektronen und Ionen. Das Universum war danach für Strahlung durchlässig. Die sich fortsetzende Expansion sorgte dafür, dass die Umgebungstemperatur heute viel niedriger ist, Folge einer 1000-fachen kosmologischen Rotverschiebung. CMB-Photonen wurden ursprünglich bei Energien erzeugt, die zu Temperaturen von $T \simeq 3000$K gehören, als die Bindung der Elektronen und Ionen erfolgte. Erst das Fehlen freier Elektronen machte das Univerum für Strahlung transparent.

Die Bedeutung der Hintergrundstrahlung liegt darin, dass es ein ‚natürliches' Bezugssystem bereitstellt, das CMB-System, das universell identifiziert werden kann. Ein bewegter Beobachter nimmt ein dopplerverschobenes (Kap. 13) Spektrum der Hintergrundstrahlung wahr. Das bedeutet, dass man im Universum eine Bewegung relativ zum Ruhesystem dieser Strahlung nachweisen kann. Man beachte hier, dass alle in Bezug auf dieses Ruhesystem inertialen Beobachter gleichwertig sind, so dass das Wissen, welcher Beobachter relativ zum CMB-System ruht, keine Verletzung des Relativitätsprinzips darstellt. Genauso könnte man Geschwindigkeiten relativ zu jedem anderen inertialen ‚Leit-Beobachter' im Universum messen. Das CMB-System ist einfach ein sehr bequemes ‚Leitsystem', auf das man sich beziehen kann.

---

[19]J. Thielking *et al.*, „Laser spectroscopic characterization of the nuclear-clock isomer ^{229m}Th (Laser-spektroskopische Charakterisierung des Kernuhr-Isomers ^{229m}Th)," *Nature* **556** no.7701, 321 (2018).

[20]Arno Penzias und Robert Woodrow Wilson wurden 1978 für die Entdeckung der kosmischen Hintergrundstrahlung mit dem Nobelpreis für Physik ausgezeichnet. Diese Strahlung war schon 1946 von Georg Gamov vorhergesagt worden, allerdings für T = 50K; Georg Gamov (1904–1968), ein russisch-amerikanischer theoretischer Physiker, Student des für sein kosmologisches (FLRW)-Modell berühmten A. Friedman, ist vor allem bekannt für seine Erklärung des nuklearen Alpha-Zerfalls mit Hilfe des Tunneleffekts und seine Arbeiten über Sternentwicklung und das frühe Universum. Er war außerdem Autor von „Mr. Tompkins' Abenteuer," einer Reihe populärwissenschaftlicher Bücher.

Konstanz der Naturkonstanten

Da die Entfernungsgrößenordnungen wachsen, während das Univerum altert, kann man sich fragen, ob die Prinzipien der SR und insbesondere die Konstanz der Lichtgeschwindigkeit mit einem sich verändernden Universum vereinbar sind. Beispielsweise haben wir zuletzt bei der Besprechung des CMB-Systems stillschweigend vorausgesetzt, dass die Gesetze der Physik, also etwa die Emissionslinien der Atome, von Anbeginn unserer Zeit dieselben waren wie heute[21].

Es laufen Versuche, zeitliche Veränderungen bei Naturkonstanten zu finden. Zum Beispiel liegt die Grenze der relativen Änderung der Feinstrukturkonstanten bei

$$\alpha \equiv \frac{e^2}{4\pi\,\epsilon_0\,\hbar c} = \frac{1}{137{,}035399074(44)}, \quad \frac{1}{\alpha}\frac{d\alpha}{dt} = \frac{(0{,}20 \pm 0{,}20) \times 10^{-16}}{\text{Jahr}}, \quad (19.9)$$

und beim Verhältnis von Protonenmasse zu Elektronenmasse bei

$$R_{p/e} \equiv \frac{m_p}{m_e} = 1836{,}15267245(75), \quad \frac{1}{R_{p/e}}\frac{dR_{p/e}}{dt} = \frac{-(0{,}5 \pm 1{,}6) \times 10^{-16}}{\text{Jahr}},$$
$$(19.10)$$

In beiden Fällen ging man von einer konstanten Veränderungsrate während der Lebensdauer des Universums aus[22].

Das zeigt, dass wir auch weiterhin annehmen können, dass die Naturkonstanten konstant sind und dass wir bei Untersuchung von Eigenschaften des frühen Universums die heute entdeckten physikalischen Gesetze verwenden können. Akzeptiert man Ockhams Rasiermesser aus der Diskussion 2.1, so gilt das auch für die universelle Lichtgeschwindigkeit c. Dennoch gibt es eine fortdauernde Diskussion über die Frage, ob eine zeitliche Veränderung der Lichtgeschwindigkeit c überhaupt beobachtbar wäre[23]. Unter der Abkürzung „VSL theory" kann der interessierte Leser die Fülle an Theorien zur Veränderlichkeit der Lichtgeschwindigkeit verfolgen, die es vor allem auf dem Gebiet der Kosmologie gibt.

---

[21]H. Fritzsch *The Fundamental Constants: a Mystery of Physics (Die fundamentalen Konstanten: ein Geheimnis der Physik)*, World Scientific Publishing Company, Singapore (2009); J.-Ph. Uzan, „Varying Constants, Gravitation and Cosmology (Sich ändernde Konstanten, Gravitation und Kosmologie)," *Living Rev. Relativity* **14** 2 (2011); X. Calmet, M. Keller „Cosmological Evolution of Fundamental Constants: From Theory to Experiment (Kosmologische Evolution der fundamentalen Konstanten: Von der Theorie zum Experiment)" *Mod. Phys. Lett. A* **30** 1540028 (2015).

[22]N. Huntemann, B. Lipphardt, Chr. Tamm, V. Gerginov, S. Weyers, E. Peik, „Improved limit on a temporal variation of m_p/m_e from comparisons of Yb$^+$ and Cs atomic clocks (Verbesserte Grenze für die zeitliche Veränderung von m_p/m_e durch Vergleiche von Yb$^+$ und Cs Atomuhren)," *Phys. Rev. Lett.* **113** 210802 (2014).

[23]M. J. Duff, „Comment on time-variation of fundamental constants (Kommentar zur zeitlichen Veränderung fundamentaler Konstanten)" https://arxiv.org/pdf/hep-th/0208093 (ergänzt November 2016).

Zusammenfassung

Beschleunigte Beobachter werden von der SR nicht erfasst. Im Zusammenhang mit der Zeitdilatation und der Körperkontraktion ist es jedoch notwendig, Kräfte und Beschleunigungen eines Körpers zu betrachten. Das führt uns zur ‚Beschleunigungs'-Grenze der bekannten Physik. Wir untersuchen insbesondere die bei ‚starker' Beschleunigung auftretenden prinzipiellen theoretischen und experimentellen Herausforderungen und beschreiben mehrere experimentelle Umgebungen, in denen die damit zusammenhängenden fundamentalen Prinzipien untersucht werden können.

20.1 Beschleunigte Bewegung

Beschleunigungsvorgänge sind kein integrierter Teil der SR. Einstein hat in seiner Formulierung der SR den Gebrauch des Begriffs der Beschleunigung vermieden. Inertialsysteme sind unbeschleunigt. Andererseits gäbe es ohne Beschleunigung keinen Wechsel von Körpern zwischen Inertialsystemen. Viele im Rahmen der Lorentz-Bellschen Formulierung der SR angestellte Überlegungen wären nicht möglich. Deshalb fragen wir, wie man mit dem Begriff der Beschleunigung sinnvoll umgeht und wie man beschleunigte von unbeschleunigten Systemen unterscheidet.

Alle SR-Beobachter sind inertial. Sie bewegen sich also gleichförmig. Im Rahmen der SR sind alle diese Beobachter äquivalent. Andererseits prägt eine Beschleunigung einen Körper. In einem beschleunigenden oder bremsenden Auto z. B. treten Trägheitskräfte auf, ein elektrisch geladener beschleunigter Körper emittiert Strahlung. Ein inertialer Beobachter nimmt nichts dergleichen wahr. (Es ist dabei keine wesentliche Einschränkung, dass eine (kleine) Beschleunigung manchmal experimentell schwer nachweisbar ist.) Diese Prägung unterscheidet beschleunigte Körper von sich gleichförmig bewegenden.

© Springer-Verlag GmbH Deutschland, ein Teil von Springer Nature 2019 359
J. Rafelski, *Spezielle Relativitätstheorie heute*,
https://doi.org/10.1007/978-3-662-59420-9_20

Die Beschleunigung wird in der SR oft in einer ähnlichen Art und Weise eingeführt wie die Geschwindigkeit. Wie wir gerade gesehen haben, ist es aber grundfalsch, davon auszugehen, die Beschleunigung könnte wie die Geschwindigkeit relativ sein. Die Rolle zweier Inertialbeobachter kann man nach der SR vertauschen, aber nicht die Rollen eines beschleunigten Körpers und eines sich gleichförmig bewegenden Beobachters. Die Anwendung des Relativitätsprinzips auf beschleunigte Bewegungen ist mit der SR unverträglich.

Wir können immer feststellen, ‚wer' beschleunigt wird. Wir bemerkten bereits, dass ein beschleunigter geladener Körper im Prinzip zu Strahlung fähig ist. Ein strahlender Körper verliert Energie, erfährt also Strahlungsreibung. Man könnte meinen, dass er bei einem Anstieg der Beschleunigung seine gesamte Bewegungsenergie abstrahlt. Das ist aber offensichtlich unmöglich, denn eine absolute Bewegung oder Ruhe ist nicht bestimmbar. Es ist aber möglich, dass die Strahlungsreibung so stark wird wie die beschleunigende Kraft. Eine Modelltheorie für ein solches Kräftegleichgewicht existiert heute noch nicht, insofern lässt eine vollständig konsistente Theorie der elektromagnetischen Kraft noch auf sich warten.

Um Missverständnissen zu vermeiden, darf man aber verschiedenartige Strahlungsprozesse nicht verwechseln. Zum Beispiel kann ein Strahlungsquantensprung innerhalb eines Atoms bei einer Inertialbewegung erfolgen. Dieses Atom erfährt einfach einen Übergang zwischen zwei stationären Zuständen. Die Grenze zwischen Quantensprungstrahlung und Beschleunigungsstrahlung kann in komplizierten Beispielen unscharf sein, doch ist das kein Grund, den grundlegenden Unterschied zwischen diesen Prozessen anzuzweifeln.

Wir werden uns in diesem Kapitel eingehend mit Grenzforschungsgebieten beschäftigen. In letzter Zeit ist es üblich, diese Forschungsgebiete nach ‚Energie' und ‚Intensität' zu unterscheiden. Man richtet sich also nach der für Neuentdeckungen zur Verfügung stehenden Energiehöhe oder nach der Teilchenzahl. Unsere Untersuchungen werden zeigen, dass es noch ein drittes Grenzforschungsgebiet für physikalisches Neuland gibt. Wir nennen es die ‚Beschleunigungsgrenze' der fundamentalen Forschung.

Im folgenden werden wir die mit der ‚Beschleunigungsgrenze' zusammenhängenden Fragen untersuchen. Wir werden die Frage nach der Existenz von Beschleunigungen beantworten und Kriterien für ‚starke' Beschleunigung angeben. Es wird sich zeigen, dass die Physik der Beschleunigung ein wichtiges Element in der Beschreibung von Teilchenbewegungen ist.

20.2 Existiert eine Beschleunigung in der SR?

Wir haben gesehen, dass sich ein beschleunigter Körper von jedem inertialen Beobachter unterscheidet. Deshalb können wir das Relativitätsprinzip nicht auf beschleunigte Bewegungen erweitern. Wir nennen noch einmal einige Erkenntnisse aus unserer Darstellung, bei denen die Beschleunigung eine Rolle spielte

- Zwillingsproblem: Beim Wiedertreffen in der Basis ist der reisende und beschleunigte ‚Zwilling' der jüngere, seine körpereigene Uhr hatte einen langsameren Gang.
- Zug im Tunnel: Es ist der Zug, der ab dem Bahnhof beschleunigt und nach Erreichen einer relativistischen Geschwindigkeit in einem gewöhnlich kürzeren Bergtunnel aus der Sicht verschwindet.

Die Zeitdilatation und die Lorentz-FitzGerald-Körperkontraktion werden hier als eine Folge der Beschleunigungsvorgänge vorgestellt. Bevor wir weiter vorgehen, ist es deshalb wichtig, sich an die Worte von John Bell zu erinnern, siehe im Vorwort *„…dass die Einsteinsche Methode vollkommen fehlerfrei, sehr elegant und kraftvoll ist (meiner Meinung nach aber pädagogisch gefährlich)"*. Nachdem die betroffenen Körper sich wieder kräftefrei bewegen, lassen sich die genannten Effekte rein rechnerisch mit der Hilfe der Lorentzkoordinatentransformation beschreiben. Der vollständige physikalische Inhalt ist aber von der Vorgeschichte und damit von der Beschleunigung abhängig.

Die Lorentztransformation informiert nicht über die Geschichte der Bewegung, wenn diese beschleunigt ist. Sie informiert im Fall der Zeitdilatation dann nur über den Unterschied in der momentanen Ganggeschwindigkeit und nicht über den relativen Stand der Uhren, die verglichen werden. Die angezeigten Uhrzeiten werden von der Geschichte des Beschleunigungsvorgangs bestimmt. Wir betonen, dass es völlig eindeutig ist, welcher Zwilling wie altert (Abschn. 12.2). Das wurde auch in Experimenten mit reisenden Uhren klar nachgewiesen: Der reisende Zwilling bleibt jünger als der zu Hause gebliebene, denn nur der reisende Zwilling wurde beschleunigt. Eine Zeitrelativität zwischen einem Inertialbeobachter und dem reisenden Zwilling gibt es nicht, also auch kein Zwillingsparadoxon.

Der Abstand zwischen zwei Ereignissen, die die Enden eines Körpers festlegen, wird mit Hilfe der Lorentztransformation als kontrahiert festgestellt, wenn man diese Ereignisse im Beobachtersystem gleichzeitig misst (Kap. 9). Wären alle Körper mit einer Kontraktionsuhr ausgestattet, wie wir sie in Kap. 10 besprochen haben, so könnte man klar erkennen, welcher Körper beschleunigt worden ist, denn die Geschichte seiner Kontraktion würde von dieser Uhr angezeigt. Eine Umkehrung im Sinne von „Ich sehe dich kontrahiert, deshalb siehst du mich kontrahiert" ist bei einer Kenntnis der Geschichte der Bewegung deshalb nicht zugelassen.

Die Verträglichkeit zwischen den Körpereigenschaften und der Koordinatentransformation ist gesichert. Nach John Bells Worten ist die Einsteinsche Methode „vollkommen fehlerfrei, sehr elegant und kraftvoll". Doch nur bei Kenntnis der Geschichte der Bewegung ist eindeutig festgelegt, wann welcher Körper kontrahiert ist. In diesem Sinne gilt die Prägung des beschleunigten Körpers nicht nur bei der Zeitdilatation, sondern auch bei der Körperkontraktion.

Auch wenn wir innerhalb der SR zwei verschiedene Inertialbeobachter einführen können, ohne den Wechsel von einem zum anderen mit Hilfe des verbindenden Prozesses einer beschleunigten Bewegung zuzulassen, wird die Beschreibung mancher Effekte unter Zuhilfenahme der Beschleunigung deutlich einfacher und verständlicher, wie wir beispielsweise in Kap. 10 gesehen haben. Nach der obigen

Diskussion kann man meinen, Beschleunigung sei unumgänglich. Während Einstein in seiner Formulierung der SR den Begriff der Beschleunigung vermeidet, wird in unserem Buch in Kap. 21 im Zusammenhang mit der Besprechung der Lorentzkraft eine Beschleunigung eingeführt.

Die Einführung einer Kraft und einer damit verbundenen Beschleunigung steht eigentlich im Widerspruch zu den wichtigsten Teilgebieten der modernen theoretischen Physik, der allgemeinen Relativitätstheorie (GR) und der Quantenmechanik (QM). In beiden Gebieten kommt man ohne den Begriff der Beschleunigung aus. Man erreicht das folgendermaßen:

GR: Die Einbindung der Gravitationskraft in die SR gelang Einstein mit Hilfe des Äquivalenzprinzips der schweren und der trägen Masse. Damit konnte er die Wirkung dieser Kraft durch eine kräftefreie Bewegung im gekrümmten Raum beschreiben: Ein freifallender Körper in einem Gravitationsfeld erfährt keine Kraft. In einem zweiten theoretischen Schritt zeigte Einstein, dass die Raum-Zeit infolge der Einwirkung des von der Gesamtheit aller Teilchen bestimmten Energie-Impuls-Tensors gekrümmt ist. In dieser gekrümmten Raum-Zeit bewegen die Körper sich auf geodätischen Bahnen so, als befänden sie sich nach der alten Newtonschen Interpretation in einem Gravitationsfeld.

In einem klassischen Punktteilchen-Modell der Materie fallen alle Teilchen frei, es gibt keine wirkliche Gravitationskraft, nur den gekrümmten Raum. Das, was wir auf der Erde als Gravitationskraft empfinden, wird durch die Normalkraft der Erdoberfläche erzeugt, die uns vom Durchfallen in die Erde abhält.

QM: Die Quantenmechanik beschreibt die Dynamik der Teilchen im Bereich subatomarer Größenordnungen. Ein in einem Quantenzustand gebundenes Elektron ist stationär und unbeschleunigt. Deshalb gibt es keine kontinuierliche Emission von Strahlung und das Elektron fällt nicht spiralförmig auf den Kern zu. Dass das nicht geschieht, war der eigentliche Grund, der zur Entwicklung der Quantenphysik geführt hat. Sie liefert eine Beschreibung des atomaren Aufbaus, die keine Beschleunigung kennt, also auch keine Energieabstrahlung im Zusammenhang mit der Orbitalbewegung der Elektronen. Was das betrifft, kann der Zerfall eines angeregten Atomzustandes mit dem Zerfall eines radioaktiven Teilchens verglichen werden. In beiden Fällen wird die emittierte Strahlung nicht durch einen Beschleunigungsvorgang verursacht.

Diese beiden Beispiele suggerieren, dass es in der Natur eine Beschleunigung vielleicht gar nicht gibt. Einer solche Behauptung widerspricht aber zum Beispiel der eine Rakete antreibende Rückstoß. Es bleibt die Frage, ob die Beschleunigung Bestandteil einer elementaren Beschreibung der Natur sein muss.

20.3   Plädoyer für den Beschleunigungsbegriff

Mit der allgemeinen Relativitätstheorie und der Quantenmechanik wurden grundlegende Theorien geschaffen, in denen der Beschleunigungsbegriff vermieden wird. Dennoch sind uns Beschleunigungen aus dem täglichen Leben gut bekannt. Wir stellen deshalb die Frage – *wie kann man die Beschleunigung eines Körpers feststellen?* Das ist keine neue Frage. Bereits vor etwa 300 Jahren stellte Newton sein oft zitiertes Eimerexperiment vor und das ist sicher auch für uns ein guter Einstieg. Man betrachte einen anschlagsfrei aufgehängten rotierenden Eimer, der mit Wasser gefüllt ist – Zunächst rotiert das Wasser nicht mit dem Eimer und die Oberfläche ist flach. Doch wenn das Wasser mitbewegt wird, ist die Oberfläche konkav gekrümmt.

Für Newton war die Beobachtung der Oberflächenkrümmung des mit dem Eimer rotierenden Wassers der Nachweis der Rotation des Eimers. Man konnte die Beobachtung nicht als Rotation des Universums um den Eimer interpretieren. Es ist leicht, ein ähnliches Experiment selbst durchzuführen. Man betrachte bei einer Karussellfahrt einen im unbeweglichen Zentrum ruhenden Eimer. Sicherlich wird die Wasseroberfläche von der Bewegung des Karussells nicht beeinflusst. Doch werden sich manche Stimmen erheben, die fordern, man sollte das Experiment im Weltraum wiederholen.

Außer mit dem Eimerexperiment hat Newton zusätzlich mit einem ‚Gedankenexperiment' argumentiert. Er betrachtete zwei mit einem Seil verbundene Gewichte im sonst leeren Raum. Werden diese Gewichte in Rotation versetzt, so ist zu erwarten, dass das verbindende Seil messbar gespannt wird. Im leeren Raum gibt es aber kein Bezugssystem für die Messung dieser Rotation, mit Ausnahme des Raumes selbst. Daraus folgerte Newton, dass dieser das Bezugssystem für die Wahrnehmung der Rotation und der wirkende Kraft darstelle. Newton postulierte aufgrund dieser Gedanken einen absoluten Raum.

Seine Ideen bildeten die Grundlage der Mechanik bis vor etwa 150 Jahren. Damals machte Ernst Mach den Vorschlag (siehe Ref. 3 im Kap. 1), das Ruhesystem der Fixsterne als die Realisierung von Newtons absolutem Raum zu betrachten. In unserer Zeit würde man sagen, eine Beschleunigung kann in Bezug auf einen beliebigen inertialen Beobachter gemessen werden. Die Wahl des Fixsternsystems ist sicherlich geeignet, denn alle Inertialbeobachter sind äquivalente Beobachter.

Machs Wahl eines inertialen Referenzsystems widerspricht den Prinzipien der SR nicht. Diese unterscheidet sich von Newtons absolutem Raum, der geprägt ist vom heliozentrischen Weltbild seiner Zeit und einen besonderer Raumpunkt benötigt, eine Art Zentrum des Universums. Diese Vorstellung ist aber mit dem Relativitätsprinzip, also einer Grundlage der SR, unvereinbar. Machs Bezugssystem im Universum erlaubt uns, das Karussellexperiment im leeren Raum, weit entfernt von störenden Einflüssen, zu verstehen. Wir betrachten das Licht der Sterne und können entscheiden, wer sich in Rotation befindet und wer nicht. Das gesamte Universum ist unser Bezugssystem.

Jetzt stellt sich aber doch die folgende Frage: Wie hält Newtons Wassereimer Kontakt zum Fixsternsystem des Universums? In diesem Buch haben wir uns oft mit der Frage der Kausalität beschäftigt. Es gibt erstmal keine Antwort auf die Frage, wie die Lichtjahre entfernten Fixsterne dem gerade in Bewegung versetzten Eimer eine Information übermitteln könnten, die eine Krümmung der Wasseroberfläche verursachte.

Die Lösung besteht in dem Gedanken, dass der lokale Raum selbst die Information zur Beschleunigung liefert. Das ist im Rahmen der klassischen Physik schwer einsichtig zu machen. Doch in der relativistischen Quantenphysik hat man den Begriff des strukturierten Quantenvakuums eingeführt, der auch weitgehend akzeptiert ist. Das strukturierte Quantenvakuum[1] stellt eine Realisierung der Gedanken von Langevin und Einstein dar, die wir in der Nebenbetrachtung im Abschn. 2.3 besprochen haben.

Die Darstellung dieser Entwicklung sprengt den Rahmen unseres Buches. Wir wollen hier aber einen entscheidenden Punkt ansprechen. Dieselben Eigenschaften des strukturierten Quantenvakuums, die allgemein als die Ursache für die Quarkeinschließung angesehen werden und die für die Masse der uns umgebenden Materie verantwortlich sind, gestatten die Festlegung eines lokalen Inertialsystems, also auch die lokale Bestimmung einer Beschleunigung selbst im mikroskopischen Bereich.

Das Quantenvakuum ermöglich die Einführung der absoluten Beschleunigung, wie es Langevin in seiner Arbeit im Zusammenhang mit der Zeitdilatation genannt hat (siehe Ref. 19 im Kap. 2). Man kann fragen, welches Experiment das zweifelsfrei zeigt. Ohne uns auf tiefergehende Betrachtungen einzulassen, sei hier die Strahlung eines beschleunigten geladenen Körpers als Beweis des Vorliegens einer beschleunigten Bewegung genannt.

Wir fassen die Ergebnisse unserer Untersuchungen zur Beschleunigung zusammen:

1. Eine Beschleunigung kann relativ zu jedem inertialen Bezugsystem bestimmt werden. Wir werden auf kosmische Referenzsysteme wie das Machsche Fixsternsystem oder das dazu äquivalente CMB-System , in dem das CMB-Spektrum isotrop ist, zurückkommen.
2. Es gibt keine Relativität zwischen beschleunigten Körpern und Inertialbeobachtern. Ihre Rollen sind nicht vertauschbar.
3. Beschleunigung wird lokal am Ort des Körpers erkannt und hängt nicht vom globalen Zustand des Universums ab.
4. Das strukturierte Quantenvakuum liefert das benötigte lokale Bezugssystem. Es ist für jeden Körper allgemein zugänglich.
5. Beschleunigte geladene Körper geben Strahlung ab, gleichförmig bewegte Körper nicht.

Die Beschleunigung ist also eine reale physikalische Größe. Deshalb werden wir sie in den folgenden Kapiteln genauer untersuchen.

---

[1]Eine allgemeine Diskussion der Sachverhalte wurde vorgestellt in: J. Rafelski and B. Müller, *Die Struktur des Vakuums: Ein Dialog über das Nichts* (Harri Deutsch, Thun 1985); (vergriffen) erhältlich als pdf in Englisch, The Structured Vacuum: Thinking about Nothing.

20.4   Schwache und starke Beschleunigung

Wir haben die Beschleunigung bei der Untersuchung des Bellschen Raketenbeispiels (Kap. 10) und oft auch bei der Diskussion anderer relativistischer Effekte zugelassen. Wir betrachteten diese Beschleunigung jeweils relativ zum Bezugssystem eines Inertialbeobachters. Sie bot eine Möglichkeit, einen Körper in kleinen Schritten von einem Inertialsystem zu einem anderen zu bewegen. Die Größe dieser Beschleunigung wurde jeweils als so klein wie nötig angesehen. Entscheidend war, dass wir immer in der Lage waren, zu entscheiden, welcher Körper inertial und welcher beschleunigt war.

Diese Unterscheidung ist notwendig, denn Inertialbeobachter und beschleunigter Beobachter sind nicht äquivalent. Das Relativitätsprinzip gilt für sie nicht. Die zwischen zwei Inertialbeobachtern gemessene Geschwindigkeit ist relativ, aber das gilt nicht mehr, wenn ein Beobachter relativ zum anderen beschleunigt. Wir haben in diesem Buch immer darauf geachtet, welche Körper inertial und welche beschleunigt sind.

Um festzulegen, was ‚schwache Beschleunigung‘ bedeutet, braucht man einen Richtwert. Wir suchen nach natürlichen Werten für Länge und Zeit, um ein geeignetes Maß für starke Beschleunigung zu finden. Bei materiellen Körpern ist die Ausgangslage eine andere als bei Elementarteilchen. Bei diesen ist die Wahl der Skala normalerweise unstrittig. Sie hängt mit der Masse und mit inneren Strukturparametern zusammen, wenn diese verfügbar sind (siehe unten). Wenn man sich einmal über die ‚natürliche Länge‘ L einig ist, ergibt sich als ‚kritischer‘ Wert für starke Beschleunigung aus Dimensionsgründen der Ausdruck

$$a_{\mathrm{cr}} \equiv \frac{c^2}{L}. \tag{20.1}$$

Wir betrachten zunächst einen Körper, bei dem als natürliche Länge seine makroskopische Dicke in Beschleunigungsrichtung gewählt wird. Beträgt sie etwa $L^{\mathrm{Materie}} = 10^{-3}\mathrm{m}$, so ist die heute erzeugbare Spitzenbeschleunigung[2] $a \simeq 10^{11}\mathrm{m/s}^2$. Vergleicht man das mit Gl. (20.1), so erhält man $10^{-9}a_{\mathrm{cr}}^{\mathrm{Materie}}$. Es ist möglich, die kritische Bezugsbeschleunigung $a_{\mathrm{cr}}^{\mathrm{Materie}}$ durch Wahl eines kleineren Werts für L^{Materie} in Gl. (20.1) zu vergößern. Dann ist die erreichte Beschleunigung im Verhältnis zum kritischen Wert sogar noch kleiner. Innerhalb der Grenzen der heutigen Technologie gilt

$$a^{\mathrm{Materie}} < 10^{-9}a_{\mathrm{cr}}^{\mathrm{Materie}}. \tag{20.2}$$

Wenn wir uns den Elementarteilchen zuwenden, so ist die natürliche Längeneinheit die um (2π reduzierte) Comptonwellenlänge $\lambdabar_{\mathrm{C}} = \lambda_{\mathrm{C}}/2\pi$ und die natürliche

---

[2] R.W. Lemke, M.D. Knudson, J.-P. Davis, „Magnetically driven hyper-velocity launch capability at the Sandia Z accelerator (Leistungsfähigkeit des magnetisch getriebenen Hypergeschwindigkeitsantriebs des Sandia Z Beschleunigers),“ *Int. J. of Impact Eng.* **38** 480 (2011).

Einheit der Zeit ist τ_C, also die Zeit, die das Licht braucht, um die Entfernung $\lambdabar_C$ zurückzulegen

$$\lambdabar_C = \frac{\hbar}{mc} = 386,16\,\text{fm}, \qquad \tau_C = \frac{\lambdabar_C}{c} = 1,288 \times 10^{-21}\,\text{s}. \qquad (20.3)$$

Hier beziehen sich die Zahlenwerte auf Elektronen. Für ein Teilchen der Masse m legen wir dann also fest

$$a_{\mathrm{cr}} \equiv \frac{c^2}{\lambdabar_C} = mc^2\frac{c}{\hbar}. \qquad (20.4)$$

Für ein Elektron gilt

$$a_{\mathrm{cr}}^e = 2,327 \times 10^{29}\,\text{m/s}^2. \qquad (20.5)$$

Ein Elektron, das sich (fast) mit Lichtgeschwindigkeit in einem Beschleuniger durch ein ablenkendes Magnetfeld der typischen Stärke von 4,4 T bewegt, erfährt durch die (im folgende Kapitel besprochene) Lorentzkraft eine Beschleunigung von

$$a^{\mathrm{Teilchen}} = \frac{e}{m}c\mathcal{B} < 10^{-9} a_{\mathrm{cr}}^{\mathrm{Teilchen}}. \qquad (20.6)$$

Auch das bestätigt, dass selbst die extremsten Bedingungen, die wir heute in Laboratorien antreffen, zu sehr kleinen elementaren Beschleunigungen im ‚Nanobereich‘ gehören.

Fassen wir zusammen: Die stärkste heute in einem Labor erreichte Beschleunigung liegt um wenigstens acht Größenordnungen unterhalb des von uns als ‚stark‘ bezeichneten Werts. Darüber hinaus wird bei Tests und Untersuchungen der SR mit extrem kleinen Beschleunigungen gearbeitet. Wenn man bei Tests der SR im Bezugssystem der Erdoberfläche mit Elektronen experimentiert, so liegt man sogar um 28 Größenordnungen unter der Grenze (bei schwereren Teilchen wegen Gl. (20.4) sogar noch weiter darunter). Mit diesem Wissen ausgestattet, ist es leicht zu verstehen, weshalb man in der nicht-inertialen Umgebung der Erdoberfläche die SR dennoch mit hoher Genauigkeit bestätigen kann. Es ist dieser Bereich ‚kleiner‘ Beschleunigungen, in dem wir die relativistische Version der Newtonschen Gesetze und der elektromagnetischen Lorentzkraft im folgenden Kap. 21 studieren werden.

20.5 Realisierung starker Beschleunigung

In Abschn. 20.4 erläuterten wir den Begriff der ‚schwachen Beschleunigung‘ nach einem Vergleich mit der elementaren starken Beschleunigung aus Gl. (20.4). Jetzt wollen wir fragen, wann und wie eine starke Beschleunigung entstehen kann. Wir beginnen mit Newtons Gravitationskraft. Da sie wächst, wenn man die Entfernung verringert, brauchen wir eine sehr kleine, elementare Längeneinheit. Die kürzeste bekannte solche Länge ist die Planck-Länge

$$\ell_P = \sqrt{\frac{\hbar G_N}{c^3}} \equiv 1{,}616\,210^{-35}\,\text{m}, \tag{20.7}$$

zwanzig Größenordnungen unterhalb der Protonengröße. Man glaubt heute, dass sich nahe ℓ_P Gravitation und Quantenphysik verbinden lassen. Planck bemerkte bei Einführung von ℓ_P in einem Zusatz[3], dass eine solche neue elementare Skala von Interesse sein könnte, weil sie als Konsequenz der Einführung des Strahlungsquants $\hbar$ entstanden und mit Newtons Gravitation verbunden sei.

Betrachtet man die von einem Teilchen der Masse m in Entfernung der Planck-Länge ℓ_P erzeugte Beschleunigung, so erhält man

$$a_P = \frac{G_N m}{\ell_P^2} = mc^2 \frac{c}{\hbar} \equiv a_{\text{cr}}. \tag{20.8}$$

Man beachte, dass Newtons Gravitationskonstante G_N wegfällt. Man erkennt in a_P die in Gl. (20.4) eingeführte kritische Beschleunigung a_{cr} wieder. An der Stelle, an der man eine Verbindung zwischen Quanten- und Gravitationsphänomenen erwartet, findet sich also eine natürliche Beschleunigungseinheit. Sie ist in diesem Sinn mit der Planck-Skala verknüpft, braucht aber G_N nicht. Darüber hinaus ist es möglich, dass bei Erreichen dieser kritischen Beschleunigung neue Phänomene auftauchen, die an die tiefere Verbindung erinnern, die durch Gl. (20.8) angedeutet wird.

Es gibt also ein grundlegendes Interesse, experimentell diese kritische Beschleunigungseinheit zu erreichen. Wir erinnern daran, dass die elektromagnetische Kraft auf ein geladenes Teilchen proportional zur elektrischen Feldstärke ist. Ein elektrisches Feld, das zur Erzeugung der kritischen Beschleunigung für die leichtesten Elementarteilchen erforderlich wäre, müsste das sogenannte ‚Schwinger-Limit' erreichen, eine kritische Feldstärke von

$$E_{\text{cr}} = \frac{m a_{\text{cr}}}{e} = \frac{m^2 c^3}{e\hbar} = \frac{mc^2}{e\lambdabar_C} = 1{,}323 \times 10^{18}\,\frac{\text{V}}{\text{m}}. \tag{20.9}$$

Um den Wert von E_{cr} in SI-Einheiten zu erhalten, also in V/m, setzen wir für die elementaren Konstanten in Gl. (20.9) die SI-Werte in den Einheiten m[kg], c[m/s], e[C] und $\hbar$[Js] ein und rechnen aus (‚C' steht hier für ‚Coulomb'). Viel einfacher ist es aber, zu beachten, dass $mc^2 = 0{,}511$ MeV ist und e aus Zähler und Nenner zu kürzen. Der numerische Koeffizient in Gl. (20.9) beträgt dann $511/386$. Der Nenner ist der Wert von $\lambdabar_C$ in fm, siehe Gl. (20.3), und die Zehnerpotenz folgt daraus, dass MV$=10^6$V

---

[3]M. Planck, „Über irreversible Strahlungsvorgänge," *Sitzungsberichte der Königlich Preußischen Akademie der Wissenschaften zu Berlin* **5** 440 (1899), letzte S. 480.

ist und fm$=10^{-15}$m. Die zugehörige kritische Feldstärke eines Magnetfelds erhält man, wenn man den Wert von E_{cr} durch c dividiert, siehe auch Überblick 21.1

$$B_{\mathrm{cr}} \equiv \frac{ma_{\mathrm{cr}}}{ce} = \frac{m^2c^2}{e\hbar} = 4{,}414 \times 10^9\,\mathrm{T}. \tag{20.10}$$

Die durch das Schwinger-Limit in Gl. (20.9) festgelegte, kritische elektrische Feldstärke ist der Grenzwert, bei dem eine spontane Umwandlung des elektrischen Felds in ein Elektron-Positron-Paar (allgemeiner eines Paars von Teilchen der Masse m) stattfindet und das Feld sich schnell neutralisiert. Anders ausgedrückt, die Feldenergie ‚materialisiert‘ sich. Eine so starkes elektrisches Feld unter Laborbedingungen zu erzeugen, ist praktisch unmöglich. Die Erzeugung eines äquivalenten kritischen Magnetfelds ist aber prinzipiell denkbar.

An dieser Stelle ist festzuhalten, dass es eine Hierarchie kritischer Beschleunigungen gibt. Zum Beispiel kann man sich exemplarisch für alle Atome fragen, welche Kraft notwendig ist, um ein Wasserstoffatom zu zerreißen. Die durch den Bohrschen Atomradius beschriebene durchschnittliche Größe eines Atoms ist $\alpha^{-1} \simeq 137{,}036$ mal so groß wie die reduzierte Comptonwellenlänge $\lambdabar_C$ des Elektrons (α ist hier die Feinstrukturkonstante). Aus Gl. (20.1) ergibt sich mit dem Bohrradius als kritischer Länge L die Beschleunigung und damit erhält man für die erforderlichen Feldstärken die Werte

$$E_{\mathrm{cr}}^{\mathrm{Atom}} = \frac{\alpha\, ma_{\mathrm{cr}}}{e} = \frac{\alpha\, m^2c^3}{e\hbar} = \frac{mc^2}{e(\alpha^{-1}\lambdabar_C)} = 0{,}966 \times 10^{16}\,\frac{\mathrm{V}}{\mathrm{m}}, \tag{20.11}$$

und

$$B_{\mathrm{cr}}^{\mathrm{Atom}} \equiv \frac{m\alpha a_{\mathrm{cr}}}{ce} = \frac{\alpha\, m^2c^2}{e\hbar} = 3{,}221 \times 10^7\,\mathrm{T}. \tag{20.12}$$

Andererseits müssen Felder, die ein Elementarteilchen spalten können, zu Entfernungen von der Größenordnung des klassischen Elektronenradius r_e gehören, also zu einer Länge, die um denselben Faktor $\alpha^{-1} \simeq 137{,}036$ kleiner ist als $\lambdabar_C$ und das erfordert stärkere Felder

$$E_{\mathrm{cr}}^{\mathrm{Part}} = \frac{m\alpha^{-1}a_{\mathrm{cr}}}{e} = 1{,}813 \times 10^{20}\,\frac{\mathrm{V}}{\mathrm{m}}, \qquad B_{\mathrm{cr}}^{\mathrm{Part}} = 6{,}05 \times 10^{11}\,\mathrm{T}. \tag{20.13}$$

Ein magnetisierter Neutronenstern, ein ‚Magnetar‘, bietet vielleicht ein astrophysikalisches Labor, in dem solche Magnetfelder Gl. (20.13) möglicherweise vorhanden sind und wo Protonen und Neutronen in Quarks und Gluonen aufgespalten werden. Alternativ liefert die von uns vorgenommene Schätzung die Größenordnung für die Felder, die zur Erzeugung von Quark-Gluon-Plasma erforderlich sind, einem Materiezustand, in dem sich die Bestandteile der Nukleonen frei bewegen. Solche Felder kann man nach unserem Verständnis der durch die Quantenchromodynamik beschriebenen starken Wechselwirkung erwarten.

Aus der Sicht der oben betrachteten Dimensionen sind die heute im Labor erreichten Beschleunigungen so gut wie nicht wahrnehmbar. Die stärksten in Beschleunigern eingesetzten Magnete haben Feldstärken von einigen Tesla. In vorhersehbarer Zukunft kann man 10 bis 20 Tesla anvisieren. Diese Magnetfelder liegen damit um 8 Größenordnungen unterhalb der kritischen Feldstärke aus Gl. (20.10). Der einzige Grund dafür, dass wir die durch solche Beschleunigungen erzeugte Strahlung beobachten und unter gewissen Umständen nutzen können, besteht darin, dass wir einen winzigen Effekt auf der elementaren Skala über makroskopische Zeiten und Entfernungen ansammeln.

Wir gehen nun auf einige experimentelle Umgebungen ein, in denen es vielleicht möglich ist, kritische Beschleunigungen jetzt oder in naher Zukunft zu erreichen und zu untersuchen:

(Quasi-)Kerne hoher Ladung Der Wert E_{cr} Gl. (20.9) ist tatsächlich klein (!), wenn man ihn mit Feldstärken an der Oberfläche von Atomkernen vergleicht. Allerdings kommen Elektronen dieser Oberfläche nicht nahe und sind zudem delokalisiert. Außerdem nimmt das Schwingerfeld an der Kernoberfläche nur ein kleines Volumen ein. Obwohl das Erreichen von E_{cr} natürlich noch kein Kriterium für das Auftauchen neuer physikalischer Phänomene ist, stellen wir uns die Frage: Welche Kernladung Ze ist nötig, damit das Feld bei der Entfernung λ_C vom Kern die kritische Grenze schafft? Man kann diese Bedingung so schreiben

$$\frac{Ze}{\lambda_C^2} = E_{cr} = \frac{m^2 c^3}{e\hbar} \rightarrow Z\alpha = 1, \quad \alpha = \frac{e^2}{\hbar c} = \frac{1}{137{,}036}. \tag{20.14}$$

Wenn man also eine Kernladung von $Z > 137$ vereinigen könnte, wäre es möglich, in einem atomphysikalischen Experiment die Bedingungen der kritischen Beschleunigung zu testen. Diese Situation wurde innerhalb der relativistischen Quantenmechanik sorgfältig untersucht und beschrieben[4]. Da die Kerne endliche Größe haben, wird als aktueller Wert der ‚kritischen Ladung‘ $Z_{cr} \simeq 171$ anerkannt. An diesem Punkt erhält das Quantenvakuum – der Grundzustand – eine Ladung. Experimentell realisiert man diese Situation durch Stöße langsamer ($v \ll c$) Schwerionen, die aber immer noch so schnell sind, dass ihre Kerne sich bis auf einige Kerndurchmesser annähern. Für die Kernladungszahlen gilt dann $Z_1 + Z_2 > Z_{cr}$. Als man solche Stoßvorgänge in den 1980er Jahren durchführte, wurde die Untersuchung der dabei produzierten Positronen durch einen Hintergrundeffekt erschwert, zu dem eine aktuelle Diskussion verfügbar ist[5].

---

[4] W. Greiner, B. Müller and J. Rafelski, *Quantum Electrodynamics of Strong Fields (Quantenelektrodynamik starker Felder,* Springer, (Heidelberg, New York 1985, 2015).

[5] J. Rafelski, J. Kirsch, B. Müller, J. Reinhardt, W. Greiner, „Probing QED Vacuum with Heavy Ions (Tests des QED Vakuums mit Schwerionen)," *FIAS Interdisc. Sci. Ser.: New Horizons in Fundamental Physics* 211 (2017).

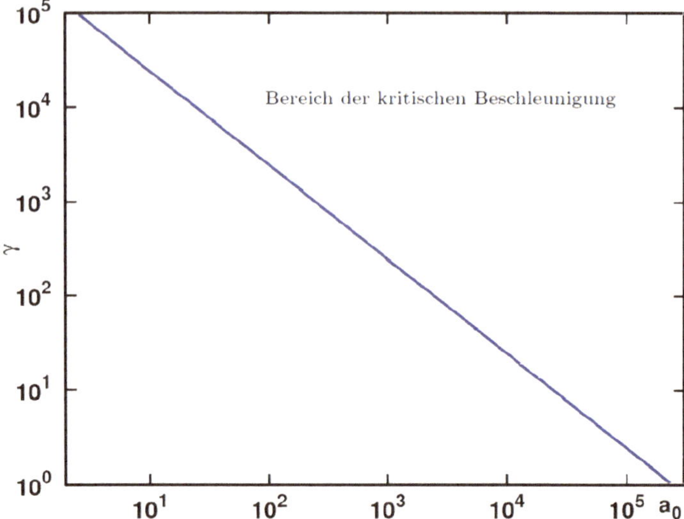

Abb. 20.1 Bereich der kritischen Beschleunigung bei der Kollision eines Elektrons vom Lorentz-faktor $\gamma = E/mc^2$ mit einem Laserpuls normalisierter Amplitude a_0, nach Ref. 6, siehe Text

Kollisionen ultraintensiver Laserpulse mit relativistischen Elektronen Es ist festgestellt worden, dass beim Auftreffen eines Laserpulses auf ein relativistisches Elektron die erforderlichen Voraussetzungen für superkritische Kräfte erfüllt sein können. Man braucht eine Kombination aus einem relativ hohen Lorentzfaktor γ des Elektrons und einem Laserpuls großer normalisierter Amplitude a_0. In Abb. 20.1 wird die Kollision eines hochenergetischen Elektrons der Energie $E = m_e c^2 \gamma$ mit einem intensiven Laserpuls der normalisierten Amplitude a_0 und der Frequenz $\hbar\omega = 4{,}8\,$eV betrachtet. Über der Linie erfährt das Elektron eine kritische Beschleunigung. Der zentrale Bereich der Figur ist mit heutiger Technologie realisierbar[6]. Dabei ist nützlich, dass solche intensiven Laserpulse in der Lage sind, Elektronen auf Energien im GeV-Bereich ($\gamma > 1000$) zu beschleunigen[7], wie wir es in Kap. 22 diskutieren werden. Man kann deshalb in einer experimentellen Umgebung Kollisionen von Laserpulsen mit durch Laserpulse erzeugten Elektronenblitzen planen. Im Rahmen des europäisches Laserforschungsprojekts ELI werden Laboratorien gebaut, in denen die erforderlichen Bedingungen herrschen[8]:

ELI (Extreme Light Infrastructure) ist eine Forschungs-Infrastruktur von paneuropäischem Interesse für extreme Licht-Materie-Wechselwirkungen von höchster Intensität, kürzester

---

[6]J. Rafelski and L. Labun, „Critical Acceleration and Quantum Vacuum (Kritische Beschleunigung und Quantenvakuum)," *Modern Phys. Lett. A* **28** 1340014 (2013).

[7]Review Article: Tae Moon Jeong and Jongmin Lee „Femtosecond petawatt laser (Femtosekunden-Petawatt-Laser)," *Ann. Phys.* (Berlin) **526** 157 (2014).

[8]p71 of *European Strategy Forum Report 2016 on Research Infrastructures* (Bericht des Europäischens Strategieforums 2016 über Forschungs-Infrastruktur).

Zeitskala und breitestem Spektralbereich. ELI stützt sich auf drei Standorte in Tschechien, Ungarn und Rumänien, die als Säulen bekannt sind und sich in ihren wissenschaftlichen Profilen ergänzen. Eine vierte Säule, dann mit der höchsten Intensität, ist möglich, falls die Entwicklung und Bewertung der Lasertechnologie weiter voranschreitet. Es wird erwartet, dass die vierte Säule die derzeit vorhandenen ELI-Säulen durch Erzeugung von Intensitäten über 10^{23} W/cm^2 um eine weitere Größenordnung überbietet und ausgedehnte wissenschaftliche Programme erlaubt. Gedacht ist an Gebiete wie Teilchenphysik, Kernphysik, Gravitation, nichtlineare Feldtheorie, Hochdruckphysik, Astrophysik und Kosmologie.

An diesen Einrichtungen wird auch das experimentelle Studium der Strahlungsrückwirkung möglich sein. Bei der Wechselwirkung mit einem starken elektromagnetischen Feld erfährt ein geladenes Teilchen nämlich eine Art Reibungskraft im Vakuum und verbraucht Energie in Form von Strahlung. Eine fundierte Erklärung für diesen physikalischen Effekt wurde bisher nicht gefunden[9].

Ultrarelativistische Schwerionenkollisionen Wenn relativistische schwere Kerne in einem Experiment frontal aufeinanderprallen, liegt die im Laborsystem gemessene Dauer der Kollision bei $\Delta t = R/c$. Dabei ist R der Radius des Kerns. Das ist ein Maximalwert, die tatsächliche Zeitspanne könnte ein Bruchteil von Δt sein, aber wir möchten bei Abschätzung des Werts der Beschleunigung a vorsichtig sein

$$a \simeq \frac{1}{m}\frac{\Delta p}{\Delta t} \simeq \frac{c\Delta \sinh y_p}{\Delta t} \equiv a_{\text{RHIC}}\,\Delta(\sinh y_p). \tag{20.15}$$

Hier ist $\Delta(\sinh y_p)$ die Änderung der Rapidität des Teilchens während des Bremsvorgangs und der Index RHIC steht für „Relativistic Heavy Ion Collision". Die Größe der Beschleunigung liegt bei

$$a_{\text{RHIC}} \equiv \frac{c}{\Delta t} = \frac{c^2}{R} \simeq 2\times 10^{31}\frac{\text{m}}{\text{s}^2}. \tag{20.16}$$

Dieses Ergebnis ist 100 mal so groß wie die Werte in Gl. (20.5) und gehört zu Feldern, wie sie für die Zerlegung von Nukleonen benötigt werden, siehe Gl. (20.13). Diese Überlegungen deuten darauf hin, dass bei einer signifikanten Rapiditätsänderung der Nukleonen des ankommenden Kerns beim Abstoppen kritische Beschleunigungen erreicht werden, die Nukleonen in ihre Bestandteile zerlegen. Bei einem solchen Prozess wird eine Vielzahl von neuen Teilchen erzeugt. Diese Feststellung stimmt überein mit der Entstehung von Quark-Gluon-Plasma (QGP) in CERN im Jahr 2000, siehe Abb. 20.2. Die ergiebige Teilchenproduktion als Folge des Erreichens der kritischen Beschleunigung könnte der Grund für die recht häufige Entstehung dieses neuen Zustands der Materie sein.

---

[9]Y. Hadad, L. Labun, J. Rafelski, N. Elkina, C. Klier and H. Ruhl, „Effects of Radiation-Reaction in Relativistic Laser Acceleration (Effekte der Strahlungsrückwirkung bei relativistischer Beschleunigung mit Lasern)," *Phys. Rev. D* **82,** 096012 (2010).

Abb. 20.2 CERN kündigt in einer Pressemitteilung vom 10. Februar 2000 die Entdeckung des Quark-Gluon-Plasmas an

In der Diskussion oben wurde die Ursache für die große Rapiditätsänderung, also das Abbremsen der kollidierenden Materie, nicht diskutiert. Es wird im Allgemeinen angenommen, dass sie durch starke Wechselwirkungsprozesse verursacht wird, die die Bewegung der Quarks in den Nukleonen steuern. Allerdings haben die elektromagnetischen Kräfte zweier kollidierender schwerer Kerne bei relativistischer Geschwindigkeit eine ähnliche Größe und sind räumlich nicht so eingeschränkt wie die starke Wechselwirkung. Die Ursache der starken Abbremsung kollidierender Quarks ist ein Forschungsgebiet im Bereich relativistischer Schwerionenstöße.

Teil IX

Lorentzkraft und Teilchenbewegung

Zusammenfassung – *Im Teil IX – Kap. 21, Kap. 22:*
Die Lorentzkraft beschreibt die Wechselwirkung elektrisch geladener Teilchen
mit elektromagnetischen Feldern und gründet auf experimenteller Erfahrung.
Deshalb betrachten wir Beispiele relativistischer Dynamik durch Wirkungen dieser Kraft auf geladene Teilchen 1) in konstanten Magnetfeldern, 2) in konstanten
elektrischen Feldern, 3) im radialen Coulombfeld (mit Untersuchung der Bahnpräzession) und 4) im Fall eines vom elektromagnetischen Feld einer ebenen Laserwelle mitgezogenen Elektrons. Wir führen das Variationsprinzip für die Kraft ein,
entwickeln die Hamiltonfunktion und sprechen über Erhaltungssätze.

Einleitende Bemerkungen zu Teil IX

Bei der nachfolgenden Untersuchung der Bewegung geladener Teilchen aufgrund
der Lorentzkraft halten wir weiter an den SI-Einheiten fest. Die Methode der
Umwandlung Gaußscher Einheiten wird aber beschrieben. Der Hauptgrund dafür
ist die Tatsache, dass diese Einheiten in klassischen Texten oft benutzt werden.

Wir führen Kraft und Beschleunigung so ein, dass die wohlbekannten Eigenschaften von Impuls und Energie erhalten bleiben. Bei der Verallgemeinerung von
Newtons Kraftbegriff untersuchen wir viele unerwartete Eigenschaften von relativistischer Kraft und Beschleunigung. Wir entdecken neue physikalische Inhalte
wie die Tatsache, dass man beim Trägheitswiderstand eines Teilchens unterscheiden muss, ob die angewandte Kraft parallel oder senkrecht zur Bewegungsrichtung ausgerichtet ist.

Die Formel für die Lorentzkraft, die die Wechselwirkung elektrisch geladener
Teilchen mit elektromagnetischen Feldern beschreibt, ist primär aufgrund experimenteller Ergebnisse entwickelt worden. Sie wird in der Regel mit Hilfe elektrischer und magnetischer Felder dargestellt. Wir untersuchen Beispiel für Beispiel,
wie die wohlbekannte nichtrelativistische Dynamik der Lorentzkraft sich auf relativistische Bewegungen verallgemeinern lässt.

Lösungen für Teilchenbewegungen in vier Fällen von allgemeinem Interesse beherrschen den Inhalt: 1) konstantes Magnetfeld, 2) konstantes elektrisches Feld, 3) radiale Coulombkraft und 4) der Fall eines vom elektromagnetischen Feld einer ebenen Laserwelle mitgezogenen Elektrons. Letzteres wird durch die Möglichkeit motiviert, geladene Teilchen mit Hilfe von Lasern zu beschleunigen.

Im ersten und einfachsten Beispiel betrachten wir die relativistische Bewegung eines geladenen Teilchens in einem konstanten Magnetfeld. Dem folgt der komplexere Fall der Bewegung in einem konstanten elektrischen Feld. Bei der Untersuchung in elektrischen Feldern taucht nämlich eine Schwierigkeit auf: Bewegt sich ein Teilchen anfangs orthogonal zum Feld, so dreht sich die Geschwindigkeit in Feldrichtung. Dabei folgt das Teilchen einer als Katenoide (Kettenlinie) bekannten Kurve.

Wir führen ein relativistisches Prinzip der kleinsten Wirkung ein und kommen so zu einem kanonischen Impuls, der erhalten bleibt. Die Untersuchung der Hamiltonfunktion führt auf eine Bedingung, die für eine vierdimensionale Energie-Impuls-Invariante charakteristisch ist und damit zu einer weiteren Erhaltungsgröße. Wir nutzen die Erhaltung des kanonischen Impulses und der Energie beim Studium der Bahnen geladener Teilchen im Coulompotential eines Atomkerns aus und zeigen Parallelen zu den bekannten Eigenschaften der relativistischen Quantenorbitale auf.

Um die Voraussetzungen für die Untersuchung der relativistischen Teilchenbewegung in Laserwellen zu schaffen, führen wir ebene elektromagnetische Wellen detailliert ein. Wir zeigen, wie die Erhaltungssätze in diesem komplexen Fall die Teilchenbewegung beeinflussen. Die Analogie zur Teilchenbeschleunigung mit Lasern ist Anlass zur Betrachtung der Einheitensprache, die unter Physikern üblich ist, die sich mit hochintensiven Laserpulsen beschäftigen.

Wir lösen das Problem der Teilchenbewegung explizit sowohl für linear als auch für zirkular polarisierte Wellen. Wir zeigen, dass die Überschreitung eines Schwellenwerts der Wellenintensität eine signifikante Veränderung der Teilchendynamik zur Folge hat. Das öffnet den Weg zum neuen Gebiet der relativistischen Quantenoptik.

Zusammenfassung

Wir gehen auf den Begriff der Kraft und den der Beschleunigung ein. Die Lorentzkraft beschreibt die Wechselwirkung geladener Teilchen mit elektromagnetischen Feldern. Wir untersuchen Beispiel für Beispiel, wie die wohlbekannte nichtrelativistische Dynamik der Lorentzkraft sich auf relativistische Bewegungen verallgemeinern lässt. Wir betrachten geladene Teilchen in einem konstanten magnetischen Feld und in einem konstanten elektrischen Feld. Wir lösen das klassische Coulombproblem der Bewegung in einem radialen elektrischen Feld.

21.1 Newtonsche Grundgleichung

Bei Betrachtung der relativistischen Kraft wird oft die in diesem Buch nicht verwendete vierdimensionalen Schreibweise benutzt. Man verallgemeinert dann Newtons Mechanik gleichzeitig auf die vier Dimensionen des Minkowskiraumes und von nichtrelativistischer zu relativistischer Physik. Diese beiden Schritte sind aber voneinander unabhängig. In diesem Buch beschränken wir uns allein auf die Erweiterung zur relativistischen Dynamik.

Die Darstellung der elektromagnetischen Kraft mit oder ohne Berücksichtigung der vierdimensionalen Raum-Zeit-Symmetrie ist aber noch nicht die endgültige Form, denn die hier betrachtete Lorentzkraft erklärt nicht alle dynamischen Phänomene der Wechselwirkung elektrisch geladener Körper mit elektromagnetischen Feldern. Es fehlt beispielsweise der Energieverlust durch Abstrahlung bei geladenen beschleunigten Körpern, einem bereits im Kap. 20 diskutierten Sachverhalt.

Wenn wir von einer Kraft oder einer Beschleunigung sprechen, beschränken wir uns in diesem Buch immer auf die uns gewohnten dreidimensionalen Größen. Wir erinnern an die wichtigste Gleichung der Newtonschen Dynamik,

$$\mathbf{F}_{\mathrm{nr}} = \frac{d\mathbf{p}}{dt} = m\frac{d\mathbf{v}}{dt} = m\mathbf{a}.$$

© Springer-Verlag GmbH Deutschland, ein Teil von Springer Nature 2019
J. Rafelski, *Spezielle Relativitätstheorie heute,*
https://doi.org/10.1007/978-3-662-59420-9_21

Eine natürliche Verallgemeinerung besteht in der Verwendung des relativistischen Impulses und führt auf die folgende relativistische Form der Newtonschen Grundgleichung

$$\boxed{\mathbf{F} \equiv \frac{d\mathbf{p}_{\mathrm{B}}}{dt} = \frac{d(m\gamma\mathbf{v})}{dt}.}$$

(21.1)

Nach Abschn. 15.1, Gl. (15.2)–(15.4) gilt

$$\boxed{dE = d\mathbf{p}_{\mathrm{B}} \cdot \mathbf{v} = \mathbf{F}\, dt \cdot \mathbf{v} = \mathbf{F} \cdot d\mathbf{x}.}$$

(21.2)

Die durch Gl. (21.1) vorgenommene Verallgemeinerung sichert die Gültigkeit des Arbeitssatzes der Mechanik in der SR. Der Index ‚B' (für kinetischen Impuls = Bewegungsimpuls) soll daran erinnern, dass der hier vorkommende Impuls nicht die kanonische Größe ist, die wir ab Abschn. 21.3 betrachten werden und die dann ohne Index verwendet wird, wie es *z. B.* in allen Texten der Quantenmechanik der Fall ist.

Für $dm/dt = 0$ tragen nur $v(t)$ und $\gamma(t)$ zur rechten Seite von Gl. (21.1) bei und wir erhalten zwei Terme. Der zweite entsteht durch die Ableitung des Lorentzfaktors γ und ist neu.

$$m\left(\frac{\mathbf{a}}{\sqrt{1 - \mathbf{v}^2/c^2}} + \frac{1}{c^2}\frac{\mathbf{v}\,(\mathbf{v}\cdot\mathbf{a})}{(1 - \mathbf{v}^2/c^2)^{3/2}}\right) = \mathbf{F}$$

(21.3)

oder in vereinfachter Schreibweise

$$\boxed{\frac{d\mathbf{p}_{\mathrm{B}}}{dt} = m\gamma\mathbf{a} + m\gamma^3\frac{1}{c^2}\mathbf{v}\,(\mathbf{v}\cdot\mathbf{a}) = \mathbf{F}, \qquad m = Const.}$$

(21.4)

Die Geschwindigkeit eines Körpers legt immer eine Vorzugsrichtung fest, auf die man sich bei Untersuchung seiner dynamischen Eigenschaften bezieht. Aus diesem Grund zerlegen wir alle Vektoren unter Verwendung der Einheitsvektoren $\mathbf{e}_{\parallel}$ and $\mathbf{e}_{\perp}$ in ihre zu $\mathbf{v}$ parallelen und orthogonalen Komponenten

$$\mathbf{v} = v\mathbf{e}_{\parallel}, \qquad \mathbf{a} = a_{\perp}\mathbf{e}_{\perp} + a_{\parallel}\mathbf{e}_{\parallel}.$$

(21.5)

Im nächsten Schritt benutzen wir Gl. (21.5), um Gl. (21.4) umzuschreiben

$$\frac{d\mathbf{p}_{\mathrm{B}}}{dt} = m\gamma a_{\perp}\mathbf{e}_{\perp} + m\gamma a_{\parallel}\mathbf{e}_{\parallel} + m\gamma^3\frac{\mathbf{v}^2}{c^2}a_{\parallel}\mathbf{e}_{\parallel} = \mathbf{F}.$$

(21.6)

Nach Herstellung eines gemeinsamen Nenners für die beiden $\mathbf{e}_{\parallel}$-Terme erhalten wir die stark vereinfachte Gleichung

$$\boxed{\frac{d\mathbf{p}_{\mathrm{B}}}{dt} = m\gamma a_{\perp}\mathbf{e}_{\perp} + m\gamma^3 a_{\parallel}\mathbf{e}_{\parallel} = \mathbf{F}.}$$

(21.7)

Wir sehen in Gl. (21.7), dass ein Körper, der eine relativistische Bewegung mit $\gamma > 1$ erreicht hat, auf eine einwirkende Kraft ganz anders als gewohnt reagiert. Die Kraftkomponente senkrecht zur Geschwindigkeit trägt um den Faktor γ^2 effektiver zur Beschleunigung des Teilchens bei als die zur Geschwindigkeit parallele Kraftkomponente. Um das zu verdeutlichen, bezeichnen einige Autoren $m\gamma$ als die transversale Masse und $m\gamma^3$ als longitudinale Masse. Da es aber nur eine Teilchenmasse gibt, sind die Worte ‚transversaler Trägheitswiderstand $m\gamma$‘ und ‚longitudinaler Trägheitswiderstand $m\gamma^3$‘ zur Unterscheidung besser geeignet.

Beispielsweise wirkt die Kraft auf ein geladenes Teilchen in einem Magnetfeld immer senkrecht zum Geschwindigkeitsvektor. Diese Kraft entspricht also dem ersten Term in Gl. (21.7). Jede andere zum Geschwindigkeitsvektor parallele Kraftkomponente, die gemeinsam mit dem Magnetfeld auf das Teilchen einwirkt, hat einen um den Faktor γ^2 größeren Trägheitswiderstand zu überwinden und trägt deshalb wesentlich weniger zu einer Bewegungsänderung des Teilchens bei. Daraus kann man schließen, dass Magnetfelder das natürliche Mittel zur Steuerung relativistischer Teilchen sind.

Wir untersuchen als nächstes den nichtrelativistischen Grenzfall für die relativistische Kraft $\mathbf{F}$. Wir formen Gl. (21.7) um

$$\mathbf{F} = m\gamma\mathbf{a} + m(\gamma^3 - \gamma)a_\parallel\mathbf{e}_\parallel \tag{21.8}$$

und entwickeln die von γ abhängigen Koeffizienten beider Summanden. Wir erhalten

$$\frac{d\mathbf{p}_{\mathrm{B}}}{dt} = m\left(1 + \frac{1}{2}\frac{\mathbf{v}^2}{c^2} + \dots\right)\mathbf{a} + m\left(\frac{\mathbf{v}^2}{c^2} + \dots\right)a_\parallel\mathbf{e}_\parallel = \mathbf{F}. \tag{21.9}$$

In Gl. (21.9) tauchen zwei relativistische Korrekturen der Ordnung $\mathcal{O}(\mathbf{v}^2/c^2)$ auf. Der zweite dieser beiden Terme ist parallel zu $\mathbf{v}$. Deshalb sind $\mathbf{a}$ und $\mathbf{F}$ nicht parallel. Das ist auch in Abb. 21.1 erkennbar. Ist die Kraft $\mathbf{F}$ entweder genau parallel

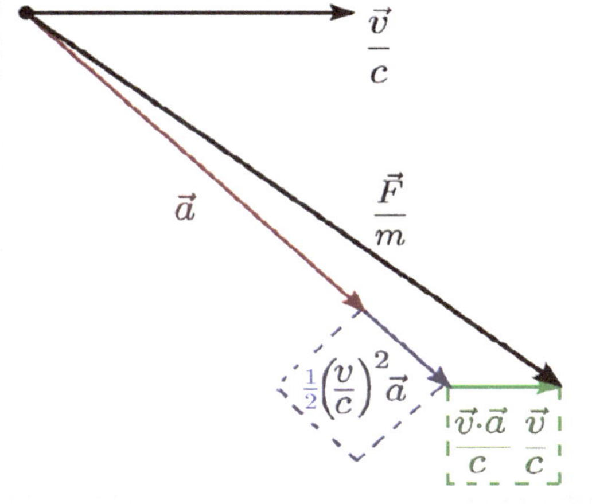

Abb. 21.1 Eine nicht-parallele Kraft, die auf ein sich mit der Geschwindigkeit $\mathbf{v}$ bewegendes Teilchen einwirkt, erzeugt einen Beschleunigungsvektor $\mathbf{a}$, der hier mit den beiden relativistischen Beiträgen $\frac{1}{2}\left(\frac{\mathbf{v}}{c}\right)^2\mathbf{a}$ und $\left(\frac{\mathbf{v}\cdot\mathbf{a}}{c}\right)\frac{\mathbf{v}}{c}$ dargestellt wird (siehe Gl. (21.9))

oder genau senkrecht zur momentanen Bewegungsrichtung, so sind $\mathbf{F}$ und $\mathbf{a}$ parallel zueinander.

Im allgemeinen Fall weicht aber der die Beschleunigung des Körpers beschreibende Vektor in erster Näherung von der Kraftrichtung ab. Die Situation ist ähnlich wie beim Segeln. Wirkt auf das Segelboot die Kraft $\mathbf{F}$ des Windes in einer bestimmte Richtung, so wirkt gleichzeitig der Widerstand des Wassers entgegengesetzt zur Richtung der Geschwindigkeit $\mathbf{v}$.

Allerdings hinkt der Vergleich etwas, denn das Analogon zum Wasserwiderstand gibt es in unserem Fall nur, wenn das Teilchen beschleunigt wird, also keine Inertialbewegung vorliegt. Außerdem verschwindet unser Widerstand ebenfalls, wenn die Geschwindigkeit auf der Richtung der Beschleunigung senkrecht steht, wie man in Abb. 21.1 sieht. Bei der Diskussion des Äthers als Träger elektromagnetischer Wellen in der Nebenbetrachtung in Abschn. 2.3 sind wir bereits auf diesen Sachverhalt gestoßen: Der Äther der elektromagnetischen Wellen ist nur bei beschleunigten Bewegungen beobachtbar.

Übung 21.1 Der Beschleunigungsvektor a als Funktion der Kraft
Wandeln Sie Gl. (21.4) und (21.6) so um, dass der Beschleunigungsvektor $\mathbf{a}$ direkt als Funktion der Kraft $\mathbf{F}$ und der momentanen Teilchengeschwindigkeit $\mathbf{v}$ dargestellt wird.

Lösung
Wir multiplizieren Gl. (21.4) mit $\mathbf{v}$ und erhalten

$$m\gamma^3 \left((1 - \mathbf{v}^2/c^2) + \mathbf{v}^2/c^2 \right) \mathbf{v} \cdot \mathbf{a} = \mathbf{v} \cdot \mathbf{F}. \tag{1}$$

Verwendet man Gl. 1 erneut in Gl. (21.4), so ergibt sich

$$\boxed{m\gamma\,\mathbf{a} = \mathbf{F} - \frac{\mathbf{v}\,(\mathbf{v} \cdot \mathbf{F})}{c^2}.} \tag{2}$$

Wir können dieses Ergebnis genauer analysieren: Wenn wir die Kraft $\mathbf{F}$ in ihre Komponenten parallel und senkrecht zur Geschwindigkeitsrichtung zerlegen und mit Gl. (21.5) vergleichen, so erkennen wir

$$m\gamma\,\mathbf{a} = \mathbf{e}_\perp F_\perp + \mathbf{e}_\parallel F_\parallel - \frac{\mathbf{v}^2}{c^2}\mathbf{e}_\parallel F_\parallel. \tag{3}$$

Das kann analog Gl. (21.7) umgeschrieben werden zu

$$\boxed{m\gamma\,\mathbf{a} = \mathbf{e}_\perp F_\perp + \mathbf{e}_\parallel \frac{F_\parallel}{\gamma^2}.} \tag{4}$$

Wir sehen, dass Gl. 4 in Form und Inhalt exakt der Beziehung Gl. (21.7) entspricht. Das wird noch deutlicher, wenn man die Vektorgleichungen in Komponentenform schreibt:

$$m\gamma\,(\mathbf{a} \cdot \mathbf{e}_\perp) = (\mathbf{F} \cdot \mathbf{e}_\perp),$$
$$m\gamma^3(\mathbf{a} \cdot \mathbf{e}_\parallel) = (\mathbf{F} \cdot \mathbf{e}_\parallel). \tag{5}$$

Wenn man Probleme relativistischer Bewegungen löst, muss man immer beachten, dass der Geschwindigkeitsvektor $\mathbf{v}$ sich mit der Zeit kontinuierlich verändert. Deshalb sind auch die Einheitsvektoren $\mathbf{e}_\perp$ und $\mathbf{e}_\parallel$ im Allgemeinen zeitabhängig.

21.2 Bewegung in elektrischen und magnetischen Feldern

Die wohlbekannte Lorentzkraft $\mathbf{F}_L$, also die z. B. auf ein Elektron einwirkende Kraft ist

$$\frac{d\,\mathbf{p}_B}{dt} = q\,(\mathcal{E} + \mathbf{v} \times \mathcal{B}) \equiv \mathbf{F}_L, \qquad \mathbf{p}_B = m\gamma\mathbf{v} = \frac{m\mathbf{v}}{\sqrt{1 - \mathbf{v}^2/c^2}}. \tag{21.10}$$

Wir benutzen hier SI-Einheiten. Die Felder $\mathcal{E}$ und $\mathcal{B}$ werden also in V(olt)/m und T(esla) gemessen.[1] Wir werden in der Regel das dynamische Verhalten von Elektronen untersuchen. Ihre Ladung ist $q_e \equiv e = -|e| = -1{,}602177 \times 10^{-19}$C. Die

---

[1] In einem für Studenten geschriebenen Buch halten wir an den SI-Einheiten fest. Allerdings tun wir das etwas widerwillig. Andere Autoren gehen anders vor. So hat etwa J.D. Jackson in der dritten Auflage von *Classical Electrodynamics* (John Wiley & Sons, New York 1999) auf Seite 514 das Einheitensystem gewechselt: „Beginning with Chapter 11 (Special Theory of Relativity) we employ Gaussian units instead of SI units...." („Beginnend mit Kapitel 11 [Spezielle Relativitätstheorie] verwenden wir Gaußsche Einheiten statt SI-Einheiten...."). Die Gründe dafür hat Richard Becker in seiner Neuausgabe von Max Abrahams *Theorie der Elektrizität* benannt. In seinem Vorwort vom Februar 1930 sagt Becker:

In der Wahl der Maßeinheiten habe ich mich vollständig an die letzte Auflage des Abraham gehalten (die von den früheren Auflagen abweicht, JR). Es wird durchweg das Gaußsche Maßsystem benutzt.... Es scheint heute unmöglich zu sein, in der Wahl des Maßsystems den Ansprüchen des Elektrotechnikers und des Physikers gleichzeitig gerecht zu werden. Denn die ,elektrotechnische' und die ,physikalische' Auffassung der Maxwellschen Theorie ist nicht nur in der Bezeichnung, sondern auch in der Sache verschieden. Dabei schließt sich die technische Auffassung viel enger an die ursprüngliche Gestalt der Maxwell-Faradayschen Theorie an als die heutige Physik. Die Elektrotechnik sieht (auch im Vakuum) die Vektoren $\mathcal{E}$ und $\mathcal{D}$ als wesensverschiedene Größen an, welche in einem ähnlichen Verhältnis zueinan-

Modifikation des nichtrelativistischen Verhaltens lässt sich an der relativistischen Form des in diesem Buch so bezeichneten kinetischen Impulses $\mathbf{p}_B$ erkennen.

Überblick 21.1: SI-Einheiten und Gaußsche Einheiten

Die SI-Einheit des elektrischen Felds $\mathcal{E}$ ist ‚V/m' und die des magnetischen Felds (eigentlich der magnetischen Flussdichte) $\mathcal{B}$ ist T = Tesla = $\mathrm{Vs/m^2}$. Nach Gl. (21.10) erfährt ein Teilchen der Ladung q in einem elektrischen Feld von $\mathcal{E} = 1\,\mathrm{V/m}$ dieselbe elektromagnetische Kraft wie bei Bewegung mit $v = 1\,\mathrm{m/s}$ in einem Magnetfeld von $\mathcal{B} = 1\,\mathrm{T}$. Für relativistische Teilchen mit $v \to c$, erzeugt ein Magnetfeld von $\mathcal{B} = 1\,\mathrm{T}$ eine Kraft, für die ein elektrisches Feld von $\mathcal{E} = 3 \times 10^8\,\mathrm{V/m}$ erforderlich ist.

Dieser Faktor von 300 Millionen wurde im SI-System mit Absicht eingeführt. Die Formel Gl. (21.10) für die Lorentzkraft nimmt eine natürlichere Form an, wenn man links $\mathbf{v}$ durch $\mathbf{v}/c$ ersetzt. Der Nenner c kann auf die Einbeziehung von c beim Übergang von t zu ct zurückverfolgt werden. Im Gaußschen Einheitensystem behält man c in der Kraftgleichung bei, so dass die Asymmetrie bei relativistischen Bewegungen verschwindet. Im SI-System steckt dieser Faktor c im Produkt $e\mathcal{B}$. Wir entdecken so die beiden ersten der nachfolgenden Regeln zur Umschreibung von Gleichungen aus dem Gaußschen System ins SI-System. Eine dritte Regel betrifft die Coulomb Kraft.

$$e\mathcal{E}|_{\mathrm{cgs}} \to e\mathcal{E}|_{\mathrm{SI}}, \quad e\mathcal{B}|_{\mathrm{cgs}} \to c\,e\mathcal{B}|_{\mathrm{SI}}, \quad e^2|_{\mathrm{cgs}} \to \left.\frac{e^2}{4\pi\,\epsilon_0}\right|_{\mathrm{SI}}. \qquad (21.11)$$

Im SI-System nehmen die Maxwellgleichungen exakt dieselbe Form an wie in Maxwells Werk. Das SI-System führt dimensionsbehaftete Vakuumeigenschaften ein, die elektrische Feldkonstante (Vakuumpermittivität) ϵ_0 und die magnetische Feldkonstante (Vakuumpermeabilität) μ_0 (bei Vernachlässigung der feldinduzierten Anisotropie)

$$\mathcal{D} = \epsilon_0 \mathcal{E}, \qquad \mathcal{B} = \mu_0 \mathcal{H}, \qquad \epsilon_0 \mu_0 = \frac{1}{c^2}. \qquad (21.12)$$

Die letzte Relation legt die Ausbreitungsgeschwindigkeit elektromagnetischer Wellen fest. Für einige (einschließlich Maxwell) impliziert Gl. (21.12), dass

---

der stehen wie Zug und Dehnung in der Elastizitätslehre. …**Demgegenüber hat die heutige Physik die mit der mechanischen Äthertheorie eng verbundene prinzipielle Unterscheidung zwischen $\mathcal{D}$ und $\mathcal{E}$ vollkommen fallengelassen.** (Hervorhebung von JR) …Die im Gaußschen Maßsystem vorhandene numerische Übereinstimmung zwischen $\mathcal{E}$ und $\mathcal{D}$ (im Vakuum) ist für den Physiker …der Ausdruck für die wirkliche Identität beider Größen. Ihm erscheint im Gegenteil die Einführung einer von eins verschiedenen Dielektrizitätskonstanten und Permeabilität im Vakuum als ein rechnerischer Kunstgriff ….

das Vakuum eine andere Form der Materie ist. In jedem Fall ist es nach Einstein aber keine Materie im gewöhnlichen Sinn – vgl. die Nebenbetrachtung in Abschn. 2.3. Deshalb tauchen ϵ_0 und μ_0 im Gaußschen Einheitensystem nicht auf, denn da wurde versucht, den Äther aus den Maxwellgleichungen zu entfernen, wie wir es in Ref. 1 bereits vermerkt haben.

In numerischen Rechnungen werden wir für Eigenschaften des Elektrons die folgenden Werte benutzen:

$$\frac{e^2}{4\pi\epsilon_0 m_e c^2} \equiv r_e \;\rightarrow\; \boxed{\frac{e^2}{4\pi\epsilon_0} = 1,4403 \times 10^{-9}\,\text{eV\,m}} \;\leftrightarrow\; m_e c^2 = 0,510999\,\text{MeV} \quad (21.13)$$

für den klassischen Elektronenradius r_e und die Ruheenergie $m_e c^2$ des Elektrons, die hier in der Einheit ‚MeV' angegeben wird (siehe Überblick 16.1). In diesem Buch kommt ϵ_0 immer in der Form von Gl. (21.13) vor, so dass man den numerischen Wert nicht zu kennen braucht. Das gilt auch für $\mu_0 = 1/\epsilon_0 c^2$. Das zeigt, dass ϵ_0 (und ebenso μ_0) keine unabhängige natürliche Konstante ist. Sie erscheint wegen der Notwendigkeit, die gewählten elementaren Einheiten aufeinander abzustimmen. Die Situation ist ähnlich wie bei der Lichtgeschwindigkeit c, siehe Abschn. 2.1. $\epsilon_0 \neq 1$ und $\mu_0 \neq 1$ bedeutet nicht, dass das Vakuum der elektromagnetischen Wellen materielle Eigenschaften hat.

Die Felder $\mathcal{E}$ und $\mathcal{B}$ sind beide additiv, können also überlagert werden. Dennoch werden wir – außer beim Fall der Laserwelle – in den folgenden Beispielen immer nur Situationen untersuchen, in denen nur entweder $\mathcal{E}$ oder $\mathcal{B}$ vorkommt:

Übung 21.2: Die Bewegung eines geladenen Teilchens in einem homogenen zeitunabhängigen Magnetfeld $\mathcal{B}$ (mit verschwindendem elektrischen Feld, also $\mathcal{E} = 0$). In diesem Beispiel steht die Kraft immer senkrecht auf der Bewegungsrichtung. Bis auf die Tatsache, dass jetzt die Energie und nicht die Masse für die von der Kraft zu überwindende Trägheit sorgt (siehe Gl. (21.7)), ist uns in diesem Beispiel das dynamische Verhalten aus der klassischen nichtrelativistischen Dynamik vertraut.

Übung 21.3: Die Bewegung eines geladenen Teilchens in einem homogenen zeitunabhängigen elektrischen Feld $\mathcal{E}$ (mit verschwindendem Magnetfeld, also $\mathcal{B} = 0$). Der Anfangsimpuls des Teilchens wird hier senkrecht zur Feldrichtung gewählt. Es stellt sich heraus, dass die Kraft das Teilchen in Feldrichtung zwingt. Es ist, als ob das Teilchen einen ‚Fluss' überquert, dessen Strömung ihn flussabwärts treibt. Anders als im nichtrelativistischen Fall hängt der Trägheitswiderstand von der Teilchengeschwindigkeit ab, die sich unter dem Einfluss des elektrischen Felds ständig sowohl im Betrag als auch in der Richtung verändert.

Danach werden wir in **Übung** 21.4 die Bewegung und die Bahn eines relativistischen Elektrons im radialen Coulombfeld $q\mathcal{E} = \hat{e}_r Z e^2/r^2$ eines punktförmigen Atomkerns untersuchen. Die Bewegungsgleichungen unterscheiden sich vom nichtrelativistischen Analogon und führen zu einer Apsidendrehung. Im Vergleich mit der Periheldrehung des Merkur, dem wohlbekannten Test der allgemeinen Relativitätstheorie, sagt die SR allerdings nur etwa 1/6 des gemessenen Effekts voraus. In

Kap. 22 betrachten wir dann die Bewegung im elektromagnetischen Feld einer ebenen Welle, also in zeitabhängigen, aufeinander senkrecht stehenden Feldern $\mathcal{E} \neq 0$ und $\mathcal{B} \neq 0$.

Übung 21.2   Relativistische Bewegung eines Elektrons in einem konstanten Magnetfeld $\mathcal{B}$

Untersuchen Sie die Bewegung eines relativistischen Elektrons der Ladung $Q = -|e| = e$ in einem konstanten Magnetfeld $\mathcal{B}$ und vergleichen Sie ihr Ergebnis mit dem nichtrelativistischen Fall.

Lösung

Im Folgenden ist e die negative Elementarladung. Die Kraft auf ein Elektron in einem Magnetfeld $\mathcal{B}$ ist dann

$$\frac{d\,\mathbf{p}_{\mathrm{B}}}{dt} = \mathbf{F} = e\mathbf{v} \times \mathcal{B}. \tag{1}$$

Wir multiplizieren mit $\mathbf{p}_{\mathrm{B}} = m\gamma\mathbf{v}$ und finden

$$\mathbf{p}_{\mathrm{B}} \cdot \frac{d\,\mathbf{p}_{\mathrm{B}}}{dt} = m\gamma e\mathbf{v} \cdot (\mathbf{v} \times \mathcal{B}) = 0. \tag{2}$$

Das bedeutet aber, dass gilt

$$\frac{d\,\mathbf{p}_{\mathrm{B}}^{2}}{dt} = 0, \ \rightarrow \ m^{2}\frac{\mathbf{v}^{2}}{1 - \mathbf{v}^{2}/c^{2}} = Const., \ \rightarrow \ \mathbf{v}^{2} = Const., \ \rightarrow \ \gamma = Const. \tag{3}$$

Das Magnetfeld $\mathcal{B}$ kann also nur die Bewegungsrichtung verändern, nicht aber den Betrag der Geschwindigkeit des Teilchens. Offensichtlich gilt das sowohl bei relativistischer wie auch bei nichtrelativistischer Teilchenbewegung, wie man an Gl. 3 erkennt. Im nichtrelativistischen Fall geht die Teilchenmasse m in die Gleichung ein, im relativistischen Fall die Energie in der Form $E/c^{2} = \gamma m$.

Wir zerlegen $\mathbf{v}$ in die Komponenten $(\mathbf{v}_{\perp})$ und $(\mathbf{v}_{\parallel})$, die zum $\mathcal{B}$-Feld orthogonal bzw. parallel sind. Dann gilt

$$\mathbf{v} = \mathbf{v}_{\parallel} + \mathbf{v}_{\perp}, \qquad \mathbf{v}^{2} = \mathbf{v}_{\parallel}^{2} + \mathbf{v}_{\perp}^{2}. \tag{4}$$

Setzt man den Term in der ersten Gleichung von Gl. 4 in Gl. 1 ein und beachtet, dass γ nach Gl. 3 konstant ist, so ergibt sich

$$m\gamma\frac{d\,(\mathbf{v}_{\parallel} + \mathbf{v}_{\perp})}{dt} = e(\mathbf{v}_{\parallel} + \mathbf{v}_{\perp}) \times \mathcal{B}, \tag{5}$$

woraus wegen $\mathbf{v}_{\parallel} \times \mathcal{B} = 0$ folgt, dass

$$m\gamma\frac{d\mathbf{v}_{\parallel}}{dt} = 0 \rightarrow \mathbf{v}_{\parallel} = Const., \ \rightarrow \ |\mathbf{v}_{\perp}| = Const. \tag{6}$$

Die letzte Bedingung folgt aus der Tatsache, dass nach Gl. 3 der Betrag der Teilchengeschwindigkeit konstant ist. Die Bewegung des Teilchens orthogonal zum $\mathcal{B}$-Feld kann nach Gl. 5 durch

$$m\gamma \frac{d\mathbf{v}_\perp}{dt} = e(\mathbf{v}_\perp \times \mathcal{B}) \tag{7}$$

beschrieben werden.

Ein Teilchen, das in den Bereich eines konstanten Magnetfelds eindringt, erfährt also eine Kraft, die sowohl auf der Feldrichtung als auch auf der momentanen Bewegungsrichtung senkrecht steht. Die Bewegung ist deshalb eine Überlagerung einer Bewegung mit konstanter Geschwindigkeit in Feldlinienrichtung, die nach Gl. 6 vom Magnetfeld unbeeinflusst bleibt, und einer Bewegung senkrecht zur Feldrichtung, die nach Gl. 7 in ihrer Richtung, aber nicht in ihrem Betrag, siehe Gl. 6, verändert wird.

Wir wählen jetzt ein Koordinatensystem so, dass das Magnetfeld in Richtung der z-Achse zeigt. Dann folgt aus Gl. 7 das Gleichungssystem

$$\frac{dv_x}{dt} = +\omega_Z v_y, \qquad \frac{dv_y}{dt} = -\omega_Z v_x, \qquad \frac{dv_z}{dt} = 0. \tag{8}$$

Dabei ist ω_Z die charakteristische ‚Zyklotronfrequenz'

$$\boxed{\omega_Z = \frac{e\mathcal{B}}{\gamma m}.} \tag{9}$$

Setzt man eine der beiden ersten Komponentengleichungen aus Gl. 8 in die andere ein, so erhält man die Differentialgleichungen zweiter Ordnung

$$\frac{d^2 v_i}{dt^2} = -\omega_Z^2 v_i, \qquad i = x, y. \tag{10}$$

Das sind die Differentialgleichungen eines harmonischen Oszillators. Die Lösungen von Gl. 8 sind also

$$v_x = v_0 \cos \omega_Z t, \qquad v_y = -v_0 \sin \omega_Z t, \qquad v_z = v_{z0}, \qquad |\mathbf{v}_\perp(t = 0)| \equiv v_0. \tag{11}$$

Hier wurde die x-Achse in Richtung der durch $(\mathbf{v}_\perp(t = 0))$ gegebenen anfänglichen transversalen Bewegungsrichtung gewählt, die aus der Zeichenebene von Abb. 21.2 herauszeigt.

Die Integration von Gl. 11 nach der Zeit ergibt

$$x = \frac{v_0}{\omega_Z} \sin \omega_Z t, \qquad y = \frac{v_0}{\omega_Z} \cos \omega_Z t, \qquad z = z_0 + v_{z0} t. \tag{12}$$

Man erkennt, dass die Rotation des Teilchens auf seiner Bahn mit der Zyklotronfrequenz erfolgt. Der Bahnradius ist

$$\rho \equiv \sqrt{x^2 + y^2} = \frac{v_0}{\omega_Z}, \qquad \rho\omega_Z = v_0. \tag{13}$$

Das ist die in Abb. 21.2 dargestellte Situation. Die Anfangsbedingung wurde so gewählt, dass das Teilchen sich an der Position $x_0 \equiv x(t = 0) = 0$, $y_0 \equiv y(t = 0) = v_0/\omega_Z$ auf den Betrachter zubewegt. Projiziert man die Elektronenbahn auf eine Ebene senkrecht zu $\mathcal{B}$, so ist das Bild der Bahn ein Kreis vom Radius ρ, vgl. Abb. 21.3. Die Teilchenbahn in Abb. 21.2 wird als Helix oder Schraubenlinie bezeichnet und die Bewegung als helical oder schraubenförmig.

Von Interesse ist die Größe der Beschleunigung, die wir erhalten, indem wir Gl. 11 differenzieren

$$|\mathbf{a}| \equiv a = \sqrt{a_x^2 + a_y^2} = v_0\,\omega_Z. \tag{14}$$

Kombiniert man Gl. 14 mit Gl. 13, so lässt sich a je nach Erfordernis auf verschiedene brauchbare Arten durch Verwendung von zwei der drei Variablen v_0, ω_Z und ρ darstellen

$$a = \frac{v_0^2}{\rho} = \rho\omega_Z^2 = v_0\omega_Z. \tag{15}$$

Nur die Zyklotronfrequenz ω_Z und die Orbitalgeschwindigkeit v_0 sind experimentelle Parameter. ρ_0 folgt aus Gl. 13. Es gibt keine obere Grenze für die Beschleunigung, die ein Elektron bei wachsender Magnetfeldstärke und damit ansteigender Zyklotronfrequenz erfährt.

Wenn die Geschwindigkeit eines relativistischen Elektrons in einem Magnetfeld steigt, so sinkt die Zyklotronfrequenz ω_Z und der Radius der Schraubenbahn wächst nach Gl. 13. Das bedeutet, dass ein geladenes relativistisches Teilchen, das ein Magnetfeld durchquert, sich dann so verhält, als ob seine Masse um den Faktor γ gewachsen sei. Tatsächlich haben wir aber gesehen, dass es nicht die Masse, sondern seine Energie im Laborsystem ist, die die Bahnform im Magnetfeld bestimmt. Bei Teilchendetektoren wird ausgenutzt, dass die Krümmung der Bahn ein Maß für die Teilchenenergie ist.

Die von uns bestimmte schraubenförmige Bewegung ist praktisch die gleiche wie in der nichtrelativistischen Dynamik. Der Unterschied besteht im Auftauchen des Faktors γ in der Formel für die Zyklotronfrequenz ω_Z, Gl. 9. Diese Erkenntnis hat beträchtliche Bedeutung in der Plasmaphysik, in der Beschleunigerphysik und für die Strahlungsemission.

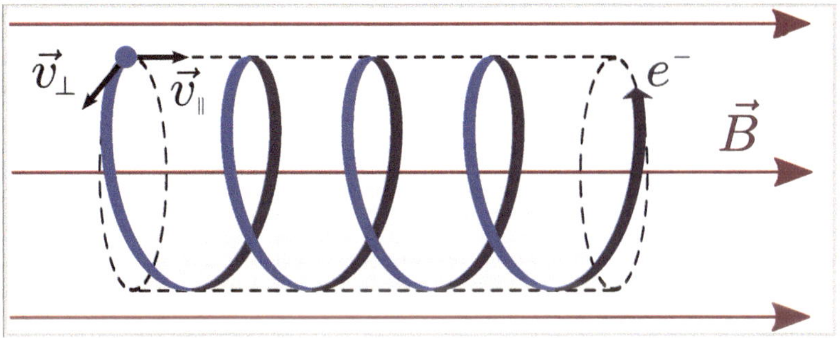

Abb. 21.2 Die schraubenförmige Bewegung eines Elektrons in einem konstanten Magnetfeld

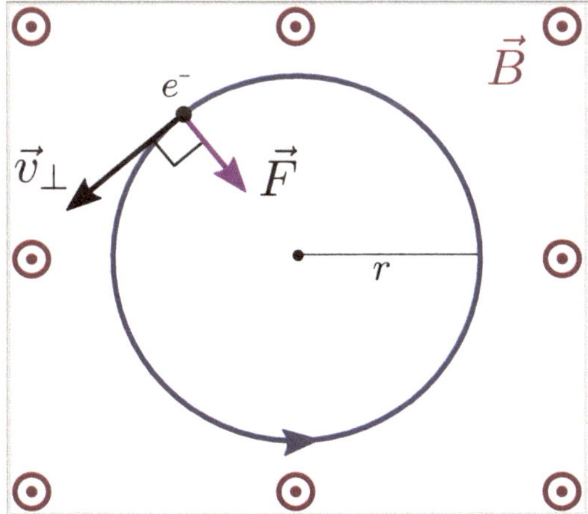

Abb. 21.3 Die Projektion der Bahn aus Abb. 21.2 auf eine Ebene senkrecht zu $\mathcal{B}$

Übung 21.3 Relativistische Bewegung eines Elektrons in einem konstanten elektrischen Feld $\mathcal{E}$

Ein Elektron bewegt sich in einem zeitunabhängigen konstanten elektrischen Feld $\mathcal{E} = \mathcal{E}\hat{e}_x$. Die x-Achse unseres Koordinatensystems zeigt also in Feldrichtung. Berechnen Sie die Geschwindigkeit $\mathbf{v}$ des Elektrons als Funktion der Laborzeit t und ermitteln Sie die Gleichung $x(y)$ der Bahnkurve, die es beschreibt. Beschreiben Sie diese Ergebnisse quantitativ für die Anfangsbedingungen $p_{0x} = 0$, $p_{0y} = mc$. Bestimmen Sie zur Überprüfung die nichtrelativistische Grenze für die Bahnkurve mit der Gleichung $x(y)$ und vergleichen Sie das Resultat mit einer direkten nichtrelativistischen Lösung.

Lösung

Die Kraft auf eine Elektron in einem elektrischen Feld der Stärke $\mathcal{E}$ ist $\mathbf{F} = e\mathcal{E}$

$$\frac{d\mathbf{p}}{dt} = \frac{d(m\gamma\mathbf{v})}{dt} = e\mathcal{E}, \qquad \gamma = \frac{1}{\sqrt{1 - (\mathbf{v}/c)^2}}. \tag{1}$$

Wegen der geeignet gewählten Orientierung der Achsen unseres Koordinatensystems brauchen wir bei unseren Anfangsbedingungen keine Bewegungskomponente in z-Richtung zu beachten. Wir zerlegen die Kraft in ihre x-Komponente parallel zu $e\mathcal{E}$ und die dazu senkrechte y-Komponente

$$\frac{d(m\gamma v_x)}{dt} = e\mathcal{E}, \qquad\qquad \frac{d(m\gamma v_y)}{dt} = 0. \tag{2}$$

Wir integrieren beide Gleichungen über die Zeit t und erhalten

$$p_x = m\gamma v_x = e\mathcal{E}t + p_{0x}, \qquad\qquad p_y = m\gamma v_y = p_{0y}. \tag{3}$$

Da wir den Teilchenimpuls nun als Funktion der Zeit kennen, können wir auch die Teilchenenergie bestimmen

$$E(t) = \sqrt{m^2c^4 + p_x^2c^2 + p_y^2c^2} = \sqrt{m^2c^4 + (e\mathcal{E}t + p_{0x})^2\, c^2 + p_{0y}^2c^2}. \tag{4}$$

Jetzt lässt sich auch der Vektor der Teilchengeschwindigkeit berechnen

$$\begin{aligned}
\frac{v_x}{c} &= \frac{cp_x}{E} = \frac{e\mathcal{E}t + p_{0x}}{\sqrt{(mc)^2 + (e\mathcal{E}t + p_{0x})^2 + p_{0y}^2}}, \\[2ex]
\frac{v_y}{c} &= \frac{cp_y}{E} = \frac{p_{0y}}{\sqrt{(mc)^2 + (e\mathcal{E}t + p_{0x})^2 + p_{0y}^2}}.
\end{aligned} \tag{5}$$

Ähnlich erhalten wir den Lorentzschen γ-Faktor

$$\frac{E}{mc^2} \equiv \gamma = \sqrt{1 + \frac{(e\mathcal{E}t + p_{0x})^2 + p_{0y}^2}{(mc)^2}}. \tag{6}$$

Für den Betrag der Gesamtgeschwindigkeit ergibt sich dann

$$v = \sqrt{v_x^2 + v_y^2} = c\sqrt{\frac{(e\mathcal{E}t + p_{0x})^2 + p_{0y}^2}{(mc)^2 + (e\mathcal{E}t + p_{0x})^2 + p_{0y}^2}}. \tag{7}$$

Die Graphen von v_x, v_y und v als Funktionen der Zeit sind für die Anfangsbedingungen $p_{0x} = 0$, $p_{0y} = mc$, $p_{0z} = 0$ in Abb. 21.4 dargestellt. Die durchgezeichnete rote Linie zeigt die monoton wachsende Gesamtgeschwindigkeit v. Auch die Geschwindigkeitskomponente in Feldrichtung v_x (blau, kurz gestrichelt) wächst monoton, während die Komponente v_y (grün, lang gestrichelt) senkrecht zum Feld monoton vom Startwert abfällt, so dass die Impulskomponente p_y senkrecht zum Feld nach Gl. 3 konstant bleibt, weil $\gamma(t)$ nach Gl. 6 anwächst. Die Abnahme der zum Feld orthogonalen Geschwindigkeitskomponente v_y bei von Null verschiedenem Startwert ist eine wichtige Besonderheit des relativistischen Verhaltens von Elektronen in konstanten elektrischen Feldern.

Integriert man $v_x = dx/dt$ und $v_y = dy/dt$ in Gl. 5 über t und setzt für $t = 0$ die Startwerte auf $x = 0$ und $y = 0$, so ergibt sich

$$x = \frac{\sqrt{m^2c^4 + p_{0y}^2 c^2 + (ce\mathcal{E}t + cp_{0x})^2} - E_0}{e\mathcal{E}}, \qquad E_0 = \sqrt{m^2c^4 + p_{0y}^2 c^2 + p_{0x}^2 c^2}. \quad (8)$$

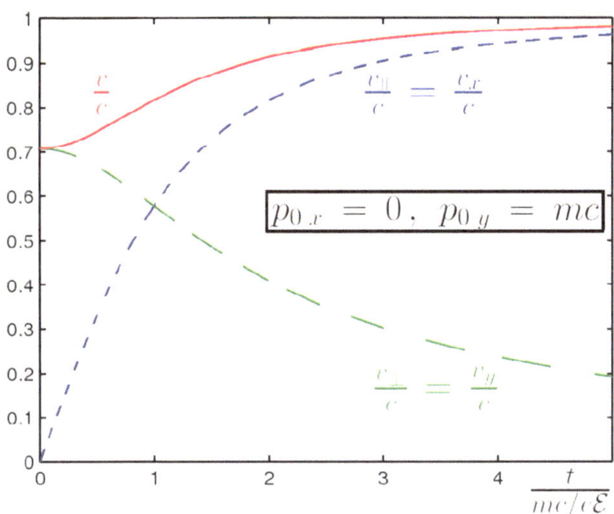

Abb. 21.4 Die Geschwindigkeiten als Funktionen der normalisierten Laborzeit $t/(mc/e\mathcal{E})$ für die Startimpulse $p_{0x} = 0$, $p_{0y} = mc$, $p_{0z} = 0$: Die Komponente in Feldrichtung $v_\parallel = v_x$ (blau, kurz gestrichelt), die Komponente senkrecht zum Feld $v_\perp = v_y$ (grün, lang gestrichelt) und die Gesamtgeschwindigkeit v/c (rot, durchgezeichnet)

mit $E_0 \equiv E(t = 0)$ und

$$y = \frac{p_{0y}c}{e\mathcal{E}} \left[\operatorname{arsinh}\left(\frac{e\mathcal{E}t + p_{0x}}{\sqrt{(mc)^2 + p_{0y}^2}} \right) - A \right],$$

$$A = \operatorname{arsinh}\left(\frac{p_{0x}}{\sqrt{(mc)^2 + p_{0y}^2}} \right) = \operatorname{arcosh}\left(\frac{E_0/c}{\sqrt{(mc)^2 + p_{0y}^2}} \right).$$

(9)

Für den Fall $p_{0x} = 0$, $p_{0y} = mc$ sind die zurückgelegten Entfernungen in Abb. 21.5 eingezeichnet. Man erkennt, dass zunächst die Strecke senkrecht zur Feldrichtung dominiert, aber das Elektron bewegt sich schon bald stärker in Feldlinienrichtung.

Wir interessieren uns jetzt für die Kurve $x(y)$ und verwenden deshalb Gl. 9, um t in Gl. 8 zu eliminieren. Wir erhalten

$$\sinh^2\left(\frac{y\,e\mathcal{E}}{p_{0y}c} + A \right) = \frac{(e\mathcal{E}t + p_{0x})^2}{(mc)^2 + p_{0y}^2}, \qquad \frac{x\,e\mathcal{E} + E_0}{\sqrt{m^2c^4 + p_{0y}^2 c^2}} = \sqrt{1 + \frac{(e\mathcal{E}t + p_{0x})^2}{(mc)^2 + p_{0y}^2}},$$

(10)

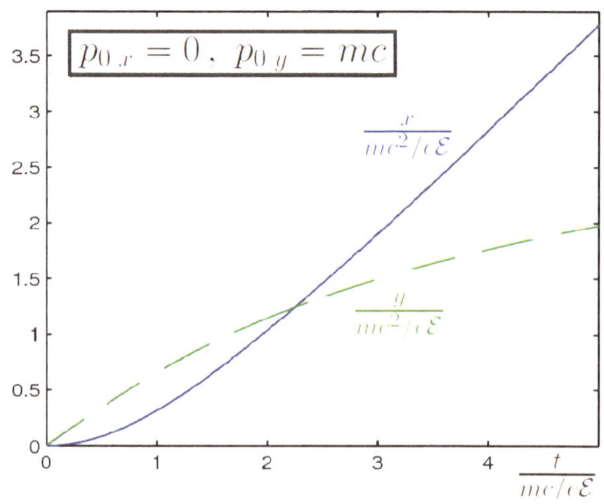

Abb. 21.5 Die von dem Elektron für die Startimpulse $p_{0x} = 0$, $p_{0y} = mc$, $p_{0z} = 0$ zurückgelegten Entfernungen als Funktion der Zeit $t/(mc/e\mathcal{E})$: in Feldrichtung $x(t)$ (blau, durchgezeichnet) und senkrecht zum Feld $y(t)$ (grün, gestrichelt)

woraus folgt

$$\frac{x\,e\mathcal{E} + E_0}{\sqrt{m^2 c^4 + p_{0\,y}^2 c^2}} = \cosh\left(\frac{y\,e\mathcal{E}}{p_{0\,y} c} + A\right). \tag{11}$$

Das ist die Gleichung einer Katenoide (Kettenlinie). Das Wort Katenoide kommt vom lateinischen Wort *catena* = Kette. Eine hängende Kette wird durch eine cosh-Funktion beschrieben, wobei normalerweise x und y gegenüber unserer Gleichung vertauscht sind.

Für den Spezialfall $p_{0\,x} = 0$ ist $E_0/c = \sqrt{(mc)^2 + p_{0\,y}^2}$ und Gl. 11 vereinfacht sich zu

$$x = \frac{E_0}{e\mathcal{E}}\left(\cosh\left(\frac{y\,e\mathcal{E}}{p_{0\,y} c}\right) - 1\right), \quad \xrightarrow{c\to\infty} \quad x = \lim_{c\to\infty}\frac{1}{2}\frac{E_0}{p_{0\,y}^2\,c^2}\,e\mathcal{E}y^2 = \frac{1}{2}\frac{e\mathcal{E}}{mv_{0\,y}^2}y^2. \tag{12}$$

Die Kurve ist in Abb. 21.6 eingezeichnet und die Berechnung zum nichtrelativistischen Grenzfall findet man rechts in Gl. 12. Man sieht, dass das Elektron in diesem Grenzfall einer parabolischen Bahn folgt. Zur Probe integrieren wir die nichtrelativistischen Bewegungsgleichungen mit den Randbedingungen $v_{0\,x} = 0$, $x_0 = 0 = y_0$

$$\ddot{x} = \frac{e\mathcal{E}}{m}, \ \to \ \dot{x} = \frac{e\mathcal{E}}{m}t \ \to \ x = \frac{e\mathcal{E}}{2m}t^2, \quad \ddot{y} = 0 \ \to \ \dot{y} = v_{0\,y} \ \to \ y = v_{0\,y}\,t. \tag{13}$$

Löst man die letzte Gleichung in Gl. 13 nach t auf und setzt das Ergebnis in den Term für x ein, so ergibt sich das Ergebnis rechts in Gl. 12.

21.3 Das Variationsprinzip

In der klassischen nichtrelativistischen Mechanik lernt man, dass man Newtons Kraftgesetz herleiten kann, indem man die Variation der Wirkung I über die von einem Körper als Funktion der Zeit beschriebenen Raumkurven untersucht. Die Wirkung erhält man durch Integration der Lagrangefunktion L längs dieser Kurven zwischen den Ereignissen P_1 und P_2

$$I = \int_{P_1}^{P_2} L(\mathbf{r}, \dot{\mathbf{r}})\,dt, \qquad L = T - U. \tag{21.14}$$

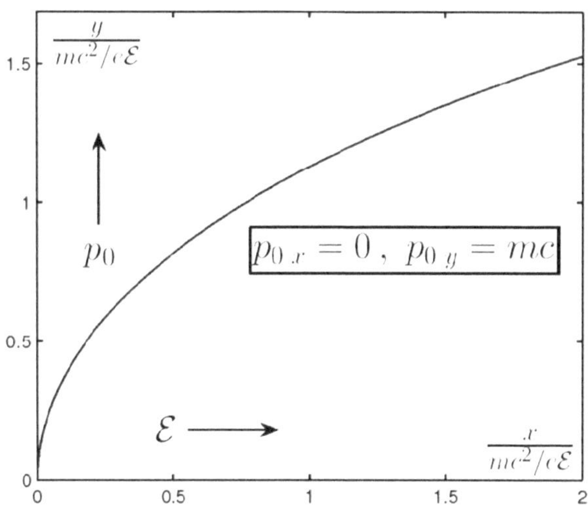

Abb. 21.6 Die Katenoide $y(x)$ eines Elektrons, das mit den Startimpulskomponenten $p_{0x} = 0$, $p_{0y} = mc$, $p_{0z} = 0$ senkrecht zu den Feldlinien in ein konstantes elektrisches Feld der Stärke $\mathcal{E}\mathbf{e}_x$ eintritt

Wie angedeutet, hängen die Lagrangefunktion L und deshalb auch die Wirkung I ab von den Raumkoordinaten $\mathbf{r}$, die den Aufenthaltsort des betrachteten Teilchens zur Zeit t festlegen, und von der Teilchengeschwindigkeit $\dot{\mathbf{r}} = \mathbf{v}$, einer unabhängigen dynamischen Teilcheneigenschaft. Erst nach Bestimmung der Bewegungsgleichungen kann der Zusammenhang zwischen $\dot{\mathbf{r}}$ und $\mathbf{r}$ hergestellt werden, so wie das bei Anwendung des Newtonschen Kraftgesetzes geschieht.

Die Suche nach dem stationären Punkt der Wirkung (in der Mathematik auch kritischer Punkt genannt) eröffnet den Weg zu den Bewegungsgleichungen, die dann zu Lösungen für $\mathbf{r}(t)$ und $\dot{\mathbf{r}}(t)$ verhelfen. Bei der Suche nach der Trajektorie $\mathbf{r}(t)$, für die die Wirkung I minimal wird, verlangt man, dass das Teilchen immer im gleichen Ereignispunkt P_1 startet und immer im gleichen Ereignispunkt P_2 ankommt. Um die optimale Kurve zu finden, bildet man die Variation

$$\mathbf{r}(t) \to \mathbf{r}(t) + \delta\mathbf{r}, \qquad \delta\mathbf{r}|_{P_1} = 0, \quad \delta\mathbf{r}|_{P_2} = 0 \qquad (21.15)$$

und erhält für die Wirkung

$$I = \int_{P_1}^{P_2} L(\mathbf{r}, \dot{\mathbf{r}})\, dt \to I + \delta I, \quad \delta I = \int_{P_1}^{P_2} dt\, \delta\mathbf{r} \cdot \mathcal{S}(\mathbf{r}, \dot{\mathbf{r}}). \qquad (21.16)$$

Ist jetzt $\delta\mathbf{r}$ beliebig, so findet man die Kurve $\mathbf{r}(t)$ mit der kleinsten Wirkung durch Lösung der dynamischen Gleichung

$$\mathcal{S}(\mathbf{r}, \dot{\mathbf{r}}) = 0. \qquad (21.17)$$

Bei dieser dem nichtrelativistischen Formalismus entnommenen Vorgehensweise ist t ein Parameter der Bewegung. Bei der Suche nach dem Minimum von I ist keine Veränderung der verstreichenden Zeit für die einzelnen betrachteten Pfade berücksichtigt. Die Einheit von Raum und Zeit ist also noch nicht eingearbeitet.

Die Wirkung schließt nach Gl. (21.14) sowohl die kinetische Energie T als auch die potentielle Energie U mit ein. T gehört zur Bewegung und ist typischerweise nur eine Funktion von $\dot{\mathbf{r}}$ und nicht von $\mathbf{r}$. Das Potential U kann als ‚äußeres' Feld angesehen werden, das von allen anderen Teilchen des vorliegenden Systems erzeugt wird. Bei dieser Herangehensweise wird angenommen, dass das von uns betrachtete Teilchen keine der anderen äußeren Partikel beeinflusst und deshalb auch die Feldkonfiguration nicht signifikant stört. Prinzipiell kann man aber versuchen, auch den Effekt der ‚Rückwirkung' zu erfassen, also U durch das Verhalten unseres Teilchens zu modifizieren. Allerdings kann ein solches Verfahren unter Umständen die Kausalität gefährden[2].

Um δI aus Gl. (21.16) zu erhalten, betrachten wir

$$\delta I = \int_{P_1}^{P_2}\left[L\left(\mathbf{r}+\delta\mathbf{r}, \frac{d(\mathbf{r}+\delta\mathbf{r})}{dt}\right) - L\left(\mathbf{r}, \dot{\mathbf{r}}; t\right)\right] dt = \int_{P_1}^{P_2}\left(\delta\mathbf{r}\frac{\partial L}{\partial\mathbf{r}} + \left(\frac{d\delta\mathbf{r}}{dt}\right)\frac{\partial L}{\partial\dot{\mathbf{r}}}\right) dt. \tag{21.18}$$

Wir integrieren beide Bestandteile des zweiten Terms und erhalten

$$\delta I = \int_{P_1}^{P_2}\delta\mathbf{r}\cdot\left(\frac{\partial L}{\partial\mathbf{r}} - \frac{d}{dt}\frac{\partial L}{\partial\dot{\mathbf{r}}}\right) dt + \left(\delta\mathbf{r}\cdot\frac{\partial L}{\partial\dot{\mathbf{r}}}\right)\Bigg|_{P_1}^{P_2}. \tag{21.19}$$

Da wir nach Gl. (21.15) beliebige Variationen $\delta\mathbf{r}$ betrachten, die an den Enden des Integrationsbereichs verschwinden, gewinnen wir daraus die bekannten Lagrange-Bewegungsgleichungen

$$\frac{\partial L}{\partial\mathbf{r}} - \frac{d}{dt}\frac{\partial L}{\partial\dot{\mathbf{r}}} = 0. \tag{21.20}$$

Die Ableitung nach $\mathbf{r}$ hat für eine von $\mathbf{r}$ abhängige Funktion dieselbe Bedeutung wie der Gradient ∇. Da die Lagrangegleichung die Geschwindigkeit $\dot{\mathbf{r}} = \mathbf{v}$ eines Teilchens fixiert, verwenden wir von nun an die Schreibweise $\mathbf{v}$ or $|\mathbf{v}| = v$ statt $\dot{\mathbf{r}}$.

Die Verallgemeinerung des Terms $T = mv^2/2$ für die kinetische Energie auf die relativistische Form muss eine Änderung des Faktors m auf $m\gamma$ auf der linken Seite der Newtonschen Gleichung Gl. (21.1) beinhalten. Angewandt auf den zweiten Term in Gl. (21.20) muss diese Änderung den die Trägheit betreffenden Teil von Newtons Gleichung erzeugen. Wir bestimmen als relativistische Verallgemeinerung von T zu T_r das Ersetzen von

$$T = m\frac{v^2}{2} \rightarrow \boxed{T_r = -mc^2\sqrt{1 - v^2/c^2}} = -mc^2 + m\frac{v^2}{2} + \dots. \tag{21.21}$$

Dabei hat die Konstante $-mc^2$ keinen Einfluss auf das Ergebnis der Variation. Einige mögen die Form des Trägheitsterms T_r in Gl. (21.21) bei dieser Vorgehensweise für

---

[2]Siehe *z. B.* G. Kortemeyer, W. Bauer, K. Haglin, J. Murray, S. Pratt, „Causality Violations in Cascade Models of Nuclear Collisions," (Kausalitätsverletzungen in Kaskadenmodellen von Kernkollisionen) *Phys. Rev. C* **52** 2714 (1995).

irrig halten, weil in der nichtrelativistischen Mechanik ja $L = T - U$ ist und man deshalb $T = mc^2\gamma$ erwarten könnte. Man argumentiert aber besser damit, dass die Wirkung aus einem Trägheitsterm und einem Potentialterm besteht. Die Form dieser beiden Terme wird durch die bekannten Gesetze der Dynamik bestimmt. Durch den nichtrelativistischen Grenzwert T ist die Form des relativistischen Trägheitsterms Gl. (21.21) vorbestimmt. Nur die in Gl. (21.21) angegebene Form des Trägheitsterms führt auf die korrekte relativistische kinetische Komponente in der Formel für die Lorentzkraft

$$\boxed{\frac{d}{dt}\frac{\partial T_r}{\partial \mathbf{v}} = \frac{d\mathbf{p}_{\mathrm{B}}}{dt},}\qquad \mathbf{p}_{\mathrm{B}} \equiv \frac{\partial T_r}{\partial \mathbf{v}} = \frac{m\mathbf{v}}{\sqrt{1 - v^2/c^2}}. \tag{21.22}$$

In diesem Schritt kommt wie bisher der kinetische Impuls $\mathbf{p}_{\mathrm{B}}$ vor.

Das im nichtrelativistischen Fall auf die Lorentzkraft führende Potential U ist wohlbekannt und hat die Form

$$U = e\,(V - \mathbf{v} \cdot \mathbf{A}). \tag{21.23}$$

Hier ist V das ‚skalare' elektromagnetische Potential und $\mathbf{A}$ das ‚vektorielle' Potential. Aus diesen beiden Potentialen ergeben sich die elektromagnetischen Felder $\mathcal{E}$ und $\mathcal{B}$, wie etwas weiter unten dargestellt wird. Wir haben die Worte skalar und vektoriell hier zwischen Anführungszeichen gesetzt, weil diese Größen einen Vektor im vierdimensionalen Raum bilden und die Bezeichnungen irreführend sein könnten. Wir beginnen mit

$$\boxed{L = T_r - U.} \tag{21.24}$$

Das Potential U hängt explizit von der Zeit ab. Seine Form führt dazu, dass wir zwischen dem kinetischen Impuls $\mathbf{p}_{\mathrm{B}}$ und dem kanonischen Impuls $\mathbf{p}$ unterscheiden müssen

$$\mathbf{p} \equiv \frac{\partial L}{\partial \mathbf{v}} = \frac{\partial T_r}{\partial \mathbf{v}} - \frac{\partial U}{\partial \mathbf{v}} = \mathbf{p}_{\mathrm{B}} + e\mathbf{A}. \tag{21.25}$$

Wir werden deshalb im Folgenden bei Bedarf Gebrauch machen von

$$\boxed{\mathbf{p}_{\mathrm{B}} = \mathbf{p} - e\mathbf{A}.} \tag{21.26}$$

Verwendet man Gl. (21.20) mit Gl. (21.24), so erhält man für die elektromagnetische Kraft das Ergebnis

$$\frac{d\mathbf{p}_{\mathrm{B}}}{dt} = \frac{d}{dt}\frac{\partial U}{\partial \mathbf{v}} - \frac{\partial U}{\partial \mathbf{r}} = -e\frac{d\mathbf{A}}{dt} - \nabla\,(eV - \mathbf{v} \cdot e\mathbf{A}). \tag{21.27}$$

Die totale Ableitung nach der Zeit besteht aus zwei Summanden

$$\frac{d\mathbf{A}}{dt} = \frac{\partial \mathbf{A}}{\partial t} + \frac{d\mathbf{r}}{dt}\frac{\partial \mathbf{A}}{\partial \mathbf{r}} = \frac{\partial \mathbf{A}}{\partial t} + \mathbf{v} \cdot \nabla\mathbf{A}. \tag{21.28}$$

Der zweite Term entsteht wegen der Bewegung des Teilchens längs der Trajektorie $\mathbf{r}(t)$. Der Koeffizient ist die Teilchengeschwindigkeit $\mathbf{v}$, wie angegeben. Wir setzen Gl. (21.28) in Gl. (21.27) ein und und ordnen um

$$\frac{d\mathbf{p}_{\mathrm{B}}}{dt} = e\left(-\nabla V - \frac{\partial \mathbf{A}}{\partial t}\right) + e\left(\nabla(\mathbf{v}\cdot\mathbf{A}) - \mathbf{v}\cdot\nabla\mathbf{A}\right). \tag{21.29}$$

Die elektromagnetischen Felder ergeben sich bekanntlich aus den Potentialen über die folgenden Beziehungen

$$\boxed{\mathcal{E} = -\nabla V - \frac{\partial \mathbf{A}}{\partial t}, \qquad \mathcal{B} = \nabla \times \mathbf{A}.} \tag{21.30}$$

Mit Hilfe der (BAC-CAB)-Regel

$$\mathbf{a} \times (\mathbf{b} \times \mathbf{c}) = \mathbf{b}(\mathbf{a}\cdot\mathbf{c}) - (\mathbf{a}\cdot\mathbf{b})\mathbf{c}. \tag{21.31}$$

ergibt sich außerdem

$$\mathbf{v} \times \mathcal{B} = \mathbf{v} \times (\nabla \times \mathbf{A}) = \nabla(\mathbf{v}\cdot\mathbf{A}) - \mathbf{v}\cdot\nabla\mathbf{A}. \tag{21.32}$$

Verwendet man Gl. (21.30) und (21.32) in Gl. (21.29), so erhält man die Lorentzkraft $\mathbf{F}_{\mathrm{L}}$ in der durch Gl. (21.10) angegebenen Form. Das bestätigt die Wahl von Gl. (21.23) als Potential im Term für die Wirkung auch im Fall der relativistischen Dynamik.

Zusammengefasst: Die relativistischen dynamischen Eigenschaften eines Teilchens in einem elektromagnetischen Feld werden durch die Lagrangefunktion

$$\boxed{L = -mc^2\sqrt{1 - v^2/c^2} - e\left(V - \mathbf{v}\cdot\mathbf{A}\right),} \tag{21.33}$$

beschrieben. Das Variationsprinzip führt dann auf die Lorentzkraft Gl. (21.10). Der zugehörige kanonische Impuls erfüllt die Gleichung

$$\frac{d\mathbf{p}}{dt} = \frac{d}{dt}\left(\mathbf{p}_{\mathrm{B}} - \frac{\partial U}{\partial \mathbf{v}}\right) = -\nabla\left(eV - \mathbf{v}\cdot e\mathbf{A}\right) = -\nabla U. \tag{21.34}$$

Diese Relation ist bei der Untersuchung dynamischer Probleme nützlich, bei denen eine oder mehrere Komponenten von ∇U auf der rechten Seite von Gl. (21.34) verschwinden. Daraus folgt dann, dass die zugehörigen Komponenten des kanonischen Impulses erhalten bleiben.

Wir untersuchen nun den Zusammenhang zwischen Impuls und Energie. Dazu betrachten wir die Hamiltonfunktion $H(\mathbf{p}, \mathbf{r}; t)$. Sie ist bekanntlich gleich

$$H(p_i, r_i; t) \equiv \sum_i \dot{r}_i\, p_i - L(\mathbf{r}_i, \dot{\mathbf{r}}_i; t), \qquad p_i = \frac{\partial L}{\partial \dot{\mathbf{r}}_i}. \tag{21.35}$$

Es ist nicht unsere Absicht, die Hamiltonsche Mechanik zu entwickeln, also zu beweisen, dass die in Gl. (21.35) angegebene Gleichung für H sich durch eine Legendre-Transformation aus der Lagrangefunktion ergibt[3]. Wir erhalten aber die Hamiltonschen Bewegungsgleichungen auch mit Hilfe des Variationsprinzips der stationären Wirkung

$$I = \int dt\, L(r_i, \dot{r}_i; t) = \int dt\, \left(\sum_i \dot{r}_i\, p_i - H(p_i, r_i; t) \right). \tag{21.36}$$

Der Index ‚i' steht hier für alle unabhängigen Komponenten. Das können die Vektorkomponenten von einem oder von mehreren Teilchen sein. Die Variation von I in Gl. (21.36) führt nach Ref. 3 auf

$$\delta I = \int dt\, \sum_i \left\{ \delta p_i \left(\dot{r}_i - \frac{\partial H}{\partial p_i} \right) + \delta r_i \left(-\dot{p}_i - \frac{\partial H}{\partial r_i} \right) \right\} = 0. \tag{21.37}$$

Da die Variationen alle voneinander unabhängig sind, erhalten wir daraus die kanonischen Bewegungsgleichungen

$$\boxed{\dot{r}_i = \frac{\partial H}{\partial p_i}, \qquad -\dot{p}_i = \frac{\partial H}{\partial r_i}.} \tag{21.38}$$

Deshalb gilt

$$\frac{dH(p_i, r_i; t)}{dt} = \sum_i \left(\dot{r}_i \frac{\partial H}{\partial r_i} + \dot{p}_i \frac{\partial H}{\partial p_i} \right) + \frac{\partial H}{\partial t} = \frac{\partial H}{\partial t}, \tag{21.39}$$

denn wegen der kanonischen Bewegungsgleichungen in Gl. (21.38) ist die Klammer gleich Null. Aus Gl. (21.39) folgt, dass die Gesamtenergie des Systems sich nur ändern kann, wenn das in der Wirkung auftauchende Potential explizit zeitabhängig ist. Das gilt wohlverstanden, weil im nichtrelativistischen Kontext die mit H verbundene Erhaltungsgröße die Energie ist. Setzt man $H(p, r; t) = E$, so folgt

$$\frac{dE}{dt} = -\frac{\partial L}{\partial t} = \frac{\partial U}{\partial t}. \tag{21.40}$$

Wir ermitteln nun explizit die Hamiltonfunktion Gl. (21.35) für ein Teilchen in einem externen elektromagnetischen Potential. Wir verwenden Gl. (21.25), um $\mathbf{p} \cdot \dot{\mathbf{r}}$ zu berechnen und erhalten so für die Hamiltonfunktion

$$H = mc^2 \frac{v^2/c^2}{\sqrt{1 - v^2/c^2}} + \mathbf{v} \cdot e\mathbf{A} + mc^2 \sqrt{1 - v^2/c^2} + e\left(V - \mathbf{v} \cdot \mathbf{A} \right). \tag{21.41}$$

---

[3] Siehe z. B. H. Goldstein und andere, *Klassische Mechanik*, 3. Auflage (Wiley-VCH Verlag, Weinheim, 2006).

Man sieht, dass der zweite und der letzte Term sich aufheben. Fasst man den ersten und den dritten Term zusammen, so folgt

$$H - eV = \frac{mc^2}{\sqrt{1 - v^2/c^2}}, \tag{21.42}$$

Wir müssen die Geschwindigkeit in Gl. (21.42) durch den kanonischen Impuls ersetzen. In Gl. (21.25) bringen wir $e\mathbf{A}$ auf die linke Seite und quadrieren

$$(\mathbf{p} - e\mathbf{A})^2 = \mathbf{p}_B^2 = \frac{m^2c^2(v^2/c^2 - 1 + 1)}{1 - v^2/c^2} = -m^2c^2 + \frac{m^2c^2}{1 - v^2/c^2}. \tag{21.43}$$

Kombiniert mit Gl. (21.42) ergibt sich daraus die relativistische Hamiltonfunktion

$$\boxed{H = eV + \sqrt{(mc^2)^2 + c^2(\mathbf{p} - e\mathbf{A})^2}.} \tag{21.44}$$

Hier ist H die Energie des Teilchens und $\mathbf{p}$ der kanonische Impuls, der nicht nur von der gemessenen Teilchengeschwindigkeit $\mathbf{v}$ abhängt, sondern auch das Potential $\mathbf{A}$ mit beinhaltet. Zu guter Letzt schreiben wir Gl. (21.44) in eine suggestive relativistische Form um

$$\boxed{(H - eV)^2 - c^2(\mathbf{p} - e\mathbf{A})^2 = (mc^2)^2,} \tag{21.45}$$

die auch den relativistischen Zusammenhang zwischen allen beteiligten Größen beschreibt. In dieser Form lässt sich die klassische relativistische Dynamik gut zur relativistischen Quantenphysik verallgemeinern und zwar in Gestalt der ‚Klein-Gordon-Gleichung‘.

21.4 Elektronenbahnen in Coulombfeldern

In den beiden nachfolgenden Übungen untersuchen wir die klassische Bahnbewegung eines Elektrons im radialen elektrischen, mit $1/r^2$ abfallenden Coulombfeld eines sehr schweren Kerns. Deshalb ist die Annahme gerechtfertigt, dass die Quelle der Kraft rückstoßfrei ist. Wir möchten verstehen, wie die spezielle Relativitätstheorie (nicht die GR) bei Anwendung der Lorentzkraft die Keplerschen Bahnen modifiziert und wie es zu einer Apsidenpräzession kommt.

In der nichtrelativistischen klassischen Dynamik gibt es keinen Unterschied zwischen der Bewegung in einem Coulombfeld und der in einem Gravitationsfeld, weil die Kräfte nur durch Konstanten unterschieden werden. Unsere Lösung ermöglicht also den Vergleich dieser innerhalb der Relativitätstheorie verschiedenen physikalischen Systeme. Wir erinnern daran, dass die Periheldrehung des Merkurs einer der ersten Beweise für die von Einstein entwickelte Beschreibung der Gravitation im Rahmen der allgemeinen Relativitätstheorie war. Die Tatsache, dass die Größenordnung der durch die klassische Lorentzkraft erklärbaren Apsidenbewegung verglichen mit der beobachteten zu klein war, bildete den Hintergrund für den herausragenden Erfolg von Einsteins GR.

Übung 21.4 Relativistische Bewegung eines Elektrons in einem mit $1/r^2$ abfallenden Coulombfeld

Bestimmen Sie die periodische Bahn eines relativistischen Teilchens in einem anziehenden, mit $1/r^2$ abfallenden Coulombfeld und ermitteln Sie: a) den winkelabhängigen Abstand $r(\phi)$ auf der relativistischen Bahn; b) die Bahnenergie und c) die Bahnparameter als Funktion des Drehimpulses und der Bahnexzentrizität. Passen Sie Ihre Lösung unter Verwendung der Bohrschen Quantisierung an den Spezialfall eines Elektrons im Coulombfeld einer Punktladung $|e|Z$ an.

Lösung

Wir betrachten die Teilchenbewegung in einem radialen Feld nach Gl. (21.1). Dabei reduziert sich die Lorentzkraft auf die bekannte Coulombkraft

$$\frac{d\, m\gamma \mathbf{v}}{dt} = e\mathcal{E}_r(r)\hat{r}. \tag{1}$$

Hier ist $\hat{r}$ der Einheitsvektor in radialer Richtung. Für die Bewegung eines Elektrons im Coulombfeld eines punktförmigen Kerns gilt

$$e\mathcal{E}_{r\,\mathrm{C}}(r) = -\frac{e^2}{4\pi\epsilon_0}\frac{Z}{r^2}, \quad e\mathcal{E} = -\nabla eV \;\rightarrow\; e\mathcal{E}_{r\,\mathrm{C}} = -\frac{\partial eV_{\mathrm{C}}}{\partial r} \;\rightarrow\; eV_{\mathrm{C}} = -\frac{e^2}{4\pi\epsilon_0}\frac{Z}{r}. \tag{2}$$

Man beachte, dass das Coulombpotential eV_{C} negativ (anziehend) ist, weil die Elementarladungen von Proton und Elektron entgegengesetzte Vorzeichen haben.

Der (relativistische) Drehimpuls

$$\mathcal{L} \equiv \mathbf{r} \times m\gamma\mathbf{v}, \tag{3}$$

siehe Abb. 18.2, ist eine Erhaltungsgröße bei der Bewegung

$$\frac{d\mathcal{L}}{dt} = \mathbf{v} \times m\gamma\mathbf{v} + \mathbf{r} \times \frac{d\, m\gamma\mathbf{v}}{dt} = 0 + \mathbf{r} \times eE_r(r)\hat{r} = 0. \tag{4}$$

Die Konstanz von $\mathcal{L}$ garantiert, dass die Bewegung in einer zu $\mathcal{L}$ orthogonalen Ebene erfolgt. Das erlaubt uns, Polarkoordinaten (r) und (ϕ) zu benutzen. Da $v_\phi = \omega r$, und $\omega = d\phi/dt$ gilt weiter

$$|\mathcal{L}| \equiv l = m\gamma r^2\frac{d\phi}{dt}. \tag{5}$$

Eine weitere Konstante bei dieser Bewegung findet man mit Hilfe von Gl. (21.44), die wir in der Form

$$\left(E + \frac{e^2}{4\pi\epsilon_0}\frac{Z}{r}\right)^2 = c^2\mathbf{p}^2 + m^2c^4 \tag{6}$$

schreiben können. Unter Benutzung konventioneller Vektoralgebra ermittelt man für den Impuls $\mathbf{p}$ den Ausdruck

$$\mathbf{p} \equiv \hat{r}\, p_r + \hat{\phi}\, p_\phi = m\gamma \left(\hat{r}\frac{dr}{dt} + \hat{\phi}\, r\, \frac{d\phi}{dt} \right) = \hat{r}\, m\gamma \frac{dr}{dt} + \hat{\phi}\, \frac{l}{r}. \tag{7}$$

In der letzten Gleichung wurde Gl. 5 verwendet. Jetzt kann man ablesen

$$p_r \equiv m\gamma \frac{dr}{dt}, \quad p_\phi \equiv \frac{l}{r}, \quad p^2 = p_r^2 + p_\phi^2. \tag{8}$$

Damit kann man Gl. 6 umschreiben zu

$$m^2 c^4 \left(\frac{E}{mc^2} + \frac{Zr_e}{r} \right)^2 = m^2 c^4 + \frac{l^2 c^2}{r^2} + p_r^2 c^2. \tag{9}$$

Zur Vereinfachung der Schreibweise wurde hier der klassische Elektronenradius r_e verwendet, siehe Gl. (18.19) und (21.13).

Wir sind an einer Bahngleichung interessiert, wollen also $r(\phi)$ bestimmen. Wir ersetzen im letzten Ausdruck p_r durch den Drehimpuls. Die Vorgehensweise ist ähnlich der im nichtrelativistischen Fall, weil die relativistischen Lorentzfaktoren sich aufheben. Wir berechnen zunächst

$$\frac{dr}{d\phi} = \frac{dr}{dt}\frac{1}{d\phi/dt} = m\gamma\frac{dr}{dt}\frac{1}{m\gamma\,d\phi/dt} = p_r\frac{r}{p_\phi}, \ \Rightarrow\ p_r = \frac{dr}{d\phi}\frac{1}{r}\, p_\phi = \frac{l}{r^2}\frac{dr}{d\phi}. \tag{10}$$

Setzt man Gl. 10 in Gl. 9 ein und formt um, so erhält man die relativistische Bahngleichung

$$\boxed{\left(\frac{E}{mc^2} + \frac{Zr_e}{r} \right)^2 = 1 + \left(\frac{l}{mcr} \right)^2 \left[1 + \left(\frac{1}{r}\frac{dr}{d\phi} \right)^2 \right],} \tag{11}$$

mit der $r(\phi)$ ermittelt werden kann.

Im ersten Schritt vereinfachen wir die Gleichung durch Einführung der Bahnvariablen s

$$s = \frac{\tilde{a}}{r}, \quad s' \equiv \frac{ds}{d\phi} = -\frac{\tilde{a}}{r^2}\frac{dr}{d\phi}. \tag{12}$$

Der Faktor $\tilde{a}$ wird unten noch bestimmt. Ordnet man jetzt nach Potenzen von s und s', so ergibt sich

$$\left(\frac{E}{mc^2} \right)^2 - 1 = -2\frac{Zr_e}{\tilde{a}}\frac{E}{mc^2}s + \left[\left(\frac{l}{mc\tilde{a}} \right)^2 - \left(\frac{Zr_e}{\tilde{a}} \right)^2 \right] s^2 + \left(\frac{l}{mc\tilde{a}} \right)^2 s'^2. \tag{13}$$

Wie im nichtrelativistischen Fall besteht der einfachste Weg zur Bestimmung der Lösungsfunktion darin, nach ϕ zu differenzieren. Nach Division durch $2s'(l/mc\tilde{a})^2$ erhält man

$$s'' + \left[1 - \left(\frac{Zmcr_e}{l}\right)^2\right]s = \frac{ZEm\tilde{a}r_e}{l^2}. \tag{14}$$

Der Faktor $\tilde{a}$ wird nun so gewählt, dass gilt

$$\frac{ZEm\tilde{a}r_e}{l^2} \equiv \left[1 - \left(\frac{Zmcr_e}{l}\right)^2\right] \;\rightarrow\; \boxed{\tilde{a} = \frac{Zmc^2r_e}{E}\left[\left(\frac{l}{Zmcr_e}\right)^2 - 1\right].} \tag{15}$$

Das erlaubt uns, Gl. 14 umzuformen zu

$$(s-1)'' + \left[1 - \left(\frac{Zmcr_e}{l}\right)^2\right](s-1) = 0, \tag{16}$$

und damit finden wir dann die allgemeine periodische Lösung für die Teilchenumlaufbahn $s - 1 = \epsilon_x \cos(\kappa\phi + \delta)$, woraus folgt

$$\boxed{\frac{\tilde{a}}{r} \equiv s \;\rightarrow\; r = \frac{\tilde{a}}{1 + \epsilon_x \cos(\kappa\phi + \delta)}, \;\; |\epsilon_x| < 1}, \;\; 0 < \kappa^2 = 1 - \left(\frac{Zmcr_e}{l}\right)^2 < 1. \tag{17}$$

Die Wahl des Anfangswerts $\delta \to 0$ ist üblich. In jedem Fall kann man das Vorzeichen der Exzentrizität ϵ_x durch die Wahl $\delta \to \pi$ neutralisieren. Das zeigt, dass Bahnen mit positivem und negativem ϵ_x identisch sind.

Wie in der nichtrelativistischen Mechanik beschreibt ϵ_x die Abweichung der Bahn von der Kreisform. Zusammen mit der Energie E und dem Drehimpuls l wird der Parameter ϵ_x für jede beobachtete Bahn bestimmt. Man beachte, dass sich im nichtrelativistischen Grenzfall $c \to \infty$ wegen $mc^2 r_e = Const.$ $\kappa = 1$ ergibt. In diesem Grenzfall erhalten wir elliptische Keplerbahnen. Unsere Lösung in Gl. 17 verhält sich aber anders. Das wichtigste Merkmal der relativistischen Bahnen mit $0 < \kappa < 1$ ist, dass sich die quasi-elliptische Rosettenbahn nicht schließt. Dieser Effekt wird als Apsidenpräzession bezeichnet und in Übung 21.5 untersucht. In dieser Rechnung ist es nützlich, sich an den Bahnparameter $\tilde{a}$ aus Gl. 15 zu erinnern, der als Funktion von κ^2 geschrieben werden kann

$$\tilde{a} = \frac{Zmc^2 r_e}{E} \left[\left(\frac{l}{Zmcr_e} \right)^2 - 1 \right] = \frac{Zmc^2 r_e}{E} \frac{\kappa^2}{1 - \kappa^2}. \tag{18}$$

Die physikalische Bedeutung von $\tilde{a}$ ist ähnlich, aber nicht genau gleich der bei einer nichtrelativistischen elliptischen Bahn: Der Mittelwert R der maximalen R_+ (Perihel) und der minimalen R_- (Aphel) radialen Entfernung

$$R_+ = \frac{\tilde{a}}{1 - \epsilon_x}, \qquad R_- = \frac{\tilde{a}}{1 + \epsilon_x}, \tag{19}$$

ist effektiv die große Halbachse a

$$a \to R = \frac{1}{2}(R_- + R_+) = \frac{\tilde{a}}{1 - \epsilon_x^2}. \tag{20}$$

Wir sehen außerdem, dass nach Definition von $\tilde{a}$ in Gl. 15 die Bahnenergie E nur von $\tilde{a}$, dem Bahndrehimpuls l und der Wechselwirkungsstärke Z, nicht aber von der Exzentrizität ϵ_x abhängt. Beachtet man Gl. 18, so gilt

$$\boxed{\frac{E}{mc^2} = Z\frac{r_e}{\tilde{a}} \left[\left(\frac{l}{Zmcr_e} \right)^2 - 1 \right] = Z\frac{r_e}{\tilde{a}} \frac{\kappa^2}{1 - \kappa^2}.} \tag{21}$$

Dennoch ist es möglich, $\tilde{a}$ zugunsten der Exzentrizität ϵ_x zu eliminieren. Dabei überprüft man nicht nur die Rechnung, sondern erhält auch eine Nebenbedingung, der die drei Bahnparameter E, l und ϵ_x genügen müssen. Wir bereiten diesen Schritt vor, indem wir zuerst die Bahngleichung Gl. 17 differenzieren ($\delta = 0$)

$$\frac{\tilde{a}}{r} \frac{1}{r} \frac{dr}{d\phi} = \kappa \epsilon_x \sin \kappa\phi, \quad \to \quad \frac{1}{r} \frac{dr}{d\phi} = \frac{\kappa \epsilon_x \sin \kappa\phi}{1 + \epsilon_x \cos \kappa\phi}. \tag{22}$$

Zur Vereinfachung der Schreibweise verwenden wir

$$\epsilon_x \cos \kappa\phi \equiv c_\kappa, \qquad \epsilon_x \sin \kappa\phi \equiv s_\kappa, \qquad s_\kappa^2 + c_\kappa^2 = \epsilon_x^2. \tag{23}$$

Setzt man nun r aus Gl. 17 in Gl. 11 ein, so erhält man mit Hilfe von Gl. 22 unter Benutzung der Abkürzungen aus Gl. 23

$$\left(\frac{E}{mc^2} + \frac{Zr_e}{\tilde{a}}(1 + c_\kappa) \right)^2 = 1 + \left(\frac{l}{mc\tilde{a}} \right)^2 \left[(1 + c_\kappa)^2 + \kappa^2 s_\kappa^2 \right]. \tag{24}$$

Ordnet man die Terme links um und setzt für κ^2 den Ausdruck aus Gl. 17 ein, so ergibt sich weiter

$$\left[\left(\frac{E}{mc^2} + \frac{Zr_e}{\tilde{a}}\right) + \frac{Zr_e}{\tilde{a}} c_\kappa\right]^2 = 1 + \left(\frac{l}{mc\tilde{a}}\right)^2 (1 + \epsilon_x^2 + 2c_\kappa) - \left(\frac{l}{mc\tilde{a}} \frac{Zmcr_e}{l}\right)^2 s_\kappa^2, \tag{25}$$

Hier wurde auf der rechten Seite noch von der letzten Beziehung in Gl. 23 Gebrauch gemacht. Wir bringen jetzt die ungeraden Potenzen von c_κ auf die linke Seite (LS) und die geraden auf die rechte Seite (RS)

$$\text{LS} = 2\left[\left(\frac{E}{mc^2} + \frac{Zr_e}{\tilde{a}}\right)\frac{Zr_e}{\tilde{a}} - \left(\frac{l}{mc\tilde{a}}\right)^2\right] c_\kappa, \tag{26}$$

$$\text{RS} = 1 + \left(1 + \epsilon_x^2\right)\left(\frac{l}{mc\tilde{a}}\right)^2 - \left(\frac{Zr_e}{\tilde{a}}\right)^2 \left(s_\kappa^2 + c_\kappa^2\right) - \left(\frac{E}{mc^2} + \frac{Zr_e}{\tilde{a}}\right)^2. \tag{27}$$

Da die rechte Seite (RS) nicht von ϕ abhängt, müssen beide Seiten der Gleichung unabhängig voneinander verschwinden, also RS $= 0$ (rechte Seite) und LS $= 0$ (linke Seite). Wenn man Gl. 15 nach E/mc^2 auflöst, ergibt sich

$$\frac{E}{mc^2} = \frac{Zr_e}{\tilde{a}}\left[\left(\frac{l}{Zmcr_e}\right)^2 - 1\right], \tag{28}$$

Setzt man den Ausdruck für E/mc^2 in den Term von LS ein, so verschwindet er. Also liefert LS $= 0$ die Identität $0 = 0$ und somit keine Nebenbedingung für die Bahnparameter.

Es bleibt jetzt nur die eine Nebenbedingung, RS $= 0$, die wir in nach einfacher Umformung wie folgt schreiben

$$0 = \text{RS} = 1 + (1 + \epsilon_x^2)\left(\frac{Zr_e}{\tilde{a}} \frac{l}{Zmcr_e}\right)^2 - \epsilon_x^2\left(\frac{Zr_e}{\tilde{a}}\right)^2 - \left(\frac{E}{mc^2} + \frac{Zr_e}{\tilde{a}}\right)^2. \tag{29}$$

Aus Gl. 15 ergibt sich auch

$$\frac{Zr_e}{\tilde{a}} = \frac{E}{mc^2} \frac{1}{(l/Zmcr_e)^2 - 1} = \frac{E}{mc^2} \frac{\tilde{Z}^2}{1 - \tilde{Z}^2}, \qquad \tilde{Z} \equiv \frac{Zmcr_e}{l}. \tag{30}$$

Verwendet man Gl. 30 in Gl. 29 und teilt durch den gemeinsamen Faktor $(E/mc^2)^2$, so kann man weiter vereinfachen und erhält

$$0 = \left(\frac{mc^2}{E}\right)^2 + (1+\epsilon_x^2)\frac{\tilde{Z}^2}{(1-\tilde{Z}^2)^2} - \epsilon_x^2\frac{\tilde{Z}^4}{(1-\tilde{Z}^2)^2} - \frac{1}{(1-\tilde{Z}^2)^2}. \tag{31}$$

Diese algebraische Gleichung hat eine einfache Lösung

$$\boxed{E = mc^2\sqrt{\frac{1-\tilde{Z}^2}{1-\epsilon_x^2\tilde{Z}^2}}, \qquad \tilde{Z} \equiv \frac{Zmcr_e}{l}.} \tag{32}$$

Damit ist die Bahnenergie als Funktion von l und ϵ_x^2 bestimmt.

Um an die relativistische Quantenmechanik anzuknüpfen, verwenden wir die Bohrsche Quantisierungsbedingung für l

$$\boxed{l = n\hbar,}\quad \frac{\hbar}{mc} = \lambdabar_C, \qquad \frac{r_e}{\lambdabar_C} = \frac{e^2}{4\pi\epsilon_0 mc^2}\frac{mc^2}{\hbar c} = \frac{e^2}{4\pi\epsilon_0\hbar c} \equiv \alpha = \frac{1}{137{,}035999}. \tag{33}$$

Hier wurden auch die Zusammenhänge zwischen mehreren quantenphysikalischen Naturkonstanten angegeben. Mit Hilfe der Definitionen von $\tilde{Z}$ und des Bahnparameters κ aus Gl. 17 findet man

$$\tilde{Z} \equiv \frac{Zmcr_e}{l} = \frac{Z\alpha}{n}, \qquad \kappa = \sqrt{1 - \left(\frac{Z\alpha}{n}\right)^2}. \tag{34}$$

Das führt auf

$$\boxed{E = mc^2\sqrt{\frac{1-(Z\alpha/n)^2}{1-(\epsilon_x Z\alpha/n)^2}}.} \tag{35}$$

Die Energie des gebundenen Teilchens hat im Spezialfall einer Kreisbahn, also für $\epsilon_x = 0$, den Wert

$$E = mc^2\sqrt{1 - \left(\frac{Z\alpha}{n}\right)^2}, \xrightarrow[Z\to 0]{} mc^2\left(1 - \frac{1}{2}\left(\frac{Z\alpha}{n}\right)^2 + \dots\right). \tag{36}$$

Die Entwicklung für kleine Z erzeugt das Spektrum der Schrödingergleichung. Für den Grenzfall einer starken Kopplung ($Z\alpha \to 1$) wird das singuläre Verhalten der klassischen Elektronenbindung ($m_e = 0{,}511\,\text{MeV}$) in Abb. 21.7

für $n = 1,2$ als Funktion von Z dargestellt. Man sieht in dieser Darstellung insbesondere, dass die Gesamtenergie E für $Z\alpha/n \to 1$ verschwindet. Das bedeutet, dass die Bindungsenergie dann das Energieäquivalent der Teilchenmasse vollständig kompensiert.

Wir bestimmen jetzt den Wert des Parameters $\tilde{a}$ aus Gl. 15 für die Bahngröße. Mit den oben eingeführten Bezeichnungen erhalten wir

$$\tilde{a} = \frac{lc\tilde{Z}}{E}\left(\frac{1}{\tilde{Z}^2} - 1\right) = \frac{l}{mc}\sqrt{\frac{1 - (\epsilon_x\tilde{Z})^2}{1 - \tilde{Z}^2}}\,\frac{1 - \tilde{Z}^2}{\tilde{Z}} = \frac{l}{mc\tilde{Z}}\sqrt{(1 - \tilde{Z}^2)(1 - (\epsilon_x\tilde{Z})^2)}. \tag{37}$$

Mit der Bohrschen Quantisierung gilt wieder $l \to \hbar n$ und $\tilde{Z} \to Z\alpha/n$. Dann erhält man

$$\tilde{a} = a_{\mathrm{B}}\frac{n^2}{Z}\sqrt{\left(1 - \left(\frac{Z\alpha}{n}\right)^2\right)\left(1 - \left(\frac{\epsilon_x Z\alpha}{n}\right)^2\right)}, \quad a_{\mathrm{B}} = \frac{r_e}{\alpha^2} = \frac{\lambdabar_{\mathrm{C}}}{\alpha}, \tag{38}$$

Hier wurde der Bohrsche Atomradius verwendet (numerischer Wert: $a_{\mathrm{B}} = 0,529177211 \times 10^{-10}$ m). In Gl. 38 taucht für den Parameter $\tilde{a}$ der aus der Quantenmechanik vertraute Skalierungsfaktor n^2/Z auf.

Das vervollständigt unsere Lösung des relativistischen Problems der Elektronenbahn im Coulombfeld. Wir haben die Form der Teilchenbahn bestimmt und die Energie als Funktion des Drehimpulses und der Bahnexzentrizität berechnet. Wir haben gezeigt, dass die Bindung mit wachsender Kopplungsstärke $Z\alpha$ das Energieäquivalent mc^2 des Elektrons komplett aufbraucht. Wir haben deshalb hier nur den Fall $\tilde{Z} \equiv Z\alpha/n < 1$, also $\kappa^2 > 0$ thematisiert, für den die periodischen Lösungen der Quantenphysik ebenfalls existieren, siehe Ref. 4 im Kap. 20. Obwohl eine relativistische Lösung für die Energie als Funktion von Bahnvariablen seit langem verfügbar ist[4], ist die einfache Gleichung Gl. 35, die den Zusammenhang zur Bahnexzentrizität darstellt, möglicherweise der Aufmerksamkeit entgangen. Eine andere aktuelle Studie erinnerte an die hundert Jahre alten Spiralbahn-Lösungen von C.G. Darwin[5] für $Z\alpha/n > 1$, denen man aber mit Vorsicht begegnen sollte, da ihnen ein Analogon in der Quantenphysik fehlt.

---

[4]J.D. Garcia, „Quantum solutions and classical limits for strong Coulomb fields (Quantenlösungen und klassische Grenzfälle für starke Coulombfelder)," *Phys. Rev. A* **34**, 4396 (1986), siehe Ref. [3].
[5]T.H. Boyer, „Unfamiliar trajectories for a relativistic particle in a Kepler or Coulomb potential (Ungewöhnliche Bahnen für relativistische Teilchen in einem Kepler- oder Coulombpotential)," *Am. J. Phys.* **72**, 992 (2004), siehe Ref. [2].

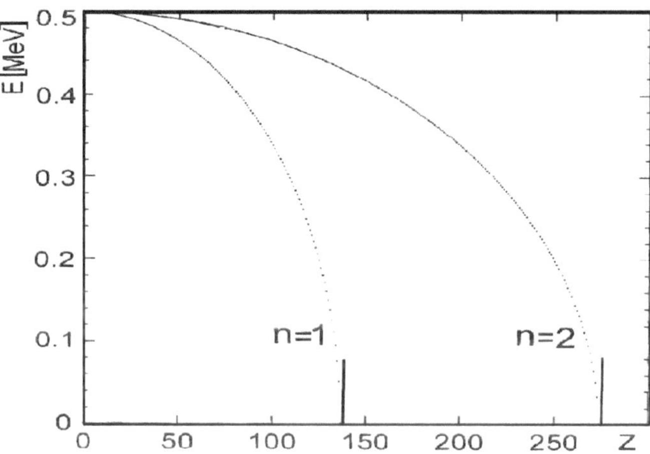

Abb. 21.7 Die klassische relativistische Energie eines Elektrons, das in einem Coulombpotential der Form $V = -Z\alpha/r$ auf einer Kreisbahn mit dem Drehmoment $l = n\hbar$, $n = 1,2$ gebunden ist, wird hier als Funktion von Z dargestellt

Übung 21.5   Apsidenpräzession

Die mit Methoden der SR untersuchte Bewegung in einem mit $1/r^2$ abfallenden elektrischen Feld weist eine – als Nachweis der allgemeinen Relativitätstheorie berühmt gewordene – Apsidenpräzession auf. Zeigen Sie das und vergleichen Sie die Größe des Effekts mit dem stark abweichenden Ergebnis der allgemeinen Relativitätstheorie.

Lösung

Wir erinnern daran, dass sich die für $0 < \varepsilon < 1$ quasi-elliptischen Bahnen aus Gl. 17 in Übung 21.4 nicht exakt schließen. Wir sind interessiert an Bahnen, die nur wenig von der elliptischen Form abweichen und deren Apsidenpräzession $\Delta\phi$ viel kleiner ist als in Abb. 21.8 dargestellt. Um $\Delta\phi$ zu ermitteln, nutzen wir aus, dass sich die Länge der Apsidenlinie bei der Präzession nicht ändert. Das bedeutet, dass die Werte von r in dieser Gl. 17 sich zyklisch wiederholen müssen. Das ist der Fall für $\kappa\phi_Z = 2\pi n$, $n = 1, 2, 3, \dots$. Da $\kappa < 1$ ist, Gl. 17, muss $\phi_Z > 2\pi$ ($n = 1$) sein. Die Differenz ist die Apsidenpräzession der Bahn $r(\phi)$. Wir finden

$$\Delta\phi \equiv \phi_Z - 2\pi = 2\pi \frac{1-\kappa}{\kappa} = 2\pi \frac{1-\kappa^2}{\kappa(1+\kappa)} = \frac{2\pi\kappa}{1+\kappa}\frac{1-\kappa^2}{\kappa^2}. \tag{1}$$

Mit dem Wert für $\tilde{a}$ aus Gl. 18 wird daraus

$$\Delta\phi = \frac{2\pi\kappa}{1+\kappa}\frac{Zmc^2 r_e}{E}\frac{1}{\tilde{a}}. \tag{2}$$

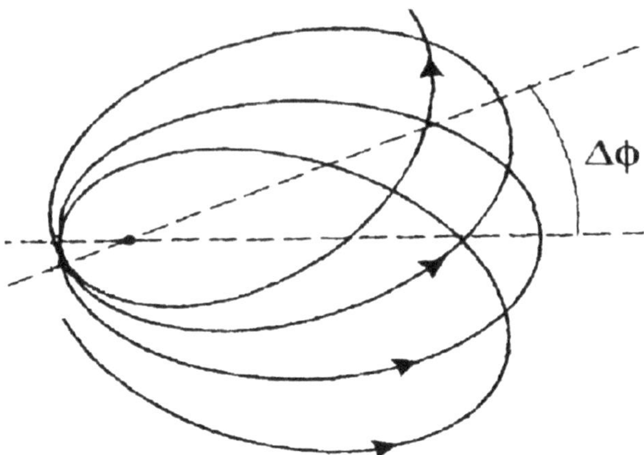

Abb. 21.8 Apsidenpräzession: Dargestellt ist die Apheldrehung um $\Delta\phi$

Damit ist die Apsidenpräzession $\Delta\phi$ bestimmt. Der Effekt ist vor allem bekannt durch die Beobachtung der Aphel- und Periheldrehung des Merkur. Der Aphel ist der sonnenfernste Punkt einer Ellipsenbahn um die Sonne und liegt gegenüber dem Perihel. In Abb. 21.8 wird die Apheldrehung dargestellt, weil sie ausgeprägter ist und deshalb zur Veranschaulichung besser geeignet.

Im Fall des Merkurs ergibt die Kombination aller bekannten nichtrelativistischen Störungen, also z. B. des Einflusses anderer Planeten und der Asphärizität der Sonne eine Aphelpräzession von 532"/Jahrhundert mit einer Differenz von 43"/Jahrhundert zum experimentellen Messwert von 574"/Jahrhundert (Werte gerundet). Die Erklärung dieser Differenz war für die Akzeptanz von Einsteins allgemeiner Relativitätstheorie[6] von zentraler Bedeutung. Unsere mit Methoden der speziellen Relativitätstheorie hergeleiteten Bahnen im Coulombfeld sind sicher kein gleichwertiges Modell für relativistische Effekte bei der Planetenbewegung in einem Gravitationsfeld.

Die Apsidenpräzession des Merkur kann nach unserer mit der SR bestimmten Gleichung Gl. 2 angegeben werden, wenn man die elektromagnetische Kopplung durch eine gravitative ersetzt

$$\frac{Ze^2}{4\pi\epsilon_0} = mc^2(Zr_e) \rightarrow \frac{mc^2}{2}\frac{2GM}{c^2} = mc^2\frac{R_S}{2}, \qquad R_S = 2{,}953 \text{ km}. \qquad (3)$$

---

[6]A. Einstein, „Erklärung der Perihelbewegung des Merkur aus der allgemeinen Relativitätstheorie," *Preussische Akademie der Wissenschaften, Sitzungsberichte,* **XLVII** 831 (1915).

Hier ist R_S der Schwartzschildradius $\simeq 3\,\mathrm{km}$ der Sonne und m die Planetenmasse. Bei einer typischen Planetengeschwindigkeit von $10^{-5}c$ und einer Exzentrizität mit $\epsilon^2 \leq 0,05$ ist es angemessen, bei einer ersten Abschätzung in Gl. 2 mit $\kappa \simeq 1$ und $E = mc^2$ zu arbeiten. Unter Benutzung von Gl. 18, 19 und 20 in der Übung 21.4

$$\Delta\phi \simeq \frac{\pi}{2}\,\frac{R_S}{\tilde{a}}, \qquad \frac{2}{\tilde{a}} \equiv \frac{1}{R_-} + \frac{1}{R_+}. \tag{4}$$

In der letzten Beziehung wird der Wert des Bahnparameters R durch die Entfernungen (R_-) und (R_+) des Aphels und des Perihels von der Sonne ausgedrückt. Die $1/R$-Abhängigkeit hat natürlich für den innersten Planeten Merkur den größten Effekt. Verglichen mit unserem Ergebnis nach der SR hat Weinberg[7] mit Methoden der modernen Gravitationstheorie einen sechsmal so hohen Wert gefunden

$$\Delta\phi^{\mathrm{GR}} = 3\pi\,\frac{R_S}{R}. \tag{5}$$

Weinbergs Resultat stimmt mit dem von Einstein in Ref. 6 vorgestellten und am Ende seines grundlegenden Werks zur GR[8] wiederholten Ergebnis überein. Ein Missverhältnis um einen Faktor 6 zwischen dem SR-Ergebnis im Coulombfeld und dem der GR zeigt wie erwartet, dass die Methoden der SR nur ein schwaches Modell für die Effekte der GR liefern. Dennoch ist eine Apsidenpräzession, deren Wert zur Bahngröße R antiproportional ist, typisch für die Relativitätstheorie, für die SR wie auch für die GR. Dieses Verhalten unterscheidet sich deutlich von anderen Effekten wie Störungen durch andere Planeten oder Deformationen der Sonne und ist damit ein Beleg für die Relativitätstheorie, wobei die Größe des Effekts die allgemeine Relativitätstheorie bestätigt.

Wir haben hier die Apsidenpräzession für einen Umlauf betrachtet. Die experimentellen Daten werden normalerweise für die Erde auf 100 Umläufe bezogen, also auf ein Jahrhundert. In dieser Zeit dreht sich Merkur 415 mal um die Sonne. Die für die Aphelpräzession des Merkur angegebenen Werte sind also mit einem Faktor 4,15 vergrößert und die bei Venus entsprechend mit 1,49. Die $1/R$-Abhängigkeit sagt für Venus und Erde, verglichen mit Merkur, folgende Verhältnisse voraus

---

[7] Siehe Gl. (9.5.17) in: S. Weinberg, *Gravitation and Cosmology (Gravitation und Kosmologie)* John Wiley & Sons, Inc (New York 1972).
[8] A. Einstein, „Die Grundlage der allgemeinen Relativitätstheorie," *Annalen der Physik* **354** 769 (1916).

$$\frac{\Delta\phi_{\mathrm{Merkur}}}{\Delta\phi_{\mathrm{Venus}}} = \frac{4,15}{1,49}\frac{R_{\mathrm{Venus}}}{R_{\mathrm{Merkur}}} = 5,43, \quad \frac{\Delta\phi_{\mathrm{Merkur}}}{\Delta\phi_{\oplus}} = 4,15\frac{R_{\oplus}}{R_{\mathrm{Merkur}}} = 11,2. \quad (6)$$

Hier wurde mit $R_{\mathrm{Merkur}} = 5{,}55 \times 10^7$ km, $R_{\mathrm{Venus}} = 1{,}08 \times 10^8$ km und $R_{\oplus} = 1{,}50 \times 10^8$ km gerechnet. In der Tat sind diese Verhältnisse auch beobachtet worden. Die Antiproportionalität bestätigt den relativistischen Ursprung des unerklärten Teils der planetaren Apsidenpräzession.

Zusammenfassung

Wir analysieren hier die von der Lorentzkraft erzeugte Elektronenbewegung im elektromagnetischen Feld einer idealen ebenen Lichtwelle (eines Lasers). Es wird großer Wert auf die Erhaltungssätze gelegt, die die Bewegung prägen und in unserer Untersuchung verwendet werden. Es wird nachgewiesen, dass sich die Merkmale der Elektronenbewegung mit zunehmender Amplitude drastisch ändern. Wenn die Intensität der Welle relativistische Größenordnung erreicht, schiebt sie das Elektron vorwärts.

22.1 Felder und Potentiale für ebene Wellen

Das Studium der Elektronenbewegung im extern vorgegebenen elektromagnetischen Feld einer ebenen Lichtwelle legt die Grundlagen für das Verständnis des Verhaltens relativistischer Teilchen unter dem Einfluss ultra-intensiver Laserpulse. Bei der hier vorgestellten Lösungsmethode werden wir die Leistungsfähigkeit der in Abschn. 21.3 begründeten Erhaltungssätze voll ausschöpfen, um den Lösungsweg deutlich zu vereinfachen.

Wir werden mit der transversalen Eichung arbeiten, die auch als Strahlungseichung oder Coulombeichung bezeichnet wird. Bei der Untersuchung von Licht bezieht sich die Bezeichnung ‚transversal‘ darauf, dass das Vektorpotential $\mathbf{A}$ senkrecht auf der Ausbreitungsrichtung der Lichtwelle steht. Bei transversaler Eichung erfüllt $\mathbf{A}$ die Bedingung

$$\nabla \cdot \mathbf{A} = 0. \tag{22.1}$$

Diese Bedingung führt zu $-\nabla^2 \epsilon_0 V = \rho$, der Poissongleichung für das skalare elektrische Potential V, die das Coulombsche Gesetz begründet und deshalb auch oft als Coulombgleichung bezeichnet wird. In Abwesenheit von geladenen Quellen

© Springer-Verlag GmbH Deutschland, ein Teil von Springer Nature 2019 407
J. Rafelski, *Spezielle Relativitätstheorie heute,*
https://doi.org/10.1007/978-3-662-59420-9_22

verschwindet dieses Potential. Deshalb folgt aus den Maxwellgleichungen für unsere Überlegungen

$$\mathcal{E} = -\frac{\partial \mathbf{A}}{\partial t}, \qquad \mathcal{B} = \nabla \times \mathbf{A}. \tag{22.2}$$

Wir lassen für die physikalischen Felder $\mathcal{E}$ und $\mathcal{B}$ keine komplexen Werte zu, wie das manchmal getan wird, weil diese Vorgehensweise für jeden Einzelfall Vorgehensrezepte für die Umwandlung in physikalische Größen erfordert. Da wir aber die komplexe Form der Wellenlösung verwenden, müssen wir bei Bedarf den zugehörigen Realteil (Symbol $\Re$) und den Imaginärteil (Symbol $\Im$) bestimmen.

Der erste Schritt besteht darin, sich mit den die Lichtausbreitung beschreibenden ebenen elektromagnetischen Wellen vertraut zu machen. Sie bilden eine Lösung der Maxwellgleichungen ohne Quellen. Für eine ebene Lichtwelle sind die $\mathcal{E}$- und $\mathcal{B}$-Felder zeitabhängig und stehen sowohl aufeinander als auch auf der Ausbreitungsrichtung senkrecht. Wir wählen in transversaler Eichung

$$\mathbf{A} = \Re\left[\mathbf{A}_{|0}\, e^{i\chi}\right], \quad \chi = \mathbf{k}\cdot\mathbf{r} - \omega t, \quad V = 0. \tag{22.3}$$

Hier ist $\mathbf{A}_{|0}$ eine konstante Amplitude. Damit die Bedingung für transversale Eichung erfüllt ist, muss gelten

$$0 = \nabla \cdot \mathbf{A} = \Re\left[i\mathbf{k}\cdot\mathbf{A}_{|0}\, e^{i\chi}\right] \;\to\; \mathbf{k}\cdot\mathbf{A}_{|0} = 0. \tag{22.4}$$

Also muss der ‚Polarisationsvektor'

$$\mathbf{e}_\mathbf{A} \equiv \frac{\mathbf{A}_{|0}}{A_{|0}}, \quad A_{|0} = \sqrt{A_{|0}^{*} A_{|0}} \equiv \frac{mc}{e}\, a_o \tag{22.5}$$

immer orthogonal zum Ausbreitungsvektor $\mathbf{k}$ der Welle sein. In der letzten Gleichung ist A^{*} das komplex Konjugierte von A und a_0 ist ein dimensionsloses Maß des Vektorpotentials. Der Leser sollte den Polarisationsvektor $\mathbf{e}_\mathbf{A}$ nicht mit der Elementarladung e verwechseln. Für eine sich mit Lichtgeschwindigkeit $c = |d\mathbf{r}|/dt = r/t$ ausbreitende Wellenfront einer ebenen Lichtwelle gilt nach Gl. (22.3)

$$k = \frac{\omega}{c} = \frac{2\pi}{\lambda}, \tag{22.6}$$

womit auch der Zusammenhang zur Wellenlänge λ hergestellt ist.

Differenziert man das Vektorpotential $\mathbf{A}$, so ergibt sich

$$\begin{aligned}
\mathcal{E} &= -\frac{\partial \mathbf{A}}{\partial t} = \omega\Im\left[\mathbf{A}_{|0}\, e^{i\chi}\right], \\
\mathcal{B} &= \nabla \times \mathbf{A} = \mathbf{k}\times\Im\left[\mathbf{A}_{|0}\, e^{i\chi}\right].
\end{aligned} \tag{22.7}$$

Wegen Gl. (22.6) gilt dann $|\mathcal{E}| = c|\mathcal{B}|$ und $\mathcal{B} \perp \mathcal{E} \perp \mathbf{k}$. Die letzte Orthogonalität folgt aus Gl. (22.4).

Ist der Polarisationsvektor $\mathbf{e}_A$ aus Gl. (22.5) reell, so hat er keinen Einfluss auf die Phase χ der Welle. In diesem Fall sind die Richtungen von $\mathcal{E}$ und $\mathcal{B}$ räumlich konstant und wir haben es mit einer ‚linear polarisierten' (LP) ebenen Lichtwelle zu tun. Wir können dann für $\mathbf{e}_A$ irgendeine Richtung senkrecht zum Vektor $\mathbf{k} \parallel \mathbf{e}_3$ in Ausbreitungsrichtung der Welle wählen.

$$\mathbf{e}_A = \cos\delta\ \mathbf{e}_1 + \sin\delta\ \mathbf{e}_2, \quad \mathbf{e}_A^* \cdot \mathbf{e}_A = 1, \quad \underline{\text{LP}}. \tag{22.8}$$

Hier ist δ ein fester Phasenwinkel.

Um zirkular polarisiertes Licht (ZP) zu beschreiben, wählen wir einen komplexen (und konstanten) Polarisationsvektor

$$\mathbf{e}_A = \frac{\mathbf{e}_1 \pm i\mathbf{e}_2}{\sqrt{2}}, \quad \mathbf{e}_A^* \cdot \mathbf{e}_A = 1, \quad \underline{\text{ZP}}. \tag{22.9}$$

Wegen $\mathbf{k} \perp \mathbf{e}_1 \perp \mathbf{e}_2$ ist Gl. (22.4) sichergestellt. Die beiden Vorzeichen repräsentieren zwei mögliche zirkulare Polarisationen. Aus Gl. (22.7) erhalten wir die Einheitsvektoren und die Größen der Felder $\mathcal{B} \perp \mathcal{E}$.

$$\mathbf{e}_{\mathcal{E}} = \frac{\mathbf{e}_1 \sin\chi \pm \mathbf{e}_2 \cos\chi}{\sqrt{2}}, \quad \mathcal{E} = \omega A_{|0}, \quad \underline{\text{ZP}},$$

$$\mathbf{e}_{\mathcal{B}} = \mathbf{e}_k \times \frac{\mathbf{e}_1 \sin\chi \pm \mathbf{e}_2 \cos\chi}{\sqrt{2}}, \quad \mathcal{B} = k A_{|0}, \quad \underline{\text{ZP}}. \tag{22.10}$$

Im gleichen Raumpunkt sind $\mathbf{e}_{\mathcal{E}}$ und $\mathbf{e}_{\mathcal{B}}$ Funktionen der Zeit. Wählt man etwa $\chi = -\omega t$, so erkennt man, dass diese Einheitsvektoren sich längs des Einheitskreises drehen. Auch wenn $\mathbf{e}_A$ fest ist, erkennt man bei der Bildung des Realteils nach Gl. (22.3), dass auch das Vektorpotential $\mathbf{A}$ rotiert

$$\mathbf{A} = A_{|0} \frac{1}{\sqrt{2}} \left(\mathbf{e}_1 \cos\chi \mp \mathbf{e}_2 \sin\chi\right). \tag{22.11}$$

Hier ist χ die zeit- und raumabhängige Phase der ebenen Welle. An einem festen Punkt im Raum mit $z = 0$ ist $\chi = -\omega t$ und deshalb gilt

$$\mathbf{A}(z = 0, t) = A_{|0} \frac{1}{\sqrt{2}} \left(\mathbf{e}_1 \cos\omega t \pm \mathbf{e}_2 \sin\omega t\right), \quad (\mathbf{A})^2 = \left(\frac{1}{\sqrt{2}} A_{|0}\right)^2, \quad \underline{\text{ZP}}, \tag{22.12}$$

Das bedeutet, dass $\mathbf{A}$ sich für das $(+)$-Zeichen im mathematisch positiven Sinn dreht. Liegt ein rechtshändiges Koordinatensystem vor, so bewegt sich die Welle aus der Ebene des Buchs auf den Leser zu.

Wir interessieren uns auch für die Bestimmung der Intensität der ebenen Welle. Sie wird definitionsgemäß durch die Größe des Poyntingvektors[1] festgelegt, den man im Vakuum auf verschiedene äquivalente Arten ausdrücken kann[2]

$$S = c^2 \epsilon_0 \mathcal{E} \times \mathcal{B} \equiv c^2 \mathcal{D} \times \mathcal{B} \equiv \frac{1}{\mu_0} \mathcal{E} \times \mathcal{B} \equiv \mathcal{E} \times \mathcal{H}. \tag{22.13}$$

Wir untersuchen S für ebene Wellen. Das Kreuzprodukt $\mathcal{E} \times \mathcal{B}$ zeigt nach Gl. (22.7) in die Richtung des Wellenvektors $\mathbf{k}$. Wir erhalten

$$\boxed{S = \frac{\mathbf{k}\omega}{4\pi} \frac{4\pi\epsilon_0}{e^2} \left(\Im \left[c\, e\mathbf{A}_{|0}\, e^{i\chi} \right] \right)^2.} \tag{22.14}$$

Man beachte das Auftauchen von c als Vorfaktor von $\mathbf{A}_{|0}$ in Gl. (22.14). In Gaußschen Einheiten fehlt dieser Faktor c, denn er hat den gleichen Ursprung wie der Faktor c vor $\mathcal{B}$ in Gl. (21.11). Außerdem ist der Faktor $4\pi\epsilon_0/e^2$ in Gaußschen Einheiten einfach gleich $1/e^2$, wie aus der letzten Regel in Gl. (21.11) hervorgeht.

Weiter gilt

$$\Im \left[e\mathbf{A}_{|0}\, e^{i\chi} \right] = \begin{cases} e A_{|0}\mathbf{e_A} \sin\chi & \text{LP}, \\ \dfrac{1}{\sqrt{2}} e A_{|0} (\mathbf{e}_1 \sin\chi \pm \mathbf{e}_2 \cos\chi) & \text{ZP}, \end{cases} \tag{22.15}$$

und deshalb

$$\left(\Im \left[e\mathbf{A}_{|0}\, e^{i\chi} \right] \right)^2 = \frac{e^2 A_{|0}^2}{2} \begin{cases} 2\sin^2\chi & \text{LP}, \\ 1 & \text{ZP}. \end{cases} \tag{22.16}$$

Bedenkt man, dass für das räumliche und zeitliche Mittel gilt

$$2\langle \sin^2\chi \rangle = 1, \tag{22.17}$$

so ist das Endergebnis für den Mittelwert des Poyntingvektors der ebenen Welle

$$\langle S \rangle = \frac{\mathbf{k}\omega}{8\pi} (ce A_{|0})^2 \frac{4\pi\epsilon_0}{e^2} = \hat{k} \frac{c\,\pi}{2\lambda^2} (ce A_{|0})^2 \frac{4\pi\epsilon_0}{e^2}. \tag{22.18}$$

Die letzte Gleichung folgt aus Gl. (22.6). Da die Einheitsvektoren auf die gleiche Art normalisiert wurden (siehe Gl. (22.8) und (22.9)), gilt das Ergebnis aus Gl. (22.18) gleichermaßen für linear und für zirkular polarisierte ebene Wellen.

---

[1] John Henry Poynting (1852–1914), Mitarbeiter von Maxwell und angesehener Professor für Physik.

[2] Zur Diskussion historischer Aspekte siehe R. N. C. Pfeifer, T. A. Nieminen, N. R. Heckenberg, and H. Rubinsztein-Dunlop, „Colloquium: Momentum of an electromagnetic wave in dielectric media," (Impuls einer elektromagnetischen Welle in einem Dielektrikum) *Rev. Mod. Phys.* **79**, 1197 (2007); Erratum ibid. **81**, 443 (2009).

Übung 22.1 Lichtwellen relativistischer Stärke

Um die Stärke der Lichtwellen zu beschreiben, die im Zusammenhang mit relativistischer Elektronenbewegung verwendet werden, wird eine dimensionslose Größe a_0 eingeführt, vergl. Gl. (22.5)

$$\boxed{a_0 \equiv \frac{ce A_{|0}}{mc^2}.} \tag{1}$$

Damit wird das Produkt $ce A_{|0}$ aus Lichtwellenamplitude, Elementarladung und Lichtgeschwindigkeit in Einheiten der Ruheenergie des zu beschleunigenden Teilchens – normalerweise eines Elektrons – angegeben. Wenn $a_0 > 1$ erreicht ist, spricht man von relativistischer Optik. Die Bezeichnung relativistisch beruht auf der Fähigkeit dieser Laser, ein Teilchen auf relativistische Geschwindigkeiten mit einem Lorentzfaktor $\gamma \propto a_0^2$ zu beschleunigen. Heutige Forschungsstätten verfügen über Laser, die $a_0 = 10$ überschreiten und man spricht sogar von Experimenten mit $a_0 > 1000$.

Begründen Sie, warum die Definition aus Gl. 1 sinnvoll ist. Ermitteln Sie den Zusammenhang zwischen der Amplitude $A_{|0}$ und der zugehörigen elektrischen Feldstärke $\mathcal{E}$. Berechnen Sie die sich für $a_0 = 1$ ergebenden Stärken der Felder $\mathcal{E}$ und $\mathcal{B}$, wenn die Energie der Photonen 1 eV beträgt, also im Bereich von sichtbarem Licht liegt. Ermitteln Sie danach, wie groß die Amplitude a_0 sein muss, damit man die kritischen Feldstärken aus Abschn. 20.5 erreicht.

Lösung

Das Produkt aus der Amplitude $\mathbf{A}$, der Elementarladung e und der Lichtgeschwindigkeit c, das in Gl. (22.14) und in reduzierter Form in Gl. (22.18) auftaucht, hat im SI-System die Einheit einer Energie. Im Zusammenhang mit einem von einer Welle mitgezogenen Teilchen wäre es sinnvoll, die Amplitude $A_{|0}$ der Welle durch die Ruheenergie des Teilchens auszudrücken. Dazu messen wir das eben beschriebene Produkt mit Hilfe der dimensionslosen Größe a_0 als Vielfaches dieser Ruheenergie, wie in Gl. 1 angegeben.

Im Folgenden betrachten wir ein Elektron als Referenzteilchen. Mit Hilfe der zugehörigen Massenverhältnisse lässt sich aus der Amplitudenskala für das Elektron die für andere Elementarteilchen gewinnen. Beim Elektron gehört zum Referenzwert $a_0 = 1$ der Wert

$$cA_{|0}\big|_1 \equiv cA_{|0}(a_0 = 1) = \frac{mc^2}{e} = 0{,}5110 \times 10^6 \text{ V}. \tag{2}$$

Hier wurde e aus der Energieeinheit MeV gekürzt und ‚Mega‘ als Zehnerpotenz geschrieben.

Wir betrachten nun eine Lichtwelle der Energiemenge

$$\hbar\omega = 1\,\text{eV} = \hbar c k, \qquad \lambda = \frac{hc}{1\,\text{eV}} = 1{,}2398\ \mu\text{m}. \tag{3}$$

Die zugehörige elektrische Feldstärke ist nach Gl. (22.7)

$$\mathcal{E}(a_0 = 1,\ \hbar\omega = 1\,\text{eV}) = \frac{\hbar\omega}{\hbar c}\,c A_{|0}\big|_1 = \frac{1\text{V}mc^2}{\hbar c},\ = \frac{1\ \text{V}}{\lambdabar_\text{C}}, \qquad \lambdabar_\text{C} = \frac{\lambda_\text{C}}{2\pi} = \frac{\hbar}{mc}, \tag{4}$$

Hier kommt die reduzierte Comptonwellenlänge aus Gl. (20.3) vor. In SI-Einheiten hat die Feldstärke des von uns betrachteten Feldes den Wert

$$\mathcal{E}(a_0 = 1,\ \hbar\omega = 1\,\text{eV}) = \frac{1\text{V}}{386{,}16\ \text{fm}} = 2{,}590\ \times\ 10^{12}\,\frac{\text{V}}{\text{m}},$$

$$\mathcal{B}(a_0 = 1,\ \hbar\omega = 1\,\text{eV}) = 8{,}638\ \times\ 10^3 \text{T}. \tag{5}$$

Unter der Gl. (22.7) haben wir bereits vermerkt, dass dem Betrag nach das zur Magnetfeldstärke proportionale Produkt $|c\mathcal{B}|$ bei einer Lichtwelle gleich dem Betrag der elektrischen Feldstärke $|\mathcal{E}|$ ist. Der Faktor c bei $|\mathcal{B}|$ ist auf die Verwendung von SI-Einheiten zurückzuführen. Deshalb folgt der Zahlenwert für das $\mathcal{B}|$-Feld in Gl. 5 aus dem numerischen Wert des $\mathcal{E}$ Feldes nach der Division durch die Maßzahl der Lichtgeschwindigkeit 3×10^8 (in m/s).

Die Felder aus Gl. 5 sind Hunderte mal größer als die Felder, die man im Labor erreichen kann. Es ist deshalb an sich nicht überraschend, dass die beschleunigten Elektronen bei Überschreitung solcher Feldstärken hohe relativistische Energien erreichen. Es stellt sich aber heraus, dass für die erreichbare Energie vom Feld mitgezogener Elektronen nicht die Feldstärke, sondern der Wert von a_0 entscheidend ist.

Auch wenn die Felder aus Gl. 5 nach heutigen Maßstäben sehr ,stark' sind, haben sie nicht den Wert, den man für elementare Prozesse benötigt. Denn wir haben ganz willkürlich Photonen der Energie 1 eV betrachtet. Für elementare Prozesse ist aber eine Frequenz ω_e erforderlich, zu der eine Energie von $\hbar\omega_e = mc^2$ gehört. Dann ergibt sich für das Feld nach Gl. 4

$$\mathcal{E}_{\text{cr}} \equiv \frac{mc^2}{\hbar c}\,c A_{|0}\big|_1 = \frac{mc^2}{\hbar c}\,\frac{mc^2}{e} = \frac{m^2 c^3}{e\hbar}. \tag{6}$$

Das ist die bereits in Abschn. 20.5 angesprochene kritische Feldstärke E_{cr} aus Gl. (20.9). Dieser Wert hängt allein von den Konstanten e, m und c ab und ist deshalb eine wirklich naturgegebene Einheitsfeldstärke. Um sie mit sichtbarem Licht zu erreichen, muss man die dann vorliegende typische Photonenenergie von $\hbar\omega = 1\,\text{eV}$ durch eine große Amplitude der Laserwelle mit $a_0^{\text{cr}} \equiv mc^2/\hbar\omega = 511{,}000$ kompensieren.

22.2 Rolle der Erhaltungssätze

Für ein von einer ebenen Welle mitgezogenes Teilchen gelten die Erhaltungssätze, die aus Symmetrien des Problems folgen. Sie ermöglichen es uns, die dynamischen Teilcheneigenschaften erheblich einzuengen und nachzuweisen, dass die Teilchenbewegung das Resultat des Gesamteinflusses der kohärenten Welle ist und nicht auf individuelle Streuprozesse zurückgeführt werden kann.

Für ebene Wellen ist $V = 0$ und in transversaler Eichung ist die Lagrangefunktion gegeben durch

$$L(\mathbf{v}, z - ct) = -mc^2\sqrt{1 - v^2/c^2} + \mathbf{v} \cdot e\mathbf{A}(z - ct). \qquad (22.19)$$

Für eine sich in Richtung der z-Achse ausbreitende Welle lässt sich die Abhängigkeit von der ‚Lichtkegelkoordinate' $z - ct$ (siehe Übung 11.1) direkt angeben.

$$e\mathbf{A} = mca_0\Re[\mathbf{e_A}e^{i\chi}], \quad \chi = k(z - ct). \qquad (22.20)$$

Die dimensionlose Variable a_0 charakterisiert hier die Stärke des Vektorpotentials, siehe Übung 22.1.

Zwei Erhaltungssätze ergeben sich aus der Untersuchung der Formel in Gl. (22.19):

I: Die Lagrangefunktion ist unabhängig von $\mathbf{r}_\perp$ und deshalb gilt

$$0 = \frac{\partial L}{\partial \mathbf{r}_\perp} \quad \rightarrow \quad \frac{d}{dt}\frac{\partial L}{\partial \mathbf{v}_\perp} = 0 \quad \rightarrow \quad \boxed{\frac{\partial L}{\partial \mathbf{v}_\perp} = Const.,} \qquad (22.21)$$

woraus folgt, dass

$$\boxed{mc\frac{\mathbf{v}_\perp/c}{\sqrt{1 - v^2/c^2}} + e\mathbf{A}_\perp = \mathbf{C}.} \qquad (22.22)$$

II: Für die Energieänderung des Teilchens erhält man wegen Gl. (21.40) und (21.14)

$$\frac{dE}{dt} = -\frac{\partial L}{\partial t} = c\frac{\partial L}{\partial z} = c\frac{d}{dt}\frac{\partial L}{\partial v_z} \quad \rightarrow \quad \boxed{E = c\frac{\partial L}{\partial v_z} + Const.} \qquad (22.23)$$

Da bei transversaler Eichung $A_z = 0$ ist, trägt nur die kinetische Energie T_r zum letzten Term der ersten Gleichungskette bei. Das Ergebnis rechts entsteht durch Integration über die Zeit. Damit erhalten wir

$$\boxed{E - mc^2\frac{v_z/c}{\sqrt{1 - v^2/c^2}} = mc^2.} \qquad (22.24)$$

Hier wurde die Integrationskonstante für ein Teilchen gewählt, das anfangs ruht und dann von der Welle erfasst wird.

Wir verwenden die beiden Erhaltungssätze, um Informationen über das dynamische Verhalten des Teilchens zu erhalten. Wir stellen Gl. (22.24) um und quadrieren

$$(E - mc^2)^2 = m^2 c^4 \frac{v_z^2/c^2 + v_\perp^2/c^2 - v_\perp^2/c^2}{1 - v^2/c^2} = m^2 c^4 \frac{v^2/c^2 - 1 + 1}{1 - v^2/c^2} - m^2 c^4 \frac{v_\perp^2/c^2}{1 - v^2/c^2}.$$

(22.25)

Dann substituieren wir $E^2 = m^2 c^4/(1 - v^2/c^2)$

$$E^2 - 2Emc^2 + m^2 c^4 = -m^2 c^4 + E^2 - m^2 c^4 \frac{v_\perp^2/c^2}{1 - v^2/c^2}.$$

(22.26)

Nach E aufgelöst, ergibt sich

$$\boxed{E = mc^2 + \frac{mc^2}{2} \frac{\mathbf{v}_\perp^2/c^2}{1 - v^2/c^2} = mc^2 + \frac{(e\mathbf{A}_\perp - \mathbf{C})^2}{2m},}$$

(22.27)

Die letzte Gleichung folgt aus Gl. (22.21). Aus ihr kann man folgern, dass der Lorentzfaktor sich für ein Elektron mit $q = e$ in der folgenden Form mit Hilfe der dimensionslosen Amplitude a_0 aus Übung 22.1 ausdrücken lässt

$$\frac{E}{mc^2} = \gamma \to 1 + \frac{1}{2}a_0^2 k, \qquad a_0 \equiv ceA_{|0}/mc^2.$$

(22.28)

Hier ist insbesondere der Koeffizient a_0^2 zu beachten, da er die Energie des beschleunigten Teilchens bestimmt. Wir werden in Abschn. 22.3 die Gl. (22.28) ableiten. Der Pfeil in Gl. (22.28) deutet die qualitative Eigenschaft des jetzigen Resultats an, wobei k ein numerischer Wert der Größenordnung $\mathcal{O}(1)$ ist.

Wir erhalten einen Zusammenhang zwischen der longitudinalen und der transversalen Geschwindigkeit, wenn wir Gl. (22.24) und (22.27) kombinieren

$$\boxed{\frac{v_z/c}{\sqrt{1 - v^2/c^2}} = \frac{1}{2} \frac{\mathbf{v}_\perp^2/c^2}{1 - v^2/c^2}.}$$

(22.29)

Diese Bedingung gilt für ein anfangs ruhendes Teilchen, das von der Welle erfasst und mitgezogen wird. Gl. (22.29) liefert uns jetzt aber auch einen Zusammenhang zwischen der Gesamtenergie des Teilchens und dem Winkel θ, den die Richtung der Teilchengeschwindigkeit mit der Ausbreitungsrichtung der Welle einschließt.

$$v_\perp = v \sin\theta, \qquad v_z = v \cos\theta,$$

(22.30)

also

$$\tan^2 \theta = \left(\frac{v_\perp}{v_z}\right)^2 = 2\frac{1 - v^2/c^2}{v_z^2} \frac{(v_z/c)c^2}{\sqrt{1 - v^2/c^2}} = 2\frac{\sqrt{1 - v^2/c^2}}{v_z/c}.$$

(22.31)

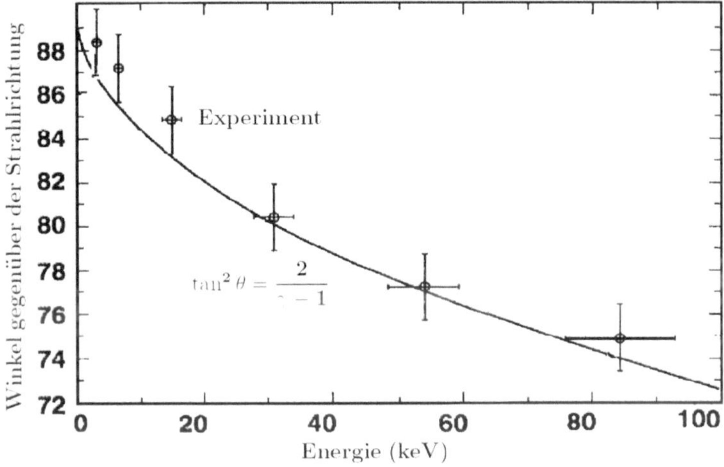

Abb. 22.1 Experimenteller Nachweis von Gl. (22.32), übernommen von Ref. 3

Verwendet man den Erhaltungssatz aus Gl. (22.24), so erhält man

$$\tan^2\theta = \frac{2mc^2}{E - mc^2} = \frac{2}{\gamma - 1}. \tag{22.32}$$

Diese quantitative Aussage wurde experimentell getestet, wie in Abb. 22.1 dargestellt wird. Die Messergebnisse für die Energie des beschleunigten Elektrons und den Winkel θ, unter dem das beobachtete Elektron sich gegenüber der Laserpulsrichtung bewegte, sind dort markiert[3]. Wir erinnern daran, dass man eine ‚ebene Welle' von relativistischer Stärke durch Fokussierung eines möglichst homogenen Laserpulses realisiert. Das Elektron wird dabei im Brennpunkt gefangen. Wenn die Welle zerfließt (defokussiert), bleibt das mitgezogene Elektron zurück und kann später beobachtet werden, wie Abb. 22.1 zeigt.

Übung 22.2 Die Einheiten der Laserexperten

Ermitteln Sie den Zusammenhang zwischen der dimensionslosen Einheit a_0 der ebenen Welle aus Übung 22.1 und den Leistungs- und Intensitätseinheiten GW, TW (Terawatt) = 1000 GW und W/cm^2, mit denen Laserexperten ständig arbeiten.

---

[3] C. I. Moore, J. P. Knauer, and D. D. Meyerhofer, „Observation of the Transition from Thomson to Compton Scattering in Multiphoton Interactions with Low-Energy Electrons (Beobachtung des Übergangs von Thomson- zu Comptonstreuung bei Multiphotonen-Wechselwirkung mit Elektronen niedriger Energie)," Phys. Rev. Lett. **74**, 2439, (1995).

Lösung

Die Intensität I eines Lasers wird nach Definition gemessen mit Hilfe der Größe des Poyntingvektors, siehe Gl. (22.18) und 1 in Übung 22.1

$$I \equiv |\langle \mathbf{S} \rangle| = \left| c^2 \epsilon_0 \langle \boldsymbol{\mathcal{E}} \times \boldsymbol{\mathcal{B}} \rangle \right| = \frac{|\mathbf{k}|\omega}{8\pi} (c\,e\,A_{|0})^2 \frac{4\pi\epsilon_0}{e^2} = \frac{\pi}{2} \frac{a_0^2 c}{\lambda^2} (mc^2)^2 \frac{4\pi\epsilon_0}{e^2}. \tag{1}$$

Die Intensität nimmt also mit a_0^2 zu. Die erreichbare Leistung erhält man durch Multiplikation mit dem Inhalt der minimalen Fläche im Brennpunkt, einem Kreis vom Radius einer Wellenlänge

$$P_{\text{Laser}} \equiv \pi \lambda^2 I = \frac{\pi^2}{2} a_0^2 \, 8{,}7100 \times 10^9 \text{W} = a_0^2 \, 42{,}982 \text{ GW}. \tag{2}$$

Der in SI-Einheiten angegebene Koeffizient aus Gl. 2 wurde mit Hilfe des Masse-Energie-Äquivalents mc^2 des Elektrons, der Elementarladung e und dem klassischen Elektronenradius r_e (Gl. (21.13)) berechnet.

$$\frac{mc^2}{e} = 0{,}5110 \times 10^6 \text{V}, \qquad e = 1{,}602\,177 \times 10^{-19}\text{C}, \qquad mc^2 \frac{4\pi\epsilon_0}{e^2} = \frac{1}{r_e}. \tag{3}$$

Für den Vorfaktor in Gl. 1 erhalten wir

$$c(mc^2)^2 \frac{4\pi\epsilon_0}{e^2} = \left(2{,}998 \times 10^8 \frac{\text{m}}{\text{s}}\right) \left(1{,}6022 \times 10^{-19}\text{C}\right) \left(0{,}5110 \times 10^6 \text{V}\right) \frac{10^{15}}{2{,}8179\text{m}}. \tag{4}$$

Kürzt man die Einheit Meter und nutzt aus, dass C/s=A ist und AV=W, so ergibt sich

$$c(mc^2)^2 \frac{4\pi\epsilon_0}{e^2} = \frac{2{,}998 \times 1{,}6022 \times 5{,}110}{2{,}8179} \, 10^9 \text{W} = 8{,}7100\text{GW}. \tag{5}$$

Das ist das in Gl. 2 verwendete Ergebnis. Eine Leistung von $P_{\text{Laser}} = 1$ TW (10^{12} W) gehört damit zu einem relativistischen Wert von $a_0 = 4{,}82$ und bei einem Laser der Leistung 1 PW (Petawatt $= 10^{15}$ W) werden Werte von $a_0 > 150$ erreicht. Zur Zeit der Entstehung dieses Buchs waren Exawatt-Laser (EW $= 10^{18}$ W) im Bereich des Möglichen, die Werte von $a_0 \to 5\,000$ erlauben. Man beachte, dass man die Leistung von 1 TW als räumlichen und zeitlichen Mittelwert erreicht, wenn die Energie in einem Puls ein Joule beträgt und die Pulszeit $\Delta t = 10^{-12}$s.

Eine andere beliebte Leistungseinheit für Laser kommt zustande, wenn wir Gl. 1 wie folgt umformen

$$I = a_0^2 \, 1{,}368 \times 10^{17} \, \frac{\text{W}}{\text{cm}^2} \left(\frac{\pi[\mu\text{m}]}{\lambda}\right)^2. \tag{6}$$

Da man sich bei der Intensität auf einen Quadratzentimeter bezieht und bei der Wellenlänge auf einen Richtwert von einem Mikrometer, entsteht hier ein Zusatzfaktor 10^8, verglichen mit dem numerischen Wert aus Gl. 2. Der Faktor $\pi[\mu\mathrm{m}]/\lambda$ wird dann weggelassen. Deshalb findet man in der Literatur Aussagen über Laserintensitäten I in Einheiten von W/cm². Laser mit Spitzenintensitäten von 10^{18} W/cm² erfordern Werte von $a_0 > 1$. Die Relation in Gl. 6 kann noch so umgestellt werden, dass man a_0 als Funktion der Laserpulsgrößen erhält

$$a_0 = 0{,}855 \times 10^{-9} \lambda \, [\mu\mathrm{m}] I^{1/2}[\mathrm{W/cm}^2]. \tag{7}$$

22.3 Von der ebenen Welle mitgezogen

Wir lösen jetzt die sich aus der Lorentzkraft ergebenden Bewegungsgleichungen für ein Elektron im Feld einer ebenen elektromagnetischen Welle. Wir benutzen die Resultate aus Abschn. 22.2 und beginnen mit Gl. (22.22), die umgeschrieben werden kann zu

$$\gamma \mathbf{v}_\perp/c = \gamma \frac{d\mathbf{r}_\perp}{d\,ct} = \frac{d\mathbf{r}_\perp}{d\,c\tau} = \mathbf{a}_0 + \mathbf{C}'. \tag{22.33}$$

Dabei ist

$$\mathbf{a}_0 \equiv \frac{-e\mathbf{A}}{mc}. \tag{22.34}$$

(Mögliche Verwechslung mit einer Beschleunigung sollte hier vermieden werden.) $\mathbf{C}' = \mathbf{C}/(mc)$ ist eine Integrationskonstante. Gl. (22.33) wird bei Verwendung der Gl. (22.29)

$$\gamma v_z/c = \gamma \frac{dz}{d\,ct} = \frac{dz}{d\,c\tau} = \frac{1}{2}\left(\mathbf{a}_0 + \mathbf{C}'\right)^2. \tag{22.35}$$

Hier wurde das Inkrement dt durch das Inkrement $d\tau = \gamma^{-1}dt$ der Eigenzeit des Teilchens ersetzt.

Wie zu Beginn von Abschn. 22.2 erwähnt, ist das Argument von $\mathbf{A}$ gleich $ct - z$. Für dieses Argument gilt

$$\frac{d(ct - z(\tau))}{d\,c\tau} = \gamma - \frac{dz}{d\,c\tau} = \gamma - \frac{1}{2}\left(\mathbf{a}_0 + \mathbf{C}'\right)^2. \tag{22.36}$$

Die letzte Gleichung ergibt sich mit Hilfe von Gl. (22.35). Für γ erhalten wir wegen der letzten Gleichung von Gl. (22.27)

$$\gamma = 1 + \frac{1}{2}\left(\mathbf{a}_0 + \mathbf{C}'\right)^2, \tag{22.37}$$

woraus folgt

$$\frac{d(ct-z)}{d\,c\tau} = 1, \quad \Rightarrow \quad \boxed{ct - z = c\tau.} \tag{22.38}$$

Der Koordinatenursprung wurde so gewählt, dass er mit der Position des Teilchens für $\tau = 0$ zusammenfällt. Gl. (22.38) ist das Schlüsselergebnis, das die direkte Integration der Bewegungsgleichungen gestattet, weil die Phase im Exponenten der ebenen Welle nach Gl. (22.38) nur eine Funktion der Eigenzeit τ des Teilchens ist. Daraus folgt, dass wir die Lösung des Problems ebenfalls als Funktion dieser Eigenzeit erhalten werden und nicht als Funktion der Laborzeit t.

Wir fassen unsere Erkenntnisse über die Teilchenbewegung noch einmal zusammen. Nach Gl. (22.37) ist

$$\frac{cdt}{d\tau} = c\gamma = c + \frac{c}{2}\left(\mathbf{a}_0 + \mathbf{C}'\right)^2, \tag{22.39}$$

und nach Gl. (22.35) und (22.33) gilt außerdem

$$\frac{dz}{d\tau} = \gamma v_z = \frac{c}{2}\left(\mathbf{a}_0 + \mathbf{C}'\right)^2, \qquad \frac{d\mathbf{x}_\perp}{d\tau} = \gamma\mathbf{v}_\perp = c\mathbf{a}_0 + c\mathbf{C}', \tag{22.40}$$

wobei Gl. (22.34) zu beachten ist. Wir überprüfen die Vereinbarkeit von Gl. (22.39) mit (22.40)

$$\begin{aligned}
c^2 &= \left(\frac{c\,d\,t}{d\tau}\right)^2 - \left(\frac{dy}{d\tau}\right)^2 - \left(\frac{dx}{d\tau}\right)^2 - \left(\frac{dz}{d\tau}\right)^2 \\
&= c^2\left(1 + \frac{1}{2}\left(\mathbf{a}_0 + \mathbf{C}'\right)^2\right)^2 - c^2\left(\mathbf{a}_0 + \mathbf{C}'\right)^2 - \left(\frac{c}{2}\left(\mathbf{a}_0 + \mathbf{C}'\right)^2\right)^2.
\end{aligned} \tag{22.41}$$

Wir untersuchen nun die Bewegung eines geladenen Teilchens, das von linear (LP) bzw. von zirkular (ZP) polarisierten ebenen Wellen mitgezogen wird.

LP: Für eine linear polarisierte ebene Welle mit einem in y-Richtung orientierten Polarisationsvektor erhalten wir unter Verwendung von Gl. (22.33) und (22.20)

$$\frac{1}{c}\frac{dy}{d\tau} = -a_0 \cos\omega\tau + C' \quad \Rightarrow \quad \frac{dy}{d\tau} = c\,a_0\left(1 - \cos\omega\tau\right) \simeq \frac{c}{2}\,a_0\,\omega^2\tau^2. \tag{22.42}$$

Hier wurde $C' = a_0$ für ein anfangs ruhendes Teilchen gewählt. Man erkennt, dass die Bewegung bei $\tau \simeq 0$ beginnt. In transversaler Richtung gilt

$$\boxed{y = \lambdabar\, a_0\left(\omega\,\tau - \sin\omega\tau\right), \qquad \lambdabar = \frac{c}{\omega}.} \qquad \text{(LP)} \tag{22.43}$$

Als Maß für die Länge dient hier $\bar{\lambda}$, die durch 2π dividierte Wellenlänge. Das Teilchen driftet also mit der Zeit ab und erreicht große y-Werte.

Die Bewegung längs der Ausbreitungsrichtung folgt direkt aus Gl. (22.35)

$$\frac{1}{c}\frac{dz}{d\tau} = \frac{1}{2}\left(-a_0\cos\omega\tau + C'\right)^2, \quad \Rightarrow \quad \frac{dz}{d\tau} = \frac{ca_0^2}{2}\left(1 - \cos\omega\tau\right)^2. \qquad (22.44)$$

Dabei wird angenommen, dass das Teilchen für $\tau = 0$ relativ zur Welle ruht. Wir sehen, dass die erreichte Geschwindigkeit mit a_0^2 wächst und dass der Bewegungsbeginn (in hohem Maß) nicht linear ist.

$$\frac{dz}{d\tau} \xrightarrow[\tau\to 0]{} \frac{c\,a_0^2}{8}\omega^4\tau^4. \qquad (22.45)$$

Die von uns für die transversale ($dy/d\tau$ Gl. (22.42)) und die parallele ($dz/d\tau$ Gl. (22.44)) Bewegungskomponente vorgestellten Lösungen müssen die Bedingung Gl. (22.29) erfüllen

$$2c\frac{dz}{d\tau} = \left(\frac{dy}{d\tau}\right)^2 \quad \Leftrightarrow \quad \frac{2c\,v_z}{\sqrt{1 - (v_z^2 + v_y^2)/c^2}} = \left(\frac{v_y}{\sqrt{1 - (v_z^2 + v_y^2)/c^2}}\right)^2. \qquad (22.46)$$

Diese Bedingung ist offensichtlich durch Gl. (22.42) und (22.45) erfüllt.

Eine weitere Integration ergibt

$$\boxed{z = \bar{\lambda}\,\frac{a_0^2}{2}\left(\frac{3\omega\tau}{2} - 2\sin\omega\tau + \frac{1}{4}\sin 2\omega\tau\right), \qquad \bar{\lambda} = \frac{c}{\omega}.} \qquad \text{(LP)}$$

$$(22.47)$$

Auch hier wurde wieder die durch den Faktor 2π dividierte Lichtwellenlänge $\bar{\lambda}$ verwendet. Die Integrationskonstante ist so gewählt, dass das Teilchen sich zur Zeit $\tau = 0$ im Koordinatenursprung befindet. Nach Gl. (22.47) bewegt sich das Teilchen zwar vorwärts, aber anfangs ist das ein außergewöhnlich kleiner Effekt $\propto \tau^5$. Da aber die Bewegung in Ausbreitungsrichtung zu a_0^2 proportional ist, übertrifft bei relativistischen Wellen mit $a_0 > 1$ die Bewegung längs der Welle bald die transversale Bewegung und die Teilchen werden nach vorne gedrückt. Sie bewegen sich aber weiter transversal in Polarisationsrichtung, so dass keine azimutale Symmetrie vorliegt. Andererseits dominiert für $a_0 < 1$ die transversale Bewegung. Deshalb ist es so wichtig, $a_0 > 1$ zu erreichen, wenn man Elektronen im Feld der ebenen Welle direkt beschleunigen will.

Die Bewegung des von einer linear polarisierten Welle mitgezogenen Teilchens ist in Abb. 22.2a dargestellt. Längeneinheit der z-Achse ist das Produkt aus $\bar{\lambda}$ mit a_0^2, Längeneinheit der y-Achse ist das Produkt aus $\bar{\lambda}$ mit a_0. In Abb. 22.2a sieht man die sich dann ergebende Teilchenbahn. Wenn man die linear mit der Eigenzeit anwachsenden Terme aus Gl. (22.43) und (22.47) weglässt, so reduziert sich die Teilchenbahn auf die Lissajous-Figur in Abb. 22.2b. Entfernt man nur den linearen

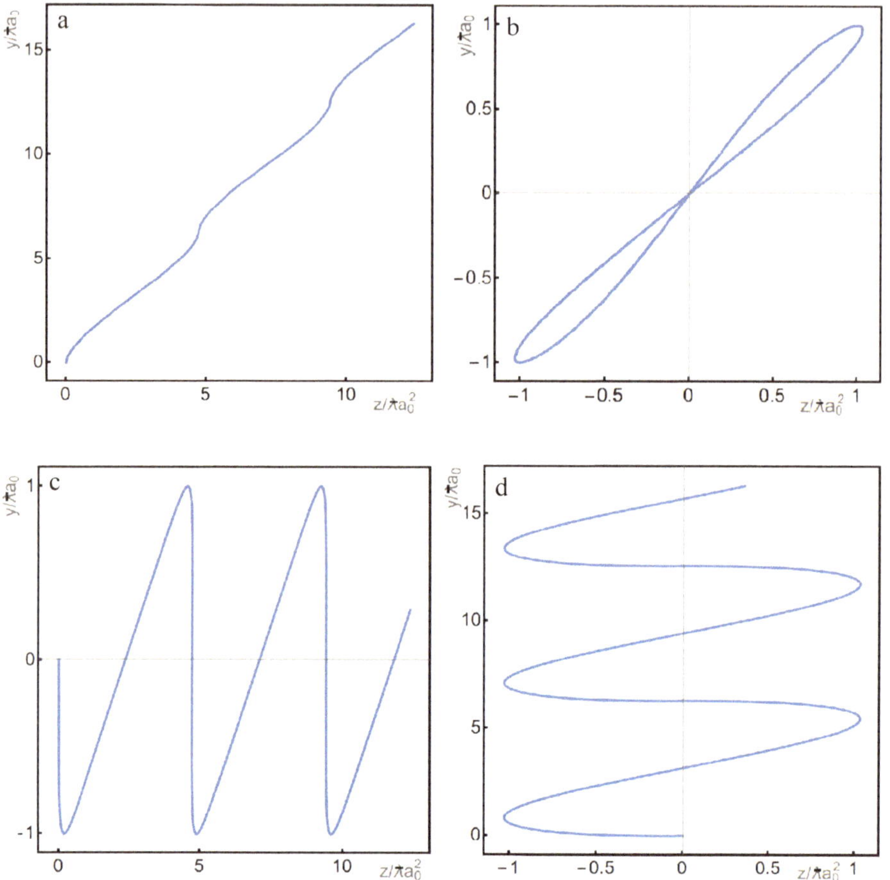

Abb. 22.2 Die Bewegung eines von einer linear in y-Richtung polarisierten Lichtwelle mitgezogenen Teilchens in der y-z-Ebene. Die z-Achse liefert die Richtung der Wellenausbreitung. Längeneinheit der z-Achse ist λa_0^2, Längeneinheit der y-Achse ist λa_0. In (**a**) sehen wir die Teilchenbahn
für diese Einheitenwahl. In (**b**) entfernen wir die linearen Zeitterme aus Gl. (22.43) und (22.47), so
dass sich die Bahn auf eine Lissagousfigur reduziert. In (c) entfernen wir nur den Drift in y-Richtung
und erhalten die Bewegung für $a_0 \gg 1$ und in (**d**) entfernen wir den Drift in z-Richtung, so dass
sich die Bewegung für $a_0 \ll 1$ ergibt

Zeitterm aus Gl. (22.43), so ergibt sich die zu $a_0 \gg 1$ gehörende Bahnkurve aus
Abb. 22.2c, entfernt man nur den linearen Zeitterm aus Gl. (22.47), so ergibt sich die
zu $a_0 \ll 1$ gehörende Bahnkurve aus Abb. 22.2d.

Nach Gl. (22.37) gilt auch

$$\frac{dt}{d\tau} = \gamma = \frac{E}{mc^2} = 1 + \frac{a_0^2}{2}\left(1 - \cos\omega\tau\right)^2. \qquad \text{(LP)} \qquad (22.48)$$

Das zeigt, dass die Energie eines von einer linear polarisierten Welle mitgezogenen Teilchens durch

$$E < mc^2(1 + 2a_0^2) \tag{22.49a}$$

begrenzt ist. Die durchschnittliche Energie eines aus einer divergierenden Welle auftauchenden Teilchens erhält man, indem man die Energie über die Eigenzeit mittelt. Mit $\overline{\sin^4 x} = 3/8$

$$\overline{E} = mc^2 \left(1 + 2\,a_0^2 \,\overline{\sin^4(\omega\tau/2)}\right) = mc^2 \left(1 + a_0^2 \frac{3}{4}\right). \tag{22.49b}$$

<u>ZP</u>: Für die zirkular polarisierte Welle müssen wir zurückgehen zu Gl. (22.12) in Abschn. 22.1 und dabei beachten, dass $\mathbf{A}$ nur eine Funktion von τ ist

$$\frac{1}{c}\frac{dx}{d\tau} = -\frac{a_0}{\sqrt{2}}\cos\omega\tau + C'_x = \frac{a_0}{\sqrt{2}}(1 - \cos\omega\tau), \;\Rightarrow\; \omega x = c\,\frac{a_0}{\sqrt{2}}(\omega\tau - \sin\omega\tau),$$

$$\frac{1}{c}\frac{dy}{d\tau} = \pm\frac{a_0}{\sqrt{2}}\sin\omega\tau + C'_y = \pm\frac{a_0}{\sqrt{2}}\sin\omega\tau, \;\Rightarrow\; \omega y = \mp c\,\frac{a_0}{\sqrt{2}}\cos\omega\tau,$$

$$\frac{1}{c}\frac{dz}{d\tau} = \frac{1}{2}\left(\frac{a_0^2}{2} + C'^2_x - 2\frac{a_0}{\sqrt{2}}C'_x\cos\omega\tau\right) + C'^2_z$$

$$= \frac{a_0^2}{2}(1 - \cos\omega\tau), \;\Rightarrow\; \omega z = c\frac{a_0^2}{2}(\omega\tau - \sin\omega\tau). \tag{ZP} \tag{22.50}$$

Hier wurden C'_x, C'_y und C'_z so gewählt, dass das Teilchen anfangs ruht.

Nach Gl. (22.37) ist außerdem

$$\frac{dt}{d\tau} = \gamma = \frac{E}{mc^2} = 1 + \frac{a_0^2}{2}(1 - \cos\omega\tau), \tag{ZP} \tag{22.51a}$$

so dass sich für obere Grenze und Mittelwert der Elektronenenergie die folgenden Terme ergeben

$$E < mc^2(1 + a_0^2), \quad \overline{E} = mc^2\left(1 + \frac{a_0^2}{2}\right). \tag{ZP} \tag{22.51b}$$

Die die Bewegung beschreibenden Gl. (22.50) und (22.51a) können überprüft werden, indem man wie in Gl. (22.41) die Summe der Quadrate aus Gl. (22.50) vom Quadrat aus Gl. (22.51a) subtrahiert.

Wir untersuchen jetzt den interessanten Spezialfall, bei dem die Geschwindigkeitskomponente in Ausbreitungsrichtung der Welle konstant ist, während in transversaler Richtung nur eine Kreisbewegung vorliegt. Eine solche spezielle Lösung im

ZP-Fall entsteht, wenn man $\mathbf{C}' = 0$ setzt, woraus folgt

$$\frac{1}{c}\frac{dx}{d\tau} = -\frac{a_0}{\sqrt{2}}\cos\omega\tau \;\Rightarrow\; \omega x = -c\,\frac{a_0}{\sqrt{2}}\sin\omega\tau,$$

$$\frac{1}{c}\frac{dy}{d\tau} = \pm\frac{a_0}{\sqrt{2}}\sin\omega\tau \;\Rightarrow\; \omega y = \mp c\,\frac{a_0}{\sqrt{2}}\cos\omega\tau, \tag{22.52}$$

$$\frac{1}{c}\frac{dz}{d\tau}\frac{a_0^2}{4} \;\Rightarrow\; z = \frac{a_0^2}{4}\,c\tau.$$

Außerdem ist dann

$$\frac{dt}{d\tau} = \gamma = \frac{E}{mc^2} = 1 + \frac{a_0^2}{4}(\cos^2\omega\tau + \sin^2\omega\tau) = 1 + \frac{a_0^2}{4} = Const. \tag{22.53}$$

Unter Berücksichtigung von Gl. (22.48), in der γ jetzt einen konstanten Wert hat, folgt daraus

$$\tau = \frac{t}{\gamma}. \tag{22.54}$$

Die Verwendung von Gl. (22.54) in (22.52) erlaubt es uns, die Bewegung allein mit Hilfe von Laborvariablen zu beschreiben. Für die Position und die Longitudinalgeschwindigkeit des Teilchens als Funktion der Laborzeit ergibt sich dann

$$z = \frac{a_0^2/4}{1 + a_0^2/4}\,ct \;\Rightarrow\; v_z \equiv \frac{dz}{dt} = c\frac{a_0^2/4}{1 + a_0^2/4} < c. \tag{22.55}$$

Da die Teilchengeschwindigkeit längs der z-Achse für in absehbarer Zeit erreichbare Werte von $a_0 \to 1000$ ultrarelativistisch sein wird, ermitteln wir die longitudinale Teilchenrapidität y_p, Gl. (15.21)

$$y_p = \frac{1}{2}\ln\left(1 + \frac{a_0^2}{2}\right). \tag{22.56}$$

Aus Gl. (22.52) und (22.54) folgt weiter

$$\left(\frac{dx}{dt}\right)^2 + \left(\frac{dy}{dt}\right)^2 = c^2\left(\frac{a_0/\sqrt{2}}{1 + a_0^2/4}\right)^2, \qquad \rho \equiv \sqrt{x^2 + y^2} = \lambdabar\frac{a_0}{\sqrt{2}}. \tag{22.57}$$

Diese Gleichungen beschreiben eine schraubenförmige Bewegung, wie sie in Abb. 21.2 zu sehen ist, also wie bei der Teilchenbewegung in einem longitudinalen Magnetfeld.

Der Radius der Kreisbewegung wird aber jetzt von der Lichtwellenlänge beeinflusst. Deshalb hat der Vergleich mit einer Bewegung in einem konstanten Magnetfeld seine Grenzen: Bei einer Rotation in einem Magnetfeld ist nach $\omega = \omega_c$ die Orbitalgeschwindigkeit nämlich gleich

$$v_0 = \rho \omega_c \;\rightarrow\; v_0^{\text{eq}} = \rho \omega = \lambdabar \frac{a_0}{\sqrt{2}} \frac{c}{\lambdabar} = c \, \frac{a_0}{\sqrt{2}}. \tag{22.58}$$

Man sieht, dass wir für $a_0 > \sqrt{2}$ im Bereich der relativistischen Optik Überlichtgeschwindigkeit brauchten. Deshalb ist eine schraubenförmige Bewegung in der zirkular polarisierten ebenen Welle zu extrem für einen Vergleich mit einer Teilchenbewegung in einem konstanten Magnetfeld. Es ist aber dennoch interessant, sich die Magnetfeldstärke zu überlegen, mit der die Frequenz der Kreisbewegung simuliert werden könnte. Nach Übung 21.2 gilt

$$\omega = \omega_c \;\rightarrow\; \frac{c}{\lambdabar} = \frac{e\mathcal{B}^{\text{eq}}}{\gamma m}. \tag{22.59}$$

Benutzt man für γ den Wert aus der Teilchenbewegung im Laserfeld aus Gl. (22.53), so findet man

$$\mathcal{B}^{\text{eq}} = \left(1 + \frac{a_0^2}{4}\right) \frac{mc}{e\lambdabar} = \frac{m^2 c^2}{e \hbar} \left(1 + \frac{a_0^2}{4}\right) \frac{\hbar/mc}{\lambdabar} = B_{cr} \left(1 + \frac{a_0^2}{4}\right) \frac{\lambdabar_{\text{C}}}{\lambdabar}, \tag{22.60}$$

Das Endergebnis wurde hier mit der Comptonwellenlänge $\lambdabar_{\text{C}}$ und der kritischen Feldstärke $B_{cr} = 4{,}414 \times 10^9\,\text{T}$ aus Gl. (20.10) ausgedrückt. Für die optische Wellenlänge $\lambda = 1\,\mu\text{m}$ ist $\lambdabar_{\text{C}}/\lambdabar = 2{,}425 \times 10^{-6}$. Das bedeutet, dass die ebene Laserwelle für $a_0 \simeq 1{,}3 \times 10^3$ vergleichbare Eigenschaften der Teilchenbewegung auslöst wie ein Magnetfeld kritischer Stärke.

Zum Abschluss dieser ausführlichen Diskussion der relativistischen Bewegung geladener Teilchen unter dem Einfluss einer Lichtwelle relativistischer Stärke mit $a_0 > 1$ sollten wir uns aber an die bisher unausgesprochenen Voraussetzungen erinnern, die die Verwendung der oben hergeleiteten idealisierten Lösungen erlauben:

i) Das Anwachsen der Teilchenbahn mit a_0 bedeutet, dass die ebene Welle über eine transversale Entfernung von $a_0 \lambdabar$ vom Brennpunkt nicht wesentlich abnehmen darf.

ii) Da das Teilchen bei einer linear polarisierten Welle in longitudinaler Richtung über eine Distanz von $a_0^2 \lambda/(2\pi)$ beschleunigt wird, muss der die Lichtwelle bildende Laserpuls über diese Strecke eine annähernd ebene Welle bilden. Für zirkular Polarisation ergibt sich eine ähnliche Bedingung, denn für einen vollen Kreis wird die Zeit $\tau_0 = 2\pi/\omega$ benötigt und daraus ergibt sich eine Pulslänge von $\Delta z \geq a_0^2 \lambda/4$.

iii) Wegen der starken Beschleunigung, die unter den beschriebenen Bedingungen auftreten, wäre es notwendig, Abstrahlungsverluste mitzuberücksichtigen.

Die beiden ersten Bemerkungen widersprechen der Laserpuls-Realität: Um einen hohen Wert von a_0 zu erreichen, muss man einerseits den Puls auf möglichst wenige Wellenlängen zusammenpressen und ihn andererseits gleichzeitig auf den Brennpunkt fokussieren, in dem die Bedingung $a_0 \gg 1$ erreichbar ist.

Es ist klar, dass die von uns beschriebene Lösung den realen Bedingungen nicht genau entspricht. Wir haben auch den Prozess außer Acht gelassen, bei dem das Teilchen vom Puls erfasst wird oder ‚auf die Welle springt‘. Deshalb kann die hier vorgestellte Untersuchung der Bewegung im Feld einer ebenen Welle nur eine grobe Orientierung bieten, die man mit Vorsicht betrachten muss, wenn man sie mit realen Situationen vergleicht. Die Verbindung mit experimentelle Ergebnissen wird normalerweise mit Hilfe numerischer Simulationen der Bewegung der von der Welle erfassten Teilchen hergestellt. Wegen der durchschlagenden Erfolge im Bereich der Laser-Teilchenbeschleunigung ist das derzeit ein sehr fruchtbares Forschungsgebiet.

Wir haben gezeigt, dass der Wert von a_0 vom Standpunkt der relativistischen Physik aus für das Studium der dynamischen Teilcheneigenschaften die wichtigste Größe ist. Man bezieht sich auf Laser, die $a_0 > 1$ erreichen, um klarzustellen, dass man im relativistischen Bereich[4] arbeitet. Das Wort ‚relativistisch‘ spiegelt hier den tiefgehenden Wechsel des Teilchenverhaltens für $a_0 > 1$ wider. Wie wir in Gl. (22.28) gesehen haben, kann unter dieser Bedingung ein von einem Laser erfasstes Teilchen beschleunigt werden und erreicht relativistische Geschwindigkeit.

Es ist für den Leser auch beachtenswert, dass die Technologie, die für relativistische Optik mit $a_0 > 1$ erforderlich ist, auf nicht-monochromatischen Lichtwellen beruht. Die Überlagerung von nahezu monochromatischem Licht führt zur Bildung von Wellenzügen endlicher Länge. Mit Hilfe optischer Vorrichtungen kann die Verteilung der Wellenlängen so gesteuert werden, dass ein sehr langer Wellenzug entsteht. Dieser wird später nach Verstärkung verdichtet, um hohe Intensität zu erreichen. Die für diesen Zweck von Strickland and Mourou[5] entwickelte optische Methode wird als ‚Chirped Pulse Amplification (CPA)‘ (Verstärkung gechirpter Pulse) bezeichnet[6]. (Das englische ‚to chirp‘ bedeutet ‚Zirpen‘ oder ‚Zwitschern‘.)

---

[4]G. A. Mourou, Toshiki Tajima, and S. V. Bulanov, „Optics in the relativistic regime (Optik im relativistischen Bereich)“ *Rev. Mod. Phys.* **78** 309 (2006).
[5]D. Strickland and G. A. Mourou, „Compression of amplified chirped optical pulses (Verdichtung verstärkter gechirpter optischer Pulse),“ *Opt. Commun.* **56** 219 (1985).
[6]Gérard Mourou und Donna Strickland wurden für diese Leistung 2018 mit dem Nobelpreis geehrt.

Zusammenfassung – *Im Teil X – Kap.* 23, *Kap.* 24:
Wir beschreiben mögliche Vorgehensweisen zur Erforschung unserer Galaxie,
der Milchstraße. Wir untersuchen dazu den Verlauf einer relativistischen Reise
im interstellaren Raum und bestimmen die zurückgelegte Entfernung sowie den
Zeitdilatationseffekt. Wir verallgemeinern unsere Ergebnisse und zeigen, wie man
in der SR auch beschleunigte Körpern betrachten kann. Wir leiten mit Hilfe von
Energie-und Impulserhaltung die Raketengleichung her und gehen auf Möglichkeiten zur Optimierung von Raumschiffantrieben für interstellare Reisen ein.

Einleitende Bemerkungen zu Teil X

Teil X wendet sich an Leser, die sich für Möglichkeiten der Erforschung unserer Milchstraße interessieren. Obwohl ein solches Unternehmen heute noch nicht
realisierbar ist, wollen wir hier zeigen, dass es nicht im Widerspruch zu den
Gesetzen der Physik steht. Sollten wir eines Tages technologisch imstande sein,
den Energiebedarf einer solchen Expedition zu decken (man denke an $E = mc^2$),
so wären Expeditionen durch die Milchstraße und sogar durch noch größere
Regionen des Universums denkbar.

Wir werden zunächst das Beispiel eines Raumschiffs betrachten, das sich
mit der konstanten und für die Besatzung noch ziemlich angenehmen Erdbeschleunigung von $a_R = 1\,g = 9{,}81\ \text{m/s}^2$ bewegt, wobei der Wert dieser
Beschleunigung sich auf das Bezugssystem ‚R' des Raumschiffs bezieht. Wir werden sehen, dass ein solches Raumschiff das ferne Universum erreichen kann.

Wir werden zeigen, dass man im Verlauf eines (im Raumschiffsystem
gemessenen) Menschenlebens außergewöhnlich ferne Reisen von bis zu Millionen von Lichtjahren bewältigen könnte. Allerdings erwarten wir aufgrund der
Zeitdilatation einen beträchtlichen Unterschied zwischen der Raumschiffzeit und
der Erdzeit. Es vergehen dann auch auf der Erde entsprechend viele Millionen

von Jahren, denn das Raumschiff wird sich annähernd mit Lichtgeschwindigkeit
bewegen.

Deshalb wäre eine solche Reise wohl immer Hinweg ohne Rückkehr, weil die
Zeitdilatation den reisenden Forscher von seiner Basis in der Zeit für immer entfernt. Wir wollen aus diesem Grund genauer untersuchen, wie groß bei gegebener
Reisedistanz D des Forschers der Unterschied zwischen der Eigenzeit des Raumschiffs und der auf der Erde vergangenen Zeit ist?

Bei unserer Untersuchung des beschleunigten Raumschiffs stoßen wir auf
Probleme, weil die Lorentztransformationen bei beschleunigten Körpern nicht
anwendbar sind. Wir beschäftigen uns daher allgemein mit beschleunigten
Körperbewegungen und zeigen, dass sie mit der Hilfe der Lichtkegelvariablen
beschrieben werden können. Diese Erkenntnis wird sicher auch in anderen
Bereichen der SR sehr nützlich sein.

Wir wenden uns dann der Herleitung der Raketengleichung zu. Zunächst
betrachten wir in einer kurzen Zusammenfassung die nichtrelativistische Raketengleichung und leiten dann mit Hilfe der Energie- und Impulserhaltung die analoge
relativistische Beziehung her. Wie im nichtrelativistischen Fall wird die Masse der
Rakete in Energie umgewandelt, doch ist jetzt zu bedenken, dass eine mit relativistischer Geschwindigkeit emittierte Masse auch kinetische Energie mitnimmt, die
eine zusätzliche Massenabnahme des Raumschiffes verursacht. Wir zeigen, dass
das Raumschiff fast die Hälfte der Anfangsenergie behält. Die in der verbliebenen
Nutzlast steckende Ruhemasse macht aber nur einen kleinen Anteil davon aus.

Wir benutzen diese Resultate bei der Untersuchung, wie ein relativistisches Antriebsaggregat eines Raumschiffes so optimiert werden kann, dass bei
gegebener Startmasse die maximale Nutzlast erreicht wird. Wir zeigen, dass ein
Triebwerk, bei dem der Rückstoß durch einen relativistischen Materiestrahl
erzeugt wird, am besten geeignet wäre. Unsere Resultate verdeutlichen qualitativ,
dass ein solches Triebwerk zu einer – verglichen mit dem Gesamtgewicht –
riesigen Erhöhung der Nutzlast verhilft.

Wir schließen das Buch mit einer letzten Diskussion ab, die auf Raumreisen im
kommenden Jahrhundert eingeht.

Zusammenfassung

Wir betrachten die Bewegung von Raumschiffen, die in ihrem Ruhesystem mit Erdbeschleunigung angetrieben werden. Wir zeigen, dass eine Expedition nach einem Jahr Raumschiffzeit fast Lichtgeschwindigkeit erreicht und bestimmen die zurückgelegte Entfernung als Funktion der Eigenzeit eines Reisenden und als Funktion der Erdzeit. Die Aufrechterhaltung dieser Beschleunigung über mehr als ein Raumschiffjahrzehnt ermöglichte die Erforschung der gesamten Milchstraße, allerdings auf Kosten eines riesigen Zeitdilatationseffekts. Wir schließen das Kapitel ab mit der Verallgemeinerung unserer Ergebnisse und der Untersuchung beschleunigter Bewegungen im Rahmen der SR.

23.1   Reisen mit konstanter Beschleunigung

In diesem Abschnitt betrachten wir eine Raumreise mit einer konstanten Beschleunigung. Der Index ‚R' erinnert im Folgenden daran, dass die Raumschiffbeschleunigung a_R und andere Größen im Ruhesystem des Raumschiffes gemessen werden. Bezeichnungen ohne Index beziehen sich auf Beobachter auf der Erde.

Mit einer konstanten Eigenbeschleunigung a_R ist eine charakteristische Zeit verknüpft

$$\tau_a \equiv \frac{c}{a_R}, \qquad \text{für} \qquad a_R = g \ \rightarrow \ \boxed{\tau_a = 353,8 \text{ Tage.}} \tag{23.1}$$

Diese einfache Rechnung zeigt, dass das Forschungsschiff nach einem Jahr Reisedauer mit $a_R = g$ fast die Lichtgeschwindigkeit erreicht hat.

Die differentielle Geschwindigkeitszunahme des Raumschiffs ist in seinem Bezugssystem gleich

$$a_R \equiv \frac{dv_R}{dt_R}, \quad \rightarrow \quad a_R dt_R \equiv dv_R. \tag{23.2}$$

Diese Gleichung definiert zugleich die Beschleunigung a_R. Ihre Gültigkeit steht deshalb außer Frage. Das Inkrement der Geschwindigkeit dv_R wird von einem Inertialbeobachter gemessen, der im Moment der Beobachtung die gleiche Geschwindigkeit wie das Raumschiff hat. Allerdings muss jetzt beachtet werden, dass das bewegte Raumschiff ein beschleunigtes Bezugssystem ist, also kein Inertialsystem. Dies wird im folgenden relevant, wenn wir das Verhalten eines stark beschleunigten Körpers (Raumschiffes) betrachten, siehe Gl. (23.22) und in Abschn. 23.4 die Gl. (23.34) sowie den eingerahmten Text, in dem die Lösung dieses Problems zusammengefasst wird.

Im Ruhesystem des Raumschiffs gibt die Richtung der Beschleunigung eine bevorzugte Bewegungsrichtung an. Um die Berechnung einfach zu halten, betrachten wir nur den Fall, dass das Raumschiff seinen vorgeschriebenen linearen Kurs auf das Ziel beibehält und somit der Geschwindigkeitszuwachs aus Gl. (23.2) immer in die gleiche Raumrichtung zeigt. Um die Geschwindigkeitszunahme dv des Raumschiffs aus Sicht des Erdbeobachters zu bestimmen, verwenden wir den Additionssatz für Geschwindigkeiten Gl. (7.15)

$$v + dv = \frac{v + dv_R}{1 + v\,dv_R/c^2} = \frac{v + a_R dt_R}{1 + v a_R dt_R/c^2}, \qquad (23.3)$$

$a_R dt_R$ kann hier im Vergleich zu c beliebig klein werden. Wir können deshalb eine Reihenentwicklung durchführen und den Grenzfall $(a_R^2 dt_R^2) \to 0$ betrachten. So erhalten wir

$$v + dv \simeq v + a_R dt_R \left(1 - \frac{v^2}{c^2}\right), \qquad (23.4)$$

und somit

$$\boxed{a_R dt_R = \frac{dv}{1 - v^2/c^2} \equiv \frac{a\,dt}{1 - v^2/c^2}.} \qquad (23.5)$$

Wir können aus Gl. (23.5) ablesen, wie ein Erdbeobachter die Beschleunigung a_R im Raumschiffsystem wahrnimmt, dessen Geschwindigkeit er gemessen hat. Die Gl. (23.5) ist im Labor experimentell überprüfbar bei Betrachtung der Bewegung von geladenen Teilchen, die mit Hilfe von elektromagnetischen Feldern beschleunigt werden. Für eine Beschleunigung durch die Lorentzkraft, Gl. (21.10), bleibt Gl. (23.5) gültig, solange keine Strahlungskorrekturen erforderlich sind.

Wir integrieren Gl. (23.5) und erhalten

$$a_R t_R = c \text{ artanh } \frac{v}{c}. \qquad (23.6)$$

Da für $t_R = 0$ auch $v = 0$ ist, verschwindet die Integrationskonstante. Gl. (23.6) beschreibt die im Erdsystem gemessene Raumschiffgeschwindigkeit als eine Funktion der Raumschiffeigenzeit Gl. (23.6):

$$v = c \tanh \frac{t_R}{\tau_a}, \qquad (23.7)$$

wobei wir Gl. (23.1) benutzt haben. Die folgenden algebraischen Identitäten, die wir nützlich finden werden, folgen direkt durch Umwandlung von Gl. (23.7)

$$\frac{1}{\sqrt{1-(v/c)^2}} = \gamma \equiv \cosh y = \cosh \frac{t_{\mathrm{R}}}{\tau_a}, \tag{23.8}$$

$$\frac{v/c}{\sqrt{1-(v/c)^2}} = \frac{v}{c}\gamma \equiv \sinh y = \sinh \frac{t_{\mathrm{R}}}{\tau_a}. \tag{23.9}$$

Wir erkennen aus Gl. (23.8) und (23.9), dass Gl. (23.7) eine Beziehung zwischen der Geschwindigkeit und der Rapidität y des Raumschiffs darstellt, siehe Abschn. 7.4. Offenbar gilt nach Gl. (7.36) jetzt

$$\boxed{y = \frac{t_{\mathrm{R}}}{\tau_a} = \frac{a_{\mathrm{R}} t_{\mathrm{R}}}{c}.} \tag{23.10}$$

In Gl. (23.10) ist y die vom Erdbeobachter gemessene Rapidität. Die Beschleunigung a_{R} (und damit auch τ_a) bezieht sich auf das Raumschiff als Bezugssystem. t_{R} ist die Raumschiffeigenzeit. Wir folgen hier der Konvention, die von der Erde aus gemessenen Werte ohne einen Index zu schreiben. Eine Verwechslung von y mit der Raumkoordinate ist nicht zu befürchten.

Wir erhalten unter Benutzung von Gl. (23.10)

$$\tau_a dy = dt_{\mathrm{R}}, \qquad c\,dy = a_{\mathrm{R}} dt_{\mathrm{R}}. \tag{23.11}$$

Die Beziehung Gl. (23.11) beschreibt den während eines Raumschiff-Eigenzeitintervalls vom Beobachter gemessenen Rapiditätszuwachs, ausgehend von der im Raumschiff gemessenen Beschleunigung, die sich in der Konstanten τ_a Gl. (23.1) wiederfindet. Wir können Gl. (23.11) auch direkt aus der Gl. (23.5) herleiten. Dazu betrachten wir in Gl. (23.8) ein kleines Inkrement

$$\frac{v\,dv}{(1-(v/c)^2)^{3/2}} \equiv c^2 \sinh y\, dy \quad \rightarrow \quad \frac{dv}{1-(v/c)^2} \equiv c\, dy. \tag{23.12}$$

Hier haben wir auch die Definition Gl. (23.9) verwendet. Mit Hilfe von Gl. (23.5) folgt dann Gl. (23.11).

23.2 Effekt der Zeitdilatation

Wir suchen nun eine Beziehung zwischen der Erdlaborzeit t und der Raumschiffeigenzeit t_{R}. Dazu betrachten wir die Lorentztransformation für ein kurzes Zeit- und Raumintervall

$$dt_{\mathrm{R}} = \frac{dt - (v/c^2)dx}{\sqrt{1-(v/c)^2}}. \tag{23.13}$$

Wir vereinfachen und quadrieren

$$dt_{\mathrm{R}}^2(1 - (v/c)^2) = \left(1 - (v/c^2)\frac{dx}{dt}\right)^2 dt^2. \tag{23.14}$$

Wenn wir nun ausnutzen, dass $\dfrac{dx}{dt} = v$ ist, folgt

$$dt_{\mathrm{R}} = \sqrt{1 - (v/c)^2}dt, \qquad dt = \frac{dt_{\mathrm{R}}}{\sqrt{1 - (v/c)^2}}. \tag{23.15}$$

Dies ist genau die gewöhnliche Zeitdilatationsbeziehung. Die Raumschiffeigenzeit t_{R} vergeht langsamer als die Erdzeit t. Wir haben diese Beziehung hier noch einmal abgeleitet, damit deutlich sichtbar wird, dass im Rahmen der SR auch bei einer beschleunigten Bewegung die Formel für die Zeitdilatation unverändert gilt.

Benutzen wir Gl. (23.8), so finden wir eine Beziehung zwischen den Zeitinkrementen dt_{R} und dt, die unabhängig ist von anderen Variablen

$$dt = dt_{\mathrm{R}} \cosh\frac{t_{\mathrm{R}}}{\tau_a}. \tag{23.16}$$

Eine Integration führt zu der expliziten Beziehung

$$\boxed{t = \tau_a \sinh\frac{t_{\mathrm{R}}}{\tau_a},} \tag{23.17}$$

man beachte dazu Gl. (23.9). Für im Vergleich zu τ_a kurze Reisezeiten ist $t \simeq t_{\mathrm{R}}$. Wenn jedoch die Reise im Raketensystem länger dauert, also für $t_{\mathrm{R}} \gg \tau_a$, so wächst die Erdlaborzeit t als Funktion von t_{R} exponentiell an.

Was das bedeutet, ist etwas unerwartet: Während für die Reisenden im Raumschiff 10 Jahre vergehen, sind es auf der Erde 15 000 Jahre. Da unser Raumschiff während des Großteils der Reisezeit fast mit Lichtgeschwindigket unterwegs ist, ist das auch die zurückgelegte Entfernung in Lichtjahren. Eine Expedition durchquert die Milchstraße in 11,5 Jahren, wie wir in Übung 23.1 und 23.2 ermitteln werden. Nach 20 Jahren Reisezeit ist die Erde fast 500 Millionen Jahre älter. Während dieser 20 Raketenjahre hat es auf ihr möglicherweise mehrere Artensterben gegeben. Der Standort des Solarsystems innerhalb der Milchstraße kann sich drastisch verändert haben und eine Rückreise zur Erde damit praktisch unmöglich sein.

23.3　Wie weit kann man reisen?

Wir wollen nun die obige Schätzung der Reisedistanz D präzisieren und sie sowohl als eine Funktion der Raumschiffzeit t_{R} als auch der Erdzeit t genauer bestimmen. Dazu bemerken wir, dass die rechte Seite von Gl. (23.17) mit Hilfe von Gl. (23.9) umgeformt werden kann, so dass man zu einer Beziehung zwischen t und $v = dx/dt$ gelangt

$$t = \tau_a \frac{v/c}{\sqrt{1 - (v/c)^2}}.$$
(23.18)

Wir lösen diese algebraische Beziehung nach v/c auf

$$\frac{v}{c} = \frac{t/\tau_a}{\sqrt{1 + (t/\tau_a)^2}},$$
(23.19)

und integrieren $dx = vdt$, um das erste gewünschte Resultat zu erhalten, d. h. die Reisedistanz D als eine Funktion der Erdzeit t

$$D = \int_0^x dx = \int_0^t v\,dt = c\tau_a \int_0^t \frac{t/\tau_a}{\sqrt{1 + (t/\tau_a)^2}} \frac{dt}{\tau_a} = c\tau_a \left(\sqrt{1 + \left(\frac{t}{\tau_a}\right)^2} - 1 \right).$$
(23.20)

Für den Fall einer im Erdsystem gemessenen langen Reisezeit $t \gg \tau_a$ zeigt Gl. (23.20), dass unsere Reisedistanzabschätzung $D \to ct$ am Ende von Abschn. 23.2 ziemlich genau war. Des Weiteren bemerken wir, dass für kurze Reisezeiten eine Potenzreihenentwicklung der Wurzelfunktion zu einem aus der klassischen Mechanik bekannten Resultat führt: $D = a_\mathrm{R} t^2/2$.

Um die Reiseentfernung als eine Funktion der Raumschiffzeit zu erhalten, substituieren wir für t in Gl. (23.20) die Beziehung aus Gl. (23.17) und erhalten

$$\boxed{D = c\tau_a \left(\cosh \frac{t_\mathrm{R}}{\tau_a} - 1 \right).}$$
(23.21)

Sowohl Gl. (23.20) als auch Gl. (23.21) beschreiben dieselbe Weltlinie unter Verwendung verschiedener Entwicklungsparameter, im ersten Falle von x und der Erdzeit t, im letzteren von x und der Raumschiffeigenzeit t_R. Hier haben wir mit Rücksicht auf die Definition der Weltlinie D durch x ersetzt. x ist die Position des Raumschiffes zur jeweiligen Zeit.

Die Bewegung des gleichmäßig beschleunigten Raumschiffes sollte vom Standpunkt des Erdbeobachters aus sehr lichtähnlich erscheinen. Dies kann man am besten sehen, wenn man im Erdbezugsystem die Abweichung vom Lichtkegel exakt als eine Funktion der Raumschiffeigenzeit bestimmt. Dazu verwenden wir Gl. (23.21) und (23.17) sowie $\sinh^2(x/2) = (\cosh x - 1)/2$ und erhalten

$$c^2 t^2 - D^2 = \left(ct_\mathrm{R} \frac{\sinh(t_\mathrm{R}/2\tau_a)}{(t_\mathrm{R}/2\tau_a)} \right)^2 \xrightarrow[a_\mathrm{R} \to 0]{} c^2 t_\mathrm{R}^2.$$
(23.22)

Wenn die Beschleunigung vernachlässigbar ist, also für $a_\mathrm{R} \to 0$ und damit $\tau_a \to \infty$, so ergibt sich demnach ein nach der Lorentzinvarianz der Eigenzeit erwarteter Zusammenhang zur Raumschiffeigenzeit.

Da das Resultat in Gl. (23.22) exakt gilt, können wir auch den umgekehrten Fall der starken Beschleunigung betrachten, $a_R \to \infty$, also $\tau_a \to 0$. Wir erkennen in diesem Grenzfall, dass – jetzt unerwartet – die Bewegung des Raumschiffes exponentiell vom Lichtkegel abweicht. Dieses Resultat verlangt eine tiefergehende Betrachtung, da es ein Hinweis auf die Ungültigkeit der SR im Bereich starker Beschleunigungen ist. Wir wenden uns diesem Problem im folgenden Abschn. 23.4 zu.

Es ist auch von Interesse, die Reisezeit bei vorgegebener Entfernung D des Ziels zu bestimmen. Um dieses Resultat zu erhalten, lösen wir Gl. (23.20) und (23.21) nach den Variablen t (Erdzeit) bzw. t_R (Raumschiffeigenzeit) auf

$$t = \tau_a \sqrt{\left(\frac{D}{c\tau_a} + 1\right)^2 - 1}, \qquad t_R = \tau_a \, \text{arcosh}\left(\frac{D}{c\tau_a} + 1\right). \qquad (23.23)$$

Diese Resultate haben im Grenzfall $D \gg c\tau_a$ das asymptotische Verhalten

$$t \to \frac{D}{c}, \qquad t_R \to \tau_a \ln\left(\frac{2D}{c\tau_a}\right). \qquad (23.24)$$

Dieses Ergebnis bestätigt, dass für den Beobachter auf der Erde die Reise zu einem entfernten Ziel mit einem gleichförmig beschleunigten Raumschiff recht genau entlang des Lichtweges führt, so dass ein 1000 Lichtjahre entferntes Ziel nach 1000 Jahren erreicht wird. Die Eigenzeit im Raumschiff schreitet jedoch viel langsamer voran. Mit $c/a_R \simeq 1$ Jahr erhalten wir für die Eigenreisezeit $t_R \simeq \ln 2000$ Jahre; das sind ungefähr 7,5 Jahre. Bei der Rückkehr der Expedition zum Heimatstützpunkt sind dort zwei Jahrtausende vergangen, während die Raumschiffzeit 15 Jahre beträgt, also die Zeit im Vergleich praktisch stillstand. Diese Situation wird noch extremer, wenn man eine Reise quer durch die Milchstraße betrachtet, wie wir sie bereits kurz angesprochen haben. Setzen wir für die erforderliche Entfernung $D = 100\,000$ Lichtjahre an, so finden wir eine Eigenreisezeit $t_R \simeq \ln 100\,000 \simeq 11,5$ Jahre.

Die hier vorgestellte (im Prinzip mögliche) Erkundung der Milchstraße könnte helfen, ein altes Rätsel zu lösen. Enrico Fermi[1] stellte im Sommer 1950 die berühmte Frage: "Where is everybody? (Wo sind sie alle?)", mit der er auf den fehlenden Kontakt zu fortgeschrittenen Zivilisationen hinwies. Mit dieser Frage formulierte Fermi den Gedanken

> …wenn eine technologisch entwickelte Lebensform irgendwo existierte, sollten wir auf der Erde klare Anzeichen dafür vorfinden und da wir diese nicht bemerken, existiert eine solche Lebensform nicht oder eine spezielle Erklärung ist notwendig.

---

[1] Enrico Fermi (1901–1953), italienisch-amerikanischer Physiker, hat als Theoretiker, Experimentator und Erfinder bedeutend zur Entwicklung der Kernphysik beigetragen. Der erste Kernreaktor wurde von Fermi konzipiert und gebaut. Wir bezeichnen Quantenteilchen, die dem Pauliprinzip folgen, als ,Fermionen'. Fermi erhielt 1938 den Nobelpreis.

Die Frage wurde während eines Gesprächs beim Frühstück mit Emil Konopinski, Edward Teller und Herbert York gestellt. Fermis Kollegen haben über diesen Vorfall berichtet[2]. Der Autor dieses Buches bevorzugt die Antwort, die Edward Teller gab (*loc. cit.*) „…bezogen auf die Metropolregion des galaktischen Zentrums leben wir in einem entfernten und unbekannten Vorort." Dieser Vorfall vom Sommer 1950 wird in der Literatur oft als die Formulierung des ‚Fermi-Paradoxons' dargestellt. Doch gibt es *z. B.* nach Teller gute konventionelle Antworten. Es gab schon viele Diskussionen zu diesem Thema[3]. Eine moderne Studie dazu ist ebenfalls verfügbar[4].

Wir werden in Kap. 24 das interessante Problem der gleichmäßig beschleunigten Raumschiffe unter Beachtung der Energie-Impuls-Erhaltung genauer betrachten und damit die technologischen Anforderungen formulieren, die unseren Reiseplänen klare Grenzen setzen.

Übung 23.1 Expedition zum Vega-Sternsystem

Bestimmen Sie die Dauer der Reise zur Vega, dem hellsten Stern im Sternbild Lyra, das 25 Lichtjahre von der Erde entfernt liegt. Um in minimaler Zeit mit maximalem Komfort ankommen zu können, gehen wir davon aus, dass das Raumschiff mit $a = 1g$ beschleunigt und ab der Mitte der Reise genauso abbremst. Wir erlauben sechs Monate Forschungszeit im Vega-System und gehen davon aus, dass das Raumschiff mit gleichartigen Beschleunigungs- und Verzögerungsphasen zur Erde zurückkehrt.

Lösung

Der Weltlinie des Raumschiffes, vom Erdbeobachter gesehen, wird durch Gl. (23.23) beschrieben und ist in Abb. 23.1 eingezeichnet. Das Raumschiff bewältigt die Reise in zwei Abschnitten von 12,5 Lichtjahren. Wir nehmen deshalb als Zielabstand $D = 12,5$ Lichtjahre in Gl. (23.23) an und verwenden $1\,\text{Lichtjahr} = c \cdot 3,16 \times 10^7$ Sekunden

$$t = \frac{299\,800\,\text{km/s}}{9,81\,\text{m/s}^2} \sqrt{\left(\frac{9,81\,\text{m/s}^2 \cdot 12,5 \cdot 3,16 \cdot 10^7\,\text{s} \cdot c}{299\,800\,\text{km/s} \cdot c} + 1 \right)^2 - 1} = 13,4\ \text{Jahre,}$$

$$t_\text{R} = \frac{299\,800\,\text{km/s}}{9,81\,\text{m/s}^2} \operatorname{arcosh} \left(\frac{9,81\,\text{m/s}^2 \cdot 12,5 \cdot 3,16 \cdot 10^7\,\text{s} \cdot c}{299\,800\,\text{km/s} \cdot c} + 1 \right) = 3,22\ \text{Jahre.}$$

---

[2]E.M. Jones, „‚Where is Everybody?' An Account of Fermi's Question (Wo sind sie alle? Ein Beitrag zu Fermis Frage)" Los Alamos Report LA-10311-MS DE85 011898.
[3]R.H. Gray, „The Fermi Paradox is Neither Fermi's Nor a Paradox (Das Fermi-Paradoxon ist weder von Fermi noch ein Paradoxon)," *Astrobiology* **15** 195 (2015).
[4]M. Livio and J. Silk, „Where are they? (Wo sind sie alle?)" *Physics Today* **70**, (3) 50 (2017).

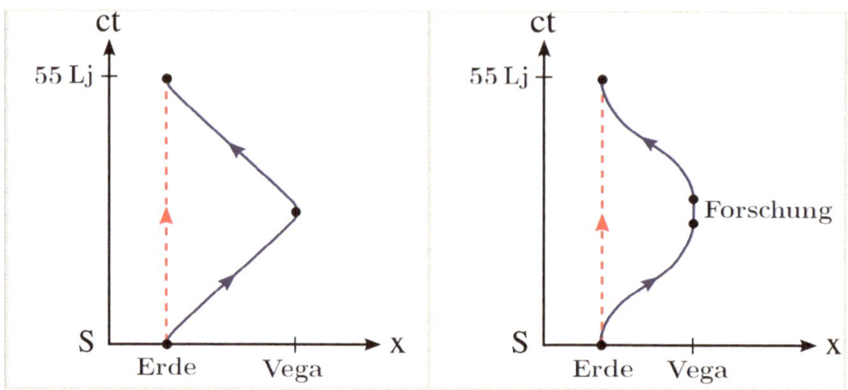

Abb. 23.1 Raum-Zeit-Diagramm einer Raumschiffreise zum Vega-System und zurück (gekrümmte Weltlinie in blau) und die Weltlinie eines Erdbeobachters (gerade Linie in rot). Die tatsächliche Weltlinie wird auf der linken Seite angezeigt. Auf der rechten Seite sind die Beschleunigungs- und Forschungsphasen bei Vega aus Gründen der Übersichtlichkeit hervorgehoben worden. Siehe Übung 23.1

Wir bilden die Gesamtreisezeit, indem wir für Hin- und Rückweg insgesamt vier solche Reiseabschnitte betrachten und addieren dazu ein halbes Jahr Forschungsaufenthalt

$$(\text{Erde})\; t_E = 4t\; + 0{,}5\; \text{Jahre} \simeq 54{,}1\; \text{Jahre},$$

$$(\text{Reisender})\; t_{\text{R,Gesamt}} = 4t_R + 0{,}5\; \text{Jahre} \simeq 13{,}4\; \text{Jahre}.$$

Wir lernen in dieser Übung, dass Vega, ein wissenschaftlich sehr interessanter Stern, von einer Expedition innerhalb eines Menschenlebens erreichbar ist. Nach der Rückkehr werden die Reisenden feststellen, dass die Basis um 40 zusätzliche Jahre älter wurde. Wir sollten uns heute darüber nicht zu viele Gedanken machen, da die Herstellung eines großen interstellaren Expeditionsraumschiffes, das etwa 14 Jahre mit einer konstanten Beschleunigung von $1g$ reisen kann, noch in weiter Ferne liegt.

23.4 Variable Raketenbeschleunigung

Wir verallgemeinern die Untersuchung aus Abschn. 23.1 auf den Fall einer variablen Beschleunigung $a_R(\tau)$. Wir betrachten den Beschleunigungsprozess während des Eigenzeitintervalls $0 \leq \tau \leq t_R$. Die Variable τ ist also die variable Körpereigenzeit innerhalb dieses Zeitintervalls und t_R der Endwert dieser Eigenzeit. In der folgenden Betrachtung spielen die Lichtkegelkoordinaten aus Übung 11.1, eine wichtige Rolle. Dem Leser wird empfohlen, sich diese Übung noch einmal anzusehen.

Wie bisher bewegt sich unser Körper gradlinig. Unverändert definiert Gl. (23.2) den Begriff der Momentanbeschleunigung, deshalb gilt diese Beziehung immer noch. Das trifft auch zu für den Zusammenhang zwischen der vom Erdbeobachter gemessenen Veränderung der Körpergeschwindigkeit und der Eigenbeschleunigung des Körpers, also für Gl. (23.5). Wir beginnen deshalb mit

$$\frac{dv}{1-(v/c)^2} = a_{\mathrm{R}}(\tau)d\tau. \tag{23.25}$$

Bei der Integration dieser Beziehung erlauben wir nun eine veränderliche Eigenbeschleunigung des Körpers $a_{\mathrm{R}}(\tau)$. Damit verändern sich Gl. (23.6) und ihre Inverse Gl. (23.7) wie folgt

$$\int_0^{t_{\mathrm{R}}} a_{\mathrm{R}}(\tau)d\tau = c \operatorname{artanh} \int_0^{v(t)} \frac{dv}{c} \quad\rightarrow\quad \frac{v(t)}{c} = \tanh \frac{1}{c}\int_0^{t_{\mathrm{R}}} a_{\mathrm{R}}(\tau)d\tau. \tag{23.26}$$

Die Gleichungen Gl. (23.26) beschreiben den Zusammenhang zwischen der vom Erdbeobachter gemessenen Körpergeschwindigkeit $v(t)$ und der sich kontinuierlich verändernden Eigenbeschleunigung $a_{\mathrm{R}}(\tau)$ des Körpers. Die Laborzeit t und die Eigenzeit des Körpers t_{R} gehören zur selben momentanen Position der Bewegung. dt ist das Inkrement der Erdlaborzeit und dt_{R} das Inkrement der Körpereigenzeit.

Das Resultat aus Gl. (23.26) wird nun auf der rechten Seite von Gl. (23.15) verwendet

$$dt = \frac{dt_{\mathrm{R}}}{\sqrt{1-(v/c)^2}} \quad\rightarrow\quad dt = dt_{\mathrm{R}} \cosh \frac{1}{c}\int_0^{t_{\mathrm{R}}} a_{\mathrm{R}}(\tau)d\tau. \tag{23.27}$$

Für den Fall $a_{\mathrm{R}} = Const.$ können wir Gl. (23.27) integrieren und erhalten Gl. (23.17). Betrachtet man Gl. (23.10), so erkennt man, dass das Argument der cosh-Funktion in Gl. (23.27) nichts anderes ist als die Körperrapidität $y_{\mathrm{R}}(t_{\mathrm{R}})$, ausgedrückt als Funktion der Körpereigenzeit t_{R}. Wir erhalten

$$dt = dt_{\mathrm{R}} \cosh\left(y_{\mathrm{R}}(t_{\mathrm{R}})\right). \tag{23.28}$$

Während des Zeitinkrements dt legt der Körper die Distanz dx zurück, die wir nun bestimmen. Wir benutzen die rechte Seite von Gl. (23.26) $v = dx/dt$ und ersetzen dt mit Hilfe von Gl. (23.28)

$$dx = cdt\,\frac{v}{c} = cdt_{\mathrm{R}} \sinh \frac{1}{c}\int_0^{t_{\mathrm{R}}} a_{\mathrm{R}}(\tau)d\tau = cdt_{\mathrm{R}} \sinh\left(y_{\mathrm{R}}(t_{\mathrm{R}})\right). \tag{23.29}$$

Um zum letzten Ausdruck zu gelangen, verwendeten wir Gl. (23.11), die auch bei variabler Beschleunigung a_{R} gilt.

Für den Fall $a_{\mathrm{R}} = Const.$ liefert das Integral im Argument der sinh-Funktion im mittleren Ausdruck von Gl. (23.29) den Wert $a_{\mathrm{R}}t_{\mathrm{R}}$. Integration beider Seiten führt dann wieder auf die uns schon begegnete Gleichung Gl. (23.21).

Bilden wir die Linearkombinationen aus Gl. (23.28) und (23.29), so finden wir

$$dx_\pm \equiv d(ct \pm x) = cdt_{\mathrm{R}}e^{\pm y_{\mathrm{R}}(t_{\mathrm{R}})}, \qquad (23.30)$$

Dieses Resultat entspricht genau der Lorentztransformation der Lichtkegelkoordinaten mit $dx_{\mathrm{R}} = 0$, die wir in Übung 11.1 betrachtet hatten, siehe Gl. 7. Eine Beschleunigung taucht in Gl. (23.30) nicht auf.

Bei Verwendung der Lichtkegelkoordinaten ist es also ohne Bedeutung, dass der Rapiditätswert durch eine beschleunigte Bewegung erreicht wurde, da Gl. (23.30) genau das Resultat ist, das wir bei einer Lorentzkoordinatentransformation in ein mit y_{R} bewegtes Bezugsystem erhalten. Insbesondere gilt auch exakt

$$dct^2 - dx^2 = dx_+ dx_- = c^2 dt_{\mathrm{R}}^2. \qquad (23.31)$$

Da Gl. (23.30) dem Resultat einer Lorentztransformation der Inkremente $dx_+ = (dct + x)$ und $dx_- = d(ct - x)$ der Lichtkegelkoordinaten entspricht, könnnen wir diese Transformation verwenden, um die beschleunigte Bewegung eines Körpers entlang einer Weltlinie zu verfolgen. Wir müssen dann aber über die Variablen integrieren. Die wichtige Einsicht ist hier, dass die Lichtkegelkoordinaten eines beliebig beschleunigten Körpers sein inkrementales momentanes Verhalten beschreiben. Das gilt nicht für die üblichen Raum-Zeit-Inkremente dct und dx.

Während Gl. (23.30) mit Hilfe der Lorentztransformationen zum mitbewegten momentanen Inertialsystem des beschleunigten Körpers nachgewiesen werden kann, müssen wir zur Ermittlung der Raum-Zeitkoordinaten des Körpers jede der Lichkegelkoordinaten einzeln integrieren und erhalten

$$ct = \frac{x_+ + x_-}{2} = \frac{1}{2}\left(\int_0^{t_{\mathrm{R}}} cd\tau \; e^{y_{\mathrm{R}}(\tau)} + \int_0^{t_{\mathrm{R}}} cd\tau \; e^{-y_{\mathrm{R}}(\tau)}\right), \qquad (23.32)$$

$$x = \frac{x_+ - x_-}{2} = \frac{1}{2}\left(\int_0^{t_{\mathrm{R}}} cd\tau \; e^{y_{\mathrm{R}}(\tau)} - \int_0^{t_{\mathrm{R}}} cd\tau \; e^{-y_{\mathrm{R}}(\tau)}\right). \qquad (23.33)$$

Damit ergibt sich auch die Beziehung zwischen der Eigenzeit und dem Lichtkegel des beschleunigten Körpers

$$(ct)^2 - x^2 = x_+ x_- = c^2 t_{\mathrm{R}}^2 \frac{\int_0^{t_{\mathrm{R}}} cd\tau \; e^{y_{\mathrm{R}}(\tau)}}{\int_0^{t_{\mathrm{R}}} cd\tau} \frac{\int_0^{t_{\mathrm{R}}} cd\tau \; e^{-y_{\mathrm{R}}(\tau)}}{\int_0^{t_{\mathrm{R}}} cd\tau}. \qquad (23.34)$$

Eine beliebig kleine Beschleunigung kann also nicht vernachlässigt werden, da der kumulierende Effekt relevant ist.

Im Sonderfall einer konstanten Beschleunigung berechnen wir die Integrale explizit

$$ct \pm x = \pm\frac{c^2}{a_{\mathrm{R}}}\left(e^{\pm t_{\mathrm{R}} a_{\mathrm{R}}/c} - 1\right). \qquad (23.35)$$

Bilden wir nun das Produkt der beiden Faktoren $ct \pm x$, so erhalten wir mit Hilfe der Beziehung $(\cosh z - 1)/2 = \sinh^2(z/2)$ wieder den Ausdruck aus Gl. (23.22). Die Richtigkeit unserer Untersuchung wird durch Gl. (23.35) also bestätigt, obwohl die Form der Gl. (23.34) sich auf den ersten Blick stark von Gl. (23.22) unterscheidet.

Anregung zum Weiterstudium: In der allgemeinen Relativitätstheorie führt Gl. (23.35) zu den sogenannten Rindlerkoordinaten[5]. Man findet diesen Sachverhalt bei Betrachtung der Koordinaten konstant beschleunigter Körper in vielen Lehrbüchern der allgemeinen Relativitätstheorie. Unsere Diskussion ist aber davon unabhängig und gilt für beliebig beschleunigte Körper.

Übung 23.2 Das Altern bei Raumreisen

Zwei Raumschiffe verlassen die Erde mit der Aufgabe, nach Leben in fernen Sonnensystemen zu suchen und genau nach 100 Erdjahren zurückzukehren. Eines der Raumschiffe fliegt zum Stern bei x_1, kehrt dann um und fliegt zurück. Das andere Raumschiff fliegt in entgegengesetzte Richtung zu den Sternen bei x_2 und später bei x_3, bevor es zurückreist. a) Zeichnen Sie das Raum-Zeit-Diagramm der beiden Expeditionen. b) Bestimmen Sie das relative Alter der beiden Mannschaften bei der Rückkehr. c) Wie kann die Mannschaft eines Raumschiffs die Zeit auf der Erde bestimmen, damit die pünktliche Rückkehr gelingt?

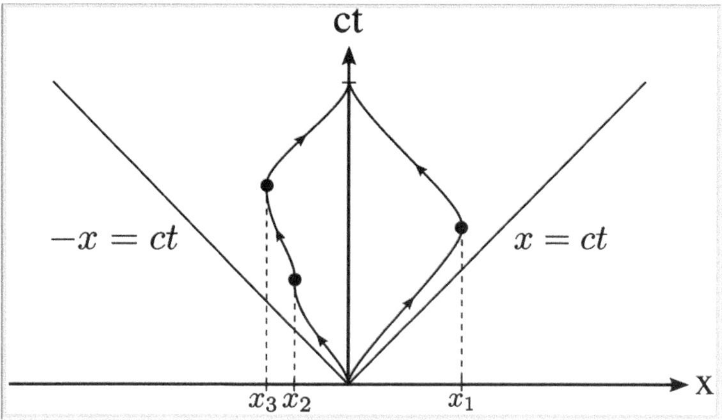

Abb. 23.2 Raum-Zeit-Diagramm der zwei Reisen zu den Sternen x_1 (rechts), und zu x_2, x_3 (links). Siehe Übung 23.2

---

[5] W. Rindler, „Hyperbolic Motion in Curved Space Time," (Hyperbolische Bewegung in gekrümmter Raumzeit) *Phys. Rev.* **119** 2082 (1960).

Lösung

a) Die Reisen der beiden Expeditionen sind in Abb. 23.2 qualitativ eingezeichnet. Wir sehen, wie in der vorhergehenden Übung 23.1, dass die Raumschiffe sehr schnell die Nähe der Lichtgeschwindigkeit erreichen, d. h. die Weltlinien sind während der verschiedenen Reisen fast parallel zum Lichtkegel. Beide Expeditionen kehren zum selben Zeitpunkt zur Erdbasis zurück. Wir sehen, dass die Expedition, die zwei Mal angehalten hat, weniger weit fliegen konnte, sonst wäre die rechtzeitige Rückkehr nicht geglückt.

b) Die Raumschiffbesatzungen altern mit der jeweiligen Expeditionseigenzeit,

$$\mathrm{ALTER} \equiv \int_0^T dt_\mathrm{R} = T. \tag{1}$$

Zur Bestimmung des relativen Alters der Expeditionen bemerken wir, dass die zweite Expedition nicht ganz so weit reisen konnte wie die erste. Deshalb ist die Länge der linken Weltlinie in Abb. 23.2 kürzer als die der rechten und der Zeitdilatationseffekt damit kleiner, siehe Übung 12.2. Die Teilnehmer dieser Expedition sind deshalb bei der Rückkehr älter, verglichen mit denen der ersten Expedition, die wir auf der rechten Seite in Abb. 23.2 sehen.

c) Wir integrieren Gl. (23.28) und erhalten so die Erdzeit t als Funktion der Eigenbeschleunigung des Raumschiffs

$$100\,\mathrm{Jahre} = t = \int_0^{T_i} \cosh\left[\frac{1}{c}\int_0^{t_\mathrm{R}} a_{i,\,\mathrm{R}}(\tau)d\tau\right] dt_\mathrm{R}, \quad i = 1,2. \tag{2}$$

Die Besatzungen der Raumschiffe können aufgrund der Kenntnis der Eigenbeschleunigung $a_{i,\,\mathrm{R}}$ und der Erdzeit $t = 100$ Jahre den Rückkehrzeitpunkt T_i, $i = 1, 2$ vorausberechnen. Er ist damit von der Gesamtgeschichte der Reise abhängig.

Das Resultat in Gl. 2 erfasst die Zeitdilatationseffekte, die sowohl in den beschleunigten wie in den unbeschleunigten Zeitperioden entstehen. Man muss bei der Anwendung der Gl. 2 die Frage stellen, was bei der Abbremsung eines Raumschiffes passiert, wenn die Beschleunigung einen negativen Wert annimmt. Zunächst bemerken wir, dass das Gesamtvorzeichen von a_R keine Rolle spielt, da cosh eine gerade Funktion ist. Weiter sehen wir, dass der Integrand in der eckigen Klammer gegen Null geht, wenn die Raumschiffgeschwindigkeit sich Null annähert. Das bedeutet, dass es dann keine weitere Zeitdilatation gibt, dass also $dt = dt_\mathrm{R}$ ist. Die vorher angefallene Zeitdilatation ist bereits mit dem äußeren zweiten Integral berücksichtigt worden. Da $\cosh z \geq 1$ ist, sehen wir auch, dass immer $t \geq t_\mathrm{R}$ gilt. Gleichheit liegt nur vor, wenn $a_\mathrm{R}(\tau) = 0$ ist. Die Raumschiffeigenzeit ist sonst immer kleiner als die Basiszeit.

Zusammenfassung

Wir leiten die relativistischen Raketengleichungen mit Hilfe von Energie- und Impulserhaltung her. Die Bewegung der relativistischen Rakete wird durch kontinuierliches Abscheiden eines Masseninkrements Δm mit festgesetzter Ausstoßgeschwindigkeit erzwungen. Der Rüchstoß sorgt für die Beschleunigung der Rakete. Verglichen mit der nichtrelativistischen Formulierung stellt die Energieerhaltung das neue Schlüsselelement der Herleitung dar, denn jetzt werden die Ruheenergieen von Rakete und Treibstoff mitberücksichtigt. Die erhaltenen relativistischen Raketengleichungen beschreiben die Entwicklung der Raketenbewegung und der Raketenmasse mit der Zeit.

24.1 Nichtrelativistische Raketengleichung

Wir wiederholen zunächst, wie die Raketengleichung in der nichtrelativistischen Physik mit Hilfe des Impulserhaltungssatzes begründet werden kann.[1] Das physikalische Grundprinzip besteht darin, dass man Masse entgegen der angestrebten Bewegungsrichtung abstoßen muss, also entgegen der gewünschten Impulsänderung, wenn man einen trägen Körper im Raum vorwärtsbewegen will. Wir beginnen mit dem Vergleich der Impulse vor und nach Abstoß des Masseninkrements Δm.

---

[1] Diese Erkenntnis wird nach Konstantin Tsiolkovsky benannt, obwohl gleichzeitig mit der Arbeit von Tsiolkovsky über die Raketengleichung eine mathematische Studie zu diesem Thema von Ivan V. Meshchersky entstand. Voraus ging diesen beiden die Arbeit von William Moore aus dem Jahr 1813, siehe: W. Johnson „Contents and commentary on William Moore's: A treatise on the motion of rockets and an essay on naval gunnery." (Inhalt und Kommentierung von William Moores: Eine Abhandlung über die Bewegung von Raketen und ein Aufsatz über Marinegeschütze) *International Journal of Impact Engineering* **16** (3) 499 (1995). Doch es war Tsiolkovsky, der viele praktische, für Weltraumfahrten wichtige Ergebnisse erarbeitete. Deshalb gilt er allgemein als Großvater des Raumzeitalters.

© Springer-Verlag GmbH Deutschland, ein Teil von Springer Nature 2019
J. Rafelski, *Spezielle Relativitätstheorie heute*,
https://doi.org/10.1007/978-3-662-59420-9_24

Unmittelbar vor Ausstoß des Masseninkrements

$$\Delta m = -dm \tag{24.1}$$

beträgt der Impuls der nichtrelativistischen Rakete

$$p_1 = (m + \Delta m)v. \tag{24.2}$$

Die Einführung von $-dm$ in Gl. (24.1) soll verdeutlichen, dass Δm zwar positiv ist, aber gleichzeitig das Negative einer negativen Änderung d. h. $-(-\Delta m)$ der Raketenmasse m darstellt.

Nach Abstoßung des Materials gibt es zwei Impulsbeiträge, den des Abwurfmaterials und den der Rakete. Man erhält jetzt für den Impuls p_2 des Systems

$$p_2 = m(v + \Delta v) + \Delta m\, v_{\text{ex}}. \tag{24.3}$$

Die Geschwindigkeit des Abwurfmaterials ist jetzt

$$v_{\text{ex}} = v - \mathcal{V}. \tag{24.4}$$

Die Treibstoffgeschwindigkeit $\mathcal{V}$ wird im Ruhesystem der Rakete gemessen und ist eine feste Eigenschaft des Triebwerks. Wir gehen davon aus, dass $\mathcal{V}$ der Geschwindigkeit $\mathbf{v}$ der Rakete entgegengerichtet ist.

Wegen des Impulserhaltungssatzes gilt $p_1 = p_2$. Mit Hilfe dieser Gleichungen findet man nach wenigen einfachen Umformungen

$$\boxed{\Delta m \mathcal{V} = m\, \Delta v.} \tag{24.5}$$

Links steht der Impuls der abgestoßenen Masse Δm und rechts die Änderung des Raketenimpulses. Man erkennt, dass es keinerlei Abhängigkeit von der Raketengeschwindigkeit v relativ zu einem anderen Inertialbeobachter gibt, denn Gl. (24.5) ist von der Wahl eines solchen Beobachters unabhängig. Wir hätten also auch im Bezugssystem der Rakete sofort mit Gl. (24.5) beginnen können.

Wir setzen Gl. (24.1) in Gl. (24.5) ein und bestimmen die Integralform von Gl. (24.5)

$$\int dv + \mathcal{V} \int d\ln m = 0. \tag{24.6}$$

Integration ergibt die ‚Tsiolkovskysche' Beziehung zwischen Geschwindigkeit und Masse

$$v - v_0 = \mathcal{V} \ln\left(\frac{m_0}{m(v)}\right), \qquad \boxed{m(v) = m_0 \exp\left(-\frac{v - v_0}{\mathcal{V}}\right).} \tag{24.7}$$

Wir sehen, dass bei gegebenem Wert von $\mathcal{V} \ll v$ die Nutzlast m exponentiell mit der geforderten Geschwindigkeit, etwa der Fluchtgeschwindigkeit für eine Umlaufbahn, von der Ausgangsmasse absinkt. Geht man von der geforderten Geschwindigkeit v aus, so führt jeder Zuwachs bei $\mathcal{V}$ zu einer wesentlichen Veränderung des erzielbaren Anteils der Nutzlast an der Ausgangsmasse. Die Fluchtgeschwindigkeiten von der Erde liegen in der Größenordnug von $v \simeq 10$ km/s. Die Austoßgeschwindigkeit der besten chemischen Raketen liegt bei $\mathcal{V} \lesssim 3$ km/s.

In den vergangenen Jahren wurden Ionentriebwerke entwickelt, in denen Beschleuniger eingesetzt werden. Damit konnte man den Wert von $\mathcal{V}$ erhöhen. Dies gestattet vor allem die Navigation zwischen Objekten im Raum. Das Raumfahrzeug DAWN der NASA, das zwischen 2011 und 2016 die beiden Asteroiden Vesta und Ceres besuchte, verwendete mit elektrischen Feldern arbeitende Ionenbeschleuniger und erreichte damit $\mathcal{V} = 10$ km/s. Allerdings war der Schub gering, selbst bei ‚Vollgas' brauchte DAWN vier Tage, um von 0 auf 100 km/h zu beschleunigen. Andererseits war das Antriebssystem so konstruiert, dass es über Tausende von Tagen funktionsfähig blieb.

24.2 Relativistische Raketengleichung

Um die relativistische Verallgemeinerung der Raketengleichung herzuleiten, müssen Impuls- und Energieerhaltung verwendet werden. Wir haben zu beachten, dass die Energie $\delta E = \delta m c^2$ benötigt wird, um das Masseninkrement Δm abzustoßen. Beim Auswerfen von Δm wird der Teil δm der Raketenmasse verbraucht. Wir haben ja in Abschn. 16.1 gesehen, dass die gesamte für den Antrieb einer Maschine notwendige Energie aus der Umwandlung von Ruhemasse in Energie stammt. Es ist offensichtlich, dass bei relativistischer Auswurfgeschwindigkeit $\delta m > \Delta m$ sein muss, wenn die kinetische Energie der ausgeworfenen Teilchen größer ist als die Ruheenergie.

Um unsere Überlegungen nicht zu kompliziert zu gestalten, nehmen wir an, dass jeder Energieverlust (oder Energiegewinn) der Rakete auf die Energie zurückzuführen ist, die von den abgestoßenen Teilchen mitgeführt wird. Aus Gl. (24.1) wird dann

$$\delta m + \Delta m = -dm. \tag{24.8}$$

Im Beitrag Gl. (24.2) für die Impulserhaltung ersetzen wir v/c durch den relativistischen Ausdruck $\gamma\beta = \sinh y$. y ist hier nicht die Raumkoordinate, sondern die Rapidität der Rakete aus Sicht eines Beobachters auf der Basis. Unmittelbar vor dem Auswurf von Δm gilt dann

$$p_1 = (m + \Delta m)\,c\,\sinh y. \tag{24.9}$$

Nach Abstoßung von Δm gibt es wie in Gl. (24.3) zwei Beiträge zum Gesamtimpuls

$$p_2 = \tilde{m}\,c\,\sinh(y + \Delta y) + \Delta m\,c\,\sinh y_{\mathrm{R\,ex}}. \tag{24.10}$$

Hier ist $y_{R\,ex}$ die vom Basisbeobachter wahrgenommenen Rapidität des Treibmittels. Weil ein weiterer Anteil δm der Raketenmasse verbraucht wird, wenn sie die Masse Δm abstößt, ist $\tilde{m} < m$. Der zusätzliche Massendefekt ist

$$\delta m = m - \tilde{m} \tag{24.11}$$

und taucht direkt nach Abschluss des Beschleunigungsschritts auf.

Für den Spezialfall, dass das Treibmittel entgegengesetzt zur Bewegungsrichtung der Rakete abgestoßen wird, können wir für die Rapidität sinh $y_{R\,ex}$ die Additivität von Rapiditäten ausnützen

$$y_{R\,ex} = y - y_{R\,\mathcal{V}}. \tag{24.12}$$

Hier ist $y_{R\,\mathcal{V}}$ die Rapidität des Treibstoffs im Ruhesystem der Rakete und es gelten die Beziehungen

$$\cosh y_{R\,\mathcal{V}} \equiv \gamma_{\mathcal{V}} = \frac{1}{\sqrt{1 - (\mathcal{V}/c)^2}}, \qquad \sinh y_{R\,\mathcal{V}} = \gamma_{\mathcal{V}}\mathcal{V}/c, \qquad \tanh y_{R\,\mathcal{V}} = \frac{\mathcal{V}}{c}. \tag{24.13}$$

Wir wenden uns nun der Energieerhaltung zu. Unmittelbar vor Abstoßung der Treibmittelmasse gilt

$$E_1/c^2 = (m + \Delta m)\cosh y. \tag{24.14}$$

Nach Auswurf der Masse gibt es auch für die Energie zwei Beiträge, einmal von der Rakete, die ihre Rapidität erhöht hat, zum anderen vom abgestoßenen Treibmittel

$$E_2/c^2 = \tilde{m}\cosh(y + \Delta y) + \Delta m\,\cosh y_{R\,ex}. \tag{24.15}$$

Wegen des Impulserhaltungssatzes gilt $p_2 = p_1$, wegen des Energieerhaltungssatzes $E_2 = E_1$. Also folgt

$$p_2 = p_1 \;\;\rightarrow\;\; \tilde{m}\sinh(y + \Delta y) + \Delta m\,\sinh y_{R\,ex} = (m + \Delta m)\sinh y, \tag{24.16}$$

$$E_2 = E_1 \;\;\rightarrow\;\; \tilde{m}\cosh(y + \Delta y) + \Delta m\,\cosh y_{R\,ex} = (m + \Delta m)\cosh y. \tag{24.17}$$

Motiviert durch die Beziehung $M^2 = E^2/c^4 - p^2/c^2$ quadrieren wir beide Gleichungen und bilden die Differenz, um $\tilde{m}$ zu eliminieren. Wir erhalten schließlich den exakten Ausdruck

$$\tilde{m}^2 + \Delta m^2 + 2\tilde{m}\,\Delta m\,\cosh(y_{R\,\mathcal{V}} + \Delta y) = (m + \Delta m)^2. \tag{24.18}$$

> Wie zu erwarten war, ist diese Bedingung unabhängig von der Rapidität der Rakete, also auch unabhängig vom Bezugssystem des Beobachters.

Entwickeln wir Gl. (24.18) und behalten die in den kleinen Abweichungen Δy, δm und Δm linearen Terme bei, so ergibt sich unter Verwendung von Gl. (24.8) und (24.11)

$$\boxed{-dm = \delta m + \Delta m = \Delta m \cosh y_{\mathrm{R}\,\mathcal{V}}.} \tag{24.19}$$

Zur Überprüfung betrachten wir Gl. (24.19) im nichtrelativistischen Grenzfall. Bekanntlich ist

$$\cosh y_{\mathrm{R}\,\mathcal{V}} = \gamma_{\mathcal{V}} = \frac{1}{\sqrt{1 - \mathcal{V}^2/c^2}} = 1 + \frac{\mathcal{V}^2}{2c^2} + \dots. \tag{24.20}$$

Dann wird aus Gl. (24.19)

$$\delta m c^2 = \Delta m \frac{\mathcal{V}^2}{2} \; ; \tag{24.21}$$

d. h., der zusätzliche Massendefekt der Rakete, $\delta m c^2$, entsteht wie erwartet aufgrund der kinetischen Energie des abgestoßenen Treibmittels. Dieser Effekt wird in der nichtrelativistischen Raketengleichung nicht berücksichtigt.

Um eine Beziehung für die Impulserhaltung im Bezugssystem der Rakete zu erhalten, eliminieren wir $\widetilde{m}$, indem wir die Gleichungen Gl. (24.16) und (24.17) mit $\cosh(y + \Delta y)$ bzw. $\sinh(y + \Delta y)$ multiplizieren und dann die Differenz bilden. Wir erhalten das exakte Ergebnis

$$\Delta m \sinh(\Delta y + y_{\mathrm{R}\,\mathcal{V}}) = (m + \Delta m) \sinh \Delta y. \tag{24.22}$$

Es stellt für kleine Werte von Δm und $\Delta y \to dy$ das relativistische Analogon der nichtrelativistischen Raketengleichung Gl. (24.5) dar

$$\Delta m c \sinh y_{\mathrm{R}\,\mathcal{V}} = mc \, dy. \tag{24.23}$$

Man beachte, dass Gl. (24.23) für alle Inertialbeobachter gilt, denn die Rapidität verhält sich additiv bei Koordinatentransformationen und deshalb sind Inkremente der Rapidität in allen Inertialsystemen gleich.

Wir können Gl. (24.23) also auch umschreiben zu

$$\boxed{\Delta m c \sinh y_{\mathrm{R}\,\mathcal{V}} = mc \, dy_{\mathrm{R}}.} \tag{24.24}$$

Hier verwendeten wir das von einem Beobachter in der Rakete wahrgenommene Inkrement dy_{R}. Damit wird wir die Parallele zur nichtrelativistischen Raketenglei-chung, in der die Geschwindigkeit die Rolle der additiven Variablen hatte, noch stärker hervorgehoben.

Im Detail betrachtet, sieht man auf der linken Seite von Gl. (24.24) den vom Treibstoffmaterial der Masse Δm mitgenommenen Impuls, der gleich dem auf der rechten Seite stehenden Impulszuwachs der Rakete ist. Der in der nichtrelativistischen Gl. (24.5) auftauchende Geschwindigkeitszuwachs (in Einheiten von c) wurde jetzt durch einen Rapiditätszuwachs ersetzt. Beim Vergleich erkennen wir, dass links beim Impuls der Treibmittelmasse Δm statt $\mathcal{V}/c$ der Term $\sinh y_{\mathrm{R}\,\mathcal{V}} = \mathcal{V}/c\ \gamma_{\mathcal{V}}$ vorkommt. Der zusätzliche Faktor $\gamma_{\mathcal{V}}$ trägt der Tatsache Rechnung, dass beim Wechsel zu relativistischen Gleichung der Impuls der abgestoßenen Treibstoffmasse relativistisch ist. Je größer der Wert von $\sinh y_{\mathrm{R}\,\mathcal{V}}$ zum Impuls des Triebwerks beiträgt, desto weniger Masse muss abgestoßen werden, um eine bestimmte infinitesimale Erhöhung dy_{R} der Rapidität der Rakete zu erzielen.

24.3 Energie der relativistischen Rakete

Im nichtrelativistischen Fall haben wir uns für die Abnahme der Masse der Rakete interessiert, siehe Gl. (24.7). Um einen gleichwertigen relativistischen Zusammenhang zu erhalten, untersuchen wir die Gesamtenergie der Rakete aus der Sicht eines Beobachters auf der Raketenbasis.

$$E = m(t)c^2 \cosh y(t). \tag{24.25}$$

E umfasst die verbleibende Nutzlast und ihre relativistische kinetische Energie. Die infinitesimale Veränderung der Raketenenergie besteht deshalb aus zwei Termen

$$dE = dmc^2 \cosh y + mc^2 dy \sinh y. \tag{24.26}$$

Also ist

$$\frac{dE}{E} = \frac{dm}{m} + dy \tanh y. \tag{24.27}$$

Mit Hilfe von Gl. (24.19) ergibt sich dann

$$\frac{dE}{E} = -\frac{\Delta m}{m} \cosh y_{\mathrm{R}\,\mathcal{V}} + dy \tanh y. \tag{24.28}$$

Nach Gl. (24.13) wird also die abgestoßene Masse Δm hier mit $\gamma_{\mathcal{V}}$ multipliziert. Der erste Term in Gl. (24.28) beschreibt den Energieverlust aufgrund des Treibstoffausstoßes der Rakete, während man am zweiten Term die gleichzeitige Zunahme der kinetischen Energie ablesen kann.

Wir benutzen jetzt Gl. (24.23), um die Größe Δm in Gl. (24.28) zu eliminieren

$$\frac{dE}{E} = dy(-\coth y_{\mathrm{R}\,\mathcal{V}} + \tanh y) = -\frac{dy}{\mathcal{V}/c} + \tanh y\, dy. \tag{24.29}$$

Im letzten Schritt wurde auch Gl. (24.13) verwendet. Wegen $dy \tanh y = d(\ln \cosh y)$ kann Gl. (24.29) integriert werden und mit $y_0 = 0$ und $E_0 = m_0 c^2$ erhalten wir

$$\ln\left(\frac{E/m_0 c^2}{\cosh y}\right) = -\frac{y - y_0}{\mathcal{V}/c}. \tag{24.30}$$

Daraus folgt

$$\boxed{\frac{E/c^2}{\cosh y} \equiv m(y) = m_0 \exp\left(-\frac{y - y_0}{\mathcal{V}/c}\right).}$$

(24.31)

Man beachte, dass wir nach Division durch $\cosh y = \gamma$ wieder die verbleibende Ruheenergie (bzw. Ruhemasse) der Rakete in ihrem eigenen Bezugssystem erhalten haben. Das Resultat in Gl. (24.31) ist deshalb eine natürliche Verallgemeinerung des nichtrelativistischen Ergebnisses in Gl. (24.7): Während beim Übergang vom nichtrelativistischen zum relativistischen Fall v/c einfach durch y ersetzt wird, bleibt die Treibstoffgeschwindigkeit gegenüber der nichtrelativistischen Gl. (24.7) unverändert.

Das Resultat Gl. (24.31) hätte man folgendermaßen erraten können: Man betrachtet nicht die Masse, sondern die Energie der Rakete. Im Bezugssystem eines Beobachters der Rapidität $y_0 = 0$ erhält man ihre Restenergie, indem man die Ruheenergie $m_0 c^2$, mit der sie gestartet ist, mit dem Lorentzfaktor $\gamma = \cosh y$ multipliziert. Aus Gl. (24.31) folgt

$$E = m_0 c^2 \cosh y \, \exp\left(-\frac{y}{\mathcal{V}/c}\right) \xrightarrow[\mathcal{V}/c \to 1]{} m_0 c^2 \frac{1}{2}\left(1 + e^{-2y}\right).$$

(24.32)

Im Grenzfall $\mathcal{V}/c \to 1$ zerfällt die Energie für diesen Beobachter in zwei Hälften. Er sieht, wie in einer Folge von vielen sehr kleinen Schritten ‚die Hälfte' an das abgestoßene und verbrannte Material abgegeben wird. Nach dem Prinzip von Actio und Reactio erhält für diesen Beobachter die zurückprallende Rakete die Hälfte des ursprünglichen Energiegehalts, aber zu einem wesentlich kleineren Anteil in ihrem Ruhesystem, wie man sieht, wenn man Gl. (24.32) durch $\gamma = \cosh y$ teilt, was einen zum wichtigsten Resultat in Gl. (24.31) zurückbringt.

Übung 24.1 Zusammenhang zwischen Masse und Beschleunigung einer Rakete

Betrachten Sie ein Raumschiff, das sich mit konstanter, im eigenen Ruhesystem gemessenen Beschleunigung a_R gradlinig vorwärtsbewegt und ermitteln Sie, wie die Masse des Raumschiffs während des Beschleunigungsprozesses als Funktion der Eigenzeit des Raumschiffs abnimmt. Überprüfen Sie ihr Ergebnis durch Vergleich mit Gl. (24.31). Ihre Herleitung sollte auf beide Fälle anwendbar sein, auf den eines Treibmittels mit relativistischer Geschwindigkeit (Rapidität $y_\mathrm{R}\,\mathcal{V}$) und auf den eines herkömmlichen chemischen Raketenantriebs. Untersuchen Sie, wie die Rapidität des Treibmittels zu wählen ist, damit der Nutzlastanteil an der Masse maximal wird.

Lösung

Wir beginnen mit Gl. (24.24) und bringen sie auf die Form

$$\frac{\Delta m}{m}\, \sinh y_{\mathrm{R}\,\mathcal{V}} = dy_{\mathrm{R}}. \tag{1}$$

Für einen Beobachter im Ruhesystem des Raumschiffs ist $y_{\mathrm{R}} = 0$. Ist die Größe von dy_{R} klein, so gilt nach Gl. (23.2) für den Beschleunigungseffekt auf die Rapidität

$$dy_{\mathrm{R}} = \frac{dv_{\mathrm{R}}}{c} = \frac{a_{\mathrm{R}}}{c} dt_{\mathrm{R}}. \tag{2}$$

Aus Gl. 1 und 2 folgt

$$\frac{a_{\mathrm{R}}}{c} dt_{\mathrm{R}} = \frac{\Delta m}{m}\, \sinh y_{\mathrm{R}\,\mathcal{V}}. \tag{3}$$

Diese Gleichung darf man aber nicht in dieser Form integrieren, da Δm nicht der ganze Massenverlust dm ist, siehe Gl. (24.8). In dm ist auch der Massenverlust δm enthalten, der benötigt wird, um der Masse Δm ihre Gesamtenergie zu geben. Um die abgestoßene Masse Δm in Gl. 3 durch die totale Massenänderung dm zu ersetzen, verwenden wir Gl. (24.19) und erhalten

$$dt_{\mathrm{R}}\, a_{\mathrm{R}} = -c\,\frac{dm}{m}\, \tanh y_{\mathrm{R}\,\mathcal{V}}. \tag{4}$$

Integriert man diese Gleichung, so erhält man

$$\boxed{m(t_{\mathrm{R}}) = m_0 \exp\left(-t_{\mathrm{R}}\,\frac{a_{\mathrm{R}}}{c\,\tanh y_{\mathrm{R}\,\mathcal{V}}}\right).} \tag{5}$$

Wir überprüfen jetzt die Vereinbarkeit dieses neuen Ergebnisses mit dem in Gl. (24.31) gefundenen früheren Resultat, in dem die Abhängigkeit der Masse des Raumschiffs von der Rapidität beschrieben wird. Setzt man die Argumente in den Exponenten von Gl. 5 und (24.31) gleich, so ergibt sich

$$y - y_0 = \frac{\mathcal{V}}{c}\,\frac{t_{\mathrm{R}}\, a_{\mathrm{R}}}{c\,\tanh y_{\mathrm{R}\,\mathcal{V}}} = t_{\mathrm{R}}\,\frac{a_{\mathrm{R}}}{c}. \tag{6}$$

Hier wurde ausgenutzt, dass nach Gl. (24.13) $c\,\tanh y_{\mathrm{R}\,\mathcal{V}} = \mathcal{V}$ ist. Das Resultat ist aber nichts anderes als Gl. (23.10). Also sind Gl. 5 und (24.31) äquivalent.

In Gl. 5 geht für einen relativistischen Treibmittelstrahl $\tanh y_{\mathrm{R}\,\mathcal{V}} \to 1$. Tatsächlich erreicht man schon für $y_{\mathrm{R}\,\mathcal{V}} = 1{,}5$ mehr als $90\,\%$ der maximalen Effektivität, also für $\gamma = \cosh y_{\mathrm{R}\,\mathcal{V}} \to 2{,}35$. Hat man nämlich erstmal geschafft, dass die kinetische Energie der Teilchen deutlich größer ist als die Ruhenergie, so gewinnt man wenig mit noch höherer Rapidität. Die dafür verbrauchte Masse kann stattdessen zur Erhöhnung der Teilchenzahl im Strahl verwendet werden. Ein Teilchenstrahl der Rapidität $y_R\,v = 1{,}5$ lässt sich in Teilchenbeschleunigern leicht realisieren. Hochintensive relativistische Teilchenstrahlen werden heute bei der Produktion sekundärer Neutronenstrahlen benutzt, typischerweise gepulst – im Gegensatz zu den kontinuierlichen Neutronenstrahlen, die man in Kernreaktoren erhält.

Ein anderes Beispiel eines möglichen Antriebsmechanismus liefert die Zerstrahlung von Nukleonen und Antinukleonen (beispielsweise von Antiprotonen $\bar{p}$ und Protonen p), wenn die materiellen Zerstrahlungsprodukte ohne weitere Reaktion direkt emittiert werden. Die Antiproton-Proton-Zerstrahlung (Masse jeweils $m_N \simeq 940\,\mathrm{MeV}/c^2$) wird im CM-System des Raumschiffs begleitet von der Produktion von durchschnittlich etwas mehr als 5 Pionen mit $m_\pi \simeq 140\,\mathrm{MeV}/c^2$. Von der freigesetzten Energie des Zerstrahlungsprozesses entfiele auf jedes Pion im Schnitt eine Energie von $E_\pi \simeq 2 \times 940\,\mathrm{MeV}/5 = 375\,\mathrm{MeV}$, was bei $m_\pi c^2 \simeq 140$ MeV einem Wert von $\gamma_\pi = 375\ \mathrm{MeV}/m_\pi c^2 = 2{,}65$ entspricht.

Für den relativistischen Grenzfall $\tanh y_R\,v \simeq 1$ bei den Treibstoffgeschwindigkeiten können wir einen Blick auf die Erforscher der Milchstraße in Kap. 23 werfen. Dort hatten wir mit $a_R = g = 9{,}81$ m/s^2 gearbeitet. Nach Gl. (23.1) erhält man dann

$$m(t) \simeq m_0 e^{-t_R/1\,\text{Jahr}}, \quad y_R\,v > 2. \tag{7}$$

Für nichtrelativistische Treibmittel, wie bei einem typischen chemischen Antrieb, ist $V \simeq 3$ km/s, also $y_R\,v \simeq 10^{-5}$. Die Zeitkonstante in Gl. 5 sinkt von einem Jahr auf den 10^{-5}ten Teil eines Jahrs, das sind $320\,\mathrm{s} = 5{,}3$ min. Nach dem Dreifachen dieser Zeit ist in der Regel der Treibstoff einer chemischen Rakete verbraucht und die Tanks sind leer. Die Ursache für diesen kleinen Faktor ist der kleine Anteil $10^{-9} = (3 \times 10^{-5})^2$ des chemischen Massendefekts an der Gesamtmasse, wie in Kap. 16 besprochen wurde. Der Massendefekt legt die kinetische Energie $\propto mc^2\beta^2$ der für den Ausstoß produzierten Teilchen fest.

Wir schließen daraus, dass Raketen, die mit relativistischen Treibmittelantrieben ausgerüstet sind, das 10^5-fache an Masseneffektivität gewinnen. Sie kommen dem maximalen Ergebnis am nächsten unter Bedingungen, bei denen $\tanh y_R\,v \to 1$ ist, also $y_R\,v > 2$. Qualitätskriterium ist hier, dass ein möglichst kleiner Anteil der Raketenmasse für den Antrieb verbraucht, also die Nutzlast maximiert wird. Ein mit einem solchen Antrieb ausgerüstetes Raumschiff ist natürlich Zukunftsmusik. Aber mit der Mission der DAWN, die mit Hilfe eines Beschleunigers angetrieben wurde, ist ein erster Schritt gemacht worden, siehe Bemerkungen am Ende von Abschn. 24.1.

Diskussion 24.1 Wie realistisch sind Weltraumfahrten?
Thema: Dieses Gespräch ist für die Liebhaber von *Star Trek* und *Star Wars* gedacht.

Student: Das Interesse an der Weltraumfahrt war ein Grund für mich, Physik zu studieren.

Simplicius: Eine Reise zum Mond kostet viele Millionen. Kann Physik soviel einbringen?

Professor: (zum Studenten sprechend) Wenn die Entwicklung eines relativistischen Raketenantriebs gelingt, werden Sie sicher eine Reise zum Mars noch erleben.

Simplicius: Was ist ein relativistischen Raketenantrieb?

Professor: In meinen Augen ist es eine Vorrichtung, die im Ruhesystem der Rakete oder eines Raumschiffs Treibmittel mit Rapidität zwei oder höher zum Antrieb nutzt. Das wäre die effektivste Verwendung von mitgeführtem Antriebsmaterial. Teilchen, die bei Zerstrahlung von Antimaterie erzeugt werden, erfüllen von Natur aus die Bedingungen für solche Antriebe.

Simplicius: Wieviel Tausend Jahre vergehen denn noch, bis eine Rakete mit Megatonnen von Antimaterie gebaut werden kann? Und wo im Raumschiff könnte man *z. B.* Sie, Herr Professor, unterbringen, damit Sie die Nähe der Antimaterie sicher überleben?

Professor: Wir müssen nicht gleich so weit gehen wie im letzten Beispiel des Buchs, bei dem mit der Beschleunigung von $1\,g$ ins Universum gereist wurde. Im ersten Schritt können wir durchaus einen Kompromiss eingehen und, sagen wir, eine Beschleunigung von $10^{-5}\,g$ anpeilen. Man würde das Raumschiff rotieren lassen, um die Schwerkraft zu simulieren und eine lebensfreundliche Umwelt zu erzeugen. Ein mit einem solchen Antrieb ausgestattetes Raumschiff würde pro Jahr nur einen winzigen Bruchteil der Raumschiffmasse verbrauchen.

Student: Leider braucht man dann eine Million statt zehn Jahre, um annähernd Lichtgeschwindigkeit zu erreichen.

Professor: Richtig, aber wir können in einer Dekade bequem zum Rand des Solarsystems reisen. Meiner Meinung nach sind solche Raumschiffe während dieses Jahrhunderts noch realisierbar.

Student: Teilchenbeschleuniger können doch mit Leichtigkeit Treibmittel dieser Rapidität erzeugen. Warum macht man es denn nicht so?

Professor: Im Buch haben wir ja die DAWN-Expedition angesprochen (siehe Abschn. 24.1). Ich bin sicher, das ist noch nicht das Ende dieses Antriebsmodells. Aber es gibt technologische Herausforderungen im Bereich der Energieeffizienz und der benötigten Leistung. Sobald diese Probleme gelöst sind, können auch transsolare Raumschiffe gebaut werden.

Student: Es wird viel Geld gebraucht, um diese Technologien zu finanzieren. Wer bezahlt das und wie kann sich eine so enorme Investition auch kommerziell lohnen?

Professor: Im Zuge der Entwicklung bringt unsere Gesellschaft in jeder Dekade Superreiche hervor, die – so scheint es heute – ähnliche Träume haben wie manche Physikstudenten. Einige finanzieren solche Unternehmungen aus Abenteuerlust. Natürlich bleibt dabei immer noch ein kommerzielles Interesse. Ich kann mir gut vorstellen, dass sie tatsächlich Geld damit verdienen.

Simplicius: Indem Sie Sportwagen in den Raum schicken oder mit der Suche nach Gold auf dem Mars?

Professor: Vielleicht! Ich denke, einige Goldmeteore haben den Mars sicher getroffen und das Gold ist dann immer noch nahe der Oberfläche, denn der Mars ist in den letzten Milliarden Jahren geologisch relativ ruhig geblieben.

Simplicius: Kann man Gold auch auf dem Mond suchen?

Professor: Da müssen Sie Experten fragen.

Student: Ich glaube, wir sind uns darüber einig, dass man gar nicht so weit reisen muss. Wenn es irgendwo interessante Einschläge gibt, dann findet man die auch in unserer Nähe. Wir brauchen nur relativistische Antriebe für unsere Raumschiffe.

Simplicius: Ich habe gehört, ein Raumschiff mit einem solchen Antrieb könne auch einfach auf einem vorbeifliegenden Meteor landen, ihn ausbeuten und währenddessen umsonst durch das Sonnensystem fliegen.

Student: Ja, solches Vorgehen hilft, die Raumstrahlung abzuschirmen. Es ist jetzt klar, dass wir Triebwerke brauchen, in denen Treibmittel mit hoher Geschwindigkeit erzeugt werden, energieeffizient und mit genügend großer Leistung. Aber wie fangen wir an?

Professor: Ich hoffe, hochintensive Laser werden uns weiterhelfen. Sicherlich wird das einige Zeit dauern, denn diese Technologie ist neu. Gerade erst wurden Physiker für ihre Arbeit auf diesem Gebiet mit dem Nobelpreis geehrt[2]. Ich erinnere hier an unsere Betrachtung relativistischer Teilchen, die von einem Laserstrahl mitgezogen wurden, siehe Kap. 22. Mit gepulsten Lasern kann man effizient energiereiche Teilchenstrahlen erzeugen. Bis wir die nötige Leistung erreichen, vergehen aber sicherlich noch einige Dekaden.

---

[2]Gérard Mourou und Donna Strickland erhielten 2018 den Physiknobelpreis für eine neue Methode zur Erzeugung hochintensiver, ultrakurzer Laserpulse. Siehe dazu auch Refs. 4 und 5 in Kap. 22.

Stichwortverzeichnis

© Springer-Verlag GmbH Deutschland, ein Teil von Springer Nature 2019

J. Rafelski, *Spezielle Relativitätstheorie heute,*

https://doi.org/10.1007/978-3-662-59420-9